中文版

3ds Max 2014
完全自学教程

（超值版）

时代印象 编著

人民邮电出版社

北 京

图书在版编目（CIP）数据

中文版3ds Max 2014完全自学教程：超值版 / 时代
印象编著. -- 北京：人民邮电出版社，2015.12
ISBN 978-7-115-40549-4

Ⅰ．①中… Ⅱ．①时… Ⅲ．①三维动画软件－教材
Ⅳ．①TP391.41

中国版本图书馆CIP数据核字(2015)第253711号

内 容 提 要

这是一本全面介绍 3ds Max 2014 基本功能及实际运用的书。本书完全针对零基础读者而开发，是入门级读者快速而全面掌握 3ds Max 2014 的必备参考书。

本书从 3ds Max 2014 基本操作入手，结合大量的可操作性实例（211 个实例），全面而深入地阐述了 3ds Max 的建模、材质、灯光、渲染、粒子、动力学、毛发和动画等方面的技术。在软件运用方面，本书还结合了当前流行的渲染器 VRay 和 mental ray 进行讲解，向读者展示了如何运用 3ds Max 结合 VRay 渲染器与 mental ray 渲染器进行室内、建筑、产品和动画等渲染，让读者学以致用。

本书共 17 章，每章分别介绍一个技术板块的内容，讲解过程细腻，实例数量丰富，通过丰富的实战练习，读者可以轻松而有效地掌握软件技术。

本书讲解模式新颖，非常符合读者学习新知识的思维习惯。本书附带下载资源（扫描封底"资源下载"二维码即可获得下载方法，如需资源下载技术支持，请致函 szys@ptpress.com.cn），内容包括本书所有实例的实例文件、场景文件、贴图文件和多媒体教学录像（共 211 集），以及 1 套 3ds Max 2014 的专家讲堂（共 160 集），同时作者还准备了 500 套常用单体模型、5 套 CG 场景、15 套效果图场景、5000 多张经典贴图和 180 个高动态 HDRI 贴图赠送读者，另外，作者还为读者精心准备了中文版 3ds Max 2014 快捷键索引、效果图制作实用速查表（内容包括常用物体折射率、常用家具尺寸和室内物体常用尺寸）和 60 种常见材质参数设置索引，以方便读者学习。

本书非常适合作为初级和中级读者的入门及提高参考书，尤其是零基础读者。另外，请读者注意，本书所有内容均采用中文版 3ds Max 2014、VRay 2.30.01 进行编写。

◆ 编　　著　时代印象
　　责任编辑　张丹丹
　　责任印制　程彦红
◆ 人民邮电出版社出版发行　　北京市丰台区成寿寺路 11 号
　　邮编　100164　　电子邮件　315@ptpress.com.cn
　　网址　http://www.ptpress.com.cn
　　三河市海波印务有限公司印刷
◆ 开本：880×1092　1/16
　　印张：34
　　字数：1168 千字　　　　　　　2015 年 12 月第 1 版
　　印数：1－2 500 册　　　　　　2015 年 12 月河北第 1 次印刷

定价：59.80 元

读者服务热线：(010)81055410　印装质量热线：(010)81055316
反盗版热线：(010)81055315

　　使用3ds Max制作作品时，一般都遵循"建模→材质→灯光→渲染"这4个基本流程。建模是一幅作品的基础，没有模型，材质和灯光就是无稽之谈。在3ds Max中，建模的过程就相当于现实生活中"雕刻"的过程。3ds Max中的建模方法大致可以分为内置几何体建模、复合对象建模、二维图形建模、网格建模、多边形建模、面片建模和NURBS建模7种。确切地说，它们不应该有固定的分类，因为它们之间都可以交互使用。

　　本书第2~7章均为建模内容，这6章以75个实例详细介绍了3ds Max的各项建模技术，其中以内置几何体建模、样条线建模、修改器建模和多边形建模最为重要，读者需要对这些建模技术中的实例勤加练习，以达到快速创建出优秀模型的目的。另外，为了满足实际工作的需求，我们在实例编排上面尽量做到全面覆盖，既有室内家具建模实例（如桌子、椅子、凳子、沙发、灯饰、柜子、茶几和床等），还有室内框架建模实例（如剧场）、建筑外观建模实例（如别墅）和工业产品建模实例（如手机），内容几乎涵盖实际工作中需要的所有模型。

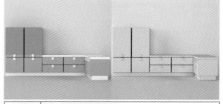

实例名称	实战：修改参数化对象		
技术掌握	掌握如何修改参数化对象		
视频长度	00:01:12	难易指数 ★☆☆☆☆	所在页 83

实例名称	实战：通过改变球体形状创建苹果		
技术掌握	掌握可编辑对象的创建方法		
视频长度	00:01:40	难易指数 ★☆☆☆☆	所在页 84

实例名称	实战：用长方体制作简约橱柜		
技术掌握	长方体工具、移动复制功能		
视频长度	00:02:22	难易指数 ★★☆☆☆	所在页 88

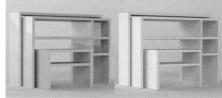
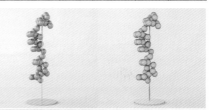

实例名称	实战：用长方体制作简约书架		
技术掌握	长方体工具、移动复制功能、镜像工具		
视频长度	00:02:29	难易指数 ★☆☆☆☆	所在页 90

实例名称	实战：用长方体制作书桌		
技术掌握	长方体工具、移动复制功能		
视频长度	00:03:35	难易指数 ★★☆☆☆	所在页 91

实例名称	实战：用球体制作创意灯饰		
技术掌握	球体工具、移动复制功能、组命令		
视频长度	00:03:26	难易指数 ★★☆☆☆	所在页 93

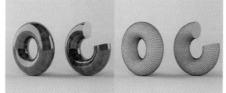

实例名称	实战：用圆柱体制作圆桌		
技术掌握	圆柱体工具、移动复制功能、对齐工具		
视频长度	00:01:39	难易指数 ★☆☆☆☆	所在页 94

实例名称	实战：用圆环创建木质饰品		
技术掌握	圆环工具、移动复制功能		
视频长度	00:00:58	难易指数 ★☆☆☆☆	所在页 96

实例名称	实战：用管状体和圆环制作水杯		
技术掌握	管状体工具、圆环工具		
视频长度	00:03:03	难易指数 ★☆☆☆☆	所在页 96

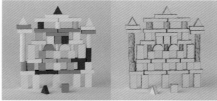
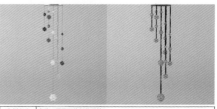

实例名称	实战：用标准基本体制作一组石膏		
技术掌握	标准基本体的相关工具		
视频长度	00:02:50	难易指数 ★☆☆☆☆	所在页 98

实例名称	实战：用标准基本体制作积木		
技术掌握	标准基本体的相关工具、移动复制功能		
视频长度	00:04:30	难易指数 ★★★☆☆	所在页 98

实例名称	实战：用异面体制作风铃		
技术掌握	切角圆柱体工具、异面体工具、移动复制功能		
视频长度	00:05:50	难易指数 ★☆☆☆☆	所在页 101

实例名称	实战：用切角长方体制作餐桌椅		
技术掌握	切角长方体工具、角度捕捉切换工具、旋转复制功能、移动复制功能		
视频长度	00:03:35	难易指数 ★★☆☆☆	所在页 102

实例名称	实战：用切角圆柱体制作简约茶几		
技术掌握	切角圆柱体工具、管状体工具、切角长方体工具		
视频长度	00:01:55	难易指数 ★☆☆☆☆	所在页 103

实例名称	实战：用mental ray代理物体制作会议室座椅		
技术掌握	mr代理工具		
视频长度	00:02:31	难易指数 ★★☆☆☆	所在页 103

实例名称	实战：用植物制作池塘垂柳		
技术掌握	植物工具、移动复制功能		
视频长度	00:01:28	难易指数 ★★☆☆☆	所在页 111

实例名称	实战：创建螺旋楼梯		
技术掌握	螺旋楼梯工具		
视频长度	00:01:38	难易指数 ★☆☆☆☆	所在页 114

实例名称	实战：用散布制作遍山野花		
技术掌握	平面工具、FFD 4×4×4修改器、散布工具		
视频长度	00:01:38	难易指数 ★★☆☆☆	所在页 115

实例名称	实战：用图形合并制作创意钟表		
技术掌握	图形合并工具、多边形建模技术		
视频长度	00:01:46	难易指数 ★★★☆☆	所在页 117

实例名称	实战：用布尔运算制作骰子		
技术掌握	布尔工具、移动复制功能		
视频长度	00:03:48	难易指数 ★★☆☆☆	所在页 119

实例名称	实战：用放样制作旋转花瓶		
技术掌握	放样工具		
视频长度	00:03:21	难易指数 ★★☆☆☆	所在页 120

实例名称	实战：用VRay代理物体创建剧场		
技术掌握	VRay代理工具		
视频长度	00:03:03	难易指数 ★★☆☆☆	所在页 122

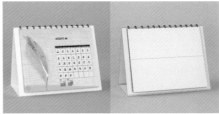

实例名称	实战：用线制作台历		
技术掌握	线工具、轮廓工具、挤出修改器、圆工具		
视频长度	00:01:39	难易指数 ★★☆☆☆	所在页 126

实例名称	实战：用线制作卡通猫咪		
技术掌握	线工具、圆工具		
视频长度	00:04:14	难易指数 ★★☆☆☆	所在页 127

实例名称	实战：用文本制作创意字母		
技术掌握	文本工具		
视频长度	00:02:09	难易指数 ★☆☆☆☆	所在页 129

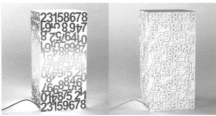

实例名称	实战：用文本制作数字灯箱		
技术掌握	文本工具、角度捕捉切换工具、线工具		
视频长度	00:03:05	难易指数 ★★☆☆☆	所在页 129

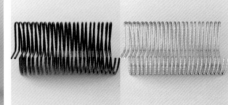

实例名称	实战：用螺旋线制作现代沙发		
技术掌握	螺旋线工具、顶点的点选与框选方法		
视频长度	00:02:42	难易指数 ★★★☆☆	所在页 131

实例名称	实战：用多种样条制作糖果		
技术掌握	圆工具、弧工具、多边形工具、星形工具		
视频长度	00:02:59	难易指数 ★☆☆☆☆	所在页 132

实例名称	实战：用扩展样条线制作置物架		
技术掌握	墙矩形工具、挤出修改器		
视频长度	00:02:58	难易指数 ★☆☆☆☆	所在页 133

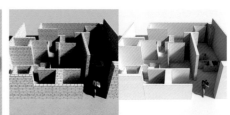

实例名称	实战：用扩展样条线创建迷宫		
技术掌握	扩展样条线的相关工具、挤出修改器		
视频长度	00:02:15	难易指数 ★★☆☆☆	所在页 134

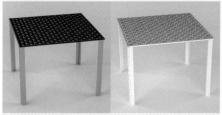

实例名称	实战：用样条线制作创意桌子			
技术掌握	矩形工具、移动/旋转复制功能、可编辑样条线的顶点与线段调节			
视频长度	00:06:25	难易指数	★★★☆☆	所在页 138

实例名称	实战：用样条线制作小号			
技术掌握	线工具、圆工具、放样工具、车削修改器			
视频长度	00:06:31	难易指数	★★★☆☆	所在页 141

实例名称	实战：用样条线制作中式椅子			
技术掌握	线工具、圆工具、放样工具、挤出修改器			
视频长度	00:05:05	难易指数	★★★☆☆	所在页 142

实例名称	实战：用样条线制作花篮			
技术掌握	线工具、圆工具、放样工具、缩放复制功能			
视频长度	00:06:25	难易指数	★★★☆☆	所在页 143

实例名称	实战：用样条线制作水晶灯			
技术掌握	线工具、仅影响轴技术、车削修改器、间隔工具、多边形建模技术			
视频长度	00:04:30	难易指数	★★★★☆	所在页 144

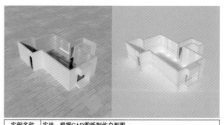

实例名称	实战：根据CAD图纸制作户型图			
技术掌握	根据CAD图纸绘制图形、挤出修改器			
视频长度	00:06:01	难易指数	★★★☆☆	所在页 146

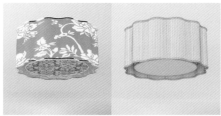

实例名称	实战：用挤出修改器制作花朵吊灯			
技术掌握	星形工具、线工具、圆工具、挤出修改器			
视频长度	00:02:58	难易指数	★★☆☆☆	所在页 152

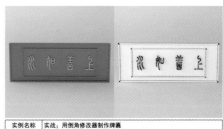

实例名称	实战：用倒角修改器制作牌匾			
技术掌握	矩形工具、倒角修改器、文本工具、字体的安装方法、挤出修改器			
视频长度	00:01:55	难易指数	★☆☆☆☆	所在页 154

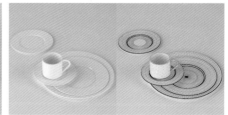

实例名称	实战：用车削修改器制作餐具			
技术掌握	线工具、圆角工具、车削修改器、平滑修改器			
视频长度	00:06:12	难易指数	★★☆☆☆	所在页 155

实例名称	实战：用车削修改器制作高脚杯			
技术掌握	线工具、车削修改器			
视频长度	00:02:58	难易指数	★☆☆☆☆	所在页 156

实例名称	实战：用车削修改器制作简约吊灯			
技术掌握	线工具、车削修改器、壳修改器			
视频长度	00:01:28	难易指数	★☆☆☆☆	所在页 157

实例名称	实战：用弯曲修改器制作花朵			
技术掌握	弯曲修改器			
视频长度	00:03:55	难易指数	★★☆☆☆	所在页 158

实例名称	实战：用扭曲修改器制作大厦			
技术掌握	扭曲修改器、FFD 4×4×4修改器、多边形建模技术			
视频长度	00:03:33	难易指数	★★★☆☆	所在页 159

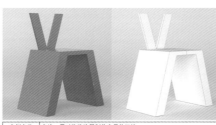

实例名称	实战：用对称修改器制作字母休闲椅			
技术掌握	对称修改器、挤出修改器			
视频长度	00:03:06	难易指数	★☆☆☆☆	所在页 161

实例名称	实战：用置换与噪波修改器制作海面			
技术掌握	置换修改器、噪波修改器			
视频长度	00:01:37	难易指数	★☆☆☆☆	所在页 163

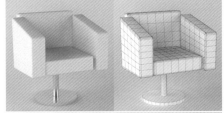

实例名称	实战：用FFD修改器制作沙发			
技术掌握	切角长方体工具、FFD 2×2×2修改器、圆柱体工具			
视频长度	00:03:41	难易指数	★★★☆☆	所在页	164

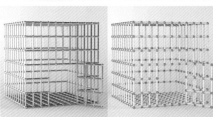

实例名称	实战：用晶格修改器制作鸟笼			
技术掌握	多边形建模、晶格修改器			
视频长度	00:01:37	难易指数	★★☆☆☆	所在页	167

实例名称	实战：用网格平滑修改器制作樱桃			
技术掌握	茶壶工具、FFD 3×3×3、多边形建模、网格平滑修改器			
视频长度	00:01:57	难易指数	★★☆☆☆	所在页	168

实例名称	实战：用优化与超级优化修改器优化模型			
技术掌握	优化修改器、ProOptimizer（超级优化）修改器			
视频长度	00:01:39	难易指数	★☆☆☆☆	所在页	170

实例名称	实战：用融化修改器制作融化的糕点			
技术掌握	融化修改器			
视频长度	00:01:13	难易指数	★☆☆☆☆	所在页	171

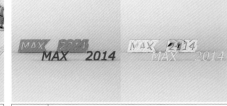

实例名称	实战：用倒角剖面修改器制作三维文字			
技术掌握	文本工具、线工具、倒角剖面修改器			
视频长度	00:02:28	难易指数	★☆☆☆☆	所在页	172

实例名称	实战：用网格建模制作餐叉			
技术掌握	挤出工具、切角工具、网格平滑修改器			
视频长度	00:05:15	难易指数	★★☆☆☆	所在页	175

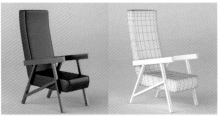

实例名称	实战：用网格建模制作椅子			
技术掌握	挤出工具、切角工具、网格平滑修改器			
视频长度	00:02:39	难易指数	★★☆☆☆	所在页	177

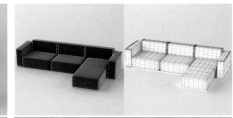

实例名称	实战：用网格建模制作沙发			
技术掌握	切角工具、由边创建图形工具、网格平滑修改器			
视频长度	00:09:06	难易指数	★★★☆☆	所在页	178

实例名称	实战：用网格建模制作大檐帽			
技术掌握	网格建模、网格平滑修改器、间隔工具			
视频长度	00:01:35	难易指数	★★☆☆☆	所在页	181

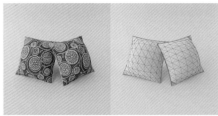

实例名称	实战：用NURBS建模制作抱枕			
技术掌握	CV曲面工具、对称修改器			
视频长度	00:01:50	难易指数	★☆☆☆☆	所在页	187

实例名称	实战：用NURBS建模制作植物叶片			
技术掌握	CV曲面工具			
视频长度	00:03:06	难易指数	★★☆☆☆	所在页	188

实例名称	实战：用NURBS建模制作冰激凌			
技术掌握	点曲线工具、创建U向放样曲面工具、创建封口曲面工具、圆锥体工具			
视频长度	00:02:06	难易指数	★★☆☆☆	所在页	189

实例名称	实战：用NURBS建模制作花瓶			
技术掌握	点曲线工具、创建车削曲面工具			
视频长度	00:02:53	难易指数	★☆☆☆☆	所在页	190

实例名称	实战：用多边形建模制作苹果			
技术掌握	多边形的顶点调节、切角工具、网格平滑修改器			
视频长度	00:03:11	难易指数	★★☆☆☆	所在页	199

实例名称	实战：用多边形建模制作足球		
技术掌握	异面体工具、分离工具、网格平滑修改器、球形化修改器		
视频长度	00:05:56	难易指数	★★☆☆☆	所在页	200

实例名称	实战：用多边形建模制作布料		
技术掌握	连接工具、推拉工具、松弛工具、网格平滑修改器		
视频长度	00:04:50	难易指数	★★☆☆☆	所在页	201

实例名称	实战：用多边形建模制作单人沙发		
技术掌握	挤出工具、切角工具、利用所选内容创建图形工具		
视频长度	00:09:41	难易指数	★★★☆☆	所在页	203

实例名称	实战：用多边形建模制作欧式边几		
技术掌握	插入工具、挤出工具、倒角工具、切角工具、利用所选内容创建图形工具		
视频长度	00:08:38	难易指数	★★★★☆	所在页	206

实例名称	实战：用多边形建模制作钻戒		
技术掌握	切角工具、插入工具、倒角工具		
视频长度	00:08:17	难易指数	★★★★☆	所在页	209

实例名称	实战：用多边形建模制作向日葵		
技术掌握	软选择功能、转换到面命令、倒角工具		
视频长度	00:06:11	难易指数	★★★★☆	所在页	212

实例名称	实战：用多边形建模制作藤椅		
技术掌握	桥工具、连接工具、目标焊接工具、利用所选内容创建图形工具		
视频长度	00:09:32	难易指数	★★★★☆	所在页	214

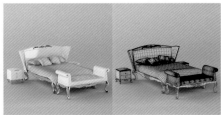

实例名称	实战：用多边形建模制作欧式双人床		
技术掌握	挤出工具、切角工具、网格平滑修改器、细化修改器、Cloth（布料）修改器		
视频长度	00:07:50	难易指数	★★★★☆	所在页	218

实例名称	实战：用多边形建模制作苹果手机		
技术掌握	切角工具、倒角工具、分离工具、插入工具、挤出工具、ProBoolean工具		
视频长度	00:09:55	难易指数	★★★★★	所在页	221

实例名称	实战：用多边形建模制作欧式别墅		
技术掌握	倒角工具、挤出工具、插入工具、切角工具、连接工具		
视频长度	00:18:16	难易指数	★★★★★	所在页	226

实例名称	实战：用建模工具制作床头柜		
技术掌握	挤出工具、切角工具		
视频长度	00:03:35	难易指数	★☆☆☆☆	所在页	235

实例名称	实战：用建模工具制作保温杯		
技术掌握	插入工具、挤出工具、切角工具		
视频长度	00:03:28	难易指数	★★☆☆☆	所在页	236

实例名称	实战：用建模工具制作欧式台灯		
技术掌握	多边形顶点调整技法、连接工具		
视频长度	00:05:50	难易指数	★★☆☆☆	所在页	238

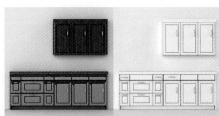

实例名称	实战：用建模工具制作橱柜		
技术掌握	倒角工具、切角工具		
视频长度	00:04:26	难易指数	★★★☆☆	所在页	239

实例名称	实战：用建模工具制作麦克风		
技术掌握	生成拓扑工具、利用所选内容创建图形工具		
视频长度	00:08:03	难易指数	★★★★☆	所在页	241

灯光与摄影机篇 重点

没有灯光的世界将是一片黑暗，在三维场景中也是一样，即使有精美的模型、真实的材质及完美的动画，如果没有灯光照射也毫无意义，由此可见灯光在三维表现中的重要性。有光才有影，才能让物体呈现出三维立体感，不同的灯光效果营造的视觉感受也不一样。灯光是视觉画面的一部分，其功能主要有3点：提供一个整体的氛围，展现出影像实体，营造空间的氛围；为画面着色，以塑造空间和形式；让人们集中注意力。

3ds Max中的摄影机在制作效果图和动画时非常有用。3ds Max中的摄影机只包含"标准"摄影机，而"标准"摄影机又包含"目标摄影机"和"自由摄影机"两种。安装好VRay渲染器后，摄影机列表中会增加一种VRay摄影机，而VRay摄影机又包含"VRay穹顶摄影机"和"VRay物理摄影机"两种。在这4种摄影机中，以目标摄影机和VRay物理摄影机最为重要。

本书第8~9章为灯光与摄影机内容，一共安排了22个实例，其中灯光部分包含3个综合实例。灯光实例包含了实际工作中经常遇到的灯光项目，如壁灯、灯带、灯泡、吊灯、射灯、台灯、烛光、屏幕、灯箱、星光、阳光、天光和荧光等，同时还涉及一些很重要的灯光技术，如阴影贴图、焦散等；摄影机实例包含了目标摄影机和VRay物理摄影机的"景深"、"运动模糊"、"缩放因子"、"光晕"和"快门速度"等功能。

实例名称	实战：用目标灯光制作餐厅夜晚灯光		
技术掌握	目标灯光模拟射灯、VRay球体灯光模拟台灯、目标聚光灯模拟吊灯		
视频长度	00:06:15	难易指数 ★★☆☆☆	所在页 247

实例名称	实战：用目标聚光灯制作餐厅日光		
技术掌握	目标聚光灯模拟射灯、VRay面光灯光模拟天光与灯带		
视频长度	00:07:03	难易指数 ★★☆☆☆	所在页 251

实例名称	实战：用目标平行光制作卧室日光		
技术掌握	目标平行光模拟日光		
视频长度	00:03:00	难易指数 ★★☆☆☆	所在页 254

实例名称	实战：用目标平行光制作阴影场景		
技术掌握	目标平行光模拟阴影		
视频长度	00:02:18	难易指数 ★☆☆☆☆	所在页 256

实例名称	实战：用泛光灯制作星空特效		
技术掌握	泛光灯模拟星光		
视频长度	00:03:33	难易指数 ★★★☆☆	所在页 257

实例名称	实战：用mr Area Omni制作荧光棒		
技术掌握	mr Area Omni模拟荧光棒		
视频长度	00:02:20	难易指数 ★★☆☆☆	所在页 260

实例名称	实战：用mr Area Spot制作焦散特效		
技术掌握	mr Area Spot模拟焦散特效		
视频长度	00:03:03	难易指数 ★★☆☆☆	所在页 261

实例名称	实战：用VRay灯光制作工业产品灯光		
技术掌握	VRay灯光模拟工业产品灯光（三点照明）		
视频长度	00:03:48	难易指数 ★☆☆☆☆	所在页 264

实例名称	实战：用VRay灯光制作会客厅灯光		
技术掌握	VRay球体灯光模拟台灯		
视频长度	00:01:38	难易指数 ★☆☆☆☆	所在页 265

实例名称	实战：用VRay灯光制作烛光		
技术掌握	VRay球体灯光模拟烛光		
视频长度	00:03:16	难易指数 ★★☆☆☆	所在页 266

实例名称	实战：用VRay灯光制作书房夜晚灯光		
技术掌握	VRay面灯光模拟天光和屏幕冷光照		
视频长度	00:03:23	难易指数 ★★☆☆☆	所在页 267

实例名称	实战：用VRay灯光制作客厅灯光		
技术掌握	VRay面灯光模拟天光、VRay球体灯光模拟落地灯和灯箱照明		
视频长度	00:04:48	难易指数 ★★★☆☆	所在页 268

实例名称	实战：用VRay太阳制作室内阳光		
技术掌握	VRay太阳模拟阳光、VRay穹顶灯光模拟天光		
视频长度	00:02:35	难易指数 ★☆☆☆☆	所在页 271

实例名称	实战：用VRay太阳制作室外阳光		
技术掌握	VRay太阳模拟阳光		
视频长度	00:01:31	难易指数 ★☆☆☆☆	所在页 272

实例名称	实战：用目标摄影机制作花丛景深		
技术掌握	目标摄影机制作景深特效		
视频长度	00:03:25	难易指数 ★★☆☆☆	所在页 287

实例名称	实战：用目标摄影机制作运动模糊特效		
技术掌握	目标摄影机制作运动模糊特效		
视频长度	00:01:52	难易指数 ★★☆☆☆	所在页 288

实例名称	实战：测试VRay物理摄影机的缩放因子		
技术掌握	缩放因子的作用		
视频长度	00:02:48	难易指数 ★☆☆☆☆	所在页 291

实例名称	实战：测试VRay物理摄影机的光晕		
技术掌握	光晕的作用		
视频长度	00:02:11	难易指数 ★☆☆☆☆	所在页 291

实例名称	实战：测试VRay物理摄影机的快门速度		
技术掌握	快门速度（s^-1）的作用		
视频长度	00:03:35	难易指数 ★☆☆☆☆	所在页 292

灯光综合实例

实例名称	综合实例：中式餐厅柔和灯光表现		
技术掌握	目标灯光模拟筒灯、VRay面灯光模拟天光、目标聚光灯模拟吊灯		
视频长度	00:05:13	难易指数 ★★★☆☆	所在页 277

实例名称	综合实例：休闲室夜景表现		
技术掌握	VRay面灯光模拟天光和室内灯光、目标灯光模拟筒灯、VRay球体灯光模拟吊灯		
视频长度	00:06:42	难易指数 ★★★☆☆	所在页 274

实例名称	综合实例：豪华欧式卧室灯光表现		
技术掌握	目标灯光模拟筒灯、目标聚光灯模拟吊灯、VRay球体灯光模拟灯带与台灯		
视频长度	00:10:10	难易指数 ★★★★☆	所在页 279

材质主要用于表现物体的颜色、质地、纹理、透明度和光泽等特性，依靠各种类型的材质可以制作出现实世界中的任何物体。通常，在制作新材质并将其应用于对象时，应该遵循这个步骤：指定材质的名称→选择材质的类型→对于标准或光线追踪材质，应选择着色类型→设置漫反射颜色、光泽度和不透明度等各种参数→将贴图指定给要设置贴图的材质通道，并调整参数→将材质应用于对象→如有必要，应调整UV贴图坐标，以便正确定位对象的贴图→保存材质。

本书第10章用22个实例（这些实例全部是经过精挑细选的，具有代表性的材质设置实例）详细介绍了3ds Max和VRay常用材质与贴图的运用，如标准材质、混合材质、Ink'n Paint（墨水油漆）材质、多维/子对象材质、VRayMtl材质、VRay灯光材质、不透明度贴图、渐变贴图、平铺贴图、衰减贴图、噪波贴图、混合贴图以及各式各样的位图贴图。合理利用这些材质与贴图，可以模拟现实生活中的任何真实材质，下面的材质球就是用这些材质与贴图模拟出的各种材质。

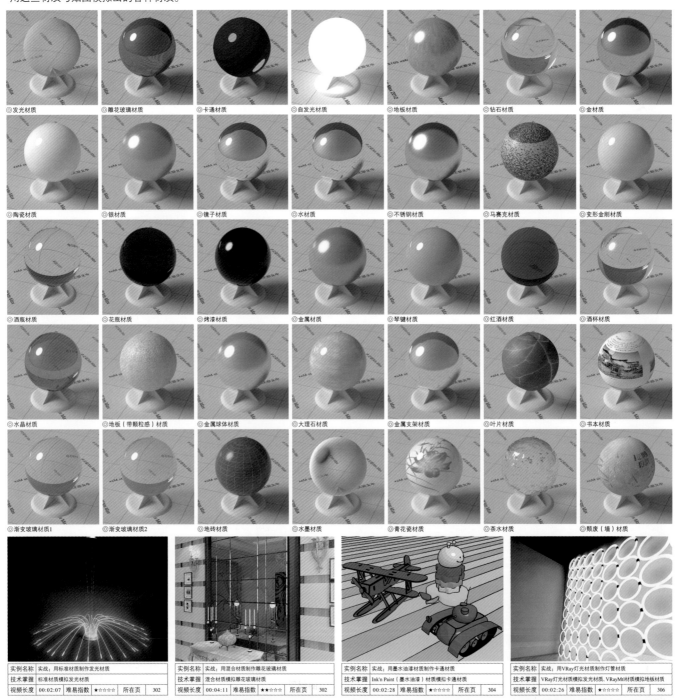

◎发光材质　　◎雕花玻璃材质　　◎卡通材质　　◎自发光材质　　◎地板材质　　◎钻石材质　　◎金材质

◎陶瓷材质　　◎银材质　　◎镜子材质　　◎水材质　　◎不锈钢材质　　◎马赛克材质　　◎变形金刚材质

◎酒瓶材质　　◎花瓶材质　　◎烤漆材质　　◎金属材质　　◎琴键材质　　◎红酒材质　　◎酒杯材质

◎水晶材质　　◎地板（带颗粒感）材质　　◎金属球体材质　　◎大理石材质　　◎金属支架材质　　◎叶片材质　　◎书本材质

◎渐变玻璃材质1　　◎渐变玻璃材质2　　◎地砖材质　　◎水墨材质　　◎青花瓷材质　　◎茶水材质　　◎颓废（墙）材质

实例名称	实战：用标准材质制作发光材质	实例名称	实战：用混合材质制作雕花玻璃材质	实例名称	实战：用墨水油漆材质制作卡通材质	实例名称	实战：用VRay灯光材质制作灯管材质
技术掌握	标准材质模拟发光材质	技术掌握	混合材质模拟雕花玻璃材质	技术掌握	Ink'n Paint（墨水油漆）材质模拟卡通材质	技术掌握	VRay灯光材质模拟发光材质、VRayMtl材质模拟地板材质
视频长度	00:02:07　难易指数 ★☆☆☆☆　所在页 302	视频长度	00:04:11　难易指数 ★★☆☆☆　所在页 302	视频长度	00:02:28　难易指数 ★☆☆☆☆　所在页 304	视频长度	00:02:26　难易指数 ★☆☆☆☆　所在页 306

实例名称	实战：用VRay混合材质制作钻戒材质	
技术掌握	VRay混合材质模拟钻石材质、VRayMtl材质模拟金材质	
视频长度	00:04:02	难易指数 ★★☆☆☆	所在页 307

实例名称	实战：用VRayMtl材质制作陶瓷材质	
技术掌握	VRayMtl材质模拟陶瓷材质	
视频长度	00:02:33	难易指数 ★☆☆☆☆	所在页 311

实例名称	实战：用VRayMtl材质制作银材质	
技术掌握	VRayMtl材质模拟银材质	
视频长度	00:01:25	难易指数 ★☆☆☆☆	所在页 312

实例名称	实战：用VRayMtl材质制作镜子材质	
技术掌握	VRayMtl材质模拟镜子材质	
视频长度	00:01:22	难易指数 ★☆☆☆☆	所在页 313

实例名称	实战：用VRayMtl材质制作卫生间材质	
技术掌握	VRayMtl材质模拟水材质、不锈钢材质和马赛克材质	
视频长度	00:04:32	难易指数 ★★☆☆☆	所在页 313

实例名称	实战：用VRayMtl材质制作大黄蜂材质	
技术掌握	VRayMtl材质模拟变形金刚材质	
视频长度	00:02:09	难易指数 ★☆☆☆☆	所在页 253

实例名称	实战：用VRayMtl材质制作玻璃材质	
技术掌握	VRayMtl材质模拟有色玻璃材质	
视频长度	00:03:25	难易指数 ★★☆☆☆	所在页 253

实例名称	实战：用VRayMtl材质制作钢琴烤漆材质	
技术掌握	VRayMtl材质模拟烤漆材质、金属材质和琴键材质	
视频长度	00:03:05	难易指数 ★★☆☆☆	所在页 253

实例名称	实战：用VRayMtl材质制作红酒材质	
技术掌握	VRayMtl材质模拟酒水材质和酒杯材质	
视频长度	00:03:13	难易指数 ★★☆☆☆	所在页 253

实例名称	实战：用VRayMtl材质制作水晶材质	
技术掌握	VRayMtl材质模拟水晶材质和地板材质	
视频长度	00:04:13	难易指数 ★★☆☆☆	所在页 253

实例名称	实战：用VRayMtl材质制作室外雕塑材质	
技术掌握	VRayMtl材质模拟金属材质和大理石材质	
视频长度	00:03:46	难易指数 ★★☆☆☆	所在页 253

实例名称	实战：用不透明度贴图制作叶片材质	
技术掌握	不透明度贴图模拟叶片材质	
视频长度	00:02:53	难易指数 ★★☆☆☆	所在页 253

实例名称	实战：用位图贴图制作书本材质	
技术掌握	位图贴图模拟书本材质	
视频长度	00:01:51	难易指数 ★☆☆☆☆	所在页 253

实例名称	实战：用渐变贴图制作渐变花瓶材质	
技术掌握	渐变贴图模拟渐变玻璃材质	
视频长度	00:03:53	难易指数 ★★★☆☆	所在页 253

实例名称	实战：用平铺贴图制作地砖材质	
技术掌握	平铺贴图模拟地砖材质	
视频长度	00:03:12	难易指数 ★★☆☆☆	所在页 253

实例名称	实战：用衰减贴图制作水墨材质	
技术掌握	衰减贴图模拟水墨材质	
视频长度	00:01:59	难易指数 ★★☆☆☆	所在页 253

实例名称	实战：用噪波贴图制作茶水材质	
技术掌握	位图贴图模拟青花瓷材质、噪波贴图模拟波动的水材质	
视频长度	00:05:28	难易指数 ★★★☆☆	所在页 253

实例名称	实战：用混合贴图制作颓废材质	
技术掌握	混合贴图模拟破旧材质	
视频长度	00:02:20	难易指数 ★☆☆☆☆	所在页 253

　　到此，本书22个材质设置实例全部展示完成，这部分内容同建模、灯光和渲染一样，相当重要。由于现实生活中的材质类型非常多，因此这里不可能全部讲完，在后面的综合实例中会介绍更多、更常见的材质。注意，大多数材质的设置方法都是相通的，只要掌握了其中一种材质的设置方法，就可以制作出其他类似的材质。这里给读者一个建议，在学习材质的制作方法时，千万不要硬记材质的设置参数，而是要根据不同场景、不同灯光与渲染参数来设定材质效果。

　　另外，为了方便大家学习材质的设置方法，我们在本书的最后提供了60种常见材质的参数设置索引，如果用户在工作中遇到某种比较难的材质，可以查阅该索引进行参考。

环境和效果篇

在现实世界中，所有物体都不是独立存在的，而是存在于相应的环境中。日常生活中常见的环境有闪电、大风、沙尘、雾和光束等。环境对场景的氛围表达起到了至关重要的作用。在3ds Max 2014中，可以为场景添加云、雾、火、体积雾和体积光等环境效果。

在3ds Max 2014中，可以为场景添加"毛发和毛皮"、"镜头效果"、"模糊"、"亮度和对比度"、"色彩平衡"、"景深"、"文件输出"、"胶片颗粒"、"照明分析图像叠加"、"运动模糊"和"VRay镜头效果"效果。

本书第15章以11个实例详细介绍了环境和效果的常用功能，相比于其他内容，这部分内容可以作为辅助运用，不要求加深理解。

实例名称	实战：为效果图添加室外环境贴图			
技术掌握	加载室外环境贴图			
视频长度	00:01:43	难易指数	★☆☆☆☆ 所在页	335

实例名称	实战：用火效果制作蜡烛火焰			
技术掌握	用火效果制作火焰			
视频长度	00:02:50	难易指数	★★☆☆☆ 所在页	338

实例名称	实战：用雾效果制作海底烟雾			
技术掌握	用雾效果制作烟雾			
视频长度	00:02:06	难易指数	★★☆☆☆ 所在页	339

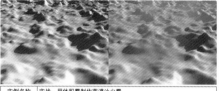

实例名称	实战：用体积雾制作荒漠沙尘雾			
技术掌握	用体积雾制作具有体积的雾			
视频长度	00:02:16	难易指数	★★☆☆☆ 所在页	340

实例名称	实战：用体积光为CG场景添加体积光			
技术掌握	用体积光制作体积光			
视频长度	00:03:26	难易指数	★★★☆☆ 所在页	342

实例名称	实战：用模糊效果制作奇幻CG特效			
技术掌握	用模糊效果制作模糊特效			
视频长度	00:03:28	难易指数	★★☆☆☆ 所在页	347

实例名称	实战：用亮度/对比度效果调整场景的亮度与对比度			
技术掌握	用亮度/对比度效果调整场景的亮度与对比度			
视频长度	00:01:51	难易指数	★☆☆☆☆ 所在页	348

实例名称	实战：用胶片颗粒效果制作老电影画面			
技术掌握	用胶片颗粒效果制作胶片颗粒特效			
视频长度	00:02:26	难易指数	★☆☆☆☆ 所在页	350

实例名称	实战：测试全局照明			
技术掌握	调节全局照明的染色及级别			
视频长度	00:01:48	难易指数	★☆☆☆☆ 所在页	335

实例名称	实战：用色彩平衡效果调整场景的色调			
技术掌握	用色彩平衡效果调整场景的色调			
视频长度	00:01:50	难易指数	★☆☆☆☆ 所在页	349

实例名称	实战：用镜头效果制作镜头特效	技术掌握	用镜头效果制作各种镜头特效	视频长度	00:02:52	难易指数	★★★☆☆ 所在页	344

使用3ds Max创作作品时，一般都遵循"建模→灯光→材质→渲染"这个最基本的步骤，渲染是最后一道工序（后期处理除外）。渲染的英文为Render，翻译为"着色"，也就是对场景进行着色的过程，它是通过复杂的运算，将虚拟的三维场景投射到二维平面上，这个过程需要对渲染器进行复杂的设置。

3ds Max 2014默认的渲染器有iray渲染器、mental ray渲染器、Quicksilver硬件渲染器、VUE文件渲染器和默认扫描线渲染器，在安装好VRay渲染器之后也可以使用VRay渲染器来渲染场景。当然也可以安装一些其他的渲染插件，如Renderman、Brazil、FinalRender、Maxwell和Lightscape等。

在以上渲染器之中，VRay渲染器是最重要的渲染器。VRay渲染器是保加利亚的Chaos Group公司开发的一款高质量渲染引擎，主要以插件的形式应用在3ds Max、Maya、SketchUp等软件中。由于VRay渲染器可以真实地模拟现实光照，并且操作简单，可控性也很强，因此被广泛应用于建筑表现、工业设计和动画制作等领域。VRay的渲染速度与渲染质量比较均衡，也就是说在保证较高渲染质量的前提下也具有较快的渲染速度，所以它是目前效果图制作领域最为流行的渲染器。

在一般情况下，VRay渲染的一般使用流程主要包含以下4个步骤。

第1步：创建摄影机以确定要表现的内容。

第2步：制作好场景中的材质。

第3步：设置测试渲染参数，然后逐步布置好场景中的灯光，并通过测试渲染确定效果。

第4步：设置最终渲染参数，然后渲染最终成品图。

本书第12章为VRay渲染器的内容。这部分内容详细介绍了VRay渲染器的每个重要技术，如全局开关、图像采样器、颜色贴图、环境、间接照明（GI）、DMC采样器和系统等。对于这部分内容，希望读者仔细练习书中实例，同时要对重要参数多加测试，并且还要仔细分析不同参数值所得到的渲染效果以及耗时对比。

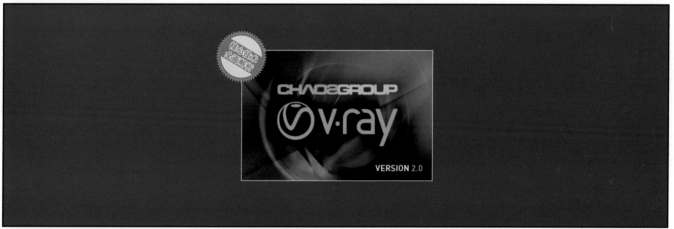

实例名称	实战：用默认扫描线渲染器渲染水墨画				
技术掌握	默认扫描线渲染器的使用方法				
视频长度	00:02:38	难易指数	★★☆☆☆	所在页	355

实例名称	实战：用mental ray渲染器渲染牛奶场景				
技术掌握	mental ray渲染器的使用方法				
视频长度	00:02:58	难易指数	★★☆☆☆	所在页	358

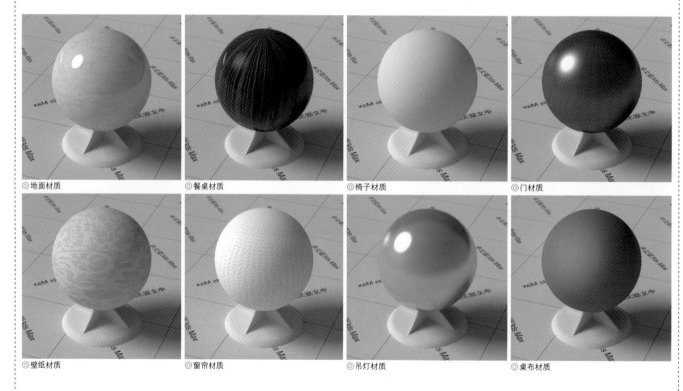

◎ 地面材质　　◎ 餐桌材质　　◎ 椅子材质　　◎ 门材质

◎ 壁纸材质　　◎ 窗帘材质　　◎ 吊灯材质　　◎ 桌布材质

综合实例：餐厅夜景表现

实例概述：本例是一个餐厅场景，窗帘材质及桌布材质是本例的制作难点，而用灯光表现夜景效果是本例的重点。

技术掌握：餐厅夜景灯光的布置方法，窗帘材质和桌布材质的制作方法。

视频长度：00:18:38　　难易指数：★★★★☆　　所在页：372

◎地板材质

◎壁纸材质

◎墙面材质

◎沙发材质

◎桌布材质

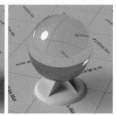
◎水晶材质

综合实例：酒吧室内灯光表现

实例概述：本例是一个酒吧场景，过道吊顶上的灯带和包房灯带的设置是本例的制作难点，地板材质、墙面材质、沙发材质和水晶材质是本例的制作重点。

技术掌握：灯带的设置方法，反射地板材质、反射墙面材质及水晶材质的制作方法。

视频长度：00:14:23 难易指数：★★★★☆ 所在页：377

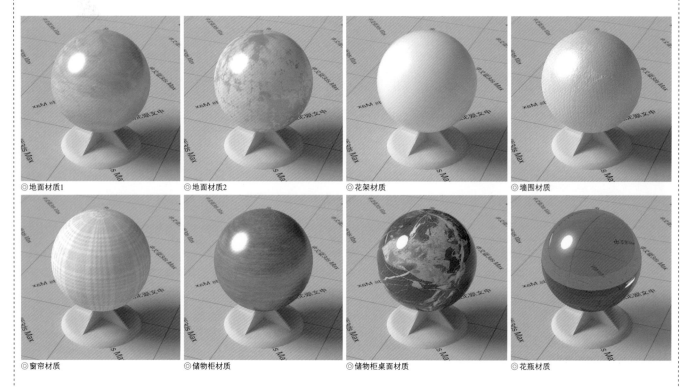

◎ 地面材质1　　　◎ 地面材质2　　　◎ 花架材质　　　◎ 墙围材质

◎ 窗帘材质　　　◎ 储物柜材质　　　◎ 储物柜桌面材质　　　◎ 花瓶材质

综合实例：古典欧式会客厅柔和日光表现

实例概述：本例一个欧式古典场景，储物柜材质及花瓶材质是本例的制作难点，阳光、天光及体积光（后期合成）的制作方法是本例的学习重点。

技术掌握：阳光、天光的设置方法，用Photoshop合成体积光。

视频长度：00:15:33　难易指数：★★★☆　所在页：381

综合实例：地中海风格别墅多角度日光表现

实例概述：本例是一个超大型地中海风格的别墅场景，灯光、材质的设置方法很简单，重点在于掌握大型室外场景的制作流程，即"调整出图角度→检测模型是否存在问题→制作材质→创建灯光→设置最终渲染参数"这个流程。

技术掌握：大型室外场景的制作流程与相关技巧。

视频长度：00:10:56　　难易指数：★★★★★　　所在页：387

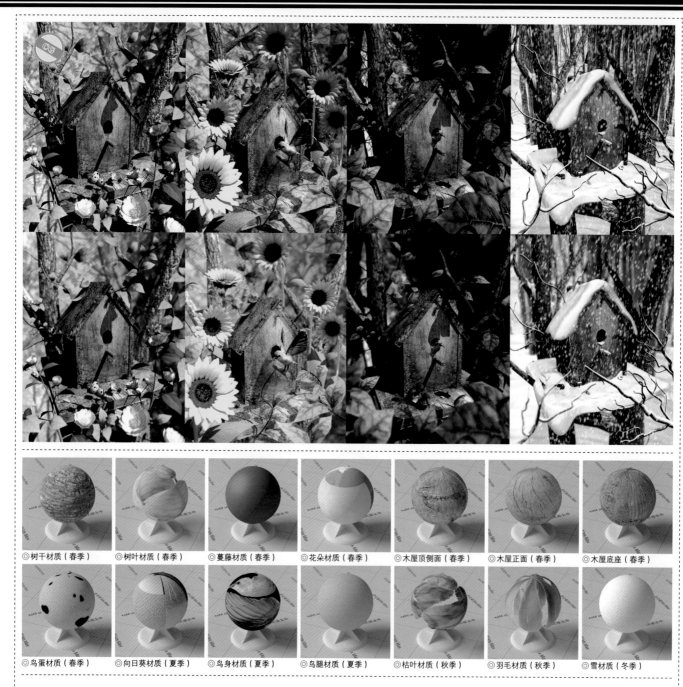

◎树干材质（春季）　◎树叶材质（春季）　◎蔓藤材质（春季）　◎花朵材质（春季）　◎木屋顶侧面（春季）　◎木屋正面（春季）　◎木屋底座（春季）

◎鸟蛋材质（春季）　◎向日葵材质（夏季）　◎鸟身材质（夏季）　◎鸟腿材质（夏季）　◎枯叶材质（秋季）　◎羽毛材质（秋季）　◎雪材质（冬季）

综合实例：童话四季（CG表现）

　　实例概述：本例是一个大型的CG场景，展现的是大自然中四季的差异及时间的变化（图上部没有景深效果，下部有景深效果）。四季的变化主要体现在整体的色调上，草绿色代表春季、深绿色代表夏季、黄色代表秋季、白色代表冬季，同时还要在细节上表现出不同季节的特点，如每个季节的植物颜色和生长状态都有所不同。要完美地表现出四季效果，首先要突出植物春季发芽、夏季繁茂、秋季泛黄和冬季凋零这4个特点；然后就是四季的光照效果，春季的光照比较柔和、夏季则是热情剧烈的、秋季要回归安逸平和的感觉、冬季伴随着皑皑白雪的到来场景将会趋于暗淡沉静。

　　技术掌握：CG材质、灯光以及渲染参数的设置方法。

　　视频长度：00:08:50　　**难易指数**：★★★★★　　**所在页**：392

　　3ds Max 2014的粒子系统是一种很强大的动画制作工具，可以通过设置粒子系统来控制密集对象群的运动效果，通常用于制作云、雨、风、火、烟雾、暴风雪和爆炸等动画效果；"空间扭曲"从字面意思来看比较难懂，可以将其比喻为一种控制场景对象运动的无形力量，例如重力、风力和推力等，使用空间扭曲可以模拟真实世界中存在的"力"效果，当然空间扭曲需要与粒子系统一起配合使用才能制作出动画效果。

　　本书第13章以16个实例详细介绍了粒子与空间扭曲技术，覆盖的动画范围很广，包括文字动画、烟火动画、拂尘动画、吹散动画、雨雪动画、烟雾动画、喷泉动画、破碎动画、泡泡动画、起伏动画、飞舞动画和爆炸动画等。这部分内容属于全书的技术难点之一，读者务必勤加练习并仔细领会。

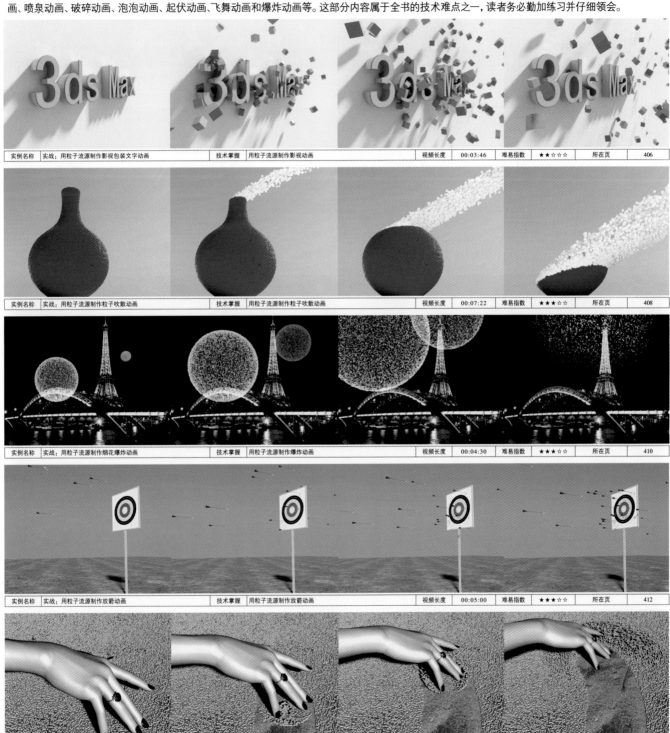

实例名称	实战：用粒子流源制作影视包装文字动画	技术掌握	用粒子流源制作影视动画	视频长度	00:03:46	难易指数	★★☆☆☆	所在页	406
实例名称	实战：用粒子流源制作粒子吹散动画	技术掌握	用粒子流源制作粒子吹散动画	视频长度	00:07:22	难易指数	★★★☆☆	所在页	408
实例名称	实战：用粒子流源制作烟花爆炸动画	技术掌握	用粒子流源制作爆炸动画	视频长度	00:04:30	难易指数	★★★☆☆	所在页	410
实例名称	实战：用粒子流源制作放箭动画	技术掌握	用粒子流源制作放箭动画	视频长度	00:05:00	难易指数	★★★☆☆	所在页	412
实例名称	实战：用粒子流源制作拂尘动画	技术掌握	用粒子流源制作手写字动画	视频长度	00:04:30	难易指数	★★★☆☆	所在页	413

实例名称	实战：用喷射粒子制作下雨动画	技术掌握	用喷射粒子模拟下雨动画	视频长度	00:01:03	难易指数	★☆☆☆☆	所在页	414

实例名称	实战：用雪粒子制作雪花飘落动画	技术掌握	用雪粒子模拟下雪动画	视频长度	00:01:36	难易指数	★☆☆☆☆	所在页	415

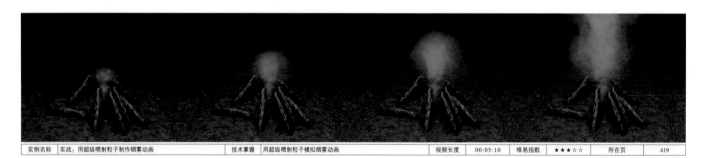

实例名称	实战：用超级喷射粒子制作烟雾动画	技术掌握	用超级喷射粒子模拟烟雾动画	视频长度	00:05:10	难易指数	★★★☆☆	所在页	419

实例名称	实战：用超级喷射粒子制作喷泉动画	技术掌握	用超级喷射粒子模拟喷泉动画	视频长度	00:03:33	难易指数	★★★☆☆	所在页	420

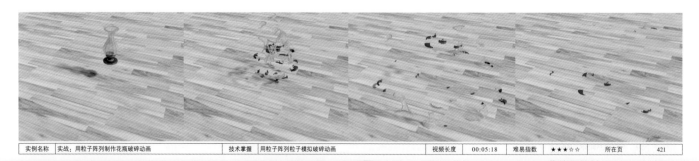

实例名称	实战：用粒子阵列制作花瓶破碎动画	技术掌握	用粒子阵列粒子模拟破碎动画	视频长度	00:05:18	难易指数	★★★☆☆	所在页	421

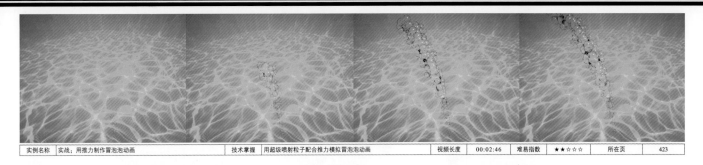

| 实例名称 | 实战：用推力制作冒泡泡动画 | 技术掌握 | 用超级喷射粒子配合推力模拟冒泡泡动画 | 视频长度 | 00:02:46 | 难易指数 | ★★☆☆☆ | 所在页 | 423 |

| 实例名称 | 实战：用漩涡力制作蝴蝶飞舞动画 | 技术掌握 | 用路径约束制作粒子发光动画特效 | 视频长度 | 00:04:34 | 难易指数 | ★★☆☆☆ | 所在页 | 424 |

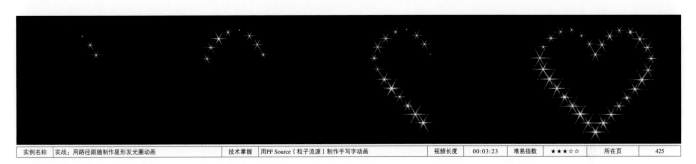

| 实例名称 | 实战：用路径跟随制作星形发光圈动画 | 技术掌握 | 用PF Source（粒子流源）制作手写字动画 | 视频长度 | 00:03:23 | 难易指数 | ★★★☆☆ | 所在页 | 425 |

| 实例名称 | 实战：用风力制作海面波动动画 | 技术掌握 | 用粒子阵列配合风力模拟波动动画 | 视频长度 | 00:05:20 | 难易指数 | ★★★☆☆ | 所在页 | 427 |

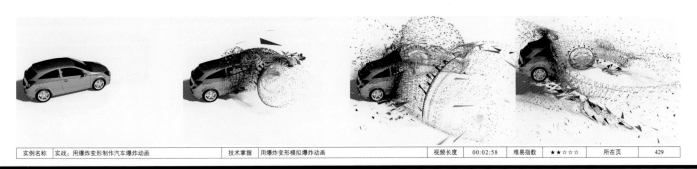

| 实例名称 | 实战：用爆炸变形制作汽车爆炸动画 | 技术掌握 | 用爆炸变形模拟爆炸动画 | 视频长度 | 00:02:58 | 难易指数 | ★★☆☆☆ | 所在页 | 429 |

动力学篇 难点

　　3ds Max 2014中的动力学系统非常强大，可以快速地制作出物体与物体之间真实的物理作用效果，是制作动画必不可少的一部分。从3ds Max 2012开始，在尘封了多年的动力学Reactor（Reactor存在很多漏洞）之后，3ds Max加入了新的刚体动力学——MassFX。MassFX的主要优势在于操作简单，可以实时运算，并解决了由于模型面数多而无法运算的问题。

　　本书第14章以10个实例详细介绍了各种动力学工具以及Cloth（布料）修改器的使用方法，涉及的动画效果包括弹跳动画、散落动画、骨牌效果动画、碰撞动画和布料动画。同粒子系统与空间扭曲一样，动力学也是3ds Max的难点之一。

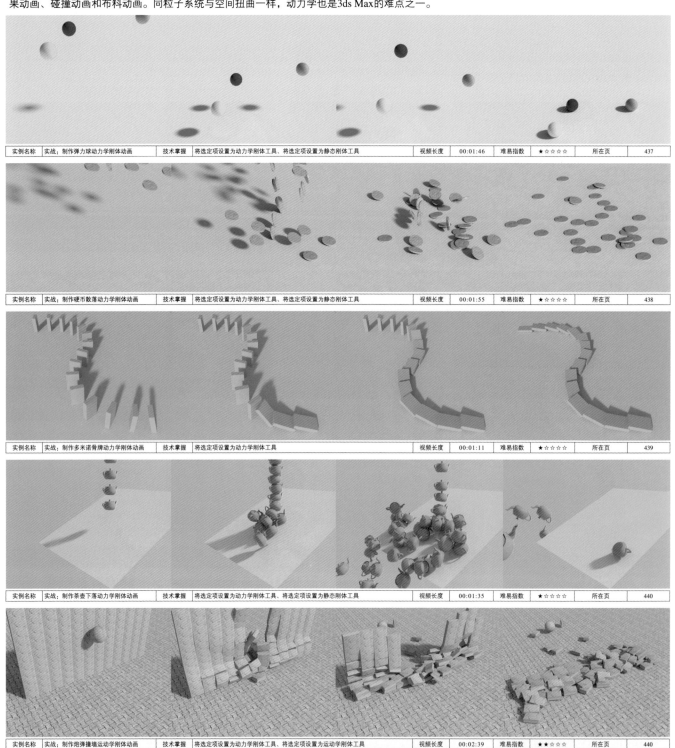

| 实例名称 | 实战：制作弹力球动力学刚体动画 | 技术掌握 | 将选定项设置为动力学刚体工具、将选定项设置为静态刚体工具 | 视频长度 | 00:01:46 | 难易指数 | ★☆☆☆☆ | 所在页 | 437 |

| 实例名称 | 实战：制作硬币散落动力学刚体动画 | 技术掌握 | 将选定项设置为动力学刚体工具、将选定项设置为静态刚体工具 | 视频长度 | 00:01:55 | 难易指数 | ★☆☆☆☆ | 所在页 | 438 |

| 实例名称 | 实战：制作多米诺骨牌动力学刚体动画 | 技术掌握 | 将选定项设置为动力学刚体工具 | 视频长度 | 00:01:11 | 难易指数 | ★☆☆☆☆ | 所在页 | 439 |

| 实例名称 | 实战：制作茶壶下落动力学刚体动画 | 技术掌握 | 将选定项设置为动力学刚体工具、将选定项设置为静态刚体工具 | 视频长度 | 00:01:35 | 难易指数 | ★☆☆☆☆ | 所在页 | 440 |

| 实例名称 | 实战：制作炮弹撞墙运动学动力学刚体动画 | 技术掌握 | 将选定项设置为动力学刚体工具、将选定项设置为运动学刚体工具 | 视频长度 | 00:02:39 | 难易指数 | ★★☆☆☆ | 所在页 | 440 |

| 实例名称 | 实战：制作汽车碰撞运动学刚体动画 | 技术掌握 | 将选定项设置为运动学刚体工具、将选定项设置为动力学刚体工具、将选定项设置为静态刚体工具 | 视频长度 | 00:02:43 | 难易指数 | ★★★☆☆ | 所在页 | 441 |

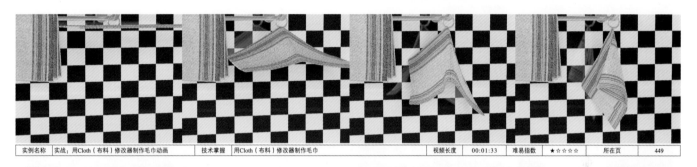

| 实例名称 | 实战：用Cloth（布料）修改器制作毛巾动画 | 技术掌握 | 用Cloth（布料）修改器制作毛巾 | 视频长度 | 00:01:33 | 难易指数 | ★☆☆☆☆ | 所在页 | 449 |

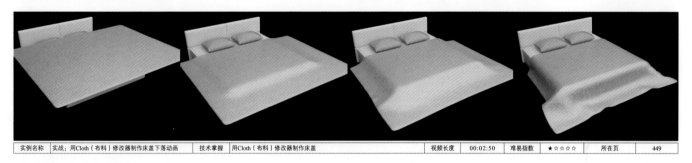

| 实例名称 | 实战：用Cloth（布料）修改器制作床盖下落动画 | 技术掌握 | 用Cloth（布料）修改器制作床盖 | 视频长度 | 00:02:50 | 难易指数 | ★☆☆☆☆ | 所在页 | 449 |

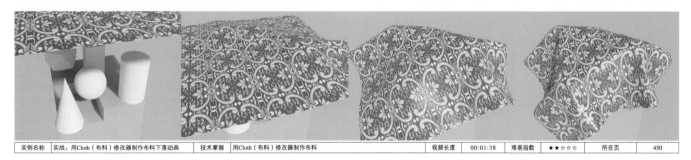

| 实例名称 | 实战：用Cloth（布料）修改器制作布料下落动画 | 技术掌握 | 用Cloth（布料）修改器制作布料 | 视频长度 | 00:01:38 | 难易指数 | ★★☆☆☆ | 所在页 | 450 |

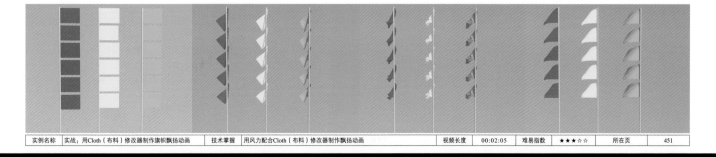

| 实例名称 | 实战：用Cloth（布料）修改器制作旗帜飘扬动画 | 技术掌握 | 用风力配合Cloth（布料）修改器制作飘扬动画 | 视频长度 | 00:02:05 | 难易指数 | ★★★☆☆ | 所在页 | 451 |

毛发篇

毛发在静帧和角色动画制作中非常重要，同时毛发也是动画制作中最难模拟的。在3ds Max中，制作毛发主要用Hair和Fur（WSM）（毛发和毛皮（WSM））修改器和"VRay毛皮"工具 来进行制作。

Hair和Fur（WSM）（毛发和毛皮（WSM））修改器是毛发系统的核心。该修改器可以应用在要生长毛发的任何对象上（包括网格对象和样条线对象）。如果是网格对象，毛发将从整个曲面上生长出来；如果是样条线对象，毛发将在样条线之间生长出来。

VRay毛皮是VRay渲染器自带的一种毛发制作工具，经常用来制作地毯、草地和毛制品等。

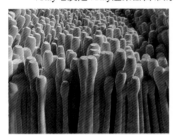

实例名称	实战：用Hair和Fur（WSN）修改器制作海葵		
技术掌握	用Hair和Fur（WSN）修改器制作实例节点毛发		
视频长度	00:02:35	难易指数 ★★☆☆☆	所在页 458

实例名称	实战：用Hair和Fur（WSN）修改器制作仙人球		
技术掌握	用Hair和Fur（WSN）修改器制作几何体毛发		
视频长度	00:02:58	难易指数 ★★☆☆☆	所在页 459

实例名称	实战：用Hair和Fur（WSN）修改器制作油画笔		
技术掌握	用Hair和Fur（WSN）修改器在特定部位制作毛发		
视频长度	00:02:01	难易指数 ★★☆☆☆	所在页 460

实例名称	实战：用Hair和Fur（WSM）修改器制作牙刷		
技术掌握	用Hair和Fur（WSN）修改器在特定部位制作毛发		
视频长度	00:02:53	难易指数 ★★☆☆☆	所在页 461

实例名称	实战：用Hair和Fur（WSN）修改器制作蒲公英		
技术掌握	用Hair和Fur（WSN）修改器制作几何体毛发		
视频长度	00:02:22	难易指数 ★★☆☆☆	所在页 462

实例名称	实战：用VRay毛皮制作毛巾		
技术掌握	用VRay毛皮制作毛巾		
视频长度	00:01:10	难易指数 ★☆☆☆☆	所在页 465

实例名称	实战：用VRay毛皮制作草地		
技术掌握	用VRay毛皮制作草地		
视频长度	00:02:13	难易指数 ★☆☆☆☆	所在页 466

实例名称	实战：用VRay毛皮制作地毯		
技术掌握	用VRay毛皮制作地毯		
视频长度	00:01:50	难易指数 ★☆☆☆☆	所在页 467

动画篇 难点

动画是一门综合艺术，是工业社会人类寻求精神解脱的产物，是集合了绘画、漫画、电影、数字媒体、摄影、音乐、文学等众多艺术门类于一身的艺术表现形式，将多张连续的单帧画面连在一起就形成了动画。3ds Max作为世界上最为优秀的三维软件之一，为用户提供了一套非常强大的动画系统，包括基本动画系统和骨骼动画系统。无论采用哪种方法制作动画，都需要动画师对角色或物体的运动有着细致的观察和深刻的体会，抓住了运动的"灵魂"才能制作出生动逼真的动画作品。

动画是基于人的视觉原理创建运动图像，在一定时间内连续快速观看一系列相关联的静止画面时，会感觉动作连续，每个单幅画面被称为"帧"。在3ds Max中创建动画，只需要创建记录每个动画序列的起始和结束的关键帧，这些关键帧被称为"关键点"，关键帧之间的插值由软件自动计算完成。

本书第16章和第17章分别介绍了3ds Max的基础动画与高级动画，这部分内容包含21个实例（其中有3个综合实例），属于全书的重点，同时也是难点，内容覆盖面也比较广，包含旋转动画、扭曲动画、飞舞动画、游动动画、写字动画、漫游动画、眼神动画、表情动画、变形动画、生长动画、爬行动画、行走动画、打斗动画和群集动画等。在讲解动画内容时，我们尽量做到全面、细致，让读者参照书中所讲便能制作出相应的动画。

实例名称	实战：用自动关键点制作风车旋转动画	技术掌握	用自动关键点制作旋转动画	视频长度	00:01:31	难易指数 ★★☆☆☆	所在页 469

| 实例名称 | 实战：用自动关键点制作茶壶扭曲动画 | 技术掌握 | 用自动关键点制作扭曲动画 | 视频长度 | 00:01:06 | 难易指数 | ★★☆☆☆ | 所在页 | 470 |

| 实例名称 | 实战：用曲线编辑器制作蝴蝶飞舞动画 | 技术掌握 | 用曲线编辑器编辑动画曲线 | 视频长度 | 00:04:50 | 难易指数 | ★★☆☆☆ | 所在页 | 473 |

| 实例名称 | 实战：用路径约束制作金鱼游动动画 | 技术掌握 | 用路径约束制作游动动画 | 视频长度 | 00:01:39 | 难易指数 | ★★☆☆☆ | 所在页 | 475 |

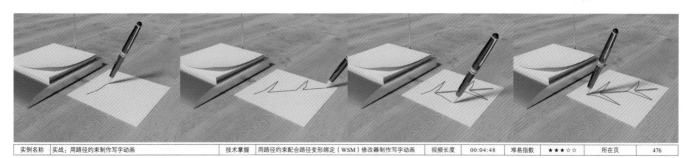

| 实例名称 | 实战：用路径约束制作写字动画 | 技术掌握 | 用路径约束配合路径变形绑定（WSM）修改器制作写字动画 | 视频长度 | 00:04:48 | 难易指数 | ★★★☆☆ | 所在页 | 476 |

| 实例名称 | 实战：用路径约束制作摄影机动画 | 技术掌握 | 用路径约束制作摄影机动画（建筑漫游动画） | 视频长度 | 00:02:12 | 难易指数 | ★★☆☆☆ | 所在页 | 477 |

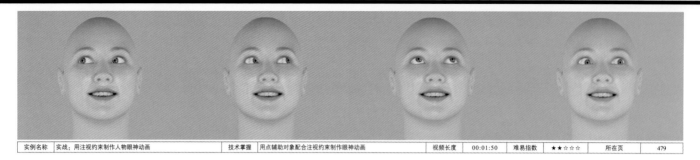

实例名称	实战：用注视约束制作人物眼神动画	技术掌握	用点辅助对象配合注视约束制作眼神动画	视频长度	00:01:50	难易指数	★★☆☆☆	所在页	479

实例名称	实战：用变形器修改器制作露珠变形动画	技术掌握	用变形器修改器制作变形动画	视频长度	00:02:58	难易指数	★★☆☆☆	所在页	481

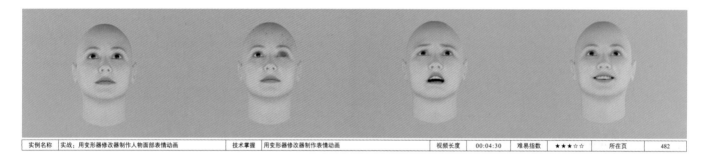

实例名称	实战：用变形器修改器制作人物面部表情动画	技术掌握	用变形器修改器制作表情动画	视频长度	00:04:30	难易指数	★★★☆☆	所在页	482

实例名称	实战：用路径变形（WSM）修改器制作生长动画	技术掌握	用路径变形（WSM）修改器制作生长动画	视频长度	00:04:29	难易指数	★★★☆☆	所在页	483

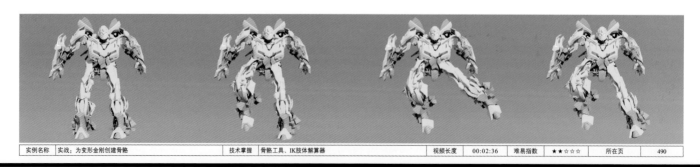

实例名称	实战：为变形金刚创建骨骼	技术掌握	骨骼工具、IK肢体解算器	视频长度	00:02:36	难易指数	★★☆☆☆	所在页	490

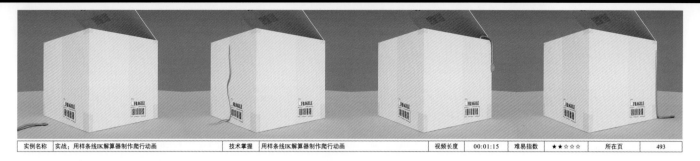

| 实例名称 | 实战：用样条线IK解算器制作爬行动画 | 技术掌握 | 用样条线IK解算器制作爬行动画 | 视频长度 | 00:01:15 | 难易指数 | ★★☆☆☆ | 所在页 | 493 |

| 实例名称 | 实战：用Biped制作人体行走动画 | 技术掌握 | 用Biped制作行走动画 | 视频长度 | 00:01:58 | 难易指数 | ★★★☆☆ | 所在页 | 502 |

| 实例名称 | 实战：用Biped制作搬箱子动画 | 技术掌握 | 用Bip动作库制作动画 | 视频长度 | 00:02:20 | 难易指数 | ★★★☆☆ | 所在页 | 503 |

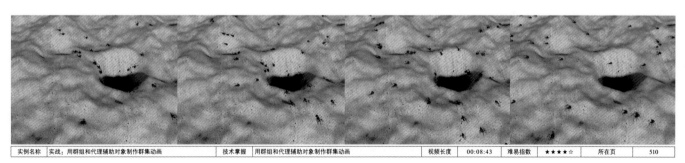

| 实例名称 | 实战：用群组和代理辅助对象制作群集动画 | 技术掌握 | 用群组和代理辅助对象制作群集动画 | 视频长度 | 00:08:43 | 难易指数 | ★★★★☆ | 所在页 | 510 |

| 实例名称 | 实战：用CAT父对象制作动物行走动画 | 技术掌握 | 用CAT父对象辅助对象制作行走动画 | 视频长度 | 00:01:19 | 难易指数 | ★★★☆☆ | 所在页 | 515 |

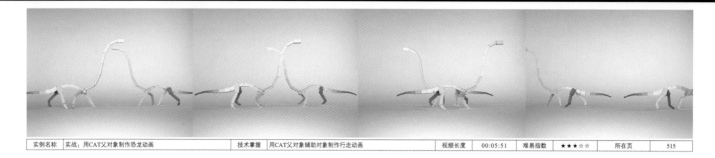

| 实例名称 | 实战：用CAT父对象制作恐龙动画 | 技术掌握 | 用CAT父对象辅助对象制作行走动画 | 视频长度 | 00:05:51 | 难易指数 | ★★★☆☆ | 所在页 | 515 |

| 实例名称 | 实战：用填充制作人群动画 | 技术掌握 | 用填充制作人群动画 | 视频长度 | 00:03:22 | 难易指数 | ★★★☆☆ | 所在页 | 519 |

| 实例名称 | 综合实例：制作人物打斗动画 | 技术掌握 | 用蒙皮修改器为人物蒙皮，用Bip动作库制作打斗动画 | 视频长度 | 00:01:32 | 难易指数 | ★★★☆☆ | 所在页 | 521 |

| 实例名称 | 综合实例：制作飞龙爬树动画 | 技术掌握 | 用CAT父对象创建骨骼，用蒙皮修改器为角色蒙皮，用路径约束制作约束动画 | 视频长度 | 00:03:22 | 难易指数 | ★★★★☆ | 所在页 | 522 |

| 实例名称 | 综合实例：制作守门员救球动画 | 技术掌握 | 用Biped创建骨骼，用蒙皮修改器蒙皮，用Bip动作库制作扑球动画，用将选定项设置为动力学刚体工具制作刚体动画 | 视频长度 | 00:05:39 | 难易指数 | ★★★★★ | 所在页 | 523 |

前　言

Autodesk的3ds Max是世界顶级的三维动画软件之一，由于3ds Max的强大功能，使其从诞生以来就一直受到CG艺术家的喜爱。3ds Max在模型塑造、场景渲染、动画及特效等方面都能制作出高品质的对象，这也使其在室内设计、建筑表现、影视与游戏制作等领域中占据领导地位，成为全球最受欢迎的三维制作软件之一。

本书是初学者自学中文版3ds Max 2014的经典畅销图书。全书从实用角度出发，全面、系统地讲解了中文版3ds Max 2014所有应用功能，基本上涵盖了中文版3ds Max 2014的全部工具、面板、对话框和菜单命令。书中在介绍软件功能的同时，还精心安排了200个具有针对性的实战实例和11个综合实例，帮助读者轻松掌握软件使用技巧和具体应用，以做到学用结合，并且，全部实例都配有多媒体有声视频教学录像，详细演示了实例的制作过程。此外，还提供了用于查询软件功能、实例、疑难问答、技术专题的索引，同时还为初学者配备了效果图制作实用附录（常见物体折射率、常用家具尺寸和室内物体常用尺寸）以及60种常见材质的参数设置索引。

本书自2009年的3ds Max 2009版本以来，一直稳居多媒体类图书销售排行榜前列。这一版《中文本3ds Max 2014完全自学教程》不仅补充了软件的新功能，修订了前一版的纰漏，更是大幅度提升了实例的视觉效果和技术含量；同时采纳读者的建议，在实例编排上更加突出针对性和实用性，对于建模技术、灯光技术、材质技术、渲染技术、粒子技术、动力学技术和动画技术均有增强，以期再续经典。

本书的结构与内容

本书共17章，从最基础的3ds Max 2014的应用领域开始讲起，先介绍软件的界面和操作方法，然后讲解软件的功能，包含3ds Max 2014的基本操作、6大建模技术、灯光技术、摄影机技术、材质与贴图技术、环境和效果技术、渲染技术，再到粒子系统与空间扭曲、动力学、毛发技术和动画技术等高级功能。内容涉及各种实用模型制作、场景布光、摄影机景深和运动模糊、场景材质与贴图设置、场景环境和效果设置、VRay渲染参数设置、粒子动画、动力学刚体动画、场景毛发、关键帧动画、约束动画、变形动画、角色动画（骨骼与蒙皮）等。在介绍软件功能的同时，还对内置几何体建模、样条线建模、修改器建模、多边形建模、VRay灯光设置、VRayMtl材质设置、VRay渲染参数设置、粒子动画、刚体动画、关键帧动画和角色动画等核心功能进行了深入剖析。

本书的版面结构说明

为了达到让读者轻松自学，以及深入地了解软件功能的目的，本书专门设计了"实战"、"技巧与提示"、"疑难问答"、"技术专题"、"知识链接"、"综合实例"等项目，简要介绍如下。

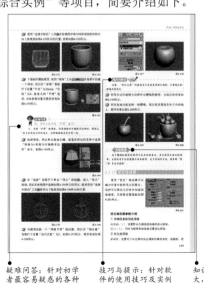

实战：安排合适的实例学习软件的各种工具、命令及重点技术。

技术专题：包含大量的技术性知识点详解，让读者深入掌握软件的各项技术。

疑难问答：针对初学者最容易疑惑的各种问题进行解答。

技巧与提示：针对软件的使用技巧及实例操作过程中的难点进行重点提示。

知识链接：3ds Max 2014体系庞大，许多功能之间都有着密切的联系。"知识链接"标出了与当前介绍功能相关的其他知识所在的页码或章节。

综合实例：针对软件的各项重要技术进行综合练习。

本书检索说明

　　为了让读者更加方便地学习3ds Max，同时在学习本书内容时能轻松查找到本书的重要内容，我们在本书的最后制作了3个附录，分别是"附录1：本书索引"、"附录2：效果图制作实用附录"和"附录3：常见材质参数设置索引"，简要介绍如下。

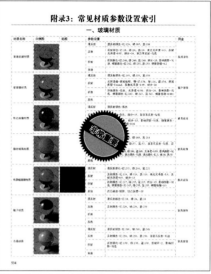

附录1：包含3ds Max的快捷键索引，以及本书实战、综合实例、疑难问答和技术专题的速查表。

附录2：包含常见物体的折射率、常见家具和常见室内物体的尺寸速查表。

附录3：这是三大索引中最重要的一个，包含60种常见材质的参数设置索引，在"专家讲堂"中有这些材质的制作视频。

本书配书资源说明

　　本书附带配书资源，内容包括本书所有实例的实例文件、场景文件、贴图文件、多媒体有声视频教学录像以及1套3ds Max 2014的专家讲堂，同时我们还准备了500套常用单体模型、5套CG场景、15套效果图场景、5000多张经典位图贴图和180个高动态HDRI贴图赠送读者。读者在学完本书内容以后，可以调用这些资源进行深入练习。

策划/编辑

总编	刘有良
策划编辑	王祥
执行编辑	王祥
校对编辑	游翔 李伟
美术编辑	李梅霞

售后服务

　　在学习技术的过程中会碰到一些难解的问题，我们衷心地希望能够为广大读者提供力所能及的服务，尽可能地帮读者解决一些实际问题，如果读者在学习过程中需要我们的帮助，请通过以下方式与我们取得联系，我们将尽力解答。

　　客服/投稿QQ：996671731

　　客服邮箱：iTimes@126.com

　　祝您在学习的道路上百尺竿头，更进一步！

时代印象
2013年8月

本书配书资源内容介绍

本书附带配书资源，内容包含"实例文件"、"场景文件"、"多媒体教学"、"专家讲堂"和"附赠资源"5个文件夹。其中"实例文件"文件夹中包含本书所有实例的源文件、效果图和贴图；"场景文件"文件夹中包含本书所有实例用到的场景文件；"多媒体教学"文件夹中包含本书200个实战、11个综合实例的多媒体有声视频教学录像，共211集；"专家讲堂"是我们专门为初学者而开发，针对中文版3ds Max 2014的各种常用工具、常用技术与常见疑难录制的一套多媒体有声视频教学录像，共160集；"附赠资源"文件夹中是我们特地赠送的学习资源，其中包含500套常用单体模型、5套大型CG场景、15套大型效果图场景、5000多张经典位图贴图和180个高动态HDRI贴图。读者可以在学完本书内容后继续用这些资源进行练习，彻底将3ds Max 2014"一网打尽"！

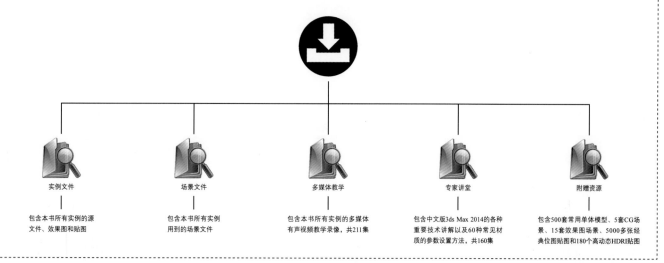

实例文件	场景文件	多媒体教学	专家讲堂	附赠资源
包含本书所有实例的源文件、效果图和贴图	包含本书所有实例用到的场景文件	包含本书所有实例的多媒体有声视频教学录像，共211集	包含中文版3ds Max 2014的各种重要技术讲解以及60种常用材质的参数设置方法，共160集	包含500套常用单体模型、5套CG场景、15套效果图场景、5000多张经典位图贴图和180个高动态HDRI贴图

211集大型多媒体全自动高清有声视频教学录像

为了方便大家学习3ds Max 2014，我们特别录制了本书所有实例的多媒体高清有声视频教学录像，分为实战（200集）和综合实例（11集）两个部分，共211集。其中实战视频专门针对3ds Max 2014软件的各种工具、命令及实际工作中经常要用到的各种重要技术进行讲解；综合实例视频专门针对在实际工作中经常遇到的各项核心技术（建模、灯光、材质、渲染、动画）进行全面性地讲解，读者可以边观看视频，边学习本书的内容。

打开"多媒体教学"文件夹，在该文件夹中有1个"多媒体教学（启动程序）.exe"文件，双击该文件便可观看本书视频，无需其他播放器。

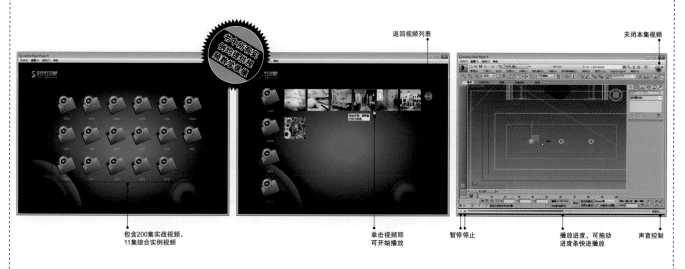

★温馨提示★

为了更流畅地播放多媒体视频教学与调用源文件及其他文件，请读者将配书资源中的所有内容下载到计算机硬盘中。另外，请读者珍惜我们的劳动成果，不要将视频文件上传到互联网上，如若发现，我们将追究法律责任。

超值附赠5套大型CG场景、15套大型效果图场景、500套单体模型

　　为了让读者更方便地学习3ds Max 2014，我们特地为读者准备了5套大型CG场景、15套大型效果图场景和500套单体模型供读者练习使用。这些场景仅供练习使用，请不要用于商业用途。

　　资源位置：附赠资源>"CG场景"文件夹、"效果图场景"文件夹、"单体模型库"文件夹

大型效果图场景展示 ▼

部分单体模型展示 ▼

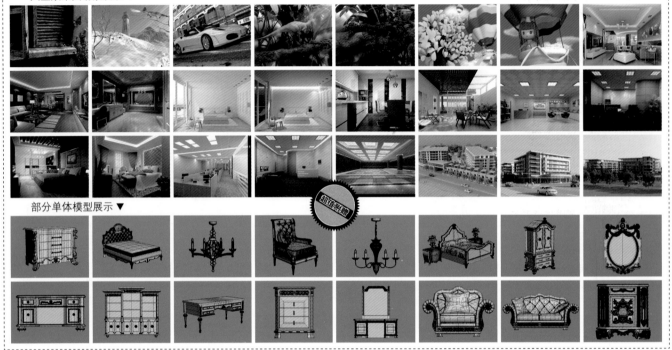

超值附赠180个高动态HDRI贴图、5000多张高清稀有位图贴图

　　由于HDRI贴图在实际工作中经常用到，并且又很难找到。基于此，我们特地为读者准备了180个HDRI贴图。HDRI拥有比普通RGB格式图像（仅8bit的亮度范围）更大的亮度范围，标准的RGB图像最大亮度值是R255、G255、B255，如果用这样的图像结合光能传递照明一个场景的话，即使是最亮的白色也不足以提供足够的照明来模拟真实世界中的情况，渲染效果看上去会很平淡，并且缺乏对比，原因是这种图像文件将现实中的大范围的照明信息仅用一个8bit的RGB图像描述。而使用HDRI的话，相当于将太阳光的亮度值（比如6000%）加到光能传递计算以及反射的渲染中，得到的渲染效果将会非常真实、漂亮。

　　另外，我们还为读者准备了5000多张高清稀有位图贴图，这些贴图都是我们在实际工作中收集的，大家可以用这些贴图进行练习。

　　资源位置：附赠资源>"高动态HDRI贴图"文件夹、"高清位图贴图"文件夹

高动态HDRI贴图展示 ▼

高清位图贴图展示 ▼

超值附赠1套专家讲堂（共160集）

为了让初学者更方便、有效地学习3ds Max 2014，我们特地为大家录制了1套超大型的"专家讲堂"多媒体有声视频教学录像，共160集。

资源位置："专家讲堂"文件夹

本套视频的相关特点与注意事项如下。

第1点：本套视频非常适合入门级读者观看，因为本套视频完全针对初学者开发。

第2点：本套视频采用中文版3ds Max 2014进行录制。无论您用的是3ds Max 2012、3ds Max 2013，还是更低版本的3ds Max 2009和3ds Max 9，您都可以观看本套视频。因为3ds Max无论如何升级，其核心功能是不会变的。

第3点：本套视频包含3ds Max的一些基础操作及核心的技术，如常用的场景对象操作工具、常用的建模工具、常用灯光、摄影机、材质与贴图、VRay渲染技术和动画等内容，基本包括3ds Max的各项重要技术，相信您看完本套视频一定会有所收获。另外，本套视频还录制了3ds Max的常见关键技术及本书的最后一个附录（60种常用材质的参数设定）。

第4点：本套视频是由我们策划组经过长时间精心策划而录制的视频，主要是为了方便读者大学3ds Max，希望读者珍惜我们的劳动成果，不要将视频上传到互联网上，如若发现，我们将追究法律责任！

为了方便读者查询所要观看的视频，我们将本套视频的目录结构整理到一个PDF文档中，放在"专家讲堂"文件夹中，用户可以使用Adobe Render软件或Adobe Acrobat软件查看本目录。本套视频共分为8讲，第1讲 3ds Max入门，第2讲 常用工具与命令，第3讲 建模技术，第4讲 灯光、摄影机、材质与贴图，第5讲 VRay渲染精髓，第6讲 粒子、动力学与动画，第7讲 关键技术解析，第8讲 常见材质参数设定。

打开"专家讲堂"文件夹，在该文件夹中有1个"专家讲堂（启动程序）.exe"文件，双击该文件便可观看本书视频，无需其他播放器。

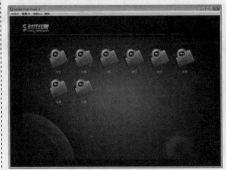  

目 录

注：★重点 为3ds Max 2014的软件技术重点（读者必须完全掌握） ★重点 为重点实战（读者必须多加练习） ■■ 为实战和综合实例。

3DS MAX

 实战

第1章

进入3ds Max 2014的世界

Employment direction
从业方向

 CG影视行业   CG建筑行业

 CG工业行业   CG动漫行业

 CG游戏行业   CG时尚达人

1.1 认识3ds Max 2014

Autodesk公司出品的3ds Max是世界顶级的三维软件之一，由于3ds Max强大的功能，使其从诞生以来就一直受到CG艺术家的喜爱。到目前为止，Autodesk公司已将3ds Max升级到2014版本，当然其功能也变得更加强大。

3ds Max在模型塑造、场景渲染、动画及特效等方面都能制作出高品质的对象，这也使其在插画、影视动画、游戏、产品造型和效果图等领域中占据领导地位，成为全球最受欢迎的三维制作软件之一，如图1-1~图1-5所示。

图1-1 图1-2 图1-3

图1-4 图1-5

 技巧与提示

从3ds Max 2009开始，Autodesk公司推出了两个版本的3ds Max，一个是面向影视动画专业人士的3ds Max；另一个是专门为建筑师、设计师以及可视化设计量身定制的3ds Max Design，对于大多数用户而言，这两个版本是没有任何区别的。请大家注意，本书均采用中文版3ds Max 2014版（普通版）来编写。

1.2 3ds Max 2014的工作界面

安装好3ds Max 2014后，可以通过以下两种方法来启动3ds Max 2014。

第1种：双击桌面上的快捷图标。

第2种：执行"开始>所有程序>Autodesk 3ds Max 2014>Autodesk 3ds Max 2014 Simplified Chinese"命令，如图1-6所示。

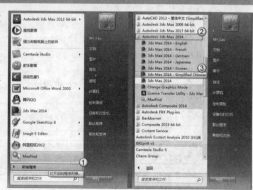
图1-6

在启动3ds Max 2014的过程中，可以观察到3ds Max 2014的启动画面，如图1-7所示，启动完成后可以看到其工作界面，如图1-8所示。3ds Max 2014的视口显示是四视图显示，如果要切换到单一的视图显示，可以单击界面右下角的"最大化视口切换"按钮⬚或按Alt+W组合键，如图1-9所示。

图1-7

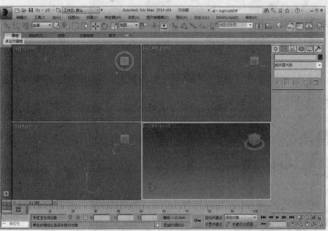

图1-8

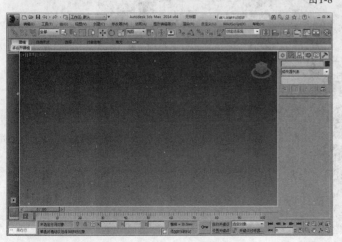

图1-9

技术专题 01 如何使用教学影片

在初次启动3ds Max 2014时，系统会自动弹出"欢迎使用3ds Max"对话框，其中包括6个入门视频教程，如图1-10所示。

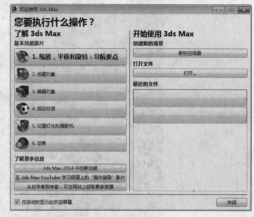

图1-10

若想在启动3ds Max 2014时不弹出"欢迎使用3ds Max"对话框，只需要在该对话框左下角关闭"在启动时显示此欢迎屏幕"选项即可，如图1-11所示；若要恢复"欢迎使用3ds Max"对话框，可以执行"帮助>欢迎屏幕"菜单命令来打开该对话框，如图1-12所示。

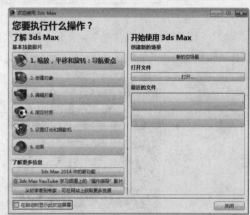

图1-11

图1-12

41

3ds Max 2014的工作界面分为"标题栏"、"菜单栏"、"主工具栏"、"视口区域"、"视口布局选项卡"、"建模工具选项卡"、"命令"面板、"时间尺"、"状态栏"、"时间控制按钮"和"视口导航控制按钮"11个部分，如图1-13所示。

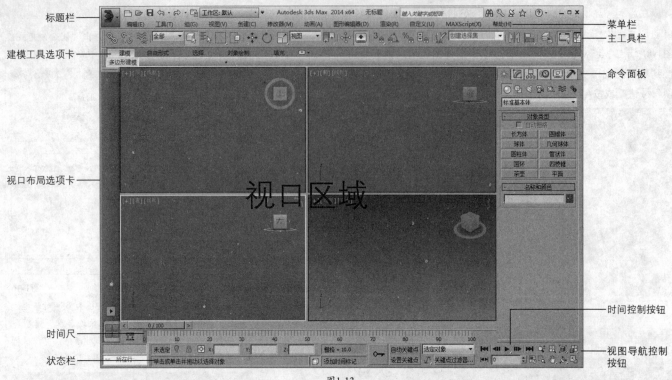

图1-13

默认状态下的"主工具栏"、"命令"面板和"视口布局选项卡"分别停靠在界面的上方、右侧和左侧，可以通过拖曳的方式将其移动到视图的其他位置，这时将以浮动的面板形态呈现在视图中，如图1-14所示。

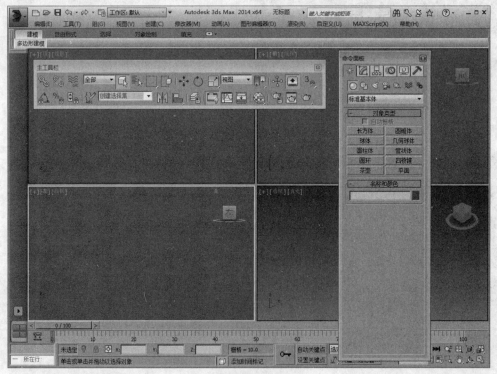

图1-14

疑难问答 ?

问：如何将浮动的工具栏/面板恢复到停靠状态？

答：若想将浮动的工具栏/面板切换回停靠状态，可以将浮动的面板拖曳到任意一个面板或工具栏的边缘，或者直接双击工具栏/面板的标题名称也可返回到停靠状态。比如"命令面板"是浮动在界面中的，将光标放在"命令面板"的标题名称上，然后双击鼠标左键，这样"命令面板"就会返回到停靠状态，如图1-15和图1-16所示。另外，也可以在工具栏/面板的顶部单击鼠标右键，然后在弹出的菜单中选择"停靠"菜单下的子命令来选择停靠位置，如图1-17所示。

图1-15

图1-16

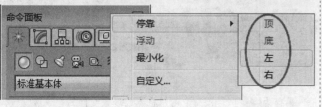

图1-17

1.3 标题栏

3ds Max 2014的"标题栏"位于界面的最顶部。"标题栏"上包含当前编辑的文件名称、版本信息，同时还有软件图标（这个图标也称为"应用程序"图标）、快速访问工具栏和信息中心3个非常人性化的工具栏，如图1-18所示。

应用程序　快速访问工具栏　版本信息　文件名称　　信息中心

图1-18

本节知识概要

知识名称	主要作用	重要程度
应用程序	集合了用于管理场景的大多数常用命令	高
快速访问工具栏	集合了用于管理场景文件的几个常用命令	中
信息中心	用于访问有关3ds Max 2014和其他Autodesk产品的信息	低

★ 重点 ★

1.3.1 应用程序

单击"应用程序"图标 会弹出一个用于管理场景文件的下拉菜单。这个菜单与之前版本的"文件"菜单类似，主要包括"新建"、"重置"、"打开"、"保存"、"另存为"、"导入"、"导出"、"发送到"、"参考"、"管理"、"属性"和"最近使用的文档"12个常用命令，如图1-19所示。

图1-19

由于"应用程序"菜单下的命令都是一些常用的命令，因此使用频率很高，这里提供一下这些命令的键盘快捷键，如下表所示。请牢记这些快捷键，这样可以节省很多操作时间。

命令	快捷键
新建	Ctrl+N
打开	Ctrl+O
保存	Ctrl+S
退出3ds Max	Alt+F4

应用程序菜单介绍

新建：该命令用于新建场景，包含3种方式，如图1-20所示。

图1-20

新建全部：新建一个场景，并清除当前场景中的所有内容。

保留对象：保留场景中的对象，但是删除它们之间的任意链接以及任意动画键。

保留对象和层次：保留对象以及它们之间的层次链接，但是删除任意动画键。

 **技巧与提示**

在一般情况下，新建场景都用快捷键来完成。按Ctrl+N组合键可以打开"新建场景"对话框，在该对话框中也可以选择新建方式，如图1-21所示。这种方式是最快捷的新建方式。

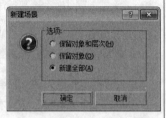

图1-21

重置：执行该命令可以清除所有数据，并重置3ds Max设置（包括视口配置、捕捉设置、材质编辑器、视口背景图像等）。重置可以还原启动默认设置，并且可以移除当前所做的任何自定义设置。

打开：该命令用于打开场景，包含两种方式，如图1-22所示。

图1-22

打开：执行该命令或按Ctrl+O组合键可以打开"打开文件"对话框，在该对话框中可以选择要打开的场景文件，如图1-23所示。

图1-23

技巧与提示

除了可以用"打开"命令打开场景以外，还有一种更为简便的方法。在文件夹中选择要打开的场景文件，然后使用鼠标左键将其直接拖曳到3ds Max的操作界面即可将其打开，如图1-24所示。

拖曳场景文件
到操作界面将
其打开

图1-24

从Vault中打开：执行该命令可以直接从 Autodesk Vault（3ds Max附带的数据管理提供程序）中打开 3ds Max文件，如图1-25所示。

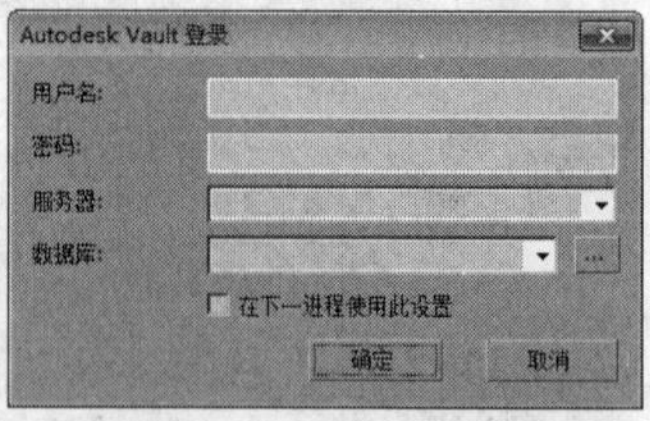

图1-25

保存：执行该命令可以保存当前场景。如果先前没有保存场景，则执行该命令会打开"文件另存为"对话框，在该对话框中可以设置文件的保存位置、文件名以及保存的类型，如图1-26所示。

设置文件
保存位置

设置文件
保存名称

设置文件
保存类型

图1-26

另存为：执行该命令可以将当前场景文件另存一份，包含4种方式，如图1-27所示。

图1-27

另存为 ：执行该命令可以打开"文件另存为"对话框，在该对话框中可以设置文件的保存位置、文件名以及保存类型，如图1-28所示。

图1-28

疑难问答

问："保存"命令与"另存为"命令有何区别？

答：对于"保存"命令，如果事先已经保存了场景文件，也就是计算机硬盘中已经有这个场景文件，那么执行该命令可以直接覆盖这个文件；如果计算机硬盘中没有场景文件，那么执行该命令会打开"文件另存为"对话框，设置好文件保存位置、保存命令和保存类型后才能保存文件，这种情况与"另存为"命令的工作原理是一样的。

对于"另存为"命令，如果硬盘中已经存在场景文件，执行该命令同样会打开"文件另存为"对话框，可以选择另存为一个文件，也可以选择覆盖原来的文件；如果硬盘中没有场景文件，执行该命令还是会打开"文件另存为"对话框。

保存副本为 ：执行该命令可以用一个不同的文件名来保存当前场景。

保存选定对象 ：在视口中选择一个或多个几何体对象以后，执行该命令可以保存选定的几何体。注意，只有在选择了几何体的情况下该命令才可用。

归档 ：这是一个比较实用的功能。执行该命令可以将创建好的场景、场景位图保存为一个ZIP压缩包。对于复杂的场景，使用该命令进行保存是一种很好的保存方法，因为这样不会丢失任何文件。

知识链接

"归档"命令在实际工作比较常用，关于该命令的具体用法请参阅47页的"实战：用归档功能保存场景"。

导入 ：该命令可以加载或合并当前3ds Max场景文件中以外的

几何体文件，包含3种方式，如图1-29所示。

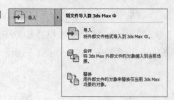

图1-29

导入 ：执行该命令可以打开"选择要导入的文件"对话框，在该对话框中可以选择要导入的文件，如图1-30所示。

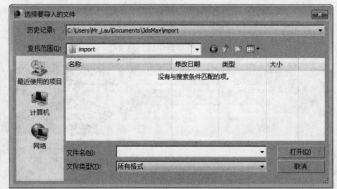

图1-30

合并 ：执行该命令可以打开"合并文件"对话框，在该对话框中可以将保存的场景文件中的对象加载到当前场景中，如图1-31所示。

图1-31

技巧与提示

选择要合并的文件后，在"合并文件"对话框中单击"打开"按钮，3ds Max会弹出"合并"对话框，在该对话框中可以选择要合并的文件类型，如图1-32所示。

图1-32

替换：执行该命令可以替换场景中的一个或多个几何体对象。

导出：该命令可以将场景中的几何体对象导出为各种格式的文件，包含3种方式，如图1-33所示。

图1-33

导出：执行该命令可以导出场景中的几何体对象，在弹出的"选择要导出的文件"对话框中可以选择要导出成何种文件格式，如图1-34所示。

图1-34

导出选定对象：在场景中选择几何体对象以后，执行该命令可以用各种格式导出选定的几何体。

导出到DWF：执行该命令可以将场景中的几何体对象导出成dwf格式的文件。这种格式的文件可以在AutoCAD中打开。

发送到：该命令可以将当前场景发送到其他软件中，以实现交互式操作，可发送的软件有4种，如图1-35所示。

图1-35

疑难问答 ❓

问：Maya/Softimage/MotionBuilder/Mudbox是什么软件？

答：Maya（该软件是Autodesk公司的软件）是世界顶级的三维动画制作软件，应用对象是专业的影视广告、角色动画和电影特技等。Maya功能完善、工作灵活、易学易用，制作效率极高，渲染真实感极

强，是电影级别的高端制作软件，《星球大战前传》、《X-MEN》、《魔比斯环》等电影中都有Maya完成的画面效果。

Softimage（该软件是Autodesk公司的软件）是一款专业的3D动画制作软件。Softimage占据了娱乐业和影视业的主要市场，动画设计师们用这个软件制作出了很多优秀的影视作品，如《泰坦尼克号》、《失落的世界》、《第五元素》等电影中的很多镜头都是由Softimage完成的。

MotionBuilder（该软件是Autodesk公司的软件）是业界最为重要的3D角色动画制作软件之一。它集成了众多优秀的工具，为制作高质量的动画作品提供了保证。

Mudbox（该软件是Autodesk公司的软件）是一款用于数字雕刻与纹理绘画的软件，其基本操作方式与Maya（Maya也是Autodesk公司的软件）相似。

参考：该命令用于将外部的参考文件插入ds Max中，以供用户进行参考，可供参考的对象包含5种，如图1-36所示，常使用的功能为"资源追踪"。

图1-36

资源追踪：执行该命令可以打开"资源追踪"对话框，在该对话框中可以检入和检出文件、将文件添加至资源追踪系统（ATS）以及获取文件的不同版本等，如图1-37所示。

图1-37

管理：该命令用于对3ds Max的相关资源进行管理，如图1-38所示。

图1-38

设置项目文件 ：执行该命令可以打开"浏览文件夹"对话框，在该对话框中可以选择一个文件夹作为3ds Max当前项目的根文件夹，如图1-39所示。

属性 ：该命令用于显示当前场景的详细摘要信息和文件属性信息，如图1-40所示。

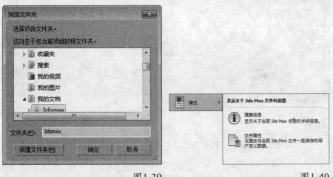

图1-39　　　　　　　　图1-40

选项 ：单击该按钮可以打开"首选项设置"对话框，在该对话中几乎可以设置3ds Max所有的首选项，如图1-41所示。

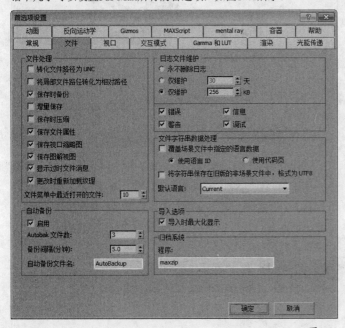

图1-41

退出3ds Max ：单击该按钮可以退出3ds Max，快捷键为Alt+F4组合键。

技巧与提示

如果当前场景中有编辑过的对象，那么在退出时会弹出一个3ds Max对话框，提示"场景已修改。保存更改？"，用户可根据实际情况进行操作，如图1-42所示。

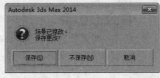

图1-42

实战：用归档功能保存场景

场景位置	场景文件>CH01>01.max
实例位置	实例文件>CH01>实战：用归档功能保存场景.zip
视频位置	多媒体教学>CH01>实战：用归档功能保存场景.flv
难易指数	★☆☆☆☆
技术掌握	掌握如何归档场景文件

按Ctrl+O组合键打开"打开文件"对话框，然后选择下载资源中的"场景文件>CH01>01.max"文件，接着单击"打开"按钮，如图1-43所示，打开的场景效果如图1-44所示。

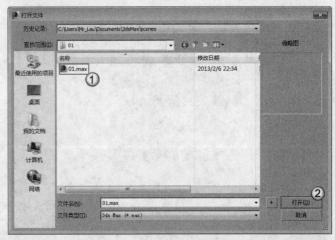

图1-43

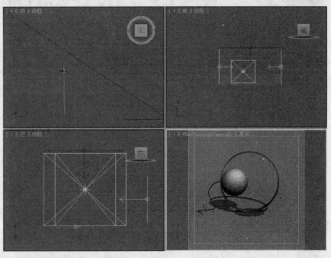

图1-44

疑难问答 ?

问：为什么在摄影机视图中有很多杂点？

答：这不是杂点，而是3ds Max 2014的实时照明和阴影显示效果（在默认情况下，在3ds Max 2014中打开的场景都有实时照明和阴影），如图1-45所示。如果要关闭实时照明和阴影，可以执行"视图>视口背景>配置视口背景"菜单命令，打开"视口配置"对话框，然后在"照明和阴影"选项组下关闭"高光"、"天光作为环境光颜色"、"阴影"、"环境光阻挡"和"环境反射"选项，接着单击"应用到活动视图"按钮，如图1-46所示，这样在活动视图中就不会显示出实时照明和阴影，如图1-47所示。注意，开启实时照明和阴影会占用一定的系统资源，建议计算机配置比较低的用户关闭这个功能。

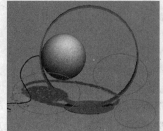

图1-45

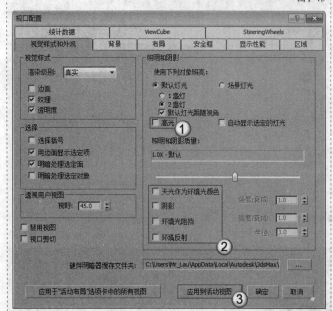

图1-46

图1-47

02 单击界面左上角的"应用程序"图标 ，然后在弹出的菜单中执行"另存为>归档"菜单命令，如图1-48所示，接着在弹出的"文件归档"对话框中选择保存位置和文件名，最后单击"保存"按钮 保存(S) ，如图1-49所示。

图1-48

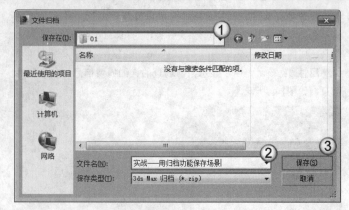

图1-49

技巧与提示

归档场景以后，在保存位置会出现一个zip压缩包，如图1-50所示，这个压缩包中会包含这个场景的所有文件以及一个归档信息文本，如图1-51所示。

图1-50   图1-51

1.3.2 快速访问工具栏

"快速访问工具栏"集合了用于管理场景文件的常用命令，便于用户快速管理场景文件，包括"新建"、"打开"、"保存"、"撤消"、"重做"和"设置项目文件夹"6个常用命令，同时用户也可以根据个人喜好对"快速访问工具栏"进行设置，如图1-52所示。

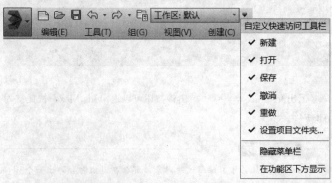

图1-52

知识链接

关于"新建"、"打开"和"保存"3个命令的用法请参阅"1.3.1 应用程序"中的相关内容；"撤消"和"重做"命令的用法请参阅49页"1.4.1 编辑菜单"中的相关内容。

1.3.3 信息中心

"信息中心"用于访问有关3ds Max 2014和其他Autodesk产品的信息，如图1-53所示。

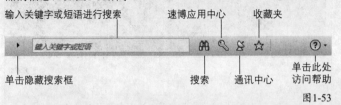

输入关键字或短语进行搜索　速博应用中心　收藏夹

单击隐藏搜索框　　　　搜索　通讯中心　单击此处访问帮助

图1-53

1.4 菜单栏

"菜单栏"位于工作界面的顶端，包含"编辑"、"工具"、"组"、"视图"、"创建"、"修改器"、"动画"、"图形编辑器"、"渲染"、"自定义"、"MAXScript（MAX脚本）"和"帮助"12个主菜单，如图1-54所示。

图1-54

本节知识概要

知识名称	主要作用	重要程度
编辑	用于编辑场景对象	高
工具	主要操作场景对象	高
组	对场景对象进行编辑或解组	高
视图	用于控制视图的显示方式以及设置视图的相关参数	高
创建	用于创建几何体、二维图形、灯光和粒子等对象	中
修改器	用于为场景对象加载修改器	中
动画	用于制作动画	中
图形编辑器	用图形化视图方式表达场景对象的关系	中
渲染	用于设置渲染参数以及设置场景的环境效果	高
自定义	用于更改用户界面以及设置3ds Max的首选项	中
MAXScript（MAX脚本）	用于创建、打开和运行脚本	低
帮助	提供帮助信息，供用户参考学习	低

技术专题 02 菜单命令的基础知识

在执行菜单栏中的命令时可以发现，某些命令后面有与之对应的快捷键，如图1-55所示。如"移动"命令的快捷键为W键，也就是说按W键就可以切换到"选择并移动"工具 。牢记这些快捷键能够节省很多操作时间。

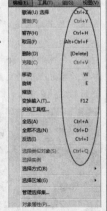

图1-55

若下拉菜单命令的后面带有省略号，则表示执行该命令后会弹出一个独立的对话框，如图1-56所示。

若下拉菜单命令的后面带有小箭头图标，则表示该命令还含有子命令，如图1-57所示。

图1-56　　　　　　　　图1-57

每个主菜单后面均有一个括号，且括号内有一个字母，例如"编辑"菜单后面的（E），这就表示可以利用E键来执行该菜单下的命令，下面以"编辑>撤消"菜单命令为例来介绍一下这种快捷方式的操作方法。按住Alt键（在执行相应命令之前不要松开该键），然后按E键，此时字母E下面会出现下划线（E），表示该菜单被激活，同时将弹出下面的子命令，如图1-58所示，接着按U键即可撤消当前操作，返回到上一步（按Ctrl+Z组合键也可以达到相同的效果）。

仔细观察菜单命令，会发现某些命令显示为灰色，这表示这些命令不可用，这是因为在当前操作中该命令没有合适的操作对象。例如，在没有选择任何对象的情况下，"组"菜单下的命令只有一个"集合"命令处于可用状态，如图1-59所示，而在选择了对象以后，"成组"命令和"集合"命令都可用，如图1-60所示。

下划线

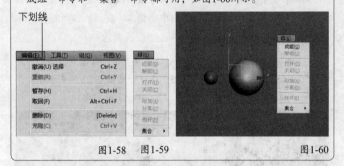

图1-58　　图1-59　　　　　　図1-60

★ 重点 ★

1.4.1 编辑菜单

"编辑"菜单下是一些编辑对象的常用命令，这些基本都配有快捷键，如图1-61所示。

图1-61

"编辑"菜单命令的键盘快捷键如下表所示。请牢记这些快捷键，这样可以节省很多操作时间。

命令	快捷键
撤消	Ctrl+Z
重做	Ctrl+Y
暂存	Ctrl+H
取回	Alt+Ctrl+F
删除	Delete
克隆	Ctrl+V
移动	W
旋转	E
变换输入	F12
全选	Ctrl+A
全部不选	Ctrl+D
反选	Ctrl+I
选择类似对象	Ctrl+Q
选择方式>名称	H

◤ 知识链接

关于"撤消"、"重做"、"移动"、"旋转"、"缩放"、"选择区域"和"管理选择集"命令的相关用法请参阅61页"1.5 主工具栏"中的相关内容。

编辑菜单命令介绍

暂存/取回：使用"暂存"命令可以将场景设置保存到基于磁盘的缓冲区，可存储的信息包括几何体、灯光、摄像机、视口配置以及选择集；使用"取回"还原上一个"暂存"命令存储的缓冲内容。

删除：选择对象以后，执行该命令或按Delete键可将其删除。

克隆：使用该命令可以创建对象的副本、实例或参考对象。

━ 技术专题 03 克隆的3种方式

选择一个对象以后，执行"编辑>克隆"菜单命令或按Ctrl+V组合键可以打开"克隆选项"对话框，在该对话框中有3种克隆方式，分别是"复制"、"实例"和"参考"，如图1-62所示。

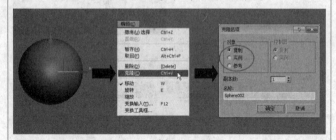

图1-62

1.复制

如果选择"复制"方式，那么将创建一个原始对象的副本对象，如图1-63所示。如果对原始对象或副本对象中的一个进行编辑，那么另外一个对象不会受到任何影响，如图1-64所示。

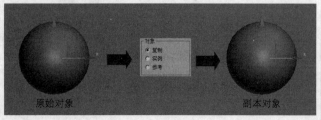

原始对象　　　　　　　副本对象

图1-63

对其中一个对象进行编辑，另外一个对象不受影响

图1-64

2.实例

如果选择"实例"方式，那么将创建一个原始对象的实例对象，如图1-65所示。如果对原始对象或副本对象中的一个进行编辑，那么另外一个对象也会跟着发生变化，如图1-66所示。这种复制方式很实用，在一个场景中创建一盏目标灯光，调节好参数以后，用"实例"方式将其复制若干盏到其他位置，这时如果修改其中一盏目标灯光的参数，所有目标灯光的参数都会跟着发生变化。

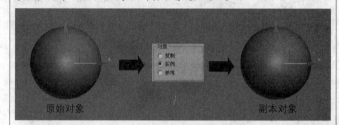

原始对象　　　　　　　副本对象

图1-65

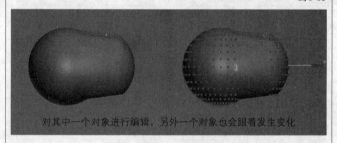

对其中一个对象进行编辑，另外一个对象也会跟着发生变化

图1-66

3.参考

如果选择"参考"方式，那么将创建一个原始对象的参考对象。如果对参考对象进行编辑，那么原始对象不会发生任何变化，如图1-67所示；如果为原始对象加载一个FFD 4×4×4修改器，那么参考对象也会被加载一个相同的修改器，此时对原始对象进行编辑，那么参考对象也会跟着发生变化，如图1-68所示。注意，在一般情况下不会用到这种克隆方式。

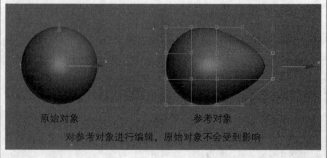

原始对象　　　　　　　参考对象

对参考对象进行编辑，原始对象不会受到影响

图1-67

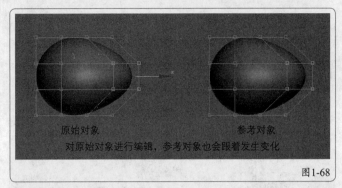

原始对象　　　　　　　　　　参考对象
对原始对象进行编辑，参考对象也会跟着发生变化

图1-68

变换输入： 该命令可以用于精确设置移动、旋转和缩放变换的数值。例如，当前选择的是"选择并移动"工具，那么执行"编辑>变换输入"菜单命令可以打开"移动变换输入"对话框，在该对话框中可以精确设置对象的x、y、z坐标值，如图1-69所示。

图1-69

技巧与提示

如果当前选择的是"选择并旋转"工具，执行"编辑>变换输入"菜单命令将打开"旋转变换输入"对话框，如图1-70所示；如果当前选择的是"选择并均匀缩放"工具，执行"编辑>变换输入"菜单命令将打开"缩放变换输入"对话框，如图1-71所示。

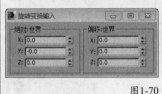 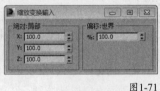

图1-70　　　　　　　　　　图1-71

变换工具框： 执行该命令可以打开"变换工具框"对话框，如图1-72所示。在该对话框中可以调整对象的旋转、缩放、定位以及对象的轴。

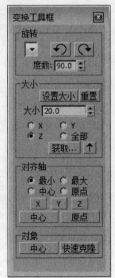

图1-72

全选： 执行该命令或按Ctrl+A组合键可以选择场景中的所有对象。

技巧与提示

注意，"全选"命令是基于"主工具栏"中的"过滤器"列表而言。比如，在"过滤器"列表中选择"全部"选项，那么执行"全选"命令可以选择场景中所有的对象；如果在"过滤器"列表中选择"L-灯光"选项，那么执行"全选"命令将选择场景中的所有灯光，而其他的对象不会被选择。

全部不选： 执行该命令或按Ctrl+D组合键可以取消对对象的选择。

反选： 执行该命令或按Ctrl+I组合键可以反向选择对象。

选择类似对象： 执行该命令或按Ctrl+Q组合键可以自动选择与当前选择对象类似的所有对象。注意，类似对象是指这些对象位于同一层中，并且应用了相同的材质或不应用材质。

选择实例： 执行该命令可以选择选定对象的所有实例化对象。如果对象没有实例或者选定了多个对象，则该命令不可用。

选择方式： 该命令包含3个子命令，如图1-73所示。

名称： 执行该命令或按H键可以打开"从场景选择"对话框，如图1-74所示。

图1-73　　　　　　　　　　图1-74

知识链接

"名称"命令与"主工具栏"中的"按名称选择"工具是相同的，关于该命令的具体用法请参阅61页"1.5 主工具栏"中的"按名称选择"工具的相关介绍。

层： 执行该命令可以打开"按层选择"对话框，如图1-75所示。在该对话框中选择一个或多个层以后，那么这些层中的所有对象都会被选择。

颜色： 执行该命令可以选择与选定对象具有相同颜色的所有对象。

对象属性： 选择一个或多个对象以后，执行该命令可以打开"对象属性"对话框，如图1-76所示。在该对话框中可以查看和编辑对象的"常规"、"高级照明"、"mental ray"和"用户定义"参数。

 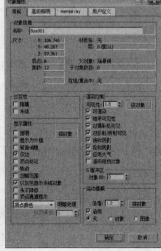

图1-75　　　　　　　　　　图1-76

★ 重点 ★
1.4.2 工具菜单

"工具"菜单主要包括对物体进行基本操作的常用命令，如图1-77所示。

图1-77

"工具"菜单命令的键盘快捷键如下表所示。

命令	快捷键
孤立当前选择	Alt+Q
对齐>对齐	Alt+A
对齐>快速对齐	Shift+A
对齐>间隔工具	Shift+I
对齐>法线对齐	Alt+N
栅格和捕捉>捕捉开关	S
栅格和捕捉>角度捕捉切换	A
栅格和捕捉>百分比捕捉切换	Shift+Ctrl+P
栅格和捕捉>捕捉使用轴约束	Alt+D或Alt+F3

知识链接

下面只讲解在实际工作中常用的命令。另外，关于"层管理器"、"镜像"、"对齐"和"栅格和捕捉"命令的相关用法请参阅61页"1.5 主工具栏"中的相关介绍。

工具菜单常用命令介绍

孤立当前选择：这是一个相当重要的命令，也是一种特殊选择对象的方法，可以将选择的对象单独显示出来，以方便对其进行编辑。

知识链接

关于"孤立当前选择"命令的具体用法请参阅63页中的"技术专题：选择对象的5种方法"。

灯光列表：执行该命令可以打开"灯光列表"对话框，如图1-78所示。在该对话框中可以设置每个灯光的参数，也可以进行全局设置。

图1-78

技巧与提示

注意，"灯光列表"对话框中只显示3ds Max内置的灯光类型，不能显示VRay灯光。

阵列：选择对象以后，执行该命令可以打开"阵列"对话框，如图1-79所示。在该对话框中可以基于当前选择创建对象阵列。

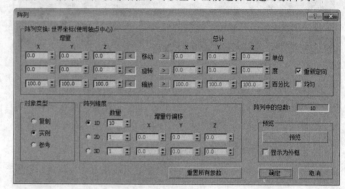

图1-79

快照：执行该命令打开"快照"对话框，如图1-80所示。在该对话框中可以随时间克隆动画对象。

重命名对象：执行该命令可以打开"重命名对象"对话框，如图1-81所示。在该对话框中可以一次性重命名若干个对象。

指定顶点颜色：该命令可以基于指定给对象的材质和场景中的照明来指定顶点颜色。

颜色剪贴板：该命令可以存储用于将贴图或材质复制到另一个贴图或材质的色样。

摄影机匹配：该命令可以使用位图背景照片和5个或多个特殊的CamPoint对象来创建或修改摄影机，以便其位置、方向和视野与创建原始照片的摄影机相匹配。

视口画布：执行该命令可以打开"视口画布"对话框，如图1-82所示。可以使用该对话框中的工具将颜色和图案绘制到视口中对象的材质中任何贴图上。

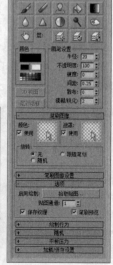

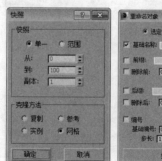 

图1-80　　　　图1-81　　　　图1-82

测量距离：使用该命令可快速计算出两点之间的距离。计算的距离显示在状态栏中。

通道信息：选择对象以后，执行该命令可以打开"贴图通道信息"对话框，如图1-83所示。在该对话框中可以查看对象的通道信息。

图1-83

1.4.3 组菜单

"组"菜单中的命令可以将场景中的一个或多个对象编成一组，同样也可以将成组的物体拆分为单个物体，如图1-84所示。

图1-84

组菜单重要命令介绍

成组：选择一个或多个对象以后，执行该命令将其编为一组。

解组：将选定的组解散为单个对象。

打开：执行该命令可以暂时对组进行解组，这样可以单独操作组中的对象。

关闭：当用"打开"命令对组中的对象编辑完成以后，可以用"关闭"命令关闭打开状态，使对象恢复到原来的成组状态。

附加：选择一个对象以后，执行该命令，然后单击组对象，可以将选定的对象添加到组中。

分离：用"打开"命令暂时解组以后，选择一个对象，然后用"分离"命令可以将该对象从组中分离出来。

炸开：这是一个比较难理解的命令，下面用一个"技术专题"来进行讲解。

技术专题 04 解组与炸开的区别

要理解"炸开"命令的作用，就要先介绍"解组"命令的深层含义。如图1-85所示，其中茶壶与圆锥体是一个"组001"，而球体与圆柱体是另外一个"组002"。选择这两个组，然后执行"组>组"菜单命令，将这两个组再编成一组，如图1-86所示。在"主工具栏"中单击"图解视图（打开）"按钮，打开"图解视图"对话框，在该对话框中可以观察到3个组以及各组与对象之间的层次关系，如图1-87所示。

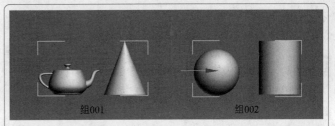

组001　　　　　　组002

图1-85

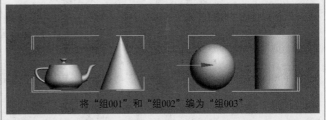

将"组001"和"组002"编为"组003"

图1-86

图1-87

1.解组

选择整个"组003"，然后执行"组>解组"菜单命令，然后在"图解视图"对话框观察各组之间的关系，可以发现"组003"已经被解散了，但"组002"和"组001"仍然保留了下来，也就是说"解组"命令一次只能解开一个组，如图1-88所示。

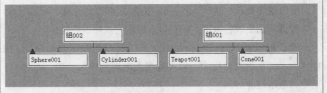

图1-88

2.炸开

同样选择"组003"，然后执行"组>炸开"菜单命令，然后在"图解视图"对话框观察各组之间的关系，可以发现所有的组都被解散了，也就是说"炸开"命令可以一次性解开所有的组，如图1-89所示。

图1-89

★ 重点 ★
1.4.4 视图菜单

"视图"菜单中的命令主要用来控制视图的显示方式以及设置视图的相关参数（如视图的配置与导航器的显示等），如图1-90所示。

图1-90

"视图"菜单命令的键盘快捷键如下表所示。

命令	快捷键
撤消视图更改	Shift+Z
重做视图更改	Shift+Y
设置活动视口>透视	P
设置活动视口>正交	U
设置活动视口>前	F
设置活动视口>顶	T
设置活动视口>底	B
设置活动视口>左	L
ViewCube>显示ViewCube	Alt+Ctrl+V
ViewCube>主栅格	Alt+Ctrl+H
SteeringWheels>切换SteeringWheels	Shift+W
SteeringWheels>漫游建筑轮子	Shift+Ctrl+J
从视图创建摄影机	Ctrl+C
xView>显示统计	7（大键盘）
视口背景>视口背景	Alt+B
视口背景>更新背景图像	Alt+Shift+Ctrl+B
专家模式	Ctrl+X

视图菜单重要命令介绍

撤消视图更改： 执行该命令可以取消对当前视图的最后一次更改。

重做视图更改： 取消当前视口中最后一次撤消的操作。

视口配置： 执行该命令可以打开"视口配置"对话框，如图1-91所示。在该对话框中可以设置视图的视觉样式外观、布局、安全框和显示性能等。

重画所有视图： 执行该命令可以刷新所有视图中的显示效果。

设置活动视口： 该菜单下的子命令用于切换当前活动视图，如图1-92所示。如当前活动视图为透视图，按F键可以切换到前视图。

保存活动X视图： 执行该命令可以将该活动视图存储到内部缓冲区。X是一个变量，如当前活动视图为透视图，那么X就是透视图。

还原活动视图： 执行该命令可以显示以前使用"保存活动X视图"命令存储的视图。

ViewCube： 该菜单下的子命令用于设置ViewCube（视图导航器）和"主栅格"，如图1-93所示。

SteeringWheels： 该菜单下的子命令用于在不同的轮子之间进行切换，并且可以更改当前轮子中某些导航工具的行为，如图1-94所示。

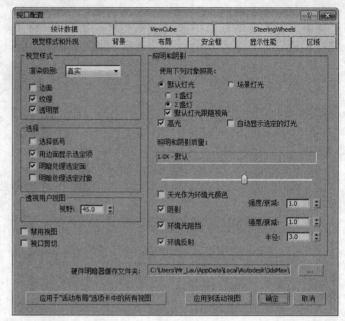

图1-91

图1-92　　　图1-93　　　图1-94

从视图创建摄影机： 执行该命令可以创建其视野与某个活动的透视视口相匹配的目标摄影机。

视口中的材质显示为： 该菜单下的子命令用于切换视口显示材质的方式，如图1-95所示。

视口照明和阴影： 该菜单下的子命令用于设置灯光的照明与阴影，如图1-96所示。

xView： 该菜单下的"显示统计"和"孤立顶点"命令比较重要，如图1-97所示。

图1-95　　　图1-96　　　图1-97

显示统计： 执行该命令或按大键盘上的7键，可以在视图的左上角显示整个场景或当前选择对象的统计信息，如图1-98所示。

孤立顶点： 执行该命令可以在视口底部的中间显示出孤立的顶点数目，如图1-99所示。

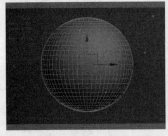 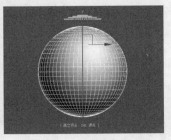

图1-98 图1-99

问：什么是孤立顶点？

答："孤立顶点"就是与任何边或面不相关的顶点。"孤立顶点"命令一般在创建完一个模型以后，对模型进行最终的整理时使用，用该命令显示出孤立顶点后可以将其删除。

视口背景： 该菜单下的子命令用于设置视口的背景，如图1-100所示。设置视口背景图像有助于辅助用户创建模型。

图1-100

知识链接

关于视口背景的具体设置方法请参阅55页的"实战：加载背景图像"。

显示变换Gizmo： 该命令用于切换所有视口Gizmo的3轴架显示，如图1-101所示。

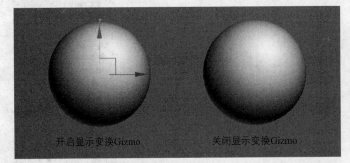

开启显示变换Gizmo 关闭显示变换Gizmo

图1-101

显示重影： "重影"是一种显示方式，它在当前帧之前或之后的许多帧显示动画对象的线框"重影副本"。使用重影可以分析和调整动画。

显示关键点时间： 该命令用于切换沿动画显示轨迹上的帧数。

明暗处理选定对象： 如果视口设置为"线框"显示，执行该命令可以将场景中的选定对象以"着色"方式显示出来。

显示从属关系： 使用"修改"面板时，该命令用于切换从属于当前选定对象的对象的视口高亮显示。

微调器拖动期间更新： 执行该命令可以在视口中实时更新显示效果。

渐进式显示： 在变换几何体、更改视图或播放动画时，该命令可以用来提高视口的性能。

专家模式： 启用"专家模式"后，3ds Max的界面上将不显示"主工具栏"、"命令"面板、"状态栏"以及所有的视口导航按钮，仅显示菜单栏、时间滑块、视口和视口布局选项卡，如图1-102所示。

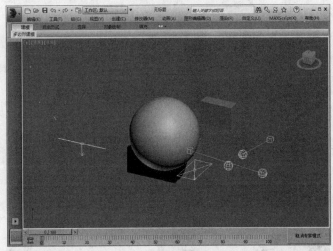

图1-102

实战：加载背景图像

场景位置	无
实例位置	实例文件>CH01>实战：加载背景图像.max
视频位置	多媒体教学>CH01>实战：加载背景图像.flv
难易指数	★☆☆☆☆
技术掌握	掌握加载与关闭背景图像的方法

01 执行"视图>视口背景>配置视口背景"菜单命令或按Alt+B组合键，打开"视口背景"对话框，然后在"背景"选项卡下选择"使用文件"选项，如图1-103所示。

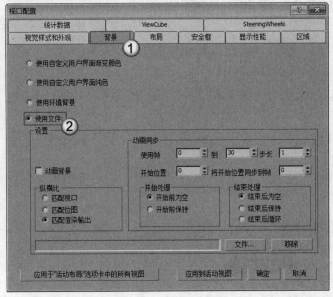

图1-103

02➤ 在"视口背景"对话框中单击"文件"按钮 文件... ，然后在弹出的"选择背景图像"对话框中选择下载资源中的"实例文件>CH01>实战：加载背景图像>背景.jpg"文件，接着单击"打开"按钮 打开(O) ，最后单击"确定"按钮，如图1-104所示，此时的视图显示效果如图1-105所示。

03➤ 如果要关闭背景图像的显示，可以在"视图>视口背景"菜单下选择"渐变颜色"或"纯色"命令。另外，还可以在视图左上角单击视口显示模式文本，然后在弹出的菜单中选择"视口背景>渐变颜色/纯色"命令，如图1-106所示。

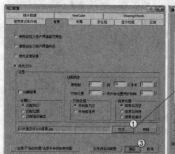

图1-104

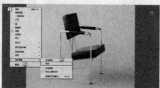

图1-105　　　　　　　　　图1-106

1.4.5 创建菜单

"创建"菜单中的命令主要用来创建几何体、二维图形、灯光和粒子等对象，如图1-107所示。

图1-107

1.4.6 修改器菜单

"修改器"菜单中的命令集合了所有的修改器，如图1-108所示。

图-108

1.4.7 动画菜单

"动画"菜单主要用来制作动画，包括正向动力学、反向动力学以及创建和修改骨骼的命令，如图1-109所示。

图1-109

1.4.8 图形编辑器菜单

"图形编辑器"菜单是场景元素之间用图形化视图方式来表达关系的菜单,包括"轨迹视图-曲线编辑器"、"轨迹视图-摄影表"、"新建图解视图"和"粒子视图"等,如图1-110所示。

图1-110

1.4.9 渲染菜单

"渲染"菜单主要是用于设置渲染参数,包括"渲染"、"环境"和"效果"等命令,如图1-111所示。这个菜单下的命令将在后面的"第11章 环境和效果"以及"第12章 灯光/材质/渲染综合运用"进行详细讲解。

图1-111

技巧与提示

请用户特别注意,在"渲染"菜单下有一个"Gamma和LUT设置"命令,这个命令用于调整输入和输出图像以及监视器显示的Gamma和查询表(LUT)值。"Gamma和LUT设置"不仅会影响模型、材质、贴图在视口中的显示效果,而且还会影响渲染效果,而3ds Max 2014在默认情况下开启了"Gamma/LUT校正"。为了得到正确的渲染效果,需要执行"渲染>Gamma和LUT设置"菜单命令打开"首选项设置"对话框,然后在"Gamma和LUT"选项卡下关闭"启用Gamma/LUT校正"选项,并且要关闭"材质和颜色"选项组下的"影响颜色选择器"和"影响材质选择器"选项,如图1-112所示。

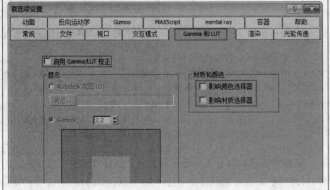

图1-112

1.4.10 自定义菜单

"自定义"菜单主要用来更改用户界面以及设置3ds Max的首选项。通过这个菜单可以定制自己的界面,同时还可以对3ds Max系统进行设置,例如设置场景单位和自动备份等,如图1-113所示。

图1-113

"自定义"菜单命令的键盘快捷键如下表所示。

命令	快捷键
锁定UI布局	Alt+0
显示UI>显示主工具栏	Alt+6

自定义菜单命令介绍

自定义用户界面:执行该命令可以打开"自定义用户界面"对话框,如图1-114所示。在该对话框中可以创建一个完全自定义的用户界面,包括快捷键、四元菜单、菜单、工具栏和颜色。

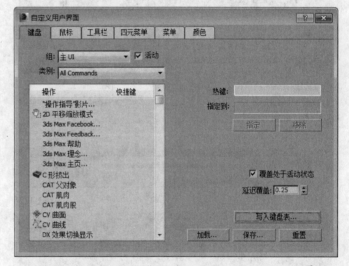

图1-114

加载自定义用户界面方案:执行该命令可以打开"加载自定义用户界面方案"对话框,如图1-115所示。在该对话框中可以选择想要加载的用户界面方案。

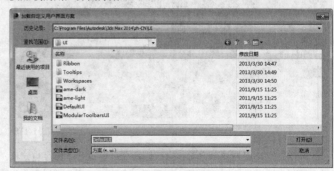

图1-115

技术专题 05 更改用户界面方案

在默认情况下，3ds Max 2014的界面颜色为黑色，如果用户的视力不好，那么很可能会看不清界面上的文字，如图1-116所示。这时就可以利用"加载自定义用户界面方案"命令来更改界面颜色，在3ds Max 2014的安装路径下打开UI文件夹，然后选择想要的界面方案即可，如图1-117和图1-118所示。

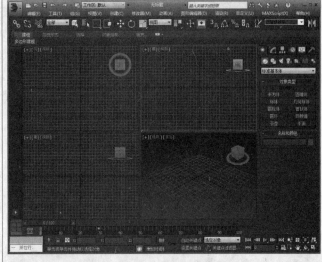

图1-116

图1-117

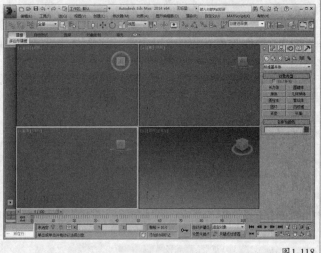

图1-118

保存自定义用户界面方案：执行该命令可以打开"保存自定义用户界面方案"对话框，如图1-119所示。在该对话框中可以保存当

前状态下的用户界面方案。

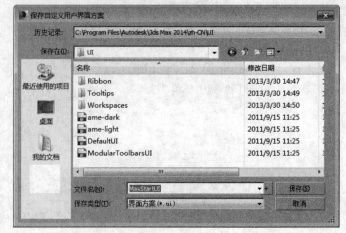

图1-119

还原为启动布局：执行该命令可以自动加载_startup.ui文件，并将用户界面返回到启动设置。

锁定UI布局：当该命令处于激活状态时，通过拖动界面元素不能修改用户界面布局（但是仍然可以使用鼠标右键单击菜单来改变用户界面布局）。利用该命令可以防止由于鼠标单击而更改用户界面或发生错误操作（如浮动工具栏）。

显示UI：该命令包含5个子命令，如图1-120所示。勾选相应的子命令即可在界面中显示出相应的UI对象。

自定义UI与默认设置切换器：使用该命令可以快速更改程序的默认值和UI方案，以更适合用户所做的工作类型。

配置用户路径：3ds Max可以使用存储的路径来定位不同种类的用户文件，其中包括场景、图像、DirectX效果、光度学和MAXScript文件。使用"配置用户路径"命令可以自定义这些路径。

配置系统路径：3ds Max使用路径来定位不同种类的文件（其中包括默认设置、字体）并启动MAXScript文件。使用"配置系统路径"命令可以自定义这些路径。

单位设置：这是"自定义"菜单下最重要的命令之一，执行该命令可以打开"单位设置"对话框，如图1-121所示。在该对话框中可以在通用单位和标准单位间进行选择。

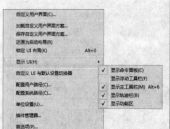

图1-120

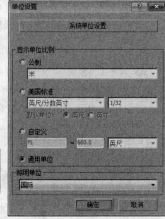

图1-121

插件管理器：执行该命令可以打开"插件管理器"对话框，如图1-122所示。该对话框提供了位于3ds Max插件目录中的所有插件的列表，包括插件描述、类型（对象、辅助对象、修改器等）、状

态（已加载或已延迟）、大小和路径。

图1-122

首选项： 执行该命令可以打开"首选项设置"对话框，在该对话中几乎可以设置3ds Max所有的首选项。

技巧与提示

在"自定义"菜单下有3个命令比较重要，分别是"自定义用户界面"、"单位设置"和"首选项"命令。这些命令在下面将安排小实战来进行重点讲解。

实战：设置快捷键

场景位置	无
实例位置	无
视频位置	多媒体教学>CH01>实战：设置快捷键.flv
难易指数	★☆☆☆☆
技术掌握	掌握如何设置快捷键

在实际工作中，一般都是使用快捷键来代替繁琐的操作，因为使用快捷键可以提高工作效率。3ds Max 2014内置的快捷键非常多，并且用户可以自行设置快捷键来调用常用的工具或命令。

01️⃣ 执行"自定义>自定义用户界面"菜单命令，打开"自定义用户界面"对话框，然后单击"键盘"选项卡，如图1-123所示。

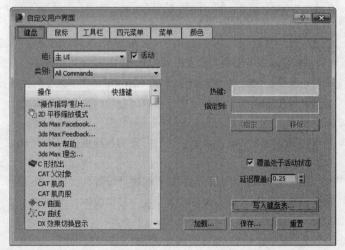

图1-123

02️⃣ 3ds Max默认的"文件>导入文件"菜单命令没有快捷键，这里就来给它设置一个快捷键Ctrl+I。在"类别"列表中选择File（文件）菜单，然后在"操作"列表下选择"导入文件"命令，接着在"热键"框中按键盘上的Ctrl+I组合键，再单击"指定"按钮 指定 ，

最后单击"保存"按钮 保存... ，如图1-124所示。

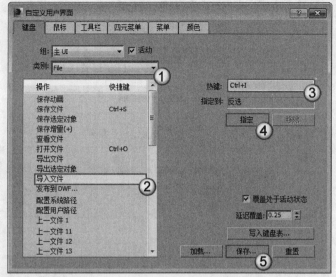

图1-124

03️⃣ 单击"保存"按钮 保存... 后会弹出"保存快捷键文件为"对话框，在该对话框中为文件进行命名，然后继续单击"保存"按钮 保存(S) ，如图1-125所示。

图1-125

04️⃣ 在"自定义用户界面"对话框中单击"加载"按钮 加载... ，然后在弹出的"加载快捷键文件"对话框中选择前面保存好的文件，接着单击"打开"按钮 打开(O) ，如图1-126所示。

图1-126

05 关闭"自定义用户界面"对话框，然后按Ctrl+I组合键即可打开"选择要导入的文件"对话框，如图1-127所示。

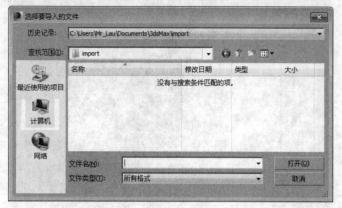

图1-127

★ 重点 ★

实战：设置场景与系统单位

场景位置	场景文件>CH01>02.max
实例位置	实例文件>CH01>实战：设置场景与系统单位.max
视频位置	多媒体教学>CH01>实战：设置场景与系统单位.flv
难易指数	★☆☆☆☆
技术掌握	掌握如何设置场景与系统单位

通常情况下，在制作模型之前都要对3ds Max的单位进行设置，这样才能制作出精确的模型。

01 打开下载资源中的"场景文件>CH01>02.max"文件，这是一个球体，如图1-128所示。

02 在"命令"面板中单击"修改"按钮，切换到"修改"面板，在"参数"卷展栏下可以观察到球体的相关参数，但是这些参数后面的都没有单位，如图1-129所示。

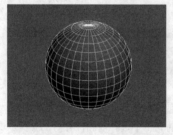

图1-128

图1-129

03 下面将长方体的单位设置为mm（mm表示"毫米"的意思）。执行"自定义>单位设置"菜单命令，打开"单位设置"对话框，然后设置"显示单位比例"为"公制"，接着在下拉列表中选择单位为"毫米"，如图1-130所示。

图1-130

04 单击"系统单位设置"按钮 系统单位设置 ，然后在弹出的"系统单位设置"对话框中设置"系统单位比例"为"毫米"，接着单击"确定"按钮 确定 ，如图1-131所示。

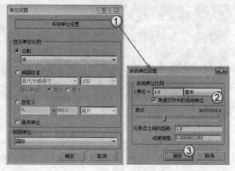
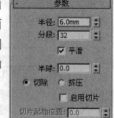

图1-131

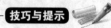 技巧与提示

注意，"系统单位"一定要与"显示单位"保持一致，这样才能更方便操作。

05 在场景中选择球体，然后在"命令"面板中单击"修改"按钮，切换到"修改"面板，此时在"参数"卷展栏下就可以观察到球体的"半径"参数后面带上了单位mm，如图1-132所示。

图1-132

技巧与提示

在制作室外场景时一般采用m（米）作为单位；在制作室内场景中时一般采用cm（厘米）或mm（毫米）作为单位。

实战：设置文件自动备份

场景位置	无
实例位置	无
视频位置	多媒体教学>CH01>实战：设置文件自动备份.flv
难易指数	★☆☆☆☆
技术掌握	掌握自动备份文件的方法

3ds Max 2014在运行过程中对计算机的配置要求比较高，占用系统资源也比较大。在运行3ds Max 2014时，由于某些配置较低的计算机和系统性能的不稳定等原因会导致文件关闭或发生死机现象。当进行较为复杂的计算（如光影追踪渲染）时，一旦出现无法恢复的故障，就会丢失所做的各项操作，造成无法弥补的损失。

解决这类问题除了提高计算机的硬件配置外，还可以通过增强系统稳定性来减少死机现象。在一般情况下，可以通过以下3种方法来提高系统的稳定性。

第1种：要养成经常保存场景的习惯。

第2种：在运行3ds Max 2014时，尽量不要或少启动其他程序，而且硬盘也要留有足够的缓存空间。

第3种：如果当前文件发生了不可恢复的错误，可以通过备份文件来打开前面自动保存的场景。

下面将重点讲解设置自动备份文件的方法。

执行"自定义>首选项"菜单命令，然后在弹出的"首选项设置"对话框中单击"文件"选项卡，接着在"自动备份"选项组下勾选"启用"选项，再对"Autobak文件数"和"备份间隔（分钟）"选项进行设置，最后单击"确定"按钮 确定 ，如图1-133所示。

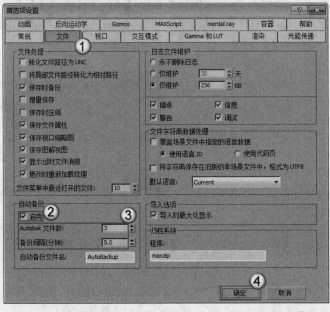

图1-133

技巧与提示

"Autobak文件数"表示在覆盖第1个文件前要写入的备份文件的数量；"备份间隔（分钟）"表示产生备份文件的时间间隔的分钟数。如有特殊需要，可以适当增大或降低"Autobak文件数"和"备份间隔"的数值。

1.4.11 MAXScript（MAX脚本）菜单

MAXScript（MAX脚本）是3ds Max的内置脚本语言，MAXScript（MAX脚本）菜单下包含用于创建、打开和运行脚本的命令，如图1-134所示。

图1-134

1.4.12 帮助菜单

"帮助"菜单中主要是一些帮助信息，可以供用户参考学习，如图1-135所示。

图1-135

1.5 主工具栏

"主工具栏"中集合了最常用的一些编辑工具，如图1-136所示为默认状态下的"主工具栏"。某些工具的右下角有一个三角形图标，单击该图标就会弹出下拉工具列表。以"捕捉开关"为例，单击"捕捉开关"按钮 就会弹出捕捉工具列表，如图1-137所示。

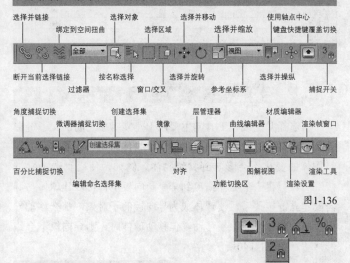

图1-136

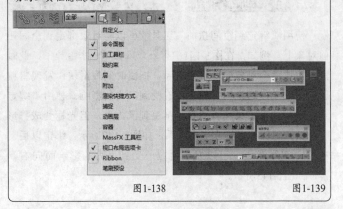

图1-137

技巧与提示

若显示器的分辨率较低，"主工具栏"中的工具可能无法完全显示出来，这时可以将光标放置在"主工具栏"上的空白处，当光标变成手型 时按住鼠标左键左右移动"主工具栏"即可查看没有显示出来的工具。在默认情况下，很多工具栏都处于隐藏状态，如果要调出这些工具栏，可以在"主工具栏"的空白处单击鼠标右键，然后在弹出的菜单中选择相应的工具栏即可，如图1-138所示。如果要调出所有隐藏的工具栏，可以执行"自定义>显示UI>显示浮动工具栏"菜单命令，如图1-139所示，再次执行"显示浮动工具栏"命令可以将浮动的工具栏隐藏起来。

图1-138   图1-139

"主工具栏"中的工具快捷键如下表所示。

工具名称	工具图标	快捷键
选择对象		Q
按名称选择		H
选择并移动		W
选择并旋转		E
选择并缩放		R
捕捉开关		S
角度捕捉切换		A
百分比捕捉切换		Shift+Ctrl+P
对齐		Alt+A
快速对齐		Shift+A
法线对齐		Alt+N
放置高光		Ctrl+H
材质编辑器		M
渲染设置		F10
渲染		F9/Shift+Q

图1-141

图1-142

★重点★
1.5.1 选择并链接

"选择并链接"工具主要用于建立对象之间的父子链接关系与定义层级关系，但是只能父级物体带动子级物体，而子级物体的变化不会影响到父级物体。例如，使用"选择并链接"工具将一个球体拖曳到一个导向板上，可以让球体与导向板建立链接关系，使球体成为导向板的子对象，那么移动导向板，则球体也会跟着移动，但移动球体时，则导向板不会跟着移动，如图1-140所示。

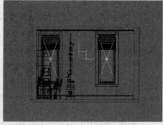
图1-143

★重点★
1.5.4 过滤器

"过滤器" 全部 主要用来过滤不需要选择的对象类型，这对于批量选择同一种类型的对象非常有用，如图1-144所示。例如，在拉列表中选择"L-灯光"选项，那么在场景中选择对象时，只能选择灯光，而几何体、图形、摄影机等对象不会被选中，如图1-145所示。

图1-140

图1-144

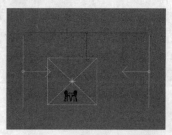
图1-145

★重点★
1.5.2 断开当前选择链接

"断开当前选择链接"工具与"选择并链接"工具的作用恰好相反，用来断开链接关系。

实战：用过滤器选择场景中的灯光

场景位置	场景文件>CH01>03.max
实例位置	无
视频位置	多媒体教学>CH01>实战：用过滤器选择场景中的灯光.flv
难易指数	★☆☆☆☆
技术掌握	掌握过滤器的用法

★重点★
1.5.3 绑定到空间扭曲

使用"绑定到空间扭曲"工具可以将对象绑定到空间扭曲对象上。例如，在图1-141中有一个风力和一个雪粒子，此时没有对这两个对象建立绑定关系，拖曳时间线滑块，发现雪粒子向左飘动，这说明雪粒子没有受到风力的影响。使用"绑定到空间扭曲"工具将雪粒子拖曳到风力上，但光标变成形状时松开鼠标即可建立绑定关系，如图1-142所示。绑定以后，拖曳时间线滑块，可以发现雪粒子受到风力的影响而向右飘落，如图1-143所示。

在较大的场景中，物体的类型可能非常多，这时要想选择处于隐藏位置的物体就会很困难，而使用"过滤器"过滤掉不需要选择的对象后，选择相应的物体就很方便了。

01 打开下载资源中的"场景文件>CH01>03.max"文件，从视图中可以观察到本场景包含两把椅子和4盏灯，如图1-146所示。

图1-146

02 如果只想选择灯光，可以在"过滤器"下拉列表中选择"L-灯光"选项，如图1-147所示，然后使用"选择对象"工具框选视图中的灯光，框选完毕后可以发现只选择了灯，而椅子模型并没有被选中，如图1-148所示。

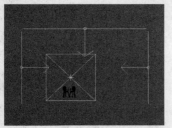

图1-147   图1-148

03 如果要想选择椅子模型，可以在"过滤器"下拉列表中选择"G-几何体"选项，然后使用"选择对象"工具框选视图中的椅子模型，框选完毕后可以发现只选择了椅子模型，而灯并没有被选中，如图1-149所示。

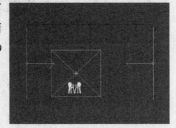

图1-149

★重点★ 1.5.5 选择对象

"选择对象"工具是最重要的工具之一，主要用来选择对象，对于想选择对象而又不想移动它来说，这个工具是最佳选择。使用该工具单击对象即可选择相应的对象，如图1-150所示。

单击选择对象

图1-150

技术专题 06 选择对象的5种方法

上面介绍使用"选择对象"工具单击对象即可将其选择，这只是选择对象的一种方法。下面介绍一下框选、加选、减选、反选和孤立选择对象的方法。

1.框选对象

这是选择多个对象的常用方法之一，适合选择一个区域的对象，如使用"选择对象"工具在视图中拉出一个选框，那么处于该选框内的所有对象都将被选中（这里以在"过滤器"列表中选择"全部"类型为例），如图1-151所示。另外，在使用"选择对象"工具框选对象时，按Q键可以切换选框的类型，当前使用的"矩形选择区域"模式，按一次Q键可切换为"圆形选择区域"模式，如图1-152所示，继续按Q键又会切

换到"围栏选择区域"模式、"套索选择区域"模式、"绘制选择区域"模式，并一直按此顺序循环下去。

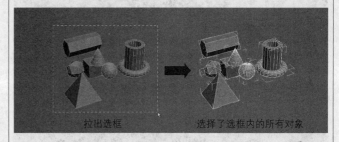

拉出选框   选择了选框内的所有对象

图1-151

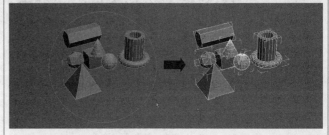

图1-152

2.加选对象

如果当前选择了一个对象，还想加选其他对象，可以按住Ctrl键单击其他对象，这样即可同时选中多个对象，如图1-153所示。

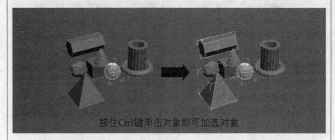

按住Ctrl键单击对象即可加选对象

图1-153

3.减选对象

如果当前选择了多个对象，想减去某个不想选择的对象，可以按住Alt键单击想要减去的对象，这样即可减去当前单击的对象，如图1-154所示。

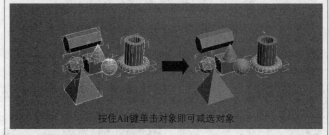

按住Alt键单击对象即可减选对象

图1-154

4.反选对象

如果当前选择了某些对象，想要反选其他的对象，可以按Ctrl+I组合键来完成，如图1-155所示。

5.孤立选择对象

这是一种特殊选择对象的方法，可以将选择的对象的单独显示出来，以方便对其进行编辑，如图1-156所示。

按Ctrl+I组合键反选对象

图1-155

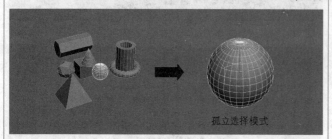

孤立选择模式

图1-156

切换到孤立选择对象的方法主要有以下两种。

第1种：执行"工具>孤立当前选择"菜单命令或直接按Alt+Q组合键，如图1-157所示。

第2种：在视图中单击鼠标右键，然后在弹出的菜单中选择"孤立当前选择"命令，如图1-158所示。

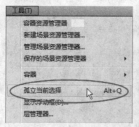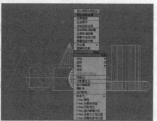

图1-157 图1-158

请牢记这几种选择对象的方法，这样在选择对象时可以达到事半功倍的效果。

★ 重点 ★
1.5.6 按名称选择

单击"按名称选择"按钮会弹出"从场景选择"对话框，在该对话框中选择对象的名称后，单击"确定"按钮即可将其选择。例如，在"从场景选择"该对话框中选择了Sphere01，单击"确定"按钮后即可选择这个球体对象，可以按名称选择所需要的对象，如图1-159和图1-160所示。

图1-159 图1-160

★ 重点 ★
实战：按名称选择对象

场景位置	场景文件>CH01>04.max
实例位置	无
视频位置	多媒体教学>CH01>实战：按名称选择对象.flv
难易指数	★ ☆ ☆ ☆
技术掌握	掌握"按名称选择"工具的用法

01 打开下载资源中的"场景文件>CH01>04.max"文件，如图1-161所示。

02 在"主工具栏"中单击"按名称选择"按钮，打开"从场景选择"对话框，从该对话框中可以观察到场景对象的名称，如图1-162所示。

图1-161 图1-162

03 如果要选择单个对象，可以直接在"从场景选择"对话框单击该对象的名称，然后单击"确定"按钮，如图1-163所示。

04 如果要选择隔开的多个对象，可以按住Ctrl键依次单击对象的名称，然后单击"确定"按钮，如图1-164所示。

图1-163 图1-164

技巧与提示

如果当前已经选择了部分对象，那么按住Ctrl键可以进行加选，按住Alt键则可以进行减选。

05 如果要选择连续的多个对象，可以按住Shift键依次单击首尾的两个对象名称，然后单击"确定"按钮，如图1-165所示。

图1-165

图1-169　　　　　　　　　　　　图1-170

"从场景选择"对话框中有一排按钮与"创建"面板中的部分按钮是相同的，这些按钮主要用来显示对象的类型，当激活相应的对象按钮后，在下面的对象列表中就会显示出与其相对应的对象，如图1-166所示。

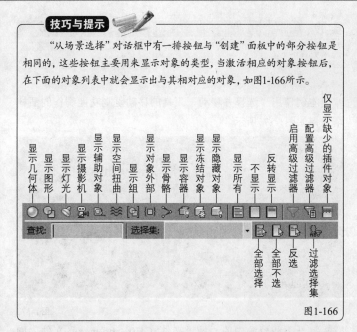

图1-166

★重点★ 1.5.7 选择区域

选择区域工具包含5种模式，如图1-167所示，主要用来配合"选择对象"工具一起使用。在前面的"技术专题——选择对象的5种方法"中已经介绍了其用法。

矩形选择区域
圆形选择区域
围栏选择区域
套索选择区域
绘制选择区域

图1-167

实战：用套索选择区域工具选择对象

场景位置	场景文件>CH01>05.max
实例位置	无
视频位置	多媒体教学>CH01>实战：用套索选择区域工具选择对象.flv
难易指数	★☆☆☆☆
技术掌握	掌握选择区域工具的用法

01 打开下载资源中的"场景文件>CH01>05.max"文件，如图1-168所示。

图1-168

02 在"主工具栏"中单击"选择对象"按钮，然后连续按3次Q键将选择模式切换为"套索选择区域"，接着在视图中绘制一个形状区域，将刀叉模型勾选出来，如图1-169所示，释放鼠标以后就选中了刀叉模型，如图1-170所示。

1.5.8 窗口/交叉

当"窗口/交叉"工具处于突出状态（即未激活状态）时，其显示效果为，这时如果在视图中选择对象，那么只要选择的区域包含对象的一部分即可选中该对象，如图1-171所示；当"窗口/交叉"工具处于凹陷状态（即激活状态）时，其显示效果为，这时如果在视图中选择对象，那么只有选择区域包含对象的全部才能将其选中，如图1-172所示。在实际工作中，一般都要让"窗口/交叉"工具处于未激活状态。

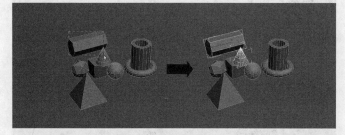

图1-171

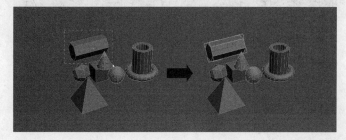

图1-172

★重点★ 1.5.9 选择并移动

"选择并移动"工具是最重要的工具之一（快捷键为W键），主要用来选择并移动对象，其选择对象的方法与"选择对象"工具相同。使用"选择并移动"工具可以将选中的对象移动到任何位置。当使用该工具选择对象时，在视图中会显示出坐标移动控制器，在默认的四视图中只有透视图显示的是x、y、z这3个轴向，而其他3个视图中只显示其中的某两个轴向，如图1-173所示。若想要在多个轴向上移动对象，可以将光标放在轴向的中间，然后拖曳光标即可，如图1-174所示；如果想在单个轴向上移动对象，可以将光标放在这个轴向上，然后拖曳光标即可，如图1-175所示。

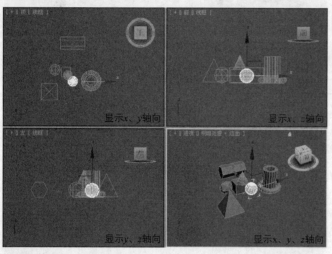

图1-173

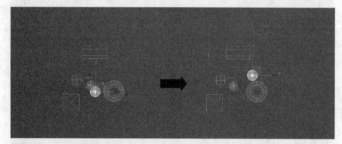

图1-174

图1-175

疑难问答 ❓

问：可以将对象精确移动一定的距离吗？

答：可以。若想将对象精确移动一定的距离，可以在"选择并移动"工具 ⊹ 上单击鼠标右键，然后在弹出的"移动变换输入"对话框中输入"绝对:世界"或"偏移:世界"的数值即可，如图1-176所示。

图1-176

"绝对"坐标是指对象目前所在的世界坐标位置；"偏移"坐标是指对象以屏幕为参考对象所偏移的距离。

★ 重点 ★
实战：用选择并移动工具制作酒杯塔

场景位置	场景文件>CH01>06.max
实例位置	实例文件>CH01>实战：用选择并移动工具制作酒杯塔.max
视频位置	多媒体教学>CH01>实战：用选择并移动工具制作酒杯塔.flv
难易指数	★☆☆☆☆
技术掌握	掌握移动复制功能的运用

本例使用"选择并移动"工具的移动复制功能制作的酒杯塔效果如图1-177所示。

图1-177

01 打开下载资源中的"场景文件>CH01>06.max"文件，如图1-178所示。

02 在"主工具栏"中单击"选择并移动"按钮 ⊹，然后按住Shift键在前视图中将高脚杯沿y轴向下移动复制，接着在弹出的"克隆选项"对话框中设置"对象"为"复制"，最后单击"确定"按钮 确定 完成操作，如图1-179所示。

图1-178   图1-179

03 在顶视图中将下层的高脚杯沿x、y轴向外拖曳到如图1-180所示的位置。

04 保持对下层高脚杯的选择，按住Shift键沿x轴向左侧移动复制，接着在弹出的"克隆选项"对话框中单击"确定"按钮 确定 ，如图1-181所示。

图1-180   图1-181

05 采用相同的方法在下层继续复制一个高脚杯，然后调整好每个高脚杯的位置，完成后的效果如图1-182所示。

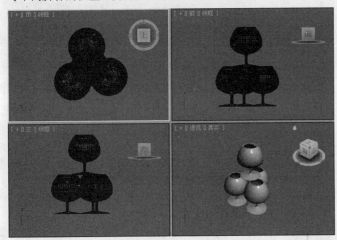

图1-182

06 将下层的高脚杯向下进行移动复制，然后向外复制一些高脚杯，得到最下层的高脚杯，最终效果如图1-183所示。

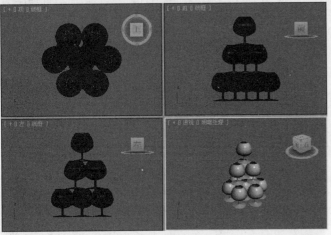

图1-183

1.5.10 选择并旋转

"选择并旋转"工具❂是最重要的工具之一（快捷键为E键），主要用来选择并旋转对象，其使用方法与"选择并移动"工具❖相似。当该工具处于激活状态（选择状态）时，被选中的对象可以在x、y、z这3个轴上进行旋转。

疑难问答 ❓

问：可以将某个对象精确旋转一定的角度吗？

答：可以。如果要将对象精确旋转一定的角度，可以在"选择并旋转"按钮❂上单击鼠标右键，然后在弹出的"旋转变换输入"对话框中输入旋转角度即可，如图1-184所示。

图1-184

★重点★ 1.5.11 选择并缩放

"选择并缩放"工具是最重要的工具之一（快捷键为R键），主要用来选择并缩放对象。选择并缩放工具包含3种，如图1-185所示。使用"选择并均匀缩放"工具▣可以沿所有3个轴以相同量缩放对象，同时保持对象的原始比例，如图1-186所示；使用"选择并非均匀缩放"工具▣可以根据活动轴约束以非均匀方式缩放对象，如图1-187所示；使用"选择并挤压"工具▣可以创建"挤压和拉伸"效果，如图1-188所示。

　　▣ 选择并均匀缩放
　　▣ 选择并非均匀缩放
　　▣ 选择并挤压

图1-185

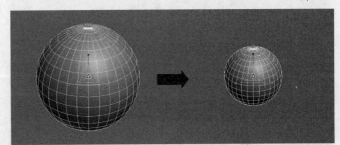

图1-186

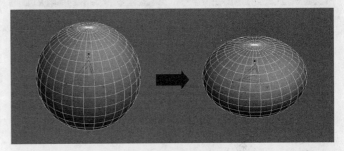

图1-187

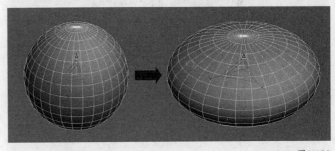

图1-188

 技巧与提示

同理，选择并缩放工具也可以设定一个精确的缩放比例因子，具体操作方法就是在相应的工具上单击鼠标右键，然后在弹出的"缩放变换输入"对话框中输入相应的缩放比例数值即可，如图1-189所示。

图1-189

★ 重点 ★
实战：用选择并缩放工具调整花瓶形状

场景位置	场景文件>CH01>07.max
实例位置	实例文件>CH01>实战：用选择并缩放工具调整花瓶形状.max
视频位置	多媒体教学>CH01>实战：用选择并缩放工具调整花瓶形状.flv
难易指数	★☆☆☆☆
技术掌握	掌握3种选择并缩放工具的用法

01 打开下载资源中的"场景文件>CH01>07.max"文件，如图1-190所示。

图1-190

02 在"主工具栏"中选择"选择并均匀缩放"工具🔲，然后选择最左边的花瓶，接着在前视图中沿x轴正方向进行缩放，如图1-191所示，完成后的效果如图1-192所示。

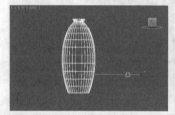 

图1-191　　　　　　　　　图1-192

03 在"主工具栏"中选择"选择并非均匀缩放"工具🔲，然后选择中间的花瓶，接着在透视图中沿y轴正方向进行缩放，如图1-193所示。

04 在"主工具栏"中选择"选择并挤压"工具🔲，然后选择最左边的模型，接着在透视图中沿z轴负方向进行挤压，如图1-194所示。

图1-193　　　　　　　　　图1-194

★ 重点 ★
1.5.12 参考坐标系

"参考坐标系"可以用来指定变换操作（如移动、旋转、缩放等）所使用的坐标系统，包括视图、屏幕、世界、父对象、局部、万向、栅格、工作区和拾取9种坐标系，如图1-195所示。

图1-195

参考坐标系介绍

视图：在默认的"视图"坐标系中，所有正交视图中的x、y、z轴都相同。使用该坐标系移动对象时，可以相对于视图空间移动对象。

屏幕：将活动视口屏幕用作坐标系。

世界：使用世界坐标系。

父对象：使用选定对象的父对象作为坐标系。如果对象未链接至特定对象，则其为世界坐标系的子对象，其父坐标系与世界坐标系相同。

局部：使用选定对象的轴心点为坐标系。

万向：万向坐标系与Euler XYZ旋转控制器一同使用，它与局部坐标系类似，但其3个旋转轴相互之间不一定垂直。

栅格：使用活动栅格作为坐标系。

工作：使用工作轴作为坐标系。

拾取：使用场景中的另一个对象作为坐标系。

1.5.13 使用轴点中心

轴点中心工具包含"使用轴点中心"工具🔲、"使用选择中心"工具🔲和"使用变换坐标中心"工具🔲3种，如图1-196所示。

🔲 使用轴点中心
🔲 使用选择中心
🔲 使用变换坐标中心

图1-196

使用轴点中心工具介绍

使用轴点中心🔲：该工具可以围绕其各自的轴点旋转或缩放一个或多个对象。

使用选择中心🔲：该工具可以围绕其共同的几何中心旋转或缩放一个或多个对象。如果变换多个对象，该工具会计算所有对象的平均几何中心，并将该几何中心用作变换中心。

使用变换坐标中心🔲：该工具可以围绕当前坐标系的中心旋转或缩放一个或多个对象。当使用"拾取"功能将其他对象指定为坐标系时，其坐标中心在该对象轴的位置上。

1.5.14 选择并操纵

使用"选择并操纵"工具🔲可以在视图中通过拖曳"操纵器"来编辑修改器、控制器和某些对象的参数。

技巧与提示

"选择并操纵"工具🔲与"选择并移动"工具🔲不同，它的状态不是唯一的。只要选择模式或变换模式之一为活动状态，并且启用了"选择并操纵"工具🔲，那么就可以操纵对象。但是在选择一个操纵器辅助对象之前必须禁用"选择并操纵"工具🔲。

1.5.15 键盘快捷键覆盖切换

当关闭"键盘快捷键覆盖切换"工具🔲时，只识别"主用户界面"快捷键；当激活该工具时，可以同时识别主UI快捷键和功能区域快捷键。一般情况都需要开启该工具。

★重点★
1.5.16 捕捉开关

捕捉开关工具（快捷键为S键）包含"2D捕捉"工具 、"2.5D捕捉"工具 和"3D捕捉"工具 3种，如图1-197所示。

2 2D捕捉
2.5 2.5D捕捉
3 3D捕捉

图1-197

捕捉开关介绍

2D捕捉 ：主要用于捕捉活动的栅格。

2.5D捕捉 ：主要用于捕捉结构或捕捉根据网格得到的几何体。

3D捕捉 ：可以捕捉3D空间中的任何位置。

> **技巧与提示**
>
> 在"捕捉开关"上单击鼠标右键，可以打开"栅格和捕捉设置"对话框，在该对话框中可以设置捕捉类型和捕捉的相关选项，如图1-198所示。

图1-198

★重点★
1.5.17 角度捕捉切换

"角度捕捉切换"工具 可以用来指定捕捉的角度（快捷键为A键）。激活该工具后，角度捕捉将影响所有的旋转变换，在默认状态下以5°为增量进行旋转。

> **技巧与提示**
>
> 若要更改旋转增量，可以在"角度捕捉切换"工具 上单击鼠标右键，然后在弹出的"栅格和捕捉设置"对话框中单击"选项"选项卡，接着在"角度"选项后面输入相应的旋转增量角度即可，如图1-199所示。

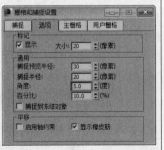

图1-199

★重点★
实战：用角度捕捉切换工具制作挂钟刻度

场景位置	场景文件>CH01>08.max
实例位置	实例文件>CH01>实战：用角度捕捉切换工具制作挂钟刻度.max
视频位置	多媒体教学>CH01>实战：用角度捕捉切换工具制作挂钟刻度.flv
难易指数	★★☆☆☆
技术掌握	掌握"角度捕捉切换"工具的用法

本例使用"角度捕捉切换"工具制作的挂钟刻度效果如图1-200所示。

图1-200

01 打开下载资源中的"场景文件>CH01>08.max"文件，如图1-201所示。

02 在"创建"面板中单击"球体"按钮 球体 ，然后在场景中创建一个大小合适的球体，如图1-202所示。

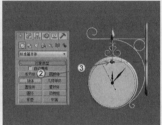

图1-201　　　　　　　　　　图1-202

> **技巧与提示**
>
> 从图1-201中可以观察到挂钟没有指针刻度。在3ds Max中，制作这种具有相同角度且有一定规律的对象一般都使用"角度捕捉切换"工具来制作。

03 选择"选择并均匀缩放"工具 ，然后在左视图中沿x轴负方向进行缩放，如图1-203所示，接着使用"选择并移动"工具 将其移动到表盘的"12点钟"的位置，如图1-204所示。

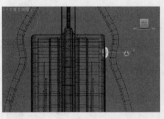

图1-203　　　　　　　　　　图1-204

04 在"命令"面板中单击"层次"按钮 ，进入"层次"面板，然后单击"仅影响轴"按钮 仅影响轴 （此时球体上会增加一个较粗的坐标轴，这个坐标轴主要用来调整球体的轴心点位置），接着使用"选择并移动"工具 将球体的轴心点拖曳到表盘的中心位置，如图1-205所示。

05 单击"仅影响轴"按钮 仅影响轴 退出"仅影响轴"模式，然后在"角度捕捉切换"工具 上单击鼠标右键（注意，要使该工具处于激活状态），接着在弹出的"栅格和捕捉设置"对话框中单击

"选项"选项卡，最后设置"角度"为30°，如图1-206所示。

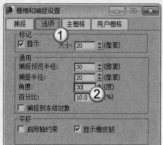

图1-205   图1-206

06 选择"选择并旋转"工具○，然后在前视图中按住Shift键顺时针旋转-30°，接着在弹出的"克隆选项"对话框中设置"对象"为"实例"、"副本数"为11，最后单击"确定"按钮 确定 ，如图1-207所示，最终效果如图1-208所示。

图1-207   图1-208

1.5.18 百分比捕捉切换

使用"百分比捕捉切换"工具%可以将对象缩放捕捉到自定的百分比（快捷键为Shift+Ctrl+P组合键），在缩放状态下，默认每次的缩放百分比为10%。

> **技巧与提示**
>
> 若要更改缩放百分比，可以在"百分比捕捉切换"工具%上单击鼠标右键，然后在弹出的"栅格和捕捉设置"对话框中单击"选项"选项卡，接着在"百分比"选项后面输入相应的百分比数值即可，如图1-209所示。
>
>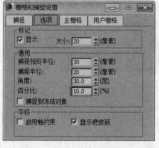
>
> 图1-209

1.5.19 微调器捕捉切换

"微调器捕捉切换"工具图可以用来设置微调器单次单击的增加值或减少值。

> **技巧与提示**
>
> 若要设置微调器捕捉的参数，可以在"微调器捕捉切换"工具图上单击鼠标右键，然后在弹出的"首选项设置"对话框中单击"常规"选项卡，接着在"微调器"选项组下设置相关参数即可，如图1-210所示。

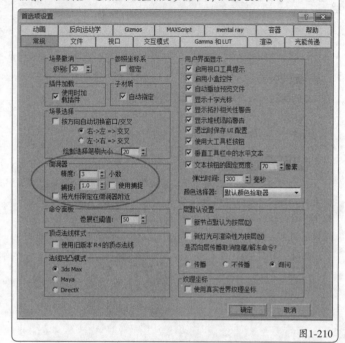

图1-210

1.5.20 编辑命名选择集

使用"编辑命名选择集"工具图可以为单个或多个对象创建选择集。选中一个或多个对象后，单击"编辑命名选择集"工具图可以打开"命名选择集"对话框，在该对话框中可以创建新集、删除集以及添加、删除选定对象等操作，如图1-211所示。

图1-211

1.5.21 创建选择集

如果选择了对象，在"创建选择集" 创建选择集 ▼中输入名称以后就可以创建一个新的选择集；如果已经创建了选择集，在列表中可以选择创建的集。

★重点★ 1.5.22 镜像

使用"镜像"工具图可以围绕一个轴心镜像出一个或多个副本对象。选中要镜像的对象后，单击"镜像"工具图，可以打开"镜像：世界坐标"对话框，在该对话框中可以对"镜像轴"、"克隆当前选择"和"镜像IK限制"进行设置，如图1-212所示。

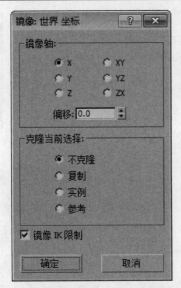

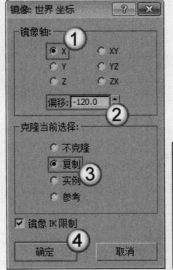

图1-212

图1-215 图1-216

实战：用镜像工具镜像椅子

场景位置	场景文件>CH01>09.max
实例位置	实例文件>CH01>实战：用镜像工具镜像椅子.max
视频位置	多媒体教学>CH01>实战：用镜像工具镜像椅子.flv
难易指数	★☆☆☆☆
技术掌握	掌握"镜像"工具的用法

本例使用"镜像"工具镜像的椅子效果如图1-213所示。

图1-213

01 打开下载资源中的"场景文件>CH01>09.max"文件，如图1-214所示。

图1-214

02 选中椅子模型，然后在"主工具栏"中单击"镜像"按钮 ，接着在弹出的"镜像"对话框设置"镜像轴"为x轴、"偏移"值为-120mm，再设置"克隆当前选择"为"复制"方式，最后单击"确定"按钮 ，具体参数设置如图1-215所示，最终效果如图1-216所示。

1.5.23 对齐

对齐工具包括6种，分别是"对齐"工具 、"快速对齐"工具 、"法线对齐"工具 、"放置高光"工具 、"对齐摄影机"工具 和"对齐到视图"工具 ，如图1-217所示。

	对齐
	快速对齐
	法线对齐
	放置高光
	对齐摄影机
	对齐到视图

图1-217

对齐工具介绍

对齐 ：使用该工具（快捷键为Alt+A组合键）可以将当前选定对象与目标对象进行对齐。

快速对齐 ：使用该工具（快捷键为Shift+A组合键）可以立即将当前选择对象的位置与目标对象的位置进行对齐。如果当前选择的是单个对象，那么"快速对齐"需要使用到两个对象的轴；如果当前选择的是多个对象或多个子对象，则使用"快速对齐"可以将选中对象的选择中心对齐到目标对象的轴。

法线对齐 ："法线对齐"（快捷键为Alt+N组合键）基于每个对象的面或是以选择的法线方向来对齐两个对象。要打开"法线对齐"对话框，首先要选择对齐的对象，然后单击对象上的面，接着单击第2个对象上的面，释放鼠标后就可以打开"法线对齐"对话框。

放置高光 ：使用该工具（快捷键为Ctrl+H组合键）可以将灯光或对象对齐到另一个对象，以便可以精确定位其高光或反射。在"放置高光"模式下，可以在任一视图中单击并拖动光标。

> **技巧与提示**
>
> "放置高光"是一种依赖于视图的功能，所以要使用渲染视图。在场景中拖动光标时，会有一束光线从光标处射入场景中。

对齐摄影机 ：使用该工具可以将摄影机与选定的面法线进行对齐。该工具的工作原理与"放置高光"工具 类似。不同的是，它是在面法线上进行操作，而不是入射角，并在释放鼠标时完成，而不是在拖曳鼠标期间时完成。

对齐到视图：使用该工具可以将对象或子对象的局部轴与当前视图进行对齐。该工具适用于任何可变换的选择对象。

★ 重点 ★
实战：用对齐工具对齐办公椅

场景位置	场景文件>CH01>10.max
实例位置	实例文件>CH01>实战：用对齐工具对齐办公椅.max
视频位置	多媒体教学>CH01>实战：用对齐工具对齐办公椅.flv
难易指数	★☆☆☆☆
技术掌握	掌握"对齐"工具的用法

本例使用"对齐"工具对齐办公椅后的效果如图1-218所示。

图1-218

01▸ 打开下载资源中的"场景文件>CH01>10.max"文件，可以观察到场景中有两把椅子没有与其他的椅子对齐，如图1-219所示。

02▸ 选中其中的一把没有对齐的椅子，然后在"主工具栏"中单击"对齐"按钮，接着单击另外一把处于正常位置的椅子，在弹出的对话框中设置"对齐位置（世界）"为"x位置"，再设置"当前对象"和"目标对象"为"轴点"，最后单击"确定"按钮，如图1-220所示。

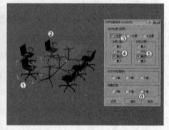

图1-219　　　　　　　　　图1-220

技术专题 07 对齐参数详解

X/Y/Z位置：用来指定要执行对齐操作的一个或多个坐标轴。同时勾选这3个选项可以将当前对象重叠到目标对象上。

最小：将具有最小x/y/z值对象边界框上的点与其他对象上选定的点对齐。

中心：将对象边界框的中心与其他对象上的选定点对齐。

轴点：将对象的轴点与其他对象上的选定点对齐。

最大：将具有最大x/y/z值对象边界框上的点与其他对象上选定的点对齐。

对齐方向（局部）：包括x/y/z轴3个选项，主要用来设置选择对象与目标对象是以哪个坐标轴进行对齐。

匹配比例：包括x/y/z轴3个选项，可以匹配两个选定对象之间的缩放轴的值，该操作仅对变换输入中显示的缩放值进行匹配。

03▸ 采用相同的方法对齐另外一把没有对齐的椅子，完成后的效果如图1-221所示。

图1-221

1.5.24 层管理器

使用"层管理器"可以创建和删除层，也可以用来查看和编辑场景中所有层的设置以及与其相关联的对象。单击"层管理器"工具可以打开"层"对话框，在该对话框中可以指定光能传递中的名称、可见性、渲染性、颜色以及对象和层的包含关系等，如图1-222所示。

图1-222

1.5.25 功能切换区（石墨建模工具）

"功能切换区"（3ds Max 2014之前的版本称"石墨建模工具"）是优秀的PolyBoost建模工具与3ds Max的完美结合，其工具摆放的灵活性与布局的科学性大大地方便了多边形建模的流程。单击"主工具栏"中的"功能切换区"按钮即可调出"建模工具"选项卡，如图1-223所示。

图1-223

1.5.26 曲线编辑器

单击"曲线编辑器"按钮可以打开"轨迹视图-曲线编辑器"对话框，如图1-224所示。"曲线编辑器"是一种"轨迹视图"模式，可以用曲线来表示运动，而"轨迹视图"模式可以使运动的插值及软件在关键帧之间创建的对象变换更加直观化。

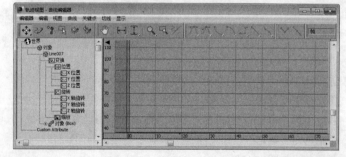

图1-224

使用曲线上的关键点的切线控制手柄可以轻松地观看和控制场景对象的运动效果和动画效果。

1.5.27 图解视图

"图解视图" 是基于节点的场景图，通过它可以访问对象的属性、材质、控制器、修改器、层次和不可见场景关系，同时在"图解视图"对话框中可以查看、创建并编辑对象间的关系，也可以创建层次、指定控制器、材质、修改器和约束等，如图1-225所示。

图1-225

 技巧与提示

在"图解视图"对话框列表视图中的文本列表中可以查看节点，这些节点的排序是有规则性的，通过这些节点可以迅速浏览极其复杂的场景。

1.5.28 材质编辑器

"材质编辑器" 是最重要的编辑器之一（快捷键为M键），在后面的章节中将有专门的内容对其进行介绍，主要用来编辑对象的材质。3ds Max 2014的"材质编辑器"分为"精简材质编辑器" 和"Slate材质编辑器" 两种，如图1-226和图1-227所示。

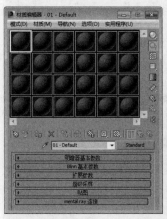

图1-226

图1-227

知识链接

关于"材质编辑器"的作用及用法请参阅294页"10.2 材质编辑器"中的相关内容。

1.5.29 渲染设置

单击"主工具栏"中的"渲染设置"按钮 （快捷键为F10键）可以打开"渲染设置"对话框，所有的渲染设置参数基本上都在该对话框中完成，如图1-228所示。

图1-228

知识链接

关于"渲染设置"对话框参数的介绍请参阅"第12章 灯光/材质/渲染综合运用"各大渲染器的相关内容。

1.5.30 渲染帧窗口

单击"主工具栏"中的"渲染帧窗口"按钮 可以打开"渲染帧窗口"对话框，在该对话框中可执行选择渲染区域、切换图像通道和存储渲染图像等任务，如图1-229所示。

图1-229

1.5.31 渲染工具

渲染工具包含"渲染产品"工具 、"渲染迭代"工具 和ActiveShade工具 3种，如图1-230所示。

渲染产品
渲染迭代
ActiveShade

图1-230

知识链接

关于渲染工具的作用及用法请参阅353页"12.2.2 渲染工具"中的相关内容。

1.6 视口设置

视口区域是操作界面中最大的一个区域，也是3ds Max中用于实际工作的区域，默认状态下为四视图显示，包括顶视图、左视图、前视图和透视图4个视图，在这些视图中可以从不同的角度对场景中的对象进行观察和编辑。

每个视图的左上角都会显示视图的名称以及模型的显示方式，右上角有一个导航器（不同视图显示的状态也不同），如图1-231所示。

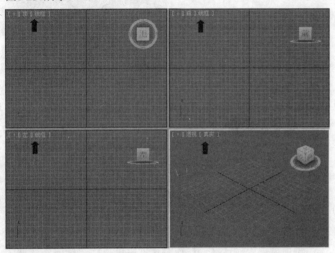

图1-231

常用的几种视图都有其相对应的快捷键，顶视图的快捷键是T键、底视图的快捷键是B键、左视图的快捷键是L键、前视图的快捷键是F键、透视图的快捷键是P键、摄影机视图的快捷键是C键。

1.6.1 视图快捷菜单

3ds Max 2014中视图的名称部分被分为3个小部分，用鼠标右键分别单击这3个部分会弹出不同的菜单，如图1-232~图1-234所示。第1个菜单用于还原、激活、禁用视口以及设置导航器等，第2个菜单用于切换视口的类型，第3个菜单用于设置对象在视口中的显示方式。

图1-232

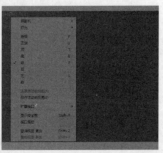

图1-233

图1-234

实战：视口布局设置

场景位置	场景文件>CH01>11.max
实例位置	实例文件>CH01>实战：视口布局设置.max
视频位置	多媒体教学>CH01>实战：视口布局设置.flv
难易指数	★☆☆☆☆
技术掌握	掌握如何设置视口的布局方式

视图的划分及显示在3ds Max 2014中是可以调整的，用户可以根据观察对象的需要来改变视图的大小或视图的显示方式。

01 打开下载资源中的"场景文件>CH01>11.max"文件，如图1-235所示。

图1-235

02 执行"视图>视口背景>配置视口背景"菜单命令，打开"视口配置"对话框，然后单击"布局"选项卡，在该选项卡下预设了一些视口的布局方式，如图1-236所示。

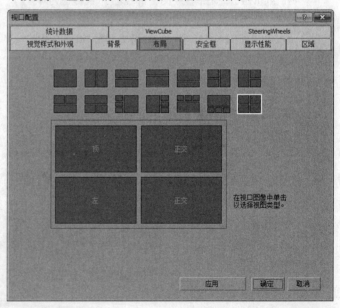

图1-236

03 选择第6个布局方式，此时在下面的缩略图中可以观察到这个视图布局的划分方式，如图1-237所示。

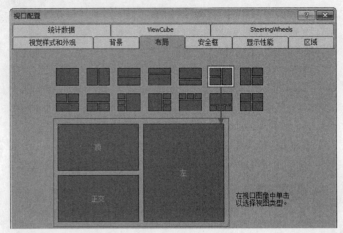

图1-237

04 在视图缩略图上单击鼠标左键或右键，在弹出的菜单中可以选择应用那个视图，选择好后单击"确定"按钮 确定 即可，如图1-238所示，重新划分后的视图效果如图1-239所示。

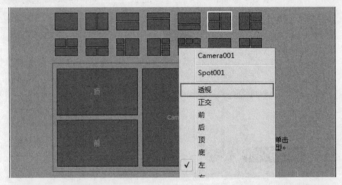

图1-238

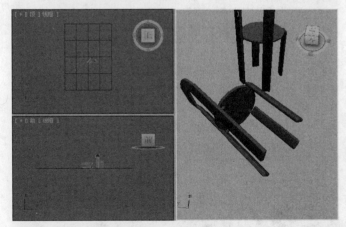

图1-239

 **疑难问答** ?

问：可以调整视图间的比例吗？

答：可以。将光标放置在视图与视图的交界处，当光标变成"双向箭头（↔/↕）"时，可以左右或上下调整视图的大小，如图1-240所示；当光标变成"十字箭头（✛）"时，可以上下左右调整视图的大小，如图1-241所示。

如果要将视图恢复到原始的布局状态，可以在视图交界处单击鼠标右键，然后在弹出的菜单中选择"重置布局"命令，如图1-242所示。

图1-240

图1-241

图1-242

1.6.2 视口布局选项卡

"视口布局选项卡"位于操作界面的左侧，用于快速调整视口的布局，单击"创建新的视口布局选项卡"按钮 ▶，在弹出的"标准视口布局"面板中可以选择3ds Max预设的一些标准视口布局，如图1-243所示。

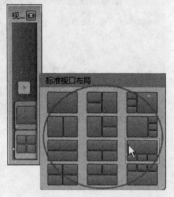

图1-243

1.6.3 切换透视图背景色

在默认情况下，3ds Max 2014的透视图的背景颜色为灰色渐变色，如图1-244所示。如果用户不习惯渐变背景色，可以执行"视图>视口背景>纯色"菜单命令，将其切换为纯色显示，如图1-245所示。

图1-244
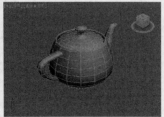
图1-245

1.6.4 切换栅格的显示

栅格是多条直线交叉而形成的网格，严格来说是一种辅助计量单位，可以基于栅格捕捉绘制物体。在默认情况，每个视图中均有栅格，如图1-246所示。如果嫌栅格有碍操作，可以按G键取消栅格的显示（再次按G键可以恢复栅格的显示），如图1-247所示。

图1-246　　　　　　　　　　　　　图1-247

1.7 命令面板

　　"命令"面板非常重要，场景对象的操作都可以在"命令"面板中完成。"命令"面板由6个用户界面面板组成，默认状态下显示的是"创建"面板 ✦，其他面板分别是"修改"面板 ◢、"层次"面板 ◳、"运动"面板 ◉、"显示"面板 ◲ 和"实用程序"面板 ◢，如图1-248所示。

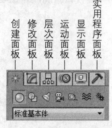

实用
程序
创 修 层 运 显 面板
建 改 次 动 示
面 面 面 面 面
板 板 板 板 板

图1-248

★ 重点 ★
1.7.1 创建面板

　　"创建"面板是最重要的面板之一，在该面板中可以创建7种对象，分别是"几何体"◯、"图形"◔、"灯光"◁、"摄影机"◙、"辅助对象"◳、"空间扭曲"≋ 和"系统"◥，如图1-249所示。

几 图 灯 摄 辅 空 系
何 形 光 影 助 间 统
体 　 　 机 对 扭
　 　 　 　 象 曲

图1-249

创建面板介绍

　　几何体 ◯：主要用来创建长方体、球体和锥体等基本几何体，同时也可以创建出高级几何体，如布尔、阁楼以及粒子系统中的几何体。

　　图形 ◔：主要用来创建样条线和NURBS曲线。

技巧与提示

　　虽然样条线和NURBS曲线能够在2D空间或3D空间中存在，但是它们只有一个局部维度，可以为形状指定一个厚度以便于渲染，但这两种线条主要用于构建其他对象或运动轨迹。

　　灯光 ◁：主要用来创建场景中的灯光。灯光的类型有很多种，每种灯光都可以用来模拟现实世界中的灯光效果。

　　摄影机 ◙：主要用来创建场景中的摄影机。

　　辅助对象 ◳：主要用来创建有助于场景制作的辅助对象。这些辅助对象可以定位、测量场景中的可渲染几何体，并且可以设置动画。

　　空间扭曲 ≋：使用空间扭曲功能可以在围绕其他对象的空间中产生各种不同的扭曲效果。

　　系统 ◥：可以将对象、控制器和层次对象组合在一起，提供与某种行为相关联的几何体，并且包含模拟场景中的阳光系统和日光系统。

技巧与提示
　　关于各种对象的创建方法将在后面中的章节中分别进行详细讲解。

★ 重点 ★
1.7.2 修改面板

　　"修改"面板是最重要的面板之一，该面板主要用来调整场景对象的参数，同样可以使用该面板中的修改器来调整对象的几何形体，如图1-250所示是默认状态下的"修改"面板。

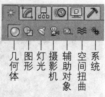

修改器列表

图1-250

技巧与提示
　　关于如何在"修改"面板中修改对象的参数将在后面的章节中分别进行详细讲解。

实战：制作一个变形的茶壶

场景位置	无
实例位置	实例文件>CH01>实战：制作一个变形的茶壶.max
视频位置	多媒体教学>CH01>实战：制作一个变形的茶壶.flv
难易指数	★☆☆☆☆
技术掌握	初步了解"创建"面板和"修改"面板的用法

　　本例将用一个正常的茶壶和一个变形的茶壶来讲解"创建"面板和"修改"面板的基本用法，如图1-251所示。

图1-251

　　01 在"创建"面板中单击"几何体"按钮 ◯，然后单击"茶壶"按钮 茶壶 ，接着在视图中拖曳鼠标左键创建一个茶壶，如图1-252所示。

02 用"选择并移动"工具 选择茶壶，然后按住Shift键在前视图中向右移动复制一个茶壶，接着在弹出的"克隆选项"对话框中设置"对象"为"复制"，最后单击"确定"按钮 确定 ，如图1-253所示。

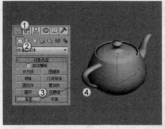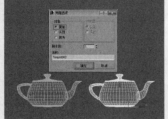

图1-252　　　　　　　　　　　图1-253

03 选择原始茶壶，然后在"命令"面板中单击"修改"按钮 ，进入"修改"面板，接着在"参数"卷展栏下设置"半径"为200mm、"分段"为10，最后关闭"壶盖"选项，具体参数设置如图1-254所示。

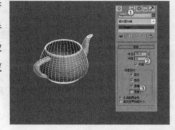

图1-254

疑难问答 ?

问：为什么图1-254中茶壶上有很多线框呢？

答：在默认情况下创建的对象处于（透视图）"真实"显示方式，如图1-255所示，而图1-254是"真实+线框"显示方式。如果要将"真实"显示方式切换为"真实+线框"显示方式，或将"真实+线框"方式切换为"真实"显示方式，可按F4键进行切换。图1-256所示为"真实+线框"显示方式；如果要将显示方式切换为"线框"显示方式，可按F3键，如图1-257所示。

图1-255　　　　　图1-256　　　　　图1-257

04 选择原始茶壶，在"修改"面板下单击"修改器列表"，然后在下拉列表中选择FFD 2×2×2修改器，为其加载一个FFD 2×2×2修改器，如图1-258所示。

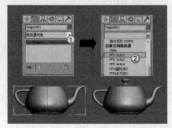

图1-258

05 在FFD 2×2×2修改器左侧单击 图标，展开次物体层级列表，然后选择"控制点"次物体层级，如图1-259所示。

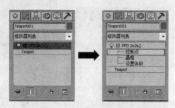

图1-259

06 用"选择并移动"工具 在前视图中框选上部的4个控制点，然后沿y轴向上拖曳控制点，使其产生变形效果，如图1-260所示。

图1-260

07 保持对控制点的选择，按R键切换到"选择并均匀缩放"工具 ，然后在透视图中向内缩放茶壶顶部，如图1-261所示，最终效果如图1-262所示。

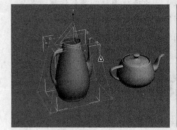

图1-261　　　　　　　　　　　图1-262

1.7.3 层次面板

在"层次"面板中可以访问调整对象间的层次链接信息，通过将一个对象与另一个对象相链接，可以创建对象之间的父子关系，如图1-263所示。

图1-263

层次面板介绍

轴 轴 ：该工具下的参数主要用来调整对象和修改器中心位置，以及定义对象之间的父子关系和反向动力学IK的关节位置等，如图1-264所示。

IK IK ：该工具下的参数主要用来设置动画的相关属性，如图1-265所示。

链接信息 链接信息 ：该工具下的参数主要用来限制对象在特定轴中的移动关系，如图1-266所示。

图1-264

图1-265

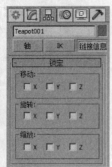
图1-266

1.7.4 运动面板

"运动"面板中的工具与参数主要用来调整选定对象的运动属性，如图1-267所示。

图1-267

技巧与提示

可以使用"运动"面板中的工具来调整关键点的时间及其缓入和缓出效果。"运动"面板还提供了"轨迹视图"的替代选项来指定动画控制器，如果指定的动画控制器具有参数，则在"运动"面板中可以显示其他卷展栏；如果"路径约束"指定给对象的位置轨迹，则"路径参数"卷展栏将添加到"运动"面板中。

1.7.5 显示面板

"显示"面板中的参数主要用来设置场景中控制对象的显示方式，如图1-268所示。

图1-268

1.7.6 实用程序面板

在"实用程序"面板中可以访问各种工具程序，包含用于管理和调用的卷展栏，如图1-269所示。

图1-269

1.8 动画控件

动画控件位于操作界面的底部，包含时间尺与时间控制按钮两大部分，主要用于预览动画、创建动画关键帧与配置动画时间等。

1.8.1 时间尺

"时间尺"包括时间线滑块和轨迹栏两大部分。时间线滑块位于视图的最下方，主要用于制定帧，默认的帧数为100帧，具体数值可以根据动画长度来进行修改。拖曳时间线滑块可以在帧之间迅速移动，单击时间线滑块左右的向左箭头图标<与向右箭头图标>可以向前或者向后移动一帧，如图1-270所示；轨迹栏位于时间线滑块的下方，主要用于显示帧数和选定对象的关键点，在这里可以移动、复制、删除关键点以及更改关键点的属性，如图1-271所示。

图1-270

图1-271

技巧与提示

在"轨迹栏"的左侧有一个"打开迷你曲线编辑器"按钮，单击该按钮可以显示轨迹视图。

★ 重点 ★
实战：用时间线滑块预览动画效果

场景位置	场景文件>CH01>12.max
实例位置	实例文件>CH01>实战：用时间线滑块预览动画效果.max
视频位置	多媒体教学>CH01>实战：用时间线滑块预览动画效果.flv
难易指数	★☆☆☆☆
技术掌握	掌握如何用时间线滑块预览动画效果

本例将通过一个设定好的动画来让用户初步了解动画的预览方法，如图1-272所示。

图1-272

① 打开下载资源中的"场景文件>CH01>12.max"文件，如图1-273所示。

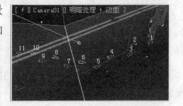
图1-273

技巧与提示

本场景中已经制作好了动画，并且时间线滑块位于第10帧。

02 将时间线滑块分别拖曳到第10帧、34帧、60帧、80帧、100帧和120帧的位置，如图1-274所示，然后观察各帧的动画效果，如图1-275所示。

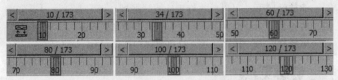

图1-274

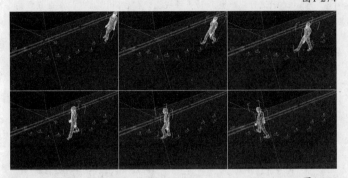

图1-275

技巧与提示

如果计算机配置比较高，可以直接单击"播放动画"按钮▶来预览动画效果，如图1-276所示。

图1-276

1.8.2 时间控制按钮

时间控制按钮位于状态栏的右侧，这些按钮主要用来控制动画的播放效果，包括关键点控制和时间控制等，如图1-277所示。

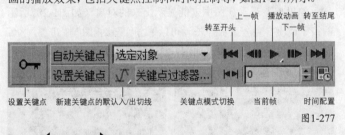

图1-277

知识链接

关于时间控制按钮的用法请参阅"16.2 动画的基础知识"中的相关内容。

1.9 状态栏

状态栏位于轨迹栏的下方，它提供了选定对象的数目、类型、变换值和栅格数目等信息，并且状态栏可以基于当前光标位置和当前活动程序来提供动态反馈信息，如图1-278所示。

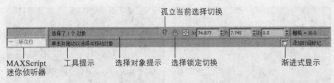

图1-278

1.10 视图导航控制按钮

视图导航控制按钮在状态栏的最右侧，主要用来控制视图的显示和导航。使用这些按钮可以缩放、平移和旋转活动的视图，如图1-279所示。

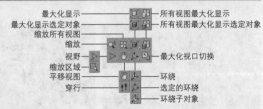

图1-279

★ 重点 ★
1.10.1 所有视图可用控件

所有视图中可用的控件包含"所有视图最大化显示"工具⊞/"所有视图最大化显示选定对象"工具⊞和"最大化视口切换"工具⊡。

所有视图可用控件介绍

所有视图最大化显示⊞：将场景中的对象在所有视图中居中显示出来。

所有视图最大化显示选定对象⊞：将所有可见的选定对象或对象集在所有视图中以居中最大化的方式显示出来。

最大化视口切换⊡：可以将活动视口在正常大小和全屏大小之间进行切换，其快捷键为Alt+W组合键。

技巧与提示

以上3个控件适用于所有的视图，而有些控件只能在特定的视图中才能使用，下面的内容中将依次讲解到。

实战：使用所有视图可用控件

场景位置	场景文件>CH01>13.max
实例位置	无
视频位置	多媒体教学>CH01>实战：使用所有视图可用控件.flv
难易指数	★☆☆☆☆
技术掌握	掌握如何使用所有视图中的可用控件

01 打开下载资源中的"场景文件>CH01>13.max"文件，可以观察到场景中的物体在4个视图中只显示出了局部，并且位置不居中，如图1-280所示。

02 如果想要整个场景的对象都居中显示，可以单击"所有视图最大化显示"按钮⊞，效果如图1-281所示。

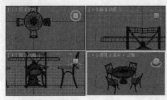
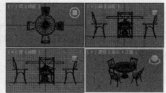

图1-280　　　　　　　　　　　　图1-281

03 如果想要餐桌居中最大化显示，可以在任意视图中选中餐桌，然后单击"所有视图最大化显示选定对象"按钮 （也可以按快捷键Z键），效果如图1-282所示。

04 如果想要在单个视图中最大化显示场景中的对象，可以单击"最大化视图切换"按钮 （或按Alt+W组合键），效果如图1-283所示。

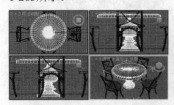

图1-282　　　　　　　　　　　　图1-283

疑难问答

问：为什么按Alt+W组合键不能最大化显示当前视图？

答：遇到这种情况可能是由两种原因造成的。

第1种：3ds Max出现程序错误，遇到这种情况可重启3ds Max。

第2种：可能是由于某个程序占用了3ds Max的Alt+W组合键，比如腾讯QQ的"语音输入"快捷键就是Alt+W组合键，如图1-284所示。这时可以将这个快捷键修改为其他快捷键，或直接不用这个快捷键，如图1-285所示。

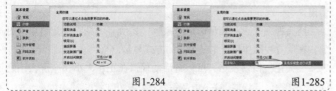

图1-284　　　　　　　　　　　　图1-285

★ 重点 ★
1.10.2 透视图和正交视图可用控件

透视图和正交视图（正交视图包括顶视图、前视图和左视图）可用控件包括"缩放"工具 、"缩放所有视图"工具 、"所有视图最大化显示"工具 ，"所有视图最大化显示选定对象"工具 （适用于所有视图）、"视野"工具 ，"缩放区域"工具 、"平移视图"工具 、"环绕"工具 /"选定的环绕"工具 /"环绕子对象"工具 和"最大化视口切换"工具 （适用于所有视图）。

透视图和正交视图控件介绍

缩放 ：使用该工具可以在透视图或正交视图中通过拖曳光标来调整对象的显示比例。

缩放所有视图 ：使用该工具可以同时调整透视图和所有正交视图中的对象的显示比例。

视野 ：使用该工具可以调整视图中可见对象的数量和透视张

角量。视野的效果与更改摄影机的镜头相关，视野越大，观察到的对象就越多（与广角镜头相关），而透视会扭曲；视野越小，观察到的对象就越少（与长焦镜头相关），而透视会展平。

缩放区域 ：可以放大选定的矩形区域，该工具适用于正交视图、透视和三向投影视图，但是不能用于摄影机视图。

平移视图 ：使用该工具可以将选定视图平移到任何位置。

技巧与提示

按住Ctrl键可以随意移动平移视图，按住Shift键可以在垂直方向和水平方向平移视图。

环绕 ：使用该工具可以将视口边缘附近的对象旋转到视图范围以外。

选定的环绕 ：使用该工具可以让视图围绕选定的对象进行旋转，同时选定的对象会保留在视口中相同的位置。

环绕子对象 ：使用该工具可以让视图围绕选定的子对象或对象进行旋转的同时，使选定的子对象或对象保留在视口中相同的位置。

实战：使用透视图和正交视图可用控件

场景位置	场景文件>CH01>13.max
实例位置	无
视频位置	多媒体教学>CH01>实战：使用透视图和正交视图可用控件.flv
难易指数	★☆☆☆☆
技术掌握	掌握如何使用透视图和正交视图中的可用控件

01 继续使用上一实例的场景。如果想要拉近或拉远视图中所显示的对象，可以单击"视野"按钮 ，然后按住鼠标左键进行拖曳，如图1-286所示。

图1-286

02 如果想要观看视图中未能显示出来的对象（如图1-287所示的椅子就没有完全显示出来），可以单击"平移视图"按钮 ，然后按住鼠标左键进行拖曳，如图1-288所示。

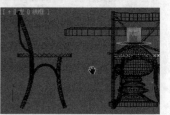

图1-287　　　　　　　　　　　　图1-288

★ 重点 ★
1.10.3 摄影机视图可用控件

创建摄影机后，按C键可以切换到摄影机视图，该视图中的可用控件包括"推拉摄影机"工具 /"推拉目标"工具 / "推拉摄影机+目标"工具 、"透视"工具 、"侧滚摄影机"工具 、"所有视图最大化显示"工具 /"所有视图最大化显示选定对象"工具 （适用于所有视图）、"视野"工具 、"平移摄影机"工具

/"穿行"工具 、"环游摄影机"工具 /"摇移摄影机"工具 和
"最大化视口切换"工具 （适用于所有视图），如图1-289所示。

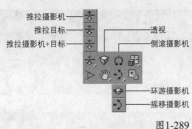

图1-289

摄影机视图可用控件介绍

　　推拉摄影机 /**推拉目标** /**推拉摄影机+目标** ：这3个工具主
要用来移动摄影机或其目标，同时也可以移向或移离摄影机所指
的方向。

　　透视 ：使用该工具可以增加透视张角量，同时也可以保持场
景的构图。

　　侧滚摄影机 ：使用该工具可以围绕摄影机的视线来旋转"目
标"摄影机，同时也可以围绕摄影机局部的z轴来旋转"自由"摄影机。

　　视野 ：使用该工具可以调整视图中可见对象的数量和透视张
角量。视野的效果与更改摄影机的镜头相关，视野越大，观察到的
对象就越多（与广角镜头相关），而透视会扭曲；视野越小，观察
到的对象就越少（与长焦镜头相关），而透视会展平。

　　平移摄影机 /**穿行** ：这两个工具主要用来平移和穿行摄影机
视图。

　　环游摄影机 /**摇移摄影机** ：使用"环游摄影机"工具 可以
围绕目标来旋转摄影机；使用"摇移摄影机"工具 可以围绕摄影
机来旋转目标。

实战：使用摄影机视图可用控件

场景位置	场景文件>CH01>14.max
实例位置	无
视频位置	多媒体教学>CH01>实战：使用摄影机视图可用控件.flv
难易指数	★☆☆☆☆
技术掌握	掌握如何使用摄影机视图中的可用控件

01 打开下载资源中的"场景文件>CH01>14.max"文件，可以
在4个视图中观察到摄影机的位置，如图1-290所示。

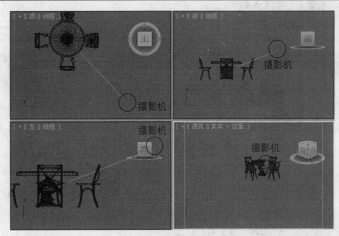

图1-290

02 选择透视图，然后按C键切换到摄影机视图，如图1-291所示。

图1-291

图1-292

03 如果想拉近或拉远摄影机镜头，可以单击"视野"按钮 ，然
后按住鼠标左键进行拖曳，如图1-293所示。

04 如果想要一个倾斜的构图，可以单击"环绕摄影机"按钮 ，
然后按住鼠标左键拖曳光标，如图1-294所示。

图1-293　　　　　　　　　　　图1-294

第2章
内置几何体建模

Employment direction
从业方向↙

CG影视行业

CG建筑行业

CG工业行业

CG动漫行业

CG游戏行业

CG时尚达人

2.1 建模常识

在制作模型前，首先要明白建模的重要性、建模的思路及建模的常用方法等。只有掌握了这些最基本的知识，才能在创建模型时得心应手。

2.1.1 为什么要建模

使用3ds Max制作作品时，一般都遵循"建模→材质→灯光→渲染"这4个基本流程。建模是一幅作品的基础，没有模型，材质和灯光就是无稽之谈，如图2-1~图2-3所示是3幅非常优秀的建模作品。

图2-1　　　　　　　图2-2　　　　　　　图2-3

2.1.2 建模思路解析

在开始学习建模之前首先需要掌握建模的思路。在3ds Max中，建模的过程就相当于现实生活中的"雕刻"过程。下面以一个壁灯为例来讲解建模的思路，图2-4所示为壁灯的效果图，图2-5所示为壁灯的线框图。

图2-4　　　　　　　图2-5

在创建这个壁灯模型的过程中可以先将其分解为9个独立的部分来分别进行创建，如图2-6所示。

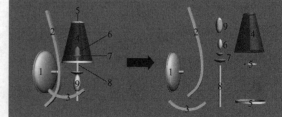

图2-6

如图2-6所示，第2、3、5、6、9部分的创建非常简单，可以通过修改标准基本体（圆柱体、球体）和样条线来得到；而第1、4、7、8部分可以使用多边形建模的方法来制作。

下面以第1部分的灯座来介绍一下其制作思路。灯座形状比较接近于半个扁的球体，因此可以采用以下5个步骤来完成，如图2-7所示。

第1步：创建一个球体。

第2步：删除球体的一半。

第3步：将半个球体"压扁"。

第4步：制作出灯座的边缘。

第5步：制作灯座前面的凸起部分。

图2-7

技巧与提示

由此可见，多数模型的创建在最初阶段都需要有一个简单的对象作为基础，然后经过转换来进一步调整。这个简单的对象就是下面即将要讲解到的"参数化对象"。

2.1.3 参数化对象与可编辑对象

3ds Max中的所有对象都是"参数化对象"与"可编辑对象"中的一种。两者并非独立存在的，"可编辑对象"在多数时候都可以通过转换"参数化对象"来得到。

🔵 参数化对象

"参数化对象"是指对象的几何形态由参数变量来控制，修改这些参数就可以修改对象的几何形态。相对于"可编辑对象"而言，"参数化对象"通常是被创建出来的。

实战：修改参数化对象

场景位置	无
实例位置	实例文件>CH02>实战：修改参数化对象.max
视频位置	多媒体教学>CH02>实战：修改参数化对象.flv
难易指数	★☆☆☆☆
技术掌握	掌握如何修改参数化对象

本例将通过创建3个不同形状的茶壶来加深了解参数化对象的含义，如图2-8所示是本例的渲染效果。

图2-8

01 在"创建"面板中单击"茶壶"按钮 茶壶 ，然后在场景中拖曳鼠标左键创建一个茶壶，如图2-9所示。

02 在"命令"面板中单击"修改"按钮 🖉 ，切换到"修改"面板，在"参数"卷展栏下可以观察到茶壶部件的一些参数选项，这里将"半径"设置为20mm，如图所示2-10所示。

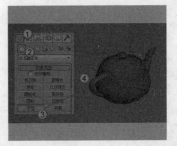

图2-9　　　　　　　　　　图2-10

03 用"选择并移动"工具 ✛ 选择茶壶，然后按住Shift键在前视图中向右拖曳鼠标左键，接着在弹出的"克隆选项"对话框中设置"对象"为"复制"、"副本数"为2，最后单击"确定"按钮 确定 ，如图2-11所示。

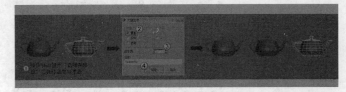

图2-11

04 选择中间的茶壶，然后在"参数"卷展栏下设置"分段"为20，接着关闭"壶把"和"壶盖"选项，茶壶就变成了如图2-12所示的效果。

图2-12

05 选择最右边的茶壶，然后在"参数"卷展栏下将"半径"修改为10mm，接着关闭"壶把"和"壶盖"选项，茶壶就变成了如图2-13所示的效果，3个茶壶的最终对比效果如图2-14所示。

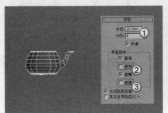 

图2-13　　　　　　　　　　图2-14

技巧与提示

从图2-14中可以观察到，修改参数后，第2个茶壶的表面明显比第1个茶壶光滑，并且没有了壶把和壶盖；第3个茶壶比前两个茶壶小了很多。这就是"参数化对象"的特点，可以通过调节参数来观察对象最直观的变化。

可编辑对象

在通常情况下，"可编辑对象"包括"可编辑样条线"、"可编辑网格"、"可编辑多边形"、"可编辑面片"和"NURBS对象"。"参数化对象"是被创建出来的，而"可编辑对象"通常是通过转换得到的，用来转换的对象就是"参数化对象"。

通过转换生成的"可编辑对象"没有"参数化对象"的参数那么灵活，但是"可编辑对象"可以对子对象（点、线、面等元素）进行更灵活的编辑和修改，并且每种类型的"可编辑对象"都有很多用于编辑的工具。

技巧与提示

注意，上面讲的是通常情况下的"可编辑对象"所包含的类型，而"NURBS对象"是一个例外。"NURBS对象"可以通过转换得到，还可以直接在"创建"面板中创建出来，此时创建出来的对象就是"参数化对象"，但是经过修改以后，这个对象就变成了"可编辑对象"。经过转换而成的"可编辑对象"就不再具有"参数化对象"的可调参数。如果想要对象既具有参数化的特征，又能够实现可编辑的目的，可以为"参数化对象"加载修改器而不进行转换。可用的修改器有"可编辑网格"、"可编辑面片"、"可编辑多边形"和"可编辑样条线"4种。

实战：通过改变球体形状创建苹果

场景位置	无
实例位置	实例文件>CH02>实战：通过改变球体形状创建苹果.max
视频位置	多媒体教学>CH02>实战：通过改变球体形状创建苹果.flv
难易指数	★☆☆☆☆
技术掌握	掌握"可编辑对象"的创建方法

本例将通过调整一个简单的球体来创建苹果，从而让读者加深了解"可编辑对象"的含义。图2-15所示为本例的渲染效果。

图2-15

 在"创建"面板中单击"球体"按钮 球体 ，然后在视图中拖曳光标创建一个球体，接着在"参数"卷展栏下设置"半径"为1000mm，如图2-16所示。

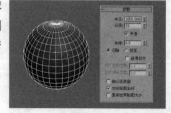

图2-16

技巧与提示

此时创建的球体属于"参数化对象"，展开"参数"卷展栏，可以观察到球体的"半径"、"分段"、"平滑"、"半球"等参数，这些参数都可以直接进行调整，但是不能调节球体的点、线、面等子对象。

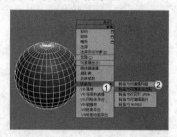 为了能够对球体的形状进行调整，所以需要将球体转换为"可编辑对象"。在球体上单击鼠标右键，然后在弹出的快捷菜单中选择"转换为>转换为可编辑多边形"命令，如图2-17所示。

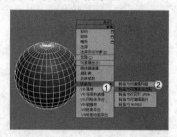

图2-17

疑难问答

问：转换为可编辑多边形后有什么作用呢？

答：将"参数化对象"转换为"可编辑多边形"后，在"修改"面板中可以观察到之前的可调参数不见了，取而代之的是一些工具按钮，如图2-18所示。

转换为可编辑多边形后，可以使用对象的子物体级别来调整对象的外形，如图2-19所示。将球体转换为可编辑多边形后，后面的建模方法就是多边形建模了。

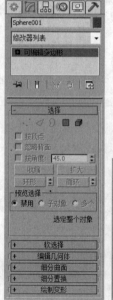
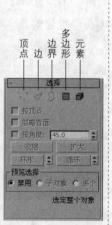

图2-18　　　图2-19

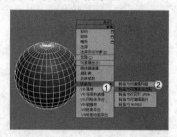 展开"选择"卷展栏，然后单击"顶点"按钮，进入"顶点"级别，这时对象上会出现很多可以调节的顶点，并且"修改"面板中的工具按钮也会发生相应的变化，使用这些工具可以调节对象的顶点，如图2-20所示。

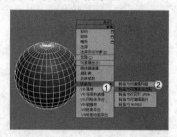 下面使用软选择的相关工具来调整球体形状。展开"软选择"卷展栏，然后勾选"使用软选择"选项，接着设置"衰减"为1200mm，如图2-21所示。

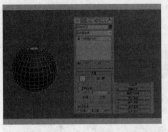

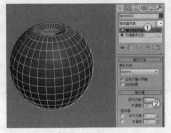

图2-20 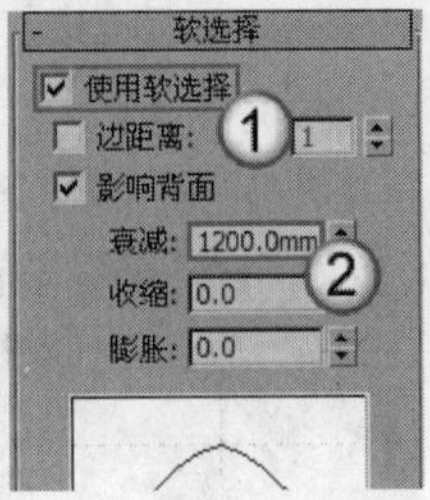　　　　　　　　　图2-21

滑"修改器，接着在"细分量"卷展栏下设置"迭代次数"为2，如图2-25所示。

图2-25

05 用"选择并移动"工具✛选择底部的一个顶点，然后在前视图中将其向下拖曳一段距离，如图2-22所示。

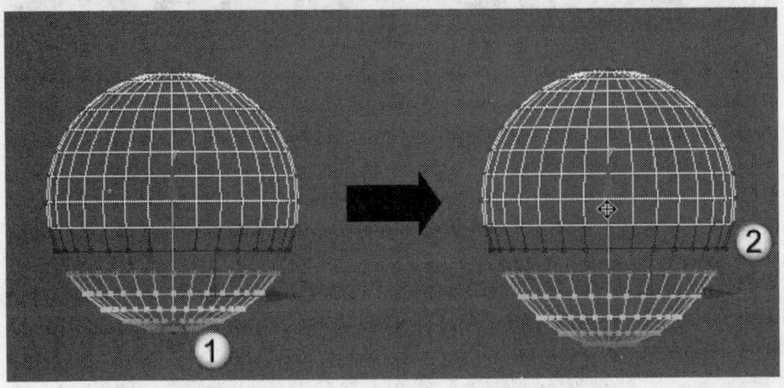

图2-22

知识链接

"网格平滑"修改器可以使模型变得更加平滑。关于该修改器的作用请参阅168页"4.3.11 平滑类修改器"中的相关内容。

2.1.4 建模的常用方法

建模的方法有很多种，大致可以分为内置几何体建模、复合对象建模、二维图形建模、网格建模、多边形建模、面片建模和NURBS建模7种。确切地说，它们不应该有固定的分类，因为它们之间都可以交互使用。

技巧与提示

本章主要讲解内置几何体建模和复合对象建模。其他建模方法将在后面的章节中分别进行介绍。

06 在"软选择"卷展栏下将"衰减"数值修改为400mm，然后使用"选择并移动"工具✛将球体底部的一个顶点向上拖曳到合适的位置，使其产生向上凹陷的效果，如图2-23所示。

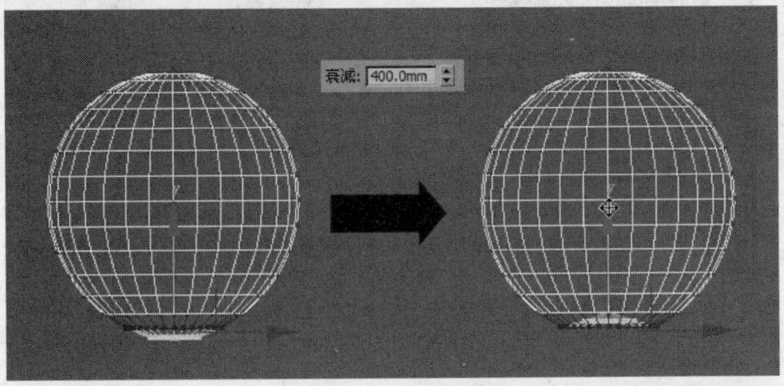

图2-23

内置几何体建模

内置几何体模型是3ds Max中自带的一些模型，用户可以直接调用这些模型。如想创建一个台阶，可以使用内置的长方体来创建，然后将其转换为"可编辑对象"，再对其进一步调节就行了。

技巧与提示

图2-26是一个完全使用内置模型创建出来的台灯，创建的过程中用到了管状体、球体、圆柱体和样条线等内置模型。使用基本几何体和扩展基本体来建模的优点在于快捷简单，只需要调节参数和摆放位置就可以完成模型的创建，但是这种建模方法只适合制作一些精度较低并且每个部分都很规则的物体。

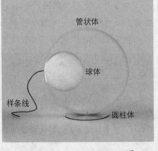

管状体

球体

样条线

圆柱体

图2-26

07 选择顶部的一个顶点，然后使用"选择并移动"工具✛将其向下拖曳到合适的位置，使其产生向下凹陷的效果，如图2-24所示。

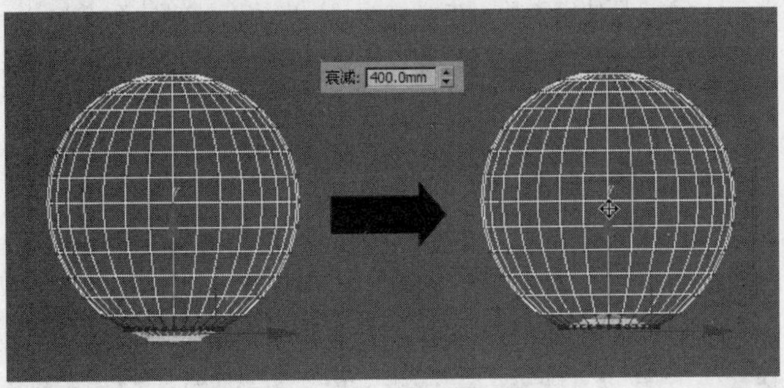

图2-24

08 选择苹果模型，然后在"修改器列表"中选择"网格平

复合对象建模

复合对象建模是一种特殊的建模方法，它包括"变形"工具 变形 、"散布"工具 散布 、"一致"工具 一致 、"连接"工具 连接 、"水滴网格"工具 水滴网格 、"图形合并"工具

"图形合并"、"布尔"工具 布尔 、"地形"工具 地形 、"放样"工具 放样 、"网格化"工具 网格化 、ProBoolean工具 ProBoolean 和ProCuttler工具 ProCutter ，如图2-27所示。复合对象建模可以将两种或两种以上的模型对象合并成为一个对象，并且在合并的过程中可以将其记录成动画。

以一个骰子为例，骰子的形状比较接近于一个切角长方体，在每个面上都有半球形的凹陷，这样的物体如果使用"多边形"或者其他建模方法制作将会非常麻烦。但是使用"复合对象"中的"布尔"工具 布尔 或ProBoolean工具 ProBoolean 来进行制作就可以很方便地在切角长方体上"挖"出一个凹陷的半球形，如图2-28所示。

图2-27 　　　　　　　　　　　图2-28

二维图形建模

在通常情况下，二维物体在三维世界中是不可见的，3ds Max也渲染不出来。这里所说的二维图形建模是通过绘制出二维样条线，然后通过加载修改器将其转换为三维可渲染对象的过程。

疑难问答 ❓

问：二维图形主要用来创建哪些模型？

答：使用二维图形建模可以快速地创建出可渲染的文字模型，如图2-29所示。第1个物体是二维线，另外两个是为二维样条线加载了不同修改器后得到的三维物体效果。

除了可以使用二维图形创建文字模型外，还可以用来创建比较复杂的物体，如对称的坛子，可以先绘制出纵向截面的二维样条线，然后为二维样条线加载"车削"修改器将其变成三维物体，如图2-30所示。

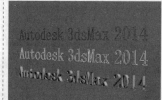

图2-29 　　　　　　　　　　　图2-30

网格建模

网格建模方法就像"编辑网格"修改器一样，可以在3种次物体级别中编辑对象，其中包含"顶点"、"边"、"面"、"多边形"和

"元素"5种可编辑对象。在3ds Max中，可以将大多数对象转换为可编辑网格对象，然后对形状进行调整，如图2-31所示将一个药丸模型转换为可编辑网格对象后，其表面就变成了可编辑的三角面。

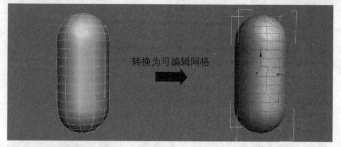

转换为可编辑网格

图2-31

多边形建模

多边形建模方法是最常用的建模方法（在后面的章节中将重点讲解）。可编辑的多边形对象包括"顶点"、"边"、"边界"、"多边形"和"元素"5个层级，也就是说可以分别对"顶点"、"边"、"边界"、"多边形"和"元素"进行调整，而每个层级都有很多可以使用的工具，这就为创建复杂模型提供了很大的发挥空间。下面以一个休闲椅为例来分析多边形建模方法，如图2-32和图2-33所示。

图2-32 　　　　　　　　　　　图2-33

图2-34所示的是休闲椅在四视图中的显示效果，可以观察出休闲椅至少由两个部分组成（座垫靠背部分和椅腿部分）。座垫靠背部分并不是规则的几何体，但其中每一部分都是由基本几何体变形而来的，从布线上可以看出构成物体的大多是四边面，这就是使用多边形建模方法创建出的模型的显著特点。

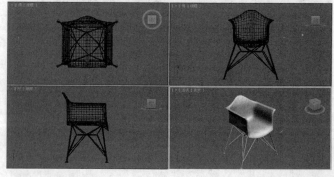

图2-34

技术专题 08 多边形建模与网格建模的区别

初次接触网格建模和多边形建模时可能会难以辨别这两种建模方式的区别。网格建模本来是3ds Max最基本的多边形加工方法，但在3ds Max 4之后被多边形建模取代了，之后网格建模逐渐被忽略，不过网格建模的稳定性要高于多边形建模；多边形建模是当前最流行的建模方法，而且建模技术很先进，有着比网格建模更多、更方便的修改功能。

其实这两种方法在建模的思路上基本相同，不同点在于网格建模所编辑的对象是三角面，而多边形建模所编辑的对象是三边面、四边面或更多边的面，因此多边形建模具有更高的灵活性。

面片建模

面片建模是基于子对象编辑的建模方法，面片对象是一种独立的模型类型，可以使用编辑贝兹曲线的方法来编辑曲面的形状，并且可以使用较少的控制点来控制很大的区域，因此常用于创建较大的平滑物体。

以一个面片为例，将其转换为可编辑面片后，选中一个顶点，然后随意调整这个顶点的位置，可以观察到凸起的部分是一个圆滑的部分，如图2-35所示。而同样形状的物体，转换成可编辑多边形后，调整顶点的位置，该顶点凸起的部分会非常尖锐，如图2-36所示。

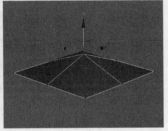

图2-35　　　　　　　　　　　　图2-36

NURBS建模

NURBS是指Non—Uniform Rational B-Spline（非均匀有理B样条曲线）。NURBS建模适用于创建比较复杂的曲面。在场景中创建出NURBS曲线，然后进入"修改"面板，在"常规"卷展栏下单击"NURBS创建工具箱"按钮，可以打开"NURBS创建工具箱"，如图2-37所示。

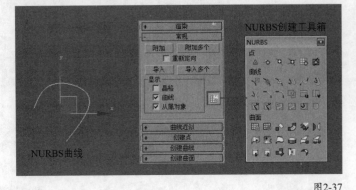

图2-37

技巧与提示

NURBS建模已成为设置和创建曲面模型的标准方法。这是因为交互操作这些NURBS曲线很容易，且创建NURBS曲线的算法效率很高，计算稳定性也很好，同时NURBS自身还配置了一套完整的造型工具，通过这些工具可以创建出不同类型的对象。同样，NURBS建模也是基于对子对象的编辑来创建对象，所以掌握了多边形建模方法之后，使用NURBS建模方法就会更加轻松一些。

2.2 创建内置几何体

建模是创作作品的开始，而内置几何体的创建和应用是一切建模的基础，可以在创建内置模型的基础上进行修改，以得到想要的模型。在"创建"面板中提供了很多内置几何体模型，如图2-38所示。

图2-38

图2-39~图2-44中的作品都是用内置几何体创建出来的，因为这些模型并不复杂，使用基本几何体就可以创建出来，下面依次对各图进行分析。

图2-39　　　　　　　　图2-40　　　　　　　　图2-41

图2-42　　　　　　　　图2-43　　　　　　　　图2-44

图2-39：场景中的沙发可以使用内置模型中的切角长方体进行制作，沙发腿部分可以使用圆柱体进行制作。

图2-40：衣柜看起来很复杂，制作起来却很简单，可以完全使

用长方体进行拼接而成。

图2-41：这个吊灯全是用球体与样条线组成的，因此使用内置模型可以快速地创建出来。

图2-42：奖杯的制作使用到了多种内置几何体，如球体、圆环、圆柱体和圆锥体等。

图2-43：这个茶几表面用到了切角圆柱体，而茶几的支撑部分则可以使用样条线创建出来。

图2-44：钟表的外框用到了管状体，指针和刻度使用长方体来制作即可，表盘则可以使用圆柱体进行制作。

本节重点建模工具概要

工具名称	工具图标	工具作用	重要程度
长方体	长方体	用于创建长方体	高
圆锥体	圆锥体	用于创建圆锥体	中
球体	球体	用于创建球体	高
圆柱体	圆柱体	用于创建圆柱体	高
管状体	管状体	用于创建管状体	中
圆环	圆环	用于创建圆环	中
茶壶	茶壶	用于创建茶壶	中
平面	平面	用于创建平面	高
异面体	异面体	用于创建多面体和星形	中
切角长方体	切角长方体	用于创建带圆角效果的长方体	高
切角圆柱体	切角圆柱体	用于创建带圆角效果的圆柱体	高

2.2.1 创建标准基本体

标准基本体是3ds Max中自带的一些模型，用户可以直接创建出这些模型。在"创建"面板中单击"几何体"按钮，然后在下拉列表中选择几何体类型为"标准基本体"。标准基本体包含10种对象类型，分别是长方体、圆锥体、球体、几何球体、圆柱体、管状体、圆环、四棱锥、茶壶和平面，如图2-45所示。

图2-45

长方体

长方体是建模中最常用的几何体，现实中与长方体接近的物体很多。可以直接使用长方体创建出很多模型，如方桌、墙体等，同时还可以将长方体用作多边形建模的基础物体，其参数设置面板如图2-46所示。

图2-46

长方体重要参数介绍

长度/宽度/高度：这3个参数决定了长方体的外形，用来设置长方体的长度、宽度和高度。

长度分段/宽度分段/高度分段：这3个参数用来设置沿着对象每个轴的分段数量。

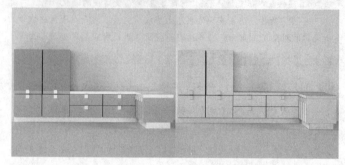

实战：用长方体制作简约橱柜

场景位置	无
实例位置	实例文件>CH02>实战：用长方体制作简约橱柜.max
视频位置	多媒体教学>CH02>实战：用长方体制作简约橱柜.flv
难易指数	★★☆☆☆
技术掌握	长方体工具、移动复制功能

简约橱柜效果如图2-47所示。

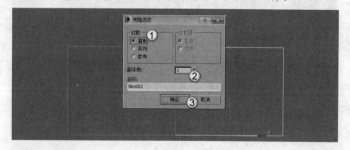

图2-47

01 在"创建"面板中单击"几何体"按钮，然后设置几何体类型为"标准基本体"，接着单击"长方体"按钮，如图2-48所示，最后在视图中拖曳光标创建一个长方体，如图2-49所示。

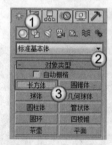

图2-48　　　　图2-49

02 在"命令"面板中单击"修改"按钮，进入"修改"面板，然后在"参数"卷展栏下设置"长度"为500mm、"宽度"为500mm、"高度"为400mm，具体参数设置如图2-50所示。

图2-50

03 用"选择并移动"工具选择长方体，然后按住Shift键在前视图中同时向右移动复制一个长方体，如图2-51所示。

图2-51

04 继续在前视图中向上复制一个长方体,如图2-52所示,然后在"参数"卷展栏下将"高度"修改为800mm,如图2-53所示。

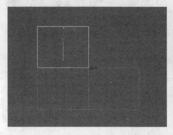

图2-52 图2-53

05 选择上一步创建的长方体,然后在前视图中向右移动复制一个长方体,如图2-54所示。

06 使用"长方体"工具 长方体 创建一个长方体,然后在"参数"卷展栏下设置"长度"为500mm、"宽度"为600mm、"高度"为200mm,模型位置如图2-55所示。

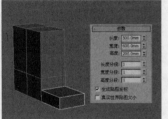

图2-54 图2-55

07 选择上一步创建的长方体,然后在前视图中向右移动复制一个长方体,如图2-56所示。

08 选择前两步创建的两个长方体,然后在前视图中向上移动复制两个长方体,如图2-57所示。

图2-56 图2-57

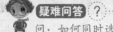
疑难问答 ❓

问:如何同时选择两个长方体?

答:选择一个长方体以后,按住Ctrl键可以加选另外一个长方体。

09 继续使用"长方体"工具 长方体 创建一个长方体,然后在"参数"卷展栏下设置"长度"为300mm、"宽度"为500mm、"高度"为400mm,具体参数设置及模型位置如图2-58所示。

10 选择上一步创建的长方体,然后在左视图中向右移动复制3个长方体,如图2-59所示。

11 使用"长方体"工具 长方体 创建一个长方体,然后在"参数"卷展栏下设置"长度"为500mm、"宽度"为1700mm、"高度"为50mm,具体参数设置及模型位置如图2-60所示。

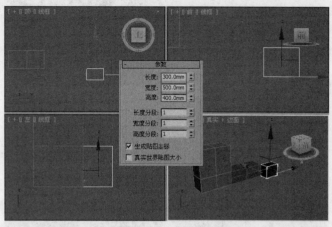

图2-58

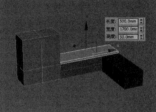

图2-59 图2-60

12 使用"长方体"工具 长方体 创建一个长方体,然后在"参数"卷展栏下设置"长度"为1250mm、"宽度"为500mm、"高度"为50mm,具体参数设置及模型位置如图2-61所示。

13 使用"长方体"工具 长方体 创建一个长方体,然后在"参数"卷展栏下设置"长度"为400mm、"宽度"为2700mm、"高度"为100mm,具体参数设置及模型位置如图2-62所示。

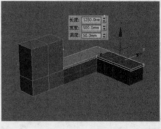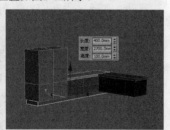

图2-61 图2-62

14 继续使用"长方体"工具 长方体 创建一个长方体,然后在"参数"卷展栏下设置"长度"为1250mm、"宽度"为400mm、"高度"为100mm,具体参数设置及模型位置如图2-63所示。

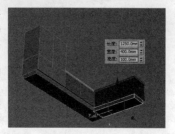

图2-63

15 再次使用"长方体"工具 长方体 创建一个长方体，然后在"参数"卷展栏下设置"长度"为20mm、"宽度"为60mm、"高度"为70mm，如图2-64所示。

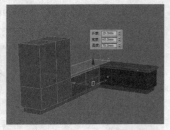

图2-64

16 用"选择并移动"工具 ✛ 选择上一步创建的长方体，然后按住Shift键移动复制11个长方体，如图2-65所示，接着将各个长方体放到相应的位置，最终效果如图2-66所示。

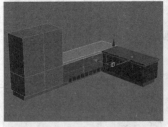
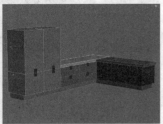

图2-65　　　　　图2-66

★ 重点 ★
实战：用长方体制作简约书架

场景位置	无
实例位置	实例文件>CH02>实战：用长方体制作简约书架.max
视频位置	多媒体教学>CH02>实战：用长方体制作简约书架.flv
难易指数	★☆☆☆☆
技术掌握	长方体工具、移动复制功能、镜像工具

简约书架效果如图2-67所示。

图2-67

01 使用"长方体"工具 长方体 在场景中创建一个长方体，然后在"参数"卷展栏下设置"长度"为400mm、"宽度"为35mm、"高度"为10mm，如图2-68所示。

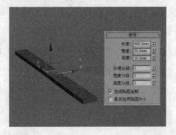

图2-68

02 继续使用"长方体"工具 长方体 在场景中创建一个长方体，然后在"参数"卷展栏下设置"长度"为35mm、"宽度"为200mm、"高度"为10mm，具体参数设置及模型位置如图2-69所示。

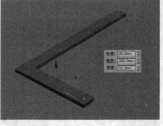

图2-69

03 用"选择并移动"工具 ✛ 选择步骤（1）创建的长方体，然后按住Shift键在顶视图中向右移动复制一个长方体到如图2-70所示的位置。

04 使用"长方体"工具 长方体 在场景中创建一个长方体，然后在"参数"卷展栏下设置"长度"为160mm、"宽度"为10mm、"高度"为10mm，具体参数设置及模型位置如图2-71所示。

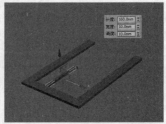

图2-70　　　　　图2-71

05 用"选择并移动"工具 ✛ 选择上一步创建的长方体，然后按住Shift键在顶视图中向右移动复制两个长方体到如图2-72所示的位置。

06 用"选择并移动"工具 ✛ 选择步骤（3）创建的长方体，然后按住Shift键在顶视图中向上移动复制一个长方体到如图2-73所示的位置。

图2-72　　　　　图2-73

07 按Ctrl+A组合键全选场景中的模型，然后执行"组>组"菜单命令，接着在弹出的"组"对话框中单击"确定"按钮 确定 ，如图2-74所示。

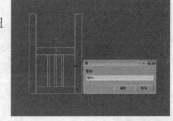

图2-74

08 选择"组001",然后在"选择并旋转"工具 上单击鼠标右键,接着在弹出的"旋转变换输入"对话框中设置"绝对:世界"的*x*为-55°,如图2-75所示。

图2-75

09 选择"组001",然后单击"镜像"工具 ,接着在弹出的"镜像:世界坐标"对话框中设置"镜像轴"为*y*轴、"偏移"为90mm,再设置"克隆当前选择"为"复制",最后单击"确定"按钮 确定 ,如图2-76所示,最终效果如图2-77所示。

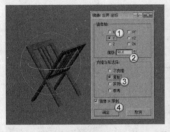 

图2-76 图2-77

★重点★
实战：用长方体制作书桌

场景位置	无
实例位置	实例文件>CH02>实战：用长方体制作书桌.max
视频位置	多媒体教学>CH02>实战：用长方体制作书桌.flv
难易指数	★★☆☆☆
技术掌握	长方体工具、移动复制功能

书桌效果如图2-78所示。

图2-78

01 使用"长方体"工具 长方体 在场景中创建一个长方体,然后在"参数"卷展栏下设置"长度"为400mm、"宽度"为40mm、"高度"为1200mm,如图2-79所示。

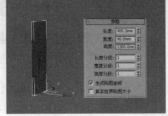

图2-79

02 选择长方体,然后单击"镜像"工具 ,接着在弹出的

"镜像:世界坐标"对话框中设置"镜像轴"为*x*轴、"偏移"为1620mm,再设置"克隆当前选择"为"复制",最后单击"确定"按钮 确定 ,如图2-80所示。

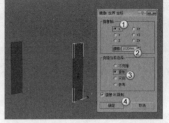

图2-80

03 使用"长方体"工具 长方体 在顶视图中创建一个长方体,然后在"参数"卷展栏下设置"长度"为400mm、"宽度"为1620mm、"高度"为40mm,具体参数设置及模型位置如图2-81所示。

04 继续用"长方体"工具 长方体 在场景中创建一个长方体,然后在"参数"卷展栏下设置"长度"为700mm、"宽度"为40mm、"高度"为1116mm,具体参数设置及模型位置如图2-82所示。

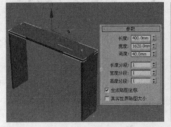 

图2-81 图2-82

05 使用"选择并移动"工具 选择上一步创建的长方体,然后按住Shift键在前视图中移动复制两个长方体到如图2-83所示的位置。

06 继续使用"长方体"工具 长方体 在顶视图中创建一个长方体,然后在"参数"卷展栏下设置"长度"为700mm、"宽度"为1500mm、"高度"为40mm,具体参数设置及模型位置如图2-84所示。

 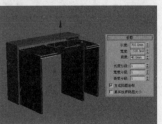

图2-83 图2-84

07 使用"选择并移动"工具 选择上一步创建的长方体,然后按住Shift键在前视图中向下移动复制一个长方体到如图2-85所示的位置。

08 使用"长方体"工具 长方体 在场景中创建一个长方体,然后在"参数"卷展栏下设置"长度"为520mm、"宽度"为40mm、"高度"为600mm,具体参数设置及模型位置如图2-86所示。

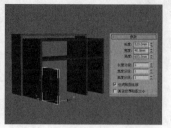

图2-85   图2-86

09 使用"选择并移动"工具 ✛ 选择上一步创建的长方体，然后按住Shift键在前视图中向右移动复制一个长方体到如图2-87所示的位置。

10 继续使用"长方体"工具 长方体 在顶视图中创建一个长方体，然后在"参数"卷展栏下设置"长度"为520mm、"宽度"为810mm、"高度"为40mm，具体参数设置及模型位置如图2-88所示。

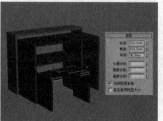

图2-87   图2-88

11 使用"选择并移动"工具 ✛ 选择上一步创建的长方体，然后按住Shift键在前视图中向下移动复制一个长方体到如图2-89所示的位置，最终效果如图2-90所示。

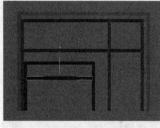

图2-89   图2-90

圆锥体

圆锥体在现实生活中经常看到，如冰激凌的外壳、吊坠等，其参数设置面板如图2-91所示。

图2-91

圆锥体重要参数介绍

半径1/2：设置圆锥体的第1个半径和第2个半径，两个半径的最小值都是0。

高度：设置沿着中心轴的维度。负值将在构造平面下面创建圆锥体。

高度分段：设置沿着圆锥体主轴的分段数。

端面分段：设置围绕圆锥体顶部和底部的中心的同心分段数。

边数：设置圆锥体周围边数。

平滑：混合圆锥体的面，从而在渲染视图中创建平滑的外观。

启用切片：控制是否开启"切片"功能。

切片起始/结束位置：设置从局部x轴的零点开始围绕局部z轴的度数。

> **技巧与提示**
>
> 对于"切片起始位置"和"切片结束位置"这两个选项，正数值将按逆时针移动切片的末端；负数值将按顺时针移动切片的末端。

球体

球体也是现实生活中常见的物体。在3ds Max中，可以创建完整的球体，也可以创建半球体或球体的其他部分，其参数设置面板如图2-92所示。

图2-92

球体重要参数介绍

半径：指定球体的半径。

分段：设置球体多边形分段的数目。分段越多，球体越圆滑；反之则越粗糙。图2-93所示是"分段"值分别为8和32时的球体对比。

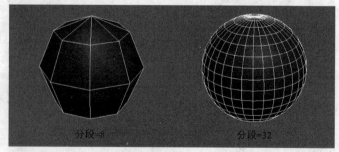

分段=8   分段=32

图2-93

平滑：混合球体的面，从而在渲染视图中创建平滑的外观。

半球：该值过大将从底部"切断"球体，以创建部分球体，取值范围可以为0~1。值为0可以生成完整的球体；值为0.5可以生成半球，如图2-94所示；值为1会使球体消失。

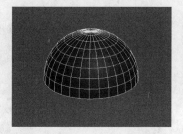

图2-94

切除：通过在半球断开时将球体中的顶点数和面数"切除"来减少它们的数量。

挤压：保持原始球体中的顶点数和面数，将几何体向着球体的顶部挤压为越来越小的体积。

轴心在底部：在默认情况下，轴点位于球体中心的构造平面上，如图2-95所示。如果勾选"轴心在底部"选项，则会将球体沿着其局部z轴向上移动，使轴点位于其底部，如图2-96所示。

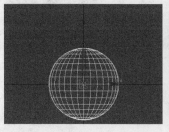 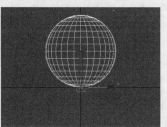

图2-95 　　　　　　　　　图2-96

★ 重点 ★
实战：用球体制作创意灯饰

场景位置	无
实例位置	实例文件>CH02>实战：用球体制作创意灯饰.max
视频位置	多媒体教学>CH02>实战：用球体制作创意灯饰.flv
难易指数	★★☆☆☆
技术掌握	球体工具、移动复制功能、组命令

创意灯饰效果如图2-97所示。

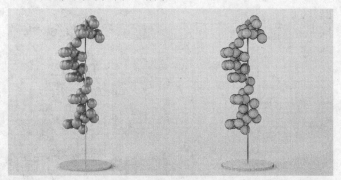

图2-97

01 在"创建"面板中单击"圆柱体"按钮 圆柱体 ，然后在场景中创建一个圆柱体，接着在"参数"卷展栏下设置"半径"为150mm、"高度"为15mm、"边数"为30，具体参数设置及模型效果如图2-98所示。

02 继续用"圆柱体"工具 圆柱体 在场景中创建一个圆柱体，然后在"参数"卷展栏下设置"半径"为4mm、"高度"为800mm、"边数"为20，具体参数设置及模型位置如图2-99所示。

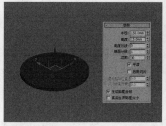 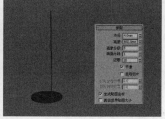

图2-98 　　　　　　　　　图2-99

03 使用"选择并移动"工具 ✛ 选择上一步创建的圆柱体，然后按住Shift键在左视图中向左移动复制一个圆柱体到如图2-100所示的位置。

04 在"创建"面板中单击"球体"按钮 球体 ，然后在场景中创建一个球体，接着在"参数"卷展栏下设置"半径"为28mm，具体参数设置及球体效果如图2-101所示。

 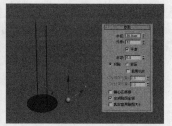

图2-100 　　　　　　　　　图2-101

05 使用"选择并移动"工具 ✛ 选择上一步创建的球体，然后按住Shift键移动复制5个球体，如图2-102所示，最后将球体调整成堆叠效果，如图2-103所示。

图2-102 　　　　　　　　　图2-103

06 选择场景中的所有球体，然后执行"组>组"菜单命令，接着在弹出的"组"对话框中单击"确定"按钮 确定 ，如图2-104所示。

07 选择"组001"，然后按住Shift键使用"选择并移动"工具 ✛ 移动复制7组球体，如图2-105所示。

图2-104 　　　　　　　　　图2-105

技巧与提示

将球体编为一组以后进行移动复制，可以大大地提高工作效率。

08 使用"选择并移动"工具 ⊕ 和"选择并旋转"工具 ○ 调整每组球体的位置和角度，最终效果如图2-106所示。

图2-106

几何球体

几何球体的形状与球体的形状很接近，学习了球体的参数之后，几何球体的参数便不难理解了，如图2-107所示。

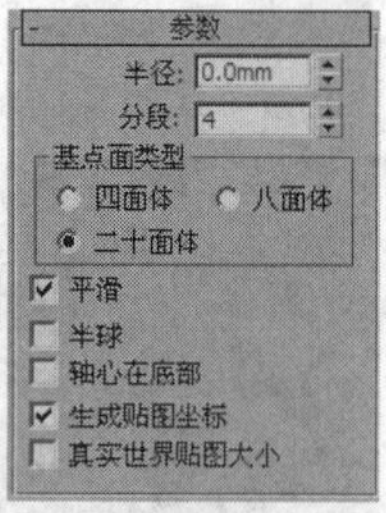

图2-107

几何球体重要参数介绍

基点面类型：选择几何球体表面的基本组成单位类型，可供选择的有"四面体"、"八面体"和"二十面体"。图2-108所示分别是这3种基点面的效果。

图2-108

平滑：勾选该选项后，创建出来的几何球体的表面就是光滑的，如果关闭该选项，效果则反之，如图2-109所示。

半球：若勾选该选项，创建出来的几何球体会是一个半球体，如图2-110所示。

图2-109   图2-110

疑难问答 ？

问：几何球体与球体有什么区别吗？

答：几何球体与球体在创建出来之后可能很相似，但几何球体是由三角面构成的，而球体是由四角面构成的，如图2-111所示。

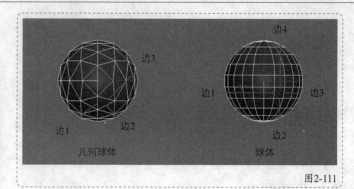

图2-111

圆柱体

圆柱体在现实中很常见，如玻璃杯和桌腿等，制作由圆柱体构成的物体时，可以先将圆柱体转换成可编辑多边形，然后对细节进行调整，其参数设置面板如图2-112所示。

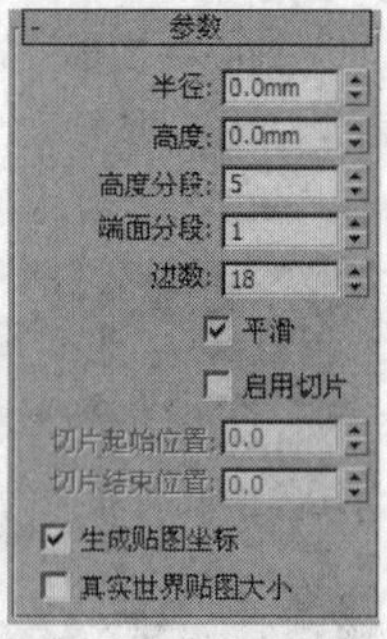

图2-112

圆柱体重要参数介绍

半径：设置圆柱体的半径。

高度：设置沿着中心轴的维度。负值将在构造平面下面创建圆柱体。

高度分段：设置沿着圆柱体主轴的分段数量。

端面分段：设置围绕圆柱体顶部和底部的中心的同心分段数量。

边数：设置圆柱体周围的边数。

★ 重点 ★
实战：用圆柱体制作圆桌

场景位置　无
实例位置　实例文件>CH02>实战：用圆柱体制作圆桌.max
视频位置　多媒体教学>CH02>实战：用圆柱体制作圆桌.flv
难易指数　★☆☆☆☆
技术掌握　圆柱体工具、移动复制功能、对齐工具

圆桌效果如图2-113所示。

图2-113

01 下面制作桌面。在"创建"面板中单击"圆柱体"按钮 **圆柱体**，然后在场景中拖曳光标创建一个圆柱体，接着在

"参数"卷展栏下设置"半径"为55mm、"高度"为2.5mm、"边数"为30mm,具体参数设置及模型效果如图2-114所示。

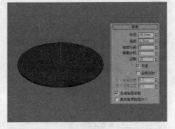

图2-114

02 选择桌面模型,然后按住Shift键使用"选择并移动"工具 在前视图中向下移动复制一个圆柱体,接着在弹出的"克隆选项"对话框中设置"对象"为"复制",如图2-115所示。

03 选择复制出来的圆柱体,然后在"参数"卷展栏下设置"半径"为3mm、"高度"为60mm,具体参数设置及模型效果如图2-116所示。

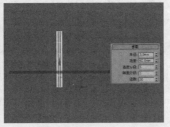

图2-115   图2-116

04 切换到前视图,选择复制出来的圆柱体,在"主工具栏"中单击"对齐"按钮 ,然后单击最先创建的圆柱体,如图2-117所示,接着在弹出的对话框中设置"对齐位置(屏幕)"为"y位置"、"当前对象"为"最大"、"目标对象"为"最小",具体参数设置及对齐效果如图2-118所示。

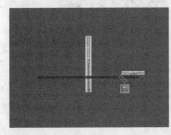
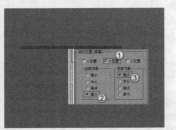

图2-117   图2-118

05 选择桌面模型,然后按住Shift键使用"选择并移动"工具 在前视图中向下移动复制一个圆柱体,接着在弹出的"克隆选项"对话框中设置"对象"为"复制"、"副本数"为2,如图2-119所示。

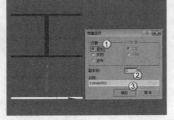

图2-119

06 选择中间的圆柱体,然后将"半径"修改为15mm,接着将最下面的圆柱体的"半径"修改为25mm,如图2-120所示。

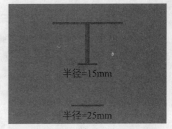

图2-120

07 采用步骤(4)的方法用"对齐"工具 在前视图中将圆柱体进行对齐,完成后的效果如图2-121所示,最终效果如图2-122所示。

图2-121   图2-122

管状体

管状体的外形与圆柱体相似,不过管状体是空心的,因此管状体有两个半径,即外径(半径1)和内径(半径2)。管状体的参数如图2-123所示。

图2-123

管状体重要参数介绍

半径1/半径2: "半径1"是指管状体的外径,"半径2"是指管状体的内径,如图2-124所示。

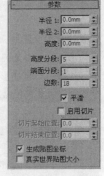

图2-124

高度: 设置沿着中心轴的维度。负值将在构造平面下面创建管状体。

高度分段: 设置沿着管状体主轴的分段数量。

端面分段: 设置围绕管状体顶部和底部的中心的同心分段数量。

边数: 设置管状体周围边数。

圆环

圆环可以用于创建环形或具有圆形横截面的环状物体，其参数设置面板如图2-125所示。

图2-125

圆环重要参数介绍

半径1：设置从环形的中心到横截面圆形的中心的距离，这是环形环的半径。

半径2：设置横截面圆形的半径。

旋转：设置旋转的度数，顶点将围绕通过环形环中心的圆形非均匀旋转。

扭曲：设置扭曲的度数，横截面将围绕通过环形中心的圆形逐渐旋转。

分段：设置围绕环形的分段数目。通过减小该数值，可以创建多边形环，而不是圆形。

边数：设置环形横截面圆形的边数。通过减小该数值，可以创建类似于棱锥的横截面，而不是圆形。

实战：用圆环创建木质饰品

场景位置	无
实例位置	实例文件>CH02>实战：用圆环创建木质饰品.max
视频位置	多媒体教学>CH02>实战：用圆环创建木质饰品.flv
难易指数	★☆☆☆☆
技术掌握	圆环工具、移动复制功能

木质饰品效果如图2-126所示。

图2-126

01· 在"创建"面板中单击"圆环"按钮 ▊▊圆环▊ ，然后在左视图中拖曳光标创建一个圆环，然后在"参数"卷展栏下设置"半径1"为20mm、"半径2"为10mm、"边数"为32，具体参数设置及模型效果如图2-127所示。

02· 切换到前视图，然后按住Shift键使用"选择并移动"工具

向右移动复制一个圆环，如图2-128所示。

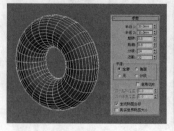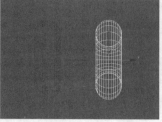

图2-127　　　　　　　　　　　　　　图2-128

03· 选择复制出来的圆环，在"参数"卷展栏下将"扭曲"修改为-400，此时圆环的表面会变成扭曲状，如图2-129所示。

04· 在"参数"卷展栏下将"旋转"修改为70，此时圆环的表面会产生旋转效果（从布线上可以观察到旋转效果），如图2-130所示。

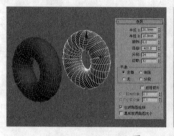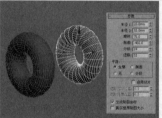

图2-129　　　　　　　　　　　　　　图2-130

05· 若要切掉一段圆环，可以先勾选"启用切片"选项，然后适当修改"切片起始位置"选项的数值（这里设置为270），如图2-131所示。

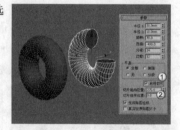

图2-131

★重点★　实战：用管状体和圆环制作水杯

场景位置	无
实例位置	实例文件>CH02>实战：用管状体和圆环制作水杯.max
视频位置	多媒体教学>CH02>实战：用管状体和圆环制作水杯.flv
难易指数	★☆☆☆☆
技术掌握	管状体工具、圆环工具

水杯效果如图2-132所示。

图2-132

01 在"创建"面板中单击"管状体"按钮 管状体 ，然后在场景中创建一个管状体，接着在"参数"卷展栏下设置"半径1"为12mm、"半径2"为11.5mm、"高度"为32mm、"高度分段"为1、"边数"为30，具体参数设置及模型效果如图2-133所示。

02 在"创建"面板中单击"圆环"按钮 圆环 ，然后在顶视图中创建一个圆环，接着在"参数"卷展栏下设置"半径1"为12mm、"半径2"为1mm、"分段"为52，具体参数设置及模型位置如图2-134所示。

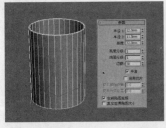 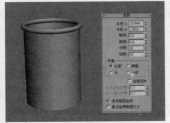

图2-133　　　　　　　　　　图2-134

03 使用"选择并移动"工具 ✛ 选择圆环，然后按住Shift键在前视图中向下移动复制一个圆环到管状体的底部，如图2-135所示。

04 继续使用"圆环"工具 圆环 在左视图中创建一个圆环作为把手的上半部分，然后在"参数"卷展栏下设置"半径1"为6.5mm、"半径2"为1.8mm、"分段"为50，具体参数设置及模型位置如图2-136所示。

 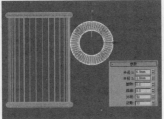

图2-135　　　　　　　　　　图2-136

05 使用"选择并移动"工具 ✛ 选择上一步创建的圆环，然后按住Shift键在左视图中向下移动复制一个圆环，如图2-137所示，接着在"参数"卷展栏下将"半径1"修改为3.5mm、将"半径2"修改为1mm，效果如图2-138所示。

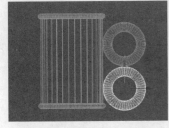 

图2-137　　　　　　　　　　图2-138

06 使用"圆柱体"工具 圆柱体 在杯子底部创建一个圆柱体，然后在"参数"卷展栏下设置"半径"为12mm、"高度"为1.5mm、"高度分段"为1、"边数"为30，具体参数设置及

模型位置如图2-139所示，最终效果如图2-140所示。

图2-139　　　　　　　　　　图2-140

🔵 四棱锥

四棱锥的底面是正方形或矩形，侧面是三角形，其参数设置面板如图2-141所示。

图2-141

四棱锥重要参数介绍

宽度/深度/高度：设置四棱锥对应面的维度。

宽度分段/深度分段/高度分段：设置四棱锥对应面的分段数。

🔵 茶壶

茶壶在室内场景中是经常使用到的一个物体，使用"茶壶"工具 茶壶 可以方便快捷地创建出一个精度较低的茶壶，其参数设置面板如图2-142所示。

图2-142

茶壶重要参数介绍

半径：设置茶壶的半径。

分段：设置茶壶或其单独部件的分段数。

平滑：混合茶壶的面，从而在渲染视图中创建平滑的外观。

茶壶部件：选择要创建的茶壶的部件，包含"壶体"、"壶把"、"壶嘴"和"壶盖"4个部件。图2-143所示是一个完整的茶壶与缺少相应部件的茶壶。

完整的茶壶　　没有壶体　　没有壶把　　没有壶嘴　　没有壶盖

图2-143

平面

平面在建模过程中使用的频率非常高，如墙面和地面等，其参数设置面板如图2-144所示。

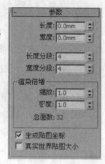

图2-144

平面重要参数介绍

长度/宽度： 设置平面对象的长度和宽度。

长度分段/宽度分段： 设置沿着对象每个轴的分段数量。

技术专题 09 为平面添加厚度

在默认情况下创建出来的平面是没有厚度的，如果要让平面产生厚度，需要为平面加载"壳"修改器，然后适当调整"内部量"和"外部量"的数值即可，如图2-145所示。关于修改器的用法将在后面的章节中进行讲解。

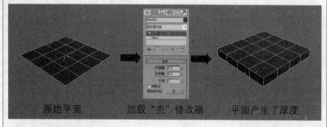

原始平面　　　加载"壳"修改器　　　平面产生了厚度

图2-145

实战：用标准基本体制作一组石膏

场景位置	无
实例位置	实例文件>CH02>实战：用标准基本体制作一组石膏.max
视频位置	多媒体教学>CH02>实战：用标准基本体制作一组石膏.flv
难易指数	★☆☆☆☆
技术掌握	标准基本体的相关工具

石膏效果如图2-146所示。

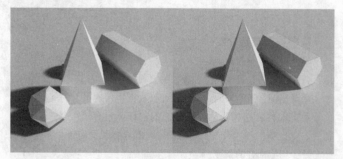

图2-146

01 使用"长方体"工具 长方体 在视图中创建一个长方体，然后在"参数"卷展栏下设置"长度"、"宽度"和"高度"都为45mm，具体参数设置及模型效果如图2-147所示。

02 使用"四棱锥"工具 四棱锥 在长方体顶部创建一个四棱锥，然后在"参数"卷展栏下设置"宽度"为60mm、"深度"为60mm、

"高度"为80mm，具体参数设置及模型位置如图2-148所示。

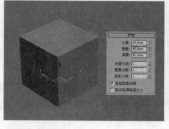 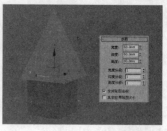

图2-147　　　　　　　　　　　图2-148

03 使用"圆柱体"工具 圆柱体 在左视图中创建一个圆柱体，然后在"参数"卷展栏下设置"半径"为30mm、"高度"为120mm、"高度分段"为1、"边数"为6，接着关闭"平滑"选项，具体参数设置及模型位置如图2-149所示。

04 使用"几何球体"工具 几何球体 在场景中创建一个几何球体，然后在"参数"卷展栏下设置"半径"为28mm、"分段"为2、"基点面类型"为"八面体"，接着关闭"平滑"选项，具体参数设置及模型位置如图2-150所示。

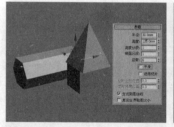 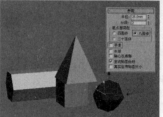

图2-149　　　　　　　　　　　图2-150

05 使用"平面"工具 平面 在场景中创建一个平面，然后在"参数"卷展栏下设置"长度"为500mm、"宽度"为600mm，具体参数设置及模型位置如图2-151所示，最终效果如图2-152所示。

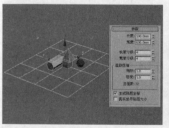 

图2-151　　　　　　　　　　　图2-152

★重点★

实战：用标准基本体制作积木

场景位置	无
实例位置	实例文件>CH02>实战：用标准基本体制作积木.max
视频位置	多媒体教学>CH02>实战：用标准基本体制作积木.flv
难易指数	★★★☆☆
技术掌握	标准基本体的相关工具、移动复制功能

积木效果如图2-153所示。

01 使用"圆柱体"工具 圆柱体 在顶视图中创建一个圆柱体，然后在"参数"卷展栏下设置"半径"为60mm、"高度"为43mm、"高度分段"为1、"边数"为3，具体参数设置及模型效果如图2-154所示。

图2-153

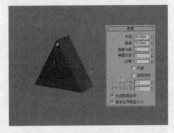

图2-154

技巧与提示

这个实例是一个专门针对"标准基本体"相关工具的综合练习实例。

02 选择上一步创建的圆柱体，然后将其复制两个到如图2-155所示的位置。

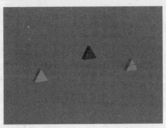

图2-155

技术专题 ⑩ 修改对象的颜色

这里介绍一下如何修改几何体对象在视图中的显示颜色。以图2-155中的3个圆柱体为例，原本复制出来的圆柱体颜色应该是与原始圆柱体的颜色相同，如图2-156所示。为了将对象区分开，可以先选择复制出来的两个圆柱体，然后在"修改"面板左上部单击"颜色"图标■，打开"对象颜色"对话框，在这里可以选择预设的颜色，也可以自定义颜色，如图2-157所示。

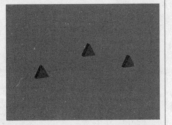

图2-156

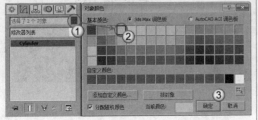

图2-157

03 使用"长方体"工具 长方体 在场景中创建一个长方体，然后在"参数"卷展栏下设置"长度"为40mm、"宽度"为260mm、"高度"为60mm，具体参数设置及模型位置如图2-158所示。

04 使用"选择并移动"工具 ✥ 选择上一步创建的长方体，然后复制两个长方体到如图2-159所示的位置。

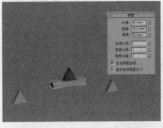 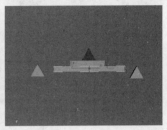

图2-158　　　　　　　图2-159

05 使用"长方体"工具 长方体 在场景中创建一个长方体，然后在"参数"卷展栏下设置"长度"为43mm、"宽度"为165mm、"高度"为60mm，具体参数设置及模型位置如图2-160所示。

06 使用"选择并移动"工具 ✥ 选择上一步创建的长方体，然后复制3个长方体到如图2-161所示的位置。

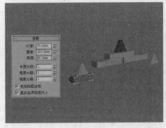 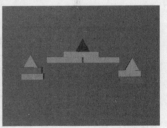

图2-160　　　　　　　图2-161

07 使用"圆柱体"工具 圆柱体 在场景中创建一个圆柱体，然后在"参数"卷展栏下设置"半径"为35mm、"高度"为80mm、"高度分度"为1，接着复制两个圆柱体，具体参数设置及模型位置如图2-162所示。

08 将步骤（3）中创建的长方体复制3个到如图2-163所示的位置。

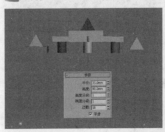 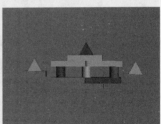

图2-162　　　　　　　图2-163

09 使用"长方体"工具 长方体 在场景中创建一个长方体，然后在"参数"卷展栏下设置"长度"为90mm、"宽度"为80mm、"高度"为55mm，接着复制4个长方体，具体参数设置及模型位置如图2-164所示。

10 使用"圆柱体"工具 圆柱体 在场景中创建一个圆柱体，然后在"参数"卷展栏下设置"半径"为32mm、"高度"为

160mm、"高度分段"为1，接着复制3个圆柱体，具体参数设置及模型位置如图2-165所示。

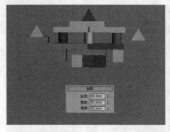
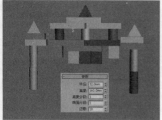

图2-164　　　　　　　　　　　图2-165

11 继续使用"圆柱体"工具 圆柱体 在场景中创建一个圆柱体，然后在"参数"卷展栏下设置"半径"为22mm、"高度"为75mm、"高度分段"为1，接着复制两个圆柱体，具体参数设置及模型位置如图2-166所示。

12 使用"圆柱体"工具 圆柱体 在前视图中创建一个圆柱体，然后在"参数"卷展栏下设置"半径"为65mm、"高度"为42mm、"高度分段"为1，接着勾选"启用切片"选项，并设置"切片起始位置"为180，最后复制一个圆柱体，具体参数设置及模型位置如图2-167所示。

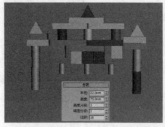
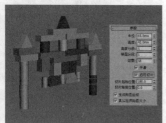

图2-166　　　　　　　　　　　图2-167

13 将前面制作的几何体复制一些到下部，完成后的积木效果如图2-168所示。

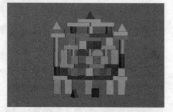

图2-168

14 使用"平面"工具 平面 在积木底部创建一个平面，然后在"参数"卷展栏下设置"长度"为1200mm、"宽度"为1500mm、"长度分段"为1、"宽度分段"为1，具体参数设置及模型位置如图2-169所示，最终效果如图2-170所示。

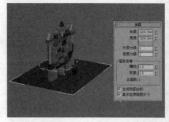
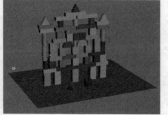

图2-169　　　　　　　　　　　图2-170

★ 重点 ★
2.2.2 创建扩展基本体

"扩展基本体"是基于"标准基本体"的一种扩展物体，共有13种，分别是异面体、环形结、切角长方体、切角圆柱体、油罐、胶囊、纺锤、L-Ext、球棱柱、C-Ext、环形波、软管和棱柱，如图2-171所示。

图2-171

有了这些扩展基本体，就可以快速地创建出一些简单的模型，如使用"软管"工具 软管 制作冷饮吸管、用"油罐"工具 油罐 制作货车油罐、用"胶囊"工具 胶囊 制作胶囊药物等。图2-172所示的是所有的扩展基本体。

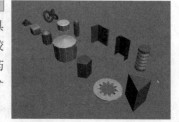

图2-172

> **技巧与提示**
>
> 并不是所有的扩展基本体都很实用，本节只讲解在实际工作中比较常用的一些扩展基本体。

● 异面体

异面体是一种很典型的扩展基本体，可以用它来创建四面体、立方体和星形等，其参数设置面板如图2-173所示。

图2-173

异面体重要参数介绍

系列：在这个选项组下可以选择异面体的类型，如图2-174所示是5种异面体效果。

四面体　　立方体/八面体　　十二面体/二十面体　　星形1　　星形2

图2-174

系列参数：P、Q两个选项主要用来切换多面体顶点与面之间的关联关系，其数值范围为0~1。

轴向比率：多面体可以拥有多达3种多面体的面，如三角形、方形或五角形。这些面可以是规则的，也可以是不规则的。如果多面体只有一种或两种面，则只有一个或两个轴向比率参数处于活动状态，不活动的参数不起作用。P、Q、R控制多面体一个面反射的轴。如果调整了参数，单击"重置"按钮 重置 可以将P、Q、R的数值恢复到默认值100。

顶点：这个选项组中的参数决定多面体每个面的内部几何体。"中心"和"中心和边"选项会增加对象中的顶点数，从而增加面数。

半径：设置任何多面体的半径。

★ 重点 ★
实战：用异面体制作风铃

场景位置	无
实例位置	实例文件>CH02>实战：用异面体制作风铃.max
视频位置	多媒体教学>CH02>实战：用异面体制作风铃.flv
难易指数	★☆☆☆☆
技术掌握	切角圆柱体工具、异面体工具、移动复制功能

风铃效果如图2-175所示。

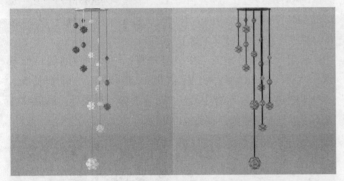

图2-175

01 设置几何体类型为"扩展基本体"，然后使用"切角圆柱体"工具 切角圆柱体 在场景中创建一个切角圆柱体，接着在"参数"卷展栏下设置"半径"为45mm、"高度"为1mm、"圆角"为0.3、"高度分段"为1、"边数"为30，具体参数设置及模型效果如图2-176所示。

02 使用"选择并移动"工具 ✛ 选择上一步创建的切角圆柱体，然后移动复制一个长方体到上方，接着在"参数"卷展栏下将"半径"修改为12mm、"圆角"修改为0.2mm，具体参数设置及模型位置如图2-177所示。

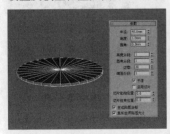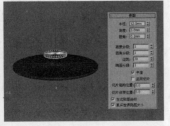

图2-176　　　　　　　　　　图2-177

03 设置几何体类型为"标准基本体"，然后使用"圆柱体"工具 圆柱体 在场景中创建一个圆柱体，接着在"参数"卷展栏下设置"半径"为1.5mm、"高度"为80mm、"高度分段"为1、

"边数"为30，具体参数设置及模型位置如图2-178所示。

04 继续使用"圆柱体"工具 圆柱体 在比较大的切角圆柱体边缘创建一些高度不一的圆柱体作为吊线，完成后的效果如图2-179所示。

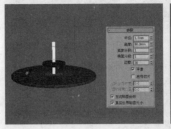

图2-178　　　　　　　　　　图2-179

05 设置几何体类型为"扩展基本体"，然后使用"异面体"工具 异面体 在场景中创建4个异面体，具体参数设置如图2-180所示。

图2-180

06 将创建的异面体复制一些到吊线上，最终效果如图2-181所示。

图2-181

切角长方体

切角长方体是长方体的扩展物体，可以快速创建出带圆角效果的长方体，其参数设置面板如图2-182所示。

图2-182

切角长方体重要参数介绍

长度/宽度/高度：用来设置切角长方体的长度、宽度和高度。

圆角：切开倒角长方体的边，以创建圆角效果。图2-183所示是长度、宽度和高度相等，而"圆角"值分别为1mm、3mm、6mm时的切角长方体效果。

图2-183

长度分段/宽度分段/高度分段：设置沿着相应轴的分段数量。

圆角分段：设置切角长方体圆角边时的分段数。

★重点

实战：用切角长方体制作餐桌椅

场景位置	无
实例位置	实例文件>CH02>实战：用切角长方体制作餐桌椅.max
视频位置	多媒体教学>CH02>实战：用切角长方体制作餐桌椅.flv
难易指数	★★☆☆☆
技术掌握	切角长方体工具、角度捕捉切换工具、旋转复制功能、移动复制功能

餐桌椅效果如图2-184所示。

图2-184

01 设置几何体类型为"扩展基本体"，然后使用"切角长方体"工具 切角长方体 在场景中创建一个切角长方体，接着在"参数"卷展栏下设置"长度"为1200mm、"宽度"为40mm、"高度"为1200mm、"圆角"为0.4mm、"圆角分段"为3，具体参数设置及模型效果如图2-185所示。

02 按A键激活"角度捕捉切换"工具 ，然后按E键选择"选择并旋转"工具 ，接着按住Shift键在前视图中沿z轴旋转90°，在弹出的"克隆选项"对话框中设置"对象"为"复制"，最后单击"确定"按钮 确定 ，如图2-186所示。

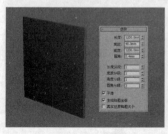
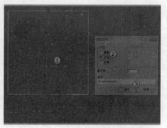

图2-185   图2-186

03 使用"切角长方体"工具 切角长方体 在场景中创建一个切角长方体，然后在"参数"卷展栏下设置"长度"为1200mm、"宽度"为1200mm、"高度"为40mm、"圆角"为0.4mm、"圆角分段"为3，

具体参数设置及模型位置如图2-187所示。

04 继续使用"切角长方体"工具 切角长方体 在场景中创建一个切角长方体，然后在"参数"卷展栏下设置"长度"为850mm、"宽度"为850mm、"高度"为700mm、"圆角"为10mm、"圆角分段"为3，具体参数设置及模型位置如图2-188所示。

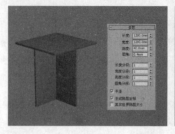
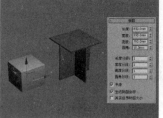

图2-187   图2-188

05 使用"切角长方体"工具 切角长方体 在场景中创建一个切角长方体，然后在"参数"卷展栏下设置 "长度"为80mm、"宽度"为850mm、"高度"为500mm、"圆角"为8mm、"圆角分段"为2，具体参数设置及模型位置如图2-189所示。

06 使用"选择并旋转"工具 选择上一步创建的切角长方体，然后按住Shift键在前视图中沿z轴旋转90°，接着在弹出的"克隆选项"对话框中设置"对象"为"复制"，最后单击"确定"按钮 确定 ，如图2-190所示。

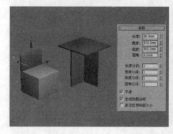
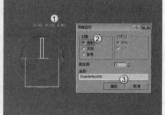

图2-189   图2-190

07 使用"选择并移动"工具 选择上一步复制的切角长方体，然后将其调整到如图2-191所示的位置。

08 选择椅子的所有部件，然后执行"组>组"菜单命令，接着在弹出的"组"对话框中单击"确定"按钮 确定 ，如图2-192所示。

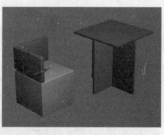
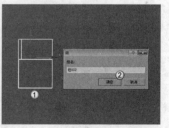

图2-191   图2-192

09 选择"组002"，然后按住Shift键使用"选择并移动"工具 移动复制3组椅子，如图2-193所示。

10 使用"选择并移动"工具 和"选择并旋转"工具 调整好椅子的位置和角度，最终效果如图2-194所示。

图2-193　　　　　　　　　图2-194

角圆柱体。

圆角： 斜切切角圆柱体的顶部和底部封口边。

高度分段： 设置沿着相应轴的分段数量。

圆角分段： 设置切角圆柱体圆角边时的分段数。

边数： 设置切角圆柱体周围的边数。

端面分段： 设置沿着切角圆柱体顶部和底部的中心和同心分段的数量。

问：为什么椅子上有黑色的色斑？

答：这是由于创建模型时启用了"平滑"选项，如图2-195所示。解决这种问题有以下两种方法。

图2-195

第1种：关闭模型的"平滑"选项，模型会恢复正常，如图2-196所示。

第2种：为模型加载"平滑"修改器，模型也会恢复正常，如图2-197所示。

图2-196　　　　　　　　　图2-197

切角圆柱体

切角圆柱体是圆柱体的扩展物体，可以快速创建出带圆角效果的圆柱体，其参数设置面板如图2-198所示。

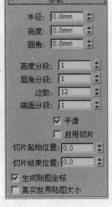

图2-198

切角圆柱体重要参数介绍

半径： 设置切角圆柱体的半径。

高度： 设置沿着中心轴的维度。负值将在构造平面下面创建切

实战：用切角圆柱体制作简约茶几

场景位置	无
实例位置	实例文件>CH02>实战：用切角圆柱体制作简约茶几.max
视频位置	多媒体教学>CH02>实战：用切角圆柱体制作简约茶几.flv
难易指数	★☆☆☆☆
技术掌握	切角圆柱体工具、管状体工具、切角长方体工具、移动复制功能

简约茶几效果如图2-199所示。

图2-199

01 下面创建桌面模型。使用"切角圆柱体"工具 切角圆柱体 在场景中创建一个切角圆柱体，然后在"参数"卷展栏下设置"半径"为50mm、"高度"为20mm、"圆角"为1mm、"高度分段"为1、"圆角分段"为4、"边数"为24、"端面分段"为1，具体参数设置及模型效果如图2-200所示。

02 下面创建支架模型。设置几何体类型为"标准基本体"，然后使用"管状体"工具 管状体 在桌面的上边缘创建一个管状体，接着在"参数"卷展栏下设置"半径1"为50.5mm、"半径2"为48mm、"高度"为1.6mm、"高度分段"为1、"端面分段"为1、"边数"为36，再勾选"启用切片"选项，最后设置"切片起始位置"为-200、"切片结束位置"为53，具体参数设置及模型位置如图2-201所示。

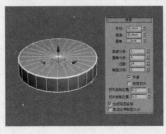
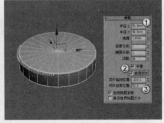

图2-200　　　　　　　　　图2-201

03 使用"切角长方体"工具 切角长方体 在管状体末端创建一个切角长方体，然后在"参数"卷展栏下设置"长度"为2mm、"宽度"为2mm、"高度"为30mm、"圆角"为0.2mm、"圆角分段"为3，具

体参数设置及模型位置如图2-202所示。

04 使用"选择并移动"工具 选择上一步创建的切角长方体，然后按住Shift键的同时移动复制一个切角长方体到如图2-203所示的位置。

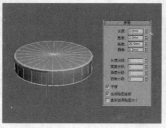
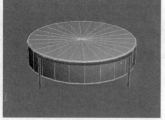

图2-202 图2-203

 技巧与提示

在复制对象到某个位置时，一般都不可能一步到位，这就需要调整对象的位置。调整对象位置需要在各个视图中进行调整。

05 使用"选择并移动"工具 选择管状体，然后按住Shift键在左视图中向下移动复制一个管状体到如图2-204所示的位置。

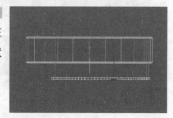

图2-204

06 选择复制出来的管状体，然后在"参数"卷展栏下将"切片起始位置"修改为56、"切片结束位置"修改为-202，如图2-205所示，最终效果如图2-206所示。

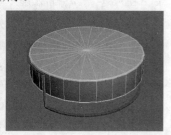

图2-205 图2-206

胶囊

使用"胶囊"工具 可以创建出半球状带有封口的圆柱体，其参数设置面板如图2-207所示。

图2-207

胶囊重要参数介绍

半径：用来设置胶囊的半径。

高度：设置胶囊中心轴的高度。

总体/中心：决定"高度"值指定的内容。"总体"指定对象的总体高度；"中心"指定圆柱体中部的高度，不包括其圆顶封口。

边数：设置胶囊周围的边数。

高度分段：设置沿着胶囊主轴的分段数量。

平滑：启用该选项时，胶囊表现会变得平滑；反之则有明显的转折效果。

启用切片：控制是否启用"切片"功能。

切片起始/结束位置：设置从局部x轴的零点开始围绕局部z轴的度数。

L-Ext/C-Ext

使用L-Ext工具 可以创建并挤出L形的对象，其参数设置面板如图2-208所示；使用C-Ext工具 可以创建并挤出C形的对象，其参数设置面板如图2-209所示。

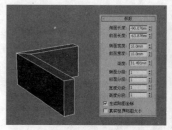
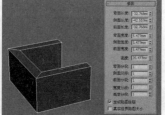

图2-208 图2-209

软管

软管是一种能连接两个对象的弹性物体，有点类似于弹簧，但它不具备动力学属性，如图2-210所示，其参数设置面板如图2-211所示。下面对各个参数选项组分别进行讲解。

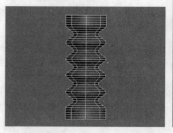

图2-210 图2-211

软管参数介绍

① 端点方法选项组

自由软管：如果只是将软管用作一个简单的对象，而不绑定到其他对象，则需要勾选该选项。

绑定到对象轴：如果要把软管绑定到对象，必须勾选该选项。

② 绑定对象选项组

顶部<无>： 显示顶部绑定对象的名称。

拾取顶部对象 ：使用该按钮可以拾取顶部对象。

张力： 当软管靠近底部对象时，该选项主要用来设置顶部对象附近软管曲线的张力大小。若减小张力，顶部对象附近将产生弯曲效果；若增大张力，远离顶部对象的地方将产生弯曲效果。

底部<无>： 显示底部绑定对象的名称。

拾取底部对象： 使用该按钮可以拾取底部对象。

张力： 当软管靠近顶部对象时，该选项主要用来设置底部对象附近软管曲线的张力。若减小张力，底部对象附近将产生弯曲效果；若增大张力，远离底部对象的地方将产生弯曲效果。

> **技巧与提示**
>
> 只有选择了"绑定到对象轴"选项时，"绑定对象"选项组中的参数才可用。

③ 自由软管参数选项组

高度： 用于设置软管未绑定时的垂直高度或长度（当选择"自由软管"选项时，该选项才可用）。

④ 公用软管参数选项组

分段： 设置软管长度的总分段数。当软管弯曲时，增大该值可以使曲线更加平滑。

启用柔体截面： 启用该选项时，"起始位置"、"结束位置"、"周期数"和"直径"4个参数才可用，可以用来设置软管的中心柔体截面；若关闭该选项，软管的直径和长度会保持一致。

起始位置： 软管的始端到柔体截面开始处所占软管长度的百分比。在默认情况下，软管的始端是指对象轴出现的一端，默认值为10%。

结束位置： 软管的末端到柔体截面结束处所占软管长度的百分比。在默认情况下，软管的末端是指与对象轴出现的相反端，默认值为90%。

周期数： 柔体截面中的起伏数目。可见周期的数目受限于分段的数目。如果分段值不够大，不足以支持周期数目，则不会显示出所有的周期，其默认值为5。

> **技巧与提示**
>
> 要设置合适的分段数目，首先应设置周期，然后增大分段数目，直到可见周期停止变化为止。

直径： 周期外部的相对宽度。如果设置为负值，则比总的软管直径要小；如果设置为正值，则比总的软管直径要大。

平滑： 定义要进行平滑处理的几何体，其默认设置为"全部"。

全部： 对整个软管都进行平滑处理。

侧面： 沿软管的轴向进行平滑处理。

无： 不进行平滑处理。

分段： 仅对软管的内截面进行平滑处理。

可渲染： 如果启用该选项，则使用指定的设置对软管进行渲染；如果关闭该选项，则不对软管进行渲染。

生成贴图坐标： 设置所需的坐标，以对软管应用贴图材质，其默认设置为启用。

⑤ 软管形状参数选项组

圆形软管： 设置软管为圆形的横截面。

直径： 软管端点处的最大宽度。

边数： 软管边的数目，其默认值为8。设置"边数"为3表示三角形的横截面；设置"边数"为4表示正方形的横截面；设置"边数"为5表示五边形的横截面。

长方形软管： 设置软管为长方形的横截面。

宽度： 指定软管的宽度。

深度： 指定软管的高度。

圆角： 设置横截面的倒角数值。若要使圆角可见，"圆角分段"数值必须设置为1或更大。

圆角分段： 设置每个圆角上的分段数目。

旋转： 指定软管沿其长轴的方向，其默认值为0。

D截面软管： 与"长方形软管"类似，但有一条边呈圆形，以形成D形状的横截面。

宽度： 指定软管的宽度。

深度： 指定软管的高度。

圆形侧面： 圆边上的分段数目。该值越大，边越平滑，其默认值为4。

圆角： 指定将横截面上圆边的两个角倒为圆角的数值。要使圆角可见，"圆角分段"数值必须设置为1或更大。

圆角分段： 指定每个圆角上的分段数目。

旋转： 指定软管沿其长轴的方向，其默认值为0。

2.2.3 创建mental ray代理对象

mental ray代理对象主要运用在大型场景中。当一个场景中包含多个相同的对象时就可以使用mental ray代理物体，例如，在图2-212中有许多的植物，这些植物在3ds Max中使用实体进行渲染将会占用非常多的内存，所以植物部分可以使用mental ray代理物体来进行制作。

图2-212

> **技巧与提示**
>
> 代理物体尤其适用在具有大量多边形物体的场景中，这样既可以避免将其转换为mental ray格式，又无需在渲染时显示源对象，同时也可以节约渲染时间和渲染时所占用的内存。但是使用代理物体会降低对象的逼真度，并且不能直接编辑代理物体。

mental ray代理对象的基本原理是创建"源"对象（也就是需要被代理的对象），然后将这个"源"对象转换为mr代理格式。若要使用代理物体时，可以将代理物体替换掉"源"

对象，然后删除"源"对象（因为已经没有必要在场景显示"源"对象）。在渲染代理物体时，渲染器会自动加载磁盘中的代理对象，这样就可以节省很多内存。

━━ 技术专题 11 加载mental ray渲染器 ━━

需要注意的是/mental ray代理对象必须在mental ray渲染器中才能使用，所以使用mental ray代理物体前需要将渲染器设置成mental ray渲染器。在3ds Max 2014中，如果要将渲染器设置为mental ray渲染器，可以按F10键打开"渲染设置"对话框，然后单击"公用"选项卡，展开"指定渲染器"卷展栏，接着单击第1个"选择渲染器"按钮 ，最后在弹出的对话框中选择渲染器为"NVIDIA mental ray"，单击"确定"按钮，如图2-213所示。

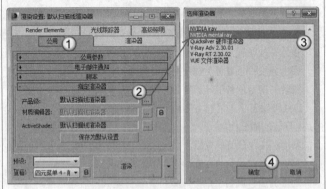

图2-213

随意创建一个几何体，然后设置几何体类型为mental ray，接着单击"mr代理"按钮 mr代理 ，这样可以打开代理物体的参数设置面板，如图2-214所示。

图2-214

mental ray代理参数介绍

① 源对象选项组

**None（无） None ** ：若在场景中选择了"源"对象，这里将显示"源"对象的名称；若没有选择"源"对象，这里将显示为None（无）。

清除源对象 ：单击该按钮可以将"源"对象的名称恢复为None（无），但不会影响代理对象。

**将对象写入文件 将对象写入文件... ** ：将对象保存为MIB格式的文件，随后可以使用"代理文件"将MIB格式的文件加载到其他的mental ray代理对象中。

问：MIB是什么文件？

答： MIB格式的文件仅包含几何体，不包含材质，但是可以对每个示例或mental ray代理对象的副本应用不同的材质。

② 代理文件选项组

浏览 ... ：单击该按钮可以选择要加载为被代理对象的MIB文件。

比例： 调整代理对象的大小，当然也可以使用"选择并均匀缩放"工具 来调整代理对象的大小。

③ 显示选项组

视口顶点： 以代理对象的点云形式来显示顶点数。

渲染的三角形： 设置当前渲染的三角形的数量。

显示点云： 勾选该选项后，代理对象在视图中将始终以点云（一组顶点）的形式显示出来。该选项一般与"显示边界框"选项一起使用。

显示边界框： 勾选该选项后，代理对象在视图中将始终以边界框的形式显示出来。该选项只有在开启"显示点云"选项后才可用。

④ 预览窗口选项组

预览窗口： 该窗口用来显示MIB文件在当前帧存储的缩略图。

━━ 技巧与提示 ━━

若没有选择对象，该窗口将不会显示对象的缩览图。

⑤ 动画支持选项组

在帧上： 勾选该选项后，如果当前MIB文件为动画序列的一部分，则会播放代理对象中的动画；若关闭该选项，代理对象仍然保持在最后的动画帧状态。

重新播放速度： 用于调整播放动画的速度。例如，如果加载100帧的动画，设置"重新播放速度"为0.5（半速），那么每一帧将播放两次，所以总共就播放了200帧的动画。

帧偏移： 让动画从某一帧开始播放（不是从起始帧开始播放）。

往复重新播放： 开启该选项后，动画播放完后将重新开始播放，并一直循环下去。

★ 重点 ★
实战：用mental ray代理物体制作会议室座椅

场景位置	场景文件>CH02>01-1.max、01-2.3DS、01-3.3DS
实例位置	实例文件>CH02>实战：用mental ray代理物体制作会议室座椅.max
视频位置	多媒体教学>CH02>实战：用mental ray代理物体制作会议室座椅.flv
难易指数	★★☆☆☆
技术掌握	mr代理工具

会议室座椅代理物体效果如图2-215所示。

图2-215

01 打开下载资源中的"场景文件>CH02>01-1.max"文件，如图2-216所示。

图2-216

02 下面创建mental ray代理对象。单击界面左上角的"应用程序"图标，然后执行"导入>导入"菜单命令，接着在弹出的"选择要导入的文件"对话框中选择下载资源中的"场景文件>CH02>01-2.3DS"文件，最后在弹出的"3DS导入"对话框中设置"是否:"为"合并对象到当前场景。"，如图2-217所示，导入后的效果如图2-218所示。

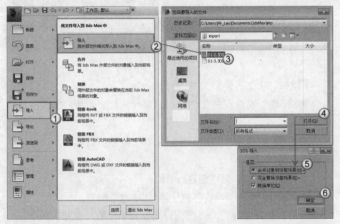

图2-217

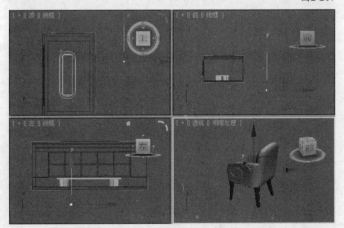

图2-218

03 使用"选择并移动"工具、"选择并旋转"工具和"选择并均匀缩放"工具调整好座椅的位置、角度与大小，完成后的效果如图2-219所示。

04 设置几何体类型为mental ray，然后单击"mr代理"按钮，如图2-220所示。

05 在"参数"卷展栏下单击"将对象写入文件"按钮，然后在视图中拖曳光标创建一个代理图形，如图2-221所示。

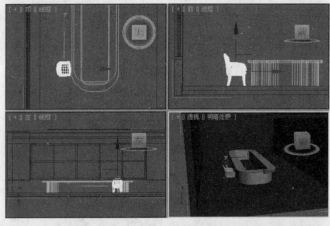

图2-219

图2-220   图2-221

技巧与提示

在单击"将对象写入文件"按钮时，3ds Max可能会弹出"mr代理错误"对话框，单击"确定"按钮即可，如图2-222所示。

图2-222

06 切换到"修改"面板，在"参数"卷展栏下单击None（无）按钮，然后在视图中单击之前导入进来的椅子模型，如图2-223所示。

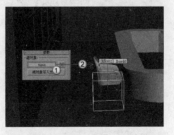

图2-223

07 继续在"参数"卷展栏下单击"将对象写入文件"按钮，然后在弹出的"写入mr代理文件"对话框中进行保存（保存完毕后，在"代理文件"选项组下会显示代理物体的保存路径），接着设置"比例"为0.03，最后勾选"显示边界框"选项，具体参数设置如图2-224所示。

图2-224

技巧与提示

代理完毕后，椅子模型便以mr代理对象的形式显示在视图中，并且是以点的形式显示出来，如图2-225所示。

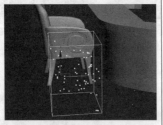

图2-225

08 使用复制功能将代理物体复制到会议桌的四周，如图2-226所示。

图2-226

09 继续导入下载资源中的"场景文件>CH02>01-3.3DS"文件，如图2-227所示，然后采用相同的方法创建出茶杯代理物体，最终效果如图2-228所示。

图2-227   图2-228

技巧与提示

代理物体在视图中是以点的形式显示出来的，只有使用mental ray渲染器渲染出来后才是真实的模型效果。

2.2.4 创建门对象

3ds Max 2014提供了3种内置的门模型，包括"枢轴门"、

"推拉门"和"折叠门"，如图2-229所示。"枢轴门"是在一侧装有铰链的门；"推拉门"有一半是固定的，另一半可以推拉；"折叠门"的铰链装在中间以及侧端，就像壁橱门一样。

这3种门的参数大部分都是相同的，下面先对相同的参数部分进行讲解，如图2-230所示是"枢轴门"的参数设置面板。所有的门都有高度、宽度和深度，在创建之前可以先选择创建的顺序，如"宽度/深度/高度"或"宽度/高度/深度"。

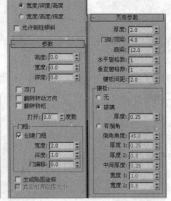

图2-229   图2-230

门对象的公共参数介绍

宽度/深度/高度：首先创建门的宽度，然后创建门的深度，接着创建门的高度。

宽度/高度/深度：首先创建门的宽度，然后创建门的高度，接着创建门的深度。

允许侧柱倾斜：允许创建倾斜门。

高度/宽度/深度：设置门的总体高度/宽度/深度。

打开：使用枢轴门时，指定以角度为单位的门打开的程度；使用推拉门和折叠门时，指定门打开的百分比。

门框：用于控制是否创建门框和设置门框的宽度和深度。

创建门框：控制是否创建门框。

宽度：设置门框与墙平行方向的宽度（启用"创建门框"选项时才可用）。

深度：设置门框从墙投影的深度（启用"创建门框"选项时才可用）。

门偏移：设置门相对于门框的位置，该值可以为正，也可以为负（启用"创建门框"选项时才可用）。

生成贴图坐标：为门指定贴图坐标。

真实世界贴图大小：控制应用于对象的纹理贴图材质所使用的缩放方法。

厚度：设置门的厚度。

门挺/顶梁：设置顶部和两侧的面板框的宽度。

底梁：设置门脚处的面板框的宽度。

水平窗格数：设置面板沿水平轴划分的数量。

垂直窗格数：设置面板沿垂直轴划分的数量。

镶板间距：设置面板之间的间隔宽度。

镶板：指定在门中创建面板的方式。

无：不创建面板。

玻璃：创建不带倒角的玻璃面板。

厚度：设置玻璃面板的厚度。

有倒角：勾选该选项可以创建具有倒角的面板。

倒角角度：指定门的外部平面和面板平面之间的倒角角度。

厚度1：设置面板的外部厚度。

厚度2：设置倒角从起始处的厚度。

中间厚度：设置面板内的面部分的厚度。

宽度1：设置倒角从起始处的宽度。

宽度2：设置面板内的面部分的宽度。

> **技巧与提示**
>
> 门参数除了这些公共参数外，每种类型的门还有一些细微的差别，下面依次讲解。

枢轴门--

"枢轴门"只在一侧用铰链进行连接，也可以制作成为双门，双门具有两个门元素，每个元素在其外边缘处用铰链进行连接，如图2-231所示。"枢轴门"包含3个特定的参数，如图2-232所示。

 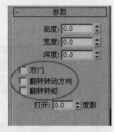

图2-231　　　　　　　　　　　　　图2-232

枢轴门特定参数介绍

双门：制作一个双门。

翻转转动方向：更改门转动的方向。

翻转转枢：在与门面相对的位置上放置门转枢（不能用于双门）。

推拉门--

"推拉门"可以左右滑动，就像火车在铁轨上前后移动一样。推拉门有两个门元素，一个保持固定；另一个可以左右滑动，如图2-233所示。"推拉门"包含两个特定的参数，如图2-234所示。

图2-233　　　　　　　　　　　　　图2-234

推拉门特定参数介绍

前后翻转：指定哪个门位于最前面。

侧翻：指定哪个门保持固定。

折叠门--

"折叠门"就是可以折叠起来的门，在门的中间和侧面有一个转枢装置，如果是双门的话，就有4个转枢装置，如图2-235所示。"折叠门"包含3个特定的参数，如图2-236所示。

 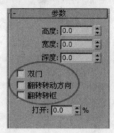

图2-235　　　　　　　　　　　　　图2-236

折叠门特定参数介绍

双门：勾选该选项可以创建双门。

翻转转动方向：翻转门的转动方向。

翻转转枢：翻转侧面的转枢装置（该选项不能用于双门）。

2.2.5 创建窗户对象

3ds Max 2014中提供了6种内置的窗户模型，使用这些内置的窗户模型可以快速创建出所需要的窗户，如图2-237所示。

图2-237

6种窗户介绍

遮篷式窗：这种窗户有一扇通过铰链与其顶部相连，如图2-238所示。

平开窗：这种窗户的一侧有一个固定的窗框，可以向内或向外转动，如图2-239所示。

图2-238　　　　　　　　　　　　　图2-239

固定窗：这种窗户是固定的，不能打开，如图2-240所示。

旋开窗：这种窗户可以在垂直中轴或水平中轴上进行旋转，如图2-241所示。

伸出式窗：这种窗户有3扇窗框，其中两扇窗框打开时就像反向的遮篷，如图2-242所示。

推拉窗：推拉窗有两扇窗框，其中一扇窗框可以沿着垂直或水平方向滑动，如图2-243所示。

图2-240　　　　　　　　　　图2-241

图2-242　　　　　　　　　　图2-243

由于窗户的参数比较简单，因此只讲解这6种窗户的公共参数，如图2-244所示。

图2-244

6种窗户的公共参数介绍

高度： 设置窗户的总体高度。

宽度： 设置窗户的总体宽度。

深度： 设置窗户的总体深度。

窗框： 控制窗框的宽度和深度。

水平宽度： 设置窗口框架在水平方向的宽度（顶部和底部）。

垂直宽度： 设置窗口框架在垂直方向的宽度（两侧）。

厚度： 设置框架的厚度。

玻璃： 用来指定玻璃的厚度等参数。

厚度： 指定玻璃的厚度。

窗格： 用于设置窗格的宽度与窗格数量。

宽度： 设置窗框中窗格的宽度（深度）。

窗格数： 设置窗中的窗框数。

开窗： 设置窗户的打开程度。

打开： 指定窗打开的百分比。

2.2.6 创建AEC扩展对象

"AEC扩展"对象专门用在建筑、工程和构造等领域，使用"AEC扩展"对象可以提高创建场景的效率。"AEC扩展"对象包括"植物"、"栏杆"和"墙"3种类型，如图2-245所示。

图2-245

🌐 **植物**--

使用"植物"工具 植物 可以快速地创建出3ds Max预设的植物模型。植物的创建方法很简单，首先将几何体类型切换为"AEC扩展"，然后单击"植物"按钮 植物 ，接着在"收藏的植物"卷展栏下选择树种，最后在视图中拖曳光标就可以创建出相应的树木，如图2-246所示。

植物的参数设置面板如图2-247所示。

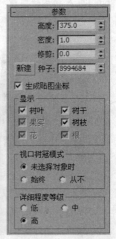

图2-246　　　　　　　　　　图2-247

植物参数介绍

高度： 控制植物的近似高度，这个高度不一定是实际高度，它只是一个近似值。

密度： 控制植物叶子和花朵的数量。值为1时表示植物具有完整的叶子和花朵；值为5时表示植物具有1/2的叶子和花朵；值为0时表示植物没有叶子和花朵。

修剪： 只适用于具有树枝的植物，可以用来删除与构造平面平行的不可见平面下的树枝。值为0时表示不进行修剪；值为1时表示尽可能修剪植物上的所有树枝。

技巧与提示

3ds Max从植物上修剪植物取决于植物的种类，如果是树干，则永不进行修剪。

新建 新建：显示当前植物的随机变体，其旁边是种子的显示数值。

显示： 该选项组中的参数主要用来控制植物的叶子、果实、花、树干、树枝和根的显示情况。勾选相应选项后，相应的对象就会在视图中显示出来。

视口树冠模式：该选项用来设置树冠在视图中的显示模式。

未选择对象时：未选择植物时以树冠模式显示植物。

始终：始终以树冠模式显示植物。

从不：从不以树冠模式显示植物，但是会显示植物的所有特性。

> **技巧与提示**
>
> 植物的树冠是覆盖植物最远端（如叶子、树枝和树干的最远端）的一个壳。

详细程度等级：该选项组用来设置植物的渲染精度级别。

低：这种级别用来渲染植物的树冠。

中：这种级别用来渲染减少了面的植物。

高：以最高的细节级别渲染植物的所有面。

> **技巧与提示**
>
> 减少面数的方式因植物而异，但通常的做法是删除植物中较小的元素（如树枝和树干中的面数）。

★ 重点 ★
实战：用植物制作池塘垂柳

场景位置	场景文件>CH02>02.max
实例位置	实例文件>CH02>实战：用植物制作池塘垂柳.max
视频位置	多媒体教学>CH02>实战：用植物制作池塘垂柳.flv
难易指数	★★☆☆☆
技术掌握	植物工具、移动复制功能

池塘垂柳效果如图2-248所示。

图2-248

01 设置几何体类型为"AEC扩展"，然后单击"植物"按钮 植物 ，接着在"收藏的植物"卷展栏下选择"垂柳"树种，最后在视图中拖曳光标创建一棵垂柳，如图2-249所示。

02 选择上一步创建的垂柳，然后在"参数"卷展栏下设置"高度"为480mm、"密度"为0.8、"修剪"为0.1，接着设置"视口树冠模式"为"从不"，具体参数设置如图2-250所示。

图2-249

图2-250

> **疑难问答** ?
>
> 问：如果创建的植物外形不合适怎么办？
>
> 答：在修改完参数后，如果植物的外形并不是所需要的，可以在"参数"卷展栏下单击"新建"按钮 新建 修改"种子"数值，这样可以随机产生不同的树木形状，如图2-251和图2-252所示。
>
>
>
>
> 图2-251　　　　图2-252

03 单击界面左上角的"应用程序"图标 ，然后执行"导入>合并"菜单命令，接着在弹出的"合并文件"对话框中选择下载资源中的"场景文件>CH02>02.max"文件，并在弹出的"合并"对话框中单击"确定"按钮 确定 ，如图2-253所示，最后调整好垂柳的位置，如图2-254所示。

图2-253　　　　图2-254

04 使用"选择并移动"工具 选择垂柳模型，然后按住Shift键移动复制4株垂柳到如图2-255所示的位置，接着调整好每株垂柳的位置，最终效果如图2-256所示。

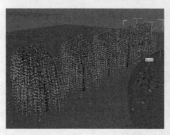
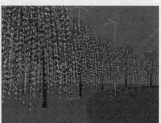

图2-255　　　　图2-256

栏杆

"栏杆"对象的组件包括"栏杆"、"立柱"和"栅栏"。3ds Max提供了两种创建栏杆的方法，第1种是创建有拐角的栏杆，第2种是通过拾取路径来创建异形栏杆，如图2-257

所示。栏杆的参数包含"栏杆"、"立柱"和"栅栏"3个卷展栏，如图2-258所示。

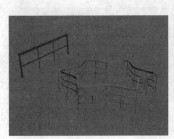

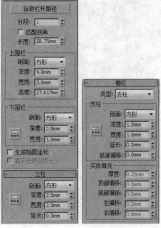

图2-257   图2-258

栏杆参数介绍

① 栏杆卷展栏

拾取栏杆路径 ：单击该按钮可以拾取视图中的样条线来作为栏杆路径。

分段：设置栏杆对象的分段数（只有在使用"拾取栏杆路径"工具 时才能使用该选项）。

匹配拐角：在栏杆中放置拐角，以匹配栏杆路径的拐角。

长度：设置栏杆的长度。

上围栏：该选项组主要用来调整上围栏的相关参数。

剖面：指定上栏杆的横截面形状。

深度：设置上栏杆的深度。

宽度：设置上栏杆的宽度。

高度：设置上栏杆的高度。

下围栏：该选项组主要用来调整下围栏的相关参数。

剖面：指定下栏杆的横截面形状。

深度：设置下栏杆的深度。

宽度：设置下栏杆的宽度。

下围栏间距：设置下围栏之间的间距。单击该按钮后会弹出一个对话框，在该对话框中可设置下栏杆间距的一些参数。

生成贴图坐标：为栏杆对象分配贴图坐标。

真实世界贴图大小：控制应用于对象的纹理贴图材质所使用的缩放方法。

② 立柱卷展栏

剖面：指定立柱的横截面形状。

深度：设置立柱的深度。

宽度：设置立柱的宽度。

延长：设置立柱在上栏杆底部的延长量。

立柱间距：设置立柱的间距。单击该按钮后会弹出一个对话框，在该对话框中可设置立柱间距的一些参数。

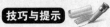

　　如果将"剖面"设置为"无"，则"立柱"卷展栏中的其他参数将不可用。

③ 栅栏卷展栏

类型：指定立柱之间的栅栏类型，有"无"、"支柱"和"实体填充"3个选项。

支柱：该选项组中的参数只有当栅栏类型设置为"支柱"时才可用。

剖面：设置支柱的横截面形状，有方形和圆形两个选项。

深度：设置支柱的深度。

宽度：设置支柱的宽度。

延长：设置支柱在上栏杆底部的延长量。

底部偏移：设置支柱与栏杆底部的偏移量。

支柱间距：设置支柱的间距。单击该按钮后会弹出一个对话框，在该对话框中可设置支柱间距的一些参数。

实体填充：该选项组中的参数只有当栅栏类型设置为"实体填充"时才可用。

厚度：设置实体填充的厚度。

顶部偏移：设置实体填充与上栏杆底部的偏移量。

底部偏移：设置实体填充与栏杆底部的偏移量。

左偏移：设置实体填充与相邻左侧立柱之间的偏移量。

右偏移：设置实体填充与相邻右侧立柱之间的偏移量。

墙--

墙对象由3个子对象构成，这些对象类型可以在"修改"面板中进行修改。编辑墙的方法和样条线比较类似，可以分别对墙本身，以及其顶点、分段和轮廓进行调整。

创建墙模型的方法比较简单，首先将几何体类型设置为"AEC扩展"，然后单击"墙"按钮 墙 ，接着在视图中拖曳光标就可以创建出墙体，如图2-259所示。

单击"墙"按钮 墙 后，会弹出墙的两个创建参数卷展栏，分别是"键盘输入"卷展栏和"参数"卷展栏，如图2-260所示。

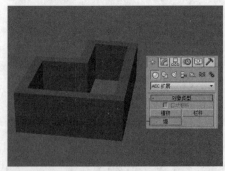

图2-259   图2-260

墙参数介绍

① 键盘输入卷展栏

X/Y/Z：设置墙分段在活动构造平面中的起点的x/y/z轴坐标值。

添加点 添加点 ：根据输入的*x*/*y*/*z*轴坐标值来添加点。

关闭 关闭 ：单击该按钮可以结束墙对象的创建，并在最后1个分段端点与第1个分段起点之间创建出分段，以形成闭合的墙体。

完成 完成 ：单击该按钮可以结束墙对象的创建，使端点处于断开状态。

拾取样条线 拾取样条线 ：单击该按钮可以拾取场景中的样条线，并将其作为墙对象的路径。

② 参数卷展栏

宽度：设置墙的厚度，其范围为0.01~100mm，默认设置为5mm。

高度：设置墙的高度，其范围为0.01~100mm，默认设置为96mm。

对齐：指定门的对齐方式，共有以下3种。

左：根据墙基线（墙的前边与后边之间的线，即墙的厚度）的左侧边进行对齐。如果启用"栅格捕捉"功能，则墙基线的左侧边将捕捉到栅格线。

居中：根据墙基线的中心进行对齐。如果启用"栅格捕捉"功能，则墙基线的中心将捕捉到栅格线。

右：根据墙基线的右侧边进行对齐。如果启用"栅格捕捉"功能，则墙基线的右侧边将捕捉到栅格线。

生成贴图坐标：为墙对象应用贴图坐标。

真实世界贴图大小：控制应用于对象的纹理贴图材质所使用的缩放方法。

2.2.7 创建楼梯对象

楼梯在室内外场景中是很常见的一种物体，按梯段组合形式来分可分为直梯、折梯、旋转梯、弧形梯、U型梯和直圆梯6种。3ds Max 2014提供了4种内置的参数化楼梯模型，分别是"直线楼梯"、"L型楼梯"、"U型楼梯"和"螺旋楼梯"，如图2-261所示。这4种楼梯的参数比较简单，并且每种楼梯都包括"开放式"、"封闭式"和"落地式"3种类型，完全可以满足室内外的模型需求。

以上4种楼梯都包括"参数"卷展栏、"支撑梁"卷展栏、"栏杆"卷展栏和"侧弦"卷展栏，而"螺旋楼梯"还包括"中柱"卷展栏，如图2-262所示。

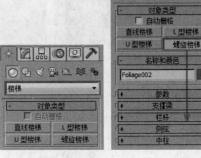

图2-261　　　　图2-262

这4种楼梯中，"L型楼梯"是最常见的一种，下面就以"L型楼梯"为例来讲解楼梯的参数，如图2-263所示。

图2-263

L型楼梯参数介绍

① 参数卷展栏

类型：该选项组中的参数主要用来设置楼梯的类型。

开放式：创建一个开放式的梯级竖板楼梯。

封闭式：创建一个封闭式的梯级竖板楼梯。

落地式：创建一个带有封闭式梯级竖板和两侧具有封闭式侧弦的楼梯。

生成几何体：该选项组中的参数主要用来设置需要生成的楼梯零部件。

侧弦：沿楼梯梯级的端点创建侧弦。

支撑梁：在梯级下创建一个倾斜的切口梁，该梁支撑着台阶。

扶手：创建左扶手和右扶手。

扶手路径：创建左扶手路径和右扶手路径。

布局：该选项组中的参数主要用来设置楼梯的布局效果。

长度1：设置第1段楼梯的长度。

长度2：设置第2段楼梯的长度。

宽度：设置楼梯的宽度，包括台阶和平台。

角度：设置平台与第2段楼梯之间的角度，范围为-90°~90°。

偏移：设置平台与第2段楼梯之间的距离。

梯级：该选项组中的参数主要用来调整楼梯的梯级形状。

总高：设置楼梯级的高度。

竖板高：设置梯级竖板的高度。

竖板数：设置梯级竖板的数量（梯级竖板总是比台阶多一个，隐式梯级竖板位于上板和楼梯顶部的台阶之间）。

> **技巧与提示**
>
> 当调整这3个选项中的其中两个选项时，必须锁定剩下的一个选项，要锁定该选项，可以单击选项前面的 按钮。

台阶：该选项组中的参数主要用来调整台阶的形状。

厚度：设置台阶的厚度。

深度：设置台阶的深度。

生成贴图坐标：为楼梯对象应用贴图坐标。

真实世界贴图大小：控制应用于对象的纹理贴图材质所使用的缩放方法。

② 支撑梁卷展栏

深度：设置支撑梁离地面的深度。

宽度：设置支撑梁的宽度。

支撑梁间距 ：设置支撑梁的间距。单击该按钮会弹出"支撑梁间距"对话框，在该对话框中可设置支撑梁的一些参数。

从地面开始：控制支撑梁是从地面开始，还是与第1个梯级竖板的开始平齐，或是否将支撑梁延伸到地面以下。

> **技巧与提示**
>
> 只有在"生成几何体"选项组中开启"支撑梁"选项，该卷展栏下的参数才可用。

③ 栏杆卷展栏

高度：设置栏杆离台阶的高度。

偏移：设置栏杆离台阶端点的偏移量。

分段：设置栏杆中的分段数目。值越高，栏杆越平滑。

半径：设置栏杆的厚度。

> **技巧与提示**
>
> 只有在"生成几何体"选项组中开启"扶手"选项时，该卷展栏下的参数才可用。

④ 侧弦卷展栏

深度：设置侧弦离地板的深度。

宽度：设置侧弦的宽度。

偏移：设置地板与侧弦的垂直距离。

从地面开始：控制侧弦是从地面开始，还是与第1个梯级竖板的开始平齐，或是否将侧弦延伸到地面以下。

> **技巧与提示**
>
> 只有在"生成几何体"选项组中开启"侧弦"选项时，该卷展栏中的参数才可用。

★ 重点 ★
实战：创建螺旋楼梯

场景位置	无
实例位置	实例文件>CH02>实战：创建螺旋楼梯.max
视频位置	多媒体教学>CH02>实战：创建螺旋楼梯.flv
难易指数	★☆☆☆☆
技术掌握	螺旋楼梯工具

螺旋楼梯效果如图2-264所示。

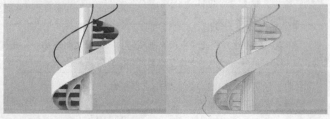

图2-264

01 设置几何体类型为"楼梯"，然后使用"螺旋楼梯"工具 螺旋楼梯 在场景中拖曳光标，随意创建一个螺旋楼梯，如图2-265所示。

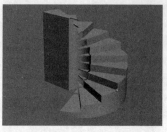

图2-265

02 切换到"修改"面板，展开"参数"卷展栏，然后在"生成几何体"卷展栏下勾选"侧弦"和"中柱"选项，接着勾选"扶手"的"内表面"和"外表面"选项；在"布局"选项组下设置"半径"为1200mm、"旋转"为1、"宽度"为1000mm；在"梯级"选项组下设置"总高"为3600mm、"竖板高"为300mm；在"台阶"选项组下设置"厚度"为160mm，具体参数设置如图2-266所示，楼梯效果如图2-267所示。

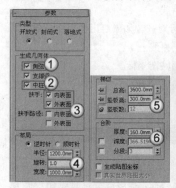

图2-266　　　　　　　　　　　图2-267

03 展开"支撑梁"卷展栏，然后在"参数"选项组下设置"深度"为200mm、"宽度"为700mm，具体参数设置及模型效果如图2-268所示。

04 展开"栏杆"卷展栏，然后在"参数"选项组下设置"高度"为100mm、"偏移"为50mm、"半径"为25mm，具体参数设置及模型效果如图2-269所示。

图2-268　　　　　　　　　　　图2-269

05 展开"侧弦"卷展栏，然后在"参数"选项组下设置"深度"为600mm、"宽度"为50mm、"偏移"为25mm，具体参数设置及模型效果如图2-270所示。

06 展开"中柱"卷展栏，然后在"参数"选项组下设置"半径"为250mm，具体参数设置及最终效果如图2-271所示。

图2-270　　　　　　　　图2-271

2.3 创建复合对象

使用3ds Max内置的模型就可以创建出很多优秀的模型，但是在很多时候还会使用复合对象，因为使用复合对象来创建模型可以大大节省建模时间。

复合对象建模工具包括10种，分别是"变形"工具 变形 、"散布"工具 散布 、"一致"工具 一致 、"连接"工具 连接 、"水滴网格"工具 水滴网格 、"图形合并"工具 图形合并 、"布尔"工具 布尔 、"地形"工具 地形 、"放样"工具 放样 、"网格化"工具 网格化 、ProBoolean工具 ProBoolean 和ProCuttler工具 ProCutter ，如图2-272所示。在这10种工具中，将重点介绍"散布"工具 散布 、"图形合并"工具 图形合并 、"布尔"工具 布尔 、"放样"工具 放样 和ProBoolean工具 ProBoolean 的用法。

图2-272

本节建模工具概要

工具名称	工具图标	工具作用	重要程度
散布	散布	将所选源对象散布为阵列或散布到分布对象的表面	中
图形合并	图形合并	将一个或多个图形嵌入到其他对象的网格中，或从网格中移除	高
布尔	布尔	对两个或两个以上的对象进行并集、差集、交集运算	高
放样	放样	将一个二维图形作为沿某个路径的剖面，从而生成复杂的三维对象	高
ProBoolean	ProBoolean	与"布尔"工具相似	中

2.3.1 散布

"散布"是复合对象的一种形式，将所选源对象散布为阵列，或散布到分布对象的表面，如图2-273所示。

图2-273

技巧与提示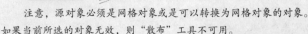

注意，源对象必须是网格对象或是可以转换为网格对象的对象。如果当前所选的对象无效，则"散布"工具不可用。

这里只讲解"拾取分布对象"卷展栏下的参数，如图2-274所示。

图2-274

拾取分布对象卷展栏参数介绍

对象<无>：显示使用"拾取分布对象"工具 拾取分布对象 选择的分布对象的名称。

拾取分布对象 拾取分布对象 ：单击该按钮，然后在场景中单击一个对象，可以将其指定为分布对象。

参考/复制/移动/实例：用于指定将分布对象转换为散布对象的方式。它可以作为参考、副本（复制）、实例或移动的对象（如果不保留原始图形）进行转换。

★ 重点 ★

实战：用散布制作遍山野花

场景位置	场景文件>CH02>03.max
实例位置	实例文件>CH02>实战：用散布制作遍山野花.max
视频位置	多媒体教学>CH02>实战：用散布制作遍山野花.flv
难易指数	★★☆☆☆
技术掌握	平面工具、FFD 4×4×4修改器、散布工具

遍山野花效果如图2-275所示。

图2-275

01 设置几何体类型为"标准基本体"，然后使用"平面"工具 平面 在场景中创建一个平面，接着在"参数"卷展栏下设置"长度"为2600mm、"宽度"为2300mm、"长度分段"和"宽度分段"为9，具体参数设置及模型效果如图2-276所示。

02 选择平面，然后进入"修改"面板，接着在"修改器列表"中选择FFD 4×4×4修改器，如图2-277所示。

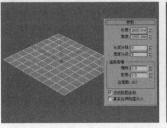

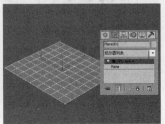

图2-276　　　　　　　　图2-277

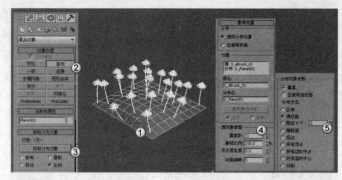

知识链接

　　FFD 4×4×4修改器是一种非常重要的修改器，它可以利用控制点来改变几何体的形状。关于该修改器的使用方法请参阅164页"4.3.9 FFD修改器"下的相关内容。

03 在FFD 4×4×4修改器左侧单击➕图标，展开次物体层级列表，然后选择"控制点"次物体层级，如图2-278所示。

图2-278

图2-283

04 切换到顶视图，然后用"选择并移动"工具框选如图2-279所示的两个控制点，接着在透视图中将选择的控制点沿z轴向上拖曳一段距离，如图2-280所示。

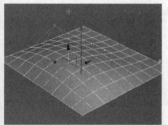

图2-279　　　　　　　　图2-280

05 将下载资源中的"场景文件>CH02>03.max"文件拖曳到场景中，然后在弹出的菜单中选择"合并文件"命令，如图2-281所示，合并后的效果如图2-282所示。

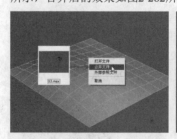

图2-281　　　　　　　　图2-282

06 选择植物模型，设置几何体类型为"复合对象"，然后单击"散布"按钮 散布 ，在"拾取分布对象"卷展栏下单击"拾取分布对象"按钮 拾取分布对象 ，接着在场景中拾取平面，此时在平面上会出现相应的植物，在"散布对象"卷展栏下设置"重复数"为21、"跳过N个"为3，具体参数设置如图2-283所示，最终效果如图2-284所示。

图2-284

疑难问答 ❓

　　问：为什么前面两张图变成了灰色呢？

　　答：从图2-283和图2-284中可以观察到地面的颜色都变成灰色了，这是由于3ds Max的自动调节功能，以节省内存资源。由于本例对计算机的配置要求相当高，如果用户的计算机配置较低，那么在制作本例时很可能无法正常使用"散布"功能（遇到这种情况只有升级计算机配置，除此之外没有其他办法）。

★重点★
2.3.2 图形合并

　　使用"图形合并"工具 图形合并 可以将一个或多个图形嵌入其他对象的网格中或从网格中移除，其参数设置面板如图2-285所示。

图2-285

图形合并参数介绍

① 拾取操作对象卷展栏

拾取图形 拾取图形 ：单击该按钮，然后单击要嵌入网格对象中的图形，图形可以沿图形局部的z轴负方向投射到网格对象上。

参考/复制/移动/实例：指定如何将图形传输到复合对象中。

操作对象：在复合对象中列出所有操作对象。

删除图形 删除图形 ：从复合对象中删除选中图形。

提取操作对象 提取操作对象 ：提取选中操作对象的副本或实

例。在"操作对象"列表中选择操作对象时，该按钮才可用。

实例/复制： 指定如何提取操作对象。

操作： 该组选项中的参数决定如何将图形应用于网格中。

饼切： 切去网格对象曲面外部的图形。

合并： 将图形与网格对象曲面合并。

反转： 反转"饼切"或"合并"效果。

输出子网格选择： 该组选项中的参数提供了指定将哪个选择级别传送到"堆栈"中。

② 显示/更新卷展栏

显示： 确定是否显示图形操作对象。

结果： 显示操作结果。

操作对象： 显示操作对象。

更新： 该选项组中的参数用来指定何时更新显示结果。

始终： 始终更新显示。

渲染时： 仅在场景渲染时更新显示。

手动： 仅在单击"更新"按钮后更新显示。

更新 ▭更新▭：当选中除"始终"选项之外的任一选项时，该按钮才可用。

★ 重点 ★
实战：用图形合并制作创意钟表

场景位置	场景文件>CH02>04.max
实例位置	实例文件>CH02>实战：用图形合并制作创意钟表.max
视频位置	多媒体教学>CH02>实战：用图形合并制作创意钟表.flv
难易指数	★★★☆☆
技术掌握	图形合并工具、多边形建模技术

创意钟表效果如图2-286所示。

图2-286

01 打开下载资源中的"场景文件>CH02>04.max"文件，这是一个蝴蝶图形，如图2-287所示。

图2-287

02 在"创建"面板中单击"圆柱体"按钮 ▭圆柱体▭，然后在前视图创建一个圆柱体，接着在"参数"卷展栏下设置"半径"为100mm、"高度"为100mm、"高度分段"为1、"边数"为30，具体参数设置及模型效果如图2-288所示。

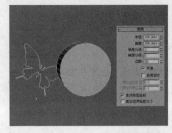

图2-288

03 使用"选择并移动"工具 ▦ 在各个视图中调整好蝴蝶图形的位置，如图2-289所示。

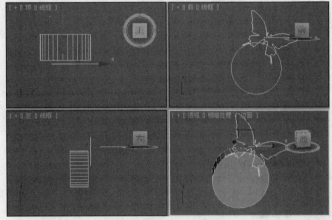

图2-289

04 选择圆柱体，设置几何体类型为"复合对象"，然后单击"图形合并"按钮 ▭图形合并▭，接着在"拾取操作对象"卷展栏下单击"拾取图形"按钮 ▭拾取图形▭，最后在视图中依次蝴蝶图形，此时在圆柱体的相应位置上会出现蝴蝶的部分映射图形，如图2-290所示。

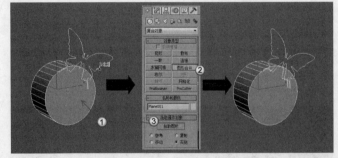

图2-290

05 选择圆柱体，然后单击鼠标右键，接着在弹出的菜单中选择"转换为>转换为可编辑多边形"命令，如图2-291所示。

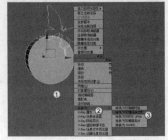

图2-291

将圆柱体转换为可编辑多边形以后，对该物体的操作基本就属于多边形建模的范畴了。关于多边形建模的相关内容请参阅"第7章 多边形建模"的相关内容。

06 进入"修改"面板，在"选择"卷展栏下单击"多边形"按钮▣，进入"多边形"级别，然后选择如图2-292所示的多边形，接着按Ctrl+I组合键反选多边形，最后按Delete键删除选择的多边形，操作完成后再次单击"多边形"按钮▣，退出"多边形"级别，效果如图2-293所示。

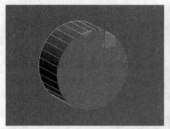

图2-292   图2-293

为了方便操作，可以选择在选择多边形之前按Alt+Q组合键进入"孤立选择"模式（也可以在右键菜单中选择"孤立当前选择"命令），这样可以单独对圆柱体进行操作，如图2-294所示。

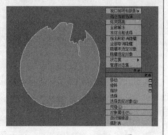

图2-294

07 选择蝴蝶图形，然后单击鼠标右键，接着在弹出的快捷菜单中选择"转换为>转换为可编辑多边形"命令，最后使用"选择并移动"工具﹢将蝴蝶拖曳到如图2-295所示的位置。

08 使用"选择并移动"工具﹢选择蝴蝶，然后按住Shift键移动复制两只蝴蝶，接着用"选择并均匀缩放"工具▦调整好其大小，如图2-296所示。

图2-295   图2-296

09 使用"圆柱体"工具 [圆柱体] 在场景中创建两个圆柱体，具体参数设置如图2-297所示。

10 使用"球体"工具 [球体] 在场景中创建一个圆柱体，然后在"参数"卷展栏下设置"半径"为3mm，具体参数设置及

模型位置如图2-298所示。

图2-297   图2-298

11 使用"选择并移动"工具﹢将两个圆柱体摆放到表盘上，然后用"选择并旋转"工具↻调整好其角度，最终效果如图2-299所示。

图2-299

2.3.3 布尔

"布尔"运算是通过对两个或两个以上的对象进行并集、差集、交集运算，从而得到新的物体形态。"布尔"运算的参数设置面板如图2-300所示。

图2-300

布尔重要参数介绍

拾取操作对象B [拾取操作对象 B]：单击该按钮可以在场景中选择另一个运算物体来完成"布尔"运算。以下4个选项用来控制运算对象B的方式，必须在拾取运算对象B之前确定采用哪种方式。

参考：将原始对象的参考复制品作为运算对象B，若以后改变原始对象，同时也会改变布尔物体中的运算对象B，但是改变运算对象B时，不会改变原始对象。

复制：复制一个原始对象作为运算对象B，而不改变原始对象（当原始对象还要用在其他地方时采用这种方式）。

移动：将原始对象直接作为运算对象B，而原始对象本身不再存在（当原始对象无其他用途时采用这种方式）。

实例：将原始对象的关联复制品作为运算对象B，若以后对两者的任意一个对象进行修改时都会影响另一个。

操作对象：主要用来显示当前运算对象的名称。

操作：指定采用何种方式来进行"布尔"运算。

并集：将两个对象合并，相交的部分将被删除，运算完成后两个物体将合并为一个物体。

交集：将两个对象相交的部分保留下来，删除不相交的部分。

差集A-B：在A物体中减去与B物体重合的部分。

差集B-A：在B物体中减去与A物体重合的部分。

切割：用B物体切除A物体，但不在A物体上添加B物体的任何部分，共有"优化"、"分割"、"移除内部"和"移除外部"4个选项可供选择。"优化"是在A物体上沿着B物体与A物体相交的面来增加顶点和边数，以细化A物体的表面；"分割"是在B物体切割A物体部分的边缘，并且增加了一排顶点，利用这种方法可以根据其他物体的外形将一个物体分成两部分；"移除内部"是删除A物体在B物体内部的所有片段面；"移除外部"是删除A物体在B物体外部的所有片段面。

> **技巧与提示**
>
> 物体在进行"布尔"运算后随时都可以对两个运算对象进行修改，"布尔"运算的方式和效果也可以进行编辑修改，并且"布尔"运算的修改过程可以记录为动画，表现出神奇的切割效果。

★ 重点 ★
实战：用布尔运算制作骰子

场景位置	无
实例位置	实例文件>CH02>实战：用布尔运算制作骰子.max
视频位置	多媒体教学>CH02>实战：用布尔运算制作骰子.flv
难易指数	★★☆☆☆
技术掌握	布尔工具、移动复制功能

骰子效果如图2-301所示。

图2-301

01 使用"切角长方体"工具 切角长方体 在场景中创建一个切角长方体，然后在"参数"卷展栏下设置"长度"为80mm、"宽度"为80mm、"高度"为80mm、"圆角"为5mm、"圆角分段"为5，具体参数设置及模型效果如图2-302所示。

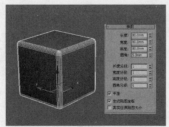

图2-302

02 使用"球体"工具 球体 在场景中创建一个球体，然后在"参数"卷展栏下设置"半径"为8.2mm，模型位置如图2-303所示。

03 按照每个面的点数复制一些球体，并将其分别摆放在切角长方体的6个面上，如图2-304所示。

图2-303

图2-304

> **技巧与提示**
>
> 骰子的点数由1~6个内陷的半球组成，为了在切角长方体中"挖"出这些点数，下面就要使用"布尔"工具 布尔 来制作。

04 下面需要将这些球体塌陷为一个整体。选择所有的球体，在"命令"面板中单击"实用程序"按钮 ，然后单击"塌陷"按钮 塌陷 ，接着在"塌陷"卷展栏下单击"塌陷选定对象"按钮 塌陷选定对象 ，这样就将所有球体塌陷成了一个整体，如图2-305所示。

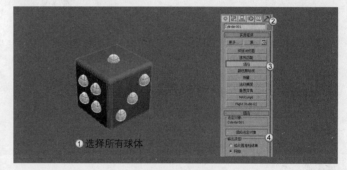

① 选择所有球体

图2-305

> **疑难问答 ?**
>
> **问**：有快速选择球体的方法吗？
>
> **答**：有。这里就以步骤（4）中要选择的所有球体为例来介绍两种快速选择物体的方法。
>
> **第1种**：可以先选择切角长方体，然后按Ctrl+I组合键反选物体，这样就可以选择全部的球体。
>
> **第2种**：选择切角长方体，然后单击鼠标右键，接着在弹出的菜单中选择"冻结当前选择"命令，将其冻结出来，如图2-306所示，然后在视图中拖曳光标即可框选所有的球体。冻结对象以后，如果要解冻，可以在右键菜单中选择"全部解冻"命令。

图2-306

05 选择切角长方体，然后设置几何体类型为"复合对象"，单击"布尔"按钮 布尔 ，接着在"拾取布尔"卷展栏下设置"运算"为"差集A-B"，再单击"拾取操作对象B"按钮 拾取操作对象B ，最后在视图中拾取球体，如图2-307所示，最终效果如图2-308所示。

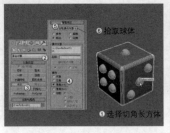

图2-307　　　　　　　　　　　图2-308

★ 重点

2.3.4 放样

"放样"是将一个二维图形作为沿某个路径的剖面，从而生成复杂的三维对象。"放样"是一种特殊的建模方法，能快速地创建出多种模型，其参数设置面板如图2-309示。

图2-309

放样重要参数介绍

获取路径 获取路径：将路径指定给选定图形或更改当前指定的路径。

获取图形 获取图形：将图形指定给选定路径或更改当前指定的图形。

移动/复制/实例：用于指定路径或图形转换为放样对象的方式。

缩放 缩放：使用"缩放"变形可以从单个图形中放样对象，该图形在其沿着路径移动时只改变其缩放。

扭曲 扭曲：使用"扭曲"变形可以沿着对象的长度创建盘旋或扭曲的对象，扭曲将沿着路径指定旋转量。

倾斜 倾斜：使用"倾斜"变形可以围绕局部x轴和y轴旋转图形。

倒角 倒角：使用"倒角"变形可以制作出具有倒角效果的对象。

拟合 拟合：使用"拟合"变形可以使用两条拟合曲线来定义对象的顶部和侧剖面。

★ 重点

实战：用放样制作旋转花瓶

场景位置	无
实例位置	实例文件>CH02>实战：用放样制作旋转花瓶.max
视频位置	多媒体教学>CH02>实战：用放样制作旋转花瓶.flv
难易指数	★★☆☆☆
技术掌握	放样工具

旋转花瓶效果如图2-310所示。

01 在"创建"面板中单击"图形"按钮 ，然后设置图形类型为"样条线"，接着单击"星形"按钮 星形 ，如图2-311所示。

02 在视图中绘制一个星形，然后在"参数"卷展栏下设置"半径1"为50mm、"半径2"为34mm、"点"为6、"圆角半径1"为7mm、"圆角半径2"为8mm，具体参数设置及图形效果如图2-312所示。

图2-310

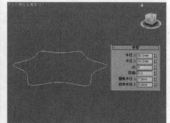

图2-311　　　　　　　　　　图2-312

03 在"图形"面板中单击"线"按钮 线 ，然后在前视图中按住Shift键绘制一条样条线作为放样路径，如图2-313所示。

图2-313

04 选择星形，设置几何体类型为"复合对象"，然后单击"放样"按钮 放样 ，接着在"创建方法"卷展栏下单击"获取路径"按钮 获取路径 ，最后视图中拾取之前绘制的样条线路径，如图2-314所示，放样效果如图2-315所示。

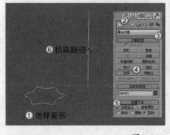
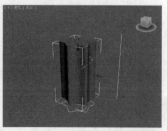

图2-314　　　　　　　　　　图2-315

05 进入"修改"面板，然后在"变形"卷展栏卷展栏下单击"缩放"按钮 缩放 ，打开"缩放变形"对话框，接着将缩放曲线调整节成如图2-316所示的形状，模型效果如图2-317所示。

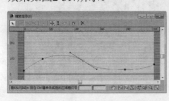 

图2-316　　　　　　　图2-317

技术专题⑫ 调节曲线的形状

在"缩放变形"对话框中的工具栏上有一个"移动控制点"工具 和一个"插入角点"工具 ，用这两个工具就可以调节出曲线的形状。但要注意，在调节角点前，需要在角点上单击鼠标右键，然后在弹出的菜单中选择"Bezier-平滑"命令，这样调节出来的曲线才是平滑的，如图2-318所示。

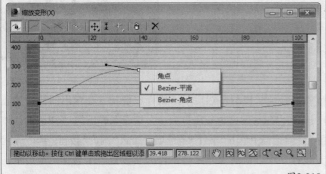

图2-318

06 在"变形"卷展栏下单击"扭曲"按钮 扭曲 ，然后在弹出的"扭曲变形"对话框中将曲线调节成如图2-319所示的形状，最终效果如图2-320所示。

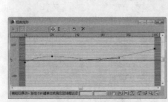 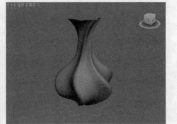

图2-319　　　　　　　图2-320

2.3.5 ProBoolean

ProBoolean复合对象与前面的"布尔"复合对象很接近，但是与传统的"布尔"复合对象相比，ProBoolean复合对象更具优势。因为ProBoolean运算之后生成的三角面较少，网格布线更均匀，生成的顶点和面也相对较少，并且操作更容易、更快捷，其参数设置面板如图2-321所示。

知识链接

关于ProBoolean工具的参数含义就不再介绍了，用户可参考前面的"布尔"工具的参数介绍。

图2-321

2.4 创建VRay物体

安装好VRay渲染器之后，在"创建"面板下的几何体类型中就会出现一个VRay选项。该物体类型包括4种，分别是"VRay代理"、"VRay毛皮"、"VRay平面"和"VRay球体"，如图2-322所示。

图2-322

技术专题⑬ 加载VRay渲染器

当需要使用VRay物体时就需要将渲染器设置为VRay渲染器。首先按F10键打开"渲染设置"对话框，然后在"公用"选项卡下展开"指定渲染器"卷展栏，接着单击第1个"选择渲染器"按钮，最后在弹出的对话框中选择渲染器为VRay渲染器，如图2-323所示。

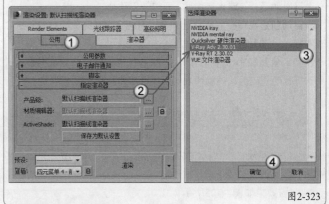

图2-323

本节建模工具概要

工具名称	工具图标	工具作用	重要程度
VRay代理	VR代理	用代理网格代替场景中的实体进行渲染	高
VRay毛皮	VR毛皮	创建毛发效果	高
VRay平面	VR平面	创建无限延伸的平面	低

2.4.1 VRay代理

"VRay代理"物体在渲染时可以从硬盘中将文件（外部

文件）导入到场景中的"VRay代理"网格内，场景中的代理物体的网格是一个低面物体，可以节省大量的物理内存以及虚拟内存，一般在物体面数较多或重复情况较多时使用。其使用方法是在物体上单击鼠标右键，然后在弹出的快捷菜单中选择"VRay网格体导出"命令，接着在弹出的"VRay网格体导出"对话框中进行相应设置即可（该对话框主要用来保存VRay网格代理物体的路径），如图2-324所示。

 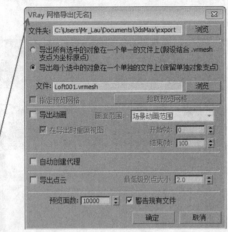

图2-324

VRay网格体导出对话框重要参数介绍

文件夹：代理物体所保存的路径。

导出所有选中的对象在一个单一的文件上：将多个物体合并成一个代理物体进行导出。

导出每个选中的对象在一个单独的文件上：为每个物体创建一个文件进行导出。

导出动画：勾选该选项后，可以导出动画。

自动创建代理：勾选该选项后，系统会自动完成代理物体的创建和导入，同时源物体将被删除；如果关闭该选项，则需要增加一个步骤，就是在VRay物体中选择VRay代理物体，然后从网格文件中选择已经导出的代理物体来实现代理物体的导入。

★ 重点 ★
实战：用VRay代理物体创建剧场

场景位置	场景文件>CH02>05-1.max，05-2.3DS
实例位置	实例文件>CH02>实战：用VRay代理物体创建剧场.max
视频位置	多媒体教学>CH02>实战：用VRay代理物体创建剧场.flv
难易指数	★★☆☆☆
技术掌握	VRay代理工具

剧场效果如图2-325所示。

图2-325

01 打开下载资源中的"场景文件>CH02>05-1.max"文件，如图2-326所示。

图2-326

02 下面创建VRay代理对象。导入下载资源中的"场景文件>CH02>05-2.3DS"文件，然后将其摆放在如图2-327所示的位置。

图2-327

03 选择椅子模型，然后单击鼠标右键，并在弹出的快捷菜单中选择"VRay网格体导出"命令，接着在弹出的"VRay网格体导出"对话框中单击"文件夹"选项后面的"浏览"按钮 浏览 ，为其设置一个合适的保存路径，再为其设置一个名称，最后单击"确定"按钮 确定 ，如图2-328所示。

图2-328

技巧与提示

导出网格以后，在保存路径下就会出现一个格式为.vrmesh的代理文件，如图2-329所示。

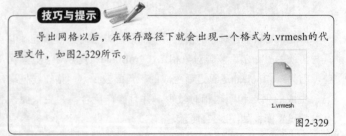

图2-329

04 设置几何体类型为VRay，然后单击"VRay代理"按钮 VR代理 ，接着在"网格代理参数"卷展栏下单击"浏览"按钮 浏览 ，找到前面导出的1.vrmesh文件，如图2-330所示，最后在视图中单击鼠标左键，此时场景中就会出现代理椅子模型（原来的椅子可以将其隐藏起来），如图2-331所示。

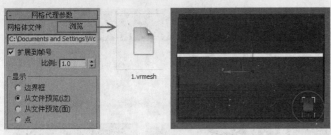

图2-330　　　　　　　　图2-331

疑难问答 ?

问：如何隐藏对象？

答：如果要隐藏某个对象，可以先将其选中，然后单击鼠标右键，接着在弹出的快捷菜单中选择"隐藏选定对象"命令。

05° 利用复制功能复制一些代理物体，将其排列在剧场中，最终效果如图2-332所示。

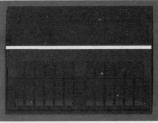

图2-332

疑难问答 ?

问：复制代理对象时有数量限制吗？

答：在理论上是可以无限复制的，但是不能复制得过于夸张，否则会增加渲染压力。

2.4.2 VRay毛皮

使用"VRay毛皮"工具 VR毛皮 可以创建出物体表面的毛发效果，多用于模拟地毯、草坪或动物的皮毛等，如图2-333和图2-334所示。

图2-333　　　　　　　　图2-334

知识链接

关于"VRay毛皮"工具的具体用法请参阅"第15章 毛发技术"中的相关内容。

2.4.3 VRay平面

VRay平面可以理解为无限延伸的平面，可以为这个平面指定材质，并且可以对其进行渲染。在实际工作中，一般用VRay平面来模拟无限延伸的地面和水面等，如图2-335和图2-336所示。

图2-335　　　　　　　　图2-336

技巧与提示

VRay平面的创建方法比较简单，单击"VRay平面"按钮 VR平面 ，然后在视图中单击鼠标左键就可以创建一个VRay平面，如图2-337所示。

图2-337

第3章
样条线建模

Employment direction
从业方向

CG影视行业　　CG建筑行业

CG工业行业　　CG动漫行业

CG游戏行业　　CG时尚达人

3.1 样条线

　　二维图形是由一条或多条样条线组成的，而样条线又是由顶点和线段组成的，所以只要调整顶点的参数及样条线的参数就可以生成复杂的二维图形，利用这些二维图形又可以生成三维模型。图3-1~图3-3所示是一些优秀的样条线作品。

图3-1　　　　　图3-2　　　　　图3-3

　　在"创建"面板中单击"图形"按钮，然后设置图形类型为"样条线"，这里有12种样条线，分别是线、矩形、圆、椭圆、弧、圆环、多边形、星形、文本、螺旋线、卵形和截面，如图3-4所示。

图3-4

> **技巧与提示**
>
> 　　样条线的应用非常广泛，其建模速度相当快。例如，在3ds Max 2014中制作三维文字时，可以直接使用"文本"工具输入文本，然后将其转换为三维模型。另外，还可以导入AI矢量图形来生成三维物体。选择相应的样条线工具后，在视图中拖曳光标就可以绘制出相应的样条线，如图3-5所示。

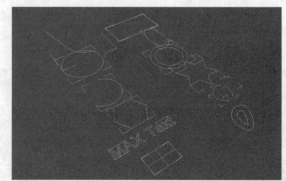

图3-5

本节重点建模工具概要

工具名称	工具图标	工具作用	重要程度
线	线	绘制任何形状的样条线	高
文本	文本	创建文本图形	高
螺旋线	螺旋线	创建开口平面或螺旋线	中

★重点★
3.1.1 线

线是建模中是最常用的一种工具，其使用方法非常灵活，形状也不受约束，可以封闭也可以不封闭，拐角处可以是尖锐也可以是圆滑的。线的顶点有3种类型，分别是"角点"、"平滑"和Bezier。

线的参数包括4个卷展栏，分别是"渲染"卷展栏、"插值"卷展栏、"创建方法"卷展栏和"键盘输入"卷展栏，如图3-6所示。

图3-6

渲染卷展栏--

展开"渲染"卷展栏，如图3-7所示。

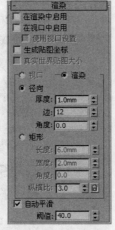

图3-7

渲染卷展栏参数介绍

在渲染中启用：勾选该选项才能渲染出样条线；若不勾选，将不能渲染出样条线。

在视口中启用：勾选该选项后，样条线会以网格的形式显示在视图中。

使用视口设置：该选项只有在开启"在视口中启用"选项时才可用，主要用于设置不同的渲染参数。

生成贴图坐标：控制是否应用贴图坐标。

真实世界贴图大小：控制应用于对象的纹理贴图材质所使用的缩放方法。

视口/渲染：当勾选"在视口中启用"选项时，样条线将显示在视图中；当同时勾选"在视口中启用"和"渲染"选项时，样条线在视图中和渲染中都可以显示出来。

径向：将3D网格显示为圆柱形对象，其参数包含"厚度"、"边"和"角度"。"厚度"选项用于指定视图或渲染样条线网格的直径，其默认值为1，范围为0~100；"边"选项用于在视图或渲染器中为样条线网格设置边数或面数（如值为4表示一个方形横截面）；"角度"选项用于调整视图或渲染器中的横截面的旋转位置。

矩形：将3D网格显示为矩形对象，其参数包含"长度"、"宽度"、"角度"和"纵横比"。"长度"选项用于设置沿局部y轴的横截面大小，"宽度"选项用于设置沿局部x轴的横截面大小，"角度"选项用于调整视图或渲染器中的横截面的旋转位置，"纵横比"选项用于设置矩形横截面的纵横比。

自动平滑：启用该选项可以激活下面的"阈值"选项，调整"阈值"数值可以自动平滑样条线。

插值卷展栏--

展开"插值"卷展栏，如图3-8所示。

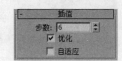

图3-8

插值卷展栏参数介绍

步数：手动设置每条样条线的步数。

优化：启用该选项后，可以从样条线的直线线段中删除不需要的步数。

自适应：启用该选项后，系统会自适应设置每条样条线的步数，以生成平滑的曲线。

创建方法卷展栏--

展开"创建方法"卷展栏，如图3-9所示。

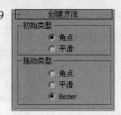

图3-9

创建方法卷展栏参数介绍

初始类型：指定创建第1个顶点的类型，共有以下两个选项。

角点：通过顶点产生一个没有弧度的尖角。

平滑：通过顶点产生一条平滑的、不可调整的曲线。

拖动类型：当拖曳顶点位置时，设置所创建顶点的类型。

角点：通过顶点产生一个没有弧度的尖角。

平滑：通过顶点产生一条平滑、不可调整的曲线。

Bezier：通过顶点产生一条平滑、可以调整的曲线。

键盘输入卷展栏--

展开"键盘输入"卷展栏，如图3-10所示。该卷展栏下的参数可以通过键盘输入来完成样条线的绘制。

图3-10

★ 重点 ★
实战：用线制作台历

场景位置	无
实例位置	实例文件>CH03>实战：用线制作台历.max
视频位置	多媒体教学>CH03>实战：用线制作台历.flv
难易指数	★★☆☆☆
技术掌握	线工具、轮廓工具、挤出修改器、圆工具

台历效果如图3-11所示。

图3-11

01 下面制作主体模型。切换到左视图，在"创建"面板中单击"图形"按钮◎，然后设置图形类型为"样条线"，接着单击"线"按钮 线 ，如图3-12所示，最后绘制出如图3-13所示的样条线。

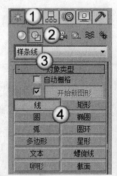

图3-12　　　　　　　　　　图3-13

02 切换到"修改"面板，然后在"选择"卷展栏下单击"样条线"按钮 ，进入"样条线"级别，接着选择整条样条线，如图3-14所示。

03 展开"几何体"卷展栏，然后在"轮廓"按钮 轮廓 后面输入2mm，接着单击"轮廓"按钮 轮廓 或按Enter键进行廓边操作，如图3-15所示。

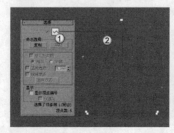

向外廓边2mm

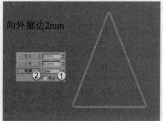

图3-14　　　　　　　　　　图3-15

04 在"修改器列表"下选择"挤出"修改器，然后在"参数"卷展栏下设置"数量"为180mm，如图3-16所示，模型效果如图3-17所示。

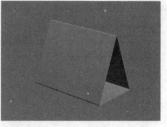

图3-16　　　　　　　　　　图3-17

> **知识链接**
>
> 知识链接："挤出"修改器相当重要。关于该修改器的作用及用法请参阅第152页"4.3.1 挤出修改器"中的相关内容。

05 下面创建纸张模型。继续使用"线"工具 线 在左视图中绘制一些独立的样条线，如图3-18所示。

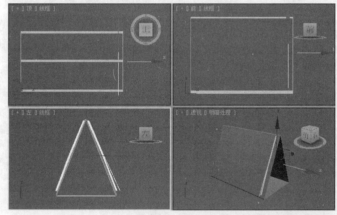

图3-18

06 为每条样条线廓边0.5mm，然后为每条样条线加载"挤出"修改器，接着在"参数"卷展栏下设置"数量"为160mm，效果如图3-19所示。

07 下面制作圆扣模型。在"创建"面板中单击"圆"按钮 圆 ，然后在左视图中绘制一个圆形，接着在"参数"卷展栏下设置"半径"为5.5mm，圆形位置如图3-20所示。

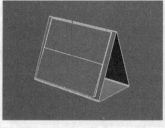

图3-19　　　　　　　　　　图3-20

08 选择圆形，切换到"修改"面板，然后在"渲染"卷展栏下勾选"在渲染中启用"和"在视口中启用"选项，接着设置"径向"的"厚度"为0.5mm，具体参数设置如图3-21所示，模型效果如图3-22所示。

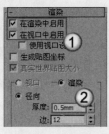

图3-21　　　　　　　　图3-22

09 使用"选择并移动"工具在前视图中移动复制一些圆扣，如图3-23所示，最终效果如图3-24所示。

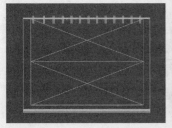

图3-23　　　　　　　　图3-24

★重点★
实战：用线制作卡通猫咪

场景位置	无
实例位置	实例文件>CH03>实战：用线制作卡通猫咪.max
视频位置	多媒体教学>CH03>实战：用线制作卡通猫咪.flv
难易指数	★★☆☆☆
技术掌握	线工具、圆工具

卡通猫咪效果如图3-25所示。

图3-25

01 使用"线"工具 [线] 在前视图中绘制出猫咪头部的样条线，如图3-26所示。

图3-26

技术专题 14 调节样条线的形状

如果绘制出来的样条线不是很平滑，就需要对其进行调节（需要尖角的角点时就不需要调节），样条线形状主要是在"顶点"级别下

进行调节的。下面以图3-27中的矩形来详细介绍一下如何将硬角点调节为平面的角点。

图3-27

进入"修改"面板，然后在"选择"卷展栏下单击"顶点"按钮，进入"顶点"级别，如图3-28所示。

选择需要调节的顶点，然后单击鼠标右键，在弹出的快捷菜单中可以观察到除了"角点"选项以外，还有另外3个选项，分别是"Bezier角点"、"Bezier"和"平滑"选项，如图3-29所示。

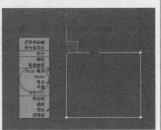

图3-28　　　　　　　　图3-29

平滑：如果选择该选项，则选择的顶点会自动平滑，但是不能继续调节角点的形状，如图3-30所示。

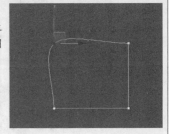

图3-30

Bezier角点：如果选择该选项，则原始角点的形状保持不变，但会出现控制柄（两条滑杆）和两个可供调节方向的锚点，如图3-31所示。通过这两个锚点，可以用"选择并移动"工具、"选择并旋转"工具、"选择并均匀缩放"工具等工具对锚点进行移动、旋转和缩放等操作，从而改变角点的形状，如图3-32所示。

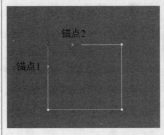
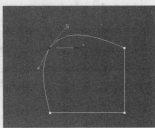

图3-31　　　　　　　　图3-32

Bezier：如果选择该选项，则会改变原始角点的形状，同时也会出现控制柄和两个可供调节方向的锚点，如图3-33所示。同样通过这两个锚点，可以用"选择并移动"工具、"选择并旋转"工具、"选择并均匀缩放"工具等工具对锚点进行移动、旋转和缩放等操

作，从而改变角点的形状，如图3-34所示。

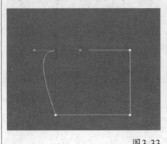

图3-33　　　　　　　　　　图3-34

02 切换到"修改"面板，然后在"渲染"卷展栏勾选"在渲染中启用"和"在视口中启用"，接着设置"径向"的"厚度"为1.969mm、"边"为15，最后在"插值"卷展栏下设置"步数"为30，具体参数如图3-35所示，效果如图3-36所示。

图3-35　　　　　　　　　　图3-36

疑难问答 ?
问：设置"步数"有什么用？

答："步数"主要用来调节样条线的平滑度，值越大，样条线就越平滑。图3-37和图3-38所示分别是"步数"值为2和50时的效果对比。

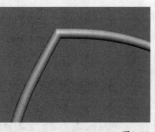

图3-37　　　　　　　　　　图3-38

03 在"创建"面板中单击"圆"按钮 ，然后在前视图中绘制一个圆形作为猫咪的眼睛，接着在"参数"卷展栏下设置"半径"为7.46mm，圆形位置如图3-39所示。

04 使用"选择并移动"工具 选择圆形，然后按住Shift键移

动复制一个圆到如图3-40所示的位置。

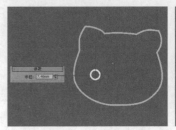

图3-39　　　　　　　　　　图3-40

疑难问答 ?
问：为什么步骤（3）不用设置渲染参数？

答：由于在步骤（2）中已经设置了样条线的渲染参数（在"渲染"卷展栏下设置），3ds Max会记忆这些参数，并应用在创建的新样条线中。

05 继续使用"选择并移动"工具 移动复制一个圆形到嘴部位置，然后按R键选择"选择并均匀缩放"工具 ，接着在前视图中沿y轴向下将其压扁，效果如图3-41所示。

06 采用相同的方法使用"线"工具 前视图中绘制出猫咪的其他部分，最终效果如图3-42所示。

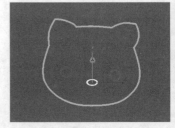

图3-41　　　　　　　　　　图3-42

★重点★ 3.1.2 文本

使用文本样条线可以很方便地在视图中创建出文字模型，并且可以更改字体类型和字体大小。文本的参数如图3-43所示（"渲染"和"插值"两个卷展栏中的参数与"线"工具的参数相同）。

图3-43

文本重要参数介绍

斜体 *I*：单击该按钮可以将文本切换为斜体，如图3-44所示。

下划线 U：单击该按钮可以将文本切换为下划线文本，如图3-45所示。

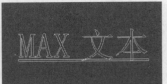

图3-44　　　　　　　　　　　　　图3-45

左对齐：单击该按钮可以将文本对齐到边界框的左侧。

居中：单击该按钮可以将文本对齐到边界框的中心。

右对齐：单击该按钮可以将文本对齐到边界框的右侧。

对正：分隔所有文本行以填充边界框的范围。

大小：设置文本高度，其默认值为100mm。

字间距：设置文字间的间距。

行间距：调整字行间的间距（只对多行文本起作用）。

文本：在此可以输入文本，若要输入多行文本，可以按Enter键切换到下一行。

★ 重点 ★
实战：用文本制作创意字母

场景位置	无
实例位置	实例文件>CH03>实战：用文本制作创意字母.max
视频位置	多媒体教学>CH03>实战：用文本制作创意字母.flv
难易指数	★ ☆ ☆ ☆ ☆
技术掌握	文本工具

创意字母效果如图3-46所示。

图3-46

01 在"创建"面板下单击"图形"按钮，然后设置图形类型为"样条线"，接着"文本"按钮，最后在前视图中单击鼠标左键创建一个默认的文本图形，如图3-47所示。

02 选择文本图形，进入"修改"面板，然后在"参数"卷展栏设置"字体"为Arial Black、"大小"为78.74mm，接着在"文本"输入框中输入字母H，具体参数设置及字母效果如图3-48所示。

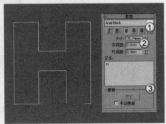

图3-47　　　　　　　　　　　　　图3-48

03 选择文本H，然后在"修改器列表"下选择"挤出"修改器，接着在"参数"卷展栏下设置"数量"为19.685mm，具体

参数设置及模型效果如图3-49所示。

04 继续使用"文本"工具创建出其他文本，最终效果如图3-50所示。

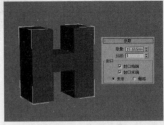

图3-49　　　　　　　　　　　　　图3-50

★ 重点 ★
实战：用文本制作数字灯箱

场景位置	无
实例位置	实例文件>CH03>实战：用文本制作数字灯箱.max
视频位置	多媒体教学>CH03>实战：用文本制作数字灯箱.flv
难易指数	★ ☆ ☆ ☆ ☆
技术掌握	文本工具

数字灯箱效果如图3-51所示。

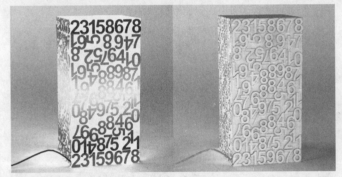

图3-51

01 使用"长方体"工具创建一个长方体，然后在"参数"卷展栏下设置"长度"为19.685mm、"宽度"为19.685mm、"高度"为39.37mm，具体参数设置及模型效果如图3-52所示。

02 使用"文本"工具在前视图中创建一个文本，然后在"参数"卷展栏设置"字体"为Arial Black、"大小"为5.906mm，接着在"文本"输入框中输入数字1，具体设置及文本效果如图3-53所示。

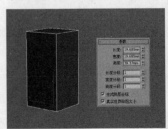

图3-52　　　　　　　　　　　　　图3-53

03 使用"文本"工具在前视图中创建出其他文本2、3、4、5、6、7、8、9、0，完成后的效果如图3-54所示。

04 选择所有的文本，然后在"修改器列表"中为文本加载一个"挤出"修改器，接着在"参数"卷展栏下设置"数量"为

0.197mm，具体参数设置及模型效果如图3-55所示。

图3-54   图3-55

步骤（3）其实可以采用更简单的方法来制作。先用"选择并移动"工具 将数字1复制9份，然后在"文本"输入框中将数字改为其他数字即可，这样可以节省很多操作时间。

05 使用"选择并移动"工具 和"选择并旋转"工具 调整文本的位置和角度，完成后的效果如图3-56所示。

06 使用"选择并移动"工具 将文本移动复制到长方体的面上，直到铺满整个面为止，如图3-57所示。

图3-56   图3-57

07 选择所有的文本，然后执行"组>组"菜单命令，接着在弹出的"组"对话框中单击"确定"按钮 ，如图3-58所示。

图3-58

08 选择"组001"，按A键激活"角度捕捉切换"工具 ，然后按E键选择"选择并旋转"工具 ，接着按住Shift键在前视图中沿z轴旋转90°复制一份文本，如图3-59所示，最后用"选择并移动"工具 将复制出来的文本放在如图3-60所示的位置。

图3-59   图3-60

09 使用"选择并移动"工具 继续移动复制两份文本到另外

两个侧面上，如图3-61所示。

10 使用"线"工具 线 在前视图中绘制一条如图3-62所示的样条线。

图3-61   图3-62

11 选择样条线，然后在"渲染"卷展栏勾选"在渲染中启用"和"在视口中启用"选项，接着设置"径向"的"厚度"为0.394mm，具体参数设置如图3-63所示，最终效果如图3-64所示。

 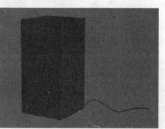

图3-63   图3-64

3.1.3 螺旋线

使用"螺旋线"工具 螺旋线 可创建开口平面或螺旋线，其创建参数如图3-65所示。

图3-65

螺旋线重要参数介绍

边：以螺旋线的边为基点开始创建。

中心：以螺旋线的中心为基点开始创建。

半径1/半径2：设置螺旋线起点和终点半径。

高度：设置螺旋线的高度。

圈数：设置螺旋线起点和终点之间的圈数。

偏移：强制在螺旋线的一端累积圈数。高度为0时，偏移的影响不可见。

顺时针/逆时针：设置螺旋线的旋转是顺时针还是逆时针。

知识链接

关于螺旋线的"渲染"参数及"键盘输入"参数请参阅"3.1.1线"中的相关内容。

★重点★ 实战：用螺旋线制作现代沙发

场景位置	无
实例位置	实例文件>CH03>实战：用螺旋线制作现代沙发.max
视频位置	多媒体教学>CH03>实战：用螺旋线制作现代沙发.flv
难易指数	★★★☆☆
技术掌握	螺旋线工具、顶点的点选与框选方法

现代沙发效果如图3-66所示。

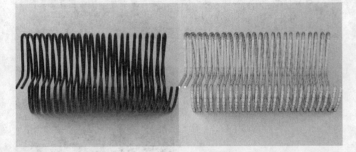

图3-66

01 使用螺旋线"工具 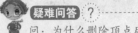 在左视图中拖曳光标创建一条螺旋线，然后在"参数"卷展栏下设置"半径1"和"半径2"为500mm、"高度"为2000mm、"圈数"为12，具体参数设置及螺旋线效果如图3-67所示。

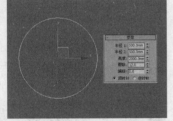

图3-67

技巧与提示

在左视图中创建的螺旋线观察不到效果，要在其他3个视图中才能观察到。图3-68所示是在透视图中的效果。

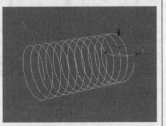

图3-68

02 选择螺旋线，然后单击鼠标右键，接着在弹出的快捷菜单中选择"转换为>转换为可编辑样条线"命令，如图3-69所示。

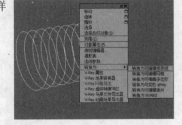

图3-69

03 切换到"修改"面板，然后在"选择"卷展栏下单击"顶点"按钮，进入"顶点"级别，接着在左视图中选择如图3-70所示的顶点，最后按Delete键删除所选顶点，效果如图3-71所示。

图3-70

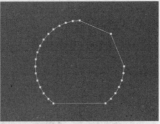

图3-71

疑难问答 ?

问：为什么删除顶点后的效果不正确？

答：如果用户删除顶点后的效果与图3-71对应不起来，可能是选择的方式不正确。选择方式一般分为"点选"和"框选"两种，下面详细介绍一下这两种方法的区别（这两种选择方法要视情况而定）。

点选：顾名思义，点选就是单击鼠标左键进行选择，一次性只能选择一个顶点。图3-72中所选顶点就是采用点选方式进行选择的，按Delete键删除顶点后得到如图3-73所示的效果。很明显点选得到的效果不能达到要求，也就是说用户很可能是采用点选方式造成的错误。

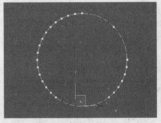

图3-72

图3-73

框选：这种选择方式主要用来选择处于一个区域内的对象（步骤（3）就是框选）。例如，框选如图3-74所示的顶点，那么处于选框区域内的所有顶点都将被选中，如图3-75所示。

图3-74

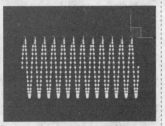

图3-75

04 使用"选择并移动"工具 在左视图中框选如图3-76所示的一组顶点，然后将其拖曳到如图3-77所示的位置。

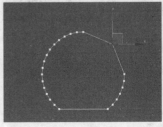

图3-76

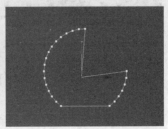

图3-77

05 继续使用"选择并移动"工具 在左视图中框选如图3-78所

示的两组顶点，然后将其向下拖曳到如图3-79所示的位置，接着分别将各组顶点向内收拢，如图3-80所示。

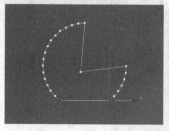
图3-78

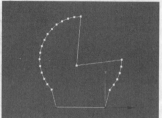
图3-79

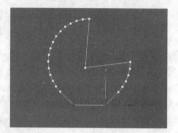
图3-80

06 在左视图中框选如图3-81所示的一组顶点，然后展开"几何体"卷展栏，接着在"圆角"按钮 圆角 后面的输入框中输入120mm，最后按Enter键确认操作，如图3-82所示。

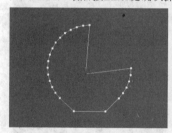
图3-81

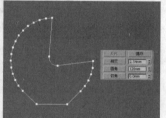
图3-82

07 继续在左视图中框选如图3-83所示的4组顶点，然后展开"几何体"卷展栏，接着在"圆角"按钮 圆角 后面的输入框中输入50mm，最后按Enter键确认操作，如图3-84所示。

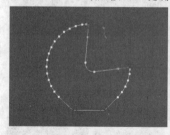
图3-83

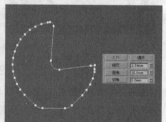
图3-84

08 在"选择"卷展栏下单击"顶点"按钮，退出"顶点"级别，然后在"渲染"卷展栏下勾选"在渲染中启用"和"在视口中启用"选项，接着设置"径向"的"厚度"为40mm，具体参数设置及模型效果如图3-85所示。

09 使用"选择并移动"工具选择模型，然后按住Shift键在前视图中向左或向右移动复制一个模型，如图3-86所示，最终效

果如图3-87所示。

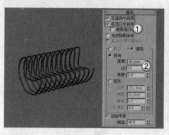
图3-85

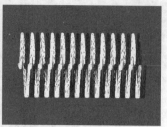
图3-86

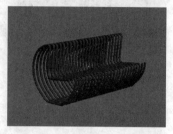
图3-87

3.1.4 其他样条线

除了以上3种样条线以外，还有9种样条线，分别是矩形、圆、椭圆、弧、圆环、多边形、星形、卵形和截面，如图3-88所示。这9种样条线都很简单，其参数也很容易理解，在此就不再进行介绍。

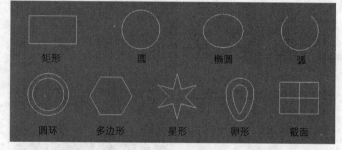
图3-88

★ 重点 ★
实战：用多种样条线制作糖果

场景位置	无
实例位置	实例文件>CH03>实战：用多种样条线制作糖果.max
视频位置	多媒体教学>CH03>实战：用多种样条线制作糖果.flv
难易指数	★☆☆☆☆
技术掌握	圆工具、弧工具、多边形工具、星形工具

糖果效果如图3-89所示。

图3-89

01 使用"圆"工具 [圆] 在前视图中创建一个圆形，然后在"参数"卷展栏下设置"半径"为100mm，如图3-90所示。

02 选择样条线，然后在"渲染"卷展栏下勾选"在渲染中启用"和"在视口中启用"选项，接着设置"径向"的"厚度"为100mm，具体参数设置及模型效果如图3-91所示。

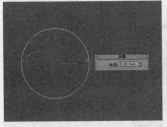 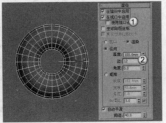

图3-90　　　　　　　　　　　　　　图3-91

03 使用"弧"工具 [弧] 在圆形的旁边创建一个圆弧，然后在"参数"卷展栏下设置"半径"为100mm、"从"为200、"到"为100，具体参数设置及模型效果如图3-92所示。

04 使用"多边形"工具 [多边形] 在圆弧的旁边创建一个多边形，然后在"参数"卷展栏下设置"半径"为100mm、"边数"为3、"角半径"为2mm，具体参数设置及模型效果如图3-93所示。

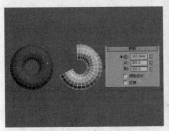 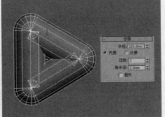

图3-92　　　　　　　　　　　　　　图3-93

05 使用"星形"工具 [星形] 在多边形的旁边创建一个星形，然后在"参数"卷展栏下设置"半径1"为100mm、"半径2"为60mm、"点"为5、"扭曲"为10、"圆角半径1"和"圆角半径2"为3mm，具体参数设置及模型效果如图3-94所示。

06 使用"圆柱体"工具 [圆柱体] 在透视图中创建一个圆柱体，然后在"参数"卷展栏下设置"半径"为10mm、"高度"为400mm、"高度分段"为1，模型位置如图3-95所示。

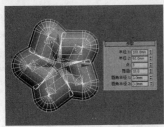 

图3-94　　　　　　　　　　　　　　图3-95

07 使用"选择并移动"工具 选择上一步创建的圆柱体，然后按住Shift键移动复制3个圆柱体到如图3-96所示的位置。

08 使用"选择并移动"工具 调整好每个糖果的位置，最终效果如图3-97所示。

图3-96　　　　　　　　　　　　　　图3-97

3.2 扩展样条线

设置图形类型为"扩展样条线"，这里共有5种类型的扩展样条线，分别是"墙矩形"、"通道"、"角度"、"T形"和"宽法兰"，如图3-98所示。这5种扩展样条线在前视图中的显示效果如图3-99所示。

图3-98　　　　　　　　　　　　　　图3-99

技巧与提示

扩展样条线的创建方法和参数设置比较简单，与样条线的使用方法基本相同，因此在这里就不多加讲解了。二维图形建模中还有一个"NURBS曲线"建模方法，这一部分内容将在后面的章节中进行讲解。

★重点★
实战：用扩展样条线制作置物架

场景位置	无
实例位置	实例文件>CH03>实战：用扩展样条线制作置物架.max
视频位置	多媒体教学>CH03>实战：用扩展样条线制作置物架.flv
难易指数	★☆☆☆☆
技术掌握	墙矩形工具、挤出修改器

置物架效果如图3-100所示。

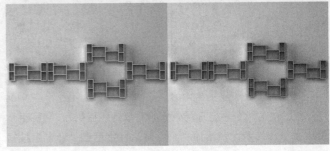

图3-100

01 设置图形类型为"扩展样条线"，然后使用"墙矩形"工

具 墙矩形 在前视图中创建一个墙矩形，接着在"参数"卷展栏下设置"长度"为900mm、"宽度"为200mm、"厚度"为25mm，具体参数设置及图形效果如图3-101所示。

02 选择墙矩形，然后在"修改器列表"中为墙矩形加载一个"挤出"修改器，接着在"参数"卷展栏下设置"数量"为500mm，具体参数设置及模型效果如图3-102所示。

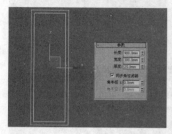 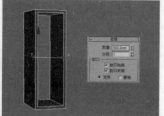

图3-101   图3-102

03 使用"长方体"工具 长方体 在场景中创建一个长方体，然后在"参数"卷展栏下设置"长度"为500mm、"宽度"为300mm、"高度"为25mm，具体参数设置及模型位置如图3-103所示。

04 使用"选择并移动"工具 选择墙矩形，然后按住Shift键在前视图中向右移动复制一个墙矩形，接着在"参数"卷展栏下将"长度"为修改为500mm、"宽度"修改为700mm，具体参数设置及模型效果如图3-104所示。

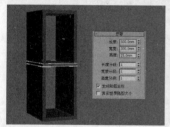 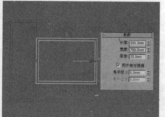

图3-103   图3-104

05 按Ctrl+A组合键全选场景中的对象，然后用"选择并移动"工具 向右移动复制一组模型，如图3-105所示。

06 使用"选择并移动"工具 调整好复制的墙矩形的位置，如图3-106所示。

图3-105   图3-106

07 按Ctrl+A组合键全选场景中的对象，然后执行"组>组"菜单命令，接着在弹出的"组"对话框中单击"确定"按钮 确定 ，如图3-107所示。

08 使用"选择并移动"工具 选择"组001"，然后按住Shift

键移动复制4组模型，如图3-108所示。

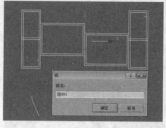

图3-107   图3-108

09 使用"选择并移动"工具 调整好各组模型的位置，最终效果如图3-109所示。

图3-109

★ 重点 ★

实战：用扩展样条线创建迷宫

场景位置	场景文件>CH03>01.max
实例位置	实例文件>CH03>实战：用扩展样条线创建迷宫.max
视频位置	多媒体教学>CH03>实战：用扩展样条线创建迷宫.flv
难易指数	★★☆☆☆
技术掌握	扩展样条线的相关工具、挤出修改器

迷宫效果如图3-110所示。

 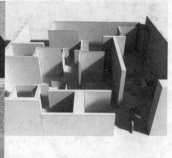

图3-110

01 设置图形类型为"扩展样条线"，然后使用"墙矩形"工具 墙矩形 在顶视图中创建一个墙矩形，如图3-111所示。

02 继续使用"通道"工具 通道 、"角度"工具 角度 、"T形"工具 T形 和"宽法兰"工具 宽法兰 在视图中创建出相应的扩展样条线，完成后的效果如图3-112所示。

 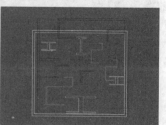

图3-111   图3-112

技巧与提示

注意,在一般情况下都不能一次性绘制出合适的扩展样条线,因此在绘制完成后,需要使用"选择并移动"工具 和"选择并均匀缩放"工具 调整其位置与大小比例。

03 选择所有的样条线,然后在"修改器列表"中为样条线加载一个"挤出"修改器,接着在"参数"卷展栏下设置"数量"为100mm,如图3-113所示,模型效果如图3-114所示。

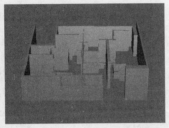

图3-113　　　　　　　　图3-114

疑难问答 ?

问:为什么得不到理想的挤出效果?

答:由于每人绘制的扩展样条线的比例大小都不一致,且本例没有给出相应的创建参数,因此如果设置"挤出"修改器的"数量"为100mm很难得到与图3-114相似的模型效果。也就是说,"挤出"修改器的"数量"值要根据扩展样条线的大小比例自行调整。

04 单击界面左上角的"应用程序"图标 ,然后执行"导入>合并"菜单命令,接着在弹出的"合并文件"对话框中选择下载资源中的"场景文件>CH03>01.max"文件,接着调整好人物模型的大小比例与位置,最终效果如图3-115所示。

图3-115

技巧与提示

实际上"扩展样条线"就是"样条线"的补充,让用户在建模时节省时间,但是只有在特殊情况下才使用扩展样条线来建模,而且还得配合其他修改器一起来完成。

3.3 编辑样条线

虽然3ds Max 2014提供了很多种二维图形,但是也不能完全满足创建复杂模型的需求,因此就需要对样条线的形状进行修改,并且由于绘制出来的样条线都是参数化对象,只能对参数进行调整,所以就需要将样条线转换为可编辑样条线。

3.3.1 转换为可编辑样条线

将样条线转换为可编辑样条线的方法有以下两种。

第1种:选择样条线,然后单击鼠标右键,接着在弹出的快捷菜单中选择"转换为>转换为可编辑样条线"命令,如图3-116所示。

图3-116

**技巧与提示**

在将样条线转换为可编辑样条线前,样条线具有创建参数("参数"卷展栏),如图3-117所示。转换为可编辑样条线以后,"修改"面板的修改器堆栈中的Text就变成了"可编辑样条线"选项,并且没有了"参数"卷展栏,但增加了"选择"、"软选择"和"几何体"3个卷展栏,如图3-118所示。

图3-117　　　　　图3-118

第2种:选择样条线,然后在"修改器列表"中为其加载一个"编辑样条线"修改器,如图3-119所示。

图3-119

疑难问答 ?

问:两种转换方法有区别吗?

答:有一定的区别。与第1种方法相比,第2种方法的修改器堆栈中不只包含"编辑样条线"选项,同时还保留了原始的样条线(也包含"参数"卷展栏)。当选择"编辑样条线"选项时,其卷展栏包含"选择"、"软选择"和"几何体"卷展栏,如图3-120所示;当选择Text选项时,其卷展栏包括"渲染"、"插值"和"参数"卷展栏,如图3-121所示。

图3-120　　　　　图3-121

★重点★
3.3.2 调节可编辑样条线

将样条线转换为可编辑样条线后，可编辑样条线就包含5个卷展栏，分别是"渲染"、"插值"、"选择"、"软选择"和"几何体"卷展栏，如图3-122所示。

图3-122

知识链接

下面只介绍"选择"、"软选择"和"几何体"3个卷展栏下的相关参数，另外两个卷展栏请参阅"3.1.1 线"中的相关内容。

选择卷展栏

"选择"卷展栏主要用来切换可编辑样条线的操作级别，如图3-123所示。

图3-123

选择卷展栏参数介绍

顶点：用于访问"顶点"子对象级别，在该级别下可以对样条线的顶点进行调节，如图3-124所示。

线段：用于访问"线段"子对象级别，在该级别下可以对样条线的线段进行调节，如图3-125所示。

样条线：用于访问"样条线"子对象级别，在该级别下可以对整条样条线进行调节，如图3-126所示。

图3-124　　　　　　图3-125　　　　　　图3-126

命名选择：该选项组用于复制和粘贴命名选择集。

复制：将命名选择集放置到复制缓冲区。

粘贴：从复制缓冲区中粘贴命名选择集。

锁定控制柄：关闭该选项时，即使选择了多个顶点，用户每次也只能变换一个顶点的切线控制柄；勾选该选项时，可以同时变换多个Bezier和Bezier角点控制柄。

相似：拖曳传入向量的控制柄时，所选顶点的所有传入向量将同时移动。同样，移动某个顶点上的传出切线控制柄将移动所有所选顶点的传出切线控制柄。

全部：当处理单个Bezier角点顶点并且想要移动两个控制柄时，可以使用该选项。

区域选择：该选项允许自动选择所单击顶点的特定半径中的所有顶点。

线段端点：勾选该选项后，可以通过单击线段来选择顶点。

选择方式：单击该按钮可以打开"选择方式"对话框，如图3-127所示。在该对话框中可以选择所选样条线或线段上的顶点。

显示：该选项组用于设置顶点编号的显示方式。

显示顶点编号：启用该选项后，3ds Max将在任何子对象级别的所选样条线的顶点旁边显示顶点编号，如图3-128所示。

仅选定：启用该选项（只有启用"显示顶点编号"选项时，该选项才可用）后，仅在所选顶点旁边显示顶点编号，如图3-129所示。

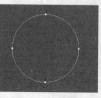
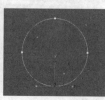

图3-127　　　　　　图3-128　　　　　　图3-129

软选择卷展栏

"软选择"卷展栏下的参数选项允许部分地选择显式选择邻接处中的子对象，如图3-130所示。这将会使显式选择的行为就像被磁场包围了一样。在对子对象进行变换时，在场中被部分选定的子对象就会以平滑的方式进行绘制。

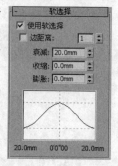

图3-130

软选择卷展栏参数介绍

使用软选择：启用该选项后，3ds Max会将样条线曲线变形应用到所变换的选择周围的未选定子对象。

边距离：启用该选项后，可以将软选择限制到指定的边数。

衰减：用以定义影响区域的距离，它是用当前单位表示的从中心到球体的边的距离。使用越高的"衰减"数值，就可以实现更平缓的斜坡。

收缩：用于沿着垂直轴提高并降低曲线的顶点。数值为负数时，将生成凹陷，而不是点；数值为0时，收缩将跨越该轴生成平滑变换。

膨胀：用于沿着垂直轴展开和收缩曲线。受"收缩"选项的限制，"膨胀"选项设置膨胀的固定起点。"收缩"值为0mm并且

"膨胀"值为1mm时，将会产生最为平滑的凸起。

软选择曲线图：以图形的方式显示软选择是如何进行工作的。

几何体卷展栏

"几何体"卷展栏下是一些编辑样条线对象和子对象的相关参数与工具，如图3-131所示。

图3-131

几何体卷展栏参数与工具介绍

新顶点类型： 该选项组用于选择新顶点的类型。

线性： 新顶点具有线性切线。

Bezier： 新顶点具有Bezier切线。

平滑： 新顶点具有平滑切线。

Bezier角点： 新顶点具有Bezier角点切线。

创建线 创建线 ：向所选对象添加更多样条线。这些线是独立的样条线子对象。

断开 断开 ：在选定的一个或多个顶点拆分样条线。选择一个或多个顶点，然后单击"断开"按钮 断开 可以创建拆分效果。

附加 附加 ：将其他样条线附加到所选样条线。

附加多个 附加多个 ：单击该按钮可以打开"附加多个"对话框，该对话框包含场景中所有其他图形的列表。

重定向： 启用该选项后，将重新定向附加的样条线，使每个样条线的创建局部坐标系与所选样条线的创建局部坐标系对齐。

横截面 横截面 ：在横截面形状外面创建样条线框架。

优化 优化 ：这是最重要的工具之一，可以在样条线上添加顶点，且不更改样条线的曲率值。

连接： 启用该选项时，通过连接新顶点可以创建一个新的样条线子对象。使用"优化"工具 优化 添加顶点后，"连接"选项会为每个新顶点创建一个单独的副本，然后将所有副本与一个新样条线相连。

线性： 启用该选项后，通过使用"角点"顶点可以使新样条直线中的所有线段成为线性。

绑定首点： 启用该选项后，可以使在优化操作中创建的第一个顶点绑定到所选线段的中心。

闭合： 如果用该选项后，将连接新样条线中的第一个和最后一个顶点，以创建一个闭合的样条线；如果关闭该选项，"连接"选项将始终创建一个开口样条线。

绑定末点： 启用该选项后，可以使在优化操作中创建的最后一个顶点绑定到所选线段的中心。

连接复制： 该选项组在"线段"级别下使用，用于控制是否开启连接复制功能。

连接： 启用该选项后，按住Shift键复制线段的操作将创建一个新的样条线子对象，以及将新线段的顶点连接到原始线段顶点的其他样条线上。

阈值距离： 确定启用"连接复制"选项时将使用的距离软选择。数值越高，创建的样条线就越多。

端点自动焊接： 该选项组用于自动焊接样条线的端点。

自动焊接： 启用该选项后，会自动焊接在与同一样条线的另一个端点的阈值距离内放置和移动的端点顶点。

阈值距离： 用于控制在自动焊接顶点之前，顶点可以与另一个顶点接近的程度。

焊接 焊接 ：这是最重要的工具之一，可以将两个端点顶点或同一样条线中的两个相邻顶点转化为一个顶点。

连接 连接 ：连接两个端点顶点以生成一个线性线段。

插入 插入 ：插入一个或多个顶点，以创建其他线段。

设为首顶点 设为首顶点 ：指定所选样条线中的哪个顶点为第一个顶点。

熔合 熔合 ：将所有选定顶点移至它们的平均中心位置。

反转 反转 ：该工具在"样条线"级别下使用，用于反转所选样条线的方向。

循环 循环 ：选择顶点后，单击该按钮可以循环选择同一条样条线上的顶点。

相交 相交 ：在属于同一个样条线对象的两个样条线的相交处添加顶点。

圆角 圆角 ：在线段会合的地方设置圆角，以添加新的控制点。

切角 切角 ：用于设置形状角部的倒角。

轮廓 轮廓 ：这是最重要的工具之一，在"样条线"级别下使用，用于创建样条线的副本。

中心： 如果关闭该选项，原始样条线将保持静止，而仅仅一侧的轮廓偏移到"轮廓"工具指定的距离；如果启用该选项，原始样条线和轮廓将从一个不可见的中心线向外移动由"轮廓"工具指定的距离。

布尔： 对两个样条线进行2D布尔运算。

并集 ：将两个重叠样条线组合成一个样条线。在该样条线中，重叠的部分会被删除，而保留两个样条线不重叠的部分，构成一个样条线。

差集 ：从第1个样条线中减去与第2个样条线重叠的部分，并删除第2个样条线中剩余的部分。

交集 ：仅保留两个样条线的重叠部分，并且会删除两者的不重叠部分。

镜像： 对样条线进行相应的镜像操作。

水平镜像 ：沿水平方向镜像样条线。

垂直镜像 ：沿垂直方向镜像样条线。

双向镜像 ：沿对角线方向镜像样条线。

复制：启用该选项后，可以在镜像样条线时复制（而不是移动）样条线。

以轴为中心：启用该选项后，可以以样条线对象的轴点为中心镜像样条线。

修剪 修剪 ：清理形状中的重叠部分，使端点接合在一个点上。

延伸 延伸 ：清理形状中的开口部分，使端点接合在一个点上。

无限边界：为了计算相交，启用该选项可以将开口样条线视为无穷长。

切线：使用该选项组中的工具可以将一个顶点的控制柄复制并粘贴到另一个顶点。

复制 复制 ：激活该按钮，然后选择一个控制柄，可以将所选控制柄切线复制到缓冲区。

粘贴 粘贴 ：激活该按钮，然后单击一个控制柄，可以将控制柄切线粘贴到所选顶点。

粘贴长度：如果启用该选项后，还可以复制控制柄的长度；如果关闭该选项，则只考虑控制柄角度，而不改变控制柄长度。

隐藏 隐藏 ：隐藏所选顶点和任何相连的线段。

全部取消隐藏 全部取消隐藏 ：显示任何隐藏的子对象。

绑定 绑定 ：允许创建绑定顶点。

取消绑定 取消绑定 ：允许断开绑定顶点与所附加线段的连接。

删除 删除 ：在"顶点"级别下，可以删除所选的一个或多个顶点，以及与每个要删除的顶点相连的那条线段；在"线段"级别下，可以删除当前形状中任何选定的线段。

关闭 关闭 ：通过将所选样条线的端点顶点与新线段相连，以关闭该样条线。

拆分 拆分 ：通过添加由指定的顶点数来细分所选线段。

分离 分离 ：允许选择不同样条线中的几个线段，然后拆分（或复制）它们，以构成一个新图形。

同一图形：启用该选项后，将关闭"重定向"功能，并且"分离"操作将使分离的线段保留为形状的一部分（而不是生成一个新形状）。如果还启用了"复制"选项，则可以结束在同一位置进行的线段的分离副本。

重定向：移动和旋转新的分离对象，以便对局部坐标系进行定位，并使其与当前活动栅格的原点对齐。

复制：复制分离线段，而不是移动它。

炸开 炸开 ：通过将每个线段转化为一个独立的样条线或对象，来分裂任何所选样条线。

到：设置炸开样条线的方式，包含"样条线"和"对象"两种。

显示：控制是否开启"显示选定线段"功能。

显示选定线段：启用该选项后，与所选顶点子对象相连的任何线段将高亮显示为红色。

3.3.3 将二维样条线转换成三维模型

将二维样条线转换成三维模型的方法有很多，常用的方法是为模型加载"挤出"、"倒角"或"车削"修改器。图3-132所示是为一个样条线加载"车削"修改器后得到的三维模型效果。

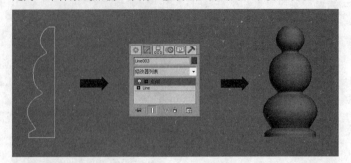

图3-132

3.4 各种样条线建模实训

本节将以6个中等难度的建模实例来强化训练样条线建模技法。

★ 重点 ★
实战： 用样条线制作创意桌子

场景位置　无
实例位置　实例文件>CH03>实战：用样条线制作创意桌子.max
视频位置　多媒体教学>CH03>实战：用样条线制作创意桌子.flv
难易指数　★★★☆☆
技术掌握　矩形工具、移动/旋转复制功能、可编辑样条线的顶点与线段调节

创意桌子效果如图3-133所示。

图3-133

01 设置图形类型为"样条线"，然后使用"矩形"工具 矩形 在顶视图中绘制一个矩形，接着在"参数"卷展栏下设置"长度"和"宽度"为100mm、"角半径"为20mm，具体参数设置及矩形效果如图3-134所示。

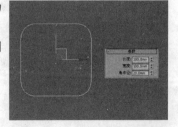

图3-134

02 选择样条线，然后在"渲染"卷展栏下勾选"在渲染中启用"和"在视口中启用"选项，接着选择"矩形"选项，最后设置"长度"为20mm、"宽度"为8mm，具体参数设置及模型效果如图3-135所示。

03 选择模型，然后按住Shift键使用"选择并移动"工具⊹移动复制10个模型，如图3-136所示。

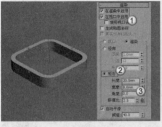 

图3-135　　　　　　　　　　　　图3-136

04 按Ctrl+A组合键全选场景中的所有矩形，然后按住Shift键使用"选择并移动"工具⊹在顶视图中移动复制一组模型到如图3-137所示的位置。

05 选择左上角的一个矩形，然后单击鼠标右键，接着在弹出的快捷菜单中选择"转换为>转换为可编辑样条线"命令，如图3-138所示。

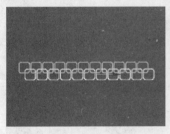 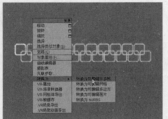

图3-137　　　　　　　　　　　　图3-138

06 在"选择"卷展栏下单击"顶点"按钮，然后选择如图3-139所示的两个顶点，接着按Delete键删除所选顶点，效果如图3-140所示。

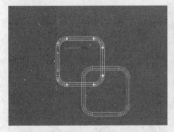 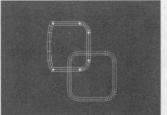

图3-139　　　　　　　　　　　　图3-140

07 选择左侧的两个顶点，然后单击鼠标右键，接着在弹出的快捷菜单中选择"角点"命令，如图3-141所示，效果如图3-142所示。

08 按W键选择"选择并移动"工具⊹，然后将两个顶点向右拖曳到如图3-143所示的位置。

09 采用相同的方法处理右下角的矩形，完成后的效果如图3-144所示。

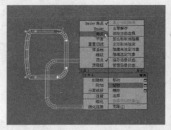 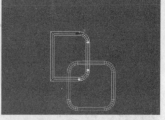

图3-141　　　　　　　　　　　　图3-142

 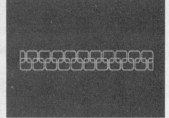

图3-143　　　　　　　　　　　　图3-144

10 按Ctrl+A组合键全选场景中的所有矩形，然后按住Shift键使用"选择并移动"工具⊹在顶视图中移动复制9组模型到如图3-145所示的位置。

图3-145

11 选择如图3-146所示的11个对象，然后按Delete键将其删除，效果如图3-147所示。

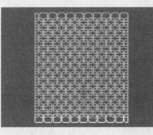 

图3-146　　　　　　　　　　　　图3-147

12 使用"选择并移动"工具⊹选择如图3-148所示的对象，然后按住Shift键移动复制一个对象，接着使用"选择并旋转"工具◎"选择并移动"工具⊹调整其角度和位置，如图3-149所示。

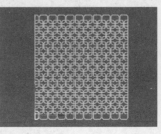 

图3-148　　　　　　　　　　　　图3-149

13 使用"选择并移动"工具⊹选择上一步调整好的对象，然后按住Shift键向右移动复制9个对象，如图3-150所示。

14 采用相同的方法处理好顶部的模型，完成后的效果如图3-151所示。

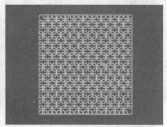

图3-150　　　　　　　　　　　　图3-151

15 选择如图3-152所示的矩形，然后按住Shift键使用"选择并移动"工具在顶视图中向左移动复制一个矩形，接着按Alt+Q组合键进入孤立选择模式（也可以使用鼠标右键快捷菜单），如图3-153所示。

图3-152　　　　　　　　　　　　图3-153

16 将矩形转换为可编辑样条线，然后在"选择"卷展栏下单击"线段"按钮，进入"线段"级别，接着选择如图3-154所示的线段，最后按Delete键删除所选线段，效果如图3-155所示。

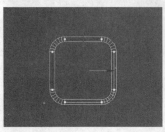

图3-154　　　　　　　　　　　　图3-155

17 退出孤立选择模式，然后在"选择"卷展栏下单击"线段"按钮，退出"线段"级别，接着将模型放在如图3-156所示的位置。

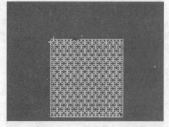

图3-156

疑难问答 ?
问：如何退出孤立选择模式？
答：如果要退出孤立选择模式，可以单击鼠标右键，然后选择"结束隔离"菜单命令，如图3-157所示。

图3-157

18 进入"顶点"级别，然后使用"选择并移动"工具将两个端点调整到如图3-158所示的位置。

19 移动复制一个模型到右下角，然后用"选择并旋转"工具调整其角度，如图3-159所示。

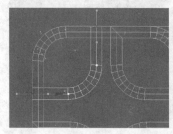
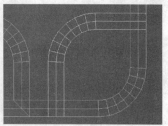

图3-158　　　　　　　　　　　　图3-159

20 按Ctrl+A组合键全选场景中所有的对象，然后执行"组>组"菜单命令，接着在弹出的"组"对话框中单击"确定"按钮，如图3-160所示。

21 使用"长方体"工具在左视图中创建一个长方体，然后在"参数"卷展栏下设置"长度"为70mm、"宽度"为20mm、"高度"为900mm，具体参数设置及模型位置如图3-161所示。

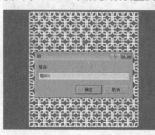
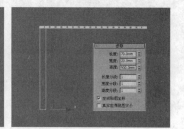

图3-160　　　　　　　　　　　　图3-161

22 切换到顶视图，然后按A键激活"角度捕捉切换"工具，然后按住Shift键用"选择并旋转"工具旋转（旋转90°）复制一个长方体，如图3-162所示，接着用"选择并移动"工具调整其位置，如图3-163所示。

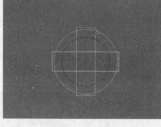
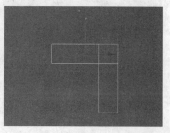

图3-162　　　　　　　　　　　　图3-163

23 选择两个长方体，然后执行"组>组"菜单命令，将其建立一个组，接着调整组的位置，如图3-164所示。

24 移动复制3组长方体，然后用"选择并旋转"工具○和"选择并移动"工具❖调整其角度和位置，最终效果如图3-165所示。

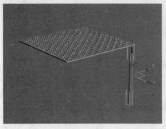 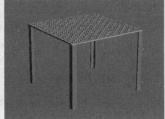

图3-164　　　　　　　　　图3-165

实战：用样条线制作小号

场景位置	无
实例位置	实例文件>CH03>实战：用样条线制作小号.max
视频位置	多媒体教学>CH03>实战：用样条线制作小号.flv
难易指数	★★★☆☆
技术掌握	线工具、圆工具、放样工具、车削修改器

小号效果如图3-166所示。

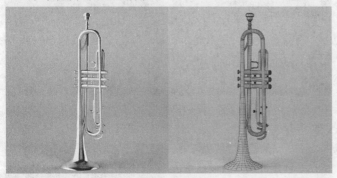

图3-166

01 使用"线"工具 线 在前视图中绘制一条如图3-167所示的样条线。

02 使用"圆"工具 圆 在样条线的底部绘制一个圆形，然后在"参数"卷展栏下设置"半径"为62mm，如图3-168所示。

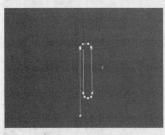 

图3-167　　　　　　　　　图3-168

03 继续使用"圆"工具 圆 依次向上绘制6个圆形，其"半径"值也依次减小，完成后的效果如图3-169所示。

图3-169

04 选择样条线，设置几何体类型为"复合对象"，然后单击"放样"按钮 放样 ，接着在"创建方法"卷展栏下单击"获取图形"按钮 获取图形 ，最后在视图中拾取最底端的圆形，其操作流程如图3-170所示。

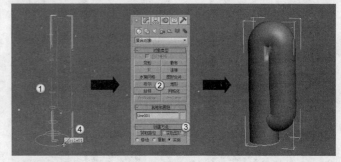

图3-170

05 在"路径参数"卷展栏下设置"路径"为2，然后单击"获取图形"按钮 获取图形 ，接着在视图中拾取第2个圆形，此时小号底部的直径会变小一些，如图3-171所示。

06 采用相同的方法依次拾取剩余的圆形，完成后的效果如图3-172所示。

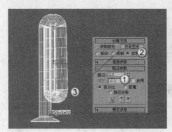 

图3-171　　　　　　　　　图3-172

07 使用"线"工具 线 在前视图中绘制一条如图3-173所示的样条线。

图3-173

08 选择样条线，然后在"修改器列表"中为样条线加载一个"车削"修改器，接着在"参数"卷展栏下设置"方向"为y Y 轴、"对齐"方式为"最小" 最小 ，如图3-174所示，模型效果如图3-175所示。

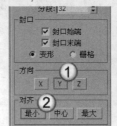

图3-174　　　　　　　　　图3-175

09 使用"线"工具 [线] 在前视图中绘制出如图3-176所示的样条线。

图3-176

10 选择样条线，然后在"修改器列表"中为样条线加载一个"车削"修改器，接着在"参数"卷展栏下设置"方向"为x [X] 轴、"对齐"方式为"最小" [最小]，如图3-177所示，模型效果如图3-178所示。

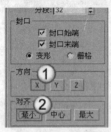

图3-177 图3-178

11 使用"线"工具 [线] 在前视图中绘制出如图3-179所示的样条线，然后在"渲染"卷展栏下勾选"在渲染中启用"和"在视口中启用"选项，接着设置"径向"的"厚度"为10mm，具体参数设置及模型效果如图3-180所示。

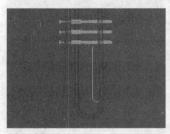
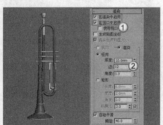

图3-179 图3-180

12 继续使用"线"工具 [线] 和样条线的"在渲染中启用"和"在视口中启用"功能制作出其他的部分，最终效果如图3-181所示。

图3-181

★重点★
实战：用样条线制作中式椅子

场景位置	无
实例位置	实例文件>CH03>实战：用样条线制作中式椅子.max
视频位置	多媒体教学>CH03>实战：用样条线制作中式椅子.flv
难易指数	★★★☆☆
技术掌握	线工具、圆工具、放样工具、挤出修改器

中式椅子效果如图3-182所示。

图3-182

01 使用"线"工具 [线] 在顶视图中绘制一条如图3-183所示的样条线。

02 使用"圆"工具 [圆] 在顶视图中绘制一个圆，然后在"参数"卷展栏下设置"半径"为3mm，如图3-184所示。

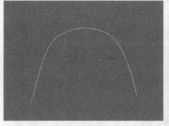

图3-183 图3-184

03 选择样条线，设置几何体类型为"复合对象"，然后单击"放样"按钮 [放样]，接着在"创建方法"卷展栏单击"获取图形"按钮 [获取图形]，最后在视图中拾取圆形，模型效果如图3-185所示。

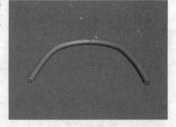

图3-185

04 在"变形"卷展栏单击"扭曲"按钮 [扭曲]，打开"缩放变形"对话框，接着将曲线调节成如图3-186所示的形状，模型效果如图3-187所示。

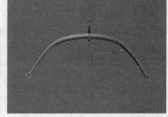

图3-186 图3-187

05 使用"线"工具 [线]、"圆"工具 [圆] 和"放样"工具 [放样] 制作出椅子的其他部分，完成后的效果如图3-188所示。

06 使用"线"工具 [线] 在顶视图中绘制一条如图3-189所

示的样条线。

图3-188   图3-189

07　选择样条线，然后在"修改器列表"中为其加载一个"挤出"修改器，接着在"参数"卷展栏下设置"数量"为2mm，具体参数设置及模型效果如图3-190所示。

08　使用"选择并移动"工具选择挤出的模型，然后将其调整到椅子的中间位置，最终效果如图3-191所示。

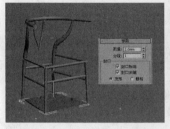

图3-190   图3-191

★ 重点 ★
实战：用样条线制作花篮

场景位置	无
实例位置	实例文件>CH03>实战：用样条线制作花篮.max
视频位置	多媒体教学>CH03>实战：用样条线制作花篮.flv
难易指数	★★★☆☆
技术掌握	线工具、圆工具、放样工具、缩放复制功能

花篮效果如图3-192所示。

图3-192

01　使用"线"工具在前视图中绘制一条样条线，然后在"插值"卷展栏下设置"步数"为17，如图3-193所示。

图3-193

02　使用"圆"工具在顶视图中绘制3个"半径"为50mm的圆形，如图3-194所示。

03　选择其中一个圆形，然后将其转换为可编辑样条线，接着在"几何体"卷展栏下单击"附加"按钮，最后单击另外两个圆形，效果如图3-195所示。

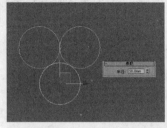

图3-194   图3-195

🙋 **疑难问答 ❓**

　问：附加样条线有什么作用？

　答：选择一个样条线以后，用"附加"工具 附加 单击其他样条线，可以将这些样条线附加为一个整体。

04　选择样条线，设置几何体类型为"复合对象"，然后单击"放样"按钮，接着在"创建方法"卷展栏下单击"获取图形"按钮，最后在视图中拾取圆形，模型效果如图3-196所示。

图3-196

05　在"变形"卷展栏单击"扭曲"按钮，打开"扭曲变形"对话框，然后将曲线调节成如图3-197所示的形状，模型效果如图3-198所示。

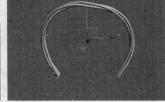

图3-197   图3-198

06　使用"线"工具在顶视图中绘制一条如图3-199所示的心形样条线。

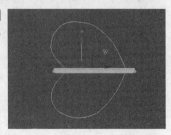

图3-199

07　使用"圆"工具在顶视图中绘制两个"半径"为50mm的圆形，如图3-200所示。

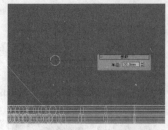

图3-200

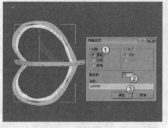

图3-206

图3-207

08 将其中一个圆形转换为可编辑样条线，然后在"几何体"卷展栏下单击"附加"按钮 附加 ，接着单击另外一个圆形，将其附加在一起，效果如图3-201所示。

09 选择心形样条线，设置几何体类型为"复合对象"，然后单击"放样"按钮 放样 ，接着在"创建方法"卷展栏下单击"获取图形"按钮 获取图形 ，最后在视图中拾取圆形，模型效果如图3-202所示。

图3-201

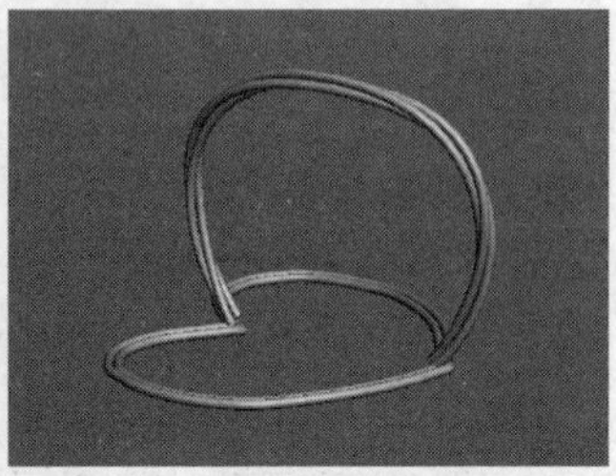

图3-202

10 在"变形"卷展栏单击"扭曲"按钮 扭曲 ，打开"扭曲变形"对话框，然后将曲线调节成如图3-203所示的形状，模型效果如图3-204所示。

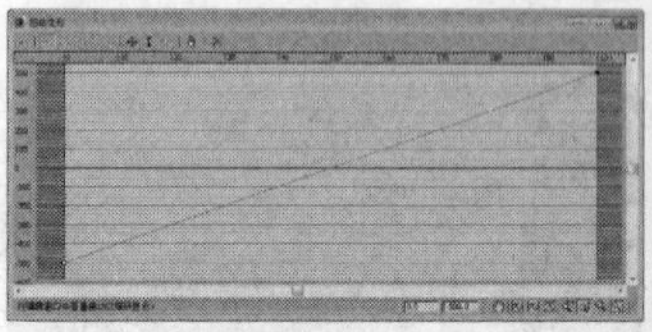

图3-203

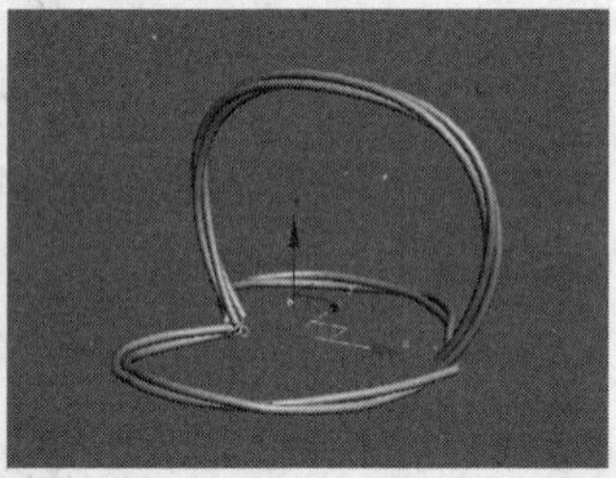

图3-204

11 使用"选择并移动"工具 选择心形模型，然后按住Shift键向上移动复制7个心形模型到如图3-205所示的位置。

图3-205

12 切换到顶视图，然后选择最顶层的心形模型，接着按住Shift键向内缩放复制50个心形模型，如图3-206所示，最终效果如图3-207所示。

★ 重点 ★
实战：用样条线制作水晶灯

场景位置	无
实例位置	实例文件>CH03>实战：用样条线制作水晶灯.max
视频位置	多媒体教学>CH03>实战：用样条线制作水晶灯.flv
难易指数	★★★★☆
技术掌握	线工具、仅影响轴技术、车削修改器、间隔工具、多边形建模技术

水晶灯效果如图3-208所示。

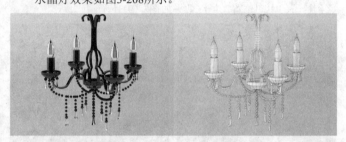

图3-208

01 使用"线"工具 线 在前视图中绘制一条如图3-209所示的样条线。

02 选择样条线，然后在"渲染"卷展栏下勾选"在渲染中启用"和"在视口中启用"选项，接着选择"矩形"选项，最后设置"长度"为7mm、"宽度"为4mm，如图3-210所示。

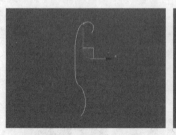

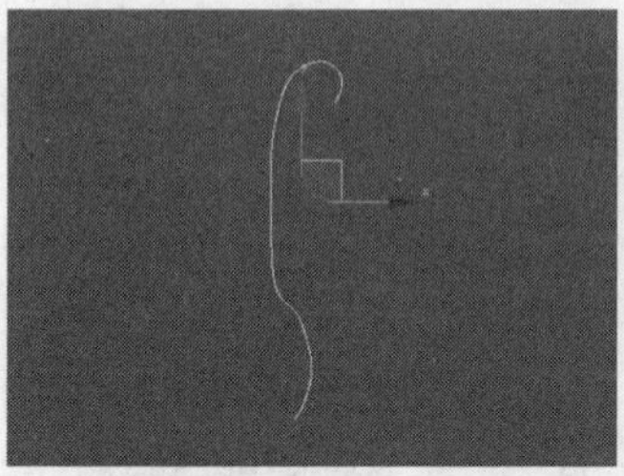

图3-209

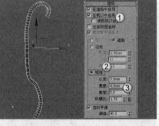

图3-210

03 选择模型，在"创建"面板中单击"层次"按钮 切换到"层次"面板，然后在"调整轴"卷展栏下单击"仅影响轴"按钮 仅影响轴 ，接着在前视图中将轴心点拖曳到如图3-211所示的位置，最后再次单击"仅影响轴"按钮 仅影响轴 ，退出"仅影响轴"模式。

图3-211

技术专题 ⑮ "仅影响轴"技术解析

"仅影响轴"技术是一个非常重要的轴心点调整技术。利用该技术调整好轴点的中心以后，就可以围绕这个中心点旋转复制出具有一定规律的对象。如在如图3-212中有两个球体（这两个球体是在顶视图中的显示效果），如果要围绕红色球体旋转复制3个紫色球体（以90°为基数进行复制），那么就必须先调整紫色球体的轴点中心。具体操作过程如下。

图3-212

第1步：选择紫色球体，在"创建"面板中单击"层次"按钮，切换到"层次"面板，然后在"调整轴"卷展栏下单击"仅影响轴"按钮，此时可以观察到紫色球体的轴点中心位置，如图3-213所示，接着用"选择并移动"工具将紫色球体的轴心点拖曳到红色球体的轴点中心位置，如图3-214所示。

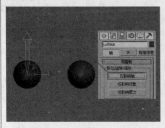

图3-213　　　　　　　　　　图3-214

第2步：再次单击"仅影响轴"按钮，退出"仅影响轴"模式，然后按住Shift键使用"选择并旋转"工具将紫色球体旋转复制3个（设置旋转角度为90°），如图3-215所示，这样就得到了一组以红色球体为中心的3个紫色球体，效果如图3-216所示。

图3-215　　　　　　　　　　图3-216

04 选择模型，然后按住Shift键使用"选择并旋转"工具旋转复制3个模型，如图3-217所示，效果如图3-218所示。

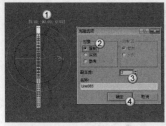

图3-217　　　　　　　　　　图3-218

05 使用"线"工具 线 在前视图中绘制一条如图3-219所示的样条线。

06 选择样条线，然后在"修改器列表"中为其加载一个"车削"修改器，接着在"参数"卷展栏下设置"方向"为y Y 轴、"对齐"方式为"最小"最小，如图3-220所示。

图3-219　　　　　　　　　　图3-220

07 使用"线"工具 线 在前视图中绘制一条如图3-221所示的样条线，然后在"渲染"卷展栏下勾选"在渲染中启用"和"在视口中启用"选项，接着选择"矩形"选项，最后设置"长度"为6mm、"宽度"为4mm，如图3-222所示。

图3-221　　　　　　　　　　图3-222

08 采用步骤（3）～步骤（4）的方法旋转复制3个模型，完成后的效果如图3-223所示。

09 使用"线"工具 线 在前视图中绘制一条如图3-224所示的样条线。

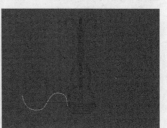

图3-223　　　　　　　　　　图3-224

10 选择样条线，然后在"渲染"卷展栏下勾选"在渲染中启用"和"在视口中启用"选项，接着选择"矩形"选项，最后设置"长度"为10mm、"宽度"为4mm，具体参数设置及模型效果如图3-225所示。

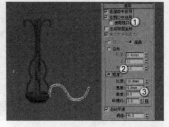

图3-225

11 继续使用"线"工具 线 在前视图中绘制一条如图3-226所示的样条线。

12 在"修改器列表"中为样条线加载一个"车削"修改器，然后在"参数"卷展栏下设置"方向"为y Y 轴、"对齐"方式为"最小" 最小 ，具体参数设置及模型效果如图3-227所示。

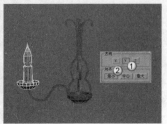

图3-226　　　　　　　　　　　图3-227

13 再次使用"线"工具 线 在前视图中绘制一条如图3-228所示的样条线。

14 使用"异面体"工具 异面体 在场景中创建一个大小合适的异面体，然后在"参数"卷展栏下设置"系列"为"十二面体/二十面体"，如图3-229所示。

图3-228　　　　　　　　　　　图3-229

15 在"主工具栏"中的空白区域单击鼠标右键，然后在弹出的快捷菜单中选择"附加"命令，以调出"附加"工具栏，如图3-230所示。

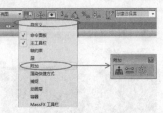

图3-230

16 选择异面体，在"附加"工具栏中单击"间隔工具"按钮 ，然后在弹出的"间隔工具"对话框中单击"拾取路径"按钮 拾取路径 ，并在视图中拾取样条线，接着在"参数"选项组下设置"计数"为20，最后单击"应用"按钮 应用 和"关闭"按钮 关闭 ，具体操作流程及效果如图3-231所示。

图3-231

问："间隔工具"在哪？

答：在默认情况下，"间隔工具" 不会显示在"附加"工具栏上（处于隐藏状态），只有按住鼠标左键单击"阵列"工具 ，在弹出的工具列表中才能选择"间隔工具" ，如图3-232所示。

图3-232

17 使用复制功能制作出其他的异面体装饰物，完成后的效果如图3-233所示。

18 继续使用"异面体"工具 异面体 配合多边形建模技法在吊链上创建一些吊坠，如图3-234所示。

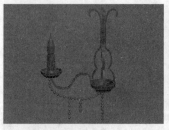

图3-233　　　　　　　　　　　图3-234

知识链接

关于多边形建模的相关内容请参阅"第7章 多边形建模"。

19 选择如图3-235所示的模型，然后为其创建一个组。

20 选择模型组，然后采用步骤（3）~步骤（4）的方法旋转复制3组模型，最终效果如图3-236所示。

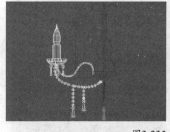

图3-235　　　　　　　　　　　图3-236

★重点★
实战：根据CAD图纸制作户型图

场景位置	场景文件>CH03>02.dwg
实例位置	实例文件>CH03>实战：根据CAD图纸制作户型图.max
视频位置	多媒体教学>CH03>实战：根据CAD图纸制作户型图.flv
难易指数	★★★☆☆
技术掌握	根据CAD图纸绘制图形、挤出修改器

户型图效果如图3-237所示。

图3-237

01 单击界面左上角的"应用程序"图标📁，然后执行"导入>导入"菜单命令，接着在弹出的"选择要导入的文件"对话框中选择下载资源中的"场景文件>CH03>02.dwg"文件，导入CAD文件后的效果如图3-238所示。

图3-238

技巧与提示

　　在参照CAD图纸绘制样条线时，很多情况下，绘制的样条线很可能超出了3ds Max视图中的显示范围，此时可以按一下I键，视图会自动沿绘制的方向进行合适的调整。

技巧与提示

　　在实际工作中，客户一般都会提供一个CAD图纸文件（即.dwg文件），然后要求建模师根据图纸中的尺寸创建出模型。

02 选择所有的线，然后单击鼠标右键，接着在弹出的快捷菜单中选择"冻结当前选择"命令，如图3-239所示。

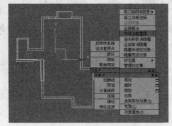

图3-239

疑难问答 ❓

问：冻结线后有什么作用？

答：冻结线后，在绘制线或进行其他操作时，就不用担心失误操作选择到参考线。

03 在"主工具栏"中的"捕捉开关"按钮🧲上单击鼠标右键，然后在弹出的"栅格和捕捉设置"对话框中单击"捕捉"选项卡，接着勾选"顶点"选项，如图3-240所示，再单击"选项"选项卡，最后勾选"捕捉到冻结对象"和"启用轴约束"选项，如图3-241所示。

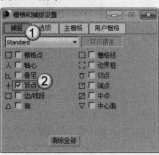

图3-240

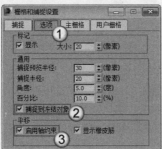

图3-241

04 按 S 键激活"捕捉开关"🧲，然后使用"线"工具 线 根据CAD图纸中的线在顶视图中绘制出如图3-242所示的样条线。

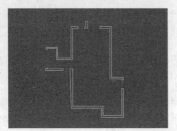

图3-242

05 选择所有的样条线，然后在"修改器列表"中为其加载一个"挤出"修改器，接着在"参数"卷展栏下设置"数量"为2800mm，具体参数设置及模型效果如图3-243所示。

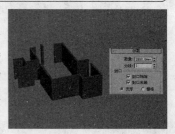

图3-243

06 使用"矩形"工具 矩形 和"线"工具 线 根据CAD图纸中的线在顶视图中绘制出如图3-244所示的图形（黑色的图形）。

07 选择上一步绘制的样条线，然后在"修改器列表"中为其加载一个"挤出"修改器，接着在"参数"卷展栏下设置"数量"为500mm，具体参数设置及模型效果如图3-245所示。

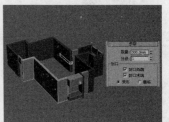

图3-244　　　　　　　图3-245

08 继续使用"线"工具 线 根据CAD图纸中的线在顶视图中绘制出如图3-246所示的样条线。由于样条线太多，这里再提供一张孤立选择模式的样条线图，如图3-247所示。

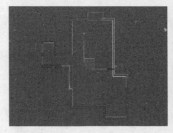 

图3-246　　　　　　　图3-247

09 在"修改器列表"中为样条线加载一个"挤出"修改器，然后在"参数"卷展栏下设置"数量"为100mm，最终效果如图3-248所示。

图3-248

4.1　修改器的基础知识

"修改"面板是3ds Max很重要的一个组成部分，而修改器堆栈则是"修改"面板的"灵魂"。所谓"修改器"，就是可以对模型进行编辑，改变其几何形状及属性的命令。

修改器对于创建一些特殊形状的模型具有非常强大的优势，因此在使用多边形建模等建模方法很难达到模型要求时，不妨采用修改器进行制作。图4-1~图4-3所示是一些使用修改器制作的优秀模型。

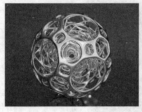  
图4-1　　　　　　　图4-2　　　　　　　图4-3

技巧与提示

修改器可以在"修改"面板中的"修改器列表"中进行加载，也可以在"菜单栏"中的"修改器"菜单下进行加载，这两个地方的修改器完全一样。

4.1.1　修改器堆栈

进入"修改"面板，可以观察到修改器堆栈中的工具，如图4-4所示。

图4-4

修改器堆栈工具介绍

锁定堆栈：激活该按钮可以将堆栈和"修改"面板的所有控件锁定到选定对象的堆栈中。即使在选择了视图中的另一个对象之后，也可以继续对锁定堆栈的对象进行编辑。

显示最终结果开/关切换：激活该按钮后，会在选定的对象上显示整个堆栈的效果。

使唯一：激活该按钮可以将关联的对象修改成独立对象，这样可以对选择集中的对象单独进行操作（只有在场景中拥有选择集的时候该按钮才可用）。

从堆栈中移除修改器：若堆栈中存在修改器，单击该按钮可以删除当前的修改器，并清除由该修改器引发的所有更改。

 疑难问答　？

问：可以直接按Delete键删除修改器吗？

答：不行。如果想要删除某个修改器，不可以在选中某个修改器后按Delete键，那样删除的将会是物体本身而非单个的修改器。要删除某个修改器，需要先选择该修改器，然后单击"从堆栈中移除修改器"按钮。

配置修改器集 ：单击该按钮将弹出一个子菜单，这个菜单中的命令主要用于配置在"修改"面板中怎样显示和选择修改器，如图4-5所示。

图4-5

继续为管状体加载一个"弯曲"修改器，然后在"参数"卷展栏下设置弯曲的"角度"为90，这时管状体会发生很自然的弯曲变形，如图4-9所示。

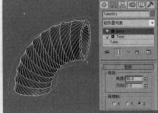

图4-8 图4-9

下面调整两个修改器的位置。用鼠标左键按住"弯曲"修改器，然后将其拖曳到"扭曲"修改器的下方松开鼠标左键（拖曳时修改器下方会出现一条蓝色的线），调整排序后可以发现管状体的效果发生了很大的变化，如图4-10所示。

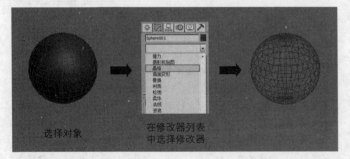

图4-10

4.1.2 为对象加载修改器

为对象加载修改器的方法非常简单。选择一个对象后，进入"修改"面板，然后单击"修改器列表"后面的▼按钮，接着在弹出的下拉列表中就可以选择相应的修改器，如图4-6所示。

选择对象   在修改器列表中选择修改器

图4-6

4.1.3 修改器的排序

修改器的排列顺序非常重要，先加入的修改器位于修改器堆栈的下方，后加入的修改器则在修改器堆栈的顶部，不同的顺序对同一物体起到的效果是不一样的。

图4-7所示是一个管状体，下面以这个物体为例来介绍修改器的顺序对效果的影响，同时介绍如何调整修改器之间的顺序。

图4-7

先为管状体加载一个"扭曲"修改器，然后在"参数"卷展栏下设置扭曲的"角度"为360，这时管状体便会产生大幅度的扭曲变形，如图4-8所示。

技巧与提示

在修改器堆栈中，如果要同时选择多个修改器，可以先选中一个修改器，然后按住Ctrl键单击其他修改器进行加选，如果按住Shift键则可以选中多个连续的修改器。

4.1.4 启用与禁用修改器

在修改器堆栈中可以观察到每个修改器前面都有个小灯泡图标 ，这个图标表示这个修改器的启用或禁用状态。当小灯泡显示为亮的状态时 ，代表这个修改器是启用的；当小灯泡显示为暗的状态时 ，代表这个修改器被禁用了。单击这个小灯泡即可切换启用和禁用状态。

以图4-11所示的修改器堆栈为例，这里为一个球体加载了3个修改器，分别是"晶格"修改器、"扭曲"修改器和"波浪"修改器，并且这3个修改器都被启用了。

图4-11

选择底层的"晶格"修改器，当"显示最终结果"按钮 被禁用时，场景中的球体不能显示该修改器之上的所有修改器的效果，如图4-12所示。如果单击"显示最终结果"按钮 ，使其处于激活状态，即可在选中底层修改器的状态下显示所有修改器的修改结果，如图4-13所示。

 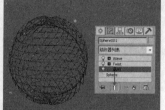

图4-12　　　　　　　　　　　　　　　　图4-13

如果要禁用"波浪"修改器，可以单击该修改器前面的小灯泡图标 ，使其变为灰色 即可，这时物体的形状也跟着发生了变化，如图4-14所示。

图4-14

4.1.5 编辑修改器

在修改器上单击鼠标右键会弹出一个快捷菜单，该菜单中包括一些对修改器进行编辑的常用命令，如图4-15所示。

图4-15

从菜单中可以观察到修改器是可以复制到其他物体上的，复制的方法有以下两种。

第1种：在修改器上单击鼠标右键，然后在弹出的快捷菜单中选择"复制"命令，接着在需要的位置单击鼠标右键，最后在弹出的快捷菜单中选择"粘贴"命令即可。

第2种：直接将修改器拖曳到场景中的某一物体上。

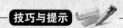
技巧与提示

在选中某一修改器后，如果按住Ctrl键将其拖曳到其他对象上，可以将这个修改器作为实例粘贴到其他对象上；如果按住Shift键将其拖曳到其他对象上，就相当于将源物体上的修改器剪切并粘贴到新对象上。

4.1.6 塌陷修改器堆栈

塌陷修改器会将该物体转换为可编辑网格，并删除其中所有的修改器，这样可以简化对象，并且还能够节约内存。但是塌陷之后就不能对修改器的参数进行调整，并且也不能将修改器的历史恢复到基准值。

塌陷修改器有"塌陷到"和"塌陷全部"两种方法。使用"塌陷到"命令可以塌陷到当前选定的修改器，也就是说删除当前及列表中位于当前修改器下面的所有修改器，保留当前修改器上面的所有修改器；而使用"塌陷全部"命令，会塌陷整个修改器堆栈，删除所有修改器，并使对象变成可编辑网格。

技术专题 ⑯ 塌陷到与塌陷全部命令的区别

以图4-16所示的修改器堆栈为例，处于最底层的是一个圆柱体，可以将其称为"基础物体"（注意，基础物体一定要处于修改器堆栈的最底层），而处于基础物体之上的是"弯曲"、"扭曲"和"松弛"3个修改器。

图4-16

在"扭曲"修改器上单击鼠标右键，然后在弹出的快捷菜单选择"塌陷到"命令，此时系统会弹出"警告:塌陷到"对话框，如图4-17所示。在"警告:塌陷到"对话框中有3个按钮，分别为"暂存/是"按钮 、"是"按钮 和"否"按钮 。如果单击"暂存/是"按钮 可以将当前对象的状态保存到"暂存"缓冲区，然后才应用"塌陷到"命令，执行"编辑/取回"菜单命令，可以恢复到塌陷前的状态；如果单击"是"按钮 ，将塌陷"扭曲"修改器和"弯曲"两个修改器，而保留"松弛"修改器，同时基础物体会变成"可编辑网格"物体，如图4-18所示。

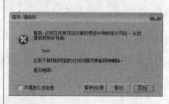 

图4-17　　　　　　　　　　　　图4-18

下面对同样的物体执行"塌陷全部"命令。在任意一个修改器上单击鼠标右键，然后在弹出的快捷菜单中选择"塌陷全部"命令，此时系统会弹出"警告:塌陷全部"对话框，如图4-19所示。如果单击"是"按钮 后，将塌陷修改器堆栈中的所有修改器，并且基础物体也会变成"可编辑网格"物体，如图4-20所示。

图4-19　　　　　　　　　　　　　图4-20

4.2 修改器的种类

修改器有很多种，按照类型的不同被划分在几个修改器集合中。在"修改"面板下的"修改器列表"中，3ds Max将这些修改器默认分为"选择修改器"、"世界空间修改器"和"对象空间修改器"三大部分，如图4-21所示。

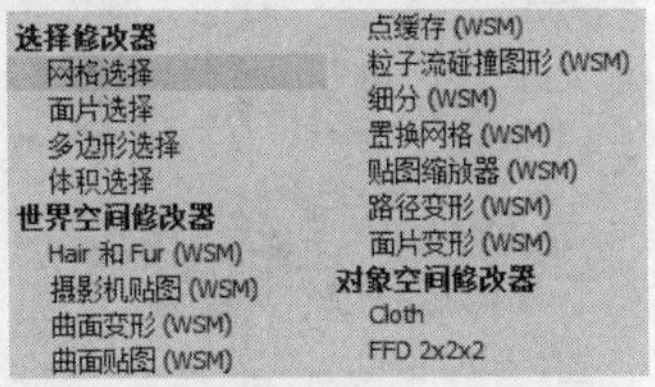

选择修改器	点缓存 (WSM)
网格选择	粒子流碰撞图形 (WSM)
面片选择	细分 (WSM)
多边形选择	置换网格 (WSM)
体积选择	贴图缩放器 (WSM)
世界空间修改器	路径变形 (WSM)
Hair 和 Fur (WSM)	面片变形 (WSM)
摄影机贴图 (WSM)	对象空间修改器
曲线变形 (WSM)	Cloth
曲面贴图 (WSM)	FFD 2x2x2

图4-21

4.2.1 选择修改器

"选择修改器"集合中包括"网格选择"、"面片选择"、"多边形选择"和"体积选择"4种修改器，如图4-22所示。

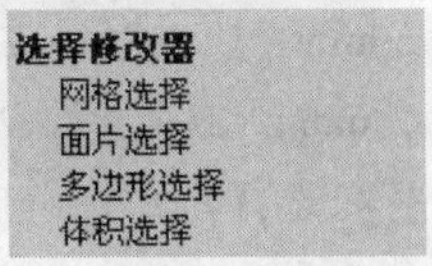

选择修改器
网格选择
面片选择
多边形选择
体积选择

图4-22

选择修改器简要介绍

网格选择：可以选择网格子对象。

面片选择：选择面片子对象，之后可以对面片子对象应用其他修改器。

多边形选择：选择多边形子对象，之后可以对其应用其他修改器。

体积选择：可以选择一个对象或多个对象选定体积内的所有子对象。

4.2.2 世界空间修改器

"世界空间修改器"集合基于世界空间坐标，而不是基于单个对象的局部坐标系，如图4-23所示。当应用了一个世界空间修改器之后，无论物体是否发生了移动，它都不会受到任何影响。

世界空间修改器
Hair 和 Fur (WSM)
摄影机贴图 (WSM)
曲面变形 (WSM)
曲面贴图 (WSM)
点缓存 (WSM)
粒子流碰撞图形 (WSM)
细分 (WSM)
置换网格 (WSM)
贴图缩放器 (WSM)
路径变形 (WSM)
面片变形 (WSM)

图4-23

世界空间修改器简要介绍

Hair和Fur（WSM）（头发和毛发（WSM））：用于为物体添加毛发。该修改器可应用于要生长头发的任意对象，既可以应用于网格对象，也可以应用于样条线对象。

摄影机贴图（WSM）：使摄影机将UVW贴图坐标应用于对象。

曲面变形（WSM）：该修改器的工作方式与"路径变形（WSM）"修改器相同，只是它使用的是NURBS点或CV曲线，而不是使用曲线。

点缓存（WSM）：该修改器可以将修改器动画存储到磁盘文件中，然后使用磁盘文件中的信息来播放动画。

粒子流碰撞图形（WSM）：该修改器可以让标准的网格对象使粒子产生类似于导向板的作用。

曲面贴图（WSM）：将贴图指定给NURBS曲面，并将其投射到修改的对象上。

细分（WSM）：提供用于光能传递处理创建网格的一种算法。处理光能传递需要网格的元素尽可能地接近等边三角形。

置换网格（WSM）：用于查看置换贴图的效果。

贴图缩放器（WSM）：用于调整贴图的大小，并保持贴图比例不变。

路径变形（WSM）：可以根据图形、样条线或NURBS曲线路径将对象进行变形。

面片变形（WSM）：可以根据面片将对象进行变形。

4.2.3 对象空间修改器

"对象空间修改器"集合中的修改器非常多，如图4-24所示。这个集合中的修改器主要应用于单独对象，使用的是对象的局部坐标系，因此当移动对象时，修改器也会跟着移动。

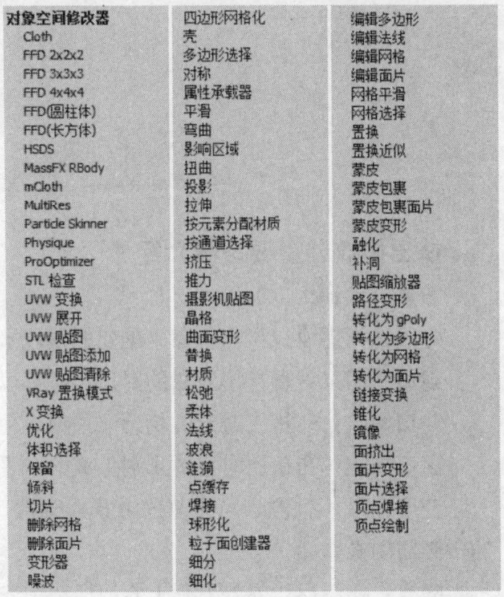

对象空间修改器	四边形网格化	编辑多边形
Cloth	壳	编辑样条线
FFD 2x2x2	多边形选择	编辑网格
FFD 3x3x3	对称	编辑面片
FFD 4x4x4	属性承载器	网格平滑
FFD（圆柱体）	平滑	网格选择
FFD（长方体）	弯曲	置换
HSDS	影响区域	置换近似
MassFX RBody	扭曲	蒙皮
mCloth	投影	蒙皮包裹
MultiRes	拉伸	蒙皮包裹面片
Particle Skinner	按元素分配材质	蒙皮变形
Physique	按通道自定义	融化
ProOptimizer	挤压	补洞
STL 检查	推力	贴图缩放器
UVW 变换	摄影机贴图	路径变形
UVW 展开	晶格	转化为 gPoly
UVW 贴图	曲面变形	转化为多边形
UVW 贴图添加	普通	转化为网格
UVW 贴图清除	材质	转化为面片
VRay 置换模式	松弛	链接变换
X 变换	柔体	锥化
优化	法线	镜像
体积选择	波浪	面挤出
保留	涟漪	面片变形
绷紧	点缓存	面片选择
切片	焊接	顶点焊接
删除网格	球形化	顶点绘制
删除面片	粒子面创建器	
变形器	细分	
噪波	细化	

图4-24

知识链接

"对象空间修改器"非常重要，在"4.3 常用修改器"中将作为重点内容进行讲解。

4.3 常用修改器

在"对象空间修改器"集合中有很多修改器，本节就针对这个集合中最为常用的一些修改器进行详细介绍。熟练运用这些修改器，可以大量简化建模流程，节省操作时间。

本节常用修改器介绍

修改器名称	主要作用	重要程度
挤出	为二维图形添加深度	高
倒角	将图形挤出为3D对象，并应用倒角效果	高
车削	绕轴旋转一个图形或NURBS曲线来创建3D对象	高
弯曲	在任意轴上控制物体的弯曲角度和方向	高
扭曲	在任意轴上控制物体的扭曲角度和方向	高
对称	围绕特定的轴向镜像对象	高
置换	重塑对象的几何外形	中
噪波	使对象表面的顶点随机变动	中
FFD	自由变形物体的外形	高
晶格	将图形的线段或边转化为圆柱形结构	高
平滑	平滑几何体	高
优化	减少对象中面和顶点的数目	中
融化	将现实生活中的融化效果应用到对象上	中
倒角剖面	使用另一个图形路径作为倒角的截剖面来挤出一个图形	中

★ 重点 ★

4.3.1 挤出修改器

"挤出"修改器可以将深度添加到二维图形中，并且可以将对象转换成一个参数化对象，其参数设置面板如图4-25所示。

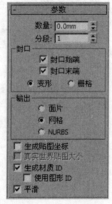

图4-25

挤出修改器重要参数介绍

数量：设置挤出的深度。

分段：指定要在挤出对象中创建的线段数目。

封口：用来设置挤出对象的封口，共有以下4个选项。

封口始端：在挤出对象的初始端生成一个平面。

封口末端：在挤出对象的末端生成一个平面。

变形：以可预测、可重复的方式排列封口面，这是创建变形目标所必需的操作。

栅格：在图形边界的方形上修剪栅格中安排的封口面。

输出：指定挤出对象的输出方式，共有以下3个选项。

面片：产生一个可以折叠到面片对象中的对象。

网格：产生一个可以折叠到网格对象中的对象。

NURBS：产生一个可以折叠到NURBS对象中的对象。

生成贴图坐标：将贴图坐标应用到挤出对象中。

真实世界贴图大小：控制应用于对象的纹理贴图材质所使用的缩放方法。

生成材质ID：将不同的材质ID指定给挤出对象的侧面与封口。

使用图形ID：将材质ID指定给挤出生成的样条线线段，或指定给在NURBS挤出生成的曲线子对象。

平滑：将平滑应用于挤出图形。

★ 重点 ★

实战：用挤出修改器制作花朵吊灯

场景位置	无
实例位置	实例文件>CH04>实战：用挤出修改器制作花朵吊灯.max
视频位置	多媒体教学>CH04>实战：用挤出修改器制作花朵吊灯.flv
难易指数	★★☆☆☆
技术掌握	星形工具、线工具、圆工具、挤出修改器

花朵吊灯如图4-26所示。

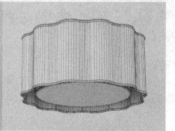

图4-26

01 使用"星形"工具 星形 在顶视图中绘制一个星形，然后在"参数"卷展栏下设置"半径1"为70mm、"半径2"为60mm、"点"为12、"圆角半径1"为10mm、"圆角半径2"为6mm，具体参数设置及星形效果如图4-27所示。

02 选择星形，然后在"渲染"卷展栏下勾选"在渲染中启用"和"在视口中启用"选项，接着设置"径向"的"厚度"为2.5mm，具体参数设置及模型效果如图4-28所示。

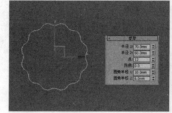

图4-27　　　　　　　　　　　　　　　图4-28

03 切换到前视图，然后按住Shift键使用"选择并移动"工具 向下移动复制一个星形，如图4-29所示。

图4-29

04 继续复制一个星形到两个星形的中间，如图4-30所示，然后在"渲染"卷展栏下选择"矩形"选项，接着设置"长度"为60mm、"宽度"为0.5mm，模型效果如图4-31所示。

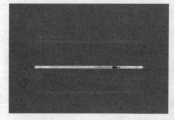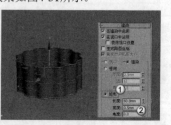

图4-30　　　　　　　　　　　　　　　图4-31

05 使用"线"工具 线 在前视图中绘制一条如图4-32所示的样条线，然后在"渲染"卷展栏下勾选"在渲染中启用"和"在视口中启用"选项，接着设置"径向"的"厚度"为1.2mm，如图4-33所示。

图4-32　　　　　　　图4-33

06 使用"仅影响轴"技术和"选择并旋转"工具 围绕星形复制一圈样条线，完成后的效果如图4-34所示。

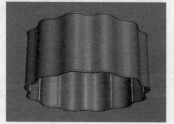

图4-34

知识链接

关于步骤（6）中的样条线复制方法请参阅"第3章 样条线建模"中的"实战：用样条线制作水晶灯"。

07 将前面创建的星形复制一个到如图4-35所示的位置（需要关闭"在渲染中启用"和"在视口中启用"选项）。

08 为星形加载一个"挤出"修改器，然后在"参数"卷展栏下设置"数量"为1mm，具体参数设置及模型效果如图4-36所示。

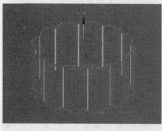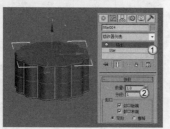

图4-35　　　　　　　图4-36

09 使用"圆"工具 圆 在顶视图中绘制一个圆形，然后在"参数"卷展栏下设置"半径"为50mm，如图4-37所示，接着在"渲染"卷展栏下勾选"在渲染中启用"和"在视口中启用"选项，最后设置"径向"的"厚度"为1.8mm，如图4-38所示。

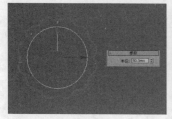

图4-37　　　　　　　图4-38

10 选择上一步绘制的圆形，然后按Ctrl+V组合键在原始位置复制一个圆形（需要关闭"在渲染中启用"和"在视口中启用"选项），接着为其加载一个"挤出"修改器，最后在"参数"卷展栏下设置"数量"为1mm，如图4-39所示。

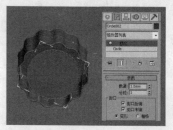

图4-39

11 选择没有进行挤出的圆形，然后按Ctrl+V组合键在原始位置复制一个圆形，接着在"渲染"卷展栏下勾选"矩形"选项，最后设置"长度"为56mm、"宽度"为0.5mm，如图4-40所示，最终效果如图4-41所示。

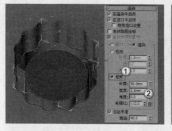

图4-40　　　　　　　图4-41

4.3.2 倒角修改器

"倒角"修改器可以将图形挤出为3D对象，并在边缘应用平滑的倒角效果，其参数设置面板包含"参数"和"倒角值"两个卷展栏，如图4-42所示。

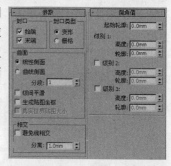

图4-42

倒角修改器重要参数介绍

封口：指定倒角对象是否要在一端封闭开口。

始端：用对象的最低局部z值（底部）对末端进行封口。

末端：用对象的最高局部z值（底部）对末端进行封口。

封口类型：指定封口的类型。

变形：创建适合的变形封口曲面。

栅格：在栅格图案中创建封口曲面。

曲面：控制曲面的侧面曲率、平滑度和贴图。

线性侧面：勾选该选项后，级别之间会沿着一条直线进行分段插补。

曲线侧面：勾选该选项后，级别之间会沿着一条Bezier曲线进行分段插补。

分段：在每个级别之间设置中级分段的数量。

级间平滑：控制是否将平滑效果应用于倒角对象的侧面。

生成贴图坐标：将贴图坐标应用于倒角对象。

真实世界贴图大小：控制应用于对象的纹理贴图材质所使用的缩放方法。

相交：防止重叠的相邻边产生锐角。

避免线相交：防止轮廓彼此相交。

分离：设置边与边之间的距离。

起始轮廓：设置轮廓到原始图形的偏移距离。正值会使轮廓变大，负值会使轮廓变小。

级别1：包含以下两个选项。

高度：设置"级别1"在起始级别之上的距离。

轮廓：设置"级别1"的轮廓到起始轮廓的偏移距离。

级别2：在"级别1"之后添加一个级别。

高度：设置"级别1"之上的距离。

轮廓：设置"级别2"的轮廓到"级别1"轮廓的偏移距离。

级别3：在前一级别之后添加一个级别，如果未启用"级别2"，"级别3"会添加在"级别1"之后。

高度：设置到前一级别之上的距离。

轮廓：设置"级别3"的轮廓到前一级别轮廓的偏移距离。

★重点

实战：用倒角修改器制作牌匾

场景位置	无
实例位置	实例文件>CH04>实战：用倒角修改器制作牌匾.max
视频位置	多媒体教学>CH04>实战：用倒角修改器制作牌匾.flv
难易指数	★☆☆☆☆
技术掌握	矩形工具、倒角修改器、文本工具、字体的安装方法、挤出修改器

牌匾效果如图4-43所示。

图4-43

01 使用"矩形"工具 矩形 在前视图中绘制一个矩形，然后在"参数"卷展栏下设置"长度"为100mm、"宽度"为260mm、"角半径"为2mm，如图4-44所示。

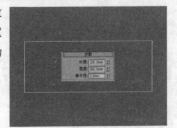

图4-44

02 为矩形加载一个"倒角"修改器，然后在"倒角值"卷展栏下设置"级别1"的"高度"为6mm，接着勾选"级别2"选项，并设置

其"轮廓"为-4mm，最后勾选"级别3"选项，并设置其"高度"为-2mm，具体参数设置及模型效果如图4-45所示。

03 使用"选择并移动"工具 选择模型，然后在左视图中移动复制一个模型，并在弹出的"克隆选项"对话框中设置"对象"为"复制"，如图4-46所示。

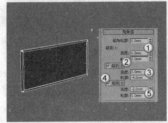
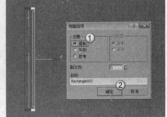

图4-45   图4-46

04 切换到前视图，然后使用"选择并均匀缩放"工具 将复制出来的模型缩放到合适的大小，如图4-47所示。

05 展开"倒角值"卷展栏，然后将"级别1"的"高度"修改为2mm，接着将"级别2"的"轮廓"修改为-2.8mm，最后将"级别3"的"高度"修改为-1.5mm，具体参数设置及模型效果如图4-48所示。

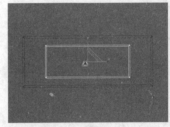
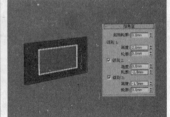

图4-47   图4-48

06 使用"文本"工具 文本 在前视图单击鼠标左键创建一个默认的文本，然后在"参数"卷展栏下设置字体为"汉仪篆书繁"、"大小"为50mm，接着在"文本"输入框中输入"水如善上"4个字，如图4-49所示，文本效果如图4-50所示。

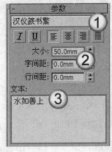

图4-49   图4-50

技术专题 17 字体的安装方法

这里可能有些初学者会发现自己的计算机中没有"汉仪篆书繁"这种字体，这是很正常的，因为这种字体要去互联网上下载下来才能使用。下面介绍一下字体的安装方法。

第1步：选择下载的字体，然后按Ctrl+C组合键复制字体，接着执行"开始>控制面板"命令，如图4-51所示。

图4-51

第2步：在"控制面板"中双击"外观和个性化"项目，如图4-52所示，接着在弹出的面板中单击"字体"项目，如图4-53所示。

图4-52　　　　　　　　图4-53

第3步：在弹出的"字体"文件夹中按Ctrl+V组合键粘贴字体，此时字体会自动进行安装，如图4-54所示。

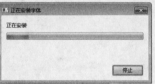

图4-54

07 为文本加载一个"挤出"修改器，然后在"参数"卷展栏下设置"数量"为1.5mm，最终效果如图4-55所示。

图4-55

★重点★ 4.3.3 车削修改器

"车削"修改器可以通过围绕坐标轴旋转一个图形或NURBS曲线来生成3D对象，其参数设置面板如图4-56所示。

图4-56

车削修改器重要参数介绍

度数：设置对象围绕坐标轴旋转的角度，其范围为0°~360°，默认值为360°。

焊接内核：通过焊接旋转轴中的顶点来简化网格。

翻转法线：使物体的法线翻转，翻转后物体的内部会外翻。

分段：在起始点之间设置在曲面上创建的插补线段的数量。

封口：如果设置的车削对象的"度数"小于360°，该选项用来控制是否在车削对象的内部创建封口。

封口始端：车削的起点，用来设置封口的最大程度。

封口末端：车削的终点，用来设置封口的最大程度。

变形：按照创建变形目标所需的可预见且可重复的模式来排列封口面。

栅格：在图形边界的方形上修剪栅格中安排的封口面。

方向：设置轴的旋转方向，共有*x*、*y*和*z*这3个轴可供选择。

对齐：设置对齐的方式，共有"最小"、"中心"和"最大"3种方式可供选择。

输出：指定车削对象的输出方式，共有以下3种。

面片：产生一个可以折叠到面片对象中的对象。

网格：产生一个可以折叠到网格对象中的对象。

NURBS：产生一个可以折叠到NURBS对象中的对象。

★重点★ 实战：用车削修改器制作餐具

场景位置	无
实例位置	实例文件>CH04>实战：用车削修改器制作餐具.max
视频位置	多媒体教学>CH04>实战：用车削修改器制作餐具.flv
难易指数	★★☆☆☆
技术掌握	线工具、圆角工具、车削修改器、平滑修改器

餐具效果如图4-57所示。

图4-57

01 下面制作盘子模型。使用"线"工具 在前视图中绘制一条如图4-58所示的样条线。

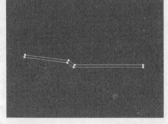

图4-58

02 进入"顶点"级别，然后选择如图4-59所示的6个顶点，接着在"几何体"卷展栏下单击"圆角"按钮，最后在前视图中拖曳光标创建出圆角，效果如图4-60所示。

ЉЉЋ ЉЉ

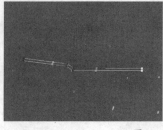 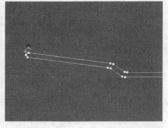

图4-59　　　　图4-60

03 为样条线加载一个"车削"修改器，然后在"参数"卷展栏下设置"分段"为60，接着设置"方向"为y轴、"对齐"方式"最大"，具体参数设置及模型效果如图4-61所示。

04 为盘子模型加载一个"平滑"修改器（采用默认设置），效果如图4-62所示。

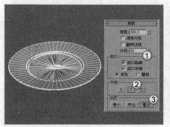 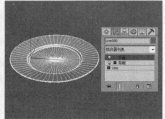

图4-61　　　　图4-62

知识链接

这里可能会有用户会问为什么要加载"平滑"修改器，关于这个问题请参阅103页中的"疑难问答：为什么椅子上有黑色的色斑？"。

05 利用复制功能复制两个盘子，然后用"选择并均匀缩放"工具将复制的盘子缩放到合适的大小，完成后的效果如图4-63所示。

06 下面制作杯子模型。使用"线"工具在前视图中绘制一条如图4-64所示的样条线。

 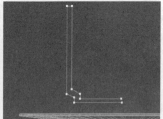

图4-63　　　　图4-64

07 进入"顶点"级别，然后选择如图4-65所示的6个顶点，接着在"几何体"卷展栏下单击"圆角"按钮，最后在前视图中拖曳光标创建出圆角，效果如图4-66所示。

08 为样条线加载一个"车削"修改器，然后在"参数"卷展栏下设置"分段"为60，接着设置"方向"为y轴、"对齐"方式"最大"，具体参数设置及模型效果如图4-67所示。

09 下面制作杯子的把手模型。使用"线"工具在前视图中绘制一条如图4-68所示的样条线。

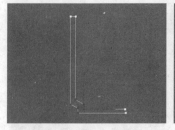 

图4-65　　　　图4-66

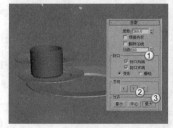 

图4-67　　　　图4-68

10 选择样条线，然后在"渲染"卷展栏下勾选"在渲染中启用"和"在视口中启用"选项，接着设置"径向"的"厚度"为8mm，具体参数设置及模型效果如图4-69所示，最终效果如图4-70所示。

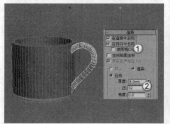 

图4-69　　　　图4-70

★重点★
实战：用车削修改器制作高脚杯

场景位置	无
实例位置	实例文件>CH04>实战：用车削修改器制作高脚杯.max
视频位置	多媒体教学>CH04>实战：用车削修改器制作高脚杯.flv
难易指数	★☆☆☆☆
技术掌握	线工具、车削修改器

高脚杯效果如图4-71所示。

图4-71

01 下面制作第1个高脚杯。使用"线"工具在前视图中绘制出如图4-72所示的样条线。

02 为样条线加载一个"车削"修改器,然后在"参数"卷展栏下设置"分段"为50,接着设置"方向"为y轴、"对齐"方式"最大",具体参数设置及模型效果如图4-73所示。

图4-72　　　　　　　　　图4-73

03 下面制作第2个高脚杯。使用"线"工具 在前视图中绘制出如图4-74所示的样条线。

04 为样条线加载一个"车削"修改器,然后在"参数"卷展栏下设置"分段"为50,接着设置"方向"为y轴、"对齐"方式"最大",具体参数设置及模型效果如图4-75所示。

图4-74　　　　　　　　　图4-75

05 下面制作第3个高脚杯。使用"线"工具 在前视图中绘制出如图4-76所示的样条线。

06 为样条线加载一个"车削"修改器,然后在"参数"卷展栏下设置"分段"为50,接着设置"方向"为y轴、"对齐"方式"最大",最终效果如图4-77所示。

图4-76　　　　　　　　　图4-77

★重点★
实战：用车削修改器制作简约吊灯

场景位置	无
实例位置	实例文件>CH04>实战：用车削修改器制作简约吊灯.max
视频位置	多媒体教学>CH04>实战：用车削修改器制作简约吊灯.flv
难易指数	★☆☆☆☆
技术掌握	线工具、车削修改器、壳修改器

简约吊灯效果如图4-78所示。

01 下面制作第1个吊灯。使用"线"工具 在前视图中绘制出如图4-79所示的样条线。

02 为样条线加载一个"车削"修改器,然后在"参数"卷展栏下设置"分段"为32,接着设置"方向"为y轴、"对齐"方式"最大",具体参数设置及模型效果如图4-80所示。

图4-78

图4-79　　　　　　　　　图4-80

03 为模型加载一个"壳"修改器,然后在"参数"卷展栏下设置"外部量"为0.5mm,具体参数设置及模型效果如图4-81所示。

图4-81

 疑难问答 ？

问："壳"修改器有什么作用?

答:由于车削出来的灯罩模型其实是由面片组成的(面片没有厚度),加载"壳"修改器并设置相应的参数就可以让其产生一定的厚度。

04 下面制作第2个吊灯。使用"线"工具 在前视图中绘制出如图4-82所示的样条线。

05 为样条线加载一个"车削"修改器,然后在"参数"卷展栏下设置"分段"为32,接着设置"方向"为y轴、"对齐"方式"最大",具体参数设置及模型效果如图4-83所示。

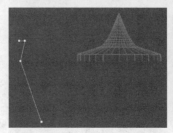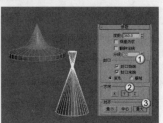

图4-82　　　　　　　　　图4-83

06 为模型加载一个"壳"修改器,然后在"参数"卷展栏下设置"外部量"为0.5mm,具体参数设置及模型效果如图4-84所示。

07 下面制作第3个吊灯。使用"线"工具 线 在前视图中绘制出如图4-85所示的样条线。

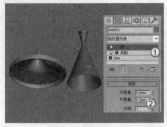 

图4-84　　　　　　　　　　　　图4-85

08 为样条线加载一个"车削"修改器，然后在"参数"卷展栏下设置"分段"为32，接着设置"方向"为y Y 轴、"对齐"方式"最大" 最大 ，具体参数设置及模型效果如图4-86所示。

09 为模型加载一个"壳"修改器，然后在"参数"卷展栏下设置"外部量"为0.5mm，具体参数设置及模型效果如图4-87所示。

图4-86　　　　　　　　　　　　图4-87

10 使用"圆柱体"工具 圆柱体 在场景中创建一个圆柱体，然后在"参数"卷展栏下设置"半径"为0.5mm、"高度"为200mm、"高度分段"为1，具体参数设置及模型位置如图4-88所示。

11 利用复制功能将圆柱体复制到另外两个吊灯上，如图4-89所示的位置。

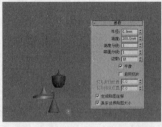 

图4-88　　　　　　　　　　　　图4-89

12 继续利用复制功能复制一些吊灯，然后摆好其位置，最终效果如图4-90所示。

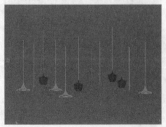

图4-90

★重点★
4.3.4 弯曲修改器

　　"弯曲"修改器可以使物体在任意3个轴上控制弯曲的角度和方向，也可以限制几何体的某一段弯曲效果，其参数设置面板如图4-91所示。

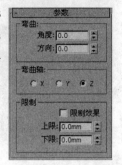

图4-91

倒角修改器重要参数介绍

角度： 从顶点平面设置要弯曲的角度，范围为-999999~999999。

方向： 设置弯曲相对于水平面的方向，范围为-999999~999999。

X/Y/Z： 指定要弯曲的轴，默认轴为z轴。

限制效果： 将限制约束应用于弯曲效果。

上限： 以世界单位设置上部边界，该边界位于弯曲中心点的上方，超出该边界弯曲不再影响几何体，其范围为0~999999。

下限： 以世界单位设置下部边界，该边界位于弯曲中心点的下方，超出该边界弯曲不再影响几何体，其范围为-999999~0。

★重点★
实战：用弯曲修改器制作花朵

场景位置	场景文件>CH04>01.max
实例位置	实例文件>CH04>实战：用弯曲修改器制作花朵.max
视频位置	多媒体教学>CH04>实战：用弯曲修改器制作花朵.flv
难易指数	★★☆☆☆
技术掌握	弯曲修改器

花朵效果如图4-92所示。

图4-92

01 打开下载资源中的"场景文件>CH04>01.max"文件，如图4-93所示。

02 选择其中一枝开放的花朵，然后为其加载一个"弯曲"修改器，接着在"参数"卷展栏下设置"角度"为105、"方向"为180、"弯曲轴"为y轴，具体参数设置及模型效果如图4-94所示。

图4-93　　　　　　　　　　图4-94

03 选择另一枝花，然后为其加载一个"弯曲"修改器，接着在"参数"卷展栏下设置"角度"为53、"弯曲轴"为y轴，具体参数设置及模型效果如图4-95所示。

04 选择开放的花朵模型，然后按住Shift键使用"选择并旋转"工具〇旋转复制19枝花（注意，要将每枝花调整成参差不齐的效果），如图4-96所示。

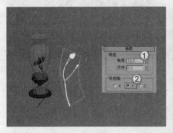

图4-95　　　　　　　　　　图4-96

05 继续使用"选择并旋转"工具〇对另外一枝花进行复制（复制9枝），如图4-97所示。

06 使用"选择并移动"工具❖将两束花朵放入花瓶中，最终效果如图4-98所示。

图4-97　　　　　　　　　　图4-98

4.3.5 扭曲修改器

"扭曲"修改器与"弯曲"修改器的参数比较相似，但是"扭曲"修改器产生的是扭曲效果，而"弯曲"修改器产生的是弯曲效果。"扭曲"修改器可以在对象几何体中产生一个旋转效果（就像拧湿抹布），并且可以控制任意3个轴上的扭曲角度，同时也可以限制几何体的某一段扭曲效果，其参数设置面板如图4-99所示。

图4-99

知识链接

"扭曲"修改器的参数含义请参阅"弯曲"修改器。

★重点★
实战：用扭曲修改器制作大厦

场景位置	无
实例位置	实例文件>CH04>实战：用扭曲修改器制作大厦.max
视频位置	多媒体教学>CH04>实战：用扭曲修改器制作大厦.flv
难易指数	★★★☆☆
技术掌握	扭曲修改器、FFD 4×4×4修改器、多边形建模技术

大厦效果如图4-100所示。

图4-100

01 使用"长方体"工具 长方体 在场景中创建一个长方体，然后在"参数"卷展栏下设置"长度"为30mm、"宽度"为27mm、"高度"为205mm、"长度分段"为2、"宽度分段"为2、"高度分段"为13，具体参数设置及模型效果如图4-101所示。

02 为长方体加载一个"扭曲"修改器，然后在"参数"卷展栏下设置"角度"为160、"扭曲轴"为z轴，具体参数设置及模型效果如图4-102所示。

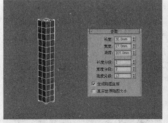

图4-101　　　　　　　　　　图4-102

技巧与提示

这里将"高度分段"数值设置得比较大，主要是为了在后面加载"扭曲"修改器时能得到良好的扭曲效果。

03 为模型加载一个FFD 4×4×4修改器，然后选择"控制点"层级，如图4-103所示，接着使用"选择并均匀缩放"工具在透视图中将顶部的控制点稍微向内缩放，同时将底部的控制点稍微向外缩放，以形成顶面小、底面大的效果，如图4-104所示。

知识链接

FFD修改器是一种非常重要的修改器，关于这种修改器的详细介绍请参阅"4.3.9 FFD修改器"。

图4-103　　　　　　　　　　图4-104

04 为模型加载一个"编辑多边形"修改器，然后在"选择"卷展栏下单击"边"按钮 ，进入"边"级别，如图4-105所示。

图4-105

05 切换到前视图，然后框选竖向上的边，如图4-106所示，接着在"选择"卷展栏下单击"循环"按钮 循环 ，这样可以选择所有竖向上的边，如图4-107所示。

图4-106　　　　　　　　　　图4-107

06 切换到顶视图，然后按住Alt键在中间区域拖曳光标，减去顶部与底部的边，如图4-108所示，这样就只选择了竖向上的边，如图4-109所示。

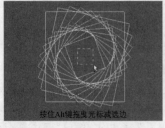

图4-108　　　　　　　　　　图4-109

07 保持对竖向边的选择，在"编辑边"卷展栏下单击"连接"按钮 连接 后面的"设置"按钮 ，然后设置"分段"为2，接着单击"确定"按钮 ，如图4-110所示。

08 在前视图中任意选择一条横向上的边，如图4-111所示的边，然后在"选择"卷展栏下单击"循环"按钮 循环 ，这样可以

选择这个经度上的所有横向边，如图4-112所示，接着单击"环形"按钮 环形 ，选择纬度上的所有横向边，如图4-113所示。

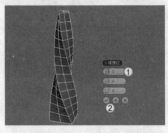

图4-110　　　　　　　　　　图4-111

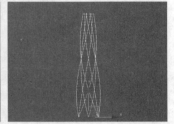

图4-112　　　　　　　　　　图4-113

09 切换到顶视图，然后按住Alt键在中间区域拖曳光标，减去顶部与底部的边，如图4-114所示，这样就只选择了横向上的边，如图4-115所示。

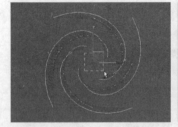

图4-114　　　　　　　　　　图4-115

10 保持对横向边的选择，在"编辑边"卷展栏下单击"连接"按钮 连接 后面的"设置"按钮 ，然后设置"分段"为2，如图4-116所示。

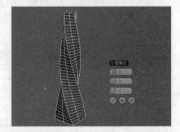

图4-116

11 在"选择"卷展栏下单击"多边形"按钮 ，进入"多边形"级别，然后在前视图中框选除了顶部和底部以外的所有多边形，如图4-117所示，选择的多边形效果如图4-118所示。

12 保持对多边形的选择，在"编辑多边形"卷展栏下单击"插入"按钮 插入 后面的"设置"按钮 ，然后设置"插入类型"为"按多边形"，接着设置"数量"为0.7mm，如图4-119所示。

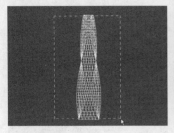

图4-117　　　　　　　　图4-118

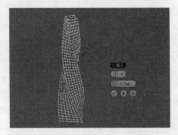

图4-119

13 保持对多边形的选择，在"编辑多边形"卷展栏下单击"挤出"按钮 ⬚挤出 后面的"设置"按钮▫，然后设置"挤出类型"为"按多边形"，接着设置"高度"为-0.7mm，如图4-120所示，最终效果如图4-121所示。

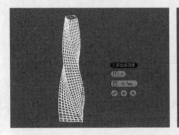

图4-120　　　　　　　　图4-121

技巧与提示

本例的大厦模型虽然从外观上看起来比较复杂，但是实际操作起来并不复杂，只是涉及了一些技巧性的东西。由于到目前为止还没有正式讲解多边形建模知识，因此本例在对使用"编辑多边形"修改器编辑模型的操作步骤讲解的非常仔细。

★重点★
4.3.6 对称修改器

"对称"修改器可以围绕特定的轴向镜像对象，在构建角色模型、船只或飞行器时特别有用，其参数设置面板如图4-122所示。

图4-122

对称修改器参数介绍

镜像轴：用于设置镜像的轴。

X/Y/Z：指定执行对称所围绕的轴。

翻转：启用该选项后，可以翻转对称效果的方向。

沿镜像轴切片：启用该选项后，可以使镜像Gizmo在定位于网格边界内部时作为一个切片平面。

焊接缝：启用该选项后，可以确保沿镜像轴的顶点在阈值以内时能自动焊接。

阈值：该参数设置的值代表顶点在自动焊接起来之前的接近程度。

★重点★
实战：用对称修改器制作字母休闲椅

场景位置	无
实例位置	实例文件>CH04>实战：用对称修改器制作字母休闲椅.max
视频位置	多媒体教学>CH04>实战：用对称修改器制作字母休闲椅.flv
难易指数	★☆☆☆☆
技术掌握	对称修改器、挤出修改器

字母休闲椅效果如图4-123所示。

图4-123

01 使用"线"工具 ⬚线 在前视图中绘制出如图4-124所示的样条线。

图4-124

02 为样条线加载一个"挤出"修改器，然后在"参数"卷展栏下设置"数量"为130mm，具体参数设置及模型效果如图4-125所示。

03 为模型加载一个"对称"修改器，然后在"参数"卷展栏下设置"镜像轴"为x轴，具体参数设置及模型效果如图4-126所示。

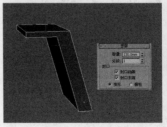

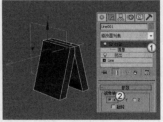

图4-125　　　　　　　　图4-126

04 选择"对称"修改器的"镜像"次物体层级，然后在前视图中用"选择并移动"工具➕向左拖曳镜像Gizmo，如图4-127所示，效果如图4-128所示。

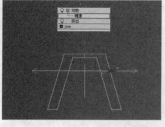

图4-127 　　　　　　　　　图4-128

05 用"线"工具 ▭线▭ 在前视图中绘制出如图4-129所示的样条线，然后为其加载一个"挤出"修改器，接着在"参数"卷展栏下设置"数量"为6mm，具体参数设置及模型效果如图4-130所示。

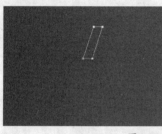

图4-129 　　　　　　　　　图4-130

06 为模型加载一个"对称"修改器，然后在"参数"卷展栏下设置"镜像轴"为x轴，效果如图4-131所示。

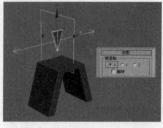

图4-131

07 选择"对称"修改器的"镜像"次物体层级，然后在前视图中用"选择并移动"工具 ✛ 向左拖曳镜像Gizmo，如图4-132所示，效果如图4-133所示。

图4-132 　　　　　　　　　图4-133

4.3.7 置换修改器

"置换"修改器是以力场的形式来推动和重塑对象的几何外形，可以直接从修改器的Gizmo（也可以使用位图）来应用它的变量力，其参数设置面板如图4-134所示。

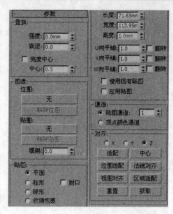

图4-134

置换修改器重要参数介绍

① 置换选项组

强度：设置置换的强度，数值为0时没有任何效果。

衰退：如果设置"衰减"数值，则置换强度会随距离的变化而衰减。

亮度中心：决定使用什么样的灰度作为0置换值。勾选该选项后，可以设置下面的"中心"数值。

② 图像选项组

位图/贴图：加载位图或贴图。

移除位图/贴图：移除指定的位图或贴图。

模糊：模糊或柔化位图的置换效果。

③ 贴图选项组

平面：从单独的平面对贴图进行投影。

柱形：以环绕在圆柱体上的方式对贴图进行投影。启用"封口"选项可以从圆柱体的末端投射贴图副本。

球形：从球体出发对贴图进行投影，位图边缘在球体两极的交汇处均为奇点。

收缩包裹：从球体投射贴图，与"球形"贴图类似，但是它会截去贴图的各个角，然后在一个单独的极点将他们全部结合在一起，在底部创建一个奇点。

长度/宽度/高度：指定置换Gizmo的边界框尺寸，其中高度对"平面"贴图没有任何影响。

U/V/W向平铺：设置位图沿指定尺寸重复的次数。

翻转：沿相应的U/V/W轴翻转贴图的方向。

使用现有贴图：让置换使用堆栈中较早的贴图设置，如果没有为对象应用贴图，该功能将不起任何作用。

应用贴图：将置换UV贴图应用到绑定对象。

④ 通道选项组

贴图通道：指定UVW通道用来贴图，其后面的数值框用来设置通道的数目。

顶点颜色通道：开启该选项可以对贴图使用顶点颜色通道。

⑤ 对齐选项组

X/Y/Z：选择对齐的方式，可以选择沿x/y/z轴进行对齐。

适配 适配 ：缩放Gizmo以适配对象的边界框。

中心 中心 ：相对于对象的中心来调整Gizmo的中心。

位图适配 位图适配 ：单击该按钮可以打开"选择图像"对话框，可以缩放Gizmo来适配选定位图的纵横比。

法线对齐 法线对齐 ：单击该按钮可以将曲面的法线进行对齐。

视图对齐 视图对齐 ：使Gizmo指向视图的方向。

区域适配 区域适配 ：单击该按钮可以将指定的区域进行适配。

重置 重置 ：将Gizmo恢复到默认值。

获取 获取 ：选择另一个对象并获得它的置换Gizmo设置。

图4-136

4.3.8 噪波修改器

"噪波"修改器可以使对象表面的顶点进行随机变动，从而让表面变得起伏不规则，常用于制作复杂的地形、地面和水面效果，并且"噪波"修改器可以应用在任何类型的对象上，其参数设置面板如图4-135所示。

图4-135

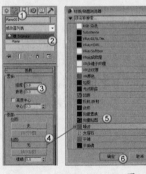

图4-137

噪波修改器重要参数介绍

种子：从设置的数值中生成一个随机起始点。该参数在创建地形时非常有用，因为每种设置都可以生成不同的效果。

比例：设置噪波影响的大小（不是强度）。较大的值可以产生平滑的噪波，较小的值可以产生锯齿现象非常严重的噪波。

分形：控制是否产生分形效果。勾选该选项后，下面的"粗糙度"和"迭代次数"选项才可用。

粗糙度：决定分形变化的程度。

迭代次数：控制分形功能所使用的迭代数目。

X/Y/Z：设置噪波在x/y/z坐标轴上的强度（至少为其中一个坐标轴输入强度数值）。

疑难问答 ？

问：为什么要把分段值设置得那么高？

答：这是由本例的特点决定的。由于海面是由无数起伏的波涛组成，如果将分段值设置得过低，虽然也会产生波涛效果，但却不真实。

02 为平面加载一个"置换"修改器，然后在"参数"卷展栏下设置"强度"为3.8mm，接着在"贴图"通道下面单击"无"按钮 无 ，最后在弹出的"材质/贴图浏览器"对话框中选择"噪波"程序贴图，如图4-138所示。

图4-138

03 按M键打开"材质编辑器"对话框，然后将"贴图"通道中的"噪波"程序贴图拖曳到一个空白材质球上，接着在弹出的对话框中设置"方法"为"实例"，如图4-139所示。

实战：用置换与噪波修改器制作海面

场景位置	无
实例位置	实例文件>CH04>实战：用置换与噪波修改器制作海面.max
视频位置	多媒体教学>CH04>实战：用置换与噪波修改器制作海面.flv
难易指数	★☆☆☆☆
技术掌握	置换修改器、噪波修改器

海面效果如图4-136所示。

01 使用"平面"工具 平面 在场景中创建一个平面，然后在"参数"卷展栏下设置"长度"为185mm、"宽度"为307mm，接着设置"长度分段"和"宽度分段"都为400，具体参数设置及平面效果如图4-137所示。

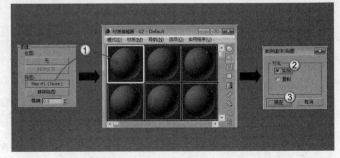

图4-139

04 展开"坐标"卷展栏，然后设置"瓷砖"的x为40、y为

160、z为1，接着展开"噪波参数"卷展栏，最后设置"大小"为55，具体参数设置如图4-140所示，最终效果如图4-141所示。

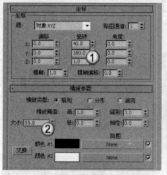 

图4-140　　　　　　　图4-141

★ 重点 ★
4.3.9 FFD修改器

FFD是"自由变形"的意思，FFD修改器即"自由变形"修改器。FFD修改器包含5种类型，分别FFD 2×2×2修改器、FFD 3×3×3修改器、FFD 4×4×4修改器、FFD（长方体）修改器和FFD（圆柱体）修改器，如图4-142所示。这种修改器是使用晶格框包围住选中的几何体，然后通过调整晶格的控制点来改变封闭几何体的形状。

FFD 2x2x2
FFD 3x3x3
FFD 4x4x4
FFD(长方体)
FFD(圆柱体)

图4-142

由于FFD修改器的使用方法基本都相同，因此这里选择FFD（长方体）修改器来进行讲解，其参数设置面板如图4-143所示。

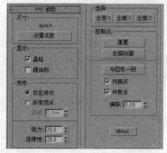

图4-143

FFD（长方体）修改器重要参数介绍

① 尺寸选项组

点数： 显示晶格中当前的控制点数目，如4×4×4、2×2×2等。

设置点数 设置点数 ：单击该按钮可以打开"设置FFD尺寸"对话框，在该对话框中可以设置晶格中所需控制点的数目，如图4-144所示。

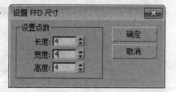

图4-144

② 显示选项组

晶格： 控制是否使连接控制点的线条形成栅格。

源体积： 开启该选项可以将控制点和晶格以未修改的状态显示出来。

③ 变形选项组

仅在体内： 只有位于源体积内的顶点会变形。

所有顶点： 所有顶点都会变形。

衰减： 决定FFD的效果减为0时离晶格的距离。

张力/连续性： 调整变形样条线的张力和连续性。虽然无法看到FFD中的样条线，但晶格和控制点代表着控制样条线的结构。

④ 选择选项组

全部X 全部X **/全部Y** 全部Y **/全部Z** 全部Z ：选中沿着由这些轴指定的局部维度的所有控制点。

⑤ 控制点选项组

重置 重置 ：将所有控制点恢复到原始位置。

全部动画 全部动画 ：单击该按钮可以将控制器指定给所有的控制点，使它们在轨迹视图中可见。

与图形一致 与图形一致 ：在对象中心控制点位置之间沿直线方向来延长线条，可以将每一个FFD控制点移到修改对象的交叉点上。

内部点： 仅控制受"与图形一致"影响的对象内部的点。

外部点： 仅控制受"与图形一致"影响的对象外部的点。

偏移： 设置控制点偏移对象曲面的距离。

About（关于） About ：显示版权和许可信息。

★ 重点 ★
实战：用FFD修改器制作沙发

场景位置	无
实例位置	实例文件>CH04>实战：用FFD修改器制作沙发.max
视频位置	多媒体教学>CH04>实战：用FFD修改器制作沙发.flv
难易指数	★★★☆☆
技术掌握	切角长方体工具、FFD 2×2×2修改器、圆柱体工具

沙发效果如图4-145所示。

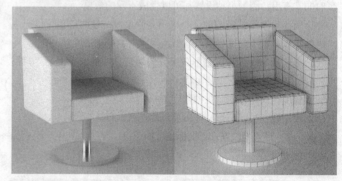

图4-145

01 使用"切角长方体"工具 切角长方体 在场景中创建一个切角长方体，然后在"参数"卷展栏下设置"长度"为1000mm、"宽度"为300mm、"高度"为600mm、"圆角"为30mm，接着设置"长度分段"为5、"宽度分段"为1、"高度分段"为6、"圆角分段"为3，具体参数设置及模型效果如图4-146所示。

02 按住Shift键使用"选择并移动"工具 ⊕ 移动复制一个模型，然后在弹出的"克隆选项"对话框中设置"对象"为"实例"，如图4-147所示。

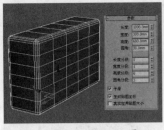

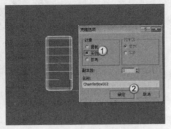

图4-146   图4-147

03 为其中一个切角长方体加载一个FFD 2×2×2修改器，然后选择"控制点"次物体层级，接着在左视图中用"选择并移动"工具框选右上角的两个控制点，如图4-148所示，最后将其向下拖曳一段距离，如图4-149所示。

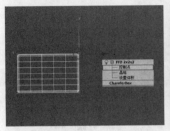

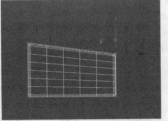

图4-148   图4-149

技巧与提示

由于前面采用的是"实例"复制法，因此只需要调节其中一个切角长方体的形状，另外一个会跟着一起发生变化，如图4-150所示。

图4-150

04 在前视图中框选如图4-151所示的4个控制点，然后用"选择并移动"工具将其向上拖曳一段距离，如图4-152所示。

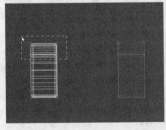

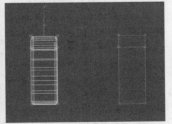

图4-151   图4-152

05 退出"控制点"次物体层级，然后按住Shift键使用"选择并移动"工具移动复制一个模型到中间位置，接着在弹出的"克隆选项"对话框中设置"对象"为"复制"，如图4-153所示。

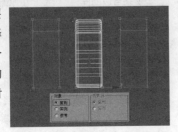

图4-153

疑难问答

问：如何退出"控制点"次物体层级？

答：退出"控制点"次物体层级的方法有以下两种。

第1种：在修改器堆栈中选择FFD 2×2×2修改器的顶层级，如图4-154所示。

第2种：在视图中单击鼠标右键，然后在弹出的快捷菜单中选择"顶层级"命令，如图4-155所示。

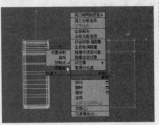

图4-154   图4-155

06 展开"参数"卷展栏，然后在"控制点"选项组下单击"重置"按钮 重置 ，将控制点产生的变形效果恢复到原始状态，如图4-156所示。

07 按R键选择"选择并均匀缩放"工具，然后在前视图中沿x轴将中间的模型横向放大，如图4-157所示。

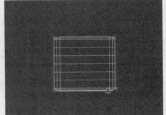

图4-156   图4-157

08 进入"控制点"次物体层级，然后在前视图中框选顶部的4个控制点，如图4-158所示，接着用"选择并移动"工具将其向下拖曳到如图4-159所示的位置。

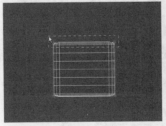

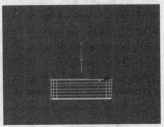

图4-158   图4-159

09 退出"控制点"次物体层级，然后按住Shift键使用"选择并移动"工具移动复制一个扶手模型，接着在弹出的"克隆选项"对话框中设置"对象"为"复制"（复制完成后重置控制点产生的变形效果），如图4-160所示。

10 进入"控制点"次物体层级，然后在左视图中框选右侧的4个控制点，如图4-161所示，接着用"选择并移动"工具将其向左拖曳到如图4-162所示的位置。

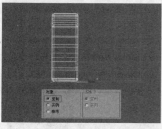
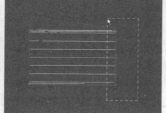

图4-160　　　　　　　　　　　图4-161

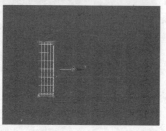

图4-162

11　在左视图中框选顶部的4个控制点，然后用"选择并移动"工具➕将其向上拖曳到如图4-163所示的位置，接着将其向左拖曳到如图4-164所示的位置。

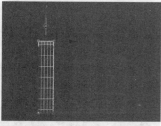

图4-163　　　　　　　　　　　图4-164

12　在前视图中框选右侧的4个控制点，如图4-165所示，然后用"选择并移动"工具➕将其向右拖曳到如图4-166所示的位置。完成后退出"控制点"次物体层级。

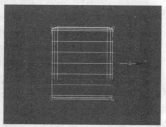

图4-165　　　　　　　　　　　图4-166

技巧与提示

经过一系列的调整，沙发的整体效果就完成了，如图4-167所示。

图4-167

13　使用"圆柱体"工具 圆柱体 在场景中创建一个圆柱体，然后在"参数"卷展栏下设置"半径"为50mm、"高度"为500mm、"高度分段"为1，具体参数设置及模型位置如图4-168所示。

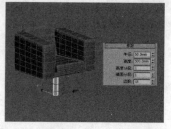

图4-168

14　在前视图中将圆柱体复制一个，然后在"参数"卷展栏下将"半径"修改为350mm、"高度"修改为50mm、"边数"修改为32，具体参数设置及模型位置如图4-169所示，最终效果如图4-170所示。

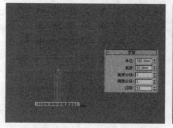

图4-169　　　　　　　　　　　图4-170

★ 重点 ★
4.3.10 晶格修改器

"晶格"修改器可以将图形的线段或边转化为圆柱形结构，并在顶点上产生可选择的关节多面体，其参数设置面板如图4-171示。

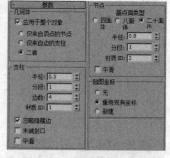

图4-171

晶格修改器重要参数介绍

① 几何体选项组

应用于整个对象：将"晶格"修改器应用到对象的所有边或线段上。

仅来自顶点的节点：仅显示由原始网格顶点产生的关节（多面体）。

仅来自边的支柱：仅显示由原始网格线段产生的支柱（多面体）。

二者：显示支柱和关节。

② 支柱选项组

半径：指定结构的半径。

分段：指定沿结构的分段数目。

边数：指定结构边界的边数目。

材质ID：指定用于结构的材质ID，这样可以使结构和关节具有不同的材质ID。

忽略隐藏边：仅生成可视边的结构。如果禁用该选项，将生成所有边的结构，包括不可见边。图4-172所示是开启与关闭"忽略隐藏边"选项时的对比效果。

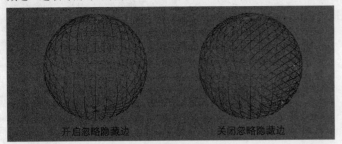

开启忽略隐藏边　　　　关闭忽略隐藏边

图4-172

末端封口：将末端封口应用于结构。

平滑：将平滑应用于结构。

③ 节点选项组

基点面类型：指定用于关节的多面体类型，包括"四面体"、"八面体"和"二十面体"3种类型。注意，"基点面类型"对"仅来自边的支柱"选项不起作用。

半径：设置关节的半径。

分段：指定关节中的分段数目，分段数越多，关节形状越接近球形。

材质ID：指定用于结构的材质ID。

平滑：将平滑应用于关节。

④ 贴图坐标选项组

无：不指定贴图。

重用现有坐标：将当前贴图指定给对象。

新建：将圆柱形贴图应用于每个结构和关节。

> **技巧与提示**
>
> 使用"晶格"修改器可以基于网格拓扑来创建可渲染的几何体结构，也可以用来渲染线框图。

★重点★
实战：用晶格修改器制作鸟笼

场景位置	无
实例位置	实例文件>CH04>实战：用晶格修改器制作鸟笼.max
视频位置	多媒体教学>CH04>实战：用晶格修改器制作鸟笼.flv
难易指数	★★☆☆☆
技术掌握	多边形建模、晶格修改器

鸟笼效果如图4-173所示。

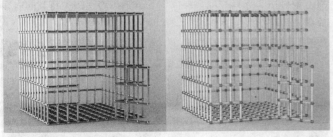

图4-173

01　使用"长方体"工具 长方体 在场景中创建一个长方体，

然后在"参数"卷展栏下设置"长度"、"宽度"和"高度"为50mm、"长度分段"和"宽度分段"为10、"高度分段"为6，具体参数设置及模型效果如图4-174所示。

02　选择长方体，然后单击鼠标右键，接着在弹出的快捷菜单中选择"转换为>转换为可编辑多边形"命令，如图4-175所示。

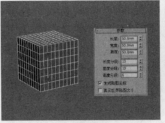 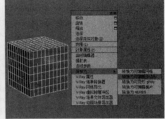

图4-174　　　　　　　　　图4-175

03　进入"修改"面板，然后在"选择"卷展栏下单击"多边形"按钮■，进入"多边形"级别，接着选择如图4-176所示的多边形，最后按Delete键删除所选多边形，效果如图4-177所示。

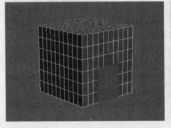 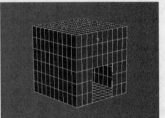

图4-176　　　　　　　　　图4-177

04　在"选择"卷展栏下单击"边"按钮，进入"边"级别，然后选择如图4-178所示的3条边，接着按住Shift键沿y轴向外均匀拖曳4次，得到如图4-179所示的效果。

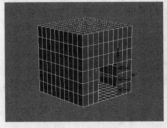 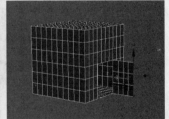

图4-178　　　　　　　　　图4-179

05　为模型加载一个"晶格"修改器，然后在"参数"卷展栏下设置"支柱"的"半径"为0.5mm，接着设置"节点"的"基点面类型"为"二十面体"、"半径"为0.8mm，具体参数设置如图4-180所示，最终效果如图4-181所示。

图4-180　　　　　　　　　图4-181

★重点★
4.3.11 平滑类修改器

"平滑"修改器、"网格平滑"修改器和"涡轮平滑"修改器都可以用来平滑几何体，但是在效果和可调性上有所差别。简单地说，对于相同的物体，"平滑"修改器的参数比其他两种修改器要简单一些，但是平滑的强度不强；"网格平滑"修改器与"涡轮平滑"修改器的使用方法相似，但是后者能够更快并更有效率地利用内存，不过"涡轮平滑"修改器在运算时容易发生错误。因此，在实际工作中"网格平滑"修改器是其中最常用的一种。下面就针对"网格平滑"修改器进行讲解。

"网格平滑"修改器可以通过多种方法来平滑场景中的几何体，它允许细分几何体，同时可以使角和边变得平滑，其参数设置面板如图4-182所示。

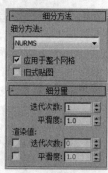

图4-182

网格平滑修改器重要参数介绍

细分方法：选择细分的方法，共有"经典"、NURMS和"四边形输出"3种方法。"经典"方法可以生成三面和四面的多面体，如图4-183所示；NURMS方法生成的对象与可以为每个控制顶点设置不同权重的NURBS对象相似，这是默认设置，如图4-184所示；"四边形输出"方法仅生成四面多面体，如图4-185所示。

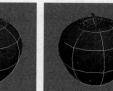

图4-183　　　　图4-184　　　　图4-185

应用于整个网格：启用该选项后，平滑效果将应用于整个对象。

迭代次数：设置网格细分的次数，这是最常用的一个参数，其数值的大小直接决定了平滑的效果，取值范围为0~10。增加该值时，每次新的迭代会通过在迭代之前对顶点、边和曲面创建平滑补顶点来细分网格。图4-186所示是"迭代次数"分别为1、2、3时的平滑效果对比。

迭代次数=1　　　迭代次数=2　　　迭代次数=3

图4-186

"网格平滑"修改器的参数其实有7个卷展栏，但是基本上只会用到"细分方法"和"细分量"卷展栏下的参数，特别是"细分量"卷展栏下的"迭代次数"。

平滑度：为多尖锐的锐角添加面以平滑锐角，计算得到的平滑度为顶点连接的所有边的平均角度。

渲染值：用于在渲染时对对象应用不同平滑"迭代次数"和不同的"平滑度"值。在一般情况下，使用较低的"迭代次数"和较低的"平滑度"值进行建模，而使用较高值进行渲染。

★重点★
实战：用网格平滑修改器制作樱桃

场景位置	无
实例位置	实例文件>CH04>实战：用网格平滑修改器制作樱桃.max
视频位置	多媒体教学>CH04>实战：用网格平滑修改器制作樱桃.flv
难易指数	★★☆☆☆
技术掌握	茶壶工具、FFD 3×3×3、多边形建模、网格平滑修改器

樱桃效果如图4-187所示。

图4-187

01▷ 下面制作盛放樱桃的杯子模型。使用"茶壶"工具 [茶壶] 在场景中创建一个茶壶，然后在"参数"卷展栏下设置"半径"为80mm、"分段"为10，接着关闭"壶把"、"壶嘴"和"壶盖"选项，具体参数设置及模型效果如图4-188所示。

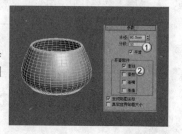

图4-188

02▷ 为杯子模型加载一个FFD 3×3×3修改器，然后选择"控制点"次物体层级，接着在前视图中选择如图4-189所示的控制点，最后用"选择并均匀缩放"工具 在透视图中将其向内缩放成如图4-190所示的形状。

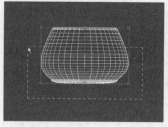
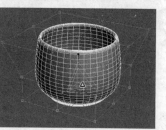

图4-189　　　　　　图4-190

03 使用"选择并移动"工具 ✛ 在前视图中将中间和顶部的控制点向上拖曳到如图4-191所示的位置,效果如图4-192所示。

图4-191　　　　　　　　图4-192

04 下面制作樱桃模型。使用"球体"工具 球体 在场景中创建一个球体,然后在"参数"卷展栏下设置"半径"为20mm、"分段"为8,接着关闭"平滑"选项,具体参数设置及模型效果如图4-193所示。

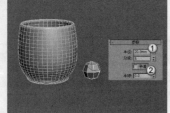

图4-193

疑难问答 ?
问:为什么要关闭"平滑"选项?

答:关闭"平滑"选项后,将其转换为可编辑多边形时,模型上就不会存在过多的顶点,这样编辑起来更方便一些。

05 选择球体,然后单击鼠标右键,接着在弹出的快捷菜单中选择"转换为>转换为可编辑多边形"命令,如图4-194所示。

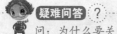

图4-194

06 在"选择"卷展栏下单击"顶点"按钮,进入"顶点"级别,然后在前视图中选择如图4-195所示的顶点,接着使用"选择并移动"工具 ✛ 将其向下拖曳到如图4-196所示的位置。

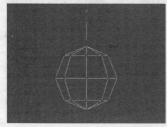
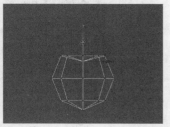

图4-195　　　　　　　　图4-196

07 为模型加载一个"网格平滑"修改器,然后在"细分量"卷展栏下设置"迭代次数"为2,如图4-197所示,模型效果如图4-198所示。

图4-197　　　　　　　　图4-198

技巧与提示

注意,"迭代次数"的数值并不是设置得越大越好,只要能达到理想效果就行。

08 利用多边形建模方法制作出樱桃把模型,完成后的效果如图4-199所示。

09 利用复制功能复制一些樱桃,然后将其摆放在杯子内和地上,最终效果如图4-200所示。

图4-199　　　　　　　　图4-200

知识链接

由于樱桃把模型的制作不是本例的重点,并且制作方法比较简单,这里没有讲解。关于其制作方法,请参阅"第7章 多边形建模"。

4.3.12 优化修改器

使用"优化"修改器可以减少对象中面和顶点的数目,这样可以简化几何体并加速渲染速度,其参数设置面板如图4-201所示。

图4-201

优化修改器参数介绍

① 详细信息级别选项组

渲染器L1/L2:设置默认扫描线渲染器的显示级别。

视口L1/L2:同时为视图和渲染器设置优化级别。

② 优化选项组

面阈值:设置用于决定哪些面会塌陷的阈值角度。值越低,优化越少，但是会更好地接近原始形状。

边阈值：为开放边（只绑定了一个面的边）设置不同的阈值角度。较低的值将会保留开放边。

偏移：帮助减少优化过程中产生的细长三角形或退化三角形，它们会导致渲染时产生缺陷效果。较高的值可以防止三角形退化，默认值0.1就足以减少细长的三角形，取值范围为0~1。

最大边长度：指定最大长度，超出该值的边在优化时将无法拉伸。

自动边：控制是否启用任何开放边。

③ 保留选项组

材质边界：保留跨越材质边界的面塌陷。

平滑边界：优化对象并保持其平滑。启用该选项时，只允许塌陷至少共享一个平滑组的面。

④ 更新选项组

更新 `更新` **：**使用当前优化设置来更新视图显示效果。只有启用"手动更新"选项时，该按钮才可用。

手动更新：开启该选项后，可以使用上面的"更新"按钮
`更新` 。

⑤ 上次优化状态选项组

前/后：使用"顶点"和"面数"来显示上次优化的结果。

实战：用优化与超级优化修改器优化模型

场景位置	场景文件>CH04>02.max
实例位置	实例文件>CH04>实战：用优化与超级优化修改器优化模型.max
视频位置	多媒体教学>CH04>实战：用优化与超级优化修改器优化模型.flv
难易指数	★☆☆☆☆
技术掌握	优化修改器、ProOptimizer（超级优化）修改器

模型优化前后的对比效果如图4-202所示。

图4-202

01 打开下载资源中的"场景文件>CH04>02.max"文件，然后按7键在视图的左上角显示出多边形和顶点的数量，目前的多边形数量为35182个、顶点数量是37827个，如图4-203所示。

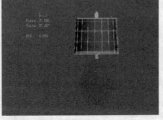

图4-203

02 为灯座模型加载一个"优化"修改器，然后在"参数"卷展栏下设置"优化"的"面阈值"为10，如图4-204所示，这时从视图的左上角可以发现多边形数量变成了28804个、顶点数量变成了15016个，如图4-205所示，说明模型已经优化了。

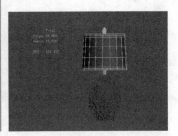

图4-204　　　　　　　图4-205

03 在修改器堆栈中选择"优化"修改器，然后单击"从堆栈中移除修改器"按钮，删除"优化"修改器，如图4-206所示。

图4-206

04 为灯座模型加载一个ProOptimizer（超级优化）修改器，然后在"优化级别"卷展栏下单击"计算"按钮 `计算` ，计算完成后设置"顶点%"为20%，如图4-207所示，这时从视图的左上角可以发现多边形数量变成了15824个、顶点数量变成了8526个，如图4-208所示。

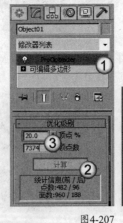
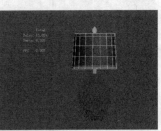

图4-207　　　　　　　图4-208

4.3.13 融化修改器

"融化"修改器可以将现实生活中的融化效果应用到对象上,其参数设置面板如图4-209所示。

图4-209

融化修改器参数介绍

① 融化选项组

数量: 设置融化的程度。

② 扩散选项组

融化百分比: 设置对象的融化百分比。

③ 固态选项组

冰(默认): 默认选项,为固态的冰效果。

玻璃: 模拟玻璃效果。

冻胶: 产生在中心处显著的下垂效果。

塑料: 相对的固体,但是在融化时其中心稍微下垂。

自定义: 将固态设置为 0.2~30 的任何值。

④ 融化轴选项组

X/Y/Z: 选择围绕哪个轴(对象的局部轴)产生融化效果。

翻转轴: 通常,融化会沿着指定的轴从正向朝着负向发生。启用"翻转轴"选项后,可以翻转这一方向。

实战: 用融化修改器制作融化的糕点

场景位置	场景文件>CH04>03.max
实例位置	实例文件>CH04>实战:用融化修改器制作融化的糕点.max
视频位置	多媒体教学>CH04>实战:用融化修改器制作融化的糕点.flv
难易指数	★☆☆☆☆
技术掌握	融化修改器

融化的糕点效果如图4-210所示。

图4-210

01 打开下载资源中的"场景文件>CH04>03.max"文件,如图4-211所示。

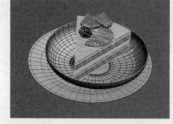

图4-211

02 为糕点模型加载一个"融化"修改器,然后在"参数"卷展栏下设置"融化"的"数量"为30、"扩散"的"融化百分比为"10,接着设置"固态"为"自定义",并设置其数值为0.5,最后设置"融化轴"为z轴,具体参数设置如图4-212所示,效果如图4-213所示。

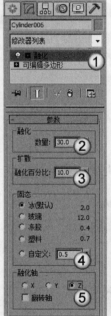

图4-212   图4-213

03 由于融化效果不是很明显,因此将"融化"的"数量"修改为100,如图4-214所示,最终效果如图4-215所示。

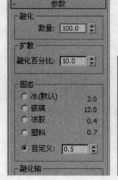

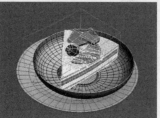

图4-214   图4-215

4.3.14 倒角剖面修改器

"倒角剖面"修改器可以使用另一个图形路径作为倒角的截剖面来挤出一个图形，其参数设置面板如图4-216所示。

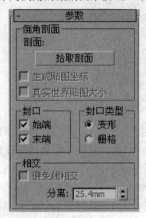

图4-216

倒角剖面修改器参数介绍

倒角剖面：该选项组用于选择剖面图形

拾取剖面 拾取剖面 ：拾取一个图形或NURBS曲线作为剖面路径。

生成贴图坐标：指定UV坐标。

真实世界贴图大小：控制应用于该对象的纹理贴图材质所使用的缩放方法。

封口：该选项组用设置封口的方式。

始端：对挤出图形的底部进行封口。

末端：对挤出图形的顶部进行封口。

封口类型：该选项组用设置封口的类型。

变形：这是一个确定性的封口方法，它为对象间的变形提供相等数量的顶点。

栅格：创建更适合封口变形的栅格封口。

相交：该选项组用于设置倒角曲面的相交情况。

避免线相交：启用该选项后，可以防止倒角曲面自相交。

分离：设置侧面为防止相交而分开的距离。

实战： 用倒角剖面修改器制作三维文字

场景位置	无
实例位置	实例文件>CH04>实战：用倒角剖面修改器制作三维文字.max
视频位置	多媒体教学>CH04>实战：用倒角剖面修改器制作三维文字.flv
难易指数	★☆☆☆☆
技术掌握	文本工具、线工具、倒角剖面修改器

三维文字效果如图4-217所示。

图4-217

01▶ 使用"文本"工具 文本 在前视图中单击鼠标左键，创建一个默认的文本，然后在"参数"卷展栏下设置"字体"为 Verdana Italic、"大小"为100mm，接着在"文本"输入框中输入MAX 2014，具体参数设置及文本效果如图4-218所示。

02▶ 使用"线"工具 线 在前视图中绘制出如图4-219所示的样条线。

图4-218 图4-219

03▶ 为文本加载一个"倒角剖面"修改器，然后在"参数"卷展栏下单击"拾取剖面"按钮 拾取剖面 ，接着在视图中拾取样条线，如图4-220所示，最后在"剖面Gizmo"次物体层级下向左拖曳Gizmo，以调整文字模型的形状，效果如图4-221所示。

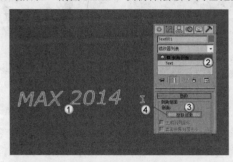 

图4-220 图4-221

04▶ 复制一个文本，然后删除"倒角剖面"修改器，效果如图4-222所示，接着使用"线"工具 线 在前视图中绘制一条如图4-223所示的样条线。

图4-222 图4-223

05▶ 为文本加载一个"倒角剖面"修改器，然后在"参数"卷展栏下单击"拾取剖面"按钮 拾取剖面 ，接着在视图中拾取样条线，如图4-224所示，最终效果如图4-225所示。

图4-224 图4-225

第5章

网格建模

Employment direction
从业方向↙

 CG影视行业　　 CG建筑行业

 CG工业行业　　CG动漫行业

 CG游戏行业　　CG时尚达人

5.1　转换网格对象

　　网格建模是3ds Max高级建模中的一种，与多边形建模的制作思路比较类似。使用网格建模可以进入到网格对象的"顶点"、"边"、"面"、"多边形"和"元素"级别下编辑对象。图5-1和图5-2所示是一些比较优秀的网格建模作品。

图5-1　　　　　　　　　　　　　　　　　　　　图5-2

　　与多边形对象一样，网格对象也不是创建出来的，而是经过转换而成的。将物体转换为网格对象的方法主要有以下4种。

　　第1种：在对象上单击鼠标右键，然后在弹出的快捷菜单中选择"转换为>转换为可编辑网格"命令，如图5-3所示。转换为可编辑网格对象后，在修改器堆栈中可以观察到对象会变成"可编辑网格"对象，如图5-4所示。注意，通过这种方法转换成的可编辑网格对象的创建参数将全部丢失。

　　第2种：选中对象，然后在修改器堆栈中的对象上单击鼠标右键，接着在弹出的快捷菜单中选择"可编辑网格"命令，如图5-5所示。这种方法与第1种方法一样，转换成的可编辑网格对象的创建参数将全部丢失。

　　第3种：选中对象，然后为其加载一个"编辑网格"修改器，如图5-6所示。通过这种方法转换成的可编辑网格对象的创建参数不会丢失，仍然可以调整。

图5-3　　　　　图5-4　　　　　图5-5　　　　　图5-6

　　第4种：选中对象，在"创建"面板中单击"实用程序"按钮，切换到"实用程序"面板，然后单击"塌陷"按钮，接着在"塌陷"卷展栏下设置"输出类型"为"网格"，最后单击"塌陷选定对象"按钮，如图5-7所示。

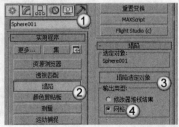

图5-7

疑难问答 ❓

问：网格建模与多边形建模有什么区别？

答：网格建模本来是3ds Max最基本的多边形加工方法，但在3ds Max 4之后被多边形建模取代了，之后网格建模逐渐被忽略，不过网格建模的稳定性要高于多边形建模；多边形建模是当前最流行的建模方法，而且建模技术很先进，有着比网格建模更多更方便的修改功能。其实这两种方法在建模的思路上基本相同，不同点在于网格建模所编辑的对象是三角面，而多边形建模所编辑的对象是三边面、四边面或更多边的面，因此多边形建模具有更高的灵活性。

5.2 编辑网格对象

网格建模是一种能够基于子对象进行编辑的建模方法，网格子对象包含顶点、边、面、多边形和元素5种。网格对象的参数设置面板共有4个卷展栏，分别是"选择"、"软选择"、"编辑几何体"和"曲面属性"卷展栏，如图5-8所示。

图5-8

◄ **知识链接** ►

关于"可编辑网格"对象的参数与工具介绍请参阅"第7章 多边形建模"。

★ 重点 ★
实战：用网格建模制作餐叉

场景位置	无
实例位置	实例文件>CH05>实战：用网格建模制作餐叉.max
视频位置	多媒体教学>CH05>实战：用网格建模制作餐叉.flv
难易指数	★★☆☆☆
技术掌握	挤出工具、切角工具、网格平滑修改器

餐叉效果如图5-9所示。

图5-9

01 下面创建叉头模型。使用"长方体"工具 长方体 在场景中创建一个长方体，然后在"参数"卷展栏下设置"长度"为100mm、"宽度"为80mm、"高度"为8mm、"长度分段"为2、"宽度分段"为7、"高度分段"为1，具体参数设置及模型效果如图5-10所示。

02 选择长方体，然后单击鼠标右键，接着在弹出的快捷菜单中选择"转换为>转换为可编辑网格"命令，如图5-11所示。

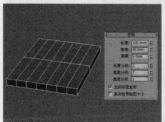 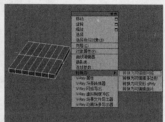

图5-10　　　　　　　　　　　　　　图5-11

03 在"选择"卷展栏下单击"顶点"按钮，进入"顶点"级别，然后在顶视图中框选底部的顶点，如图5-12所示，接着用"选择并均匀缩放"工具将其向内缩放成如图5-13所示的效果。

图5-12　　　　　　　　　　　　　　图5-13

04 在"选择"卷展栏下单击"多边形"按钮，进入"多边形"级别，然后选择如图5-14所示的多边形，接着在"编辑几何体"卷展栏下的"挤出"按钮 挤出 后面的输入框中输入50mm，最后按Enter键确认挤出操作，如图5-15所示。

 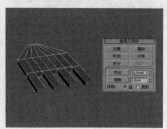

图5-14　　　　　　　　　　　　　　图5-15

05 进入"顶点"级别，然后在顶视图中框选顶部的顶点，接着使用"选择并均匀缩放"工具将其缩放成如图5-16所示的效果。

06 保持对顶点的选择，使用"选择并移动"工具在左视图中将其向左拖曳一段距离，如图5-17所示，然后在前视图中将所选顶点向上拖曳到如图5-18所示的位置。

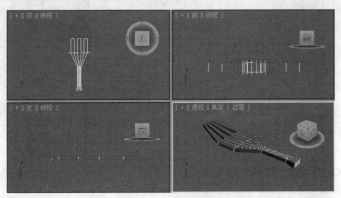

图5-16　　　　　　　　　图5-17

图5-23

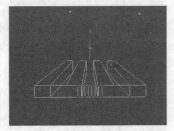

图5-18

图5-24

07 进入"多边形"级别，然后选择如图5-19所示的多边形，接着在"编辑几何体"卷展栏下的"挤出"按钮 挤出 后面的输入框中输入60mm，最后按Enter键确认挤出操作，如图5-20所示。

10 为模型加载一个"网格平滑"修改器，然后在"细分量"卷展栏下设置"迭代次数"为2，如图5-25所示。

11 下面创建把手模型。使用"圆柱体"工具 圆柱体 在前视图中创建一个圆柱体，然后在"参数"卷展栏下设置"半径"为10mm、"高度"为320mm、"高度分段"为1，具体参数设置及圆柱体在透视图中的效果如图5-26所示。

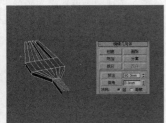

图5-19　　　　　　　　　图5-20

08 保持对多边形的选择，再次将其挤出20mm，效果如图5-21所示，然后使用"选择并均匀缩放"工具 在前视图中将其放大到如图5-22所示的效果。

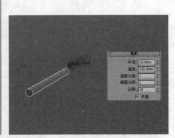

图5-25　　　　　　　　　图5-26

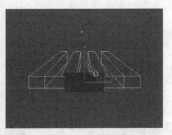

图5-21　　　　　　　　　图5-22

12 将圆柱体转换为可编辑网格对象，然后进入"顶点"级别，接着选择顶部的顶点，如图5-27所示，最后使用"选择并均匀缩放"工具 在前视图中将其放大到如图5-28所示的效果。

09 进入"边"级别，然后选择如图5-23所示的边，接着在"编辑几何体"卷展栏下的"切角"按钮 切角 后面的输入框中输入0.5mm，最后按Enter键确认挤出操作，如图5-24所示。

疑难问答 ❓

问：有快速选择边的方法吗？

答：在网格建模中，不能像多边形建模那样对边进行"环形"和"循环"选择，这是网格建模最大的缺点之一。

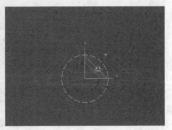

图5-27　　　　　　　　　图5-28

问：有快速选择顶点的方法吗？

答：这里只需要选择顶部的顶点，可以直接在左视图进行框选，如图5-29所示。

图5-29

13 进入"边"级别，然后选择顶部和顶部的环形边，如图5-30所示，接着在"编辑几何体"卷展栏下的"切角"按钮 切角 后面的输入框中输入2.5mm，最后按Enter键确认挤出操作，如图5-31所示。

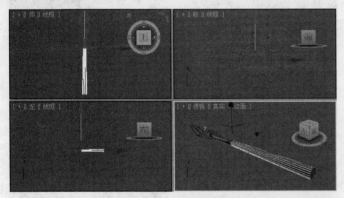

图5-30

图5-31

14 为把手模型加载一个"网格平滑"修改器，然后在"细分量"卷展栏下设置"迭代次数"为2，最终效果如图5-32所示。

图5-32

★重点
实战：用网格建模制作椅子

场景位置	无
实例位置	实例文件>CH05>实战：用网格建模制作椅子.max
视频位置	多媒体教学>CH05>实战：用网格建模制作椅子.flv
难易指数	★★☆☆☆
技术掌握	挤出工具、切角工具、网格平滑修改器

椅子效果如图5-33所示。

图5-33

01 使用"长方体"工具 长方体 在场景中创建一个长方体，然后在"参数"卷展栏下设置"长度"为540mm、"宽度"为2000mm、"高度"为4300mm、"长度分段"为1、"宽度分段"为1、"高度分段"为4，具体参数设置及模型效果如图5-34所示。

02 将长方体转换为可编辑网格，然后进入"顶点"级别，接着在前视图中使用"选择并移动"工具 将调整好顶点的位置，如图5-35所示。

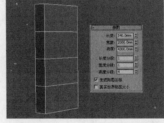

图5-34　　　　　　　图5-35

03 在左视图中选择如图5-36所示的顶点，然后使用"选择并移动"工具 将其向右拖曳到如图5-37所示的位置。

 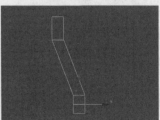

图5-36　　　　　　　图5-37

04 进入"多边形"级别，然后选择如图5-38所示的多边形，接着将其挤出2500mm，如图5-39所示。

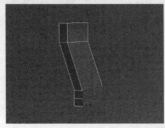 

图5-38　　　　　　　图5-39

知识链接

关于多边形的挤出方法请参阅前一个实例。

05 进入"顶点"级别，然后在左视图中选择如图5-40所示的顶点，接着使用"选择并移动"工具💠将其向上拖曳到如图5-41所示的位置。

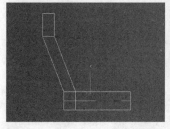

图5-40 　　　　　　　　　　图5-41

06 在左视图中选择如图5-42所示的顶点，然后使用"选择并移动"工具💠将其向右拖曳到如图5-43所示的位置。

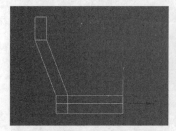

图5-42 　　　　　　　　　　图5-43

07 在"选择"卷展栏下单击"边"按钮，进入"边"级别，然后选择如图5-44所示的边，接着将其切角15mm，如图5-45所示。

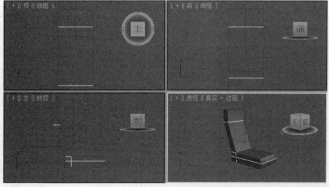

图5-44

图5-45

08 为椅子模型加载一个"网格平滑"修改器，然后在"细分

量"卷展栏下设置"迭代次数"为1，如图5-46所示。

图5-46

09 使用"线"工具　　　线　在视图中绘制出如图5-47所示的样条线。这里提供一张孤立选择图，如图5-48所示。

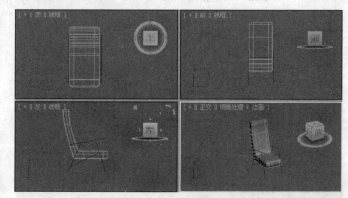

图5-47

图5-48

10 在"参数"卷展栏下开启样条线的"在渲染中启用"和"在视口中启用"功能，然后调整好"矩形"的"长度"和"宽度"数值，如图5-49所示，最终效果如图5-50所示。

图5-49 　　　　　　　　　　图5-50

★ 重点 ★
实战：用网格建模制作沙发

场景位置	无
实例位置	实例文件>CH05>实战：用网格建模制作沙发.max
视频位置	多媒体教学>CH05>实战：用网格建模制作沙发.flv
难易指数	★★★☆☆
技术掌握	切角工具、由边创建图形工具、网格平滑修改器

沙发效果如图5-51所示。

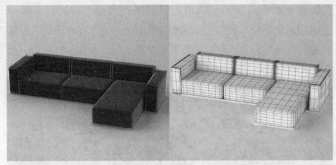

图5-51

01 下面制作扶手模型。使用"长方体"工具 长方体 在场景中创建一个长方体，然后在"参数"卷展栏下设置"长度"为700mm、"宽度"为200mm、"高度"为450mm，具体参数设置及模型效果如图5-52所示。

02 将长方体转换为可编辑网格，进入"边"级别，然后选择所有的边，接着将其切角15mm，如图15-53所示。

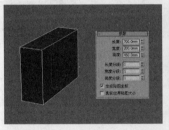
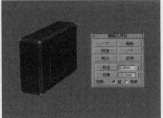

图5-52　　　　　　　　　　　图5-53

03 选择如图5-54所示的边，然后在"选择"卷展栏下单击"由边创建图形"按钮 由边创建图形 ，接着在弹出的"创建图形"对话框设置"图形类型"为"线性"，如图5-55所示。

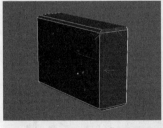
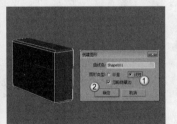

图5-54　　　　　　　　　　　图5-55

技术专题 18 由边创建图形

网格建模中的"由边创建图形"工具 由边创建图形 与多边形建模中的"利用所选内容创建图形"工具 利用所选内容创建图形 类似，都是利用所选边来创建图形。下面以图5-56所示的一个网格球体来详细介绍一下该工具的使用方法（在球体的周围创建一个圆环图形）。

图5-56

第1步：进入"边"级别，然后在前视图中框选中间的边，如图5-57所示。

第2步：在"编辑几何体"卷展栏下单击"由边创建图形"按钮 由边创建图形 ，打开"创建图形"对话框，如图5-58所示。

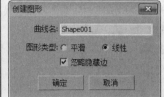

图5-57　　　　　　　　　　　图5-58

第3步：选择一种图形类型。如果选择"平滑"类型，则图形非常平滑，如图5-59所示；如果选择"线性"类型，则图形具有明显的转折，如图5-60所示。

图5-59　　　　　　　　　　　图5-60

04 按H键打开"从场景选择"对话框，然后选择图形Shape001，如图5-61所示，接着在"渲染"卷展栏下勾选"在渲染中启用"和"在视口中启用"选项，最后设置"径向"的"厚度"为15mm、"边"为10，具体参数设置及图形效果如图5-62所示。

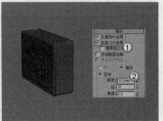

图5-61　　　　　　　　　　　图5-62

05 为扶手模型加载一个"网格平滑"修改器，然后在"细分量"卷展栏下设置"迭代次数"为2，具体参数设置及模型效果如图5-63所示。

图5-63

06 选择扶手和图形，然后为其创建一个组，接着在"主工具栏"中单击"镜像"按钮，最后在弹出的"镜像:屏幕坐标"

对话框中设置"镜像轴"为x轴、"偏移"为-1000mm、"克隆当前选择"为"复制"，如图5-64所示。

07 下面制作靠背模型。使用"长方体"工具 长方体 在场景中创建一个长方体，然后在"参数"卷展栏下设置"长度"为200mm、"宽度"为800mm、"高度"为500mm、"长度分段"为3、"宽度分段"为3、"高度分段"为5，具体参数设置及模型效果如图5-65所示。

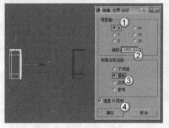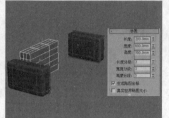

图5-64 　　　　　　　　　　　　图5-65

08 将长方体转换为可编辑网格，进入"顶点"级别，然后在左视图中使用"选择并移动"工具 将顶点调整成如图5-66所示的效果，调整完成后在透视图中的效果如图5-67所示。

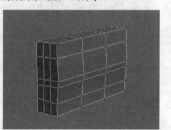

图5-66 　　　　　　　　　　　　图5-67

09 进入"边"级别，然后选择如图5-68所示的边，接着将其切角15mm，如图5-69所示。

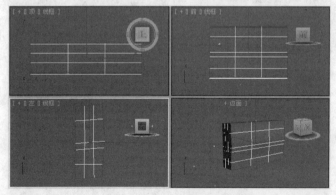

图5-68

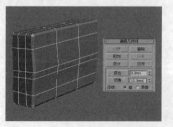

图5-69

10 选择如图5-70所示的边，然后在"选择"卷展栏下单击"由边创建图形"按钮 由边创建图形 ，接着在弹出的"创建图形"对话框设置"图形类型"为"线性"，如图5-71所示，效果如图5-72所示。

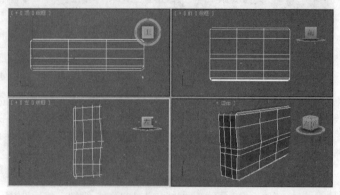

图5-70

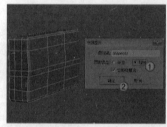

图5-71 　　　　　　　　　　　　图5-72

技巧与提示

　　由于在前面已经创建了一个图形，且已经设置了"渲染"参数，因此步骤（10）中的图形不用再设置"渲染"参数。

11 为靠背模型加载一个"网格平滑"修改器，然后在"细分量"卷展栏下设置"迭代次数"为1，具体参数设置及模型效果如图5-73所示。

12 为靠背模型和图形创建一个组，然后利用复制两组靠背模型，接着调整好各个模型的位置，完成后的效果如图5-74所示。

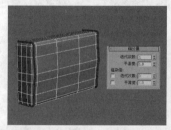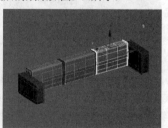

图5-73 　　　　　　　　　　　　图5-74

13 下面制作座垫模型。使用"长方体"工具 长方体 在场景中创建一个长方体，然后在"参数"卷展栏下设置"长度"为450mm、"宽度"为800mm、"高度"200mm，具体参数设置及模型位置如图5-75所示。

14 将长方体转换为可编辑网格，进入"边"级别，然后选择所有的边，接着将其切角20mm，如图5-76所示。

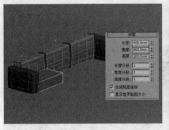
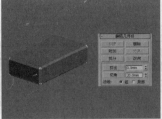

图5-75　　　　　　　　　　　　图5-76

15 为模型加载一个"网格平滑"修改器，然后在"细分量"卷展栏下设置"迭代次数"为2，具体参数设置及模型效果如图5-77所示，接着复制一个座垫模型效果如图5-78所示。

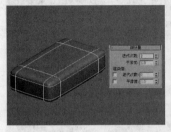
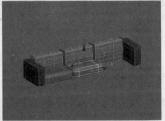

图5-77　　　　　　　　　　　　图5-78

16 继续使用"长方体"工具 长方体 在场景中创建一个长方体，然后在"参数"卷展栏下设置"长度"为2000mm、"宽度"为800mm、"高度"200mm，具体参数设置及模型位置如图5-79所示。

17 采用步骤（14）~步骤（15）的方法处理模型，完成后的效果如图5-80所示。

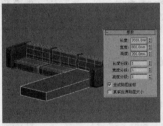
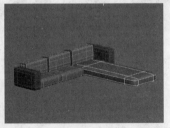

图5-79　　　　　　　　　　　　图5-80

18 使用"线"工具 线 在顶视图中绘制出如图5-81所示的样条线。这里提供一张孤立选择图，如图5-82所示。

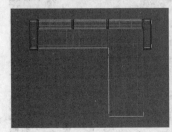
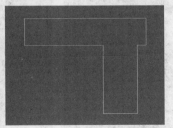

图5-81　　　　　　　　　　　　图5-82

19 选择样条线，然后在"渲染"卷展栏下勾选"在渲染中启用"和"在视口中启用"选项，接着选择"矩形"选项，最后设置"长度"为46mm、"宽度"为22mm，具体参数设置及模

型效果如图5-83所示，最终效果如图5-84所示。

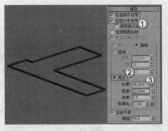
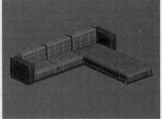

图5-83　　　　　　　　　　　　图5-84

★ 重点 ★
实战：用网格建模制作大檐帽

场景位置　　场景文件>CH05>01.max
实例位置　　实例文件>CH05>实战：用网格建模制作大檐帽.max
视频位置　　多媒体教学>CH05>实战：用网格建模制作大檐帽.flv
难易指数　　★★☆☆☆
技术掌握　　网格建模、网格平滑修改器、间隔工具

大檐帽效果如图5-85所示。

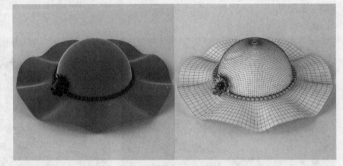

图5-85

01 使用"球体"工具 球体 在场景中创建一个球体，然后在"参数"卷展栏下设置"半径"为400mm、"分段"为32，具体参数设置及球体效果如图5-86所示。

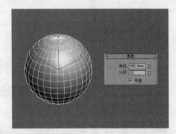

图5-86

02 将转换为可编辑网格，进入"顶点"级别，然后在前视图中框选如图5-87所示的顶点，接着按Delete键将其删除，效果如图5-88所示。

图5-87　　　　　　　　　　　　图5-88

03 进入"边"级别，然后在前视图中选择底部的一圈边，如图5-89所示，接着在顶视图中按住Shift键等比例使用"选择并均匀缩放"工具 将边拖曳（复制）3次，如图5-90所示，复制完成后的效果如图5-91所示。

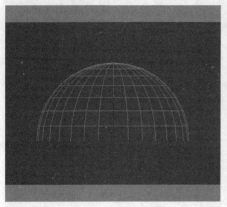

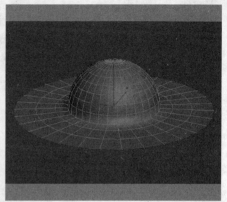

图5-89　　　　　　　　　　　图5-90　　　　　　　　　　　图5-91

04 在顶视图中选择如图5-92所示的边，然后使用"选择并移动"工具 在前视图中将所选边向下拖曳一段距离，如图5-93所示，完成后的效果如图5-94所示。

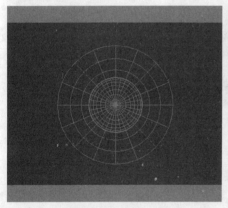

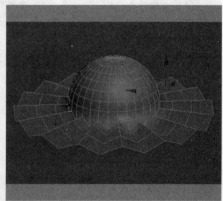

图5-92　　　　　　　　　　　图5-93　　　　　　　　　　　图5-94

05 为模型加载一个"网格平滑"修改器，然后在"细分量"卷展栏下设置"迭代次数"为2，具体参数设置及模型效果如图5-95所示。

06 使用"圆"工具 圆 在顶视图中绘制一个圆形，然后在"参数"卷展栏下设置"半径"为407mm，如图5-96所示。

07 使用"球体"工具 球体 在场景中创建一个球体，然后在"参数"卷展栏下设置"半径"为21mm、"分段"为16，具体参数设置及球体位置如图5-97所示。

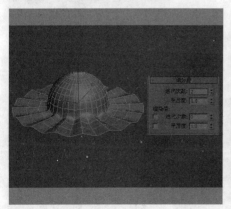
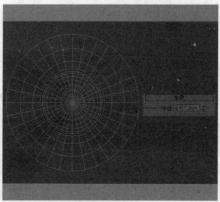
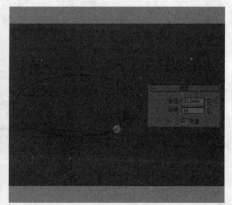

图5-95　　　　　　　　　　　图5-96　　　　　　　　　　　图5-97

08 在"主工具栏"中的空白区域单击鼠标右键，然后在弹出的菜单中选择"附加"命令，以调出"附加"工具栏，如图4-98所示。

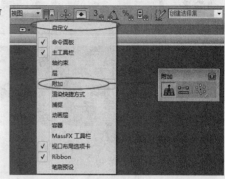

图4-98

09 选择球体，在"附加"工具栏中单击"间隔工具"按钮，打开"间隔工具"对话框，然后单击"拾取路径"按钮 拾取路径 ，接着在场景中拾取圆形，最后在"参数"选项组下设置"计数"为50，并单击"应用"按钮，具体操作流程及计数效果如图5-99所示。

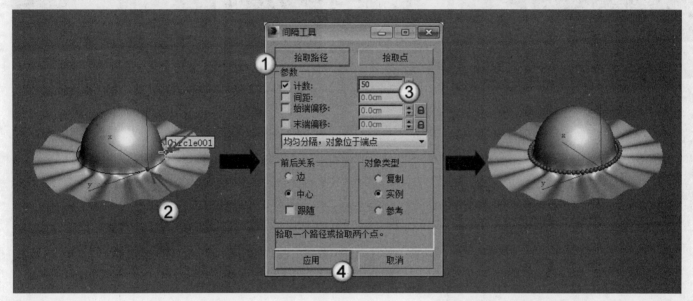

图5-99

10 单击界面左上角的"应用程序"图标，然后执行"导入>合并"菜单命令，接着在弹出的"合并文件"对话框中选择下载资源中的"场景文件>CH05>01.max"文件（花饰模型），最终效果如图5-100所示。

图5-100

第6章
NURBS建模

Employment direction
从业方向↙

CG影视行业

CG建筑行业

CG工业行业

CG动漫行业

CG游戏行业

CG时尚达人

6.1　NURBS基础知识

　　NURBS建模是一种高级建模方法，所谓NURBS就是Non-Uniform Rational B-Spline（非均匀有理B样条曲线）。NURBS建模适合于创建一些复杂的弯曲曲面。图6-1~图6-4所示是一些比较优秀的NURBS建模作品。

图6-1　　　　　　　图6-2　　　　　　　图6-3　　　　　　　图6-4

6.1.1　NURBS对象类型

　　NURBS对象包含NURBS曲面和NURBS曲线两种，如图6-5和图6-6所示。

图6-5　　　　　　　　　　　　　图6-6

🔵 NURBS曲面--

　　NURBS曲面包含"点曲面"和"CV曲面"两种。"点曲面"由点来控制曲面的形状，每个点始终位于曲面的表面上，如图6-7所示；"CV曲面"由控制顶点（CV）来控制模型的形状，CV形成围绕曲面的控制晶格，而不是位于曲面上，如图6-8所示。

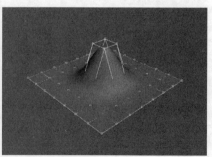

图6-7　　　　　　　　　　　　　　　　　　　　　图6-8

🔵 NURBS曲线--

　　NURBS曲线包含"点曲线"和"CV曲线"两种。"点曲线"由点来控制曲线的形状，每个点始终位于曲线上，如图6-9所示；"CV曲线"由控制顶点（CV）来控制曲线的形状，这些控制顶点不必位于曲线上，如图6-10所示。

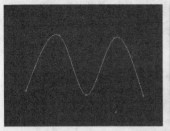

图6-9　　　　　　　　　图6-10

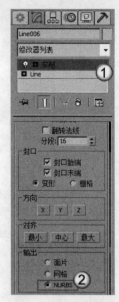

图6-13

6.1.2 创建NURBS对象

创建NURBS对象的方法很简单，如果要创建NURBS曲面，可以将几何体类型切换为"NURBS曲面"，然后使用"点曲面"工具 点曲面 和"CV曲面"工具 CV曲面 即可创建出相应的曲面对象；如果要创建NURBS曲线，可以将图形类型切换为"NURBS曲线"，然后使用"点曲线"工具 点曲线 和"CV曲线"工具 CV曲线 即可创建出相应的曲线对象。

6.1.3 转换NURBS对象

NURBS对象可以直接创建出来，也可以通过转换的方法将对象转换为NURBS对象。将对象转换为NURBS对象的方法主要有以下3种。

第1种：选择对象，然后单击鼠标右键，接着在弹出的快捷菜单中选择"转换为>转换为NURBS"命令，如图6-11所示。

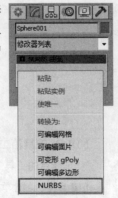

图6-11

第2种：选择对象，然后进入"修改"面板，接着在修改器堆栈中的对象上单击鼠标右键，最后在弹出的快捷菜单中选择NURBS命令，如图6-12所示。

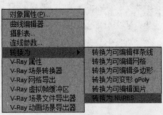

图6-12

第3种：为对象加载"挤出"或"车削"修改器，然后设置"输出"为NURBS，如图6-13所示。

6.2 编辑NURBS对象

在NURBS对象的参数设置面板中共有7个卷展栏（以NURBS曲面对象为例），分别是"常规"、"显示线参数"、"曲面近似"、"曲线近似"、"创建点"、"创建曲线"和"创建曲面"卷展栏，如图6-14所示。

图6-14

6.2.1 常规卷展栏

"常规"卷展栏下包含用于编辑NURBS对象的常用工具（如"附加"工具、"附加多个"工具、"导入"工具和"导入多个"工具等）及NURBS对象的显示方式，另外，还包含一个"NURBS创建工具箱"按钮（单击该按钮可以打开"NURBS创建工具箱"），如图6-15所示。

185

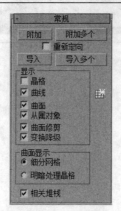

图6-15

6.2.2 显示线参数卷展栏

"显示线参数"卷展栏下的参数主要用来指定显示NURBS曲面所用的"U向线数"和"V向线数"的数值，如图6-16所示。

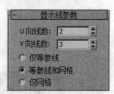

图6-16

6.2.3 曲面/曲线近似卷展栏

"曲面近似"卷展栏下的参数主要用于控制视图和渲染器的曲面细分，可以根据需要来选择"高"、"中"、"低"3种不同的细分预设，如图6-17所示；"曲线近似"卷展栏与"曲面近似"卷展栏相似，主要用于控制曲线的步数及曲线的细分级别，如图6-18所示。

图6-17 　　　　图6-18

6.2.4 创建点/曲线/曲面卷展栏

"创建点"、"创建曲线"和"创建曲面"卷展栏中的工具与"NURBS工具箱"中的工具相对应，主要用来创建点、曲线和曲面对象，如图6-19、图6-20和图6-21所示。

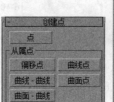

图6-19 　　　　图6-20 　　　　图6-21

知识链接

"创建点"、"创建曲线"和"创建曲面"3个卷展栏中的工具是NURBS中最重要的对象编辑工具，关于这些工具的含义请参阅"6.3 NURBS创建工具箱"中的相关内容。

6.3 NURBS创建工具箱

在"常规"卷展栏下单击"NURBS创建工具箱"按钮 打开"NURBS工具箱"，如图6-22所示。"NURBS工具箱"中包含用于创建NURBS对象的所有工具，主要分为3个功能区，分别是"点"功能区、"曲线"功能区和"曲面"功能区。

图6-22

NURBS工具箱工具介绍

① 创建点的工具

创建点 △：创建单独的点。

创建偏移点 ⊙：根据一个偏移量创建一个点。

创建曲线点 ⊙：创建从属曲线上的点。

创建曲线-曲线点 ⊙：创建一个从属于"曲线-曲线"的相交点。

创建曲面点：创建从属于曲面上的点。

创建曲面-曲线点：创建从属于"曲面-曲线"的相交点。

② 创建曲线的工具

创建CV曲线：创建一条独立的CV曲线子对象。

创建点曲线：创建一条独立点曲线子对象。

创建拟合曲线：创建一条从属的拟合曲线。

创建变换曲线：创建一条从属的变换曲线。

创建混合曲线：创建一条从属的混合曲线。

创建偏移曲线：创建一条从属的偏移曲线。

创建镜像曲线：创建一条从属的镜像曲线。

创建切角曲线：创建一条从属的切角曲线。

创建圆角曲线：创建一条从属的圆角曲线。

创建曲面-曲面相交曲线：创建一条从属于"曲面-曲面"的相交曲线。

创建U向等参曲线：创建一条从属的U向等参曲线。

创建V向等参曲线：创建一条从属的V向等参曲线。

创建法向投影曲线：创建一条从属于法线方向的投影曲线。

创建向量投影曲线：创建一条从属于向量方向的投影曲线。

创建曲面上的CV曲线：创建一条从属于曲面上的CV曲线。

创建曲面上的点曲线：创建一条从属于曲面上的点曲线。

创建曲面偏移曲线：创建一条从属于曲面上的偏移曲线。

创建曲面边曲线：创建一条从属于曲面上的边曲线。

③ 创建曲面的工具

创建CV曲线：创建独立的CV曲面子对象。

创建点曲面：创建独立的点曲面子对象。

创建变换曲面：创建从属的变换曲面。

创建混合曲面：创建从属的混合曲面。

创建偏移曲面：创建从属的偏移曲面。

创建镜像曲面：创建从属的镜像曲面。

创建挤出曲面：创建从属的挤出曲面。

创建车削曲面：创建从属的车削曲面。

创建规则曲面：创建从属的规则曲面。

创建封口曲面：创建从属的封口曲面。

创建U向放样曲面：创建从属的U向放样曲面。

创建UV放样曲面：创建从属的UV向放样曲面。

创建单轨扫描：创建从属的单轨扫描曲面。

创建双轨扫描：创建从属的双轨扫描曲面。

创建多边混合曲面：创建从属的多边混合曲面。

创建多重曲线修剪曲面：创建从属的多重曲线修剪曲面。

创建圆角曲面：创建从属的圆角曲面。

★ 重 点 ★
实战：用NURBS建模制作抱枕

场景位置	无
实例位置	实例文件>CH06>实战：用NURBS建模制作抱枕.max
视频位置	多媒体教学>CH06>实战：用NURBS建模制作抱枕.flv
难易指数	★☆☆☆☆
技术掌握	CV曲面工具、对称修改器

抱枕效果如图6-23所示。

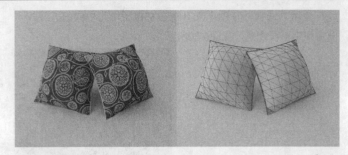

图6-23

01 使用"CV曲面"工具 CV曲面 在前视图中创建一个CV曲面，然后在"创建参数"卷展栏下设置"长度"和"宽度"为300mm、"长度CV数"和"宽度CV数"为4，接着按Enter键确认操作，具体参数设置如图6-24所示，效果如图6-25所示。

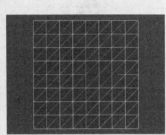

图6-24　　　　　　　　　　图6-25

02 进入"修改"面板，选择NURBS曲面的"曲面CV"次物体层级，然后选择中间的4个CV点，如图6-26所示，接着使用"选择并均匀缩放"工具在前视图中将其向外缩放成如图6-27所示的效果。

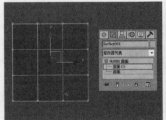
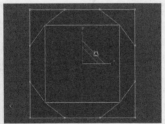

图6-26　　　　　　　　　　图6-27

03 选择如图6-28所示的CV点，然后使用"选择并均匀缩放"工具在前视图中将其向内缩放成如图6-29所示的效果。

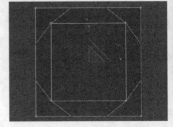
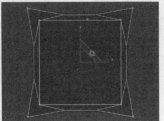

图6-28　　　　　　　　　　图6-29

04. 使用"选择并移动"工具 在左视图中将中间的4个CV点向右拖曳一段距离，如图6-30所示。

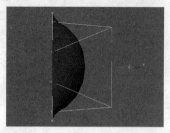

图6-30

05. 为模型加载一个"对称"修改器，然后在"参数"卷展栏下设置"镜像轴"为z轴，接着关闭"沿镜像轴切片"选项，最后设置"阈值"为2.5，具体参数设置如图6-31所示，最终效果如图6-32所示。

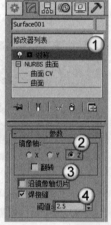

图6-31　　　　　　　　图6-32

06. 选择"对称"修改器的"镜像"次物体层级，然后在左视图中将镜像轴调整好，使两个模型刚好拼合在一起，如图6-33所示，最终效果如图6-34所示。

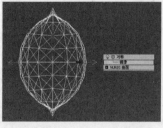

图6-33　　　　　　　　图6-34

★重点★
实战：用NURBS建模制作植物叶片

场景位置　场景文件>CH06>01.max
实例位置　实例文件>CH06>实战：用NURBS建模制作植物叶片.max
视频位置　多媒体教学>CH06>实战：用NURBS建模制作植物叶片.flv
难易指数　★★☆☆☆
技术掌握　CV曲面工具

植物叶片效果如图6-35所示。

01. 使用"CV曲面"工具 CV曲面 在前视图中创建一个CV曲面，然后在"创建参数"卷展栏下设置"长度"为6mm、"宽度"为13mm、"长度CV数"和"宽度CV数"为5，接着按Enter键确认操作，具体参数设置及模型效果如图6-36所示。

02. 选择NURBS曲面的"曲面CV"次物体层级，然后在顶视图中使用"选择并移动"工具 将左侧的4个CV点调节成如图6-37所示的形状。

图6-35

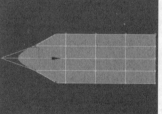

图6-36　　　　　　　　图6-37

03. 选择如图6-38所示的6个CV点，然后使用"选择并均匀缩放"工具 在前视图中将其向上缩放成如图6-39所示的效果。

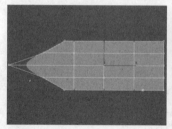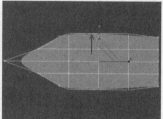

图6-38　　　　　　　　图6-39

04. 选择如图6-40所示的两个CV点，然后使用"选择并均匀缩放"工具 在前视图中将其向上缩放成如图6-41所示的效果。

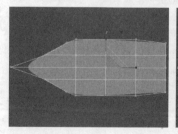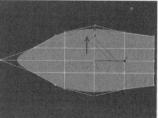

图6-40　　　　　　　　图6-41

05. 采用相同的方法调节右侧的CV点，完成后的效果如图6-42所示。

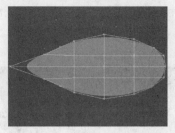

图6-42

06 在顶视图中选择如图6-43所示的CV点，然后使用"选择并移动"工具 在前视图中将其向下拖曳到如图6-44所示的位置。

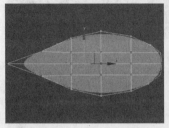 

图6-43　　　　　　　　图6-44

07 在顶视图中选择如图6-45所示的CV点，然后使用"选择并移动"工具 在前视图中将其向上拖曳到如图6-46所示的位置。

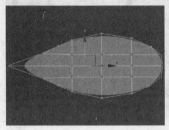 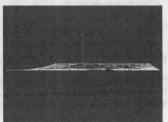

图6-45　　　　　　　　图6-46

08 继续对叶片的细节进行调节，完成后的效果如图6-47所示。

图6-47

09 单击界面左上角的"应用程序"图标 ，然后执行"导入>合并"菜单命令，接着在弹出的"合并文件"对话框中选择下载资源中的"场景文件>CH06>01.max"文件，最后将叶片放在枝头上，如图6-48所示。

图6-48

10 利用复制功能复杂一些叶片到枝头上，并适当调整其大小和位置，最终效果如图6-49所示。

图6-49

★ 重点 ★
实战：用NURBS建模制作冰激凌

场景位置	无
实例位置	实例文件>CH06>实战：用NURBS建模制作冰激凌.max
视频位置	多媒体教学>CH06>实战：用NURBS建模制作冰激凌.flv
难易指数	★★☆☆☆
技术掌握	点曲线工具、创建U向放样曲面工具、创建封口曲面工具、圆锥体工具

冰激凌效果如图6-50所示。

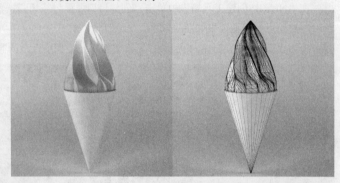

图6-50

01 设置图形类型为"NURBS曲线"，然后使用"点曲线"工具 在顶视图中绘制出如图6-51所示的点曲线。

图6-51

02 继续使用"点曲线"工具 在顶视图中绘制点曲线，调整各个点曲线之间的间距，完成后的效果如图6-52所示。

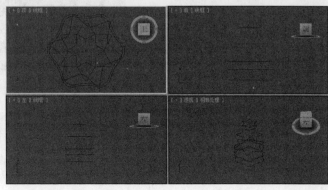

图6-52

189

03 切换到"修改"面板，然后在"常规"卷展栏下单击"NURBS创建工具箱"按钮，打开"NURBS创建工具箱"，接着在"NURBS创建工具箱"中单击"创建U向放样曲面"按钮，最后在视图中从上到下依次单击点曲线，单击完成后按鼠标右键结束操作，如图6-53所示，放样完成后的模型效果如图6-54所示。

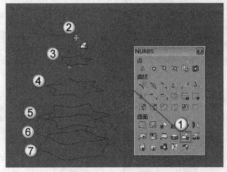

图6-53　　　　　　　　　　　　　　　　　　　　　　　　图6-54

04 在"NURBS创建工具箱"中单击"创建封口曲面"按钮，然后在视图中单击最底部的截面（对其进行封口操作），如图6-55所示，封口后的模型效果如图6-56所示。

05 使用"圆锥体"工具 圆锥体 在场景中创建一个大小合适的圆锥体，其位置如图6-57所示。

图6-55　　　　　　　　　　　　图6-56　　　　　　　　　　　　图6-57

06 选择圆锥体，然后单击鼠标右键，在弹出的快捷菜单中选择"转换为>转换为可编辑多边形"命令，接着在"选择"卷展栏下单击"多边形"按钮，进入"多边形"级别，再选择顶部的多边形，如图6-58所示，最后按Delete键删除所选多边形，最终效果如图6-59所示。

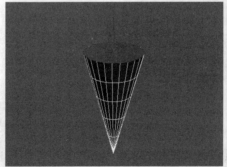

图6-58　　　　　　　　　　　　　　　　　　　　　　　　　　图6-59

★ 重点 ★
实战：用NURBS建模制作花瓶

场景位置	无
实例位置	实例文件>CH06>实战：用NURBS建模制作花瓶.max
视频位置	多媒体教学>CH06>实战：用NURBS建模制作花瓶.flv
难易指数	★★☆☆☆
技术掌握	点曲线工具、创建车削曲面工具

花瓶效果如图6-60所示。

图6-60

01 设置图形类型为"NURBS曲线",然后使用"点曲线"工具 点曲线 在前视图中绘制出如图6-61所示的点曲线。

02 在"常规"卷展栏下单击"NURBS创建工具箱"按钮,打开"NURBS创建工具箱",接着在"NURBS创建工具箱"中单击"创建车削曲面"按钮,最后在视图中单击点曲线,如图6-62所示,效果如图6-63所示。

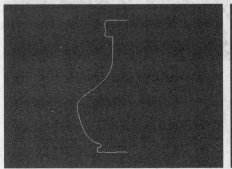

图6-61

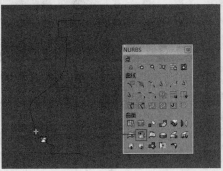

图6-62

图6-63

技巧与提示

注意,在车削点曲线后,不要单击鼠标右键完成操作,因为还需要调节车削曲线的相关参数。如果已经确认操作,可以按Ctrl+Z组合键返回到上一步,然后重新对点曲线进行车削操作。

03 在"车削曲面"卷展栏下设置"方向"为y Y 轴、"对齐"方式为"最大" 最大,如图6-64所示,最终效果如图6-65所示。

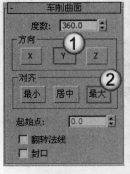

图6-64

图6-65

第7章

多边形建模

Employment direction
从业方向

 CG影视行业

 CG建筑行业

 CG工业行业

 CG动漫行业

 CG游戏行业

 CG时尚达人

7.1 转换多边形对象

多边形建模作为当今的主流建模方式，已经被广泛应用到游戏角色、影视、工业造型和室内外等模型制作中。多边形建模方法在编辑上更加灵活，对硬件的要求也很低，其建模思路与网格建模很接近，其不同点在于网格建模只能编辑三角面，而多边形建模对面数没有任何要求。图7-1~图7-3所示是一些比较优秀的多边形建模作品。

图7-1　　　　　　　　　图7-2　　　　　　　　　图7-3

技巧与提示

本章全部是关于多边形建模的内容。多边形建模非常重要，希望用户对本章的每部分内容都仔细领会。另外，本章所安排的实例都具有一定的针对性，希望用户对这些实例勤加练习。

在编辑多边形对象之前首先要明确多边形对象不是创建出来的，而是塌陷（转换）出来的。将物体塌陷为多边形的方法主要有以下4种。

第1种：选中对象，然后在界面左上角"建模"选项卡中单击"建模"按钮 建模 ，接着单击"多边形建模"按钮 多边形建模，最后在弹出的面板中单击"转化为多边形"按钮 ，如图7-4所示。注意，经过这种方法转换的来的多边形的创建参数将全部丢失。

第2种：在对象上单击鼠标右键，然后在弹出的快捷菜单中选择"转换为>转换为可编辑多边形"命令，如图7-5所示。同样，经过这种方法转换的来的多边形的创建参数将全部丢失。

第3种：为对象加载"编辑多边形"修改器，如图7-6所示。经过这种方法转换的来的多边形的创建参数将保留下来。

第4种：在修改器堆栈中选中对象，然后单击鼠标右键，接着在弹出的快捷菜单中选择"可编辑多边形"命令，如图7-7所示。经过这种方法转换的来的多边形的创建参数将全部丢失。

图7-4　　　　　　　图7-5　　　　　　　图7-6　　　　　　　图7-7

7.2 编辑多边形对象

将物体转换为可编辑多边形对象后，就可以对可编辑多边形对象的顶点、边、边界、多边形和元素分别进行编辑。可编辑多边形的参数设置面板中包括6个卷展栏，分别是"选择"卷展栏、"软选择"卷展栏、"编辑几何体"卷展栏、"细分曲面"卷展栏、"细分置换"卷展栏和"绘制变形"卷展栏，如图7-8所示。

图7-8

请注意，在选择了不同的次物体级别以后，可编辑多边形的参数设置面板也会发生相应的变化，例如，在"选择"卷展栏下单击"顶点"按钮，进入"顶点"级别后，在参数设置面板中就会增加两个对顶点进行编辑的卷展栏，如图7-9所示。而如果进入"边"级别和"多边形"级别后，又对增加对边和多边形进行编辑的卷展栏，如图7-10和图7-11所示。

   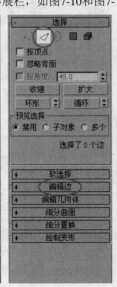   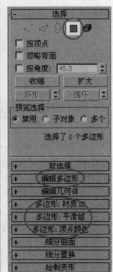

图7-9   图7-10   图7-11

在下面的内容中，将着重对"选择"卷展栏、"软选择"卷展栏、"编辑几何体"卷展栏进行详细讲解，同时还要对"顶点"级别下的"编辑顶点"卷展栏、"边"级别下的"编辑边"卷展栏及"多边形"卷展栏下的"编辑多边形"卷展栏进行重点讲解。其他卷展栏下的参数在实际工作中不是很常用，用户只需要了解大致功能即可。

本节知识概要

卷展栏名称	主要作用	重要程度
选择	访问多边形子对象级别及快速选择子对象	高
软选择	部分选择子对象，变换子对象时以平滑方式过渡	中
编辑几何体	全局修改多边形对象，适用于所有子对象级别	高
编辑顶点	编辑可编辑多边形的顶点子对象	高
编辑边	编辑可编辑多边形的边子对象	高
编辑多边形	编辑可编辑多边形的多边形子对象	高

 技巧与提示

请注意，这6个卷展栏的作用与实际用法用户必须完全掌握。

★重点★
7.2.1 选择卷展栏

"选择"卷展栏下的工具与选项主要用来访问多边形子对象级别及快速选择子对象，如图7-12所示。

图7-12

选择卷展栏工具/参数介绍

顶点：用于访问"顶点"子对象级别。

边：用于访问"边"子对象级别。

边界：用于访问"边界"子对象级别，可从中选择构成网格中孔洞边框的一系列边。边界总是由仅在一侧带有面的边组成，并总是为完整循环。

多边形：用于访问"多边形"子对象级别。

元素：用于访问"元素"子对象级别，可从中选择对象中的所有连续多边形。

按顶点：除了"顶点"级别外，该选项可以在其他4种级别中使用。启用该选项后，只有选择所用的顶点才能选择子对象。

忽略背面：启用该选项后，只能选中法线指向当前视图的子对象。例如，启用该选项后，在前视图中框选如图7-13所示的顶点，但只能选择正面的顶点，而背面不会被选择到，图7-14所示是在左视图中的观察效果；如果关闭该选项，在前视图中同样框选相同区域的顶点，则背面的顶点也会被选择，图7-15所示是在顶视图中的观察效果。

图7-13   图7-14   图7-15

按角度：该选项只能用在"多边形"级别中。启用该选项时，如果选择一个多边形，3ds Max会基于设置的角度自动选择相邻的多边形。

收缩 收缩：单击一次该按钮，可以在当前选择范围中向内减少一圈对象。

扩大 扩大：与"收缩"相反，单击一次该按钮，可以在当前选择范围中向外增加一圈对象。

环形 环形：该工具只能在"边"和"边界"级别中使用。在选中一部分子对象后，单击该按钮可以自动选择平行于当前对象的其他对象。如选择一条如图7-16所示的边，然后单击"环形"按钮 环形，可以选择整个纬度上平行于选定边的边，如图7-17所示。

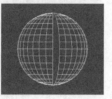

图7-16　　　　　　图7-17

循环 循环：该工具同样只能在"边"和"边界"级别中使用。在选中一部分子对象后，单击该按钮可以自动选择与当前对象在同一曲线上的其他对象。如选择如图7-18所示的边，然后单击"循环"按钮 循环，可以选择整个经度上的边，如图7-19所示。

图7-18　　　　　　图7-19

预览选择：在选择对象之前，通过这里的选项可以预览光标滑过处的子对象，有"禁用"、"子对象"和"多个"3个选项可供选择。

★重点★ 7.2.2 软选择卷展栏

"软选择"是以选中的子对象为中心向四周扩散，以放射状方式来选择子对象。在对选择的部分子对象进行变换时，可以让子对象以平滑的方式进行过渡。另外，可以通过控制"衰减"、"收缩"和"膨胀"的数值来控制所选子对象区域的大小及对子对象控制力的强弱，并且"软选择"卷展栏还包含了绘制软选择的工具，如图7-20所示。

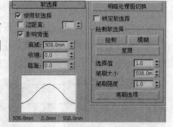

图7-20

软选择卷展栏工具/参数介绍

使用软选择：控制是否开启"软选择"功能。启用后，选择一个或一个区域的子对象，那么会以这个子对象为中心向外选择其他

对象。如框选如图7-21所示的顶点，那么软选择就会以这些顶点为中心向外进行扩散选择，如图7-22所示。

图7-21　　　　　　图7-22

技术专题 19 软选择的颜色显示

在用软选择选择子对象时，选择的子对象是以红、橙、黄、绿、蓝5种颜色进行显示的。处于中心位置的子对象显示为红色，表示这些子对象被完全选择，在操作这些子对象时，它们将被完全影响，然后依次是橙、黄、绿、蓝的子对象。

边距离：启用该选项后，可以将软选择限制到指定的面数。

影响背面：启用该选项后，那些与选定对象法线方向相反的子对象也会受到相同的影响。

衰减：用以定义影响区域的距离，默认值为20mm。"衰减"数值越高，软选择的范围也就越大。图7-23和图7-24所示是将"衰减"分别设置为500mm和800mm时的选择效果。

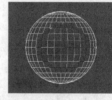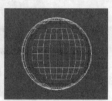

图7-23　　　　　　图7-24

收缩：设置区域的相对"突出度"。

膨胀：设置区域的相对"丰满度"。

软选择曲线图：以图形的方式显示软选择是如何进行工作的。

明暗处理面切换 明暗处理面切换：只能用在"多边形"和"元素"级别中，用于显示颜色渐变，如图7-25所示。它与软选择范围内面上的软选择权重相对应。

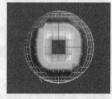

图7-25

锁定软选择：锁定软选择，以防止对按程序的选择进行更改。

绘制 绘制：可以在使用当前设置的活动对象上绘制软选择。

模糊 模糊：可以通过绘制来软化现有绘制软选择的轮廓。

复原 复原：可以通过绘制的方式还原软选择。

选择值：整个值表示绘制的或还原的软选择的最大相对选择。笔刷半径内周围顶点的值会趋向于0衰减。

笔刷大小：用来设置圆形笔刷的半径。

笔刷强度：用来设置绘制子对象的速率。

笔刷选项 笔刷选项：单击该按钮可以打开"绘制选项"对话框，如图7-26所示。在该对话框中可以设置笔刷的更多属性。

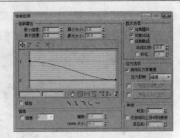

图7-26

★重点★
7.2.3 编辑几何体卷展栏

"编辑几何体"卷展栏下的工具适用于所有子对象级别，主要用来全局修改多边形几何体，如图7-27所示。

图7-27

编辑几何体卷展栏工具/参数介绍

重复上一个 重复上一个 ：单击该按钮可以重复使用上一次使用的命令。

约束：使用现有的几何体来约束子对象的变换，共有"无"、"边"、"面"和"法线"4种方式可供选择。

保持UV：启用该选项后，可以在编辑子对象的同时不影响该对象的UV贴图。

设置□：单击该按钮可以打开"保持贴图通道"对话框，如图7-28所示。在该对话框中可以指定要保持的顶点颜色通道或纹理通道（贴图通道）。

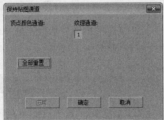

图7-28

创建 创建 ：创建新的几何体。

塌陷 塌陷 ：通过将顶点与选择中心的顶点焊接，使连续选定子对象的组产生塌陷。

 **技巧与提示**

"塌陷"工具 塌陷 类似于"焊接"工具 焊接 ，但是该工具不需要设置"阈值"数值就可以直接塌陷在一起。

附加 附加 ：使用该工具可以将场景中的其他对象附加到选定的可编辑多边形中。

分离 分离 ：将选定的子对象作为单独的对象或元素分离出来。

切片平面 切片平面 ：使用该工具可以沿某一平面分开网格对象。

分割：启用该选项后，可以通过"快速切片"工具 快速切片 和"切割"工具 切割 在划分边的位置处创建出两个顶点集合。

切片 切片 ：可以在切片平面位置处执行切割操作。

重置平面 重置平面 ：将执行过"切片"的平面恢复到之前的状态。

快速切片 快速切片 ：可以将对象进行快速切片，切片线沿着对象表面，所以可以更加准确地进行切片。

切割 切割 ：可以在一个或多个多边形上创建出新的边。

网格平滑 网格平滑 ：使选定的对象产生平滑效果。

细化 细化 ：增加局部网格的密度，从而方便处理对象的细节。

平面化 平面化 ：强制所有选定的子对象成为共面。

视图对齐 视图对齐 ：使对象中的所有顶点与活动视图所在的平面对齐。

栅格对齐 栅格对齐 ：使选定对象中的所有顶点与活动视图所在的平面对齐。

松弛 松弛 ：使当前选定的对象产生松弛现象。

隐藏选定对象 隐藏选定对象 ：隐藏所选定的子对象。

全部取消隐藏 全部取消隐藏 ：将所有的隐藏对象还原为可见对象。

隐藏未选定对象 隐藏未选定对象 ：隐藏未选定的任何子对象。

命名选择：用于复制和粘贴子对象的命名选择集。

删除孤立顶点：启用该选项后，选择连续子对象时会删除孤立顶点。

完全交互：启用该选项后，如果更改数值，将直接在视图中显示最终的结果。

★重点★
7.2.4 编辑顶点卷展栏

进入可编辑多边形的"顶点"级别以后，在"修改"面板中会增加一个"编辑顶点"卷展栏，如图7-29所示。这个卷展栏下的工具全部是用来编辑顶点的。

图7-29

编辑顶点卷展栏工具/参数介绍

移除 移除 ：选中一个或多个顶点后，单击该按钮可以将其移除，然后接合起使用它们的多边形。

---技术专题⑳ **移除顶点与删除顶点的区别**---

这里详细介绍一下移动顶点与删除顶点的区别。

移除顶点：选中一个或多个顶点以后，单击"移除"按钮 移除 或按Backspace键即可移除顶点，但也只能是移除了顶点，而面仍然存在，如图7-30所示。注意，移除顶点可能导致网格形状发生严重变形。

选择9个顶点　　　　　　　移除顶点，但不会移除面

图7-30

删除顶点：选中一个或多个顶点以后，按Delete键可以删除顶点，同时也会删除连接到这些顶点的面，如图7-31所示。

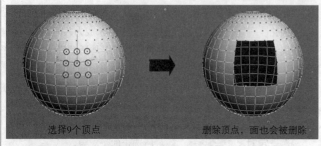

选择9个顶点　　　　　　　删除顶点，面也会被删除

图7-31

断开 断开 ：选中顶点后，单击该按钮可以在与选定顶点相连的每个多边形上都创建一个新顶点，这可以使多边形的转角相互分开，使它们不再相连于原来的顶点上。

挤出 挤出 ：直接使用这个工具可以手动在视图中挤出顶点，如图7-32所示。如果要精确设置挤出的高度和宽度，可以单击后面的"设置"按钮■，然后在视图中的"挤出顶点"对话框中输入数值即可，如图7-33所示。

图7-32　　　　　　图7-33

焊接 焊接 ：对"焊接顶点"对话框中指定的"焊接阈值"范围之内连续的选中的顶点进行合并，合并后所有边都会与产生的单个顶点连接。单击后面的"设置"按钮■可以设置"焊接阈值"。

切角 切角 ：选中顶点以后，使用该工具在视图中拖曳光标，可以手动为顶点切角，如图7-34所示。单击后面的"设置"按钮■，在弹出的"切角"对话框中可以设置精确的"顶点切角量"数值，同时还可以将切角后的面"打开"，以生成孔洞效果，如图7-35所示。

图7-34　　　　　　图7-35

目标焊接 目标焊接 ：选择一个顶点后，使用该工具可以将其焊

接到相邻的目标顶点，如图7-36所示。

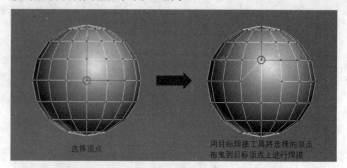

选择顶点　　　　　用目标焊接工具将选择的顶点拖曳到目标顶点上进行焊接

图7-36

技巧与提示

"目标焊接"工具 目标焊接 只能焊接成对的连续顶点。也就是说，选择的顶点与目标顶点有一个边相连。

连接 连接 ：在选中的对角顶点之间创建新的边，如图7-37所示。

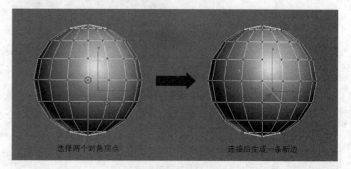

选择两个对角顶点　　　　　连接后生成一条新边

图7-37

移除孤立顶点 移除孤立顶点 ：删除不属于任何多边形的所有顶点。

移除未使用的贴图顶点 移除未使用的贴图顶点 ：某些建模操作会留下未使用的（孤立）贴图顶点，它们会显示在"展开UVW"编辑器中，但是不能用于贴图，单击该按钮就可以自动删除这些贴图顶点。

权重：设置选定顶点的权重，供NURMS细分选项和"网格平滑"修改器使用。

★ 重点 ★
7.2.5 编辑边卷展栏

进入可编辑多边形的"边"级别以后，在"修改"面板中会增加一个"编辑边"卷展栏，如图7-38所示。这个卷展栏下的工具全部是用来编辑边的。

图7-38

编辑边卷展栏工具/参数介绍

插入顶点 插入顶点 ：在"边"级别下，使用该工具在边上单击鼠标左键，可以在边上添加顶点，如图7-39所示。

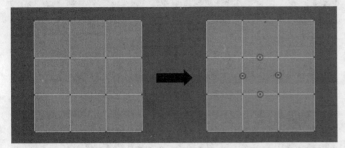

图7-39

移除 移除 ：选择边后，单击该按钮或按Backspace键可以移除边，如图7-40所示。如果按Delete键，将删除边以及与边连接的面，如图7-41所示。

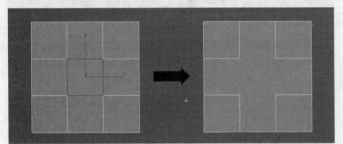

图7-40

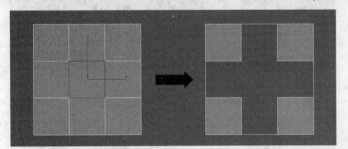

图7-41

分割 分割 ：沿着选定边分割网格。对网格中心的单条边应用时，不会起任何作用。

挤出 挤出 ：直接使用这个工具可以手动在视图中挤出边。如果要精确设置挤出的高度和宽度，可以单击后面的"设置"按钮 ，然后在视图中的"挤出边"对话框中输入数值即可，如图7-42所示。

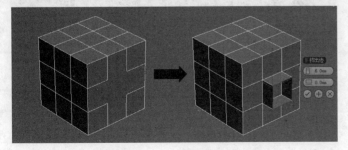

图7-42

焊接 焊接 ：组合"焊接边"对话框指定的"焊接阈值"范围内的选定边。只能焊接仅附着一个多边形的边，也就是边界上的边。

切角 切角 ：这是多边形建模中使用频率最高的工具之一，可以为选定边进行切角（圆角）处理，从而生成平滑的棱角，如图7-43所示。

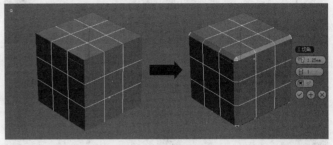

图7-43

技巧与提示

在很多时候为边进行切角处理后，都需要模型加载"网格平滑"修改器，以生成非常平滑的模型，如图7-44所示。

图7-44

目标焊接 目标焊接 ：用于选择边并将其焊接到目标边。只能焊接仅附着一个多边形的边，也就是边界上的边。

桥 桥 ：使用该工具可以连接对象的边，但只能连接边界边，也就是只在一侧有多边形的边。

连接 连接 ：这是多边形建模中使用频率最高的工具之一，可以在每对选定边之间创建新边，对于创建或细化边循环特别有用。如选择一对竖向的边，则可以在横向上生成边，如图7-45所示。

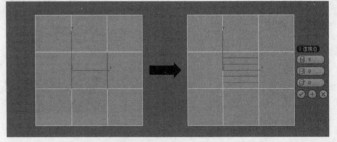

图7-45

利用所选内容创建图形 利用所选内容创建图形 ：这是多边形建模中使用频率最高的工具之一，可以将选定的边创建为样条线图形。选择边后，单击该按钮可以弹出一个"创建图形"对话框，在该对话框中可以设置图形名称以及设置图形的类型，如果选择"平滑"类型，则生成的平滑的样条线，如图7-46所示；如果选择"线性"类型，则样条线的形状与选定边的形状保持一致，如图7-47所示。

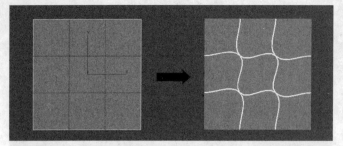

图7-46

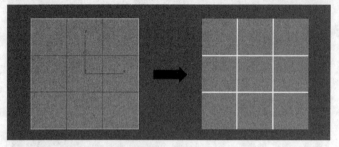

图7-47

权重：设置选定边的权重，供NURMS细分选项和"网格平滑"修改器使用。

拆缝：指定对选定边或边执行的折缝操作量，供NURMS细分选项和"网格平滑"修改器使用。

编辑三角形 编辑三角形 ：用于修改绘制内边或对角线时多边形细分为三角形的方式。

旋转 旋转 ：用于通过单击对角线修改多边形细分为三角形的方式。使用该工具时，对角线可以在线框和边面视图中显示为虚线。

★重点★
7.2.6 编辑多边形卷展栏

进入可编辑多边形的"多边形"级别后，在"修改"面板中会增加一个"编辑多边形"卷展栏，如图7-48所示。这个卷展栏下的工具全部是用来编辑多边形的。

图7-48

编辑多边形卷展栏工具介绍

插入顶点 插入顶点 ：用于手动在多边形上插入顶点（单击即可插入顶点），以细化多边形，如图7-49所示。

挤出 挤出 ：这是多边形建模中使用频率最高的工具之一，可以挤出多边形。如果要精确设置挤出的高度，可以单击后面的"设置"按钮□，然后在视图中的"挤出边"对话框中输入数值即可。挤出多边形时，"高度"为正值时可向外挤出多边形，为负值时可向内挤出多边形，如图7-50所示。

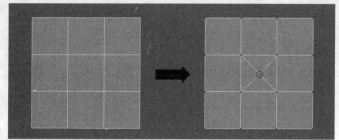

图7-49

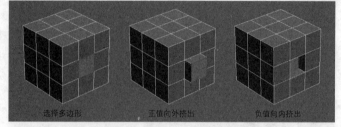

选择多边形　　　正值向外挤出　　　负值向内挤出

图7-50

轮廓 轮廓 ：用于增加或减小每组连续的选定多边形的外边。

倒角 倒角 ：这是多边形建模中使用频率最高的工具之一，可以挤出多边形，同时为多边形进行倒角，如图7-51所示。

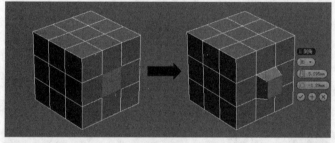

图7-51

插入 插入 ：执行没有高度的倒角操作，即在选定多边形的平面内执行该操作，如图7-52所示。

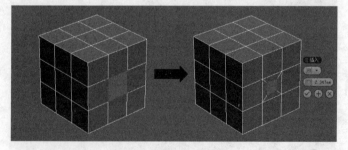

图7-52

桥 桥 ：使用该工具可以连接对象上的两个多边形或多边形组。

翻转 翻转 ：反转选定多边形的法线方向，从而使其面向用户的正面。

从边旋转 从边旋转 ：选择多边形后，使用该工具可以沿着垂直方向拖动任何边，以便旋转选定多边形。

沿样条线挤出 沿样条线挤出 ：沿样条线挤出当前选定的多边形。

编辑三角剖分 编辑三角剖分 ：通过绘制内边修改多边形细

分为三角形的方式。

重复三角算法 重复三角算法：在当前选定的一个或多个多边形上执行最佳三角剖分。

旋转 旋转：使用该工具可以修改多边形细分为三角形的方式。

★ 重点 ★
实战：用多边形建模制作苹果

场景位置	无
实例位置	实例文件>CH07>实战：用多边形建模制作苹果.max
视频位置	多媒体教学>CH07>实战：用多边形建模制作苹果.flv
难易指数	★★☆☆☆
技术掌握	多边形的顶点调节、切角工具、网格平滑修改器

苹果效果如图7-53所示。

图7-53

01 使用"球体"工具 球体 在场景中创建一个球体，然后在"参数"卷展栏下设置"半径"为50mm、"分段"为12，具体参数设置及模型效果如图7-54所示。

02 选择球体，然后单击鼠标右键，接着在弹出的快捷菜单中选择"转换为>转换为可编辑多边形"命令，将其转换为可编辑多边形，如图7-55所示。

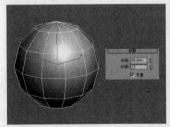 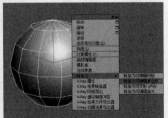

图7-54   图7-55

03 在"选择"卷展栏下单击"顶点"按钮，进入"顶点"级别，然后在顶视图中选择顶部的一个顶点，如图7-56所示，接着使用"选择并移动"工具在前视图中将其向下拖曳到如图7-57所示的位置。

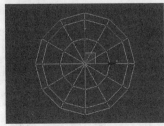 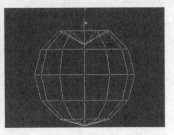

图7-56   图7-57

疑难问答 ?

问：为什么调整的顶点不正确？

答：这里在选择顶部的顶点时，只能用点选，不能用框选。如果用框选会同时选择顶部与底部的两个顶点，如图7-58所示，这样在前视图中调整顶点时会产生如图7-59所示的效果，这显然是错误的。

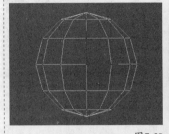 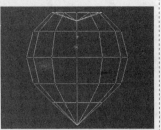

图7-58   图7-59

04 在顶视图中选择（注意，这里也是点选）如图7-60所示的5个顶点，然后使用"选择并移动"工具在前视图中将其向上拖曳到如图7-61所示的位置。

图7-60   图7-61

05 在"选择"卷展栏下单击"边"按钮，进入"边"级别，然后在顶视图中选择（点选）如图7-62所示的一条边，接着单击"循环"按钮 循环，这样可以选择一圈边，如图7-63所示。

图7-62   图7-63

06 保持对边的选择，在"编辑边"卷展栏下单击"切角"按钮 切角 后面的"设置"按钮，然后设置"边切角量"为6.3mm，接着单击"确定"按钮完成操作，如图7-64所示。

图7-64

07 进入"顶点"级别，然后在前视图中选择底部的一个顶点，如图7-65所示，接着使用"选择并移动"工具 ➕ 将其向上拖曳到如图7-66所示的位置。

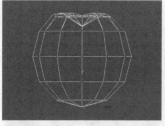

图7-65　　　　　　　　　　图7-66

08 在透视图中选择如图7-67所示的5个顶点，然后使用"选择并移动"工具 ➕ 在前视图中将其稍微向上拖曳一段距离，如图7-68所示。

图7-67　　　　　　　　　　图7-68

09 为模型加载一个"网格平滑"修改器，然后在"细分量"卷展栏下设置"迭代次数"为2，效果如图7-69所示。

10 下面制作苹果的把模型。使用"圆柱体"工具 圆柱体 在场景中创建一个圆柱体，然后在"参数"卷展栏下设置"半径"为2mm、"高度"为15mm、"高度分段"为5，具体参数设置及模型效果如图7-70所示。

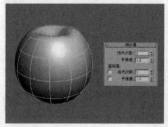

图7-69　　　　　　　　　　图7-70

11 将圆柱体转换为可编辑多边形，进入"顶点"级别，然后在前视图中选择如图7-71所示的一个顶点，然后使用"选择并移动"工具 ➕ 将其稍微向下拖曳一段距离，如图7-72所示。

图7-71　　　　　　　　　　图7-72

12 在前视图中选择（框选）如图7-73所示的一个顶点，然后使用"选择并均匀缩放"工具 ⬜ 在透视图将其向内缩放成如图7-74所示的效果。

图7-73　　　　　　　　　　图7-74

13 继续对把模型的细节进行调整，最终效果如图7-75所示。

图7-75

★ 重点 ★
实战：用多边形建模制作足球

场景位置	无
实例位置	实例文件>CH07>实战：用多边形建模制作足球.max
视频位置	多媒体教学>CH07>实战：用多边形建模制作足球.flv
难易指数	★★☆☆☆
技术掌握	异面体工具、分离工具、网格平滑修改器、球形化修改器

　　足球效果如图7-76所示。

图7-76

01 使用"异面体"工具 异面体 在场景中创建一个异面体，然后在"参数"卷展栏下设置"系列"为"十二面体/二十面体"，接着在"系列参数"选项组下设置P为0.33，最后设置"半径"为100mm，具体参数设置如图7-77所示，模型效果如图7-78所示。

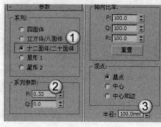

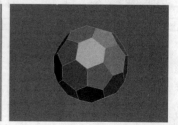

图7-77　　　　　　　　　　图7-78

02 将异面体转换为可编辑多边形，在"选择"卷展栏下单击"多边形"按钮■，进入"多边形"级别，然后选择如图7-79所示的多边形，接着在"编辑几何体"卷展栏下单击"分离"按钮 分离 ，最后在弹出的"分离"对话框中勾选"分离到元素"选项，如图7-80所示。

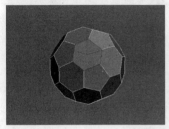 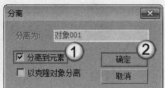

图7-79　　　　　　　　　　　图7-80

03 采用相同的方法将所有的多边形都分离到元素，然后为模型加载一个"网格平滑"修改器，接着在"细分量"卷展栏下设置"迭代次数"为2，具体参数设置及模型效果如图7-81所示。

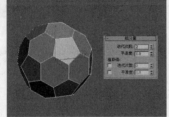

图7-81

```
技巧与提示
```
　　此时虽然为模型加载了"网格平滑"修改器，但模型并没有产生平滑效果，这里只是为模型增加了面数而已。

04 为模型加载一个"球形化"修改器，然后在"参数"卷展栏下设置"百分比"为100，具体参数设置及模型效果如图7-82所示。

图7-82

05 再次将模型转换为可编辑多边形，进入"多边形"级别，然后选择所有的多边形，如图7-83所示，接着在"编辑多边形"卷展栏下单击"挤出"按钮 挤出 后面的"设置"按钮□，最后设置"高度"为2mm，如图7-84所示。

图7-83　　　　　　　　　　　图7-84

06 为模型加载一个"网格平滑"修改器，然后在"细分方法"卷展栏下设置"细分方法"为"四边形输出"，接着在"细分量"卷展栏下设置"迭代次数"为1，具体参数设置如图7-85所示，最终效果如图7-86所示。

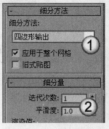 

图7-85　　　　　　　　　　　图7-86

★ 重点 ★
实战： 用多边形建模制作布料

场景位置	无
实例位置	实例文件>CH07>实战：用多边形建模制作布料.max
视频位置	多媒体教学>CH07>实战：用多边形建模制作布料.flv
难易指数	★★☆☆☆
技术掌握	连接工具、推/拉工具、松弛工具、网格平滑修改器

　　布料效果如图7-87所示。

图7-87

01 使用"平面"工具 平面 在前视图中创建一个平面，然后在"参数"卷展栏下设置"长度"为300mm、"宽度"为160mm、"长度分段"为12、"宽度分段"为8，具体参数设置及平面效果如图7-88所示。

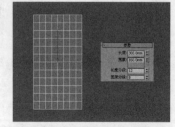

图7-88

```
知识链接
```
　　其实布料的制作还有更简单的方法，那就是用Cloth（布料）修改器来制作。关于用该修改器模拟布料的方法请参阅本章的"实战：用多边形建模制作欧式双人床"。

02 将平面转换为可编辑多边形，进入"顶点"级别，然后在左视图中选择（框选）如图7-89所示的顶点，接着使用"选择并移动"工具 💠 将其向右拖曳到如图7-90所示的位置。

图7-89　　　　　　　　　　　图7-90

03 进入"边"级别，然后在顶视图中选择如图7-91所示的边，接着在"编辑边"卷展栏下单击"连接"按钮 连接 后面的"设置"按钮 ▣，最后设置"分段"为4，如图7-92所示。

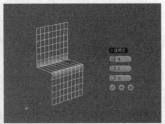

图7-91　　　　　　　　　　　图7-92

疑难问答 ❓

问：添加边分段有什么用？

答：这里为边添加分段是为了让模型有足够多的段值，以便在后面绘制褶皱时能产生更自然的效果。

04 为模型加载一个"网格平滑"修改器，然后在"细分量"卷展栏下设置"迭代次数"为2，具体参数设置及模型效果如图7-93所示。

05 再次将模型转换为可编辑多边形，效果如图7-94所示。

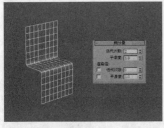

图7-93　　　　　　　　　　　图7-94

技巧与提示

再次将模型转换为可编辑多边形后，可以发现模型上出现了非常多的分段，且非常平滑，这样的模型正好用来制作布料。但是要注意一点，并不是越多的分段越好，否则会影响计算机的运动速度。

06 展开"绘制变形"卷展栏，然后单击"推/拉"按钮 推/拉 ，接着设置"推/拉值"为3mm、"笔刷大小"为25mm、"笔刷强度"为0.5，如图7-95所示，最后在模型的右侧绘制出褶皱效果，如图7-96所示。

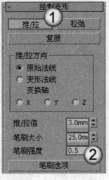

图7-95　　　　　　　　　　　图7-96

技术专题 **21** 绘制变形的技巧

在使用设置好参数的笔刷绘制褶皱时，按住Alt键可以在保持相同参数值的情况下在推和拉之间进行切换。例如，如果拉的值为3mm，按住Alt键可以切换为-3mm，此时就为推的操作，松开Alt键后就会恢复为拉的操作。另外，除了可以在"绘制变形"卷展栏下调整笔刷的大小外，还有一种更为简单的方法，即按住Shift+Ctrl组合键拖曳鼠标左键。

07 将"笔刷大小"值修改为15mm、"笔刷强度"值修改为0.8，然后绘制出褶皱的细节，效果如图7-97所示。

08 将"推/拉值"修改为2mm、"笔刷大小"修改为4mm，然后继续绘制出布料的细节褶皱，完成后的效果如图7-98所示。

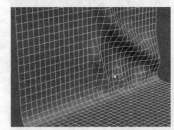

图7-97　　　　　　　　　　　图7-98

09 在"绘制变形"卷展栏下单击"松弛"按钮 松弛 ，然后设置"笔刷大小"为15mm、"笔刷强度"为0.8，如图7-99所示，接着在褶皱上绘制松弛效果，如图7-100所示。

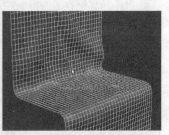

图7-99　　　　　　　　　　　图7-100

10 使用"长方体"工具 长方体 、"球体"工具 球体 、"圆锥体"工具 圆锥体 和"圆柱体"工具 圆柱体 在布料上创建一些几何体，最终效果如图7-101所示。

图7-101

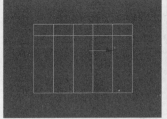

图7-106

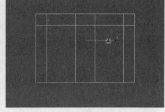

图7-107

★ 重点 ★
实战：用多边形建模制作单人沙发

场景位置	无
实例位置	实例文件>CH07>实战：用多边形建模制作单人沙发.max
视频位置	多媒体教学>CH07>实战：用多边形建模制作单人沙发.flv
难易指数	★★★☆☆
技术掌握	挤出工具、切角工具、利用所选内容创建图形工具

单人沙发效果如图7-102所示。

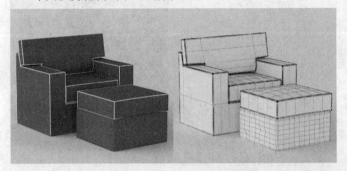

图7-102

01 使用"长方体"工具 长方体 在场景中创建一个长方体，然后在"参数"卷展栏下设置"长度"为270mm、"宽度"为400mm、"高度"为120mm、"长度分段"为2、"宽度分段"为5、"高度分段"为1，具体参数设置及模型效果如图7-103所示。

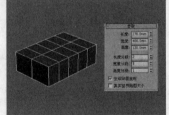

图7-103

02 将长方体转换为可编辑多边形，进入"顶点"级别，然后在左视图中框选如图7-104所示的顶点，接着使用"选择并移动"工具 将其向左拖曳到如图7-105所示的位置。

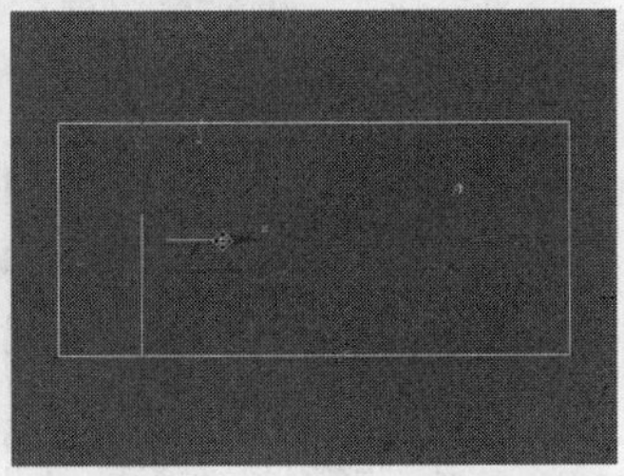

图7-104

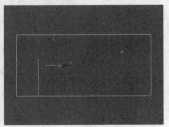

图7-105

03 在顶视图中框选如图7-106所示的顶点，然后使用"选择并均匀缩放"工具 将其向两侧缩放成如图7-107所示的效果。

04 继续在顶视图中框选如图7-108所示的顶点，然后使用"选择并均匀缩放"工具 将其向两侧缩放成如图7-109所示的效果。

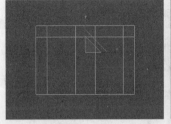

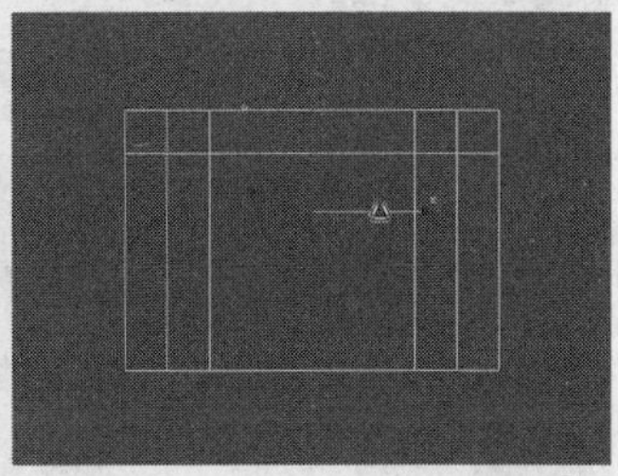

图7-108

图7-109

05 进入"多边形"级别，然后选择如图7-110所示的多边形，接着在"编辑多边形"卷展栏下单击"挤出"按钮 挤出 后面的"设置"按钮 ，最后设置"高度"为100mm，如图7-111所示。

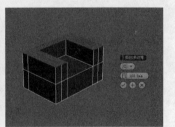

图7-110

图7-111

06 选择如图7-112所示的多边形，然后在"编辑多边形"卷展栏下单击"挤出"按钮 挤出 后面的"设置"按钮 ，接着设置"高度"为60mm，如图7-113所示。

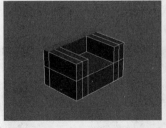

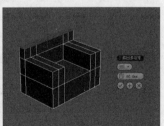

图7-112

图7-113

07 进入"顶点"级别，然后在左视图中框选如图7-114所示的顶点，接着使用"选择并移动"工具 将其向左拖曳到如图7-115所示的位置。

08 进入"边"级别，然后如图7-116所示的边，接着在"编辑边"卷展栏下单击"切角"按钮 切角 后面的"设置"按钮 ，最后设置"边切角量"为5mm、"连接边分段"为4，如图7-117所示。

图7-114

图7-115

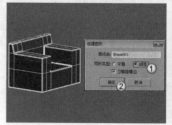
图7-119

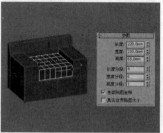
图7-120

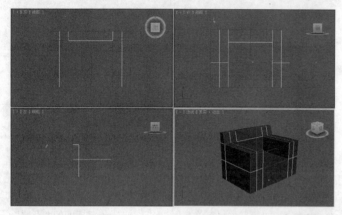
图7-116

11 使用"长方体"工具 长方体 在场景中创建一个长方体，然后在"参数"卷展栏下设置"长度"为220mm、"宽度"为210mm、"高度"为65mm、"长度分段"为4、"宽度分段"为6、"高度分段"为1，具体参数设置及模型位置如图7-121所示。

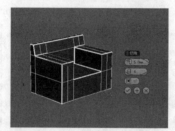
图7-117

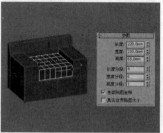
图7-121

09 选择如图7-118所示的边，然后在"编辑边"卷展栏下单击"利用所选内容创建图形"按钮 利用所选内容创建图形 ，接着在弹出的"创建图形"对话框中设置"图形类型"为"线性"，如图7-119所示。

10 选择图形，然后在"渲染"卷展栏下勾选"在渲染中启用"和"在视口中启用"选项，接着设置"径向"的"厚度"为3mm，具体参数设置及图形效果如图7-120所示。

12 将长方体转换为可编辑多边形，进入"边"级别，然后选择如图7-122所示的边，接着在"编辑边"卷展栏下单击"切角"按钮 切角 后面的"设置"按钮□，最后设置"边切角量"为5mm、"连接边分段"为4，如图7-123所示。

图7-122

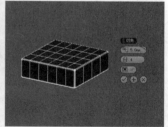
图7-123

13 选择如图7-124所示的边，然后在"编辑边"卷展栏下单击"利用所选内容创建图形"按钮 利用所选内容创建图形 ，接着在弹出的"创建图形"对话框中设置"图形类型"为"线性"，如图7-125所示，效果如图7-126所示。

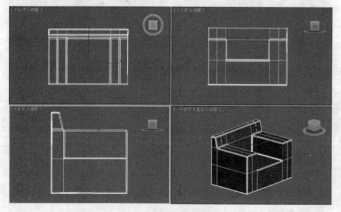
图7-118

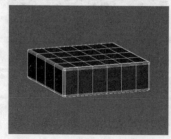
图7-124

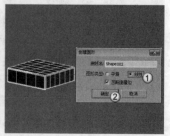
图7-125

图7-126

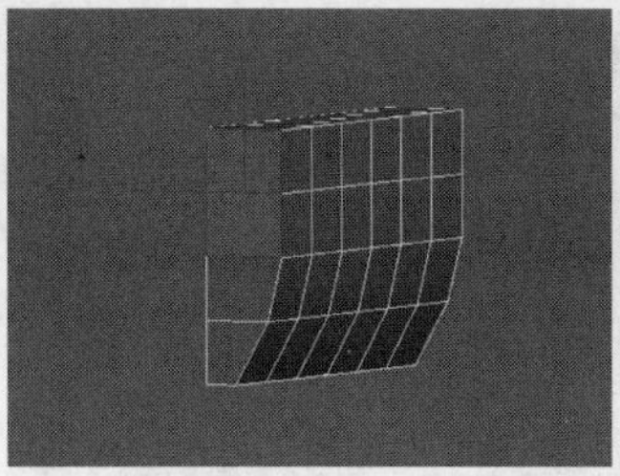

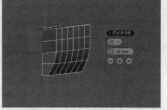

图7-131

图7-132

图7-133

技术专题 22 用户视图

这里要介绍一下在建模过程中的一种常用视图，即用户视图。在创建模型时，很多时候都需要在透视图中进行操作，但有时用鼠标中键缩放视图时会发现没有多大作用，或是根本无法缩放视图，这样就无法对模型进行更进一步的操作。遇到这种情况时，可以按U键将透视图切换为用户视图，这样就不会出现无法缩放视图的现象。但是在用户视图中，模型的透视关系可能会不正常，如图7-127所示，不过没有关系，将模型调整完成后按P键切换回透视图就行了，如图7-128所示。

图7-127

图7-128

14 使用"长方体"工具 长方体 在场景中创建一个长方体，然后在"参数"卷展栏下设置"长度"为43mm、"宽度"为220mm、"高度"为130mm、"长度分段"为1、"宽度分段"为6、"高度分段"为4，具体参数设置及模型效果如图7-129所示。

15 将长方体转换为可编辑多边形，进入"顶点"级别，然后使用"选择并移动"工具 在左视图中将右下角的顶点调整到如图7-130所示的位置。

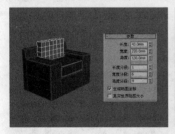

图7-129

图7-130

16 进入"多边形"级别，然后选择如图7-131所示的多边形，接着在"编辑多边形"卷展栏下单击"挤出"按钮 挤出 后面的"设置"按钮，接着设置"高度"为90mm，如图7-132所示。

17 采用相同的方法将另外一侧的两个多边形也挤出90mm，如图7-133所示。

18 进入"边"级别，然后选择如图7-134所示的边，接着在"编辑边"卷展栏下单击"切角"按钮 切角 后面的"设置"按钮，最后设置"边切角量"为5mm、"连接边分段"为4，如图7-135所示。

19 退出"边"级别，然后使用"选择并旋转"工具 在左视图中将靠背模型逆时针旋转一定的角度，如图7-136所示。

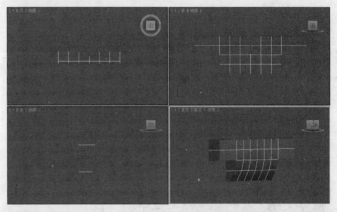

图7-134

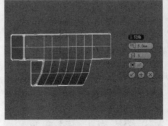

图7-135

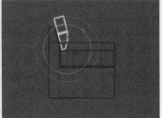

图7-136

20 选择如图7-137所示的边，然后在"编辑边"卷展栏下单击"利用所选内容创建图形"按钮 利用所选内容创建图形 ，接着在弹出的"创建图形"对话框中设置"图形类型"为"线性"，如图7-138所示，最终效果如图7-139所示。

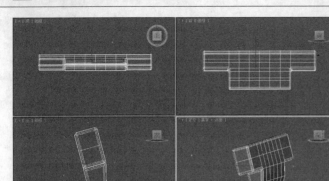

图7-137

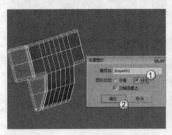

图7-138

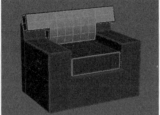

图7-139

★ 重点 ★
实战：用多边形建模制作欧式边几

场景位置	无
实例位置	实例文件>CH07>实战：用多边形建模制作欧式边几.max
视频位置	多媒体教学>CH07>实战：用多边形建模制作欧式边几.flv
难易指数	★★★★☆
技术掌握	插入工具、挤出工具、倒角工具、切角工具、利用所选内容创建图形工具

欧式边几效果如图7-140所示。

图7-140

01 下面制作桌面模型。使用"长方体"工具 长方体 在场景中创建一个长方体，然后在"参数"卷展栏下设置"长度"为600mm、"宽度"为1200mm、"高度"为60mm、"长度分段"为4、"宽度分段"为6、"高度分段"为3，具体参数设置及模型效果如图7-141所示。

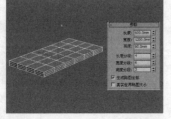

图7-141

02 将长方体转换为可编辑多边形，进入"顶点"级别，然后在顶视图中将顶点调整成如图7-142所示的效果。

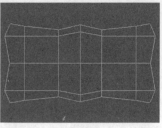

图7-142

⬛ 知识链接
关于顶点的调节方法请参阅前面的实例。

03 进入"多边形"级别，然后选择如图7-143所示的多边形，接着在"编辑多边形"卷展栏下单击"插入"按钮 插入 后面的"设置"按钮◻，最后设置"数量"为10mm，如图7-144所示。

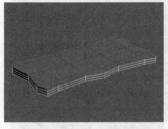

图7-143

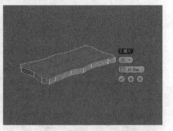

图7-144

04 保持对多边形的选择，在"编辑多边形"卷展栏下单击"挤出"按钮 挤出 后面的"设置"按钮◻，接着设置"高度"为10mm，如图7-145所示。

图7-145

05 选择如图7-146所示的多边形，然后在"编辑多边形"卷展栏下单击"倒角"按钮 倒角 后面的"设置"按钮◻，接着设置"倒角类型"为"局部法线"、"高度"为-8mm、"轮廓"为-3mm，如图7-147所示。

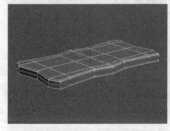

图7-146

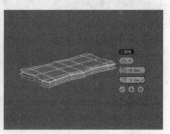

图7-147

06 进入"边"级别，然后选择如图7-148所示的边，接着在"编辑边"卷展栏下单击"切角"按钮 切角 后面的"设置"按钮◻，最后设置"边切角量"为15mm，如图7-149所示。

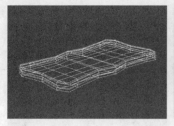 

图7-148　　　　　　　　　图7-149

07 选择如图7-150所示的边，然后在"编辑边"卷展栏下单击"切角"按钮 切角 后面的"设置"按钮 ，接着设置"边切角量"为1.5mm，如图7-151所示。

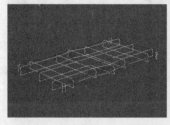 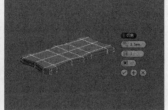

图7-150　　　　　　　　　图7-151

08 为模型加载一个"网格平滑"修改器，然后在"细分量"卷展栏下设置"迭代次数"为2，模型效果如图7-152所示。

09 使用"长方体"工具 长方体 在场景中创建一个长方体，然后在"参数"卷展栏下设置"长度"为10mm、"宽度"为1200mm、"高度"为200mm、"长度分段"为1、"宽度分段"为6、"高度分段"为2，具体参数设置及模型效果如图7-153所示。

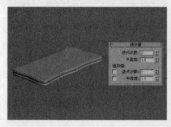 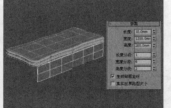

图7-152　　　　　　　　　图7-153

10 将长方体转换为可编辑多边形，然后进入"顶点"级别，接着在各个前视图中将顶点调整成如图7-154所示的效果。

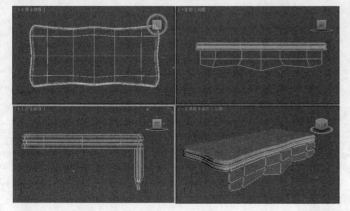

图7-154

11 进入"边"级别，然后选择如图7-155所示的边，接着在"编辑边"卷展栏下单击"切角"按钮 切角 后面的"设置"按钮 ，最后设置"边切角量"为1.5mm，如图7-156所示。

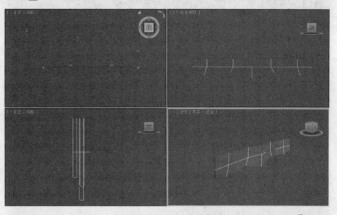

图7-155

图7-156

12 为模型加载一个"网格平滑"修改器，然后在"细分量"卷展栏下设置"迭代次数"为2，具体参数设置及模型效果如图7-157所示。

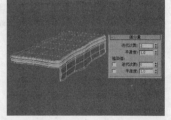

图7-157

13 使用"长方体"工具 长方体 在场景中创建一个长方体，然后在"参数"卷展栏下设置"长度"为580mm、"宽度"为10mm、"高度"为200mm、"长度分段"为4、"宽度分段"为1、"高度分段"为2，具体参数设置及模型位置如图7-158所示。

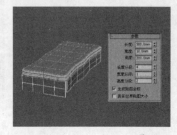

图7-158

14 将长方体转换为可编辑多边形，然后进入"顶点"级别，接着在各个视图中将顶点调整成如图7-159所示的效果。

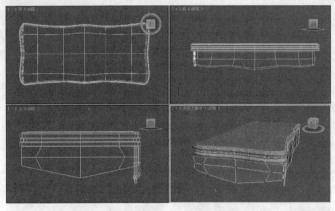

图7-159

15 进入"边"级别，然后选择如图7-160所示的边，接着在"编辑边"卷展栏下单击"切角"按钮 切角 后面的"设置"按钮 ⬜，最后设置"边切角量"为1.5mm，如图7-161所示。

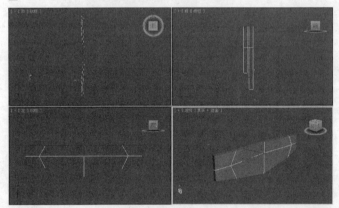

图7-160

图7-161

16 为模型加载一个"网格平滑"修改器，然后在"细分量"卷展栏下设置"迭代次数"为2，具体参数设置及模型效果如图7-162所示。

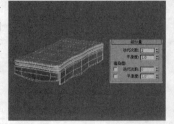

图7-162

17 为桌面下的两个模型建立一个组，如图7-163所示，然后切换到顶视图，接着在"主工具栏"中单击"镜像"按钮 🔘，在弹出的"镜像:世界坐标"对话框中设置"镜像轴"为xy、"偏移"为

200mm、"克隆当前选择"为"实例"，具体参数设置如图7-164所示，最后调整镜像出来的模型的位置，如图7-165所示。

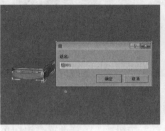

图7-163

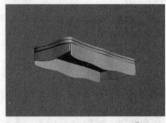

图7-164

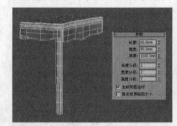

图7-165

18 使用"长方体"工具 长方体 在场景中创建一个长方体，然后在"参数"卷展栏下设置"长度"为60mm、"宽度"为60mm、"高度"为1000mm、"长度分段"为2、"宽度分段"为2、"高度分段"为7，具体参数设置及模型位置如图7-166所示。

19 将长方体转换为可编辑多边形，进入"顶点"级别，然后在前视图中将顶点调整成如图7-167所示的效果。

图7-166　　　　　　　　　图7-167

20 进入"边"级别，然后选择如图7-168所示的边，接着在"编辑边"卷展栏下单击"切角"按钮 切角 后面的"设置"按钮⬜，最后设置"边切角量"为2mm，如图7-169所示。

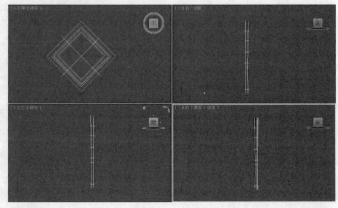

图7-168

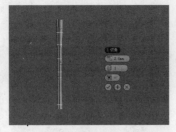

图7-169

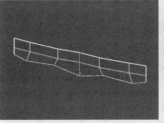

图7-175　　　　　　　　　图7-176

21 为模型加载一个"细化"修改器，然后在"参数"卷展栏下设置"操作于"方式为"多边形"□、"迭代次数"为2，具体参数设置及模型效果如图7-170所示。

图7-170

22 为模型加载一个FFD（长方体）修改器，然后在"FFD参数"卷展栏下单击"设置点数"按钮 设置点数，打开"设置FFD尺寸"对话框，接着设置"高度"为5，如图7-171所示，最后在"控制点"次物体层级下将模型调整成如图7-172所示的效果。

图7-171

图7-172

23 为模型加载一个"网格平滑"修改器，然后在"细分量"卷展栏下设置"迭代次数"为2，具体参数设置及模型效果如图7-173所示。

24 利用"镜像"工具 或复制功能复制3个模型到边几的另外3个角上，如图7-174所示。

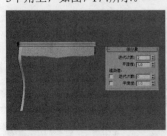

图7-173

图7-174

25 选择苇布模型，进入"边"级别，然后选择如图7-175所示的边，接着在"编辑边"卷展栏下单击"利用所选内容创建图形"按钮 利用所选内容创建图形，最后在弹出的"创建图形"对话框中设置"图形类型"为"线性"，如图7-176所示。

疑难问答 ?

问：怎么选择不了边？

答：由于苇布模型加载了"网格平滑"修改器，那么在选择该模型时，首先选中的就是"网格平滑"修改器，而没有选择模型本身，如图7-177所示。因此，如果要选择边，就要选择"可编辑多边形"，即苇布模型，如图7-178所示。

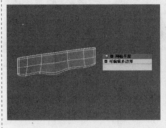

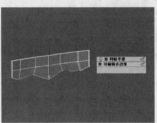

图7-177　　　　　　　　　图7-178

26 选择"图形001"，然后在"渲染"卷展栏下勾选"在渲染中启用"和"在视口中启用"选项，接着设置"径向"的"厚度"为20mm，具体参数设置及图形效果如图7-179所示。

27 采用相同的方法制作出其他的镶边，最终效果如图7-180所示。

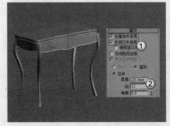

图7-179　　　　　　　　　图7-180

★ 重点 ★

实战：用多边形建模制作钻戒

场景位置	无
实例位置	实例文件>CH07>实战：用多边形建模制作钻戒.max
视频位置	多媒体教学>CH07>实战：用多边形建模制作钻戒.flv
难易指数	★★★★☆
技术掌握	切角工具、插入工具、倒角工具

钻戒效果如图7-181所示。

01 使用"几何球体"工具 几何球体 在场景中创建一个几何球体，然后在"参数"卷展栏下设置"半径"为100mm、"分段"为6、"基点面类型"为"八面体"，接着关闭"平滑"选项，并勾选"半球"选项，具体参数设置及模型效果如图7-182所示。

02 使用"选择并均匀缩放"工具 在透视图中沿z轴向下将几

何球体压扁，如图7-183所示。

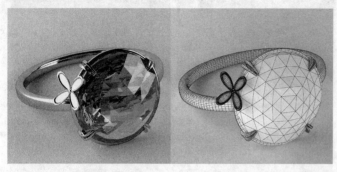

图7-181

图7-182 　　　　　　　　　　　图7-183

03 将模型在转换为可编辑多边形，进入"顶点"级别，然后在前视图中将顶点调整成如图7-184所示的效果，在透视图中的效果如图7-185所示。

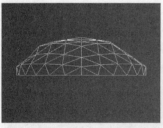

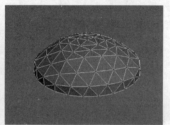

图7-184 　　　　　　　　　　　图7-185

04 使用"管状体"工具 [管状体] 在场景中创建一个管状体，然后在"参数"卷展栏下设置"半径1"为95mm、"半径2"为90mm、"高度"为5mm、"高度分段"为1、"端面分段"为1、"边数"为36，具体参数设置及模型位置如图7-186所示。

图7-186

05 将镶边模型转换为可编辑多边形，进入"边"级别，然后选择如图7-187所示的边，接着在"编辑边"卷展栏下单击"切

角"按钮 [切角] 后面的"设置"按钮，最后设置"边切角量"为0.8mm，如图7-188所示。

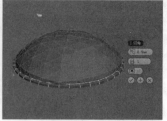

图7-187 　　　　　　　　　　　图7-188

06 为镶边模型加载一个"网格平滑"修改器，然后在"细分量"卷展栏下设置"迭代次数"为1，具体参数设置及模型效果如图7-189所示。

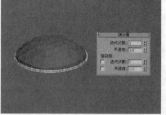

图7-189

07 使用C-Ext工具 [C-Ext] 在左视图中创建一个C-Ext物体，具体参数设置如图7-190所示。

08 将C-Ext物体转换为可编辑多边形，进入"顶点"级别，然后在左视图中将顶点调整成如图7-191所示的效果。

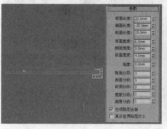

图7-190 　　　　　　　　　　　图7-191

09 进入"边"级别，然后选择如图7-192所示的边，接着在"编辑边"卷展栏下单击"切角"按钮 [切角] 后面的"设置"按钮，最后设置"边切角量"为0.4mm，如图7-193所示。

图7-192 　　　　　　　　　　　图7-193

10 为模型加载一个"网格平滑"修改器，然后在"细分量"卷展栏下设置"迭代次数"为2，具体参数设置及模型效果如图7-194所示，整体效果如图7-195所示。

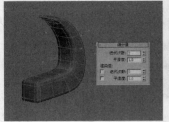

图7-194　　　　　　　　　　　图7-195

⓫ 利用移动复制功能复制一个"钩"模型，然后为两个"钩"模型建立一个组，如图7-196所示，接着使用"仅影响轴"技术和"选择并旋转"工具◎围绕钻石复制3组"钩"模型，完成后的效果如图7-197所示。

图7-196　　　　　　　　　　　图7-197

▶ 知识链接

关于步骤（11）中的"钩"模型的复制方法请参阅"第3章 样条线建模"中的"实战：用样条线制作水晶灯"。

⓬ 下面制作装饰花瓣模型。使用"长方体"工具 长方体 在场景中创建一个长方体，然后在"参数"卷展栏下设置"长度"为20mm、"宽度"为34mm、"高度"为4mm、"长度分段"为2、"宽度分段"为3、"高度分段"为2，如图7-198所示。

图7-198

⓭ 将长方体转换为可编辑多边形，进入"顶点"级别，然后在各个视图中将顶点调整成如图7-199所示的效果。

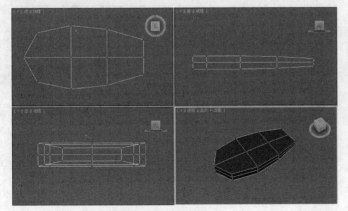

图7-199

⓮ 进入"多边形"级别，然后选择如图7-200所示的多边形，接着在"编辑多边形"卷展栏下单击"插入"按钮 插入 后面的"设置"按钮▣，最后设置"数量"为2.5mm，如图7-210所示。

图7-200　　　　　　　　　　　图7-201

⓯ 在顶视图中使用"选择并移动"工具➕将插入的多边形向右稍微拖曳一段距离，如图7-202所示，然后在"编辑多边形"卷展栏下单击"倒角"按钮 倒角 后面的"设置"按钮▣，接着设置"高度"为-2mm、"轮廓"为-1.8mm，如图7-203所示。

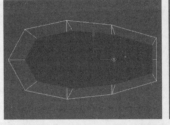

图7-202　　　　　　　　　　　图7-203

⓰ 进入"边"级别，然后选择如图7-204所示的边，接着在"编辑边"卷展栏下单击"切角"按钮 切角 后面的"设置"按钮▣，最后设置"边切角量"为0.3mm，如图7-205所示。

图7-204　　　　　　　　　　　图7-205

⓱ 为模型加载一个"网格平滑"修改器，然后在"细分量"卷展栏下设置"迭代次数"为2，如图7-206所示。

⓲ 使用"仅影响轴"技术和"选择并旋转"工具◎旋转复制3个花瓣模型，如图7-207所示。

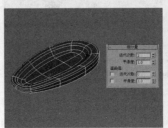

图7-206　　　　　　　　　　　图7-207

19 使用"圆柱体"工具 圆柱体 在花瓣的中间创建两个大小合适的圆柱体，如图7-208所示，然后将装饰模型摆放到钻戒上，完成后的效果如图7-209所示。

图7-208　　　　　　　　　　　　　　图7-209

20 使用"管状体"工具 管状体 在左视图中创建一个管状体，然后在"参数"卷展栏下设置"半径1"为120mm、"半径2"为105mm、"高度"为15mm，具体参数设置及模型位置如图7-210所示。

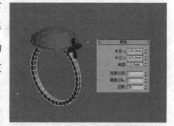

图7-210

21 将管状体转换为可编辑多边形，进入"边"级别，然后选择如图7-211所示的边，接着在"编辑边"卷展栏下单击"切角"按钮 切角 后面的"设置"按钮□，最后设置"边切角量"为3mm，如图7-212所示。

图7-211　　　　　　　　　　　　　　图7-212

22 为模型加载一个"网格平滑"修改器，然后在"细分量"卷展栏下设置"迭代次数"为2，最终效果如图7-213所示。

图7-213

★重点
实战：用多边形建模制作向日葵

场景位置　无
实例位置　实例文件>CH07>实战：用多边形建模制作向日葵.max
视频位置　多媒体教学>CH07>实战：用多边形建模制作向日葵.flv
难易指数　★★★★☆
技术掌握　软选择功能、转换到面命令、倒角工具

　　向日葵效果如图7-214所示。

图7-214

01 使用"圆柱体"工具 圆柱体 在前视图中创建一个圆柱体，然后在"参数"卷展栏下设置"半径"为150mm、"高度"为25mm、"高度分段"为1、"端面分段"为50、"边数"为150，具体参数设置及模型效果如图7-215所示。

02 将圆柱体转换为可编辑多边形，进入"顶点"级别，然后在"软选择"卷展栏下勾选"使用软选择"选项，接着设置"衰减"为80mm，如图7-216所示。

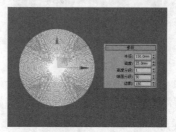
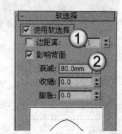

图7-215　　　　　　　　　　　　　　图7-216

技巧与提示

　　这里将圆柱体的分段和边数设置得相当大，目的是让模型表面有足够的段值。

03 在"主工具栏"中将选择模式设置为"圆形选择区域"模式，然后使用"选择对象"工具，单击中间的顶点，效果如图7-217所示。

04 使用"选择并移动"按钮在透视图中沿y轴正方向拖曳顶点，得到如图7-218所示的效果。

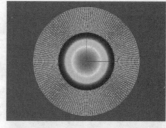

图7-217　　　　　　　　　　　　　　图7-218

05 在"软选择"卷展栏下关闭"使用软选择"选项，进入"边"级别，然后在前视图中选择如图7-219所示的边，接着在"选择"卷展栏下单击"循环"按钮 循环 ，选择循环边，如图7-220所示。

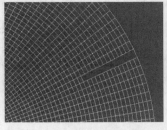
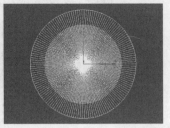

图7-219　　　　　　　　　　　图7-220

06 保持对边的选择，单击鼠标右键，然后在弹出的快捷菜单中选择"转换到面"命令，如图7-221所示，这样就可以自动选择如图7-222所示的多边形。

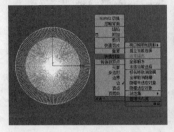

图7-221　　　　　　　　　　　图7-222

---技术专题(23)将边的选择转换为面的选择---

从步骤（10）可以发现，要选择如此之多的多边形是一件多么困难的事情，这里介绍一种选择多边形的简便方法，即将边的选择转换为面的选择。下面以图7-223所示的一个多边形球体为例来讲解这种选择技法。

图7-223

第1步：进入"边"级别，随意选择一条横向上的边，如图7-224所示，然后在"选择"卷展栏下单击"循环"按钮，以选择与该边在同一经度上的所有横向边，如图7-225所示。

图7-224　　　　　　　　　　　图7-225

第2步：单击鼠标右键，然后在弹出的快捷菜单中选择"转换到面"命令，如图7-226所示，这样就可以将边的选择转换为对面的选择，如图7-227所示。

图7-226　　　　　　　　　　　图7-227

07 保持对多边形选择，在"编辑多边形"卷展栏下单击"倒角"按钮 倒角 后面的"设置"按钮，然后设置"倒角类型"为"按多边形"、"高度"为22mm、"轮廓"为-0.7mm，如图7-228所示。

图7-228

08 在"主工具栏"中将选择模式设置为"矩形选择区域"，然后在左视图中框选如图7-229所示的顶点，切换到"圆形选择区域"选择模式，将光标定位在原点，接着按住Alt键在前视图中拖曳出一个圆形选择区域，以减去中间区域的顶点，效果如图7-230所示。

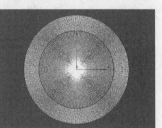

图7-229　　　　　　　　　　　图7-230

09 使用"选择并均匀缩放"工具将选择的顶点等比例向外缩放成如图7-231所示的效果。

图7-231

10 进入"多边形"级别，然后选择如图7-232所示的多边形，接着在"编辑多边形"卷展栏下单击"倒角"按钮 倒角 后面的"设置"按钮，最后设置"高度"为22mm、"轮廓"为-0.7mm，如图7-233所示。

11 继续使用"倒角"工具 倒角 制作出中间的倒角效果，如图7-234所示。

12 为模型加载一个"涡轮平滑"修改器，然后在"涡轮平滑"卷展栏下设置"迭代次数"为1，具体参数设置及模型效果如图7-235所示。

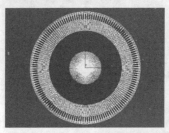 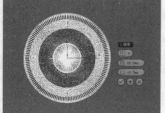 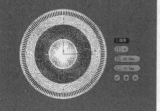

图7-232   图7-233

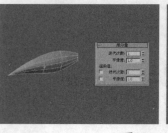

图7-238   图7-239

17 使用"仅影响轴"技术和"选择并旋转"工具 ⊙ 围绕向日葵旋转复制一圈花瓣模型，如图7-240所示。

图7-234   图7-235

13 下面制作向日葵的花瓣部分。使用"平面"工具 平面 在前视图中创建一个平面，然后在"参数"卷展栏下设置"长度"为45mm、"宽度"为200mm、"长度分段"为4、"宽度分段"为4，具体参数设置及平面效果如图7-236所示。

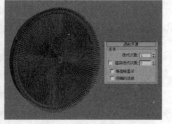

图7-236

14 将平面转换为可编辑多边形，进入"顶点"级别，然后在各个视图中将顶点调整成如图7-237所示的效果。

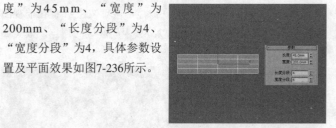

图7-237

15 为花瓣模型加载一个"网格平滑"修改器，然后在"细分量"卷展栏下设置"迭代次数"为1，具体参数设置及模型效果如图7-238所示。

16 复制一个花瓣模型，然后在"顶点"级别下将其调节成如图7-239所示的形状。

图7-240

18 使用"线"工具 线 在前视图中绘制一条如图7-241所示的样条线，然后在"渲染"卷展栏下勾选"在渲染中启用"和"在视图中启用"选项，接着设置"径向"的"厚度"为30mm，最终效果如图7-242所示。

图7-241   图7-242

★ 重点 ★

实战：用多边形建模制作藤椅

场景位置	无
实例位置	实例文件>CH07>实战：用多边形建模制作藤椅.max
视频位置	多媒体教学>CH07>实战：用多边形建模制作藤椅.flv
难易指数	★★★★☆
技术掌握	桥工具、连接工具、目标焊接工具、利用所选内容创建图形工具

藤椅效果如图7-243所示。

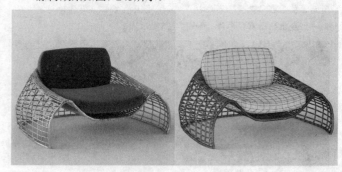

图7-243

01 下面制作藤椅模型。使用"平面"工具 平面 在场景中创建一个平面，然后在"参数"卷展栏下设置"长度"为120mm、"宽度"为100mm、"长度分段"为2、"宽度分段"

为3，具体参数设置及模型效果
如图7-244所示。

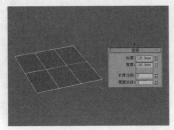

图7-244

02 将平面转换为可编辑多边形，进入"顶点"级别，然后在顶视图中选择如图7-245所示的顶点，接着使用"选择并移动"工具 将其向下拖曳到如图7-246所示的位置。

图7-245　　　　　　　图7-246

03 在顶视图中选择如图7-247所示的顶点，然后使用"选择并均匀缩放"工具 将其向内缩放成如图7-248所示的效果。

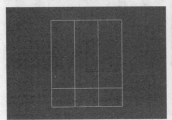 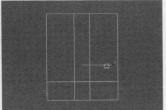

图7-247　　　　　　　图7-248

04 在顶视图中选择如图7-249所示的顶点，然后使用"选择并移动"工具 将其向下拖曳到如图7-250所示的位置，接着使用"选择并均匀缩放"工具 将其向内缩放成如图7-251所示的效果。

图7-249　　　　　　　图7-250

图7-251

05 继续使用"选择并均匀缩放"工具 将底部的顶点缩放成如图7-252所示的效果。

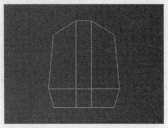

图7-252

06 进入"边"级别，然后选择如图7-253所示的边，接着按住Shift键使用"选择并移动"工具 将其向上拖曳（复制）两次，得到如图7-254所示的效果。

 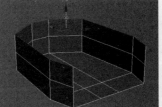

图7-253　　　　　　　图7-254

07 使用"选择并均匀缩放"工具 将所选边向内缩放成如图7-255所示的效果。

08 采用步骤（6）~步骤（7）的方法将模型调整成如图7-256所示的效果。

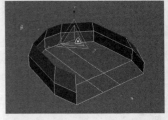 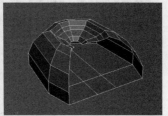

图7-255　　　　　　　图7-256

09 进入"顶点"级别，然后在顶视图选择如图7-257所示的顶点，接着使用"选择并非均匀缩放"工具 将其向下缩放成如图7-258所示的效果，最后使用"选择并移动"工具 将所选顶点向下拖曳一段距离，如图7-259所示。

10 在顶视图选择如图7-260所示的顶点，然后使用"选择并非均匀缩放"工具 将其向下缩放成如图7-261所示的效果，接着使用"选择并移动"工具 将所选顶点向下拖曳一段距离，如图7-262所示。

图7-257　　　　　　　图7-258

图7-259

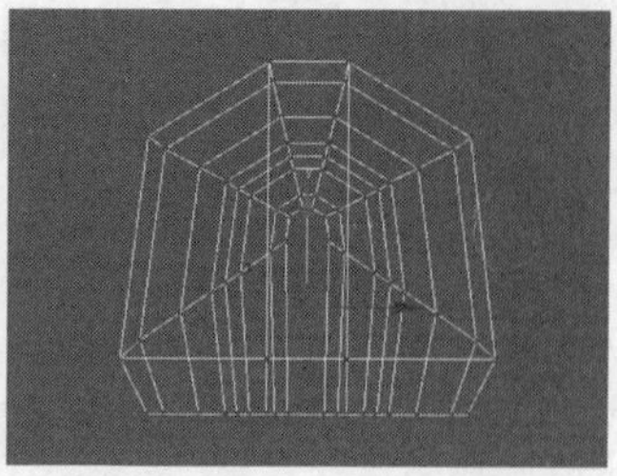

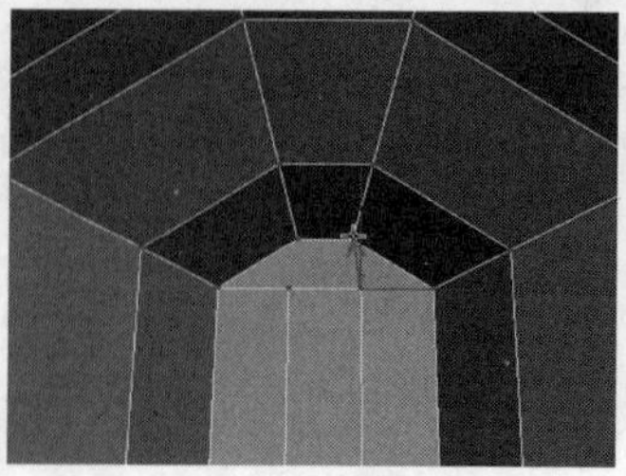

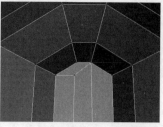

图7-268　　　　　　　　　　　图7-269

14 采用相同的方法将另外一
侧的两个顶点焊接起来，完成
后的效果如图7-270所示。

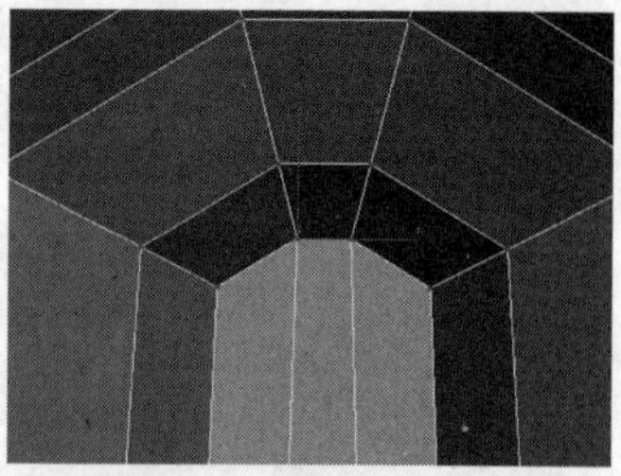

图7-261

图7-262

11 进入"边"级别，然后选择如图7-263所示的边，接着在"编辑
边"卷展栏下单击"桥"按钮 桥 ，效果如图7-264所示。

图7-270

15 继续使用"目标焊接"工具 目标焊接 焊接如图7-271所示的
顶点，完成后的效果如图7-272所示。

图7-263

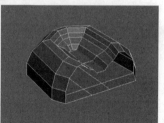

图7-264

12 在顶视图中选择如图7-265所示的边，然后在"编辑边"卷
展栏下单击"连接"按钮 连接 后面的"设置"按钮□，接着设
置"分段"为2，如图7-266所示。

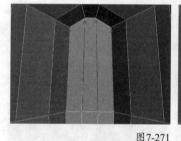

图7-271

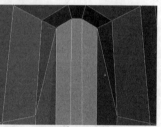

图7-272

16 选择如图7-273所示的边，然后在"编辑边"卷展栏下单击
"连接"按钮 连接 后面的"设置"按钮□，接着设置"分段"
为1，如图7-274所示。

图7-265

图7-266

13 进入"顶点"级别，然后选择如图7-267所示的顶点，接着
在"编辑顶点"卷展栏下单击"目标焊接"按钮 目标焊接 ，最后
将其拖曳到如图7-268所示的顶
点上，这样可以将两个顶点焊
接起来，效果如图7-269所示。

图7-273

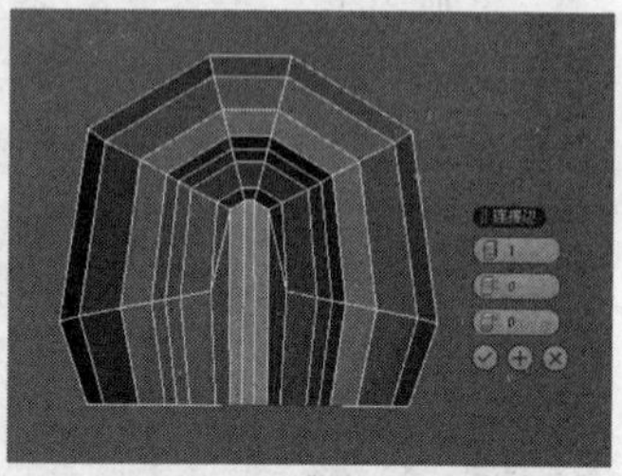

图7-274

17 继续对模型的细节（顶
点）进行调节，完成后的效果
如图7-275所示。

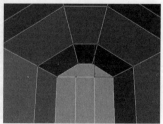

图7-267

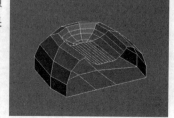

图7-275

18 进入"多边形"级别，然后选择模型底部的多边形，如图
7-276所示，接着按Delete键将其删除，效果如图7-277所示。

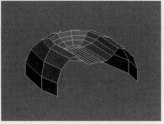

图7-276　　　　　　　　　　　　　　图7-277

19 为模型加载一个"细化"修改器，然后在"参数"卷展栏设置"操作于"为"多边形"□、"张力"为8、"迭代次数"为2，具体参数设置及模型效果如图7-278所示。

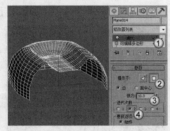

图7-278

20 将模型转换为可编辑多边形，进入"边"级别，然后选择如图7-279所示的边，接着在"编辑边"卷展栏下单击"利用所选内容创建图形"按钮 利用所选内容创建图形 ，最后在弹出的"创建图形"对话框中设置"图形类型"为"线性"，并单击"确定"按钮，如图7-280所示。

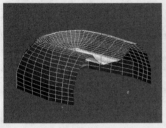

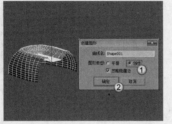

图7-279　　　　　　　　　　　　　　图7-280

21 选择"图形001"，然后在"渲染"卷展栏中勾选"在渲染中启用"和"在视口中启用"选项，接着设置"径向"的"厚度"为2mm，效果如图7-281所示。

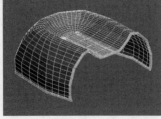

图7-281

22 选择模型，进入"边"级别，然后选择如图7-282所示的边，接着在"编辑边"卷展栏下单击"利用所选内容创建图形"按钮 利用所选内容创建图形 ，最后在弹出的"创建图形"对话框中设置"图形类型"为"线性"，并单击"确定"按钮，如图7-283所示。

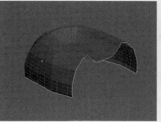

图7-282　　　　　　　　　　　　　　图7-283

23 选择"图形002"，然后在"渲染"卷展栏中勾选"在渲染中启用"和"在视口中启用"选项，接着设置"径向"的"厚度"为1mm，效果如图7-284所示。

23 选择原始的藤椅模型，然后按Delete键将其删除，效果如图7-285所示。

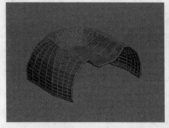

图7-284　　　　　　　　　　　　　　图7-285

25 为模型加载一个FFD 3×3×3修改器，然后进入"控制点"次物体层级，接着选择如图7-286所示的控制点，最后使用"选择并移动"工具➕将其向上拖曳一段距离，效果如图如图7-287所示。

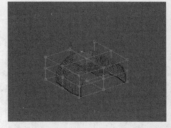

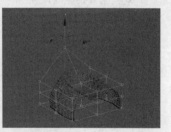

图7-286　　　　　　　　　　　　　　图7-287

26 下面制作座垫模型。使用"切角长方体"工具 切角长方体 在场景中创建一个切角长方体，然后在"参数"卷展栏下设置"长度"为65mm、"宽度"为60mm、"高度"为10mm、"圆角"为3mm、"长度分段"为10、"宽度分段"为10、"高度分段"为1、"圆角分段"为2，具体参数设置及模型位置如图7-288所示。

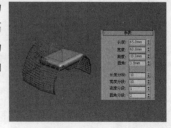

图7-288

27 为切角长方体加载一个FFD 4×4×4修改器，然后进入"控制点"次物体层级，接着将切角长方体调整成如图7-289所示的形状。

217

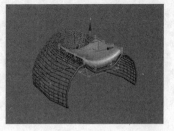

图7-289

28 选择座垫模型，然后按住Shift键使用"选择并旋转"工具◎旋转复制一个模型作为靠背，如图7-290所示，接着使用"选择并非均匀缩放"工具□调整其大小比例，最终效果如图7-291所示。

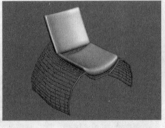

图7-290　　　　　　　　图7-291

★ 重 点 ★
实战： 用多边形建模制作欧式双人床

场景位置	无
实例位置	实例文件>CH07>实战：用多边形建模制作欧式双人床.max
视频位置	多媒体教学>CH07>实战：用多边形建模制作欧式双人床.flv
难易指数	★★★★☆
技术掌握	挤出工具、切角工具、网格平滑修改器、细化修改器、Cloth（布料）修改器

双人床效果如图7-292所示。

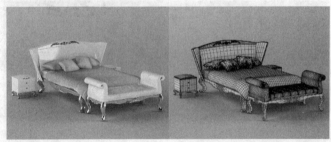

图7-292

01 下面制作床头模型。使用"长方体"工具 长方体 在场景中创建一个长方体，然后在"参数"卷展栏下设置"长度"为10mm、"宽度"为280mm、"高度"为130mm、"长度分段"为1、"宽度分段"为4、"高度分段"为2，具体参数设置及模型效果如图7-293所示。

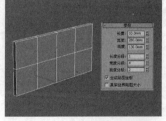

图7-293

02 将长方体转换为可编辑多边形，然后进入"顶点"级别，接着在前视图中将顶点调整成如图7-294所示的效果。

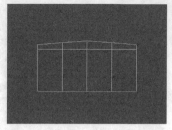

图7-294

03 进入"多边形"级别，然后选择如图7-295所示的多边形，接着在"编辑多边形"卷展栏下单击"挤出"按钮 挤出 后面的"设置"按钮□，最后设置"挤出类型"为"局部法线"、"高度"为4mm，如图7-296所示。

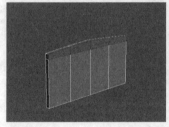

图7-295　　　　　　　　图7-296

04 进入"边"级别，然后选择如图7-297所示的边，接着在"编辑边"卷展栏下单击"切角"按钮 切角 后面的"设置"按钮□，最后设置"边切角量"为1mm，如图7-298所示。

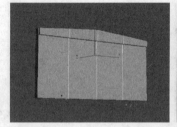

图7-297　　　　　　　　图7-298

05 为模型加载一个"网格平滑"修改器，然后在"细分量"卷展栏下设置"迭代次数"为2，具体参数设置及模型效果如图7-299所示。

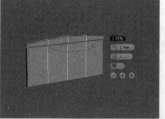

图7-299

06 使用"切角长方体"按钮 切角长方体 在场景中创建一个切角长方体，然后在"参数"卷展栏下设置"长度"为90mm、"宽度"为9mm、"高度"为140mm、"圆角"为2mm、"圆角分段"为3，具体参数设置及模型位置如图7-300所示，接着移动复制一个切角长方体到另外一侧，如图7-301所示。

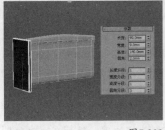
图7-300

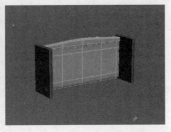
图7-301

07 下面创建床板模型。使用"长方体"工具 长方体 在场景中创建一个长方体，然后在"参数"卷展栏下设置"长度"为350mm、"宽度"为270mm、"高度"为15mm、"长度分段"为1、"宽度分段"为1、"高度分段"为2，具体参数设置及模型位置如图7-302所示。

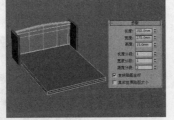
图7-302

08 将长方体转换为可编辑多边形，进入"顶点"级别，然后将顶点调整成如图7-303所示的效果。

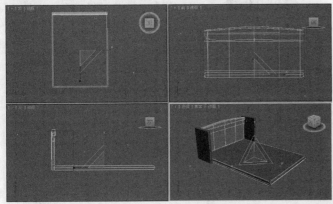
图7-303

09 进入"边"级别，然后选择所有的边，接着在"编辑边"卷展栏下单击"切角"按钮 切角 后面的"设置"按钮□，最后设置"边切角量"为1mm，如图7-304所示。

10 为模型加载一个"网格平滑"修改器，然后在"细分量"卷展栏下设置"迭代次数"为3，具体参数设置及模型效果如图7-305所示。

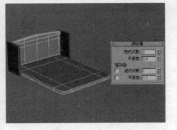
图7-304 图7-305

11 下面制作床腿模型。使用"长方体"工具 长方体 在场景中创建一个长方体，然后在"参数"卷展栏下设置"长度"为30mm、"宽度"为30mm、"高度"为90mm、"长度分段"为1、"宽度分段"为1、"高度分段"为5，具体参数设置及模型位置如图7-306所示。

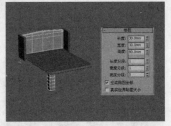
图7-306

12 将长方体转换为可编辑多边形，进入"顶点"级别，然后将模型调整成如图7-307所示的形状。

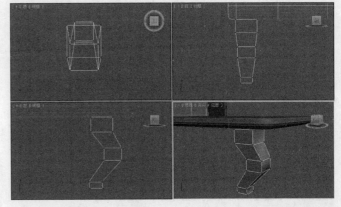
图7-307

13 进入"边"级别，然后选择如图7-308所示的边，接着在"编辑边"卷展栏下单击"切角"按钮 切角 后面的"设置"按钮□，最后设置"边切角量"为1mm，如图7-309所示。

图7-308 图7-309

14 为模型加载一个"网格平滑"修改器，然后在"细分量"卷展栏下设置"迭代次数"为2，接着调整其角度，效果如图7-310所示。

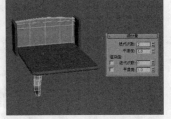
图7-310

15 利用"镜像"工具 或移动复制功能复制3个床腿模型到床板的另外3个角上，完成后的效果如图7-311所示。

16 下面制作床垫模型。使用"长方体"工具 长方体 在床板上创建一个长方体，然后在"参数"卷展栏下设置"长度"为340mm、"宽度"为260mm、"高度"为18mm、"长度分段"为7、"宽度分段"为6、"高度分段"为2，具体参数设置及模型位置如图7-312所示。

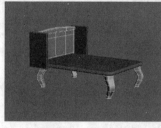
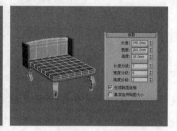

图7-311　　　　　　　　　　　图7-312

17 将长方体转换为可编辑多边形，进入"顶点"级别，然后在左视图中选择如图7-313所示的顶点，接着在顶视图中使用"选择并均匀缩放"工具 将顶点向外缩放成如图7-314所示的效果。

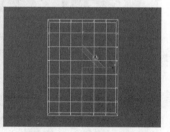

图7-313　　　　　　　　　　　图7-314

18 为模型加载一个"细化"修改器，然后在"参数"卷展栏下设置"操作于"为"多边形" 、"迭代次数"为2，具体参数设置及模型效果如图7-315所示。

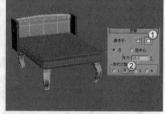

图7-315

19 下面制作床单模型。使用"平面"工具 平面 在顶视图中创建一个平面，然后在"参数"卷展栏下设置"长度"和"宽度"为350mm、"长度分段"和"宽度分段"为60，具体参数设置及平面位置如图7-316所示，切换到左视图，接着使用"选择并移动"工具 将平面向上拖曳到如图7-317所示的位置。

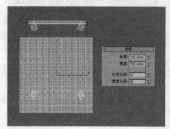

图7-316　　　　　　　　　　　图7-317

疑难问答 ?

问：为什么要将平面放到如此高的位置？

答：在制作类似于床单这种物体时，一般会采用两种方法来制作，即多边形建模和Cloth（布料）修改器。由于多边形建模没有Cloth（布料）修改器方便，因此本例使用该修改器来制作。但是要使用该修改器，那么两个模拟对象必须具有一定的高度（这个高度不是一个确定值）。

20 为平面加载一个Cloth（布料）修改器，然后在"对象"卷展栏下单击"对象属性"按钮 对象属性 ，打开"对象属性"对话框，接着单击"添加对象"按钮 添加对象... ，最后在弹出的"添加对象到布料模拟"对话框中选择Box007（即床垫模型），如图7-318所示。

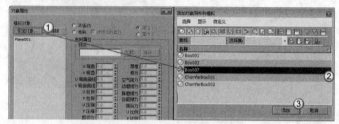

图7-318

◀ 知识链接 ▶

关于Cloth（布料）修改器的详细介绍请参阅"14.4　Cloth（布料）修改器"中的相关内容。

21 在对象列表中选择Box007，然后勾选"冲突对象"选项，如图7-319所示，接着选择Plane001，最后选择Cloth（布料）选项，如图7-320所示。

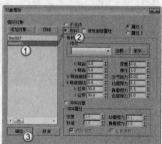

图7-319　　　　　　　　　　　图7-320

22 在"对象"卷展栏下单击"模拟"按钮 模拟 （模拟平面下落撞击到床垫的动力学动画），在模拟过程中会显示模拟进度的Cloth（布料）对话框，如图7-321所示，模拟完成后的效果如图7-322所示。

图7-321　　　　　　　　　　　图7-322

23 为床单模型加载一个"壳"修改器，然后在"参数"卷展栏下设置"外部量"为2mm，具体参数设置及模型效果如图7-323所示，接着为其加载一个"网格平滑"修改器，最后在"细分量"卷展栏下设置"迭代次数"为1，具体参数设置及模型效果如图7-324所示。

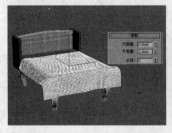 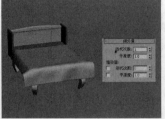

图7-323　　　　　　　　　图7-324

24 使用多边形建模方法制作出枕头模型，最终效果如图7-325所示。

图7-325

★ 重点 ★
实战：用多边形建模制作苹果手机

场景位置	无
实例位置	实例文件>CH07>实战：用多边形建模制作苹果手机.max
视频位置	多媒体教学>CH07>实战：用多边形建模制作苹果手机.flv
难易指数	★★★★★
技术掌握	切角工具、倒角工具、分离工具、插入工具、挤出工具、ProBoolean工具

苹果手机效果如图7-326所示。

图7-326

01 下面制作主体部分。使用"长方体"工具 长方体 在场景中创建一个长方体，然后在"参数"卷展栏下设置"长度"为115mm、"宽度"为61mm、"高度"为5mm、"长度分段"为6、"宽度分段"为4、"高度分段"为1，具体参数设置及模型效果如图7-327所示。

02 将长方体转换为可编辑多边形，进入"顶点"级别，然后在顶视图中将顶点调整成如图7-328所示的效果。

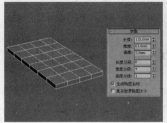 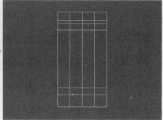

图7-327　　　　　　　　　图7-328

03 进入"边"级别，然后选择如图7-329所示的边，接着在"编辑边"卷展栏下单击"切角"按钮 切角 后面的"设置"按钮，最后设置"边切角量"为7mm、"连接边分段"为2，如图7-330所示。

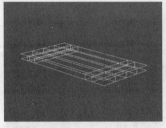 

图7-329　　　　　　　　　图7-330

04 选择如图7-331所示的边，然后在"编辑边"卷展栏下单击"切角"按钮 切角 后面的"设置"按钮，接着设置"边切角量"为2mm、"连接边分段"为2，如图7-332所示。

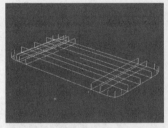 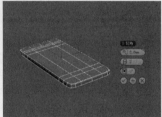

图7-331　　　　　　　　　图7-332

05 选择如图7-333所示的边，然后在"编辑边"卷展栏下单击"切角"按钮 切角 后面的"设置"按钮，接着设置"边切角量"为0.1mm、"连接边分段"为1，如图7-334所示。

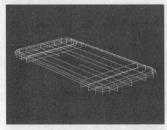 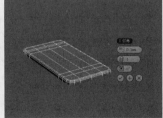

图7-333　　　　　　　　　图7-334

06 进入"顶点"级别，然后选择如图7-335所示的顶点，接着在"编辑顶点"卷展栏下单击"切角"按钮 切角 后面的"设置"按钮，最后设置"顶点切角量"为6.5mm，如图7-336所示。

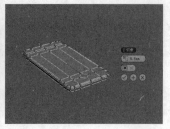

图7-335　　　　　　　　　　　图7-336

07 进入"多边形"级别，然后选择如图7-337所示的多边形，接着在"编辑多边形"卷展栏下单击"倒角"按钮 倒角 后面的"设置"按钮□，再设置"高度"为-0.6mm、"轮廓"为-1.2mm，最后单击"应用并继续"按钮⊞（应用两次倒角）和"确定"按钮☑，如图7-338所示。

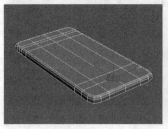
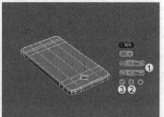

图7-337　　　　　　　　　　　图7-338

08 进入"边"级别，然后选择如图7-339所示的边，接着在"编辑边"卷展栏下单击"切角"按钮 切角 后面的"设置"按钮□，最后设置"边切角量"为0.1mm、"连接边分段"为1，如图7-340所示。

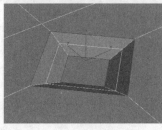
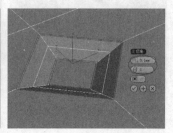

图7-339　　　　　　　　　　　图7-340

09 进入"多边形"级别，然后选择如图7-341所示的多边形，接着在"编辑多边形"卷展栏下单击"倒角"按钮 倒角 后面的"设置"按钮□，最后设置"高度"为-1mm、"轮廓"为-0.8mm，如图7-342所示。

图7-341　　　　　　　　　　　图7-342

10 进入"边"级别，然后选择如图7-343所示的边，接着在

"编辑边"卷展栏下单击"切角"按钮 切角 后面的"设置"按钮□，最后设置"边切角量"为0.1mm、"连接边分段"为1，如图7-344所示。

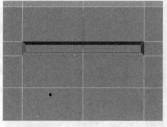

图7-343　　　　　　　　　　　图7-344

11 进入"多边形"级别，然后选择如图7-345所示的多边形，接着在"编辑几何体"卷展栏下单击"分离"按钮 分离 ，最后在弹出的"分离"对话框勾选"以克隆对象分离"选项，如图7-346所示。

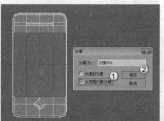

图7-345　　　　　　　　　　　图7-346

12 选择"对象001"，然后为其加载一个"壳"修改器，接着在"参数"卷展栏下设置"外部量"为0.8mm，如图7-347所示。

图7-347

13 将"对象001"转换为可编辑多边形，进入"边"级别，然后选择如图7-348所示的边，接着在"编辑边"卷展栏下单击"切角"按钮 切角 后面的"设置"按钮□，最后设置"边切角量"为0.1mm、"连接边分段"为1，如图7-349所示。

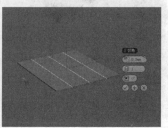

图7-348　　　　　　　　　　　图7-349

14 选择手机模型，进入"多边形"级别，然后选择如图7-350所示的多边形，接着在"编辑多边形"卷展栏下单击"插入"按钮 插入 后面的"设置"按钮□，最后设置"数量"为

1.2mm，如图7-351所示。

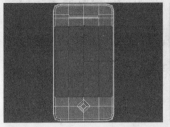

图7-350　　　　　　图7-351

15 保持对多边形的选择，在"编辑多边形"卷展栏下单击"挤出"按钮 挤出 后面的"设置"按钮□，然后设置"高度"为-1.5mm，如图7-352所示。

图7-352

16 进入"边"级别，然后选择如图7-353所示的边，接着在"编辑边"卷展栏下单击"切角"按钮 切角 后面的"设置"按钮□，最后设置"边切角量"为0.2mm、"连接边分段"为1，如图7-354所示。

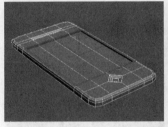

图7-353　　　　　　图7-354

17 分别为手机主体模型和屏幕模型各加载一个"网格平滑"修改器，然后在"细分量"卷展栏下设置"迭代次数"为3，如图7-355所示，接着将屏幕拖曳到如图7-356所示的位置。

图7-355　　　　　　图7-356

18 下面创建壳模型。使用"长方体"工具 长方体 在场景中创建一个长方体，然后在"参数"卷展栏下设置"长度"为115mm、"宽度"为61mm、"高度"为7mm，接着设置"长度分段"为5、"宽度分段"为6、"高度分段"为4，具体参数设置及模型效果如图7-357所示。

19 将长方体转换为可编辑多边形，进入"顶点"级别，然后

将顶点调整成如图7-358所示的效果。

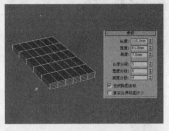

图7-357

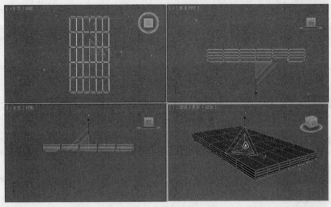

图7-358

20 进入"边"级别，然后选择如图7-359所示的边，接着在"编辑边"卷展栏下单击"切角"按钮 切角 后面的"设置"按钮□，最后设置"边切角量"为7mm、"连接边分段"为2，如图7-360所示。

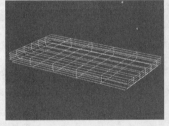

图7-359　　　　　　图7-360

21 选择如图7-361所示的边，然后在"编辑边"卷展栏下单击"切角"按钮 切角 后面的"设置"按钮□，接着设置"边切角量"为1.2mm、"连接边分段"为1，如图7-362所示。

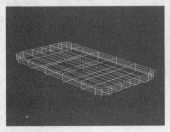

图7-361　　　　　　图7-362

22 选择如图7-363所示的边，然后在"编辑边"卷展栏下单击"切角"按钮 切角 后面的"设置"按钮□，接着设置"边切角量"为0.5mm、"连接边分段"为1，如图7-364所示。

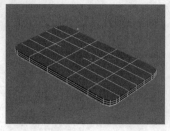

图7-363　　　　　　　　　　　　图7-364

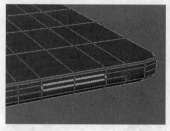

图7-370　　　　　　　　　　　　图7-371

23 进入"多边形"级别，然后选择如图7-365所示的多边形（顶部相对应的多边形也要选择），接着在"编辑多边形"卷展栏下单击"倒角"按钮 倒角 后面的"设置"按钮□，最后设置"高度"为-1mm、"轮廓"为-0.2mm，如图7-366所示。

27 进入"多边形"级别，然后选择如图7-372所示的多边形，接着在"编辑多边形"卷展栏下单击"倒角"按钮 倒角 后面的"设置"按钮□，最后设置"高度"为-1mm、"轮廓"为-0.2mm，如图7-373所示。

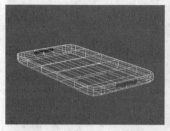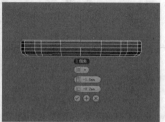

图7-365　　　　　　　　　　　　图7-366

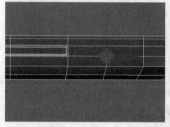

图7-372　　　　　　　　　　　　图7-373

24 保持对多边形的选择，在"编辑多边形"卷展栏下单击"挤出"按钮 挤出 后面的"设置"按钮□，然后设置"高度"为1mm，如图7-367所示。

28 进入"边"级别，然后选择如图7-374所示的边，接着在"编辑边"卷展栏下单击"切角"按钮 切角 后面的"设置"按钮□，最后设置"边切角量"为0.1mm、"连接边分段"为1，如图7-375所示。

图7-367

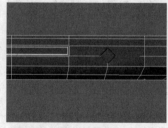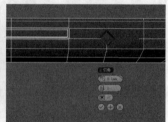

图7-374　　　　　　　　　　　　图7-375

25 进入"边"级别，然后选择如图7-368所示的边（顶部相对应的边也要选择），接着在"编辑边"卷展栏下单击"切角"按钮 切角 后面的"设置"按钮□，最后设置"边切角量"为0.1mm、"连接边分段"为1，如图7-369所示。

29 进入"顶点"级别，然后在顶视图中调整好顶点的位置，如图7-376所示。

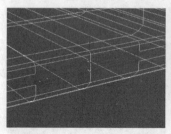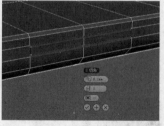

图7-368　　　　　　　　　　　　图7-369

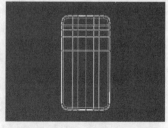

图7-376

26 进入"顶点"级别，然后选择如图7-370所示的一个顶点，接着在"编辑顶点"卷展栏下单击"切角"按钮 切角 后面的"设置"按钮□，最后设置"顶点切角量"为1.5mm，如图7-371所示。

30 进入"多边形"级别，然后选择如图7-377所示的多边形，接着在"编辑多边形"卷展栏下单击"插入"按钮 插入 后面的"设置"按钮□，最后设置"数量"为0.5mm，如图7-378所示。

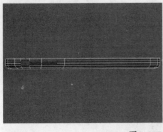
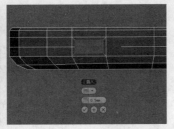

图7-377　　　　　　　　　　图7-378

31 保持对多边形的选择，在"编辑多边形"卷展栏下单击"倒角"按钮 倒角 后面的"设置"按钮回，然后设置"高度"为-1mm、"轮廓"为-0.2mm，如图7-379所示。

32 保持对多边形的选择，在"编辑多边形"卷展栏下单击"挤出"按钮 挤出 后面的"设置"按钮回，然后设置"高度"为1mm，如图7-380所示。

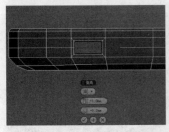
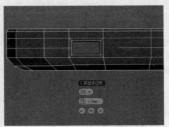

图7-379　　　　　　　　　　图7-380

33 进入"边"级别，然后选择如图7-381所示的边，接着在"编辑边"卷展栏下单击"切角"按钮 切角 后面的"设置"按钮回，最后设置"边切角量"为0.1mm、"连接边分段"为1，如图7-382所示。

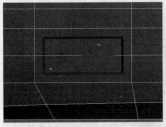
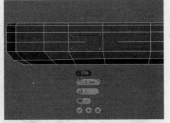

图7-381　　　　　　　　　　图7-382

34 进入"多边形"级别，然后选择如图7-383所示的多边形，接着在"编辑多边形"卷展栏下单击"倒角"按钮 倒角 后面的"设置"按钮回，最后设置"高度"为-1mm、"轮廓"为-0.2mm，如图7-384所示。

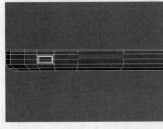
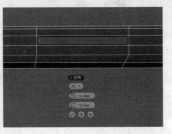

图7-383　　　　　　　　　　图7-384

35 保持对多边形的选择，在"编辑多边形"卷展栏下单击"挤出"按钮 挤出 后面的"设置"按钮回，然后设置"高度"为1mm，如图7-385所示。

图7-385

36 进入"边"级别，然后选择如图7-386所示的边，接着在"编辑边"卷展栏下单击"切角"按钮 切角 后面的"设置"按钮回，最后设置"边切角量"为0.1mm、"连接边分段"为1，如图7-387所示。

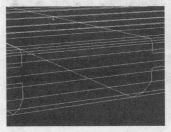

图7-386　　　　　　　　　　图7-387

37 为壳模型加载一个"网格平滑"修改器，然后在"细分量"卷展栏下设置"迭代次数"为3，具体参数设置及模型效果如图7-388所示，整体效果如图7-389所示。

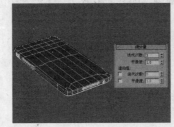

图7-388　　　　　　　　　　图7-389

38 下面创建Logo模型。使用"线"工具 线 在顶视图中绘制出如图7-390所示的图形。这里提供一张孤立选择图，如图7-391所示。

图7-390　　　　　　　　　　图7-391

39 为Logo图形加载一个"挤出"修改器，然后在"参数"卷展栏下设置"数量"为2mm，具体参数设置及模型如图7-392所示，接着使用"选择并移动"工具 在左视图中将模型拖曳到如图7-393所示位置（有一半"陷入"机壳里面）。

225

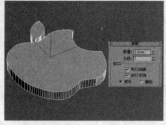
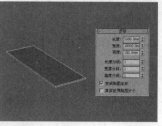

图7-392　　　　图7-393

数设置及模型效果如图7-398
所示。

40 选择机壳模型，然后设置
几何体类型为"复合对象"，
接着单击ProBoolean按钮
ProBoolean，如图7-394所示。

图7-394

本例是一个难度比较大的模型，其制作过程几乎包括多边形建模
中的各种常用工具。

41 在"参数"卷展栏下设置"运算"方式为"差集"，
然后在"拾取布尔对象"卷展栏下单击"开始拾取"按钮
开始拾取，接着拾取场景中的Logo模型，如图7-395所示，
最终效果如图7-396所示。

02 将长方体转换为可编辑多边形，进入"多边形"级别，然
后选择如图7-399所示的多边形，接着在"编辑多边形"卷展栏
下单击"倒角"按钮 倒角 后面的"设置"按钮，最后设置
"高度"为150mm、"轮廓"为-70mm，如图7-400所示。

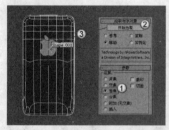

图7-395　　　　图7-396

图7-399　　　　图7-400

03 保持对多边形的选择，在"编辑多边形"卷展栏下单击
"倒角"按钮 倒角 后面的"设置"按钮，然后设置"高度"
为120mm、"轮廓"为-90mm，如图7-401所示。

04 保持对多边形的选择，在"编辑多边形"卷展栏下单击
"倒角"按钮 倒角 后面的"设置"按钮，然后设置"高度"
为0mm、"轮廓"为50mm，如图7-402所示。

实战：用多边形建模制作欧式别墅

场景位置　无
实例位置　实例文件>CH07>实战：用多边形建模制作欧式别墅.max
视频位置　多媒体教学>CH07>实战：用多边形建模制作欧式别墅.flv
难易指数　★★★★★
技术掌握　倒角工具、挤出工具、插入工具、切角工具、连接工具

别墅效果如图7-397所示。

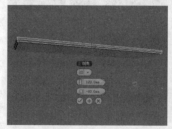

图7-401　　　　图7-402

步骤（4）将"高度"设置为0mm主要是给模型阔边，使底部的
多边形变大，从而方便下一步的操作。

05 保持对多边形的选择，在"编辑多边形"卷展栏下单击
"挤出"按钮 挤出 后面的"设置"按钮，然后设置"高度"
为40mm，如图7-403所示。

06 保持对多边形的选择，在"编辑多边形"卷展栏下单击
"插入"按钮 插入 后面的"设置"按钮，然后设置"数量"

图7-397

01 下面制作别墅的顶层部分。使用"长方体"工具 长方体
在场景中创建一个长方体，然后在"参数"卷展栏下"长度"
为5000mm、"宽度"为15000mm、"高度"为150mm，接着设
置"长度分段"、"宽度分段"和"高度分段"都为1，具体参

为70mm，如图7-404所示。

图7-403　　　　　　　　　　　图7-404

07 保持对多边形的选择，在"编辑多边形"卷展栏下单击"挤出"按钮 挤出 后面的"设置"按钮▣，然后设置"高度"为80mm，如图7-405所示。

08 进入"边"级别，然后选择所有的边，接着在"编辑边"卷展栏下单击"切角"按钮 切角 后面的"设置"按钮▣，最后设置"边切角量"为4mm、"连接边分段"为2，如图7-406所示。

图7-405　　　　　　　　　　　图7-406

09 使用"线"工具 线 在前视图中绘制出如图7-407所示的样条线。这里提供一张孤立选择图，如图7-408所示。

图7-407　　　　　　　　　　　图7-408

10 为样条线加载一个"挤出"修改器，然后在"参数"卷展栏下设置"数量"为850mm，效果如图7-409所示。

图7-409

技术专题❷❹附加样条线

这里可能会遇到一个问题，那就是挤出来的模型没有产生"孔洞"，如图7-410所示。这是因为前面绘制的样条线是分开的（即两条样条线），而对这两条样条线加载"挤出"修改器，相当于是分别为每条进行加载，而不是对整体进行加载。因此，在挤出之前需要将

两条样条线附加成一个整体。具体操作流程如下。

图7-410

第1步：选择其中一条样条线，然后在"几何体"卷展栏下单击"附加"按钮 附加 ，接着在视图中单击另外一条样条线，如图7-411所示，这样就可以将两条样条线附加成一个整体，如图7-412所示。

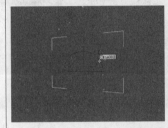 

图7-411　　　　　　　　　　　图7-412

第2步：为样条线加载"挤出"修改器，此时得到的挤出效果就是正确的了，如图7-413所示。

图7-413

---

11 使用"线"工具 线 在前视图中绘制出如图7-414所示的样条线，然后为其加载一个"挤出"修改器，接着在"参数"卷展栏下设置"数量"为850mm，效果如图7-415所示。

图7-414　　　　　　　　　　　图7-415

12 使用"长方体"工具 长方体 在场景中创建一个长方体，然后在"参数"卷展栏下设置"长度"为180mm、"宽度"为1530mm、"高度"为40mm、"宽度分段"为2，具体参数设置及模型位置如图7-416所示。

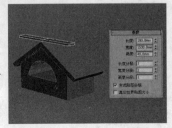

图7-416

227

13 将长方体转换为可编辑多边形，进入"多边形"级别，然后选择如图7-417所示的多边形，接着在"编辑多边形"卷展栏下单击"插入"按钮 插入 后面的"设置"按钮□，最后设置"数量"为15mm，如图7-418所示。

图7-417　　　　　　　　　　　图7-418

14 保持对多边形的选择，在"编辑多边形"卷展栏下单击"挤出"按钮 挤出 后面的"设置"按钮□，然后设置"高度"为15mm，如图7-419所示。

15 继续使用"插入"工具 插入 和"挤出"工具 挤出 将模型调整成如图7-420所示的效果。

 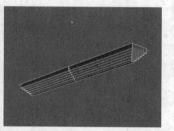

图7-419　　　　　　　　　　　图7-420

16 进入"顶点"级别，然后在前视图中使用"选择并移动"工具 将顶点调整成如图7-421所示的效果，整体效果如图7-422所示。

 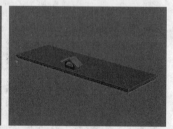

图7-421　　　　　　　　　　　图7-422

17 继续用多边形建模技术制作出窗台模型，完成后的效果如图7-423所示。

图7-423

18 为小房子模型建立一个组，然后复制一组模型到如图7-424所示的位置。

19 使用"长方体"工具 长方体 、"倒角"工具 倒角 和

"挤出"工具 挤出 创建出如图7-425所示的模型。

图7-424　　　　　　　　　　　图7-425

20 使用"长方体"工具 长方体 在场景中创建一个长方体，然后在"参数"卷展栏下设置"长度"为4100mm、"宽度"为9500mm、"高度"为3500mm、"长度分段"为1、"宽度分段"为9、"高度分段"为3，具体参数设置及模型位置如图7-426所示。

21 将长方体转换为可编辑多边形，然后进入"顶点"级别，接着将顶点调整成如图7-427所示的效果。

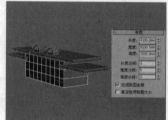 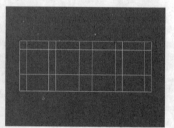

图7-426　　　　　　　　　　　图7-427

22 进入"边"级别，然后选择如图7-428所示的边，接着在"编辑边"卷展栏下单击"连接"按钮 连接 后面的"设置"按钮□，最后设置"分段"为2、"收缩"为-65，如图7-429所示。

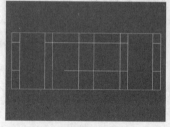 

图7-428　　　　　　　　　　　图7-429

23 进入"多边形"级别，然后选择如图7-430所示的多边形，接着在"编辑多边形"卷展栏下单击"挤出"按钮 挤出 后面的"设置"按钮□，最后设置"高度"为40mm，如图7-431所示。

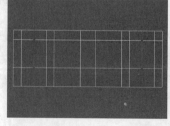 

图7-430　　　　　　　　　　　图7-431

24 继续使用"连接"按钮 连接 和"挤出"工具 挤出 制作

出如图7-432所示的多边形。

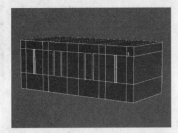

图7-432

25 使用"长方体"工具 长方体 在场景中创建一个长方体,然后在"参数"卷展栏下设置"长度"为130mm、"宽度"为150mm、"高度"为1800mm,具体参数设置及模型位置如图7-433所示,接着复制一些长方体到其他位置,如图7-434所示。

图7-433   图7-434

26 使用"长方体"工具 长方体 、"倒角"工具 倒角 和"挤出"工具 挤出 制作出如图7-435所示的窗台模型。这里提供一张孤立选择图,如图7-436所示。

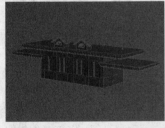

图7-435   图7-436

27 使用"长方体"工具 长方体 在如图7-437所示的位置创建一个大小合适的长方体。

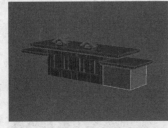

图7-437

28 使用"线"工具 线 在前视图中绘制出如图7-438所示的样条线,然后为其加载一个"挤出"修改器,接着在"参数"卷展栏下设置"数量"为300mm,效果如图7-439所示。

29 使用"平面"工具 平面 在前视图中创建一个平面作为玻璃,然后在"参数"卷展栏下设置"长度"为1870mm、"宽度"为2100mm,具体参数设置及平面位置如图7-440所示。

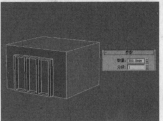

图7-438   图7-439

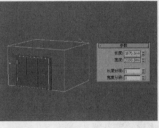

图7-440

30 将前面制作好的窗台模型复制一份到大门上,然后使用"选择并均匀缩放"工具 调整其大小比例,如图7-441所示,接着使用"长方体"工具 长方体 创建一些长方体作为装饰砖块,如图7-442所示,最后将制作好的大门模型镜像复制一份到另外一侧,如图7-443所示。

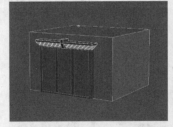

图7-441   图7-442

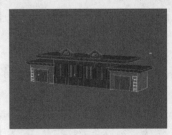

图7-443

31 下面制作别墅的中间部分。使用"线"工具 线 在顶视图中绘制出如图7-444所示的样条线,然后为其加载一个"挤出"修改器,接着在"参数"卷展栏下设置"数量"为200mm,效果如图7-445所示。

32 将模型转换为可编辑多边形,然后使用"倒角"工具 倒角 将模型的底面处理成如图7-446所示的效果。

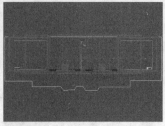

图7-444 　　　　　　　　图7-445

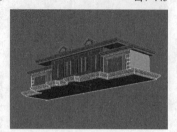

图7-446

33 使用"线"工具 线 在顶视图中绘制出如图7-447所示的样条线，然后为其加载一个"挤出"修改器，接着在"参数"卷展栏下设置"数量"为150mm，效果如图7-448所示。

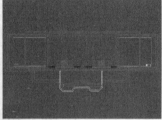

图7-447 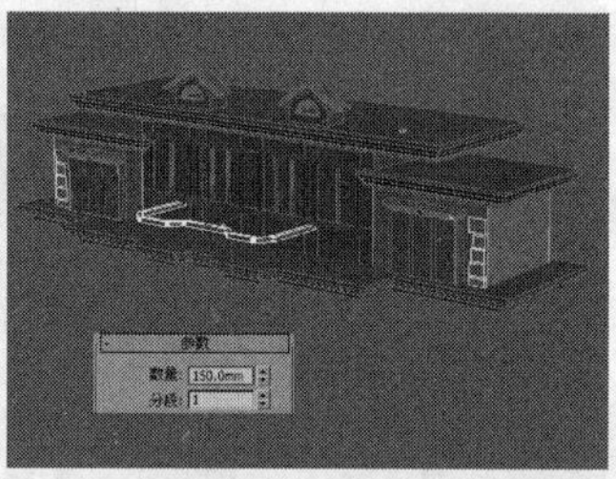　　　　　　　　图7-448

34 复制一个围栏到底部，然后将"挤出"修改器的"数量"值修改为300mm，效果如图7-449所示。

图7-449

35 使用"线"工具 线 在前视图绘制出如图7-450所示的样条线，然后为其加载一个"车削"修改器，接着在"参数"卷展栏下设置"分段"为18、"方向"为y Y轴、"对齐"方式为"最小" 最小 ，如图7-451所示。

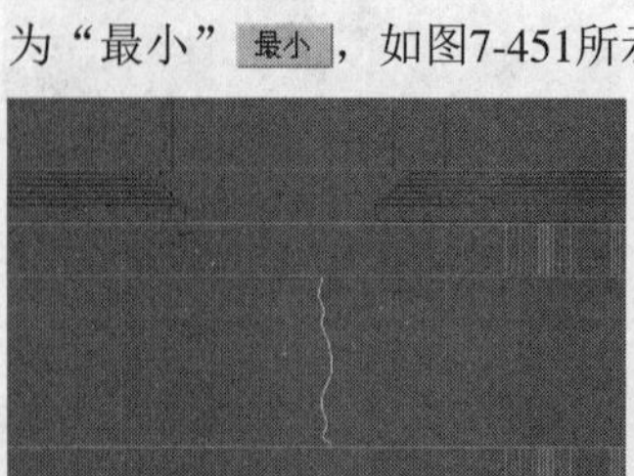

图7-450 　　　　　　　　图7-451

36 利用复制功能复制一些罗马柱到围栏的其他位置，如图7-452所示。

图7-452

37 继续使用样条线建模和多边形建模制作出如图7-453所示的模型，然后利用多边形建模制作出底层模型（参考顶层的制作方法），如图7-454所示。

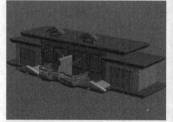

图7-453 　　　　　　　　图7-454

38 使用"圆柱体"工具 圆柱体 在场景中创建一根柱子模型，如图7-455所示，然后复制4根柱子到其他位置，如图7-456所示。

图7-455 　　　　　　　　图7-456

39 使用"线"工具 线 在前视图中（两根柱子之间）绘制出如图7-457所示的样条线，然后为其加载一个"挤出"修改器，接着在"参数"卷展栏下设置"数量"为100mm，效果如图7-458所示，最后复制一个模型到另外一侧的两根柱子之间，如图7-459所示。

40 使用"线"工具 线 在顶视图中绘制出如图7-460所示的样条线。这里提供一张孤立选择图，如图7-461所示。

41 为样条线加载一个"挤出"修改器，然后在"参数"卷展栏下设置"数量"为200mm，最终效果如图7-462所示。

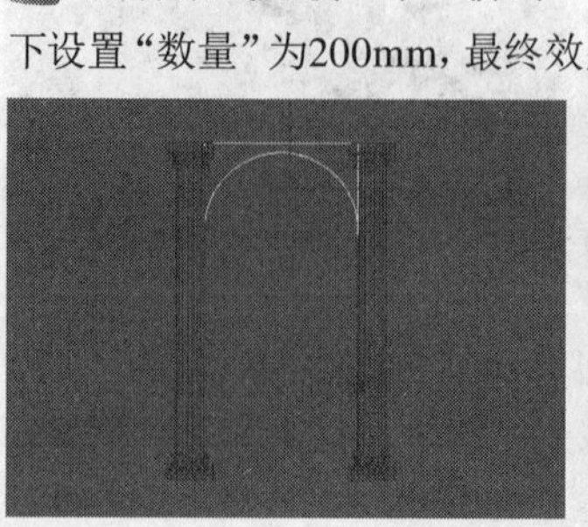

图7-457 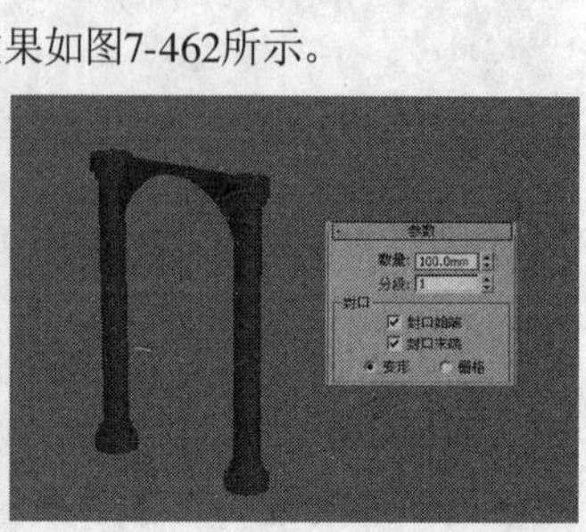　　　　　　　　图7-458

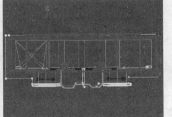

图7-459　　　　　　　　　　　　图7-460

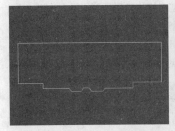

图7-461　　　　　　　　　　　　图7-462

7.3 建模工具选项卡

在3ds Max 2010之前的版本中，"建模工具"选项卡就是3ds Max的PolyBoost插件，在3ds Max 2010~3ds Max 2013中称为"石墨建模工具"，而在3ds Max 2014版本中则称为"建模工具"选项卡。从某种意义上来讲，"建模工具"选项卡其实就是多边形建模。

7.3.1 调出建模工具选项卡

在默认情况下，首次启动3ds Max 2014时，"建模工具"选项卡会自动出现在操作界面中，位于"主工具栏"的下方。如果关闭了"建模工具"选项卡，可以在"主工具栏"上单击"功能切换区"按钮。"建模工具"选项卡包含"建模"、"自由形式"、"选择"、"对象绘制"和"填充"五大选项卡，其中每个选项卡下都包含许多工具（这些工具的显示与否取决于当前建模的对象及需要），如图7-463所示。在这五大选项卡中，"建模"选项卡比较常用，因此在下面的内容中，将主要讲解该选项卡中参数的用法。

图7-463

知识链接

"填充"选项卡主要主要用于制作数量众多的人物随机行走、交谈等动画效果，关于该选项卡的用法请参阅"17.4 人群流动画"中的相关内容。

7.3.2 切换建模工具选项卡的显示状态

"建模工具"选项卡的界面具有3种不同的状态，单击选项卡右侧的按钮，在弹出的菜单中即可选择相应的显示状态，如图7-464所示。

图7-464

★重点★ 7.3.3 建模选项卡的参数

"建模"选项卡下包含了多边形建模的大部分常用工具，它们被分成若干个不同的面板，如图7-465所示。

图7-465

当切换不同的子对象级别时，"建模"选项卡下的参数面板也会跟着发生相应的变化。图7-466~图7-470所示分别是"顶点"级别、"边"级别、"边界"级别、"多边形"级别和"元素"级别下的面板。

图7-466

图7-467

图7-468

图7-469

图7-470

技巧与提示

下面分别讲解"建模"选项卡中的各大参数面板。

231

多边形建模面板

"多边形建模"面板中包含了用于切换子对象级别和修改器堆栈，以及将对象转化为多边形和编辑多边形的常用工具和命令，如图7-471所示。由于该面板是最常用的面板，因此建议用户将其切换为浮动面板（拖曳该面板即可将其切换为浮动状态），这样使用起来会更加方便一些，如图7-472所示。

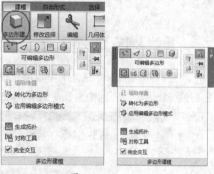

图7-471　　　　图7-472

多边形建模面板工具/参数介绍

顶点 ：进入多边形的"顶点"级别，在该级别下可以选择对象的顶点。

边 ：进入多边形的"边"级别，在该级别下可以选择对象的边。

边界 ：进入多边形的"边界"级别，在该级别下可以选择对象的边界。

多边形 ：进入多边形的"多边形"级别，在该级别下可以选择对象的多边形。

元素 ：进入多边形的"元素"级别，在该级别下可以选择对象中相邻的多边形。

> **技巧与提示**
>
> "边"与"边界"级别是兼容的，所以可以在二者之间进行切换，并且切换时会保留现有的选择对象。同理，"多边形"与"元素"级别也是兼容的。

切换命令面板 ：控制"命令"面板的可见性。单击该按钮可以关闭"命令"面板，再次单击该按钮可以显示出"命令"面板。

锁定堆栈 ：将修改器堆栈和"建模工具"控件锁定到当前选定的对象。

> **技巧与提示**
>
> "锁定堆栈"工具非常适用于在保持已修改对象的堆栈不变的情况下变换其他对象。

显示最终结果 ：显示在堆栈中所有修改完毕后出现的选定对象。

下一个修改器 /**上一个修改器** ：通过上移或下移堆栈以改变修改器的先后顺序。

预览关闭 ：关闭预览功能。

预览子对象 ：仅在当前子对象层级启用预览。

> **技巧与提示**
>
> 若要在当前层级取消选择多个子对象，可以按住Ctrl+Alt组合键将光标拖曳到高亮显示的子对象处，然后单击选定的子对象，这样就可以取消选择所有高亮显示的子对象。

预览多个 ：开启预览多个对象。

忽略背面 ：开启忽略对背面对象的选择。

使用软选择 ：在软选择和"软选择"面板之间切换。

塌陷堆栈 ：将选定对象的整个堆栈塌陷为可编辑多边形。

转化为多边形 ：将对象转换为可编辑多边形格式并进入"修改"模式。

应用编辑多边形模式 ：为对象加载"编辑多边形"修改器并切换到"修改"模式。

生成拓扑 ：打开"拓扑"对话框。

对称工具 ：打开"对称工具"对话框。

完全交互：切换"快速切片"工具和"切割"工具的反馈层级及所有的设置对话框。

修改选择面板

"修改选择"面板中提供了用于调整对象的多种工具，如图7-473所示。

图7-473

修改选择面板工具/参数介绍

增长 ：朝所有可用方向外侧扩展选择区域。

收缩 ：通过取消选择最外部的子对象来缩小子对象的选择区域。

循环 ：根据当前选择的子对象来选择一个或多个循环。

在圆柱体末端循环 ：沿圆柱体的顶边和底边选择顶点和边循环。

> **技巧与提示**
>
> 如果工具按钮后面带有三角形图标，则表示该工具有子选项。

增长循环 ：根据当前选择的子对象来增长循环。

收缩循环 ：通过从末端移除子对象来减小选定循环的范围。

循环模式 ：如果启用该按钮，则选择子对象时也会自动选择关联循环。

点循环 ：选择有间距的循环。

点循环相反 ：选择有间距的顶点或多边形循环。

点循环圆柱体 ：选择环绕圆柱体顶边和底边的非连续循环中的边或顶点。

环：根据当前选择的子对象来选择一个或多个环。

增长环：分步扩大一个或多个边环，只能用在"边"和"边界"级别中。

收缩环：通过从末端移除边来减小选定边循环的范围，不适用于圆形环，只能用在"边"和"边界"级别中。

环模式：启用该按钮时，系统会自动选择环。

点环：基于当前选择，选择有间距的边环。

轮廓：选择当前子对象的边界，并取消选择其余部分。

相似：根据选定的子对象特性来选择其他类似的元素。

填充：选择两个选定子对象之间的所有子对象。

填充孔洞：选择由轮廓选择和轮廓内的独立选择指定的闭合区域中的所有子对象。

步长循环：在同一循环上的两个选定子对象之间选择循环。

步长循环最长距离：使用最长距离在同一循环中的两个选定子对象之间选择循环。

步模式：使用"步模式"来分步选择循环，并通过选择各个子对象增加循环长度。

点间距：指定用"点循环"选择循环中的子对象之间的间距范围，或用"点环"选择的环中边之间的间距范围。

编辑面板

"编辑"面板中提供了用于修改多边形对象的各种工具，如图7-474所示。

图7-474

编辑面板工具/参数介绍

保留UV：启用该按钮后，可以编辑子对象，而不影响对象的UV贴图。

扭曲：启用该按钮后，可以通过鼠标操作来扭曲UV。

重复：重复最近使用的命令。

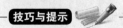

"重复"工具不会重复执行所有操作，如不能重复变换。使用该工具时，若要确定重复执行哪个命令，可以将光标指向该按钮，在弹出的工具提示上会显示可重复执行的操作名称。

快速切片：可以将对象快速切片，单击鼠标右键可以停止切片操作。

在对象层级中，使用"快速切片"工具会影响整个对象。

快速循环：通过单击来放置边循环。按住Shift键单击可以插入边循环，并调整新循环以匹配周围的曲面流。

NURMS：通过NURMS方法应用平滑并打开"使用NURMS"面板。

剪切：用于创建一个多边形到另一个多边形的边，或在多边形内创建边。

绘制连接：启用该按钮后，可以以交互的方式绘制边和顶点之间的连接线。

设置流：启用该按钮时，可以使用"绘制连接"工具自动重新定位新边，以适合周围网格内的图形。

约束：可以使用现有的几何体来约束子对象的变换。

几何体（全部）面板

"几何体（全部）"面板中提供了编辑几何体的一些工具，如图7-475所示。

图7-475

几何体（全部）面板工具/参数介绍

松弛：使用该工具可以将松弛效果应用于当前选定的对象。

松弛设置：打开"松弛"对话框，在对话框中可以设置松弛的相关参数。

创建：创建新的几何体。

附加：用于将场景中的其他对象附加到选定的多边形对象。

从列表中附加：打开"附加列表"对话框，在对话框中可以将场景中的其他对象附加到选定对象。

塌陷：通过将其顶点与选择中心的顶点焊接起来，使连续选定的子对象组产生塌陷效果。

分离：将选定的子对象和附加到子对象的多边形作为单独的对象或元素分离出来。

四边形化全部/四边形化选择/从全部中选择边/从选项中选择边：一组用于将三角形转化为四边形的工具。

切片平面：为切片平面创建Gizmo，可以定位和旋转它来指定切片位置。

在"多边形"或"元素"级别中，使用"切片平面"工具只能影响选定的多边形。如果要对整个对象执行切片操作，可以在其他子对象级别或对象级别中使用"切片平面"工具。

子对象面板

在不同的子对象级别中，子对象的面板的显示状态也不一样。图7-476~图7-480所示分别是"顶点"级别、"边"级别、"边界"级别、"多边形"级别和"元素"级别下的子对象面板。

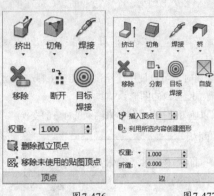

图7-476　　　　　图7-477　　　　　图7-478

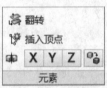

图7-479　　　　　图7-480

知识链接

关于这5个子对象面板中的相关工具和参数请参阅前面的内容"7.2 编辑多边形对象"。

循环面板

"循环"面板中的工具和参数主要用于处理边循环，如图7-481所示。

图7-481

循环面板工具/参数介绍

连接：在选中的对象之间创建新边。

连接设置：打开"连接边"对话框，只有在"边"级别下才可用。

距离连接：在跨越一定距离和其他拓扑的顶点和边之间创建边循环。

流连接：跨越一个或多个边环来连接选定边。

自动环：启用该选项并使用"流连接"工具后，系统会自动创建完全边循环。

插入循环：根据当前的子对象选择创建一个或多个边循环。

移除循环：称除当前子对象层级处的循环，并自动删除所有剩余顶点。

设置流：调整选定边以适合周围网格的图形。

自动循环：启用该选项后，使用"设置流"工具可以自动为选定的边选择循环。

构建末端：根据选择的顶点或边来构建四边形。

构建角点：根据选择的顶点或边来构建四边形的角点，以翻转边循环。

循环工具：打开"循环工具"对话框，该对话框中包含用于调整循环的相关工具。

随机连接：连接选定的边，并随机定位所创建的边。

自动循环：启用该选项后，那么应用的"随机连接"可以使循环尽可能完整。

设置流速度：调整选定边的流的速度。

细分面板

"细分"面板中的工具可以用来增加网格的数量，如图7-482所示。

图7-482

细分面板工具/参数介绍

网格平滑：将对象进行网格平滑处理。

网格平滑设置：打开"网格平滑"对话框，在该对话框中可以指定平滑的应用方式。

细化：对所有多边形进行细化操作。

细化设置：打开"细化"对话框，在该对话框中可以指定细化的方式。

使用置换：打开"置换"面板，在该面板中可以为置换指定细分网格的方式。

三角剖分面板

"三角剖分"面板中提供了用于将多边形细分为三角形的一些方式，如图7-483所示。

图7-483

三角剖分面板工具/参数介绍

编辑：在修改内边或对角线时，将多边形细分为三角形的方式。

旋转：通过单击对角线将多边形细分为三角形。

重复三角算法：对当前选定的多边形自动执行最佳的三角剖分操作。

对齐面板

"对齐"面板中的工具可以用在对象级别及所有子对象级别中，主要用来选择对齐对象的方式，如图7-484所示。

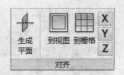

图7-484

对齐面板工具/参数介绍

生成平面 ：强制所有选定的子对象成为共面。

到视图 ：使对象中的所有顶点与活动视图所在的平面对齐。

到栅格 ：使选定对象中的所有顶点与活动视图所在的平面对齐。

X X/Y Y/Z Z：平面化选定的所有子对象，并使该平面与对象的局部坐标系中的相应平面对齐。

🔵 可见性面板---------------------------------

使用"可见性"面板中的工具可以隐藏和取消隐藏对象，如图7-485所示。

图7-485

可见性面板工具/参数介绍

隐藏当前选择 ：隐藏当前选定的对象。

隐藏未选定对象 ：隐藏未选定的对象。

全部取消隐藏 ：将隐藏的对象恢复为可见。

🔵 属性面板--

使用"属性"面板中的工具可以调整网格平滑、顶点颜色和材质ID，如图7-486所示。

图7-486

属性面板工具/参数介绍

硬 ：对整个模型禁用平滑。

选定硬的 ：对选定的多边形禁用平滑。

平滑 ：对整个对象启用平滑。

平滑选定项 ：对选定的多边形启用平滑。

平滑30 ：对整个对象启用适度平滑。

已选定平滑30 ：对选定的多边形启用适度平滑。

颜色 ：设置选定顶点或多边形的颜色。

照明 ：设置选定顶点或多边形的照明颜色。

Alpha ：为选定的顶点或多边形分配 Alpha值。

平滑组 ：打开用于处理平滑组的对话框。

材质ID ：打开用于设置材质ID、按ID和子材质名称选择的对话框。

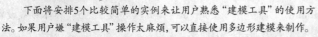

下面将安排5个比较简单的实例来让用户熟悉"建模工具"的使用方法。如果用户嫌"建模工具"操作太麻烦，可以直接使用多边形建模来制作。

★ 重点 ★
实战：用建模工具制作床头柜

场景位置	无
实例位置	实例文件>CH07>实战：用建模工具制作床头柜.max
视频位置	多媒体教学>CH07>实战：用建模工具制作床头柜.flv
难易指数	★☆☆☆☆
技术掌握	挤出工具、切角工具

床头柜效果如图7-487所示。

图7-487

01 使用"长方体"工具 长方体 在前视图中创建一个长方体，然后在"参数"卷展栏下设置"长度"为140mm、"宽度"为240mm、"高度"为120mm、"长度分段"为4、"宽度分段"为3，具体参数设置及模型效果如图7-488所示。

02 选择长方体，然后在"建模工具"选项卡中单击"建模"选项卡，接着在"多边形建模"面板中单击"转化为多边形"按钮 ，如图7-489所示。

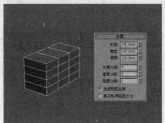 

图7-488　　　　　　　图7-489

03 在"多边形建模"面板中单击"顶点"按钮 ，进入"顶点"级别，然后在前视图中使用"选择并均匀缩放"工具 将顶点调节成如图7-490所示的效果。

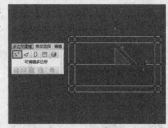

图7-490

04 在"多边形建模"面板中单击"多边形"按钮 ，进入"多边形"级别，然后选择如图7-491所示的多边形，接着在"多边形"面板中单击"挤出"按钮 下面的"挤出设置"按钮 ，最后设置"高度"为-120mm，如图7-492所示。

05 选择模型，然后按Alt+X组合键将模型以半透明的方式显示出来，接着在"多边形建模"面板中单击"边"按钮 ，进入"边"级别，最后选择如图7-493所示的边。

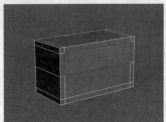

图7-491   图7-492

图7-493

技巧与提示

在半透明模式下可以很方便地选择模型的多边形、边、顶点等元素。按Alt+X组合键可以切换到半透明显示方式，再次按Alt+X组合键可以退出半透明显示方式。

06 保持对边的选择，在"边"面板中单击"切角"按钮下面的"切角设置"按钮，然后设置"边切角量"为8mm、"连接边分段"为4，如图7-494所示。

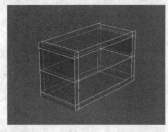

图7-494

07 进入"多边形"级别，然后选择如图7-495所示的多边形，接着在"多边形"面板中单击"挤出"按钮下面的"挤出设置"按钮，最后设置"高度"为2mm，如图7-496所示。

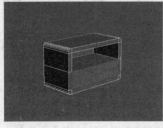

图7-495   图7-496

08 进入"边"级别，然后选择如图7-497所示的边，接着在"边"面板中单击"切角"按钮下面的"切角设置"按钮，最后设置"边切角量"0.5mm、"连接边分段"为1，如图7-498所示。

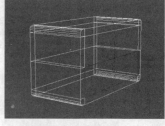
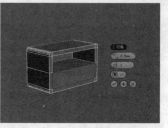

图7-497   图7-498

09 选择如图7-499所示的边，然后在"边"面板中单击"切角"按钮下面的"切角设置"按钮，接着设置"边切角量"0.5mm、"连接边分段"为1，如图7-500所示，最终效果如图7-501所示。

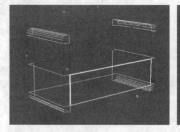

图7-499   图7-500

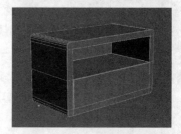

图7-501

★ 重点 ★
实战：用建模工具制作保温杯

场景位置	无
实例位置	实例文件>CH07>实战：用建模工具制作保温杯.max
视频位置	多媒体教学>CH07>实战：用建模工具制作保温杯.flv
难易指数	★★☆☆☆
技术掌握	插入工具、挤出工具、切角工具

保温杯效果如图7-502所示。

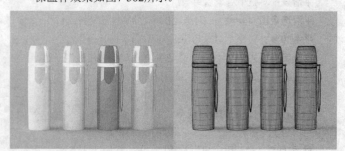

图7-502

01 下面创建杯身模型。使用"圆柱体"工具在场景中创建一个圆柱体，然后在"参数"卷展栏下设置"半径"为30mm、"高度"为200mm、"高度分段"为5，具体参数设置及模型效果如图7-503所示。

02 将圆柱体转化为多边形，进入"顶点"级别，然后使用"选择并移动"工具 ✛ 在前视图将顶点调整成如图7-504所示的效果。

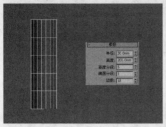

图7-503 图7-504

03 在前视图中框选顶部的顶点，如图7-505所示，然后使用"选择并均匀缩放"工具 █ 在顶视图中将其向内缩放成如图7-506所示的效果。

图7-505 图7-506

04 采用相同的方法将底部的顶点稍微向内缩放一段距离，如图7-507所示。

图7-507

05 进入"多边形"级别，然后选择如图7-508所示的多边形，接着在"多边形"面板中单击"插入"按钮 ▣ 下面的"插入设置"按钮 ▣ 插入设置，最后设置"数量"为0.6mm，如图7-509所示。

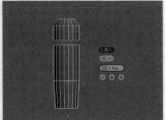

图7-508 图7-509

06 选择如图7-510所示的多边形，然后在"多边形"面板中单击"挤出"按钮 ▣ 下面的"挤出设置"按钮 ▣ 挤出设置，接着设置"挤出类型"为"局部法线"、"高度"为-1mm，如图7-511所示。

07 进入"边"级别，然后选择如图7-512所示的边，接着在"边"面板中单击"切角"按钮 ▣ 下的"切角设置"按钮 ▣ 切角设置，最后设置"边切角量"为0.2mm、"连接边分段"为1，如图7-513所示。

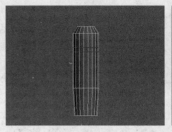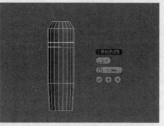

图7-510 图7-511

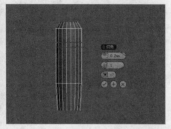

图7-512 图7-513

08 为杯体模型加载一个"网格平滑"修改器，然后在"细分量"卷展栏下设置"迭代次数"为2，具体参数设置及模型效果如图7-514所示。

图7-514

09 下面创建剩余的模型。使用"切角圆柱体"工具 切角圆柱体 在左视图中创建一个切角圆柱体，然后在"参数"卷展栏下设置"半径"为1.8mm、"高度"为5mm、"圆角"为0.1mm、"边数"为24，具体参数设置及模型位置如图7-515所示，接着在顶视图中向右复制一个切角圆柱体，最后将其"半径"修改为2mm，如图7-516所示。

图7-515 图7-516

10 使用"圆"工具 圆 在左视图中绘制一个圆形，然后在"参数"卷展栏下设置"半径"为6mm，如图7-517所示，接着在顶视图中调节圆形的位置，如图7-518所示。

11 选择圆形，然后在"渲染"卷展栏下勾选"在渲染中启用"和"在视口中启用"选项，接着选择"矩形"选项，并设置"长度"为1.5mm、"宽度"为0.6mm，具体参数设置及模型效果如图7-519所示。

图7-517 | 图7-518

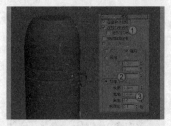

图7-519

12 使用"线"工具 <u>线</u> 在前视图中绘制出如图7-520所示的样条线，然后在"渲染"卷展栏下勾选"在渲染中启用"和"在视口中启用"选项，接着勾选"矩形"选项，并设置"长度"为4.5mm、"宽度"为1mm，具体参数设置及模型效果如图7-521所示。

图7-520 | 图7-521

13 将杯带模型转换为可编辑多边形，进入"边"级别，然后选择如图7-522所示的边，接着在"边"面板中单击"切角"按钮 下面的"切角设置"按钮 切角设置 ，最后设置"边切角量"为0.3mm、"连接边分段"为1，如图7-523所示。

图7-522 | 图7-523

14 为杯带模型加载一个"网格平滑"修改器，然后在"细分量"卷展栏下设置"迭代次数"为1，最终效果如图7-524所示。

图7-524

★ 重点 ★
实战：用建模工具制作欧式台灯

场景位置	无
实例位置	实例文件>CH07>实战：用建模工具制作欧式台灯.max
视频位置	多媒体教学>CH07>实战：用建模工具制作欧式台灯.flv
难易指数	★★☆☆☆
技术掌握	多边形顶点调整技法、连接工具

欧式台灯效果如图7-525所示。

图7-525

01 使用"圆柱体"工具 <u>圆柱体</u> 在场景中创建一个圆柱体，然后在"参数"卷展栏下设置"半径"为20mm、"高度"为510mm、"高度分段"为10，具体参数设置及模型效果如图7-526所示。

02 将圆柱体转化为可编辑多边形，进入"顶点"级别，然后在前视图中将顶点调整成如图7-527所示的效果。

图7-526 | 图7-527

03 使用"选择并均匀缩放"工具 在顶视图中将顶点缩放成如图7-528所示的效果，在前视图中的效果如图7-529所示。

图7-528 | 图7-529

04 进入"边"级别，然后选择如图7-530所示的边，接着在"循环"面板中单击"连接"按钮 下面的"连接设置"按钮 连接设置 ，最后设置"分段"为6，如图7-531所示。

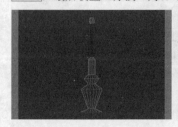

图7-530 | 图7-531

05 进入"顶点"级别,然后分别在顶视图和前视图中对顶部的顶点进行调整,如图7-532和图7-533所示。

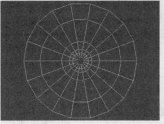

图7-532　　　　　　　　　图7-533

06 继续使用"连接"工具▥在其他位置添加竖向边,然后将顶点调整成如图7-534所示的效果,在透视图中的效果如图7-535所示。

图7-534　　　　　　　　　图7-535

07 使用"圆柱体"工具 圆柱体 在场景中创建一个圆柱体,然后在"参数"卷展栏下设置"半径"为40mm、"高度"为180mm、"高度分段"为3,具体参数设置及模型位置如图7-536所示。

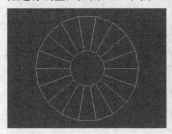

图7-536

08 将圆柱体转化为可编辑多边形,进入"顶点"级别,然后使用"选择并均匀缩放"工具▣分别在顶视图和前视图中对顶点进行调整,如图7-537和图7-538所示。

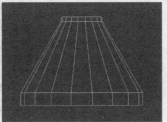

图7-537　　　　　　　　　图7-538

09 进入"多边形"级别,然后选择顶部和底部的多边形,如图7-539所示,接着按Delete键将其删除,效果如图7-540所示。

10 为灯柱模型加载一个"网格平滑"修改器,然后在"细分量"卷展栏下设置"迭代次数"为1,具体参数设置及模型效果如图7-541所示。

11 使用"长方体"工具 长方体 在灯柱底部创建一个长

方体,然后在"参数"卷展栏下设置"长度"和"宽度"为120mm、"高度"为30mm,最终效果如图7-542所示。

图7-539　　　　　　　　　图7-540

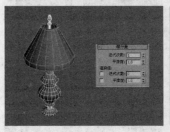

图7-541　　　　　　　　　图7-542

★ 重点 ★
实战：用建模工具制作橱柜

场景位置	无
实例位置	实例文件>CH07>实战：用建模工具制作橱柜.max
视频位置	多媒体教学>CH07>实战：用建模工具制作橱柜.flv
难易指数	★★★☆☆
技术掌握	倒角工具、切角工具

橱柜效果如图7-543所示。

图7-543

01 使用"长方体"工具 长方体 在场景中创建一个长方体,然后在"参数"卷展栏下设置"长度"为100mm、"宽度"为180mm、"高度"为200mm、"长度分段"为1、"高度分段"为3、"宽度分段"为3,具体参数设置及模型效果如图7-544所示。

02 将长方体转化为可编辑多边形,进入"顶点"级别,然后在前视图中将顶点调整成如图7-545所示的效果。

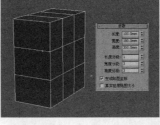

图7-544　　　　　　　　　图7-545

03 进入"多边形"级别，然后选择如图7-546所示的多边形，接着在"多边形"面板中单击"倒角"按钮下面的"倒角设置"按钮，最后设置"高度"为-8mm、"轮廓"为-2mm，如图7-547所示。

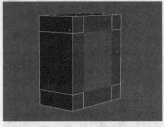
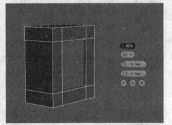

图7-546　　　　　　　　　　　　　　图7-547

04 保持对多边形的选择，在"多边形"面板中单击"倒角"按钮下面的"倒角设置"按钮，然后设置"高度"为12mm、"轮廓"为-2mm，如图7-548所示。

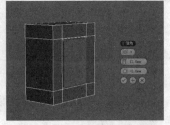

图7-548

05 进入"边"级别，然后选择如图7-549所示的边，接着在"边"面板中单击"切角"按钮下面的"切角设置"按钮，最后设置"边切角量"为5mm，如图7-550所示。

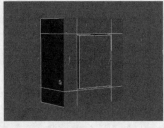

图7-549　　　　　　　　　　　　　　图7-550

06 切换到前视图，然后复制出如图7-551所示的模型。

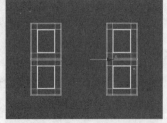

图7-551

07 使用"长方体"工具 长方体 在场景中创建一个长方体，然后在"参数"卷展栏下设置"长度"为100mm、"宽度"为280mm、"高度"为200mm、"长度分段"为1、"高度分段"为3、"宽度分段"为3，具体参数设置及模型位置如图7-552所示。

08 将长方体转换为可编辑多边形，进入"顶点"级别，然后在前视图中将顶点调整成如图7-553所示的效果。

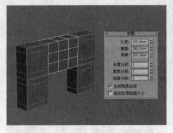

图7-552　　　　　　　　　　　　　　图7-553

09 进入"多边形"级别，然后选择如图7-554所示的多边形，接着在"多边形"面板中单击"倒角"按钮下面的"倒角设置"按钮，最后设置"高度"为-8mm、"轮廓"为-2mm，如图7-555所示。

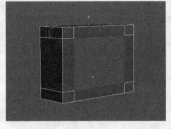

图7-554　　　　　　　　　　　　　　图7-555

10 保持对多边形的选择，在"多边形"面板中单击"倒角"按钮下面的"倒角设置"按钮，然后设置"高度"为12mm、"轮廓"为-2mm，如图7-556所示。

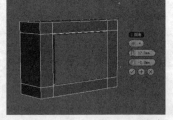

图7-556

11 进入"边"级别，然后选择如图7-557所示的边，接着在"边"面板中单击"切角"按钮下面的"切角设置"按钮，最后设置"边切角量"为5mm，如图7-558所示。

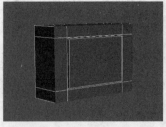
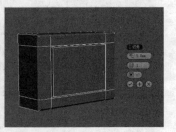

图7-557　　　　　　　　　　　　　　图7-558

12 选择模型，然后按住Shift键使用"选择并移动"工具向下移动复制一个模型，如图7-559所示。

13 使用"长方体"工具 长方体 在场景中创建一个长方体，然后在"参数"卷展栏下设置"长度"为100mm、"宽度"为280mm、"高度"为400mm、"长度分段"为1、"高度分段"为3、"宽度分段"为3，具体参数设置及模型位置如图7-560所示。

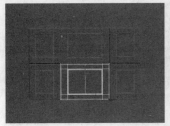

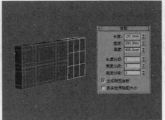

图7-559   图7-560

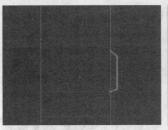

图7-566   图7-567

14 将长方体转化为可编辑多边形，然后使用"建模工具"将长方体处理成如图7-561所示的效果，接着复制一些模型到如图7-562所示的位置。

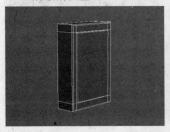

图7-561   图7-562

15 使用"长方体"工具 长方体 制作出柜台和侧板模型，完成后的效果如图7-563所示。

图7-568

★ 重点 ★
实战：用建模工具制作麦克风

场景位置	无
实例位置	实例文件>CH07>实战：用建模工具制作麦克风.max
视频位置	多媒体教学>CH07>实战：用建模工具制作麦克风.flv
难易指数	★★★★☆
技术掌握	生成拓扑工具、利用所选内容创建图形工具

麦克风效果如图7-569所示。

图7-563

16 使用"线"工具 线 在左视图中绘制出如图7-564所示的样条线，然后在"渲染"卷展栏下"在渲染中启用"和"在视口中启用"选项，接着设置"径向"的"厚度"为5mm，具体参数设置及模型效果如图7-565所示。

图7-564   图7-565

17 继续使用"线"工具 线 在左视图中绘制一条如图7-566所示的样条线，然后在"渲染"卷展栏下勾选"在渲染中启用"和"在视口中启用"，接着设置"径向"的设置"厚度"为20mm，最后将其拖曳到把手模型上，效果如图7-567所示。

18 将把手模型复制一些到其他橱柜上，最终效果如图7-568所示。

图7-569

01 下面制作麦克风的金属网膜。使用"球体"工具 球体 在场景中创建一个球体，然后在"参数"卷展栏下设置"半径"为180mm、"分段"为80，具体参数设置及模型效果如图7-570所示。

02 使用"选择并均匀缩放"工具 在前视图中将球体向上缩放成如图7-571所示的效果。

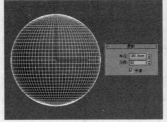

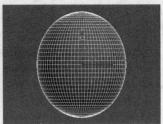

图7-570   图7-571

03 将球体转化为可编辑多边形，然后在"多边形建模"面板中单击"生成拓扑"按钮，接着在弹出的"拓扑"对话框中单击"边方向"按钮，如图7-572所示，效果如图7-573所示。

图7-572　　　　　　　　　　　　图7-573

04 进入"边"级别，然后选择所有的边，接着在"边"面板中单击"利用所选内容创建图形"按钮，最后在弹出的"创建图形"对话框中设置"图形类型"为"线性"，如图7-574所示。

05 选择"图形001"，然后在"渲染"卷展栏下勾选"在渲染中启用"和"在视口中启用"选项，接着设置"径向"的"厚度"为2mm，具体参数设置及模型效果如图7-575所示。

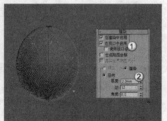

图7-574　　　　　　　　　　　　图7-575

06 选择球体多边形，然后在"多边形建模"面板中单击"生成拓扑"按钮，接着在弹出的"拓扑"对话框中再次单击"边方向"按钮，效果如图7-576所示，接着用步骤（4）和步骤（5）的方法将边转换为图形，完成后的效果如图7-577所示。

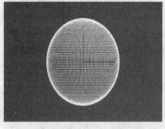

图7-576　　　　　　　　　　　　图7-577

技术专题 25 将选定对象的显示设置为外框

制作到这里时，有些用户可能会发现自己的计算机非常卡，这是很正常的，因为此时场景中的多边形面数非常多，耗用了大部分的显示内存。下面介绍一种提高计算机运行速度的方法，即将选定对象的显示设置为外框。具体操作方法如下。

第1步：选择"图形001"和"图形002"，然后单击鼠标右键，接着在弹出的快捷菜单中选择"对象属性"命令，如图7-578所示。

第2步：在弹出的"对象属性"对话框中的"显示属性"选项组下勾选"显示为外框"选项，如图7-579所示。设置完成后就可以发现运行速度会变快了很多。

图7-578　　　　　　　　　　　　图7-579

07 使用"管状体"工具 管状体 围绕网膜创建一个管状体，然后在"参数"卷展栏下设置"半径1"为180mm、"半径2"为188mm、"高度"为30mm、"高度分段"为6，具体参数设置及模型位置如图7-580所示。

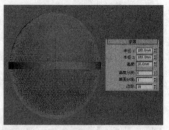

图7-580

08 将管状体转化为可编辑多边形，进入"顶点"级别，然后将顶点调整成如图7-581所示的效果。

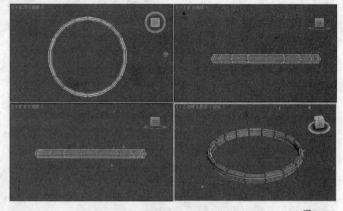

图7-581

09 为模型加载一个"网格平滑"修改器，然后在"细分量"卷展栏下设置"迭代次数"为2，具体参数设置及模型效果如图7-582所示。

10 继续使用"管状体"工具 管状体 和"建模工具"创建出网膜下的底座模型，完成后的效果如图7-583所示。

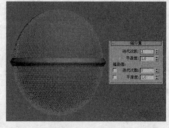

图7-582　　　　　　　　　　　　图7-583

11 使用"圆锥体"工具 圆锥体 创建出手柄模型，如图7-584

所示，然后将其转化为可编辑多边形，接着使用"建模工具"中的"挤出"工具 、"插入"工具 、"连接"工具 等制作出手柄上的按钮，完成后的效果如图7-585所示。

图7-584　　　　　　　　　　　　　图7-585

12 使用"圆柱体"工具 圆柱体 在手柄的底部创建一个圆柱体，然后在"参数"卷展栏下设置"半径"和"高度"为100mm、"高度分段"为1，具体参数设置及模型位置如图7-586所示。

图7-586

13 将圆柱体转换为可编辑多边形，进入"多边形"级别，然后选择底部的多边形，如图7-587所示，接着在"多边形"面板中单击"插入"按钮 下面的"插入设置"按钮 插入设置 ，最后设置"数量"为40mm，如图7-588所示。

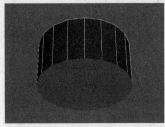 

图7-587　　　　　　　　　　　　　图7-588

14 保持对多边形的选择，在"多边形"面板中单击"挤出"按钮 下面的"挤出设置"按钮 挤出设置 ，然后设置"数量"为180mm，如图7-589所示。

图7-589

15 进入"边"级别，然后选择如图7-590所示的边，接着在"循环"面板中单击"连接"按钮 下面的"连接设置"按钮 连接设置 ，最后设置"分段"为18，如图7-591所示。

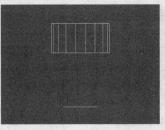 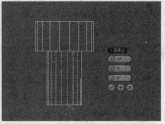

图7-590　　　　　　　　　　　　　图7-591

16 进入"多边形"级别，然后选择如图7-592所示的多边形，接着在"多边形"面板中单击"倒角"按钮 下面的"倒角设置"按钮 倒角设置 ，最后设置"倒角类型"为"局部法线"、"高度"为8mm、"轮廓"为-1mm，如图7-593所示。

 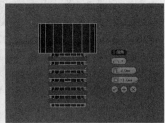

图7-592　　　　　　　　　　　　　图7-593

17 进入"边"级别，然后选择如图7-594所示的边，接着在"边"面板中单击"切角"按钮 下面的"切角设置"按钮 切角设置 ，最后设置"边切角量"为1mm，如图7-595所示。

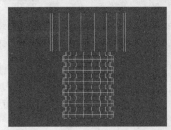 

图7-594　　　　　　　　　　　　　图7-595

18 继续使用"插入"工具 、"挤出"工具 和"切角"工具 将底部的多边形处理成如图7-596所示的效果，然后为模型加载一个"网格平滑"修改器，接着在"细分量"卷展栏下设置"迭代次数"为2，最终效果如图7-597所示。

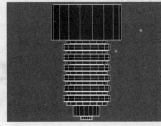 

图7-596　　　　　　　　　　　　　图7-597

第8章

灯光技术

Employment direction
从业方向

CG影视行业

CG建筑行业

CG工业行业

CG动漫行业

CG游戏行业

CG时尚达人

8.1 初识灯光

　　没有灯光的世界将是一片黑暗，在三维场景中也是一样，即使有精美的模型、真实的材质（模型、灯光和材质是场景必不可缺的三大要素）及完美的动画，如果没有灯光的照射也毫无作用，由此可见灯光在三维表现中的重要性。自然界中存着各种形形色色的光，如耀眼的日光、微弱的烛光及绚丽的烟花发出来的光等，如图8-1~图8-3所示。

图8-1　　　　　　　　图8-2　　　　　　　　图8-3

8.1.1 灯光的作用

　　有光才有影，才能让物体呈现出三维立体感，不同的灯光效果营造的视觉感受也不一样。灯光是视觉画面的一部分，其功能主要有以下3点。

　　第1点：提供一个整体的氛围，展现出影像实体，营造空间的氛围。

　　第2点：为画面着色，以塑造空间和形式。

　　第3点：可以让人们集中注意力。

8.1.2 3ds Max中的灯光

　　利用3ds Max中的灯光可以模拟出真实的"照片级"画面。图8-4和图8-5所示分别是两张利用3ds Max制作的室内和室外效果图。

图8-4　　　　　　　　　　　　　　　　　图8-5

　　在"创建"面板中单击"灯光"按钮，在其下拉列表中可以选择灯光的类型。3ds Max 2014包含3种灯光类型，分别是"光度学"灯光、"标准"灯光和VRay灯光，如图8-6~图8-8所示。

图8-6　　　　　　图8-7　　　　　　图8-8

技巧与提示

如果没有安装VRay渲染器，系统默认的只有"光度学"灯光和"标准"灯光。

8.2 光度学灯光

"光度学"灯光是3ds Max默认的灯光，共有3种类型，分别是"目标灯光"、"自由灯光"和"mr天空入口"。

本节灯光概要

灯光名称	主要作用	重要程度
目标灯光	模拟筒灯、射灯和壁灯等	高
自由灯光	模拟发光球和台灯等	中
mr天空入口	模拟天空照明	低

★重点★

8.2.1 目标灯光

目标灯光带有一个目标点，用于指向被照明物体，如图8-9所示。目标灯光主要用来模拟现实中的筒灯、射灯和壁灯等，其默认参数包含10个卷展栏，如图8-10所示。

图8-9　　　　　　　　　　　　　图8-10

技巧与提示

下面主要针对目标灯光的一些常用卷展栏参数进行讲解。

常规参数卷展栏----------------------------------

展开"常规参数"卷展栏，如图8-11所示。该卷展栏下的参数主要用于设置目标灯光的相关属性，如是否启用灯光、目标点和灯光阴影等，同时还可以设置阴影的类型及灯光分布类型。

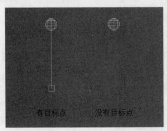

图8-11

常规参数卷展栏参数介绍

① 灯光属性选项组

启用： 控制是否开启灯光。

目标： 启用该选项后，目标灯光才有目标点；如果禁用该选项，目标灯光没有目标点，将变成自由灯光，如图8-12所示。

图8-12

技巧与提示

目标灯光的目标点并不是固定的，可以对它进行移动、旋转等操作。

目标距离： 用来显示目标的距离。

② 阴影选项组

启用： 控制是否开启灯光的阴影效果。

使用全局设置： 如果启用该选项后，该灯光投射的阴影将影响整个场景的阴影效果；如果关闭该选项，则必须选择渲染器使用哪种方式来生成特定的灯光阴影。

阴影类型列表： 设置渲染器渲染场景时使用的阴影类型，包括"高级光线跟踪"、"mental ray阴影贴图"、"区域阴影"、"阴影贴图"、"光线跟踪阴影"、"VRay阴影"和"VRay阴影贴图"7种类型，如图8-13所示。

图8-13

排除 **：** 将选定的对象排除于灯光效果之外。单击该按钮可以打开"排除/包含"对话框，如图8-14所示。

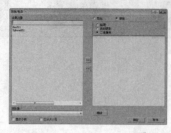

图8-14

③ 灯光分布（类型）选项组

灯光分布类型列表：设置灯光的分布类型，包含"光度学Web"、"聚光灯"、"统一漫反射"和"统一球形"4种类型。

🌑 **强度/颜色/衰减卷展栏**--------------------

展开"强度/颜色/衰减"卷展栏，如图8-15所示。

图8-15

强度/颜色/衰减卷展栏参数介绍

① 颜色选项组

灯光：挑选公用灯光，以近似灯光的光谱特征。

开尔文：通过调整色温微调器来设置灯光的颜色。

过滤颜色：使用颜色过滤器来模拟置于灯光上的过滤色效果。

② 强度选项组

lm（流明）：测量整个灯光（光通量）的输出功率。100瓦的通用灯泡约有1750 lm的光通量。

cd（坎德拉）：用于测量灯光的最大发光强度，通常沿着瞄准发射。100瓦通用灯泡的发光强度约为139 cd。

lx（lux）：测量由灯光引起的照度，该灯光以一定距离照射在曲面上，并面向灯光的方向。

③ 暗淡选项组

结果强度：用于显示暗淡所产生的强度。

暗淡百分比：启用该选项后，该值会指定用于降低灯光强度的"倍增"。

光线暗淡时白炽灯颜色会切换：启用该选项之后，灯光可以在暗淡时通过产生更多的黄色来模拟白炽灯。

④ 远距衰减选项组

使用：启用灯光的远距衰减。

显示：在视口中显示远距衰减的范围设置。

开始：设置灯光开始淡出的距离。

结束：设置灯光减为0时的距离。

🌑 **图形/区域阴影卷展栏**--------------------

展开"图形/区域阴影"卷展栏，如图8-16所示。

图8-16

图形/区域阴影卷展栏参数介绍

从（图形）发射光线：选择阴影生成的图形类型，包括"点光源"、"线"、"矩形"、"圆形"、"球体"和"圆柱体"6种类型。

灯光图形在渲染中可见：启用该选项后，如果灯光对象位于视野之内，那么灯光图形在渲染中会显示为自供照明（发光）的图形。

🌑 **阴影参数卷展栏**--------------------

展开"阴影参数"卷展栏卷展栏，如图8-17所示。

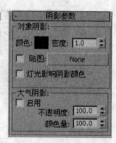

图8-17

阴影参数卷展栏参数介绍

① 对象阴影选项组

颜色：设置灯光阴影的颜色，默认为黑色。

密度：调整阴影的密度。

贴图：启用该选项，可以使用贴图来作为灯光的阴影。

None（无） `None`：单击该按钮可以选择贴图作为灯光的阴影。

灯光影响阴影颜色：启用该选项后，可以将灯光颜色与阴影颜色（如果阴影已设置贴图）混合起来。

② 大气阴影选项组

启用：启用该选项后，大气效果如灯光穿过它们一样投影阴影。

不透明度：调整阴影的不透明度百分比。

颜色量：调整大气颜色与阴影颜色混合的量。

🌑 **阴影贴图参数卷展栏**--------------------

展开"阴影贴图参数"卷展栏，如图8-18所示。

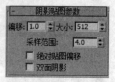

图8-18

阴影贴图参数卷展栏参数介绍

偏移：将阴影移向或移离投射阴影的对象。

大小：设置用于计算灯光的阴影贴图的大小。

采样范围： 决定阴影内平均有多少个区域。

绝对贴图偏移： 启用该选项后，阴影贴图的偏移是不标准化的，但是该偏移在固定比例的基础上会以3ds Max为单位来表示。

双面阴影： 启用该选项后，计算阴影时物体的背面也将产生阴影。

> **技巧与提示**
>
> 注意，这个卷展栏的名称由"常规参数"卷展栏下的阴影类型来决定，不同的阴影类型具有不同的阴影卷展栏以及不同的参数选项。

🌐 大气和效果卷展栏

展开"大气和效果"卷展栏，如图8-19所示。

图8-19

大气和效果卷展栏参数介绍

添加 添加 ：单击该按钮可以打开"添加大气或效果"对话框，如图8-20所示。在该对话框可以将大气或渲染效果添加到灯光中。

图8-20

> **知识链接**
>
> 关于"环境和效果"的运用请参阅"第11章 环境和效果技术"。

删除 删除 ：添加大气或效果后，在大气或效果列表中选择大气或效果，然后单击该按钮可以将其删除。

大气和效果列表： 显示添加的大气或效果，如图8-21所示。

图8-21

设置 设置 ：在大气或效果列表中选择大气或效果后，单击该按钮可以打开"环境和效果"对话框。在该对话框中可以对大气或效果参数进行更多的设置。

★重点★ 实战：用目标灯光制作餐厅夜晚灯光

场景位置	场景文件>CH08>01.max
实例位置	实例文件>CH08>实战：用目标灯光制作餐厅夜晚灯光.max
视频位置	多媒体教学>CH08>实战：用目标灯光制作餐厅夜晚灯光.flv
难易指数	★★☆☆☆
技术掌握	目标灯光模拟射灯、VRay球体灯光模拟台灯、目标聚光灯模拟吊灯

餐厅夜晚灯光效果如图8-22所示。

图8-22

01 打开下载资源中的"场景文件>CH08>01.max"文件，如图8-23所示。

图8-23

02 设置灯光类型为"光度学"，然后在顶视图中创建6盏目标灯光，其位置如图8-24所示。

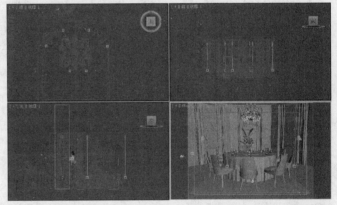

图8-24

> **技巧与提示**
>
> 由于这6盏目标灯光的参数都相同，因此可以先创建其中一盏，然后通过移动复制的方式创建另外5盏目标灯光，这样可以节省很多时间。但是要注意一点，在复制灯光时，要选择"实例"复制方式，因为这样只需要修改其中一盏目标灯光的参数，其他的目标灯光的参数也会跟着改变。

03 选择上一步创建的目标灯光，然后进入"修改"面板，具体参数设置如图8-25所示。

设置步骤

① 展开"常规参数"卷展栏，然后在"阴影"选项组下勾选"启用"选项，接着设置阴影类型"VRay阴影"，最后设置"灯光分布（类型）"为"光度学Web"。

② 展开"分布（光度学Web）"卷展栏，然后在其通道中加载一个下载资源中的"实例文件>CH08>实战：用目标灯光制作餐厅夜晚灯光>筒灯.ies"文件。

③ 展开"强度/颜色/衰减"卷展栏，然后设置"过滤颜色"为（红:253，绿:195，蓝:143），接着设置"强度"为10。

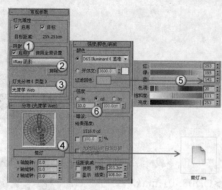

图8-25

为（红:244，绿:194，蓝:141）。

③ 在"大小"选项组下设置"半径"为3.15mm。

④ 在"选项"选项组下勾选"不可见"选项。

⑤ 在"采样"选项组下设置"细分"为20。

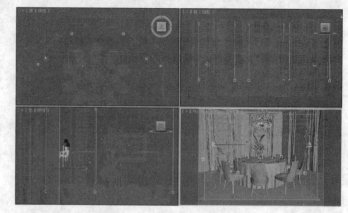

图8-28

技术专题 26 光域网详解

将"灯光分布（类型）"设置为"光度学Web"后，系统会自动增加一个"分布（光度学Web）"卷展栏，在"分布（光度学Web）"通道中可以加载光域网文件。

光域网是灯光的一种物理性质，用来确定光在空气中的发散方式。

不同的灯光在空气中的发散方式也不相同，如手电筒会发出一个光束，而壁灯或台灯发出的光又是另外一种形状，这些不同的形状是由灯光自身的特性来决定的，也就是说，这些形状是由光域网造成的。灯光之所以会产生不同的图案，是因为每种灯在出厂时，厂家都要对每种灯指定不同的光域网。在3ds Max中，如果为灯光指定一个特殊的文件，就可以产生与现实生活中相同的发散效果，这种特殊文件的标准格式为.ies。图8-26所示是一些不同光域网的显示形态，图8-27所示是这些光域网的渲染效果。

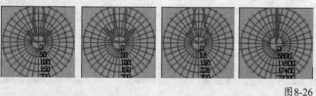

图8-26

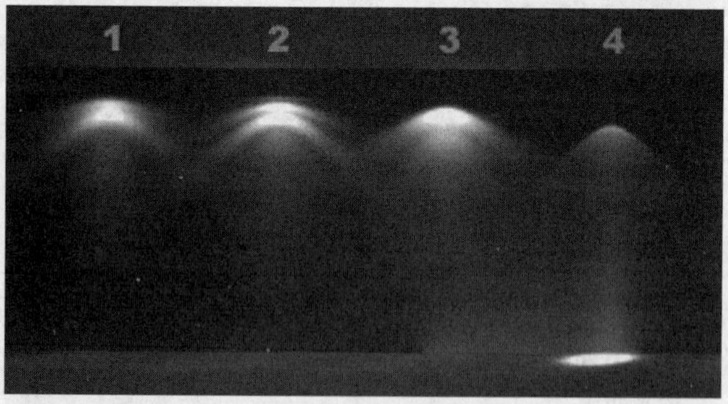

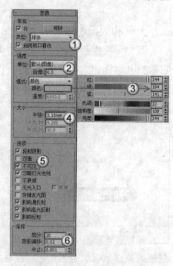

图8-29

06 在吊灯的灯泡上继续创建26盏VRay灯光，如图8-30所示。

图8-27

04 设置灯光类型为VRay，然后在台灯的灯罩内创建两盏VRay灯光，其位置如图8-28所示。

05 选择上一步创建的VRay灯光，然后进入"修改"面板，接着展开"参数"卷展栏，具体参数设置如图8-29所示。

设置步骤

① 在"常规"选项组下设置"类型"为"球体"。

② 在"强度"选项组下设置"倍增"为6，然后设置"颜色"

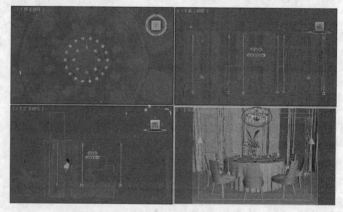

图8-30

07 选择上一步创建的VRay灯光，然后进入"修改"面板，接着展开"参数"卷展栏，具体参数设置如图8-31所示。

设置步骤

① 在"常规"选项组下设置"类型"为"球体"。

② 在"强度"选项组下设置"倍增"为10，然后设置"颜色"为（红:244，绿:194，蓝:141）。

③ 在"大小"选项组下设置"半径"为0.787mm。

④ 在"选项"选项组下勾选"不可见"选项。

⑤ 在"采样"选项组下设置"细分"为20。

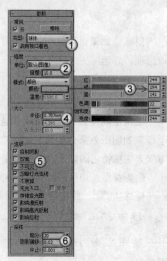

图8-31

08 设置灯光类型为"标准"，然后在吊灯正中央下面创建一盏目标聚光灯，其位置如图8-32所示。

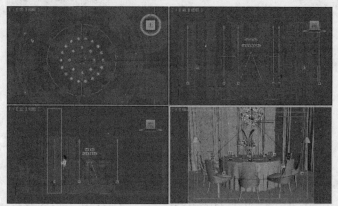

图8-32

09 选择上一步创建的目标聚光灯，然后进入"修改"面板，具体参数设置如图8-33所示。

设置步骤

① 展开"常规参数"卷展栏，然后在"阴影"选项组下勾选"启用"选项，接着设置阴影类型为"VRay阴影"。

② 展开"强度/颜色/衰减"卷展栏，然后设置"倍增"为2，接着设置"颜色"为（红:241，绿:189，蓝:144）。

③ 展开"聚光灯参数"卷展栏，然后设置"聚光区/光束"为43、"衰减区/区域"为95。

④ 展开"VRay阴影参数"卷展栏，然后勾选"区域阴影"选项，接着勾选"球体"选项，最后设置"U大小"、"V大小"和"W大小"为20mm、"细分"为20。

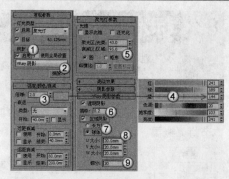

图8-33

10 按C键切换到摄影机视图，然后按F9键渲染当前场景，最终效果如图8-34所示。

图8-34

8.2.2 自由灯光

自由灯光没有目标点，常用来模拟发光球和台灯等。自由灯光的参数与目标灯光的参数完全一样，如图8-35所示。

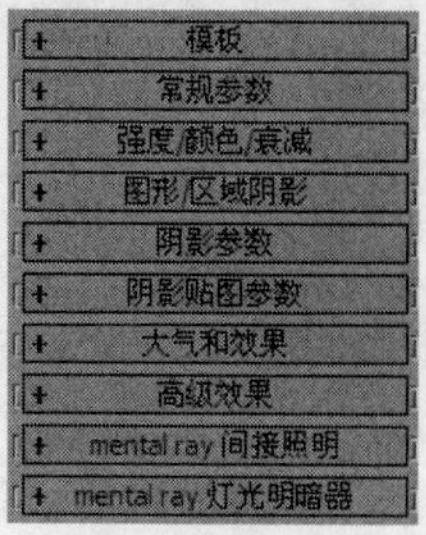

模板
常规参数
强度/颜色/衰减
图形/区域阴影
阴影参数
阴影贴图参数
大气和效果
高级效果
mental ray 间接照明
mental ray 灯光明暗器

图8-35

知识链接

关于自由灯光的参数请参阅前面的目标灯光的参数介绍。

8.2.3 mr 天空入口

mr 天空入口是一种mental ray灯光，与VRay灯光比较相似，不过mr天空入口灯光必须配合天光才能使用，其参数设置面板如图8-36所示。

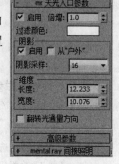

图8-36

技巧与提示

mr天空入口灯光在实际工作中基本上不会用到，因此这里不对其进行讲解。

8.3 标准灯光

"标准"灯光包括8种类型，分别是"目标聚光灯"、"自由聚光灯"、"目标平行光"、"自由平行光"、"泛光"、"天光"、"mr Area Omni"和"mr Area Spot"。

本节灯光概要

灯光名称	主要作用	重要程度
目标聚光灯	模拟吊灯和手电筒等	高
自由聚光灯	模拟动画灯光	低
目标平行光	模拟自然光	高
自由平行光	模拟太阳光	中
泛光	模拟烛光	中
天光	模拟天空光	低
mr Area Omni	与泛光灯类似	低
mr Area Spot	与聚光灯类似	低

★ 重点 ★
8.3.1 目标聚光灯

目标聚光灯可以产生一个锥形的照射区域，区域以外的对象不会受到灯光的影响，主要用来模拟吊灯和手电筒等照明物发出的灯光。目标聚光灯由透射点和目标点组成，其方向性非常好，对阴影的塑造能力也很强，如图8-37所示，其参数设置面板如图8-38所示。

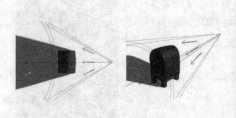

图8-37　　　　　　图8-38

🔵 **常规参数卷展栏**--

展开"常规参数"卷展栏，如图8-39所示。

图8-39

常规参数卷展栏参数介绍

① 灯光类型选项组

启用：控制是否开启灯光。

灯光类型列表：选择灯光的类型，包含"聚光灯"、"平行光"和"泛光"3种类型，如图8-40所示。

 **技巧与提示**

在切换灯光类型时，可以从视图中很直接地观察到灯光外观的变化。但是切换灯光类型后，场景中的灯光就会变成当前选择的灯光。

图8-40

目标：如果启用该选项后，灯光将成为目标聚光灯；如果关闭该选项，灯光将变成自由聚光灯。

② 阴影选项组

启用：控制是否开启灯光阴影。

使用全局设置：如果启用该选项，该灯光投射的阴影将影响整个场景的阴影效果；如果关闭该选项，则必须选择渲染器使用哪种方式来生成特定的灯光阴影。

阴影类型：切换阴影的类型来得到不同的阴影效果。

排除 排除... ：将选定的对象排除于灯光效果之外。

🔵 **强度/颜色/衰减卷展栏**----------------------------------

展开"强度/颜色/衰减"卷展栏，如图8-41所示。

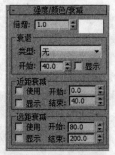

图8-41

强度/颜色/衰减卷展栏参数介绍

① 倍增选项组

倍增：控制灯光的强弱程度。

颜色：用来设置灯光的颜色。

② 衰退选项组

类型：指定灯光的衰退方式。"无"为不衰退，"倒数"为反向衰退，"平方反比"是以平方反比的方式进行衰退。

 **技巧与提示**

如果"平方反比"衰退方式使场景太暗，可以按大键盘上的8键打开"环境和效果"对话框，然后在"全局照明"选项组下适当加大"级别"值来提高场景亮度。

开始：设置灯光开始衰退的距离。

显示：在视口中显示灯光衰退的效果。

③ 近距衰减选项组

使用：启用灯光近距离衰退。

显示：在视口中显示近距离衰退的范围。

开始：设置灯光开始淡出的距离。

结束：设置灯光达到衰退最远处的距离。

④ 远距衰减选项组

使用：启用灯光的远距离衰退。

显示：在视口中显示远距离衰退的范围。

开始：设置灯光开始淡出的距离。

结束：设置灯光衰退为0的距离。

聚光灯参数卷展栏

展开"聚光灯参数"卷展栏，如图8-42所示。

图8-42

聚光灯卷展栏参数介绍

显示光锥：控制是否在视图中开启聚光灯的圆锥显示效果，如图8-43所示。

泛光化：开启该选项时，灯光将在各个方向投射光线。

聚光区/光束：用来调整灯光圆锥体的角度。

衰减区/区域：设置灯光衰减区的角度。图8-44所示是不同"聚光区/光束"和"衰减区/区域"的光锥对比。

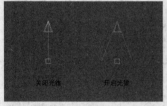

图8-43

图8-44

圆/矩形：选择聚光区和衰减区的形状。

纵横比：设置矩形光束的纵横比。

位图拟合 位图拟合：如果灯光的投影纵横比为矩形，应设置纵横比以匹配特定的位图。

高级效果卷展栏

展开"高级效果"卷展栏，如图8-45所示。

图8-45

高级效果卷展栏参数介绍

① 影响曲面选项组

对比度：调整漫反射区域和环境光区域的对比度。

柔化漫反射边：增加该选项的数值可以柔化曲面的漫反射区域和环境光区域的边缘。

漫反射：开启该选项后，灯光将影响曲面的漫反射属性。

高光反射：开启该选项后，灯光将影响曲面的高光属性。

仅环境光：开启该选项后，灯光仅仅影响照明的环境光。

② 投影贴图选项组

贴图：为投影加载贴图。

无 无：单击该按钮可以为投影加载贴图。

> **知识链接**
>
> 关于目标聚光灯的其他参数请参阅前面的目标灯光的参数介绍。

★ 重点 ★
实战：用目标聚光灯制作餐厅日光

场景位置	场景文件>CH08>02.max
实例位置	实例文件>CH08>实战：用目标聚光灯制作餐厅日光.max
视频位置	多媒体教学>CH08>实战：用目标聚光灯制作餐厅日光.flv
难易指数	★★★☆☆
技术掌握	目标聚光灯模拟射灯、VRay面灯光模拟天光与灯带

餐厅日光效果如图8-46所示。

图8-46

01 打开下载资源中的"场景文件>CH08>02.max"文件，如图8-47所示。

图8-47

02 设置灯光类型为"标准"，然后在场景中创建9盏目标聚光灯，其位置如图8-48所示。

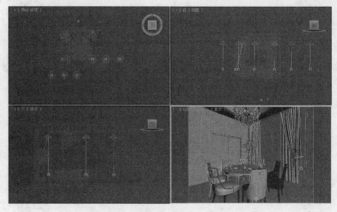

图8-48

技术专题 27 冻结与过滤对象

制作到这里用户可能会发现一个问题，那就是在调整灯光位置时总是会选择到其他物体。下面以图8-49所示的场景来介绍两种快速选择灯光的方法。

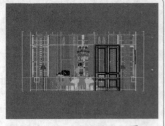

图8-49

第1种：冻结除了灯光外的所有对象。在"主工具栏"中设置"选择过滤器"类型为"G-几何体"，如图8-50所示，然后在视图中框选对象，这样选择的对象全部是几何体，不会选择到其他对象，如图8-51所示。选择好对象后单击鼠标右键，然后在弹出的快捷菜单中选择"冻结当前选择"命令，如图8-52所示，冻结的对象将以灰色状态显示在视图中，如图8-53所示。将"选择过滤器"类型设置为"全部"，此时无论怎么选择都不会选择到几何体了。另外，如果要解冻对象，可以在视图中单击鼠标右键，然后在弹出的快捷菜单中选择"全部解冻"命令。

图8-50　　　　　　　　　　　图8-51

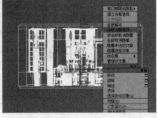

图8-52　　　　　　　　　　　图8-53

第2种：过滤掉灯光外的所有对象。在"主工具栏"中设置"选择过滤器"类型为"L-灯光"，如图8-54所示，这样无论怎么选择，选择的对象永远都只有灯光，不会选择到其他对象，如图8-55所示。

图8-54　　　　　　　　　　　图8-55

🔟📸 选择上一步创建的目标聚光灯，然后进入"修改"面板，具体参数设置如图8-56所示。

设置步骤

① 展开"常规参数"卷展栏，然后在"阴影"选项组下勾选"启用"选项，接着设置阴影类型为"VRay阴影"。

② 展开"强度/颜色/衰减"卷展栏，然后设置"倍增"为0.6，接着设置"颜色"为（红:255，绿:239，蓝:215）。

③ 展开"聚光灯参数"卷展栏，然后设置"聚光区/光束"为30、"衰减区/区域"为90。

④ 展开"VRay阴影参数"卷展栏，然后勾选"区域阴影"选项，并勾选"球体"选项，接着设置"U大小"、"V大小"和"W大小"为100mm，最后设置"细分"为16。

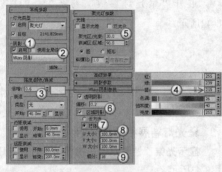

图8-56

🔟📸 选择任意一盏目标聚光灯，然后复制一盏到吊灯的下面，其位置如图8-57所示。

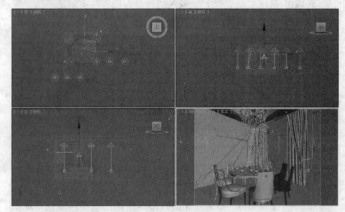

图8-57

技巧与提示

注意，这里在复制灯光的时候，要将复制方式设置为"复制"。

🔟📸 选择上一步复制的目标聚光灯，然后在"强度/颜色/衰减"卷展栏下将"倍增"修改为2，如图8-58所示。

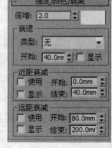

图8-58

🔟📸 继续复制一盏目标聚光灯到吊灯下面，然后将目标点调整到上方，其位置如图8-59所示。

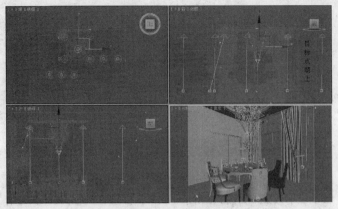

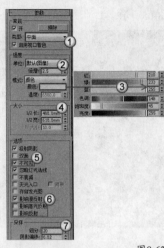

图8-59

07 选择上一步复制的目标聚光灯,然后在"强度/颜色/衰减"卷展栏下将"倍增"修改为0.3,接着在"聚光灯参数"卷展栏下将"聚光区/光束"修改为30、将"衰减区/区域"修改为70,如图8-60所示。

图8-60

08 设置灯光类型为VRay,然后在窗口玻璃处创建一盏VRay灯光,其位置如图8-61所示。

图8-62

10 继续在大门处创建一盏VRay灯光,如图8-63所示。

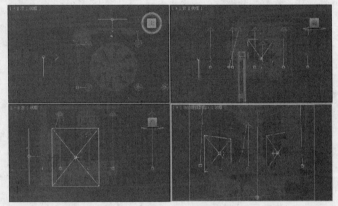

图8-63

11 选择上一步创建的VRay灯光,然后进入"修改"面板,接着展开"参数"卷展栏,具体参数设置如图8-64所示。

设置步骤

① 在"常规"选项组下设置"类型"为"平面"。

② 在"强度"选项组下设置"倍增"为1.5,然后设置"颜色"为(红:251,绿:230,蓝:184)。

③ 在"大小"选项组下设置"1/2长"为3000mm、"1/2宽"为1200mm。

④ 在"选项"选项组下勾选"不可见",然后关闭"影响高光反射"和"影响反射"选项。

⑤ 在"采样"选项组下设置"细分"为20。

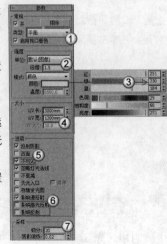

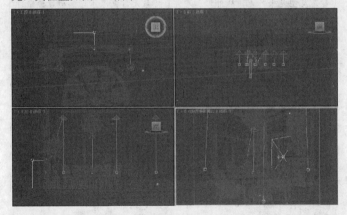

图8-61

09 选择上一步创建的VRay灯光,然后进入"修改"面板,接着展开"参数"卷展栏,具体参数设置如图8-62所示。

设置步骤

① 在"常规"选项组下设置"类型"为"平面"。

② 在"强度"选项组下设置"倍增"为2.5,然后设置"颜色"为(红:210,绿:233,蓝:255)。

③ 在"大小"选项组下设置"1/2长"为480mm、"1/2宽"为610mm。

④ 在"选项"选项组下勾选"不可见"选项,然后关闭"影响高光反射"和"影响反射"选项。

⑤ 在"采样"选项组下设置"细分"为20。

图8-64

12 围绕吊顶创建一圈VRay灯光(一共21盏)作为灯带,如图

253

8-65所示。

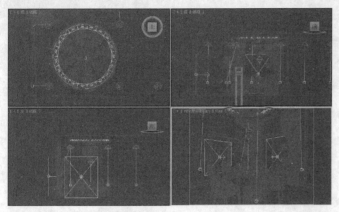

图8-65

13 选择上一步创建的VRay灯光，然后进入"修改"面板，接着展开"参数"卷展栏，具体参数设置如图8-66所示。

设置步骤

① 在"常规"选项组下设置"类型"为"平面"。

② 在"强度"选项组下设置"倍增"为2，然后设置"颜色"为（红:226，绿:141，蓝:72）。

③ 在"大小"选项组下设置"1/2长"为200mm、"1/2宽"为95mm。

④ 在"选项"选项组下勾选"不可见"，然后关闭"影响高光反射"和"影响反射"选项。

⑤ 在"采样"选项组下设置"细分"为20。

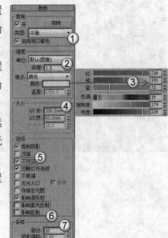

图8-66

14 按C键切换到摄影机视图，然后按F9键渲染当前场景，最终效果如图8-67所示。

图8-67

8.3.2 自由聚光灯

自由聚光灯与目标聚光灯的参数基本一致，只是它无法对发射点和目标点分别进行调节，如图8-68所示。自由聚光灯特别适合用来模拟一些动画灯光，如舞台上的射灯。

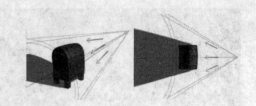

图8-68

★重点★
8.3.3 目标平行光

目标平行光可以产生一个照射区域，主要用来模拟自然光线的照射效果，如图8-69所示。如果将目标平行光作为体积光来使用的话，那么可以用它模拟出激光束等效果。

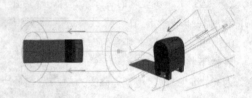

图8-69

技巧与提示

虽然目标平行光可以用来模拟太阳光，但是它与目标聚光灯的灯光类型却不相同。目标聚光灯的灯光类型是聚光灯，而目标平行光的灯光类型是平行光，从外形上看，目标聚光灯更像锥形，而目标平行光更像筒形，如图8-70所示。

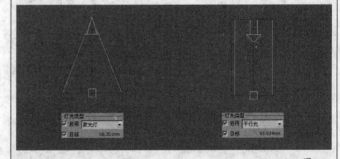

图8-70

★重点★
实战：用目标平行光制作卧室日光

场景位置	场景文件>CH08>03.max
实例位置	实例文件>CH08>实战：用目标平行光制作卧室日光.max
视频位置	多媒体教学>CH08>实战：用目标平行光制作卧室日光.flv
难易指数	★★☆☆☆
技术掌握	目标平行光模拟日光

卧室日光效果如图8-71所示。

图8-71

01 打开下载资源中的"场景文件>CH08>03.max"文件，如图8-72所示。

图8-72

― 技术专题·28 重新链接场景缺失资源 ―

这里要讲解一个在实际工作中非常实用的技术，即追踪场景资源技术。在打开一个场景文件时，往往会缺失贴图、光域网文件。例如，用户在打开本例的场景文件时，会弹出一个"缺少外部文件"对话框，提醒用户缺少外部文件，如图8-73所示。造成这种情况的原因是移动了实例文件或贴图文件的位置（如将其从D盘移动到了E盘），造成3ds Max无法自动识别文件路径。遇到这种情况可以先单击"继续"按钮 继续 ，然后再查找缺失的文件。

图8-73

补齐缺失文件的方法有两种，下面详细介绍一下。请用户千万注意，这两种方法都是基于贴图和光域网等文件没有被删除的情况下。

第1种：逐个在"材质编辑器"对话框中的各个材质通道中将贴图路径重新链接好，光域网文件在灯光设置面板中进行链接。这种方法非常繁琐，一般情况下不会使用该方法。

第2种：按Shift+T组合键打开"资源追踪"对话框，如图8-74所示。在该对话框中可以观察到缺失了那些贴图文件或光域网（光度学）文件。这时可以按住Shift键全选缺失的文件，然后单击鼠标右键，在弹出的菜单中选择"设置路径"命令，如图8-75所示，接着在弹出的对话框中链接好文件路径（贴图和光域网等文件最好放在一个文件夹中），如图8-76所示。链接好文件路径后，有些文件可能仍然显示缺失，这是因为在前期制作中可能有多余的文件，因此3ds Max保留了下来，只要场景贴图齐备即可，如图8-77所示。

图8-74

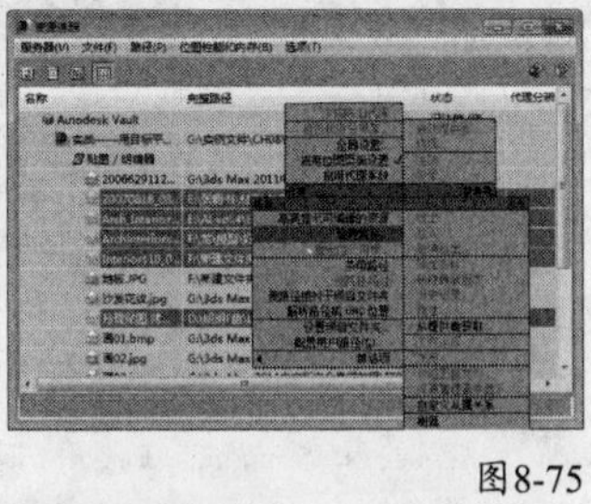

图8-75

图8-76

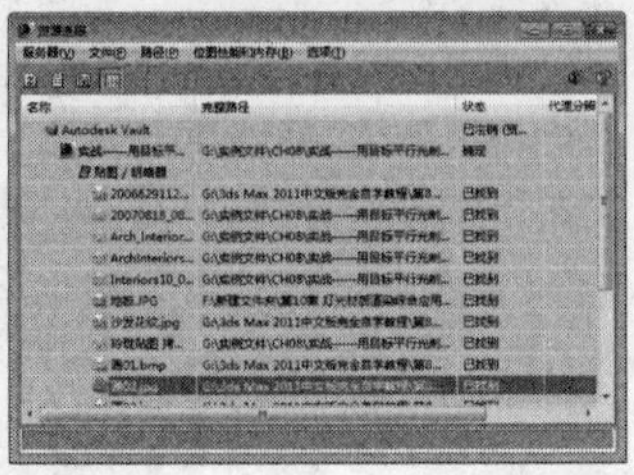

图8-77

02 设置灯光类型为"标准"，然后在室外创建一盏目标平行光，接着调整好目标点的位置，如图8-78所示。

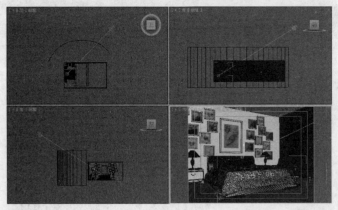

图8-78

03 选择上一步创建的目标平行光，然后进入"修改"面板，具体参数设置如图8-79所示。

设置步骤

① 展开"常规参数"卷展栏，然后在"阴影"选项组下勾选"启用"选项，接着设置阴影类型为"VRay阴影"。

② 展开"强度/颜色/衰减"卷展栏，然后设置"倍增"为3.5，接着设置"颜色"为（红:255，绿:245，蓝:221）。

③ 展开"平行光参数"卷展栏，然后设置"聚光区/光束"为736.6cm、"衰减区/区域"为741.68cm。

④ 展开"VRay阴影参数"卷展栏，然后勾选"区域阴影"选项，接着设置"U大小"、"V大小"和"W大小"为25.4cm，最后设置"细分"为12。

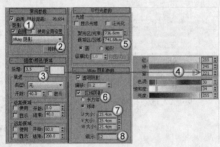

图8-79

04 设置灯光类型为VRay，然后在左侧的墙壁处创建一盏VRay灯光作为辅助灯光，其位置如图8-80所示。

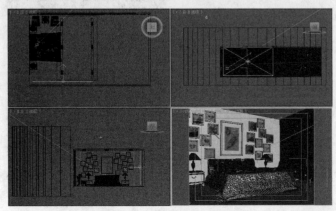

图8-80

05 选择上一步创建的VRay灯光，然后进入"修改"面板，接着展开"参数"卷展栏，具体参数设置如图8-81所示。

设置步骤

① 在"常规"选项组下设置"类型"为"平面"。

② 在"强度"选项组下设置"倍增"为4。

③ 在"大小"选项组下设置"1/2长"为210cm、"1/2宽"为115cm。

图8-81

06 按C键切换到摄影机视图，然后按F9键渲染当前场景，最终效果如图8-82所示。

图8-82

实战：用目标平行光制作阴影场景

场景位置　场景文件>CH08>04.max
实例位置　实例文件>CH08>实战：用目标平行光制作阴影场景.max
视频位置　多媒体教学>CH08>实战：用目标平行光制作阴影场景.flv
难易指数　★☆☆☆☆
技术掌握　目标平行光模拟阴影

阴影场景效果如图8-83所示。

图8-83

01 打开下载资源中的"场景文件>CH08>04.max"文件，如图8-84所示。

图8-84

02 设置灯光类型为"标准"，然后在场景中创建一盏目标平行光，其位置如图8-85所示。

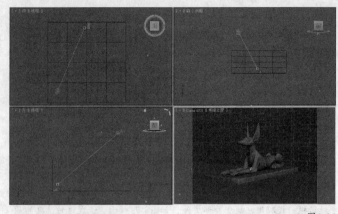

图8-85

03 选择上一步创建的目标平行光，然后进入"修改"面板，具体参数设置如图8-86所示。

设置步骤

① 展开"常规参数"卷展栏，然后在"阴影"选项组下勾选"启用"选项，接着设置阴影类型为"VRay阴影"。

② 展开"强度/颜色/衰减"卷展栏，然后设置"倍增"为2.6，接着设置"颜色"为白色。

③ 展开"平行光参数"卷展栏，然后设置"聚光区/光束"为1100mm、"衰减区/区域"为19999.99mm。

④ 展开"高级效果"卷展栏，然后在"投影贴图"选项组下勾选"贴图"选项，接着在贴图通道中加载一张下载资源中的"实例文件>CH08>实战：用目标平行光制作阴影场景>阴影贴图.jpg"文件。

⑤ 展开"VRay阴影参数"卷展栏，然后设置"U大小"、"V大小"和"W大小"为254mm。

图8-86

技术专题·29 柔化阴影贴图

这里要注意一点，在使用阴影贴图时，需要先在Photoshop将其进入柔化处理，这样可以生产柔和、虚化的阴影边缘。下面以图8-87所示的黑白图像来介绍一下柔化方法。

图8-87

执行"滤镜>模糊>高斯模糊"菜单命令，打开"高斯模糊"对话框，然后对"半径"数值进行调整（在预览框中可以预览模糊效果），如图8-88所示，接着单击"确定"按钮 确定 完成模糊处理，效果如图8-89所示。

图8-88　　　　　　　　　　　　　图8-89

04 按C键切换到摄影机视图，然后按F9键渲染当前场景，最终效果如图8-90所示。

图8-90

8.3.4 自由平行光

自由平行光能产生一个平行的照射区域，常用来模拟太阳光，如图8-91所示。

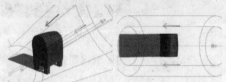

图8-91

技巧与提示

自由平行光和自由聚光灯一样，没有目标点，当勾选"目标"选项时，自由平行光会自动变成目标平行光，如图8-92所示。因此这两种灯光之间是相互关联的。

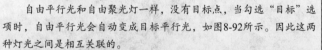

没有目标点　　　　　　　　有目标点

图8-92

★重点★
8.3.5 泛光

泛光灯可以向周围发散光线，其光线可以到达场景中无限

远的地方，如图8-93所示。泛光灯比较容易创建和调节，能够均匀地照射场景，但是在一个场景中如果使用太多泛光灯可能会导致场景明暗层次变暗，缺乏对比。

图8-93

技巧与提示

在泛光灯的参数中，"强度/颜色/衰减"卷展栏是比较重要的，如图8-94所示。这里的参数请参阅前面的内容。

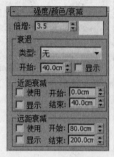

图8-94

★重点★
实战：用泛光灯制作星空特效

场景位置	场景文件>CH08>05.max
实例位置	实例文件>CH08>实战：用泛光灯制作星空特效.max
视频位置	多媒体教学>CH08>实战：用泛光灯制作星空特效.flv
难易指数	★★★☆☆
技术掌握	泛光灯模拟星光

星空特效效果如图8-95所示。

图8-95

01 打开下载资源中的"场景文件>CH08>05.max"文件，如图8-96所示。

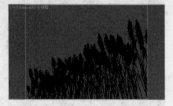

图8-96

02 设置灯光类型为"标准"，然后在场景中创建一盏目标聚光灯，其位置如图8-97所示。

03 选择上一步创建的目标聚光灯，然后进入"修改"面板，具体参数设置如图8-98所示。

设置步骤

① 展开"常规参数"卷展栏，然后在"阴影"选项组下勾选"启用"选项。

② 展开"强度/颜色/衰减"卷展栏，然后设置"倍增"为2，接着设置"颜色"为（红:151，绿:179，蓝:251）。

③ 展开"聚光灯参数"卷展栏，然后设置"聚光区/光束"为20、"衰减区/区域"为60。

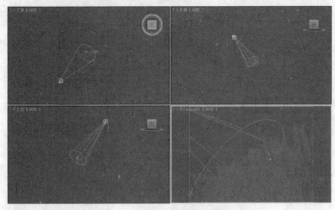

图8-97

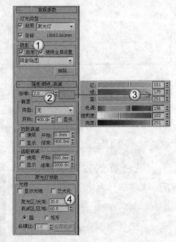

图8-98

04 在天空创建20盏泛光灯作为星光，如图8-99所示。

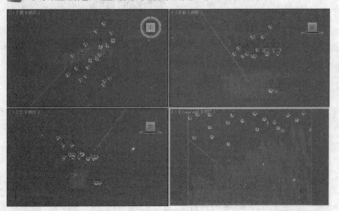

图8-99

05 选择上一步创建的泛光灯，然后在"强度/颜色/衰减"卷展栏下设置"倍增"为1，接着设置"颜色"为白色，如图8-100所示。

06 按大键盘上的8键打开"环境和效果"对话框，然后单击"环境"选项卡，接着在"环境贴图"下面的通道中加载一张"VRay天空"环境贴图，如图8-101所示。

图8-100   图8-101

疑难问答 ?

问：哪里是大键盘？

答：键盘上的数字键分为两种，一种是大键盘上的数字键，另外一种是小键盘上的数字键，如图8-102所示。

图8-102

07 按M键打开"材质编辑器"对话框，然后将"VRay天空"贴图拖曳到一个空白材质球上，接着在弹出的对话框中设置"方法"为"实例"，如图8-103示。

图8-103

08 在"VRay天空参数"卷展栏下勾选"指定太阳节点"选项，然后设置"太阳强度倍增"为0.01，如图8-104所示。

图8-104

09 切换到"环境和效果"对话框，然后单击"效果"选项卡，接着在"效果"卷展栏下单击"添加"按钮 ，在弹出的对话框中选择"镜头效果"选项,最后单击"确定"按钮 确定 ;选择加载的"镜头效果",然后展开"镜头效果参数"卷展栏,接着在左侧的列表中选择"星形"选项,最后单击 按钮,将星形加载到右侧的列表中,如图8-105所示。

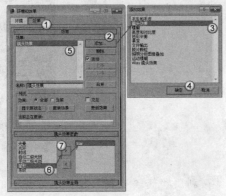

图8-105

问:加载镜头效果有什么作用?

答:这里加载"镜头效果"主要是为了在最终渲染中产生星形效果。

10 展开"镜头效果全局"卷展栏,然后设置"大小"为2.5、"强度"为300,接着单击"拾取灯光"按钮 拾取灯光 ,并在场景中拾取20盏泛光灯(拾取的灯光在后面的灯光列表中会显示出来),如图8-106所示。

11 按C键切换到摄影机视图,然后按F9键渲染当前场景,最终效果如图8-107所示。

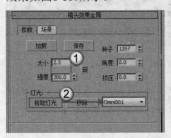

图8-106

图8-107

8.3.6 天光

天光主要用来模拟天空光,以穹顶方式发光,如图8-108所示。天光不是基于物理学,可以用于所有需要基于物理数值的场景。天光可以作为场景唯一的灯光,也可以与其他灯光配合使用,实现高光和投射锐边阴影。天光的参数比较少,只有一个"天光参数"卷展栏,如图8-109所示。

图8-108

图8-109

天光重要参数介绍

启用:控制是否开启天光。

倍增:控制天光的强弱程度。

使用场景环境:使用"环境与特效"对话框中设置的"环境光"颜色作为天光颜色。

天空颜色:设置天光的颜色。

贴图:指定贴图来影响天光的颜色。

投射阴影:控制天光是否投射阴影。

每采样光线数:计算落在场景中每个点的光子数目。

光线偏移:设置光线产生的偏移距离。

8.3.7 mr Area Omni

使用mental ray渲染器渲染场景时,mr Area Omni(mr区域泛光)可以从球体或圆柱体区域发射光线,而不是从点发射光线。如果使用的是默认扫描线渲染器,mr Area Omni会像泛光灯一样发射光线。

mr Area Omni(mr区域泛光)相对于泛光灯的渲染速度要慢一些,它与泛光灯的参数基本相同,只是在mr Area Omni(mr区域泛光)增加了一个"区域灯光参数"卷展栏,如图8-110所示。

图8-110

区域灯光参数卷展栏参数介绍

启用:控制是否开启区域灯光。

在渲染器中显示图标:启用该选项后,mental ray渲染器将渲染灯光位置的黑色形状。

类型:指定区域灯光的形状。球形体积灯光一般采用"球体"类型,而圆柱形体积灯光一般采用"圆柱体"类型。

半径:设置球体或圆柱体的半径。

高度:设置圆柱体的高度,只有设置为"圆柱体"类型时才可用。

采样U/V:设置区域灯光投射阴影的质量。

技巧与提示

对于球形灯光,U向将沿着半径来指定细分数,而V向将指定角度的细分数;对于圆柱形灯光,U向将沿高度来指定采样细分数,而V向将指定角度的细分数。图8-111和图8-112所示为U、V值分别为5和30时的阴影效果。从这两张图中可以明显地观察出U、V值越大,阴影效果就越精细。

图8-111

图8-112

实战：用mr Area Omni制作荧光棒

场景位置	场景文件>CH08>06.max
实例位置	实例文件>CH08>实战：用mr Area Omni制作荧光棒.max
视频位置	多媒体教学>CH08>实战：用mr Area Omni制作荧光棒.flv
难易指数	★★☆☆☆
技术掌握	mr Area Omni模拟荧光棒

荧光棒效果如图8-113所示。

图8-113

01 打开下载资源中的"场景文件>CH08>06.max"文件，如图8-114所示。

图8-114

02 设置灯光类型为"标准"，然后在荧光管内部创建一盏mr Area Omni，如图8-115所示。

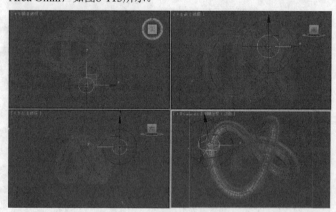

图8-115

03 选择上一步创建的mr Area Omni，然后进入"修改"面板，具体参数设置如图8-116所示。

设置步骤

① 展开"常规参数"卷展栏，然后在"阴影"选项组下勾选"启用"选项，接着设置阴影类型为"光线跟踪阴影"。

② 展开"强度/颜色/衰减"卷展栏，然后设置"倍增"为5，接着设置"颜色"为（红:112，绿:162，蓝:255），最后在"远距衰减"选项组下勾选"显示"选项，并设置"开始"为66mm、"结束"为154mm。

图8-116

04 利用"间隔工具" 拾取场景中的路径复制一些mr Area Omni到荧光管的其他位置（本例一共用了60盏mr Area Omni），完成后的效果如图8-117所示。

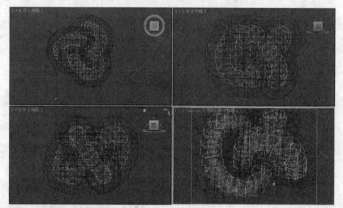

图8-117

知识链接

复制的灯光要均匀分布在荧光管内，这样渲染出来的效果才会更加理想。另外，关于"间隔工具" 的使用方法请参阅第3章的"实战：用样条线制作水晶灯"。

05 按C键切换到摄影机视图，然后按F9键渲染当前场景，最终效果如图8-118所示。

图8-118

技巧与提示

在使用mental ray灯光时，需要将渲染器类型设置为mental ray渲染器。按F10键打开"渲染设置"对话框，然后在"公用"选项卡下展开"指定渲染器"卷展栏，接着单击"产品级"选项后面的"选择渲染器"按钮，最后在弹出的对话框中选择"mental ray渲染器"，如图8-119所示。

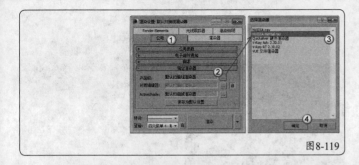

图8-119

8.3.8 mr Area Spot

使用mental ray渲染器渲染场景时，mr Area Spot（mr区域聚光灯）可以从矩形或蝶形区域发射光线，而不是从点发射光线。如果使用的是默认扫描线渲染器，mr Area Spot（mr区域聚光灯）会像其他默认聚光灯一样发射光线。

mr Area Spot（mr区域聚光灯）和mr Area Omni（mr区域泛光）的参数很相似，只是mr Area Omni（mr区域泛光）的灯光类型为"聚光灯"，因此它增加了一个"聚光灯参数"卷展栏，如图8-120所示。

图8-120

★ 重点 ★
实战：用mr Area Spot制作焦散特效

场景位置	场景文件>CH08>07.max
实例位置	实例文件>CH08>实战：用泛光灯制作焦散特效.max
视频位置	多媒体教学>CH08>实战：用泛光灯制作焦散特效.flv
难易指数	★★☆☆☆
技术掌握	mr Area Spot模拟焦散特效

焦散特效如图8-121所示。

图8-121

01 打开下载资源中的"场景文件>CH08>07.max"文件，如图8-122所示。

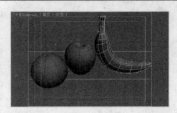

图8-122

02 按F10键打开"渲染设置"对话框，然后在"公用"选项卡下展开"指定渲染器"卷展栏，接着单击"产品级"选项后面的"选择渲染器"按钮 ，最后在弹出的对话框中选择"mental ray渲染器"，如图8-123所示。

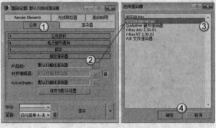

图8-123

03 单击"间接照明"选项卡，然后展开"焦散和光子贴图（GI）"卷展栏，接着在"焦散"选项组和"光子贴图（GI）"选项组下勾选"启用"选项，如图8-124所示。

图8-124

04 设置灯光类型为"标准"，然后在场景中创建一盏天光，其位置如图8-125所示。

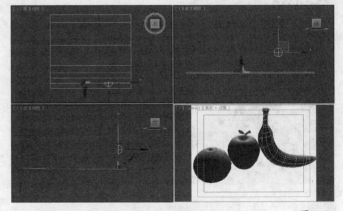

图8-125

05 选择上一步创建的天光，然后在"天光参数"卷展栏下设置"倍增"为0.42，接着设置"天空颜色"为（红:242，绿:242，蓝:255），如图8-126所示。

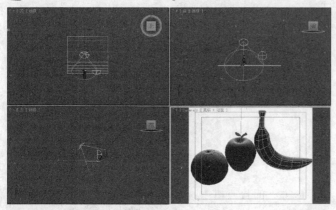

图8-126

06 在场景中创建一盏mr Area Spot，其位置如图8-127所示。

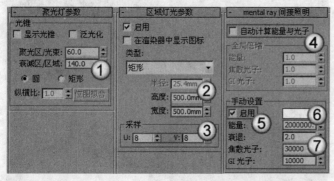

图8-127

07 选择上一步创建的mr Area Spot，然后进入"修改"面板，具体参数设置如图8-128所示。

设置步骤

① 展开"聚光灯参数"卷展栏，然后设置"聚光区/光束"为60、"衰减区/区域"为140。

② 展开"区域灯光参数"卷展栏，然后设置"高度"和"宽度"为500mm，接着在"采样"选项组下设置U、V值为8。

③ 展开"mental ray间接照明"卷展栏，然后关闭"自动计算能量与光子"选项，接着在"手动设置"选项组下勾选"启用"选项，最后设置"能量"为2000000、"焦散光子"为30000、"GI光子"为10000。

图8-128

08 选中场景中的3个水果，然后单击鼠标右键，并在弹出的快捷菜单中选择"对象属性"命令，如图8-129所示，接着在弹出的"对象属性"对话框中单击mental ray选项卡，再勾选"生成焦散"选项，最后关闭"接受焦散"选项，如图8-130所示。

图8-129

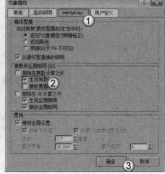

图8-130

疑难问答 ?

问：为什么要关闭接收焦散？

答：首先要明确场景中要产生焦散的对象，本场景要产生焦散的就是3个水果，它们只产生焦散，不接收焦散。因此要关闭"接收焦散"选项。

09 按C键切换到摄影机视图，然后按F9键渲染当前场景，最终效果如图8-131所示。

图8-131

8.4 VRay灯光

安装好VRay渲染器后，在"灯光"创建面板中就可以选择VRay灯光。VRay灯光包含4种类型，分别是"VRay灯光"（VR灯光）、"VRayIES"、"VRay环境灯光"（VR环境灯光）和"VRay太阳"（VR太阳），如图8-132所示。

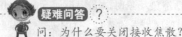

图8-132

本节灯光概要

灯光名称	灯光主要作用	重要程度
VRay灯光	模拟室内环境的任何灯光	高
VRay太阳	模拟真实的室外太阳光	高

技巧与提示

本节将着重讲解VRay灯光和VRay太阳，另外两种灯光在实际工作中一般都不会用到。

★重点★
8.4.1 VRay灯光

VRay灯光主要用来模拟室内灯光，是效果图制作中使用频率最高的一种灯光，其参数设置面板如图8-133所示。

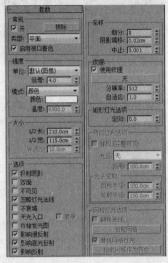

图8-133

VRay灯光参数介绍

① 常规选项组

开：控制是否开启VRay灯光。

排除 ：用来排除灯光对物体的影响。

类型：设置VRay灯光的类型，共有"平面"、"穹顶"、"球体"和"网格"4种类型，如图8-134所示。

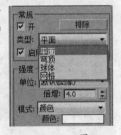

图8-134

平面：将VRay灯光设置成平面形状。

穹顶：将VRay灯光设置成边界盒形状。

球体：将VRay灯光设置成穹顶状，类似于3ds Max的天光，光线来自于位于灯光z轴的半球体状圆顶。

网格：这种灯光是一种以网格为基础的灯光。

> **技巧与提示**
>
> "平面"、"穹顶"、"球体"和"网格"灯光的形状各不相同，因此它们可以运用在不同的场景中，如图8-135所示。

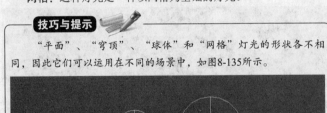

平面　　　穹顶　　　球体　　　网格

图8-135

② 强度选项组

单位：指定VRay灯光的发光单位，共有"默认（图像）"、"发光率（lm）"、"亮度（lm/m2/sr）"、"辐射率（W）"和"辐射（W/m2/sr）"5种。

默认（图像）：VRay默认单位，依靠灯光的颜色和亮度来控制灯光的最后强弱，如果忽略曝光类型的因素，灯光色彩将是物体表面受光的最终色彩。

发光率（lm）：当选择这个单位时，灯光的亮度将和灯光的大小无关（100W的亮度大约等于1500lm）。

亮度（lm/m2/sr）：当选择这个单位时，灯光的亮度和它的大小有关系。

辐射率（W）：当选择这个单位时，灯光的亮度和灯光的大小无关。注意，这里的瓦特和物理上的瓦特不一样，比如这里的100W等于物理上的2~3W。

辐射量（W/m2/sr）：当选择这个单位时，灯光的亮度和它的大小有关系。

倍增：设置VRay灯光的强度。

模式：设置VRay灯光的颜色模式，共有"颜色"和"色温"两种。

颜色：指定灯光的颜色。

温度：以温度模式来设置VRay灯光的颜色。

③ 大小选项组

1/2长：设置灯光的长度。

1/2宽：设置灯光的宽度。

W大小：当前这个参数还没有被激活（即不能使用）。另外，这3个参数会随着VRay灯光类型的改变而发生变化。

④ 选项选项组

投射阴影：控制是否对物体的光照产生阴影。

双面：用来控制是否让灯光的双面都产生照明效果（当灯光类型设置为"平面"时有效，其他灯光类型无效）。图8-136和图8-137所示分别是开启与关闭该选项时的灯光效果。

开启双面　　　　　　　　　　　关闭双面

图8-136　　　　　　　　　　　图8-137

不可见：这个选项用来控制最终渲染时是否显示VRay灯光的形状。图8-138和图8-139所示分别是关闭与开启该选项时的灯光效果。

关闭不可见　　　　　　　　　　开启不可见

图8-138　　　　　　　　　　　图8-139

忽略灯光法线：这个选项控制灯光的发射是否按照灯光的法线进行发射，图8-140和图8-141所示分别是关闭与开启该选项时的灯光效果。

关闭忽略灯光法线
图8-140

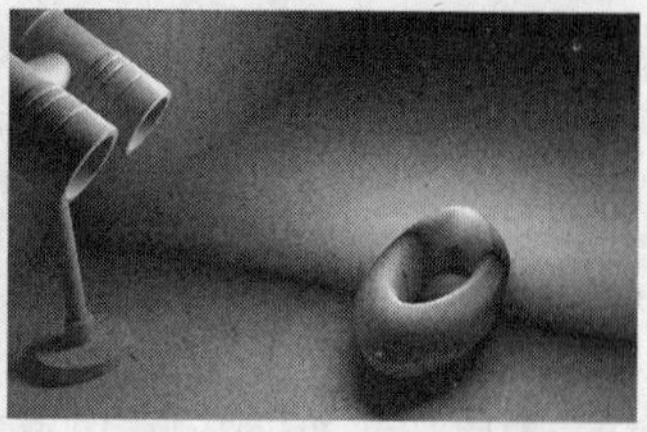

开启忽略灯光法线
图8-141

不衰减：在物理世界中，所有的光线都是有衰减的。如果勾选这个选项，VRay将不计算灯光的衰减效果，如图8-142和图8-143所示分别是关闭与开启该选项时的灯光效果。

关闭不衰减
图8-142

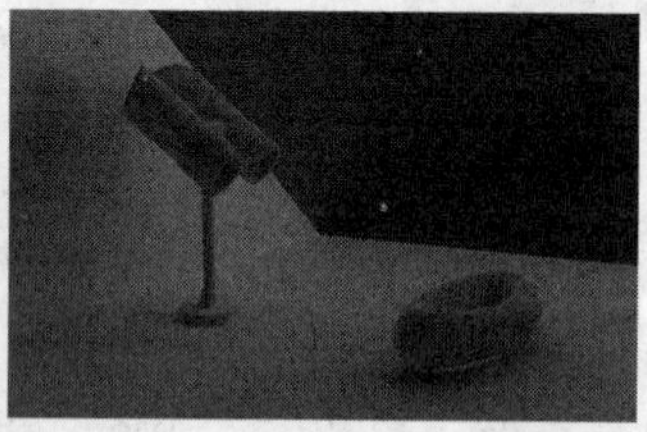

开启不衰减
图8-143

技巧与提示

在真实世界中，光线亮度会随着距离的增大而不断变暗，也就是说，远离灯光的物体的表面会比靠近灯光的物体表面更暗。在一般情况下，都需要关闭"不衰减"选项，否则制作出来的灯光会极不真实。

天光入口：这个选项是把VRay灯光转换为天光，这时的VRay灯光就变成了"间接照明（GI）"，失去了直接照明。当勾选这个选项时，"投射影阴影"、"双面"、"不可见"等参数将不可用，这些参数将被VRay的天光参数所取代。

存储发光图：勾选这个选项，同时将"间接照明（GI）"里的"首次反弹"引擎设置为"发光图"时，VRay灯光的光照信息将保存在"发光图"中。在渲染光子的时候将变得更慢，但是在渲染出图时，渲染速度会提高很多。当渲染完光子的时候，可以关闭或删除这个VRay灯光，它对最后的渲染效果没有影响，因为它的光照信息已经保存在了"发光贴"中。

影响漫反射：这选项决定灯光是否影响物体材质属性的漫反射。

影响高光反射：这选项决定灯光是否影响物体材质属性的高光。

影响反射：勾选该选项时，灯光将对物体的反射区进行光照，物体可以将灯光进行反射。

⑤ 采样选项组

细分：这个参数控制VRay灯光的采样细分。当设置比较低的值时，会增加阴影区域的杂点，但是渲染速度比较快，如图8-144所示；当设置比较高的值时，会减少阴影区域的杂点，但是会减慢渲染速度，如图8-145所示。

细分=2
图8-144

细分=20
图8-145

阴影偏移：这个参数用来控制物体与阴影的偏移距离，较高的值会使阴影向灯光的方向偏移。

中止：设置采样的最小阈值，小于这个数值采样将结束。

⑥ 纹理选项组

使用纹理：控制是否用纹理贴图作为半球灯光。

无⬛⬛⬛无⬛⬛：选择纹理贴图。

分辨率：设置纹理贴图的分辨率，最高为2048。

自适应：设置数值后，系统会自动调节纹理贴图的分辨率。

★ 重点 ★
实战：用VRay灯光制作工业产品灯光

场景位置	场景文件>CH08>08.max
实例位置	实例文件>CH08>实战：用VRay灯光制作工业产品灯光.max
视频位置	多媒体教学>CH08>实战：用VRay灯光制作工业产品灯光.flv
难易指数	★☆☆☆☆
技术掌握	VRay灯光模拟工业产品灯光（三点照明）

工业产品灯光效果如图8-146所示。

01 打开下载资源中的"场景文件>CH08>08.max"文件，如图8-147所示。

图8-146

图8-147

02 设置灯光类型为VRay，然后在顶视图中创建一盏VRay灯光，将其放在摩托车的顶部作为主光源，其如图8-148所示。

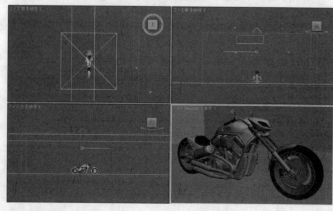

图8-148

03 选择上一步创建的VRay灯光，然后进入"修改"面板，接着展开"参数"卷展栏，具体参数设置如图8-149所示。

设置步骤

① 在"常规"选项组下设置"类型"为"平面"。

② 在"强度"选项组下设置"倍增"为15，然后设置"颜色"为白色。

③ 在"大小"选项组下设置"1/2长"和"1/2宽"为2000mm。

④ 在"选项"选项组下勾选"不可见"选项。

⑤ 在"采样"选项组下设置"细分"为15。

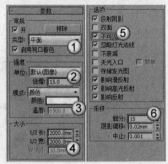

图8-149

04 在摩托车的左侧创建一盏VRay灯光作为辅助灯光，如图8-150所示。

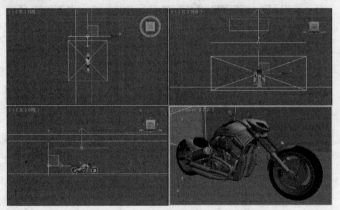

图8-150

05 选择上一步创建的VRay灯光，然后进入"修改"面板，接着展开"参数"卷展栏，具体参数设置如图8-151所示。

设置步骤

① 在"常规"选项组下设置"类型"为"平面"。

② 在"强度"选项组下设置"倍增"为5，然后设置"颜色"为（红:255，绿:242，蓝:221）。

③ 在"大小"选项组下设置"1/2长"为2000mm、"1/2宽"为700mm。

④ 在"选项"选项组下勾选"不可见"选项。

⑤ 在"采样"选项组下设置"细分"为15。

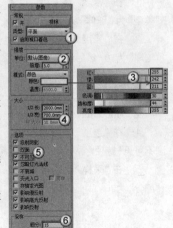

图8-151

06 将左侧的VRay灯光复制（选择复制方式为"复制"）一盏到摩托车的右侧作为辅助灯光，如图8-152所示。

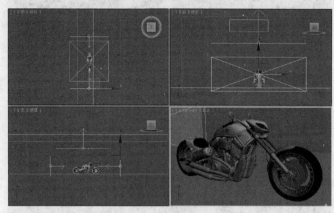

图8-152

07 选择上一步复制的VRay灯光，然后在"参数"卷展栏下将"颜色"修改为（红:221，绿:241，蓝:255），如图8-153所示。

图8-153

技术专题 30 三点照明

本例是一个很典型的三点照明实例，顶部一盏灯光作为主光源，左右各一盏灯光作为辅助灯光，这种布光方法很容易表现物体的细节，很适合用在工业产品的布光中，如图8-154所示。

图8-154

08 按C键切换到摄影机视图，然后按F9键渲染当前场景，最终效果如图8-155所示。

图8-155

★ 重点 ★

实战：用VRay灯光制作会客厅灯光

场景位置	场景文件>CH08>09.max
实例位置	实例文件>CH08>实战：用VRay灯光制作会客厅灯光.max
视频位置	多媒体教学>CH08>实战：用VRay灯光制作会客厅灯光.flv
难易指数	★☆☆☆☆
技术掌握	VRay球体灯光模拟台灯

会客厅灯光效果如图8-156所示。

01 打开下载资源中的"场景文件>CH08>09.max"文件，如图8-157所示。

图8-156　　　　　　　　　　　　　　图8-157

02 设置灯光类型为VRay，然后在顶视图中创建一盏VRay灯光，将其放在台灯的灯罩内，如图8-158所示。

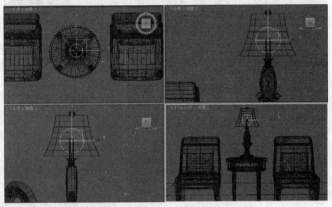

图8-158

03 选择上一步创建的VRay灯光，然后进入"修改"面板，接着展开"参数"卷展栏，具体参数设置如图8-159所示。

设置步骤

① 在"常规"选项组下设置"类型"为"球体"。

② 在"强度"选项组下设置"倍增"为20，然后设置"颜色"为（红:254，绿:179，蓝:118）。

③ 在"大小"选项组下，设置"半径"为150mm。

④ 在"选项"选项组下勾选"不可见"选项。

⑤ 在"采样"选项组下设置"细分"为20。

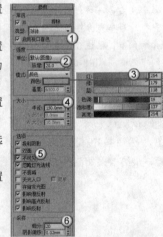

图8-159

04 按C键切换到摄影机视图，然后按F9键渲染当前场景，最终效果如图8-160所示。

图8-160

★ 重点 ★

实战：用VRay灯光制作烛光

场景位置	场景文件>CH08>10.max
实例位置	实例文件>CH08>实战：用VRay灯光制作烛光.max
视频位置	多媒体教学>CH08>实战：用VRay灯光制作烛光.flv
难易指数	★★☆☆☆
技术掌握	VRay球体灯光模拟烛光

烛光效果如图8-161所示。

01 打开下载资源中的"场景文件>CH08>10.max"文件，如图8-162所示。

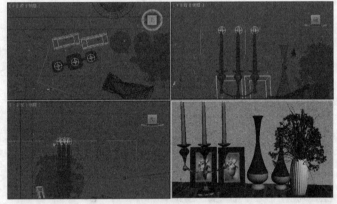

图8-161　　　　　　　　　　　　　　图8-162

02 设置灯光类型为VRay，然后在顶视图中创建3盏VRay灯光，将其放置在蜡烛的火苗处，如图8-163所示。

图8-163

03 选择上一步创建的VRay灯光，然后进入"修改"面板，接着展开"参数"卷展栏，具体参数设置如图8-164所示。

设置步骤

① 在"常规"选项组下设置"类型"为"球体"。

② 在"强度"选项组下设置"倍增"为70，然后设置"颜色"为（红:252，绿:166，蓝:17）。

③ 在"大小"选项组下设置"半径"为660mm。

④ 在"选项"选项组下勾选"不可见"选项。

⑤ 在"采样"选项组下设置"细分"为20。

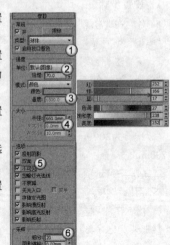

图8-164

04 继续在场景中创建一盏VRay灯光，并将其放在场景的上方，如图8-165所示。

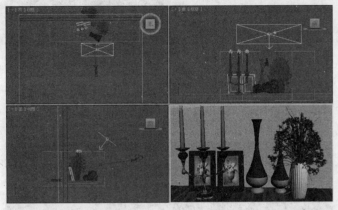

图8-165

05 选择上一步创建的VRay灯光，然后进入"修改"面板，接着展开"参数"卷展栏，具体参数设置如图8-166所示。

设置步骤

① 在"常规"选项组下设置"类型"为"平面"。

② 在"强度"选项组下设置"倍增"为1.5，然后设置"颜色"为白色。

③ 在"大小"选项组下设置"1/2长"为11500mm、"1/2宽"为5590mm。

④ 在"选项"选项组下勾选"不可见"选项。

⑤ 在"采样"选项组下设置"细分"为16。

06 按C键切换到摄影机视图，然后按F9键渲染当前场景，最终效果如图8-167所示。

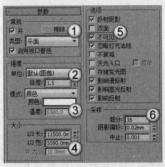

图8-166   图8-167

★ 重点 ★
实战：用VRay灯光制作书房夜晚灯光

场景位置	场景文件>CH08>11.max
实例位置	实例文件>CH08>实战：用VRay灯光制作书房夜晚灯光.max
视频位置	多媒体教学>CH08>实战：用VRay灯光制作书房夜晚灯光.flv
难易指数	★★☆☆☆
技术掌握	VRay面灯光模拟天光和屏幕冷光照

书房夜晚灯光效果如图8-168所示。

01 打开下载资源中的"场景文件>CH08>11.max"文件，如图8-169所示。

02 设置灯光类型为VRay，然后左视图中创建两盏VRay灯光，并将其放在窗口处，如图8-170所示。

图8-168   图8-169

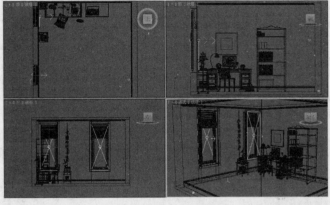

图8-170

03 选择上一步创建的VRay灯光，然后进入"修改"面板，接着展开"参数"卷展栏，具体参数设置如图8-171所示。

设置步骤

① 在"常规"选项组下设置"类型"为"平面"。

② 在"强度"选项组下设置"倍增"为1.5，然后设置"颜色"为（红:126，绿:181，蓝:254）。

③ 在"大小"选项组下设置"1/2长"为400mm、"1/2宽"为1015mm。

④ 在"选项"选项组下勾选"不可见"选项，然后关闭"影响高光反射"和"影响反射"选项。

⑤ 在"采样"选项组下设置"细分"为20。

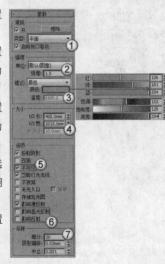

图8-171

04 继续在计算机的显示器屏幕上创建一盏VRay灯光，如图8-172所示。

05 选择上一步创建的VRay灯光，然后进入"修改"面板，接着展开"参数"卷展栏，具体参数设置如图8-173所示。

设置步骤

① 在"常规"选项组下设置"类型"为"平面"。

② 在"强度"选项组下设置"倍增"为20，然后设置"颜色"为（红:174，绿:208，蓝:254）。

③ 在"大小"选项组下设置"1/2长"为205mm、"1/2宽"为145mm。

④ 在"选项"选项组下勾选"不可见"选项，然后关闭"影响高光反射"和"影响反射"选项。

⑤ 在"采样"选项组下设置"细分"为20。

06 按C键切换到摄影机视图，然后按F9键渲染当前场景，最终效果如图8-174所示。

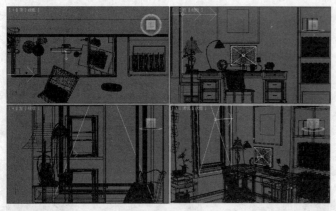

图8-172

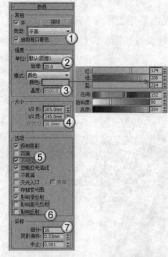

图8-173　　　　图8-174

★ 重点 ★

实战：用VRay灯光制作客厅灯光

场景位置	场景文件>CH08>12.max
实例位置	实例文件>CH08>实战：用VRay灯光制作客厅灯光.max
视频位置	多媒体教学>CH08>实战：用VRay灯光制作客厅灯光.flv
难易指数	★★★☆☆
技术掌握	VRay面灯光模拟天光、VRay球体灯光模拟落地灯和灯箱照明

客厅灯光效果如图8-175所示。

图8-175

01 打开下载资源中的"场景文件>CH08>12.max"文件，如图8-176所示。

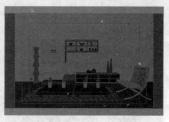

图8-176

02 设置灯光类型为VRay，然后在窗外创建一盏VRay灯光（需要替换成VRay灯光），其位置如图8-177所示。

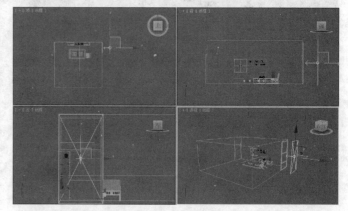

图8-177

03 选择上一步创建的VRay灯光，然后进入"修改"面板，接着展开"参数"卷展栏，具体参数设置如图8-178所示。

设置步骤

① 在"常规"选项组下设置"类型"为"平面"。

② 在"强度"选项组下设置"倍增"为6，然后设置"颜色"为（红:133，绿:190，蓝:255）。

③ 在"大小"选项组下设置"1/2长"为885mm、"1/2宽"为1735mm。

④ 在"选项"选项组下勾选"不可见"选项。

⑤ 在"采样"选项组下设置"细分"为16。

图8-178

04 继续在门口外面创建一盏VRay灯光，其位置如图8-179所示。

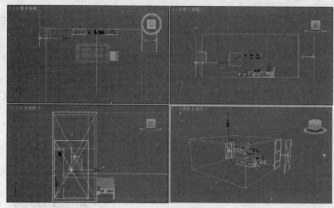

图8-179

05 选择上一步创建的VRay灯光，然后进入"修改"面板，接着展开"参数"卷展栏，具体参数设置如图8-180所示。

设置步骤

① 在"常规"选项组下设置"类型"为"平面"。

② 在"强度"选项组下设置"倍增"为4，然后设置"颜色"为（红:255, 绿:247, 蓝:226）。

③ 在"大小"选项组下设置"1/2长"为670mm、"1/2宽"为1120mm。

④ 在"选项"选项组下勾选"不可见"选项。

⑤ 在"采样"选项组下设置"细分"为16。

图8-180

06 在落地灯的5个灯罩内创建5盏VRay灯光，其位置如图8-181所示。

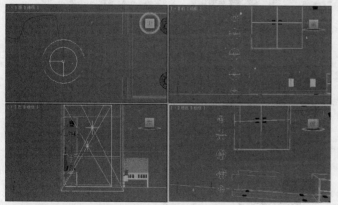

图8-181

注意，这5盏灯光最好用"实例"复制的方式来进行创建。先在一个灯罩内创建一盏VRay灯光，然后以"实例"方式复制4盏到另外4个灯罩内。

07 选择上一步创建的VRay灯光，然后进入"修改"面板，接着展开"参数"卷展栏，具体参数设置如图8-182所示。

设置步骤

① 在"常规"选项组下设置"类型"为"球体"。

② 在"强度"选项组下设置"倍增"为4，然后设置"颜色"为（红:255, 绿:144, 蓝:226）。

③ 在"大小"选项组下设置"半径"为68mm。

④ 在"选项"选项组下勾选"不可见"选项。

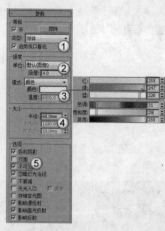

图8-182

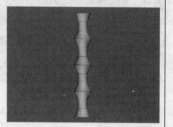

注意，这5盏VRay球体灯光的大小并不是全部相同的，中间的3盏灯光稍大一些，顶部和底部的两盏灯光要稍小一些，如图8-183所示。由于这些灯光是用"实例"复制方式来创建的，因此如果改变其中一盏灯光的"半径"数值，其他的灯光也会跟着改变，所以顶部和底部的两盏灯光要用"选择并均匀缩放"工具来调整大小。

图8-183

08 在储物柜的装饰物内创建3盏VRay灯光，其位置如图8-184所示。

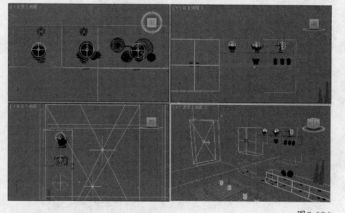

图8-184

09 选择上一步创建的VRay灯光，然后进入"修改"面板，接着展开"参数"卷展栏，具体参数设置如图8-185所示。

设置步骤

① 在"常规"选项组下设置"类型"为"球体"。

② 在"强度"选项组下设置"倍增"为4，然后设置"颜色"

为（红:169，绿:209，蓝:255）。

③ 在"大小"选项组下设置"半径"为68 mm。

④ 在"选项"选项组下勾选"不可见"选项。

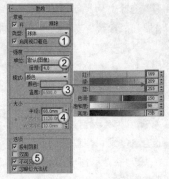

图8-185

10 在储物柜的底部创建3盏VRay灯光，其位置如图8-186所示。

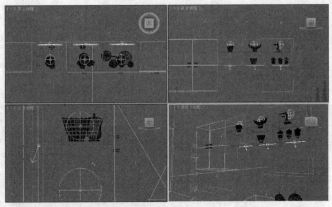

图8-186

11 选择上一步创建的VRay灯光，然后进入"修改"面板，接着展开"参数"卷展栏，具体参数设置如图8-187所示。

设置步骤

① 在"常规"选项组下设置"类型"为"平面"。

② 在"强度"选项组下设置"倍增"为10，然后设置"颜色"为（红:195，绿:223，蓝:255）。

③ 在"大小"选项组下设置"1/2长"为175mm、"1/2宽"为7.5 mm。

④ 在"选项"选项组下勾选"不可见"选项。

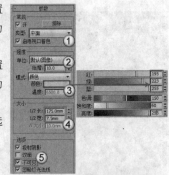

图8-187

12 按C键切换到摄影机视图，然后按F9键渲染当前场景，最终效果如图8-188所示。

图8-188

★ 重点 ★

8.4.2 VRay太阳

VRay太阳主要用来模拟真实的室外太阳光。VRay太阳的参数比较简单，只包含一个"VRay太阳参数"卷展栏，如图8-189所示。

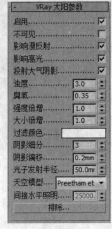

图8-189

VRay太阳重要参数介绍

启用：阳光开关。

不可见：开启该选项后，在渲染的图像中将不会出现太阳的形状。

影响漫反射：这选项决定灯光是否影响物体材质属性的漫反射。

影响高光：这选项决定灯光是否影响物体材质属性的高光。

投射大气阴影：开启该选项后，可以投射大气的阴影，以得到更加真实的阳光效果。

浊度：这个参数控制空气的混浊度，它影响VRay太阳和VRay天空的颜色。比较小的值表示晴朗干净的空气，此时VRay太阳和VRay天空的颜色比较蓝；较大的值表示灰尘含量重的空气（如沙尘暴），此时VRay太阳和VRay天空的颜色呈现为黄色甚至橘黄色。图8-190~图8-193所示分别是"浊度"值为2、3、5、10时的阳光效果。

浊度=2
图8-190

浊度=3
图8-191

浊度=5
图8-192

浊度=10
图8-193

技巧与提示

当阳光穿过大气层时，一部分冷光被空气中的浮尘吸收，照射到大地上的光就会变暖。

臭氧：这个参数是指空气中臭氧的含量，较小的值的阳光比较黄，较大的值的阳光比较蓝。图8-194~图8-196所示分别是"臭氧"值为0、0.5、1时的阳光效果。

臭氧=0
图8-194

臭氧=0.5
图8-195

臭氧=1
图8-196

强度倍增：这个参数是指阳光的亮度，默认值为1。

 技巧与提示

"浊度"和"强度倍增"是相互影响的，因为当空气中的浮尘多的时候，阳光的强度就会降低。"大小倍增"和"阴影细分"也是相互影响的，这主要是因为影子虚边越大，所需的细分就越多，也就是说"大小倍增"值越大，"阴影细分"的值就要适当增大，因为当影子为虚边阴影（面阴影）的时候，就会需要一定的细分值来增加阴影的采样，不然就会有很多杂点。

大小倍增：这个参数是指太阳的大小，它的作用主要表现在阴影的模糊程度上，较大的值可以使阳光阴影比较模糊。

过滤颜色：用于自定义太阳光的颜色。

阴影细分：这个参数是指阴影的细分，较大的值可以使模糊区域的阴影产生比较光滑的效果，并且没有杂点。

阴影偏移：用来控制物体与阴影的偏移距离，较高的值会使阴影向灯光的方向偏移。

光子发射半径：这个参数和"光子贴图"计算引擎有关。

天空模型：选择天空的模型，可以选晴天，也可以选阴天。

间接水平照明：该参数目前不可用。

排除 ［排除...］：将物体排除于阳光照射范围之外。

★重点 8.4.3 VRay天空

VRay天空是VRay灯光系统中的一个非常重要的照明系统（在一般情况下，如果要使用VRay天空，都要与VRay太阳配合使用）。VRay没有真正的天光引擎，只能用环境光来代替。图8-197所示是在"环境贴图"通道中加载了一张"VRay天空"环境贴图，这样就可以得到VRay的天光，再按住鼠标左键将"VRay天空"环境贴图拖曳到一个空白的材质球上就可以调节VRay天空的相关参数。

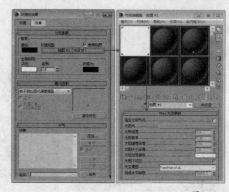
图8-197

VRay天空参数介绍

指定太阳节点：当关闭该选项时，VRay天空的参数将从场景中的VRay太阳的参数里自动匹配；当勾选该选项时，用户就可以从场景中选择不同的灯光，在这种情况下，VRay太阳将不再控制VRay天空的效果，VRay天空将用它自身的参数来改变天光的效果。

太阳光：单击后面的"无"按钮 ［ 无 ］ 可以选择太阳灯光，这里除了可以选择VRay太阳之外，还可以选择其他的灯光。

太阳浊度：与"VRay太阳参数"卷展栏下的"浊度"选项的含义相同。

太阳臭氧：与"VRay太阳参数"卷展栏下的"臭氧"选项的含义相同。

太阳强度倍增：与"VRay太阳参数"卷展栏下的"强度倍增"选项的含义相同。

太阳大小倍增：与"VRay太阳参数"卷展栏下的"大小倍增"选项的含义相同。

太阳过滤颜色：与"VRay太阳参数"卷展栏下的"过滤颜色"选项的含义相同。

太阳不可见：与"VRay太阳参数"卷展栏下的"不可见"选项的含义相同。

天空模型：与"VRay太阳参数"卷展栏下的"天空模型"选项的含义相同。

间接水平照明：该参数目前不可用。

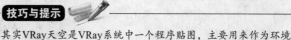 **技巧与提示**

其实VRay天空是VRay系统中一个程序贴图，主要用来作为环境贴图或作为天光来照亮场景。在创建VRay太阳时，3ds Max会弹出如图8-198所示的对话框，提示是否将"VRay天空"环境贴图自动加载到环境中。

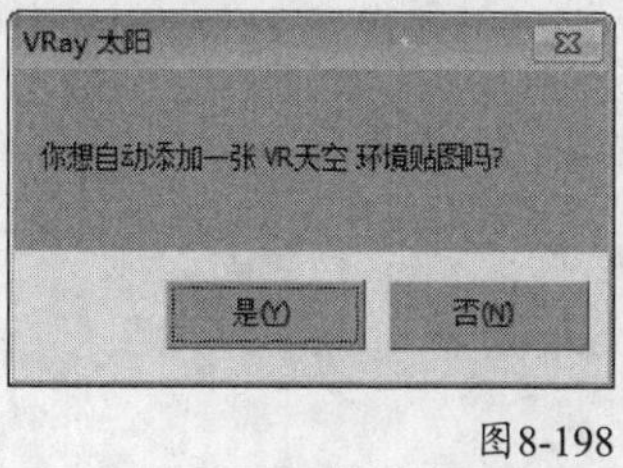

VRay 太阳

你想自动添加一张 VR天空 环境贴图吗？

［ 是(Y) ］ ［ 否(N) ］

图8-198

★重点 实战：用VRay太阳制作室内阳光

场景位置	场景文件>CH08>13.max
实例位置	实例文件>CH08>实战：用VRay太阳制作室内阳光.max
视频位置	多媒体教学>CH08>实战：用VRay太阳制作室内阳光.flv
难易指数	★☆☆☆☆
技术掌握	VRay太阳模拟阳光、VRay穹顶灯光模拟天光

室内阳光效果如图8-199所示。

01 打开下载资源中的"场景文件>CH08>13.max"文件，如图8-200所示。

图8-199

图8-200

02 设置灯光类型为VRay，然后在场景中创建一盏VRay太阳，接着在弹出的对话框中单击"是"按钮 是(Y) ，如图8-201所示，灯光位置如图8-202所示。

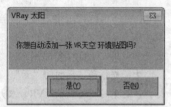
图8-201

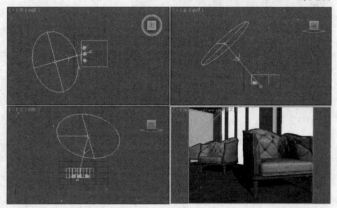
图8-202

03 选择上一步创建的VRay太阳，然后在"VRay太阳参数"卷展栏下设置"强度倍增"为0.32、"大小倍增"为12、"阴影细分"为10，具体参数设置如图8-203所示。

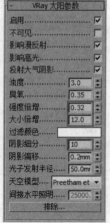
图8-203

04 继续在场景中创建一盏VRay灯光，其位置如图8-204所示。

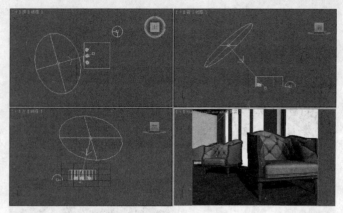
图8-204

05 选择上一步创建的VRay灯光，然后进入"修改"面板，接着展开"参数"卷展栏，具体参数设置如图8-205所示。

设置步骤

① 在"常规"选项组下设置"类型"为"穹顶"。

② 在"强度"选项组下设置"倍增"为120，然后设置"颜色"为（红:106，绿:155，蓝:255）。

③ 在"选项"选项组下勾选"不可见"选项。

④ 在"采样"选项组下设置"细分"为15。

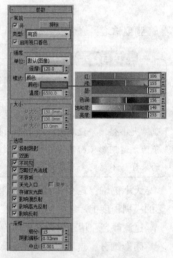
图8-205

06 按C键切换到摄影机视图，然后按F9键渲染当前场景，最终效果如图8-206所示。

图8-206

★ 重点 ★
实战：用VRay太阳制作室外阳光

场景位置	场景文件>CH08>14.max
实例位置	实例文件>CH08>实战：用VRay太阳制作室外阳光.max
视频位置	多媒体教学>CH08>实战：用VRay太阳制作室外阳光.flv
难易指数	★☆☆☆☆
技术掌握	VRay太阳模拟阳光

室外阳光效果如图8-207所示。

01 打开下载资源中的"场景文件>CH08>14.max"文件，如图8-208所示。

图8-207　　　　　　　　图8-208

02 设置灯光类型为VRay，然后在前视图中创建一盏VRay太阳，接着在弹出的对话框中单击"是"按钮，其位置如图8-209所示。

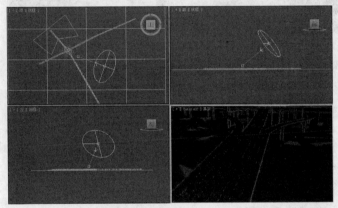

图8-209

03 选择上一步创建的VRay太阳，然后在"VRay太阳参数"卷展栏下设置"强度倍增"为0.075、"大小倍增"为10、"阴影细分"为10，具体参数设置如图8-210所示。

04 按C键切换到摄影机视图，然后按F9键渲染当前场景，最终效果如图8-211所示。

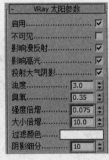

图8-210　　　　　　　图8-211

技术专题：31 在Photoshop中制作光晕特效

由于在3ds Max中制作光晕特效比较麻烦，而且比较耗费渲染时间，因此可以在渲染完成后在Photoshop中来制作光晕。光晕的制作方法如下。

第1步：启动Photoshop，然后打开渲染好的图像，如图8-212所示。

第2步：按Shift+Ctrl+N组合键新建一个"图层1"，然后设置前景色为黑色，接着按Alt+Delete组合键用前景色填充"图层1"，如图8-213所示。

图8-212　　　　　　　图8-213

第3步：执行"滤镜>渲染>镜头光晕"菜单命令，如图8-214所示，然后在弹出的"镜头光晕"对话框中将光晕中心拖曳到左上角，如图8-215所示，效果如图8-216所示。

图8-214　　　　　　　图8-215

图8-216

第4步：在"图层"面板中将"图层1"的"混合模式"调整为"滤色"模式，如图8-217所示。

图8-217

第5步：为了增强光晕效果，可以按Ctrl+J组合键复制一些光晕，如图8-218所示，效果如图8-219所示。

图8-218　　　　　　　图8-219

273

8.5
综合实例：休闲室夜景表现

工装

● 场景位置：场景文件>CH08>15.max
● 实例位置：实例文件>CH08>综合实例：休闲室夜景表现.max
● 视频位置：多媒体教学>CH08>综合实例：休闲室夜景表现.flv
● 难易指数：★★★☆☆
● 技术掌握：VRay面灯光模拟天光和室内灯光、目标灯光模拟筒灯、VRay球体灯光模拟吊灯

休闲室夜景效果如图8-220所示。

图8-220

01 打开下载资源中的"场景文件>CH08>15.max"文件，如图8-221所示。

图8-221

02 设置灯光类型为VRay，然后在场景中创建3盏VRay灯光，并将其放置在窗户和门附近，如图8-222所示。

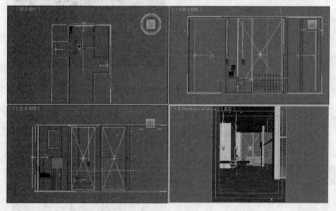

图8-222

03 选择上一步创建的VRay灯光，然后进入"修改"面板，接着展开"参数"卷展栏，具体参数设置如图8-223所示。

设置步骤

① 在"常规"选项组下设置"类型"为"平面"。

② 在"强度"选项组下设置"倍增"为2，然后设置"颜色"为（红:72，绿:84，蓝:178）。

③ 在"大小"选项组下设置"1/2长"为920mm、"1/2宽"为2400mm。

④ 在"选项"选项组下勾选"不可见"选项。

⑤ 在"采样"选项组下设置"细分"为30。

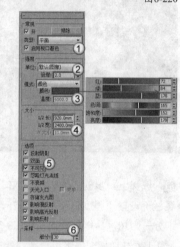

图8-223

04 在过道旁边的房间内创建一盏VRay灯光，其位置如图8-224所示。

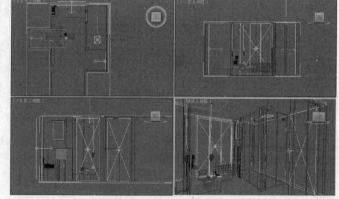

图8-224

05 选择上一步创建的VRay灯光，然后进入"修改"面板，接着展开"参数"卷展栏，具体参数设置如图8-225所示。

设置步骤

① 在"常规"选项组下设置"类型"为"平面"。

② 在"强度"选项组下设置"倍增"为100，然后设置"颜色"为（红:101，绿:114，蓝:216）。

③ 在"大小"选项组下设置"1/2长"为520mm、"1/2宽"为630mm。

④ 在"选项"选项组下勾选"不可见"选项。

⑤ 在"采样"选项组下设置"细分"为30。

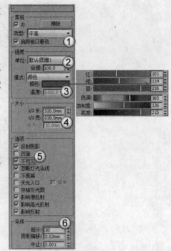

图8-225

06 在栅栏外创建一盏VRay灯光，其位置如图8-226所示。

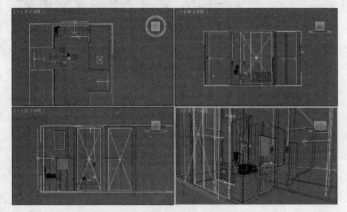

图8-226

07 选择上一步创建的VRay灯光，然后进入"修改"面板，接着展开"参数"卷展栏，具体参数设置如图8-227所示。

设置步骤

① 在"常规"选项组下设置"类型"为"平面"。

② 在"强度"选项组下设置"倍增"为100，然后设置"颜色"为（红:111，绿:152，蓝:227）。

③ 在"大小"选项组下设置"1/2长"为1000mm、"1/2宽"为1375mm。

④ 在"选项"选项组下勾选"不可见"选项。

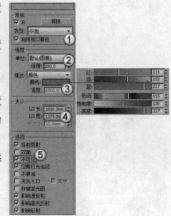

图8-227

08 在过道旁边的房间的地脚线处创建两盏VRay灯光，其位置如图8-228所示。

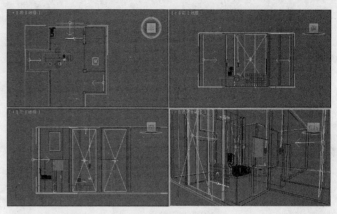

图8-228

09 选择上一步创建的VRay灯光，然后进入"修改"面板，接着展开"参数"卷展栏，具体参数设置如图8-229所示。

设置步骤

① 在"常规"选项组下设置"类型"为"平面"。

② 在"强度"选项组下设置"倍增"为100，然后设置"颜色"为（红:220，绿:138，蓝:50）。

③ 在"大小"选项组下设置"1/2长"为30mm、"1/2宽"为1375mm。

④ 在"选项"选项组下勾选"不可见"选项。

⑤ 在"采样"选项组下设置"细分"为30。

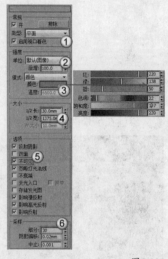

图8-229

10 设置灯光类型为"光度学"，然后在过道顶部的筒灯孔处创建3盏目标灯光，其位置如图8-230所示。

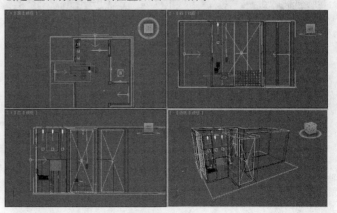

图8-230

11 选择上一步创建的目标灯光，然后进入"修改"面板，具体参数设置如图8-231所示。

设置步骤

① 展开"常规参数"卷展栏，然后在选"阴影"选项组下勾选"启用"选项，接着设置阴影类型"VRay阴影"，最后设置"灯光分布（类型）"为"光度学Web"。

② 展开"分布（光度学Web）"卷展栏，然后在其通道中加载一个下载资源中的"实例文件>CH08>综合实例：休闲室夜景表现>0.ies"文件。

③ 展开"强度/颜色/衰减"卷展栏，然后设置"强度"为1516。

④ 展开"VRay阴影参数"卷展栏，然后勾选"区域阴影"选项，接着设置"U大小"、"V大小"和"W大小"都为300mm，最后设置"细分"为30。

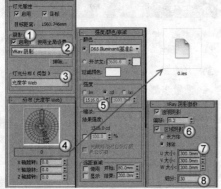

图8-231

⑫ 继续在场景中创建一盏目标灯光，其位置如图8-232所示。

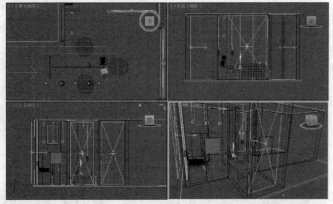

图8-232

⑬ 选择上一步创建的目标灯光，然后进入"修改"面板，具体参数设置如图8-233所示。

设置步骤

① 展开"常规参数"卷展栏，然后在"阴影"选项组下勾选"启用"选项，接着设置阴影类型"VRay阴影"，最后设置"灯光分布（类型）"为"光度学Web"。

② 展开"分布（光度学Web）"卷展栏，然后在其通道中加载一个下载资源中的"实例文件>CH08>综合实例：休闲室夜景表现>19.ies"文件。

③ 展开"强度/颜色/衰减"卷展栏，然后设置"过滤颜色"（红:252，绿:247，蓝:238），接着设置"强度"为13800。

④ 展开"VRay阴影参数"卷展栏，然后勾选"区域阴影"选项，接着设置"U/V/W大小"都为300mm，最后设置"细分"为20。

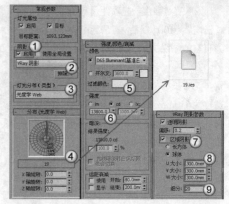

图8-233

⑭ 设置灯光类型为VRay，然后在两个吊灯的灯罩内各创建一盏VRay灯光，如图8-234所示。

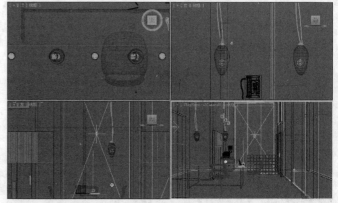

图8-234

⑮ 选择上一步创建的VRay灯光，然后进入"修改"面板，接着展开"参数"卷展栏，具体参数设置如图8-235所示。

设置步骤

① 在"常规"选项组下设置"类型"为"球体"。

② 在"强度"选项组下设置"倍增"为50，然后设置"颜色"为（红:209，绿:243，蓝:254）。

③ 在"大小"选项组下设置"半径"为35mm。

④ 在"选项"选项组下勾选"不可见"选项。

⑤ 在"采样"选项组下设置"细分"为16。

⑯ 按C键切换到摄影机视图，然后按F9键渲染当前场景，最终效果如图8-236所示。

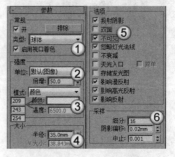

图8-235

图8-236

8.6

综合实例：中式餐厅柔和灯光表现

- 场景位置：场景文件>CH08>16.max
- 实例位置：实例文件>CH08>综合实例：中式餐厅柔和灯光表现.max
- 视频位置：多媒体教学>CH08>综合实例：中式餐厅柔和灯光表现.flv
- 难易指数：★★★☆☆
- 技术掌握：目标灯光模拟筒灯、VRay面灯光模拟天光、目标聚光灯模拟吊灯

中式餐厅柔和灯光效果如图8-237所示。

图8-237

01 打开下载资源中的"场景文件>CH08>16.max"文件，如图8-238所示。

图8-238

02 设置灯光类型为"光度学"，然后在天花上的筒灯孔处创建8盏目标灯光，如图8-239所示。

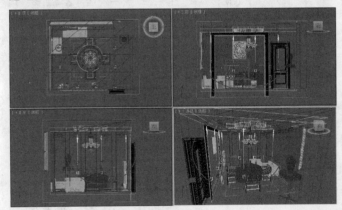

图8-239

03 选择上一步创建的目标灯光，然后进入"修改"面板，具体参数设置如图8-240所示。

设置步骤

① 展开"常规参数"卷展栏，然后在选"阴影"选项组下勾选"启用"选项，接着设置阴影类型"VRay阴影"，最后设置"灯光分布（类型）"为"光度学Web"。

② 展开"分布（光度学Web）"卷展栏，然后在其通道中加载一个下载资源中的"实例文件>CH08>综合实例：中式餐厅柔和灯光表现>冷风小射灯.ies"文件。

③ 展开"强度/颜色/衰减"卷展栏，然后设置"过滤颜色"为（红:245，绿:196，蓝:157），接着设置"强度"为34000。

④ 展开"VRay阴影参数"卷展栏，然后勾选"区域阴影"选项，接着设置"U大小"、"V大小"和"W大小"都为100mm，最后设置"细分"为15。

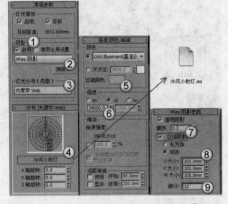

图8-240

04 设置灯光类型为VRay，然后在窗帘处创建一盏VRay灯光，其位置如图8-241所示。

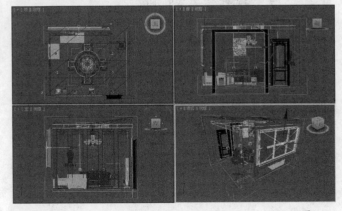

图8-241

05 选择上一步创建的VRay灯光，然后进入"修改"面板，接着展开"参数"卷展栏，具体参数设置如图8-242所示。

设置步骤

① 在"常规"选项组下设置"类型"为"平面"。

② 在"强度"选项组下设置"倍增"为5，然后设置"颜色"为（红:204，绿:222，蓝:253）。

③ 在"大小"选项组下设置"1/2长"为1700mm、"1/2宽"为800mm。

④ 在"选项"选项组下勾选"不可见"选项。

⑤ 在"采样"选项组下设置"细分"为16。

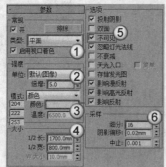

图8-242

06 设置灯光类型为"标准"，然后在吊灯的下方创建一盏目标聚光灯，其位置如图8-243所示。

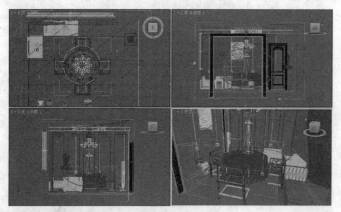

图8-243

07 选择上一步创建的目标聚光灯，然后进入"修改"面板，具体参数设置如图8-244所示。

设置步骤

① 展开"常规参数"卷展栏，然后在"阴影"选项组下勾选"启用"选项，接着设置阴影类型为"VRay阴影"。

② 展开"强度/颜色/衰减"卷展栏，然后设置"倍增"为2，接着设置"颜色"为（红:243，绿:190，蓝:143）。

③ 展开"聚光灯参数"卷展栏，然后设置"聚光区/光束"为20、"衰减区/区域"为100。

④ 展开"VRay阴影参数"卷展栏，然后勾选"区域阴影"选项，接着设置"U大小"、"V大小"和"W大小"为50mm，最后设置"细分"为15。

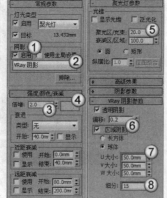

图8-244

08 继续在吊灯的上方创建一盏目标聚光灯用来照亮吊顶（光锥朝上），其位置如图8-245所示。

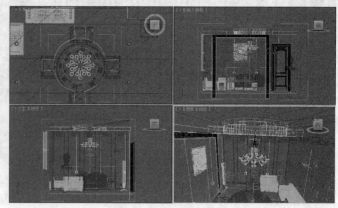

图8-245

09 选择上一步创建的目标聚光灯，然后进入"修改"面板，具体参数设置如图8-246所示。

设置步骤

① 展开"常规参数"卷展栏，然后在"阴影"选项组下勾选"启用"选项，接着设置阴影类型为"VRay阴影"。

② 展开"强度/颜色/衰减"卷展栏，然后设置"倍增"为1，接着设置"颜色"为（红:247，绿:211，蓝:178）。

③ 展开"聚光灯参数"卷展栏，然后设置"聚光区/光束"为20、"衰减区/区域"为80。

④ 展开"VRay阴影参数"卷展栏，然后勾选"区域阴影"选项，接着设置"U大小"、"V大小"和"W大小"为50mm，最后设置"细分"为15。

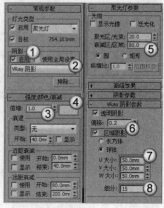

图8-246

10 按C键切换到摄影机视图，然后按F9键渲染当前场景，最终效果如图8-247所示。

图8-247

8.7

综合实例：豪华欧式卧室灯光表现

家装

- 场景位置：场景文件>CH08>17.max
- 实例位置：实例文件>CH08>综合实例：豪华欧式卧室灯光表现.max
- 视频位置：多媒体教学>CH08>综合实例：豪华欧式卧室灯光表现.flv
- 难易指数：★★★★☆
- 技术掌握：目标灯光模拟筒灯、目标聚光灯模拟吊灯、VRay球体灯光模拟灯带与台灯

豪华欧式卧室灯光效果如图8-248所示。

图8-248

01 打开下载资源中的"场景文件>CH08>17.max"文件，如图8-249所示。

图8-249

02 设置"灯光类型"为"光度学"，然后在天花上的筒灯孔处创建9盏目标灯光，其位置如图8-250所示。

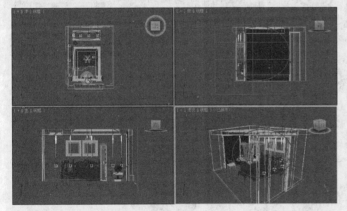

图8-250

03 选择上一步创建的目标灯光，然后进入"修改"面板，具体参数设置如图8-251所示。

设置步骤

① 展开"常规参数"卷展栏，然后在选"阴影"选项组下勾选"启用"选项，接着设置阴影类型"VRay阴影"，最后设置"灯光分布（类型）"为"光度学Web"。

② 展开"分布（光度学Web）"卷展栏，然后在其通道中加载一个下载资源中的"实例文件>CH08>实战：灯光综合运用之豪华欧式卧室灯光表现>中间亮.ies"文件。

③ 展开"强度/颜色/衰减"卷展栏，然后设置"过滤颜色"为

（红:255，绿:226，蓝:180），接着设置"强度"为34000。

④ 展开"VRay阴影参数"卷展栏，然后设置"U大小"、"V大小"和"W大小"为10mm，接着设置"细分"为8。

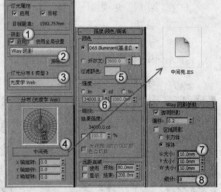

图8-251

04 设置灯光类型为VRay，然后在吊灯下方创建一盏VRay灯光，其位置如图8-252所示。

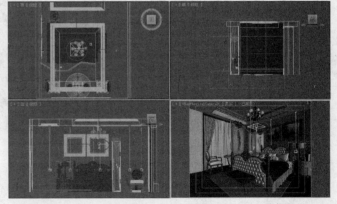

图8-252

05 选择上一步创建的VRay灯光，然后进入"修改"面板，接着展开"参数"卷展栏，具体参数设置如图8-253所示。

设置步骤

① 在"常规"选项组下设置"类型"为"平面"。

② 在"强度"选项组下设置"倍增"为15，然后设置"颜色"为（红:253，绿:219，蓝:159）。

③ 在"大小"选项组下设置"1/2长"为250mm、"1/2宽"为255mm。

④ 在"选项"选项组下勾选"不可见"选项，然后关闭"影响高光反射"和"影响反射"选项。

⑤ 在"采样"选项组下设置"细分"为12。

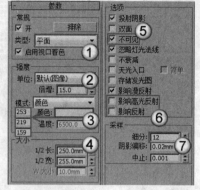

图8-253

06 继续吊灯的灯罩内创建9盏VRay灯光，如图8-254所示。

07 选择上一步创建的VRay灯光，然后进入"修改"面板，接着展开"参数"卷展栏，具体参数设置如图8-255所示。

设置步骤

① 在"常规"选项组下设置"类型"为"球体"。

② 在"强度"选项组下设置"倍增"为50，然后设置"颜色"为（红:253，绿:217，蓝:154）。

③ 在"大小"选项组下设置"半径"为30mm。

④ 在"选项"选项组下勾选"不可见"选项，然后关闭"影响高光反射"和"影响反射"选项。

⑤ 在"采样"选项组下设置"细分"为12。

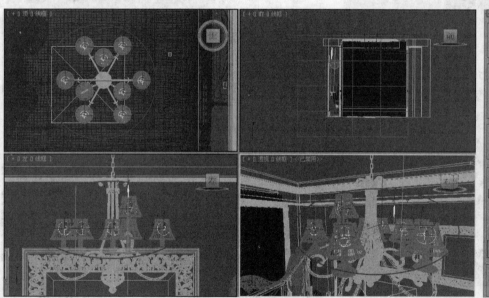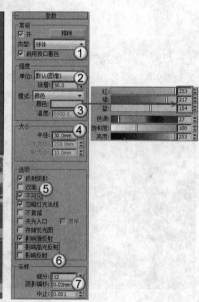

图8-254   图8-255

08 设置灯光类型为"标准"，然后在吊灯下方创建一盏目标聚光灯用来照亮吊顶（光锥朝上），如图8-256所示。

09 选择上一步创建的目标聚光灯，然后进入"修改"面板，具体参数设置如图8-257所示。

设置步骤

① 展开"常规参数"卷展栏，然后在"阴影"选项组下勾选"启用"选项，接着设置阴影类型为"VRay阴影"。

② 展开"强度/颜色/衰减"卷展栏，然后设置"倍增"为1，接着设置"颜色"为（红:255，绿:244，蓝:186）。

③ 展开"聚光灯参数"卷展栏，然后设置"聚光区/光束"为0.5、"衰减区/区域"为84.1。

④ 展开"VRay阴影参数"卷展栏，然后勾选"区域阴影"选项，接着勾选"盒子"选项，再设置"U大小"、"V大小"和"W大小"为100mm，最后设置"细分"为15。

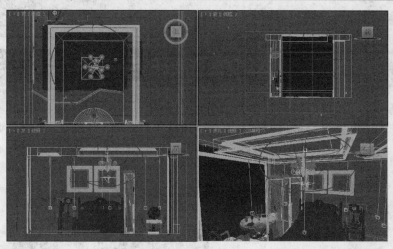
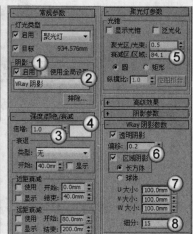

图8-256　　　　　　　　　　　　　　　　　　图8-257

10 设置灯光类型为VRay，在台灯的灯罩内创建一盏VRay灯光，其位置如图8-258所示。

11 选择上一步创建的VRay灯光，然后进入"修改"面板，接着展开"参数"卷展栏，具体参数设置如图8-259所示。

设置步骤

① 在"常规"选项组下设置"类型"为"球体"。

② 在"强度"选项组下设置"倍增"为80，然后设置"颜色"为（红:253，绿:217，蓝:154）。

③ 在"大小"选项组下设置"半径"为30mm。

④ 在"选项"选项组下勾选"不可见"选项，然后关闭"影响高光反射"和"影响反射"选项。

⑤ 在"采样"选项组下设置"细分"为12。

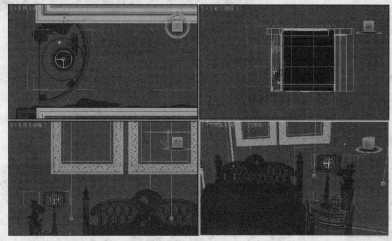
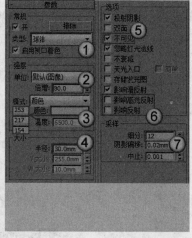

图8-258　　　　　　　　　　　　　　　　　　图8-259

12 按C键切换到摄影机视图，然后按F9键渲染当前场景，最终效果如图8-260所示。

图8-260

第9章

摄影机技术

Employment direction
从业方向⌐

 CG影视行业　　 CG建筑行业

 CG工业行业　　 CG动漫行业

 CG游戏行业　　 CG时尚达人

9.1 真实摄影机的结构

在学习摄影机之前，我们先来了解一下真实摄影机的结构与相关名词的术语。

如果拆卸掉任何摄影机的电子装置和自动化部件，都会看到如图9-1所示的基本结构。遮光外壳的一端有一孔穴，用以安装镜头，孔穴的对面有一容片器，用以承装一段感光胶片。

图9-1

为了在不同光线强度下都能产生正确的曝光影像，摄影机镜头有一个可变光阑，用来调节直径不断变化的小孔，这就是所谓的光圈。打开快门后，光线才能透射到胶片上，快门给了用户选择准确瞬间曝光的机会，而且通过确定某一快门速度，还可以控制曝光时间的长短。

9.2 摄影机的相关术语

其实3ds Max中的摄影机与真实的摄影机有很多术语都是相同的，如镜头、焦距、曝光和白平衡等。

9.2.1 镜头

一个结构简单的镜头可以是一块凸形毛玻璃，它折射来自被摄体上每一点被扩大了的光线，然后这些光线聚集起来形成连贯的点，即焦平面。当镜头准确聚集时，胶片的位置就与焦平面互相叠合。镜头一般分为标准镜头、广角镜头、远摄镜头、鱼眼镜头和变焦镜头。

● **标准镜头**--

标准镜头属于校正精良的正光镜头，也是使用最为广泛的一种镜头，其焦距长度等于或近于所用底片画幅的对角线，视角与人眼的视角相近似，如图9-2所示。凡是要求被摄景物必须符合正常的比例关系，均需依靠标准镜头来拍摄。

图9-2

🌑 广角镜头

广角镜头的焦距短、视角广、景深长，而且均大于标准镜头，其视角超过人们眼睛的正常范围，如图9-3所示。

图9-3

广角镜头的具体特性与用途表现主要有以下3点。

景深大：有利于把纵深度大的被摄物体清晰地表现在画面上。

视角大：有利于在狭窄的环境中，拍摄较广阔的场面。

景深长：可使纵深景物的近大远小比例强烈，使画面透视感强。

> **技巧与提示**
>
> 广角镜的缺点是影像畸变差较大，尤其在画面的边缘部分，因此在近距离拍摄中应注意变形失真的问题。

🌑 远摄镜头

远摄镜头也称长焦距镜头，它具有类似于望远镜的作用，如图9-4所示。这类镜头的焦距长于标准镜头，而视角小于标准镜头。

图9-4

远摄镜头主要有以下4个特点。

景深小：有利于摄取虚实结合的景物。

视角小：能远距离摄取景物的较大影像，对拍摄不易接近的物体，如动物、风光、人的自然神态，均能在远处不被干扰的情况下拍摄。

压缩透视：透视关系被大大压缩，使近大远小的比例缩小，使画面上的前后景物十分紧凑，画面的纵深感从而也缩短。

畸变小：影像畸变差小，这在人像摄影中经常可见。

🌑 鱼眼镜头

鱼眼镜头是一种极端的超广角镜头，因其巨大的视角如鱼眼而得名，如图9-5所示。它拍摄范围大，可使景物的透视感得到极大的夸张，并且可以使画面严重地桶形畸变，故别有一番情趣。

图9-5

🌑 变焦镜头

变焦镜头就是可以改变焦点距离的镜头，如图9-6所示。所谓焦点距离，就是从镜头中心到胶片上所形成的清晰影像上的距离。焦距决定着被摄体在胶片上所形成的影像的大小。焦点距离愈大，所形成的影像也愈大。变焦镜头是一种很有魅力的镜头，它的镜头焦距可以在较大的幅度内自由调节，这就意味着拍摄者在不改变拍摄距离的情况下，能够在较大幅度内调节底片的成像比例，也就是说，一个变焦镜头实际上起到了若干个不同焦距的定焦镜头的作用。

图9-6

9.2.2 焦平面

焦平面是通过镜头折射后的光线聚集起来形成清晰的、上下颠倒的影像的地方。经过离摄影机不同距离的运行，光线会被不同程度地折射后聚合在焦平面上，因此就需要调节聚焦装置，前后移动镜头距摄影机后背的距离。当镜头聚焦准确时，胶片的位置和焦平面应叠合在一起。

9.2.3 光圈

光圈通常位于镜头的中央，它是一个环形，可以控制圆孔的开口大小，并且控制曝光时光线的强度。当需要大量的光线进行曝光时，就需要开大光圈的圆孔；若只需要少量光线曝光时，就需要缩小圆孔，让少量的光线进入。

光圈由装设在镜头内的叶片控制，而叶片是可动的。光圈越大，镜头里的叶片开放越大，所谓"最大光圈"就是叶片毫无动作，让可通过镜头的光源全部跑进来的全开光圈；反之光圈越小，叶片就收缩得越厉害，最后可缩小到只剩小小的一个圆点。

光圈的功能就如同人类眼睛的虹膜，是用来控制拍摄时的单位时间的进光量，一般以f/5、F5或1:5来表示。

光圈的计算单位称为光圈值（f-number）或者是级数（f-stop）。

● 光圈值--

标准的光圈值（f-number）的编号如下。

f/1、f/1.4、f/2、f/2.8、f/4、f/5.6、f/8、f/11、f/16、f/22、f/32、f/45、f/64，其中f/1是进光量最大的光圈号数，光圈值的分母越大，进光量就越小。通常一般镜头会用到的光圈号数为f/2.8～f/22，光圈值越大的镜头，镜片的口径就越大。

● 级数--

级数（f-stop）是指相邻的两个光圈值的曝光量差距，例如，f/8与f/11之间相差一级，f/2与f/2.8之间也相差一级。依此类推，f/8与f/16之间相差两级，f/1.4与f/4之间就差了3级。

在职业摄影领域，有时称级数为"挡"或是"格"，例如，f/8与f/11之间相差了一挡，或f/8与f/16之间相差两格。

在每一级（光圈号数）之间，后面号数的进光量都是前面号数的一半。例如，f/5.6的进光量只有f/4的一半，f/16的进光量也只有f/11的一半，号数越后面，进光量越小，并且是以等比级数的方式来递减。

> **技巧与提示**
>
> 除了考虑进光量之外，光圈的大小还跟景深有关。景深是物体成像后在相片（图档）中的清晰程度。光圈越大，景深会越浅（清晰的范围较小）；光圈越小，景深就越长（清晰的范围较大）。大光圈的镜头非常适合低光量的环境，因为它可以在微亮光的环境下，获取更多的现场光，让我们可以用较快速的快门来拍照，以便保持拍摄时相机的稳定度。但是大光圈的镜头不易制作，必须要花较多的费用才可以获得。好的摄影机会根据测光的结果等情况来自动计算出光圈的大小，一般情况下快门速度越快，光圈就越大，以保证有足够的光线通过，所以也比较适合拍摄高速运动的物体，如行动中的汽车和落下的水滴等。

9.2.4 快门

快门是摄影机中的一个机械装置，大多设置于机身接近底片的位置（大型摄影机的快门设计在镜头中），用于控制快门的开关速度，并且决定了底片接受光线的时间长短。也就是说，在每一次拍

摄时，光圈的大小控制了光线的进入量，快门的速度决定光线进入的时间长短，这样一次的动作便完成了所谓的"曝光"。

快门是镜头前阻挡光线进来的装置，一般而言，快门的时间范围越大越好。秒数低适合拍摄运动中的物体，某款摄影机就强调快门最快能到1/16000秒，可以轻松抓住急速移动的目标。不过如果要拍的是夜晚的车水马龙，快门时间就要加长，常见照片中丝绢般的水流效果也要用慢速快门才能拍到。

快门以"秒"作为单位，它有一定的数字格式，一般在摄影机上可以见到的快门单位有以下15种。

B、1、2、4、8、15、30、60、125、250、500、1000、2000、4000、8000。

上面每一个数字单位都是分母，也就是说每一段快门分别是1秒、1/2秒、1/4秒、1/8秒、1/15秒、1/30秒、1/60秒、1/125秒、1/250秒（以下依此类推）等。一般中阶的单眼摄影机快门能达到1/4000秒，高阶的专业摄影机可以到1/8000秒。

B指的是慢快门Bulb，B快门的开关时间由操作者自行控制，可以用快门按钮或快门线来决定整个曝光的时间。

每一个快门之间数值的差距都是两倍，如1/30是1/60的两倍、1/1000是1/2000的两倍，这个跟光圈值的级数差距计算是一样的。与光圈相同，每一段快门之间的差距也被之为一级、一格或是一挡。

光圈级数跟快门级数的进光量其实是相同的，也就是说光圈之间相差一级的进光量，其实就等于快门之间相差一级的进光量，这个观念在计算曝光时很重要。

前面提到了光圈决定了景深，快门则是决定了被摄物的"时间"。当拍摄一个快速移动的物体时，通常需要比较高速的快门才可以抓到凝结的画面，所以在拍动态画面时，通常都要考虑可以使用的快门速度。

有时要抓取的画面可能需要有连续性的感觉，就像拍摄丝缎般的瀑布或小河时，就必须要用到速度比较慢的快门，延长曝光的时间来抓取画面的连续动作。

9.2.5 胶片感光度

根据胶片感光度，可以把胶片归纳为三大类，分别是快速胶片、中速胶片和慢速胶片。快速胶片具有较高的ISO（国际标准协会）数值，慢速胶片的ISO数值较低，快速胶片适用于低照度下的摄影。相对而言，当感光性能较低的慢速胶片可能引起曝光不足时，快速胶片获得正确曝光的可能性就更大，但是感光度的提高会降低影像的清晰度，增加反差。慢速胶片在照度良好时，对获取高质量的照片非常有利。

在光照亮度十分低的情况下，例如，在暗弱的室内或黄昏时分的户外，可以选用超快速胶片（即高ISO）进行拍摄。这种胶片对光非常敏感，即使在火柴光下也能获得满意的效果，其

产生的景象颗粒度可以营造出画面的戏剧性氛围，以获得引人注目的效果；在光照十分充足的情况下，例如，在阳光明媚的户外，可以选用超慢速胶片（即低ISO）进行拍摄。

9.3 3ds Max中的摄影机

3ds Max中的摄影机在制作效果图和动画时非常有用。在制作效果图时，可以用摄影机确定出图的范围，同时还可以调节图像的亮度，或添加一些诸如景深、运动模糊等特效；在制作动画时，可以让摄影机绕着场景进行"拍摄"，从而模拟出对象在场景中漫游观察的动画效果或是实现空中鸟瞰等特殊动画效果。

3ds Max中的摄影机只包含"标准"摄影机，而"标准"摄影机又包含"目标摄影机"和"自由摄影机"两种，如图9-7所示。

安装好VRay渲染器后，摄影机列表中会增加一种VRay摄影机，而VRay摄影机又包含"VRay穹顶摄影机"和"VRay物理摄影机"两种，如图9-8所示。

图9-7

图9-8

本节摄影机概要

摄影机名称	主要作用	重要程度
目标摄影机	确定观察范围以及透视变化，同时可以配合渲染参数制作景深和模糊等特效	高
VRay物理摄影机	模拟真实单反相机对场景进行取景，能独立调整场景亮度和色彩，并能制作景深、运动模糊和散景等特效	高

技巧与提示

在实际工作中，使用频率最高的是"目标摄影机"和"VRay物理摄影机"，因此下面只讲解这两种摄影机。

★重点★ 9.3.1 目标摄影机

目标摄影机可以查看所放置的目标周围的区域，它比自由摄影机更容易定向，因为只需将目标对象定位在所需位置的中心即可。使用"目标"工具 目标 在场景中拖曳光标可以创建一台目标摄影机，可以观察到目标摄影机包含目标点和摄影机两个部件，如图9-9所示。

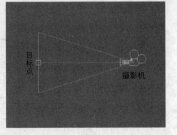
图9-9

参数卷展栏

展开"参数"卷展栏，如图9-10所示。

图9-10

参数卷展栏参数介绍

① 基本选项组

镜头：以mm为单位来设置摄影机的焦距。

视野：设置摄影机查看区域的宽度视野，有水平↔、垂直↕和对角线↗3种方式。

正交投影：启用该选项后，摄影机视图为用户视图；关闭该选项后，摄影机视图为标准的透视图。

备用镜头：系统预置的摄影机焦距镜头包含15mm、20mm、24mm、28mm、35mm、50mm、85mm、135mm和200mm。

类型：切换摄影机的类型，包含"目标摄影机"和"自由摄影机"两种。

显示圆锥体：显示摄影机视野定义的锥形光线（实际上是一个四棱锥）。锥形光线出现在其他视口，但是显示在摄影机视口中。

显示地平线：在摄影机视图中的地平线上显示一条深灰色的线条。

② 环境范围选项组

显示：显示出在摄影机锥形光线内的矩形。

近距/远距范围：设置大气效果的近距范围和远距范围。

③ 剪切平面组

手动剪切：启用该选项可定义剪切的平面。

近距/远距剪切：设置近距和远距平面。对于摄影机，比"近距剪切"平面近或比"远距剪切"平面远的对象是不可见的。

④ 多过程效果选项组

启用：启用该选项后，可以预览渲染效果。

预览 预览 ：单击该按钮可以在活动摄影机视图中预览效果。

多过程效果类型：共有"景深（mental ray）"、"景深"和"运动模糊"3个选项，系统默认为"景深"。

渲染每过程效果：启用该选项后，系统会将渲染效果应用于多重过滤效果的每个过程（景深或运动模糊）。

⑤ 目标距离选项组

目标距离：当使用"目标摄影机"时，该选项用来设置摄影机与其目标之间的距离。

🌀 景深参数卷展栏

景深是摄影机的一个非常重要的功能，在实际工作中的使用频率也非常高，常用于表现画面的中心点，如图9-11和图9-12所示。

图9-11　　　　　　　　　　图9-12

当设置"多过程效果"为"景深"时，系统会自动显示出"景深参数"卷展栏，如图9-13所示。

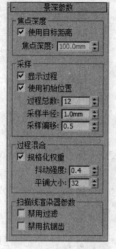

图9-13

景深参数卷展栏参数介绍

① 焦点深度选项组

使用目标距离：启用该选项后，系统会将摄影机的目标距离用作每个过程偏移摄影机的点。

焦点深度：当关闭"使用目标距离"选项时，该选项可以用来设置摄影机的偏移深度，其取值范围为0~100。

② 采样选项组

显示过程：启用该选项后，"渲染帧窗口"对话框中将显示多个渲染通道。

使用初始位置：启用该选项后，第1个渲染过程将位于摄影机的初始位置。

过程总数：设置生成景深效果的过程数。增大该值可以提高效果的真实度，但是会增加渲染时间。

采样半径：设置场景生成的模糊半径。数值越大，模糊效果越明显。

采样偏移：设置模糊靠近或远离"采样半径"的权重。增加该值将增加景深模糊的数量级，从而得到更均匀的景深效果。

③ 过程混合选项组

规格化权重：启用该选项后可以将权重规格化，以获得平滑的结果；当关闭该选项后，效果会变得更加清晰，但颗粒效果也更明显。

抖动强度：设置应用于渲染通道的抖动程度。增大该值会增加抖动量，并且会生成颗粒状效果，尤其在对象的边缘上最为明显。

平铺大小：设置图案的大小。0表示以最小的方式进行平铺，100表示以最大的方式进行平铺。

④ 扫描线渲染器参数选项组

禁用过滤：启用该选项后，系统将禁用过滤的整个过程。

禁用抗锯齿：启用该选项后，可以禁用抗锯齿功能。

技术专题 ③2 景深形成原理解析

"景深"就是指拍摄主题前后所能在一张照片上成像的空间层次的深度。简单地说，景深就是聚焦清晰的焦点前后"可接受的清晰区域"，如图9-14所示。

图9-14

下面讲解景深形成的原理。

1.焦点

与光轴平行的光线射入凸透镜时，理想的镜头应该是所有的光线聚集在一点后，再以锥状的形式扩散开，这个聚集所有光线的点就称为"焦点"，如图9-15所示。

2.弥散圆

在焦点前后，光线开始聚集和扩散，点的影像会变得模糊，从而形成一个扩大的圆，这个圆就称为"弥散圆"，如图9-16所示。

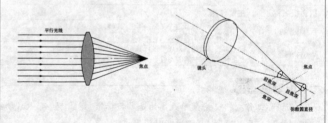

图9-15　　　　　　　　　　图9-16

每张照片都有主题和背景之分，景深和摄影机的距离、焦距和光圈之间存在着以下3种关系（这3种关系可以用图9-17来表示）。

第1种：光圈越大，景深越小；光圈越小，景深越大。

第2种：镜头焦距越长，景深越小；焦距越短，景深越大。

第3种：距离越远，景深越大；距离越近，景深越小。

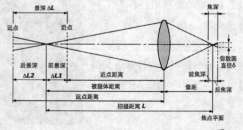

图9-17

景深可以很好地突出主题，不同的景深参数下的效果也不相同，例如，图9-18突出的是蜘蛛的头部，而图9-19突出的是蜘蛛和被捕食的螳螂。

图9-18   图9-19

🔘 运动模糊参数卷展栏

运动模糊一般运用在动画中，常用于表现运动对象高速运动时产生的模糊效果，如图9-20和图9-21所示。

图9-20   图9-21

当设置"多过程效果"为"运动模糊"时，系统会自动显示出"运动模糊参数"卷展栏，如图9-22所示。

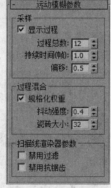

图9-22

运动模糊参数卷展栏参数介绍

① 采样选项组

显示过程：启用该选项后，"渲染帧窗口"对话框中将显示多个渲染通道。

过程总数：设置生成效果的过程数。增大该值可以提高效果的真实度，但是会增加渲染时间。

持续时间（帧）：在制作动画时，该选项用来设置应用运动模糊的帧数。

偏移：设置模糊的偏移距离。

② 过程混合选项组

规格化权重：启用该选项后，可以将权重规格化，以获得平滑的结果；当关闭该选项后，效果会变得更加清晰，但颗粒效果也更明显。

抖动强度：设置应用于渲染通道的抖动程度。增大该值会增加抖动量，并且会生成颗粒状的效果，尤其在对象的边缘上最为明显。

瓷砖大小：设置图案的大小。0表示以最小的方式进行平铺；100表示以最大的方式进行平铺。

③ 扫描线渲染器参数选项组

禁用过滤：启用该选项后，系统将禁用过滤的整个过程。

禁用抗锯齿：启用该选项后，可以禁用抗锯齿功能。

★ 重点 ★
实战：用目标摄影机制作花丛景深

场景位置	场景文件>CH09>01.max
实例位置	实例文件>CH09>实战：用目标摄影机制作花丛景深.max
视频位置	多媒体教学>CH09>实战：用目标摄影机制作花丛景深.flv
难易指数	★★☆☆☆
技术掌握	目标摄影机制作景深特效

花丛景深效果如图9-23所示。

图9-23

01 打开下载资源中的"场景文件>CH09>01.max"文件，如图9-24所示。

图9-24

02 设置摄影机类型为"标准"，然后在前视图中创建一台目标摄影机，接着调整好目标点的方向，使摄影机的查看方向对准鲜花，如图9-25所示。

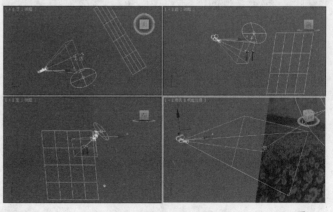

图9-25

03 选择目标摄影机，然后在"参数"卷展栏下设置"镜头"为41.167mm、"视野"为47.234度，接着设置"目标距离"为112mm，具体参数设置如图9-26所示。

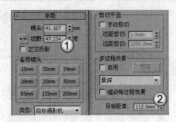

图9-26

图9-31

图9-32

04 在透视图中按C键切换到摄影机视图，效果如图9-27所示，然后按F9键测试渲染当前场景，效果如图9-28所示。

图9-27　　　　　　　　　图9-28

疑难问答

问：为什么没有产生景深特效呢？

答：现在虽然创建了目标摄影机，但是并没用产生景深特效，这是因为还没有在渲染中开启景深的原因。

05 按F10键打开"渲染设置"对话框，然后单击VRay选项卡，接着展开"摄像机"卷展栏，最后在"景深"选项组下勾选"开"选项和"从摄影机获取"选项，如图9-29所示。

06 按F9键渲染当前场景，最终效果如图9-30所示。

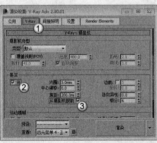

图9-29　　　　　　　　　图9-30

技巧与提示

勾选"从摄影机获取"选项选项后，摄影机焦点位置的物体在画面中是最清晰的，而距离焦点越远的物体将会很模糊。

★重点★
实战：用目标摄影机制作运动模糊特效

场景位置	场景文件>CH09>02.max
实例位置	实例文件>CH09>实战：用目标摄影机制作运动模糊特效.max
视频位置	多媒体教学>CH09>实战：用目标摄影机制作运动模糊特效.flv
难易指数	★★☆☆☆
技术掌握	目标摄影机制作运动模糊特效

运动模糊效果如图9-31所示。

01 打开下载资源中的"场景文件>CH09>02.max"文件，如图9-32所示。

技巧与提示

本场景已经设置好了一个螺旋桨旋转动画，在"时间轴"上单击"播放"按钮▶，可以观看旋转画，图9-33和图9-34所示分别是第3帧和第6帧的默认渲染效果。可以发现并没用产生运动模糊效果。

图9-33　　　　　　　　　图9-34

02 设置摄影机类型为"标准"，然后在左视图中创建一台目标摄影机，接着调节好目标点的位置，如图9-35所示。

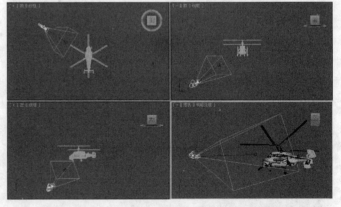

图9-35

03 选择目标摄影机，然后在"参数"卷展栏下设置"镜头"为43.456mm、"视野"为45度，接着设置"目标距离"为100000mm，如图9-36所示。

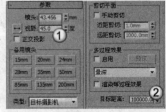

图9-36

04. 按F10键打开"渲染设置"对话框，然后单击VRay选项卡，接着展开"摄像机"卷展栏，最后在"运动模糊"选项组下勾选"开"选项，如图9-37所示。

05. 在透视图中按C键切换到摄影机视图，然后将时间线滑块拖曳到第1帧，接着按F9键渲染当前场景，可以发现已经此时产生了运动模糊效果，如图9-38所示。

图9-37　　　　　　图9-38

06. 分别将时间滑块拖曳到第4、10、15帧的位置，然后渲染出这些单帧图，最终效果如图9-39所示。

图9-39

9.3.2 VRay物理摄影机

VRay物理摄影机相当于一台真实的摄影机，有光圈、快门、曝光和ISO等调节功能，它可以对场景进行"拍照"。使用"VRay物理摄影机"工具 VR物理摄影机 在视图中拖曳光标可以创建一台VRay物理摄影机，可以观察到VRay物理摄影机同样包含摄影机和目标点两个部件，如图9-40所示。

VRay物理摄影机的参数包含5个卷展栏，如图9-41所示。

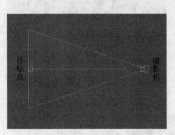 

图9-40　　　　　　图9-41

技巧与提示

下面只介绍"基本参数"、"散景特效"和"采样"3个卷展栏下的参数。

基本参数卷展栏

展开"基本参数"卷展栏，如图9-42所示。

图9-42

基本参数卷展栏参数介绍

类型：设置摄影机的类型，包含"照相机"、"摄影机（电影）"和"摄像机（DV）"3种类型。

照相机：用来模拟一台常规快门的静态画面照相机。

摄影机（电影）：用来模拟一台圆形快门的电影摄影机。

摄像机（DV）：用来模拟带CCD矩阵的快门摄像机。

目标：勾选该选项时，摄影机的目标点将放在焦平面上；关闭该选项时，可以通过下面的"目标距离"选项来控制摄影机到目标点的位置。

胶片规格（mm）：控制摄影机所看到的景色范围。值越大，看到的景象就越多。

焦距（mm）：设置摄影机的焦长，同时也会影响到画面的感光强度。较大的数值产生的效果类似于长焦效果，且感光材料（胶片）会变暗，特别是在胶片的边缘区域；较小数值产生的效果类似于广角效果，其透视感比较强，当然胶片也会变亮。

视野：启用该选项后，可以调整摄影机的可视区域。

缩放因子：控制摄影机视图的缩放。值越大，摄影机视图拉得越近。

横向/纵向偏移：控制摄影机视图的水平和垂直方向上的偏移量。

光圈数：设置摄影机的光圈大小，主要用来控制渲染图像的最终亮度。值越小，图像越亮；值越大，图像越暗。图9-43、图9-44和图9-45所示分别是"光圈数"值为10、11和14的对比渲染效果。注意，光圈和景深也有关系，大光圈的景深小，小光圈的景深大。

光圈数=10　　　　光圈数=11
图9-43　　　　　图9-44

光圈数=14
图9-45

目标距离：摄影机到目标点的距离，默认情况下是关闭的。当关闭摄影机的"目标"选项时，就可以用"目标距离"来控制摄影机的目标点的距离。

纵向/横向移动：制摄影机在垂直/水平方向上的变形，主要用于纠正三点透视到两点透视。

猜测纵向 猜测纵向 **/猜测横向** 猜测横向 ：用于校正垂直/水平方向上的透视关系。

指定焦点：开启这个选项后，可以手动控制焦点。

焦点距离：勾选"指定焦点"选项后，可以在该选项的数值输入框中手动输入焦点距离。

曝光：当勾选这个选项后，VRay物理摄影机中的"光圈数"、"快门速度（s^-1）"和"胶片速度（ISO）"设置才会起作用。

光晕：模拟真实摄影机里的光晕效果。图9-46和图9-47所示分别是勾选"光晕"和关闭"光晕"选项时的渲染效果。

勾选光晕　　　　　　　　关闭光晕
图9-46　　　　　　　　　图9-47

白平衡：和真实摄影机的功能一样，控制图像的色偏。例如，在白天的效果中，设置一个桃色的白平衡颜色可以纠正阳光的颜色，从而得到正确的渲染颜色。

自定义白平衡：用于手动设置白平衡的颜色，从而控制图像的色偏。比如图像偏蓝，就应该将白平衡颜色设置为蓝色。

温度：该选项目前不可用。

快门速度（s^-1）：控制光的进光时间，值越小，进光时间越长，图像就越亮；值越大，进光时间就越小，图像就越暗。图9-48、图9-49和图9-50所示分别是"快门速度（s^-1）"值为35、50和100时的对比渲染效果。

快门速度（s^-1）=35　　　　快门速度（s^-1）=50
图9-48　　　　　　　　　图9-49

快门速度（s^-1）=100
图9-50

快门角度（度）：当摄影机选择"摄影机（电影）"类型的时候，该选项才被激活，其作用和上面的"快门速度（s^-1）"的作用一样，主要用来控制图像的明暗。

快门偏移（度）：当摄影机选择"摄影机（电影）"类型的时候，该选项才被激活，主要用来控制快门角度的偏移。

延迟（秒）：当摄影机选择"摄像机（DV）"类型的时候，该选项才被激活，作用和上面的"快门速度（s^-1）"的作用一样，主要用来控制图像的亮暗，值越大，表示光越充足，图像也越亮。

胶片速度（ISO）：控制图像的亮暗，值越大，表示ISO的感光系数越强，图像也越亮。一般白天效果比较适合用较小的ISO，而晚上效果比较适合用较大的ISO。图9-51、图9-52和图9-53所示分别是"胶片速度（ISO）"值为80、120和160时、渲染效果。

胶片速度（ISO）=80　　　　胶片速度（ISO）=120
图9-51　　　　　　　　　图9-52

胶片速度（ISO）=160
图9-53

🌑 散景特效卷展栏--

"散景特效"卷展栏下的参数主要用于控制散景效果，如图9-54所示。当渲染景深的时候，或多或少都会产生一些散景效果，这主要和散景到摄影机的距离有关。图9-55所示是使用真实摄影机拍摄的散景效果。

图9-54　　　　　　　　　　　图9-55

散景特效卷展栏参数介绍

叶片数：控制散景产生的小圆圈的边，默认值为5表示散景的小圆圈为正五边形。如果关闭该选项，那么散景就是个圆形。

旋转（度）：散景小圆圈的旋转角度。

中心偏移：散景偏移源物体的距离。

各向异性：控制散景的各向异性，值越大，散景的小圆圈拉得越长，即变成椭圆形。

采样卷展栏

展开"采样"卷展栏,如图9-56所示。

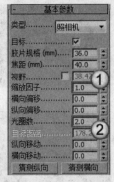

图9-56

采样卷展栏参数介绍

景深:控制是否开启景深效果。当某一物体聚焦清晰时,从该物体前面的某一段距离到其后面的某一段距离内的所有景物都是相当清晰的。

运动模糊:控制是否开启运动模糊功能。这个功能只适用于具有运动对象的场景中,对静态场景不起作用。

细分:设置"景深"或"运动模糊"的"细分"采样。数值越高,效果越好,但是会增长渲染时间。

实战:测试VRay物理摄影机的缩放因子

场景位置	场景文件>CH09>03.max
实例位置	实例文件>CH09>实战:测试VRay物理摄影机的缩放因子.max
视频位置	多媒体教学>CH09>实战:测试VRay物理摄影机的缩放因子.flv
难易指数	★☆☆☆☆
技术掌握	缩放因子的作用

测试的"缩放因子"参数效果如图9-57所示。

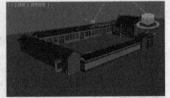

图9-57

01 打开下载资源中的"场景文件>CH09>03.max"文件,如图9-58所示。

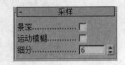

图9-58

02 设置摄影机类型为VRay,然后在场景中创建一台VRay物理摄影机,其位置如图9-59所示。

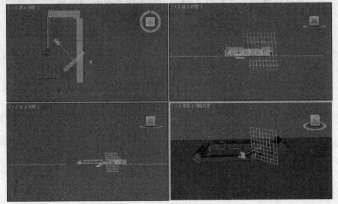

图9-59

03 选择VRay物理摄影机,然后在"基本参数"卷展栏下设置"缩放因子"为1、"光圈数"为2,具体参数设置如图9-60所示。

图9-60

04 按C键切换到摄影机视图,效果如图9-61所示,然后按F9键测试渲染当前场景,效果如图9-62所示。

图9-61　　　　　图9-62

05 在"基本参数"卷展栏下将"缩放因子"修改为2,然后按F9键测试渲染当前场景,效果如图9-63所示。

06 在"基本参数"卷展栏下将"缩放因子"修改为3,然后按F9键测试渲染当前场景,效果如图9-64所示。

图9-63　　　　　图9-64

 **技巧与提示**

"缩放因子"参数非常重要,因为它可以改变摄影机视图的远近范围,从而改变物体的远近关系。

实战:测试VRay物理摄影机的光晕

场景位置	场景文件>CH09>03.max
实例位置	实例文件>CH09>实战:测试VRay物理摄影机的光晕.max
视频位置	多媒体教学>CH09>实战:测试VRay物理摄影机的光晕.flv
难易指数	★☆☆☆☆
技术掌握	光晕的作用

测试的"光晕"参数效果如图9-65所示。

01 打开下载资源中的"场景文件>CH09>03.max"文件,然后设置摄影机类型为VRay,接着在场景中创建一台VRay物理摄影机,其位置如图9-66所示。

图9-65

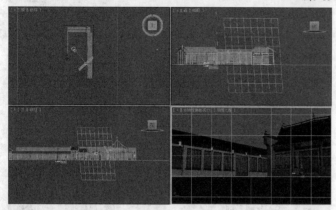

图9-66

02 选择VRay物理摄影机，然后在"基本参数"卷展栏下设置"光圈数"为2，如图9-67所示，接着按C键切换到摄影机视图，最后按F9键测试渲染当前场景，效果如图9-68所示。

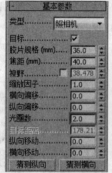

图9-67

图9-68

03 选择VRay物理摄影机，然后在"基本参数"卷展栏下勾选"光晕"选项，并设置其数值为2，如图9-69所示，接着按F9键测试渲染当前场景，效果如图9-70所示。

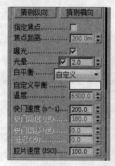

图9-69

图9-70

04 选择VRay物理摄影机，然后在"基本参数"卷展栏下将"光晕"修改为4，如图9-71所示，接着按F9键测试渲染当前场

景，效果如图9-72所示。

图9-71

图9-72

★ 重点 ★

实战：测试VRay物理摄影机的快门速度

场景位置	场景文件>CH09>03.max
实例位置	实例文件>CH09>实战：测试VRay物理摄影机的快门速度.max
视频位置	多媒体教学>CH09>实战：测试VRay物理摄影机的快门速度.flv
难易指数	★☆☆☆☆
技术掌握	快门速度（s^-1）的作用

测试的"快门速度（s^-1）"参数效果如图9-73所示。

图9-73

01 打开下载资源中的"场景文件>CH09>03.max"文件，然后设置摄影机类型为VRay，接着在场景中创建一台VRay物理摄影机，其位置如图9-74所示。

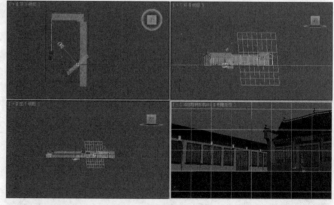

图9-74

02 选择VRay物理摄影机，然后在"基本参数"卷展栏下设置"光圈数"为2、"快门速度（s^-1）"为130，具体参数设置如图9-75所示，接着按C键切换到摄影机视图，最后按F9键测试渲染当前场景，效果如图9-76所示。

03 选择VRay物理摄影机，然后在"基本参数"卷展栏下将"快门速度（s^-1）"修改为200，接着按F9键测试渲染当前场景，效果如图9-77所示。

04 选择VRay物理摄影机，然后在"基本参数"卷展栏下将

"快门速度（s^-1）"修改为130，接着按F9键测试渲染当前场景，效果如图9-78所示。

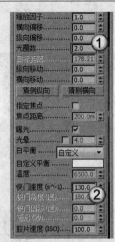

图9-75

图9-76

图9-77

图9-78

技巧与提示

　　"快门速度（s^-1）"参数可以用来控制最终渲染图像的明暗程度，与现实中使用的单反像机的快门速度的道理是一样的。另外，"光圈数"选项与"胶片速度（ISO）"也可以用来调整图像的明暗度。

第10章

材质与贴图技术

Employment direction
从业方向

CG影视行业　　CG建筑行业

CG工业行业　　CG动漫行业

CG游戏行业　　CG时尚达人

10.1 初识材质

　　材质主要用于表现物体的颜色、质地、纹理、透明度和光泽等特性，依靠各种类型的材质可以制作出现实世界中的任何物体，如图10-1~图10-3所示。

图10-1　　　　　　　　图10-2　　　　　　　　图10-3

　　通常，在制作新材质并将其应用于对象时，应该遵循以下步骤。

第1步：指定材质的名称。

第2步：选择材质的类型。

第3步：对于标准或光线追踪材质，应选择着色类型。

第4步：设置漫反射颜色、光泽度和不透明度等各种参数。

第5步：将贴图指定给要设置贴图的材质通道，并调整参数。

第6步：将材质应用于对象。

第7步：如有必要，应调整UV贴图坐标，以便正确定位对象的贴图。

第8步：保存材质。

 技巧与提示

　　在3ds Max中，创建材质是一件非常简单的事情，任何模型都可以被赋予栩栩如生的材质。图10-4所示的是一个白模场景，设置好了灯光及正常的渲染参数，但是渲染出来的光感和物体质感都非常"平淡"，一点也不真实。而图10-5所示的是添加了材质后的场景效果，同样的场景、同样的灯光、同样的渲染参数，无论从那个角度来看，这张图都比白模更具欣赏性。

图10-4　　　　　　　　　　　　　　　　　　图10-5

10.2 材质编辑器

　　"材质编辑器"对话框非常重要，因为所有的材质都在这里完成。打开"材质编辑器"对话框的方法主要有以下两种。

　　第1种：执行"渲染>材质编辑器>精简材质编辑器"菜单命令或执行"渲染>材质编辑器>Slate材质编辑器"菜单命令，如图10-6所示。

图10-6

第2种：在"主工具栏"中单击"材质编辑器"按钮 或直接按M键。

在"材质编辑器"对话框中执行"模式>精简材质编辑器"命令，可以切换如图10-9所示的"材质编辑器"对话框，该对话框分为四大部分，最顶端为菜单栏，充满材质球的窗口为材质球示例窗，材质球示例窗左侧和下部的两排按钮为工具栏，其余的是参数控制区，如图10-7所示。

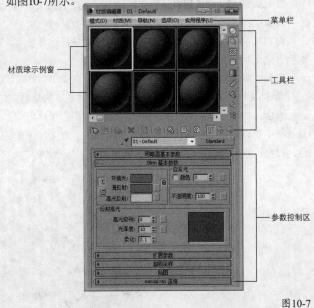

图10-7

10.2.1 菜单栏

"材质编辑器"对话框中的菜单栏包含5个菜单，分别是"模式"菜单、"材质"菜单、"导航"菜单、"选项"菜单和"实用程序"菜单。下面将针对每个菜单中的命令进行详细介绍，另外，菜单中的某些重要命令同时也被放在了工具栏中，用户可以直接使用相应工具进行操作。

模式菜单--

"模式"菜单主要用来切换"精简材质编辑器"和"Slate材质编辑器"，如图10-8所示。

图10-8

模式菜单命令介绍

精简材质编辑器：这是一个简化了的材质编辑界面，它使用的对话框比"Slate材质编辑器"小，也是在3ds Max 2011版本之前唯一的材质编辑器，如图10-9所示。

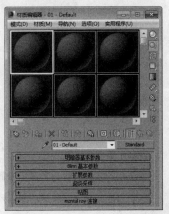

图10-9

技巧与提示

在实际工作中，一般都不会用到"Slate材质编辑器"，因此本书都用"精简材质编辑器"来进行讲解。

Slate材质编辑器：这是一个完整的材质编辑界面，在设计和编辑材质时使用节点和关联以图形方式显示材质的结构，如图10-10所示。这种材质编辑方法与Maya材质的编辑方法比较类似。

图10-10

技巧与提示

虽然"Slate材质编辑器"在设计材质时功能更强大，但"精简材质编辑器"在设计材质时更方便。

材质菜单--

"材质"菜单主要用来获取材质、从对象选取材质等，如图10-11所示。

图10-11

材质菜单重要命令介绍

获取材质：执行该命令可以打开"材质/贴图浏览器"对话框，在该对话框中可以选择材质或贴图。

从对象选取：执行该命令可以从场景对象中选择材质。

按材质选择：执行该命令可以基于"材质编辑器"对话框中的活动材质来选择对象。

在ATS对话框中高亮显示资源：如果材质使用的是已跟踪资源的贴图，那么执行该命令可以打开"资源跟踪"对话框，同时资源会高亮显示。

指定给当前选择：执行该命令可以将当前材质应用于场景中的选定对象。

放置到场景：在编辑材质完成后，执行该命令可以更新场景中的材质效果。

放置到库：执行该命令可以将选定的材质添加到材质库中。

更改材质/贴图类型：执行该命令可以更改材质或贴图的类型。

生成材质副本：通过复制自身的材质，生成一个材质副本。

启动放大窗口：将材质示例窗口放大，并在一个单独的窗口中进行显示（双击材质球也可以放大窗口）。

另存为.FX文件：将材质另外为.fx文件。

生成预览：使用动画贴图为场景添加运动，并生成预览。

查看预览：使用动画贴图为场景添加运动，并查看预览。

保存预览：使用动画贴图为场景添加运动，并保存预览。

显示最终结果：查看所在级别的材质。

视口中的材质显示为：选择在视图中显示材质的方式，共有"没有贴图的明暗处理材质"、"有贴图的明暗处理材质"、"没有贴图的真实材质"和"有贴图的真实材质"4种方式。

重置示例窗旋转：使活动的示例窗对象恢复到默认方向。

更新活动材质：更新示例窗中的活动材质。

导航菜单--

"导航"菜单主要用来切换材质或贴图的层级，如图10-12所示。

图10-12

导航菜单命令介绍

转到父对象（P）向上键：在当前材质中向上移动一个层级。

前进到同级（F）向右键：移动到当前材质中的相同层级的下一个贴图或材质。

后退到同级（B）向左键：与"前进到同级（F）向右键"命令类似，只是导航到前一个同级贴图，而不是导航到后一个同级贴图。

选项菜单--

"选项"菜单主要用来更换材质球的显示背景，如图10-13所示。

图10-13

选项菜单命令介绍

将材质传播到实例：将指定的任何材质传播到场景中对象的所有实例。

手动更新切换：使用手动的方式进行更新切换。

复制/旋转拖动模式切换：切换复制/旋转拖动的模式。

背景：将多颜色的方格背景添加到活动示例窗中。

自定义背景切换：如果已指定了自定义背景，该命令可以用来切换自定义背景的显示效果。

背光：将背光添加到活动示例窗中。

循环3×2、5×3、6×4示例窗：用来切换材质球的显示方式。

选项：打开"材质编辑器选项"对话框，如图10-14所示。在该对话框中可以启用材质动画、加载自定义背景、定义灯光亮度及颜色，以及设置示例窗数目等。

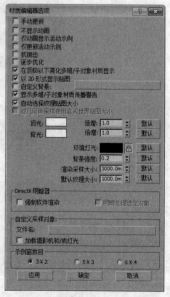

图10-14

实用程序菜单--

"实用程序"菜单主要用来清理多维材质、重置"材质编辑器"对话框等，如图10-15所示。

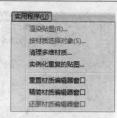

图10-15

实用程序菜单命令介绍

渲染贴图： 对贴图进行渲染。

按材质选择对象： 可以基于"材质编辑器"对话框中的活动材质来选择对象。

清理多维材质： 对"多维/子对象"材质进行分析，然后在场景中显示所有包含未分配任何材质ID的材质。

实例化重复的贴图： 在整个场景中查找具有重复位图贴图的材质，并提供将它们实例化的选项。

重置材质编辑器窗口： 用默认的材质类型替换"材质编辑器"对话框中的所有材质。

精简材质编辑器窗口： 将"材质编辑器"对话框中所有未使用的材质设置为默认类型。

还原材质编辑器窗口： 利用缓冲区的内容还原编辑器的状态。

10.2.2 材质球示例窗

材质球示例窗主要用来显示材质效果，通过它可以很直观地观察出材质的基本属性，如反光、纹理和凹凸等，如图10-16所示。

双击材质球会弹出一个独立的材质球显示窗口，可以将该窗口进行放大或缩小来观察当前设置的材质效果，如图10-17所示。

图10-16

图10-17

技术专题:33:材质球示例窗的基本知识

在默认情况下材质球示例窗中一共有12个材质球，可以拖曳滚动条显示出不在窗口中的材质球，同时也可以使用鼠标中键来旋转材质球，这样可以观看到材质球其他角度的效果，如图10-18所示。

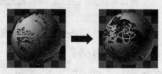

图10-18

使用鼠标左键可以将一个材质球拖曳到另一个材质球上，这样当前材质就会覆盖原有的材质，如图10-19所示。注意，在用这种方法覆盖（复制）材质时，材质名称也会被一起覆盖，例如，将一个名称

叫"花纹"的材质球拖曳到一个空白材质球上，这个空白材质球会拥有"花纹"材质，同时名称也变成"花纹"，因此在覆盖材质时，一定要记得将材质进行重命名，不要出现重名现象。

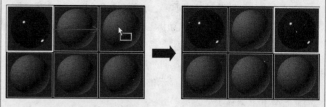

图10-19

使用鼠标左键可以将材质球中的材质拖曳到场景中的物体上（即将材质指定给对象），如图10-20所示。将材质指定给物体后，材质球上会显示4个缺角的符号，如图10-21所示。

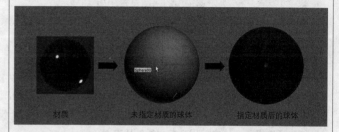

材质　　　　未指定材质的球体　　指定材质后的球体

图10-20

图10-21

10.2.3 工具栏

下面讲解"材质编辑器"对话框中的下方及左侧两个工具栏按钮功能，如图10-22所示。

图10-22

工具栏工具介绍

获取材质： 为选定的材质打开"材质/贴图浏览器"对话框。

将材质放入场景： 在编辑好材质后，单击该按钮可以更新已应用于对象的材质。

将材质指定给选定对象： 将材质指定给选定的对象。

重置贴图/材质为默认设置： 删除修改的所有属性，将材质属性恢复到默认值。

生成材质副本： 在选定的示例图中创建当前材质的副本。

使唯一：将实例化的材质设置为独立的材质。

放入库：重新命名材质并将其保存到当前打开的库中。

材质ID通道：为应用后期制作效果设置唯一的ID通道。

在视口中显示明暗处理材质：在视口对象上显示2D材质贴图。

显示最终结果：在实例图中显示材质及应用的所有层次。

转到父对象：将当前材质上移一级。

转到下一个同级项：选定同一层级的下一贴图或材质。

采样类型：控制示例窗显示的对象类型，默认为球体类型，还有圆柱体和立方体类型。

背光：打开或关闭选定示例窗中的背景灯光。

背景：在材质后面显示方格背景图像，这在观察透明材质时非常有用。

采样UV平铺：为示例窗中的贴图设置UV平铺显示。

视频颜色检查：检查当前材质中NTSC和PAL制式的不支持颜色。

生成预览：用于产生、浏览和保存材质预览渲染。

选项：打开"材质编辑器选项"对话框，在该对话框中可以启用材质动画、加载自定义背景、定义灯光亮度或颜色，以及设置示例窗数目等。

按材质选择：选定使用当前材质的所有对象。

材质/贴图导航器：单击该按钮可以打开"材质/贴图导航器"对话框，在该对话框会显示当前材质的所有层级。

技术专题 34 从对象获取材质

在材质名称的左侧有一个工具叫"从对象获取材质"，这是一个比较重要的工具。图10-23所示的场景中有一个指定了材质的球体，但是在材质示例窗中却没有显示出球体的材质。遇到这种情况需要使用"从对象获取材质"工具将球体的材质吸取出来。首选选择一个空白材质，然后单击"从对象获取材质"工具，接着在视图中单击球体，这样就可以获取球体的材质，并在材质示例窗中显示出来，如图10-24所示。

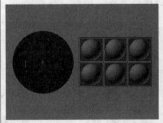
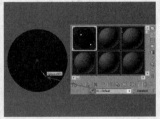

图10-23　　　　　图10-24

10.2.4 参数控制区

参数控制区是整个"材质编辑器"对话框的"灵魂"，用于调节材质的参数，基本上所有的材质参数都在这里调节。通过调节这些材质参数，可以轻松制作出各种各样的真实材质效果。注意，不同的材质拥有不同的参数控制区，在下面的内容中将对各种重要材质的参数控制区进行详细讲解。

10.3 材质资源管理器

"材质资源管理器"主要用来浏览和管理场景中的所有材质。执行"渲染>材质资源管理器"菜单命令可以打开"材质管理器"对话框。"材质管理器"对话框分为"场景"面板和"材质"面板两大部分，如图10-25所示。"场景"面板主要用来显示场景对象的材质，而"材质"面板主要用来显示当前材质的属性和纹理。

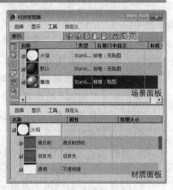

场景面板

材质面板

图10-25

技巧与提示

"材质管理器"对话框非常有用，使用它可以直观地观察到场景对象的所有材质，例如，在图10-26中，可以观察到场景中的对象包含3个材质，分别是"火焰"材质、"默认"材质和"蜡烛"材质。在"场景"面板中选择一个材质后，在下面的"材质"面板中就会显示出与该材质的相关属性及加载的纹理贴图，如图10-27所示。

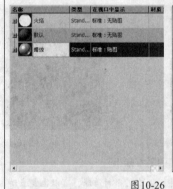

图10-26　　　　　　　图10-27

10.3.1 场景面板

"场景"面板分为菜单栏、工具栏、显示按钮和材质列表四大部分，如图10-28所示。

菜单栏
工具栏
显示按钮
材质列表

图10-28

菜单栏

工具栏中包含4组菜单，分别是"选择"、"显示"、"工具"和"自定义"菜单。

1.选择菜单

展开"选择"菜单，如图10-29所示。

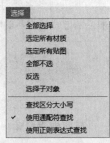

图10-29

选择菜单命令介绍

全部选择：选择场景中的所有材质和贴图。

选定所有材质：选择场景中的所有材质。

选定所有贴图：选择场景中的所有贴图。

全部不选：取消选择场景中的所有材质和贴图。

反选：颠倒当前选择，即取消当前选择的所有对象，而选择之前未选择的对象。

选择子对象：该命令只起到切换的作用。

查找区分大小写：通过搜索字符串的大小写来查处对象，如house与House。

使用通配符查找：通过搜索字符串中的字符来查找对象，如"*"和"?"等。

使用正则表达式查找：通过搜索正则表达式的方式来查找对象。

2.显示菜单

展开"显示"菜单，如图10-30所示。

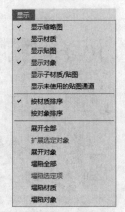

图10-30

显示菜单命令介绍

显示缩略图：启用该选项之后，"场景"面板中将显示出每个材质和贴图的缩略图。

显示材质：启用该选项之后，"场景"面板中将显示出每个对象的材质。

显示贴图：启用该选项之后，每个材质的层次下面都包括该材质使用到的所有贴图。

显示对象：启用该选项之后，每个材质的层次下面都会显示出该材质所应用到的对象。

显示子材质/贴图：启用该选项之后，每个材质的层次下面都会显示用于材质通道的子材质和贴图。

显示未使用的贴图通道：启用该选项之后，每个材质的层次下面还会显示出未使用的贴图通道。

按材质排序：启用该选项之后，层次将按材质名称进行排序。

按对象排序：启用该选项之后后，层次将按对象进行排序。

展开全部：展开层次以显示出所有的条目。

扩展选定对象：展开包含所选条目的层次。

展开对象：展开包含所有对象的层次。

塌陷全部：塌陷整个层次。

塌陷选定项：塌陷包含所选条目的层次。

塌陷材质：塌陷包含所有材质的层次。

塌陷对象：塌陷包含所有对象的层次。

3.工具菜单

展开"工具"菜单，如图10-31所示。

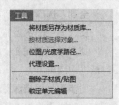

图10-31

工具菜单命令介绍

将材质另存为材质库：将材质另存为材质库（即.mat文件）文件。

按材质选择对象：根据材质来选择场景中的对象。

位图/光度学路径：打开"位图/光度学路径编辑器"对话框，在该对话框中可以管理场景对象的位图的路径，如图10-32所示。

代理设置：打开"全局设置和位图代理的默认"对话框，如图10-33所示。可以使用该对话框来管理3ds Max如何创建和并入到材质中的位图的代理版本。

图10-32   图10-33

删除子材质/贴图：删除所选材质的子材质或贴图。

锁定单元编辑：启用该选项之后，可以禁止在"材质管理器"对话框中编辑单元。

4.自定义菜单

展开"自定义"菜单，如图10-34所示。

图10-34

自定义菜单命令介绍

配置行：打开"配置行"对话框，在该对话框中可以为"场景"面板添加队列。

工具栏：选择要显示的工具栏。

将当前布局保存为默认设置：保存当前"材质管理器"对话框中的布局方式，并将其设置为默认设置。

工具栏

工具栏中主要是一些对材质进行基本操作的工具，如图10-35所示。

图10-35

工具栏工具介绍

查找：输入文本来查找对象。

选择所有材质：选择场景中的所有材质。

选择所有贴图：选择场景中的所有贴图。

全部选择：选择场景中的所有材质和贴图。

全部不选：取消选择场景中的所有材质和贴图。

反选：颠倒当前选择。

锁定单元编辑：激活该按钮后，可以禁止在"材质管理器"对话框中编辑单元。

同步到材质资源管理器：激活该按钮后，"材质"面板中的所有材质操作将与"场景"面板保持同步。

同步到材质级别：激活该按钮后，"材质"面板中的所有子材质操作将与"场景"面板保持同步。

显示按钮

显示按钮主要用来控制材质和贴图的显示方式，与"显示"菜单相对应，如图10-36所示。

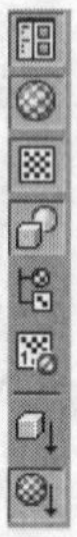

图10-36

显示按钮介绍

显示缩略图：激活该按钮后，"场景"面板中将显示出每个材质和贴图的缩略图。

显示材质：激活该按钮后，"场景"面板中将显示出每个对象的材质。

显示贴图：激活该按钮后，每个材质的层次下面都包括该材质所使用到的所有贴图。

显示对象：激活该按钮后，每个材质的层次下面都会显示出该材质所应用到的对象。

显示子材质/贴图：激活该按钮后，每个材质的层次下面都会显示用于材质通道的子材质和贴图。

显示未使用的贴图通道：激活该按钮后，每个材质的层次下面还会显示出未使用的贴图通道。

按对象排序/按材质排序：让层次以对象或材质的方式进行排序。

材质列表

材质列表主要用来显示场景材质的名称、类型、在视口中的显示方式及材质的ID号，如图10-37所示。

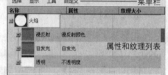

图10-37

材质列表介绍

名称：显示材质、对象、贴图和子材质的名称。

类型：显示材质、贴图或子材质的类型。

在视口中显示：注明材质和贴图在视口中的显示方式。

材质ID：显示材质的ID号。

10.3.2 材质面板

"材质"面板分为菜单栏以及属性和纹理列表两大部分，如图10-38所示。

图10-38

> **知识链接**
>
> 关于"材质"面板中的命令含义请参阅前面的"场景"面板中的命令。

10.4 常用材质

安装VRay渲染器后，材质类型大致可分为29种。单击Standard（标准）按钮，在弹出的"材质/贴图浏览器"对话框中可以查看到这些材质，如图10-39所示。虽然3ds Max和VRay提供了很多种材质，但是并非每个材质都很常用，因此在下面的内容中，将针对实际工作中常用的材质类型进行详细讲解。

图10-39

本节材质概述

材质名称	主要作用	重要程度
标准材质	几乎可以模拟任何真实材质类型	高
混合材质	在模型的单个面上将两种材质通过一定的百分比进行混合	中
墨水油漆材质	制作卡通效果	中
多维/子对象材质	采用几何体的子对象级别分配不同的材质	中
VRay灯光材质	模拟自发光效果	高
VRay双面材质	使对象的外表面和内表面同时被渲染，并且可以使内外表面拥有不同的纹理贴图	中
VRay混合材质	可以让多个材质以层的方式混合来模拟物理世界中的复杂材质	中
VRayMtl材质	几乎可以模拟任何真实材质类型	高

★重点★ 10.4.1 标准材质

"标准"材质是3ds Max默认的材质，也是使用频率最高的材质之一，它几乎可以模拟真实世界中的任何材质，其参数设置面板如图10-40所示。

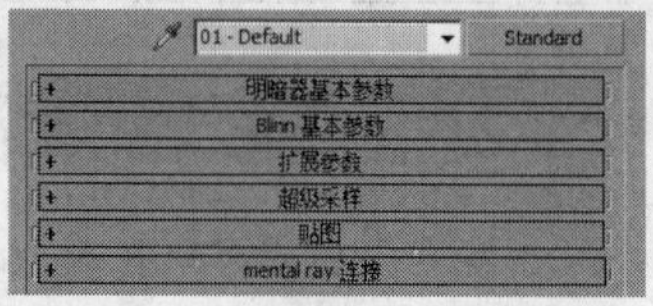

图10-40

◐ 明暗器基本参数卷展栏--------------------------------

在"明暗器基本参数"卷展栏下可以选择明暗器的类型，还可以设置"线框"、"双面"、"面贴图"和"面状"等参数，如图10-41所示。

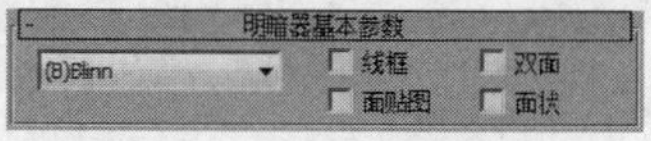

图10-41

明暗器基本参数卷展栏参数介绍

明暗器列表：在该列表中包含了8种明暗器类型，如图10-42所示。

图10-42

各向异性：这种明暗器通过调节两个垂直于正向上可见高光尺寸之间的差值来提供了一种"重折光"的高光效果，这种渲染属性可以很好地表现毛发、玻璃和被擦拭过的金属等物体。

Blinn：这种明暗器是以光滑的方式来渲染物体表面，是最常用的一种明暗器。

金属：这种明暗器适用于金属表面，它能提供金属所需的强烈反光。

多层："多层"明暗器与"各向异性"明暗器很相似，但"多层"明暗器可以控制两个高亮区，因此"多层"明暗器拥有对材质更多的控制，第1高光反射层和第2高光反射层具有相同的参数控制，可以对这些参数使用不同的设置。

Oren-Nayar-Blinn：这种明暗器适用于无光表面（如纤维或陶土），与Blinn明暗器几乎相同，通过它附加的"漫反射色级别"和

"粗糙度"两个参数可以实现无光效果。

Phong：这种明暗器可以平滑面与面之间的边缘，也可以真实地渲染有光泽和规则曲面的高光，适用于高强度的表面和具有圆形高光的表面。

Strauss：这种明暗器适用于金属和非金属表面，与"金属"明暗器十分相似。

半透明明暗器：这种明暗器与Blinn明暗器类似，它们之间的最大的区别在于该明暗器可以设置半透明效果，使光线能够穿透半透明的物体，并且在穿过物体内部时离散。

线框：以线框模式渲染材质，用户可以在"扩展参数"卷展栏下设置线框的"大小"参数，如图10-43所示。

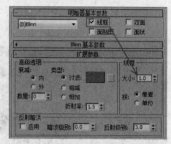

图10-43

双面：将材质应用到选定面，使材质成为双面。

面贴图：将材质应用到几何体的各个面。如果材质是贴图材质，则不需要贴图坐标，因为贴图会自动应用到对象的每一个面。

面状：使对象产生不光滑的明暗效果，把对象的每个面都作为平面来渲染，可以用于制作加工过的钻石、宝石和任何带有硬边的物体表面。

◐ Blinn基本参数卷展栏--------------------------------

下面以Blinn明暗器来讲解明暗器的基本参数。展开"Blinn基本参数"卷展栏，在这里可以设置材质的"环境光"、"漫反射"、"高光反射"、"自发光"、"不透明度"、"高光级别"、"光泽度"和"柔化"等属性，如图10-44所示。

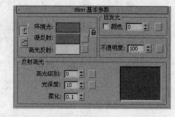

图10-44

Blinn基本参数卷展栏参数介绍

环境光：用于模拟间接光，也可以用来模拟光能传递。

漫反射："漫反射"是在光照条件较好的情况下（如在太阳光和人工光直射的情况下）物体反射出来的颜色，又被称作物体的"固有色"，也就是物体本身的颜色。

高光反射：物体发光表面高亮显示部分的颜色。

自发光：使用"漫反射"颜色替换曲面上的任何阴影，从而创建出白炽灯效果。

不透明度：控制材质的不透明度。

高光级别：控制"反射高光"的强度。数值越大，反射强度越强。

光泽度：控制镜面高亮区域的大小，即反光区域的大小。数值越大，反光区域越小。

柔化：设置反光区和无反光区衔接的柔和度。0表示没有柔化效果，1表示应用最强的柔化效果。

★重点★
实战： 用标准材质制作发光材质

场景位置	场景文件>CH10>01.max
实例位置	实例文件>CH10>实战：用标准材质制作发光材质.max
视频位置	多媒体教学>CH10>实战：用标准材质制作发光材质.flv
难易指数	★☆☆☆☆
技术掌握	标准材质模拟发光材质

发光材质效果如图10-45所示。

发光材质的模拟效果如图10-46所示。

图10-45　　　　　　　　图10-46

01 打开下载资源中的"场景文件>CH10>01.max"文件，如图10-47所示。

图10-47

02 选择一个空白材质球，然后设置材质类型为"标准"材质，接着将其命名为"发光材质"，具体参数设置如图10-48所示，制作好的材质球效果如图10-49所示。

设置步骤

① 设置"漫反射"颜色为（红:65，绿:138，蓝:228）。

② 在"自发光"选项组下勾选"颜色"选项，然后设置颜色为（红:183，绿:209，蓝:248）。

③ 在"不透明度"贴图通道中加载一张"衰减"程序贴图。

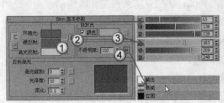 

图10-48　　　　　　图10-49

03 在视图中选择发光条墨水，然后在"材质编辑器"对话框中单击"将材质指定给选定对象"按钮，如图10-50所示。

04 按F9键渲染当前场景，最终效果如图10-51所示。

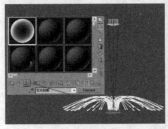 

图10-50　　　　　　　　图10-51

> **技巧与提示**
>
> 由于本例是材质设置的第1个实例，因此介绍了如何将材质指定给对象。在后面的实例中，这个步骤将省略。

★重点★
10.4.2 混合材质

"混合"材质可以在模型的单个面上将两种材质通过一定的百分比进行混合，其参数设置面板如图10-52所示。

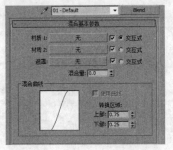

图10-52

混合材质参数介绍

材质1/材质2：可在其后面的材质通道中对两种材质分别进行设置。

遮罩：可以选择一张贴图作为遮罩。利用贴图的灰度值可以决定"材质1"和"材质2"的混合情况。

混合量：控制两种材质混合百分比。如果使用遮罩，则"混合量"选项将不起作用。

交互式：用来选择哪种材质在视图中以实体着色方式显示在物体的表面。

混合曲线：对遮罩贴图中的黑白色过渡区进行调节。

使用曲线：控制是否使用"混合曲线"来调节混合效果。

上部：用于调节"混合曲线"的上部。

下部：用于调节"混合曲线"的下部。

★重点★
实战： 用混合材质制作雕花玻璃材质

场景位置	场景文件>CH10>02.max
实例位置	实例文件>CH10>实战：用混合材质制作雕花玻璃材质.max
视频位置	多媒体教学>CH10>实战：用混合材质制作雕花玻璃材质.flv
难易指数	★★☆☆☆
技术掌握	混合材质模拟雕花玻璃材质

雕花玻璃材质效果如图10-53所示。

雕花玻璃材质的模拟效果如图10-54所示。

图10-53　　　　　　　图10-54

图10-58

01 打开下载资源中的"场景文件>CH10>02.max"文件，如图10-55所示。

02 选择一个空白材质球，然后设置材质类型为"混合"材质，接着分别在"材质1"和"材质2"通道上单击鼠标右键，并在弹出的快捷菜单中选择"清除"命令，如图10-56所示。

图10-59

图10-55　　　　　　　图10-56

疑难问答

问：如何返回上一层级？

答：这里可能会有些初学者不明白如何返回"混合基本参数"卷展栏。在"材质编辑器"对话框的工具栏上有一个"转换到父对象"按钮，单击该按钮即可返回到父层级，如图10-60所示。

图10-60

05 返回到"混合基本参数"卷展栏，然后在"遮罩"贴图通道中加载一张下载资源中的"实例文件>CH10>实战：用混合制作雕花玻璃材质>花1.jpg"文件，如图10-61所示，制作好的材质球效果如图10-62所示。

06 将制作好的材质指定给场景中的玻璃模型，然后按F9键渲染当前场景，最终效果如图10-63所示。

疑难问答

问："替换材质"对话框怎么处理？

答：在将"标准"材质切换为"混合材质"时，3ds Max会弹出一个"替换材质"对话框，提示是丢弃旧材质还是将旧材质保存为子材质，用户可根据实际情况进行选择，这里选择"丢弃旧材质"选项（大多数时候都选择该选项），如图10-57所示。

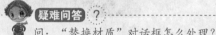

图5-57

03 在"材质1"通道中加载一个VRayMtl材质，具体参数设置如图10-58所示。

设置步骤

① 设置"漫反射"颜色为（红:56，绿:36，蓝:11）。

② 设置"反射"颜色为（红:52，绿:54，蓝:53），然后设置"细分"为12。

04 返回到"混合基本参数"卷展栏，然后在"材质2"通道中加载一个VRayMtl材质，具体参数设置如图10-59所示。

设置步骤

① 设置"漫反射"颜色为（红:17，绿:17，蓝:17）。

② 设置"反射"颜色为（红:87，绿:87，蓝:87），然后设置"细分"为12。

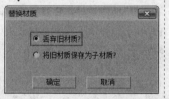

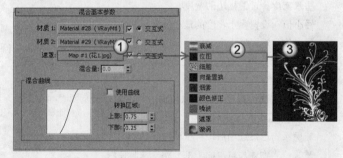

图10-61

图10-62　　　　　　　图10-63

10.4.3 Ink'n Paint（墨水油漆）材质

Ink'n Paint（墨水油漆）材质可以用来制作卡通效果，其参数包含"基本材质扩展"卷展栏、"绘制控制"卷展栏和"墨水控制"卷展栏，如图10-64所示。

图10-64

图10-65

本例共需要制作3个材质，分别是草绿卡通材质、蓝色卡通材质和红色卡通材质，其模拟效果如图10-66~图10-68所示。

图10-66　　　　图10-67　　　　图10-68

01 打开下载资源中的"场景文件>CH10>03.max"文件，如图10-69所示。

图10-69

墨水油漆材质参数介绍

亮区：用来调节材质的固有颜色，可以在后面的贴图通道中加载贴图。

暗区：控制材质的明暗度，可以在后面的贴图通道中加载贴图。

绘制级别：用来调整颜色的色阶。

高光：控制材质的高光区域。

墨水：控制是否开启描边效果。

墨水质量：控制边缘形状和采样值。

墨水宽度：设置描边的宽度。

最小值：设置墨水宽度的最小像素值。

最大值：设置墨水宽度的最大像素值。

可变宽度：勾选该选项后，可以使描边的宽度在最大值和最小值之间变化。

钳制：勾选该选项后，可以使描边宽度的变化范围限制在最大值与最小值之间。

轮廓：勾选该选项后，可以使物体外侧产生轮廓线。

重叠：当物体与自身的一部分相交迭时使用。

延伸重叠：与"重叠"类似，但多用在较远的表面上。

小组：用于勾画物体表面光滑组部分的边缘。

材质ID：用于勾画不同材质ID之间的边界。

02 选择一个空白材质球，然后设置材质类型为Ink'n Paint（墨水油漆）材质，并将材质命名为"草绿"，接着设置"亮区"颜色为（红:0，绿:110，蓝:13），最后设置"绘制级别"为5，具体参数设置如图10-70所示，制作好的材质球效果如图10-71所示。

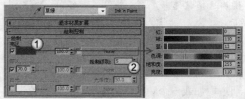

图10-70　　　　　　图10-71

> **技巧与提示**
>
> 蓝色卡通材质与红色卡通材质的制作方法与草绿色卡通材质的制作方法完全相同，只是需要将"亮区"颜色修改为（红:0，绿:0，蓝:255）和（红:255，绿:0，蓝:0）即可，制作好的材质球如图10-72和图10-73所示。

 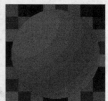

图10-72　　　　　　图10-73

★ 重点 ★
实战：用墨水油漆材质制作卡通材质

场景位置	场景文件>CH10>03.max
实例位置	实例文件>CH10>实战：用墨水油漆材质制作卡通材质.max
视频位置	多媒体教学>CH10>实战：用墨水油漆材质制作卡通材质.flv
难易指数	★☆☆☆☆
技术掌握	Ink'n Paint（墨水油漆）材质模拟卡通材质

卡通材质效果如图10-65所示。

03 将制作好的材质分别指定给场景中对应的模型，然后按F9键渲染当前场景，最终效果如图10-74所示。

图10-74

★重点★
10.4.4 多维/子对象材质

使用"多维/子对象"材质可以采用几何体的子对象级别分配不同的材质，其参数设置面板如图10-75所示。

图10-75

多维/子对象材质参数介绍

数量： 显示包含在"多维/子对象"材质中的子材质的数量。

设置数量 设置数量 ：单击该按钮可以打开"设置材质数量"对话框，如图10-76所示。在该对话框中可以设置材质的数量。

图10-76

添加 添加 ：单击该按钮可以添加子材质。

删除 删除 ：单击该按钮可以删除子材质。

ID ID ：单击该按钮将对列表进行排序，其顺序开始于最低材质ID的子材质，结束于最高材质ID。

名称 名称 ：单击该按钮可以用名称进行排序。

子材质 子材质 ：单击该按钮可以通过显示于"子材质"按钮上的子材质名称进行排序。

启用/禁用： 启用或禁用子材质。

子材质列表： 单击子材质后面的"无"按钮 无 ，可以创建或编辑一个子材质。

── 技术专题 35 **多维/子对象材质的用法及原理解析** ──

很多初学者都无法理解"多维/子对象"材质的原理及用法，下面就以图10-77所示的一个多边形球体来详细介绍一下该材质的原理及用法。

图10-77

第1步：设置多边形的材质ID号。每个多边形都具有自己的ID号，进入"多边形"级别，然后选择两个多边形，接着在"多边形:材质ID"卷展栏下将这两个多边形的材质ID设置为1，如图10-78所示。同理，用相同的方法设置其他多边形的材质ID，如图10-79和图10-80所示。

图10-78   图10-79

图10-80

第2步：设置"多维/子对象"材质。由于这里只有3个材质ID号。因此将"多维/子对象"材质的数量设置为3，并分别在各个子材质通道加载一个VRayMtl材质，然后分别设置VRayMtl材质的"漫反射"颜色为蓝、绿、红，如图10-81所示，接着将设置好的"多维/子对象"材质指定给多边形球体，效果如图10-82所示。

图10-81   图10-82

从图10-82得出的结果可以得出一个结论："多维/子对象"材质的子材质的ID号对应模型的材质ID号。也就是说，ID 1子材质指定给了材质ID号为1的多边形，ID 2子材质指定给了材质ID号为2的多边形，ID 3子材质指定给了材质ID号为3的多边形。

★重点★
10.4.5 VRay灯光材质

"VRay灯光材质"主要用来模拟自发光效果。当设置渲染器为VRay渲染器后，在"材质/贴图浏览器"对话框中可以找到"VRay灯光材质"，其参数设置面板如图10-83所示。

图10-83

VRay灯光材质参数介绍

颜色：设置对象自发光的颜色，后面的输入框用设置设置自发光的"强度"。通过后面的贴图通道可以加载贴图来代替自发光的颜色。

不透明度：用贴图来指定发光体的透明度。

背面发光：当勾选该选项时，它可以让材质光源双面发光。

补偿摄影机曝光：勾选该选项后，"VRay灯光材质"产生的照明效果可以用于增强摄影机曝光。

按不透明度倍增颜色：勾选该选项后，同时通过下方的"置换"贴图通道加载黑白贴图，可以通过位图的灰度强弱来控制发光强度，白色为最强。

置换：在后面的贴图通道中可以加载贴图来控制发光效果。调整数值输入框中的数值可以控制位图的发光强弱，数值越大，发光效果越强烈。

直接照明：该选项组用于控制"VRay灯光材质"是否参与直接照明计算。

开：勾选该选项后，"VRay灯光材质"产生的光线仅参与直接照明计算，即只产生自身亮度及照明范围，不参与间接光照的计算。

细分：设置"VRay灯光材质"所产生光子参与直接照明计算时的细分效果。

中止：设置"VRay灯光材质"所产生光子参与直接照明时的最小能量值，能量小于该数值时光子将不参与计算。

★ 重点 ★
实战：用VRay灯光材质制作灯管材质

场景位置	场景文件>CH10>04.max
实例位置	实例文件>CH10>实战：用VRay灯光材质制作灯管材质.max
视频位置	多媒体教学>CH10>实战：用VRay灯光材质制作灯管材质.flv
难易指数	★☆☆☆☆
技术掌握	VRay灯光材质模拟发光材质、VRayMtl材质模拟地板材质

灯管材质效果如图10-84所示。

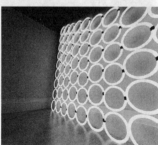

图10-84

本例共需要制作两个材质，分别是自发光材质（灯管材质）和地板材质，其模拟效果如图10-85和图10-86所示。

图10-85　　　　　图10-86

01▸ 打开下载资源中的"场景文件>CH10>04.max"文件，如图10-87所示。

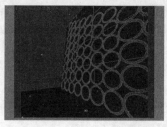

图10-87

02▸ 下面制作灯管材质。选择一个空白材质球，然后设置材质类型为"VRay灯光材质"，接着在"参数"卷展栏下设置发光的"强度"为2.5，如图10-88所示，制作好的材质球效果如图10-89所示。

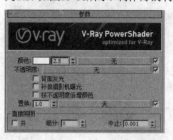

图10-88　　　　　　　　　　图10-89

03▸ 下面制作地板材质。选择一个空白材质球，然后设置材质类型为VRayMtl材质，具体参数设置如图10-90所示，制作好的材质球效果如图10-91所示。

设置步骤

① 在"漫反射"贴图通道中加载一张下载资源中的"实例文件>CH10>实战：用VRay灯光材质制作灯管材质>地板.jpg"文件，然后在"坐标"卷展栏下设置"瓷砖"的U和V为5。

② 设置"反射"颜色为（红:64，绿:64，蓝:64），然后设置"反射光泽度"为0.8。

04▸ 将制作好的材质分别指定给相应的模型，然后按F9键渲染当前场景，最终效果如图10-92所示。

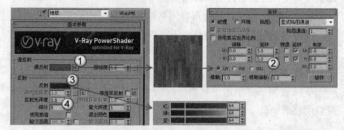

图10-90

 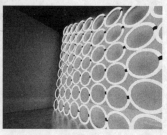

图10-91　　　　　　　　　　图10-92

10.4.6 VRay双面材质

"VRay双面材质"可以使对象的外表面和内表面同时被渲染，并且可以使内外表面拥有不同的纹理贴图，其参数设置面板如图10-93所示。

图10-93

VRay双面材质参数介绍

正面材质：用来设置物体外表面的材质。

背面材质：用来设置物体内表面的材质。

半透明：用来设置"正面材质"和"背面材质"的混合程度，可以直接设置混合值，可以用贴图来代替。值为0时，"正面材质"在外表面，"背面材质"在内表面；值在0~100时，两面材质可以相互混合；值为100时，"背面材质"在外表面，"正面材质"在内表面。

强制单面子材质：当勾选该选项时，双面互不受影响，不透明的颜色越深，总体越亮；当关闭该选项时，半透明越黑越不透明，相互渗透越小。

10.4.7 VRay混合材质

"VRay混合材质"可以让多个材质以层的方式混合来模拟物理世界中的复杂材质。"VRay混合材质"和3ds Max里的"混合"材质的效果比较类似，但是其渲染速度比"混合"材质快很多，其参数面板如图10-94所示。

图10-94

VRay混合材质参数介绍

基本材质：可以理解为最基层的材质。

镀膜材质：表面材质，可以理解为基本材质上面的材质。

混合数量：这个混合数量是表示"镀膜材质"混合多少到"基本材质"上面，如果颜色设为白色，那么这个"镀膜材质"将全部混合上去，而下面的"基本材质"将不起作用；如果颜色设为黑色，那么这个"镀膜材质"自身就没什么效果。混合数量也可以由后面的贴图通道来代替。

相加（虫漆）模式：选择这个选项，"VRay混合材质"将和3ds Max里的"虫漆"材质效果类似，一般情况下不勾选它。

★ 重点 ★

实战：用VRay混合材质制作钻戒材质

场景位置	场景文件>CH10>05.max
实例位置	实例文件>CH10>实战：用VRay混合材质制作钻戒材质.max
视频位置	多媒体教学>CH10>实战：用VRay混合材质制作钻戒材质.flv
难易指数	★★☆☆☆
技术掌握	VRay混合材质模拟钻石材质、VRayMtl材质模拟金材质

钻戒材质效果如图10-95所示。

图10-95

本例共需要制作两个材质，分别是钻石材质和金材质，其模拟效果如图10-96和图10-97所示。

图10-96   图10-97

01 打开下载资源中的"场景文件>CH10>05.max"文件，如图10-98所示。

图10-98

02 下面制作钻石材质。选择一个空白材质球，设置材质类型为"VRay混合材质"，并将其命名为"钻石"，然后在第1个"镀膜材质"通道中加载一个VRayMtl材质，接着将其命名为Diamant R，具体参数设置如图10-99所示。

设置步骤

① 在"基本参数"卷展栏下设置"漫反射"颜色为黑色、"反射"颜色为白色，然后勾选"菲涅耳反射"选项，并设置"最大深度"为6，接着设置"折射"颜色为白色，最后设置"折射率"为2.5、"最大深度"为6。

② 在"双向反射分布函数"卷展栏下明暗器类型为"多面"。

③ 在"选项"卷展栏下关闭"双面"选项，并勾选"背面发光"选项，然后设置"能量保存模式"为"黑白"。

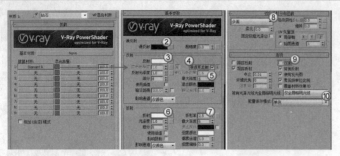

图10-99

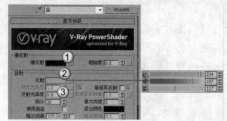 

图10-104　　　　　　图10-105

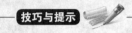

在加载"VRay混合材质"时，3ds Max会弹出"替换材质"对话框，在这里选择第1个选项，如图10-100所示。

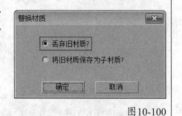

图10-100

06 将制作好的材质分别指定给相应的模型，然后按F9键渲染当前场景，最终效果如图10-106所示。

图10-106

03 返回到"VRay混合材质"参数设置面板，然后使用鼠标左键将Diamant R材质拖曳在第2个"镀膜材质"的通道上，接着在弹出的对话框中设置"方法"为"复制"，最后将其命名为Diamant G，如图10-101所示。

图10-101

04 继续复制一份材质到第3个"镀膜材质"的通道上，并将其命名为Diamant B，然后分别将3种材质的颜色修改为红、绿、蓝，用这3种颜色来进行混合，如图10-102所示，制作好的材质球效果如图10-103所示。

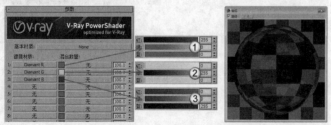

图10-102　　　　　　图10-103

05 下面制作金材质。选择一个空白材质球，然后设置材质类型为VRayMtl材质，接着将其命名为"金"，具体参数设置如图10-104所示，制作好的材质球效果如图10-105所示。

设置步骤

① 设置"漫反射"颜色为黑色。

② 设置"反射"颜色为（红:234，绿:197，蓝:117），然后设

★重点★

10.4.8 VRayMtl材质

VRayMtl材质是使用频率最高的一种材质，也是使用范围最广的一种材质，常用于制作室内外效果图。VRayMtl材质除了能完成一些反射和折射效果外，还能出色地表现出SSS及BRDF等效果，其参数设置面板如图10-107所示。

图10-107

基本参数卷展栏

展开"基本参数"卷展栏，如图10-108所示。

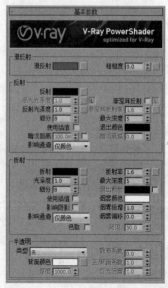

图10-108

基本参数卷展栏参数介绍

① 漫反射选项组

漫反射：物体的漫反射用来决定物体的表面颜色。通过单击它的色块，可以调整自身的颜色。单击右边的■按钮可以选择不同的贴图类型。

粗糙度：数值越大，粗糙效果越明显，可以用该选项来模拟绒布的效果。

② 反射选项组

反射：这里的反射是靠颜色的灰度来控制，颜色越白反射越亮，越黑反射越弱；而这里选择的颜色则是反射出来的颜色，和反射的强度是分开来计算的。单击旁边的■按钮，可以使用贴图的灰度来控制反射的强弱。

菲涅耳反射：勾选该选项后，反射强度会与物体的入射角度有关系，入射角度越小，反射越强烈。当垂直入射的时候，反射强度最弱。同时，菲涅耳反射的效果也和下面的"菲涅耳折射率"有关。当"菲涅耳折射率"为0或100时，将产生完全反射；而当"菲涅耳折射率"从1变化到0时，反射越来越强烈；同样，当菲涅耳折射率从1变化到100时，反射也越来越强烈。

> **技巧与提示**
>
> "菲涅耳反射"是模拟真实世界中的一种反射现象，反射的强度与摄影机的视点和具有反射功能的物体的角度有关。角度值接近0时，反射最强；当光线垂直于表面时，反射功能最弱，这也是物理世界中的现象。

菲涅耳折射率：在"菲涅耳反射"中，菲涅耳现象的强弱衰减率可以用该选项来调节。

高光光泽度：控制材质的高光大小，默认情况下和"反射光泽度"一起关联控制，可以通过单击旁边的L按钮L来解除锁定，从而可以单独调整高光的大小。

反射光泽度：通常也被称为"反射模糊"。物理世界中所有的物体都有反射光泽度，只是或多或少而已。默认值1表示没有模糊效果，而比较小的值表示模糊效果越强烈。单击右边的■按钮，可以通过贴图的灰度来控制反射模糊的强弱。

细分：用来控制"反射光泽度"的品质，较高的值可以取得较平滑的效果，而较低的值可以让模糊区域产生颗粒效果。注意，细分值越大，渲染速度越慢。

使用插值：当勾选该参数时，VRay能够使用类似于"发光贴图"的缓存方式来加快反射模糊的计算。

最大深度：是指反射的次数，数值越高效果越真实，但渲染时间也更长。

> **技巧与提示**
>
> 渲染室内的玻璃或金属物体时，反射次数需要设置大一些，渲染地面和墙面时，反射次数可以设置少一些，这样可以提高渲染速度。

退出颜色：当物体的反射次数达到最大次数时就会停止计算反射，这时由于反射次数不够造成的反射区域的颜色就用退出色来代替。

暗淡距离：勾选该选项后，可以手动设置参与反射计算对象间的距离，与产生反射对象的距离大于设定数值的对象就不会参与反射计算。

暗淡衰减：通过后方的数值设定对象在反射效果中衰减强度。

影响通道：选择反射效果是否影响对应图像通道，通常保持默认的设置即可。

③ 折射选项组

折射：和反射的原理一样，颜色越白，物体越透明，进入物体内部产生折射的光线也就越多；颜色越黑，物体越不透明，产生折射的光线也就越少。单击右边的■按钮，可以通过贴图的灰度来控制折射的强弱。

折射率：设置透明物体的折射率。

> **技巧与提示**
>
> 真空的折射率是1，水的折射率是1.33，玻璃的折射率是1.5，水晶的折射率是2，钻石的折射率是2.4，这些都是制作效果图常用的折射率。

光泽度：用来控制物体的折射模糊程度。值越小，模糊程度越明显；默认值1不产生折射模糊。单击右边的按钮■，可以通过贴图的灰度来控制折射模糊的强弱。

最大深度：和反射中的最大深度原理一样，用来控制折射的最大次数。

细分：用来控制折射模糊的品质，较高的值可以得到比较光滑的效果，但是渲染速度会变慢；而较低的值可以使模糊区域产生杂点，但是渲染速度会变快。

退出颜色：当物体的折射次数达到最大次数时就会停止计算折射，这时由于折射次数不够造成的折射区域的颜色就用退出色来代替。

使用插值：当勾选该选项时，VRay能够使用类似于"发光贴图"的缓存方式来加快"光泽度"的计算。

影响阴影：这个选项用来控制透明物体产生的阴影。勾选该选项时，透明物体将产生真实的阴影。注意，这个选项仅对"VRay灯光"和"VRay阴影"有效。

影响通道：设置折射效果是否影响对应图像通道，通常保持默认的设置即可。

烟雾颜色：这个选项可以让光线通过透明物体后使光线变少，就好像和物理世界中的半透明物体一样。这个颜色值和物体的尺寸有关，厚的物体颜色需要设置谈一点才有效果。

> **技巧与提示**
>
> 默认情况下的"烟雾颜色"为白色，是不起任何作用的，也就是说白色的雾对不同厚度的透明物体的效果是一样的。图10-109所示的"烟雾颜色"为淡绿色，"烟雾倍增"为0.08，由于玻璃的侧面比正面尺寸厚，所以侧面的颜色就会深一些，这样的效果与现实中的玻璃效果是一样的。
>
>
>
> 图10-109

烟雾倍增：可以理解为烟雾的浓度。值越大，雾越浓，光线穿透物体的能力越差。不推荐使用大于1的值。

烟雾偏移：控制烟雾的偏移，较低的值会使烟雾向摄影机的方向偏移。

色散：勾选该选项后，光线在穿过透明物体时会产生色散现象。

阿贝：用于控制色散的强度，数值越小，色散现象越强烈。

④ 半透明选项组

类型：半透明效果（也叫3S效果）的类型有3种，一种是"硬（蜡）模型"，如蜡烛；一种是"软（水）模型"，如海水；还有一种是"混合模型"。

背面颜色：用来控制半透明效果的颜色。

厚度：用来控制光线在物体内部被追踪的深度，也可以理解为光线的最大穿透能力。较大的值，会让整个物体都被光线穿透；较小的值，可以让物体比较薄的地方产生半透明现象。

散布系数：物体内部的散射总量。0表示光线在所有方向被物体内部散射；1表示光线在一个方向被物体内部散射，而不考虑物体内部的曲面。

正/背面系数：控制光线在物体内部的散射方向。0表示光线沿着灯光发射的方向向前散射；1表示光线沿着灯光发射的方向向后散射；0.5表示这两种情况各占一半。

灯光倍增：设置光线穿透能力的倍增值。值越大，散射效果越强。

技巧与提示

半透明参数所产生的效果通常也叫3S效果。半透明参数产生的效果与雾参数所产生的效果有一些相似，很多读者分不太清楚。其实半透明参数所得到的效果包括了雾参数所产生的效果，更重要的是它还能得到光线的次表面散射效果，也就是说当光线直射到半透明物体时，光线会在半透明物体内部进行分散，然后会从物体的四周发散出来。也可以理解为半透明物体为二次光源，能模拟现实世界中的效果，如图10-110所示。

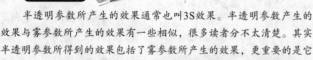

图10-110

🌑 双向反射分布函数卷展栏

展开"双向反射分布函数"卷展栏，如图10-111所示。

图10-111

双向反射分布函数卷展栏参数介绍

明暗器列表：包含3种明暗器类型，分别是反射、多面和沃德。反射适合硬度很高的物体，高光区很小；多面适合大多数物体，高光区适中；沃德适合表面柔软或粗糙的物体，高光区最大。

各向异性（-1..1）：控制高光区域的形状，可以用该参数来设置拉丝效果。

旋转：控制高光区的旋转方向。

UV矢量源：控制高光形状的轴向，也可以通过贴图通道来设置。

局部轴：有x、y、z这3个轴可供选择。

贴图通道：可以使用不同的贴图通道与UVW贴图进行关联，从而实现一个物体在多个贴图通道中使用不同的UVW贴图，这样可以得到各自相对应的贴图坐标。

技巧与提示

关于双向反射现象，在物理世界中随处可见。例如，在图10-112中，我们可以看到不锈钢锅底的高光形状是由两个锥形构成的，这就是双向反射现象。这是因为不锈钢表面是一个有规律的均匀的凹槽（例如，常见的拉丝不锈钢效果），当光反射到这样的表面上就会产生双向反射现象。

图10-112

🌑 选项卷展栏

展开"选项"卷展栏，如图10-113所示。

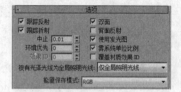

图10-113

选项卷展栏参数介绍

跟踪反射：控制光线是否追踪反射。如果不勾选该选项，VRay将不渲染反射效果。

跟踪折射：控制光线是否追踪折射。如果不勾选该选项，VRay将不渲染折射效果。

中止：中止选定材质的反射和折射的最小阈值。

环境优先：控制"环境优先"的数值。

效果ID：设置ID号，以覆盖材质本身的ID号。

覆盖材质效果ID：勾选该选项后，同时可以通过左侧的"效果ID"选项设置的ID号，可以覆盖掉材质本身的ID。

双面：控制VRay渲染的面是否为双面。

背面反射：勾选该选项时，将强制VRay计算反射物体的背面产生反射效果。

使用发光图：控制选定的材质是否使用"发光贴图"。

雾系统单位比例：控制是否使用雾系统单位比例，通常保持默认即可。

视有光泽光线为全局照明光线：该选项在效果图制作中一般都默认设置为"仅全局照明光线"。

能量保存模式：该选项在效果图制作中一般都默认设置为RGB模型，因为这样可以得到彩色效果。

贴图卷展栏

展开"贴图"卷展栏，如图10-114所示。

图10-114

贴图卷展栏参数介绍

漫反射：同"基本参数"卷展栏下的"漫反射"选项相同。

粗糙度：同"基本参数"卷展栏下的"粗糙度"选项相同。

反射：同"基本参数"卷展栏下的"反射"选项相同。

高光光泽度：同"基本参数"卷展栏下的"高光光泽度"选项相同。

菲涅耳折射率：同"基本参数"卷展栏下的"菲涅耳折射率"选项相同。

各项异性：同"基本参数"卷展栏下的"各项异性（-1..1）"选项相同。

各项异性旋转：同"双向反射分布函数"卷展栏下的"旋转"选项相同。

折射：同"基本参数"卷展栏下的"折射"选项相同。

光泽度：同"基本参数"卷展栏下的"光泽度"选项相同。

折射率：同"基本参数"卷展栏下的"折射率"选项相同。

半透明：同"基本参数"卷展栏下的"半透明"选项相同。

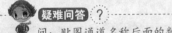

问：贴图通道名称后面的数值有何作用？

答：在每个贴图通道后面都有一个数值输入框，该输入框内的数值主要有以下两个功能。

第1个：用于调整参数的强度。如在"凹凸"贴图通道中加载了凹凸贴图，那么该参数值越大，所产生的凹凸效果就越强烈。

第2个：用于调整参数颜色通道与贴图通道的混合比例。如在"漫反射"通道中既调整了颜色，又加载了贴图，如果此时数值为100，就表示只有贴图产生作用；如果数值调整为50，则两者各作用一半；如果数值为0，则贴图将完全失效，只表现为调整的颜色效果。

凹凸：主要用于制作物体的凹凸效果，在后面的通道中可以加载一张凹凸贴图。

置换：主要用于制作物体的置换效果，在后面的通道中可以加载一张置换贴图。

不透明度：主要用于制作透明物体，如窗帘、灯罩等。

环境：主要是针对上面的一些贴图而设定的，如反射、折射等，只是在其贴图的效果上加入了环境贴图效果。

如果制作场景中的某个物体不存在环境效果，就可以用"环境"贴图通道来完成。例如，在图10-115中，如果在"环境"贴图通道中加载一张位图贴图，那么就需要将"坐标"类型设置为"环境"才能正确使用，如图10-116所示。

图10-115　　　　图10-116

反射插值卷展栏

展开"反射插值"卷展栏，如图10-117所示。该卷展栏下的参数只有在"基本参数"卷展栏中的"反射"选项组下勾选"使用插值"选项时才起作用。

图10-117

反射插值卷展栏重要参数介绍

最小比率：在反射对象不丰富（颜色单一）的区域使用该参数所设置的数值进行插补。数值越高，精度就越高，反之精度就越低。

最大比率：在反射对象比较丰富（图像复杂）的区域使用该参数所设置的数值进行插补。数值越高，精度就越高，反之，精度就越低。

颜色阈值：指的是插值算法的颜色敏感度。值越大，敏感度就越低。

法线阈值：指的是物体的交接面或细小的表面的敏感度。值越大，敏感度就越低。

插值采样：用于设置反射插值时所用的样本数量。值越大，效果越平滑模糊。

由于"折射插值"卷展栏中的参数与"反射插值"卷展栏中的参数相似，因此这里不再进行讲解。"折射插值"卷展栏中的参数只有在"基本参数"卷展栏中的"折射"选项组下勾选"使用插值"选项时才起作用。

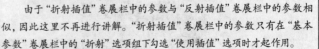

实战：用VRayMtl材质制作陶瓷材质

场景位置	场景文件>CH10>06.max
实例位置	实例文件>CH10>实战：用VRayMtl材质制作陶瓷材质.max
视频位置	多媒体教学>CH10>实战：用VRayMtl材质制作陶瓷材质.flv
难易指数	★☆☆☆☆
技术掌握	VRayMtl材质模拟陶瓷材质

陶瓷材质效果如图10-118所示。

陶瓷材质的模拟效果如图10-119所示。

图10-118　　　　　　　　　　图10-119

01 打开下载资源中的"场景文件>CH10>06.max"文件，如图10-120所示。

图10-120

02 选择一个空白材质球，设置材质类型为VRayMtl材质，具体参数设置如图10-121所示。

设置步骤

① 设置"漫反射"颜色为白色。

② 设置"反射"颜色为（红:131，绿:131，蓝:131），然后勾选"菲涅耳反射"选项，接着"细分"设置为12。

③ 设置"折射"颜色为（红:30，绿:30，蓝:30），然后设置"光泽度"为0.95。

④ 设置"半透明"的"类型"为"硬（蜡）模型"，然后设置"背面颜色"为（红:255，绿:255，蓝:243），并设置"厚度"为0.05mm。

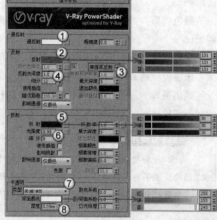

图10-121

── 技术专题 **36** 制作白色陶瓷材质 ──

　　本例的陶瓷材质并非全白，如果要制作全白的陶瓷材质，可以将"反射"颜色修改为白色，但同时要将反射的"细分"值增大到15左右，最后注意勾选"菲涅耳反射"选项，如图10-122所示，材质球效果如图10-123所示。

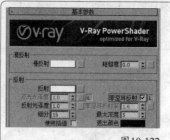 

图10-122　　　　　　　　　　图10-123

03 展开"双向反射分布函数"卷展栏，然后设置明暗器类型为"多面"，接着展开"贴图"卷展栏，并在"凹凸"贴图通道中加载一张下载资源中的"实例文件>CH10>实战：用VRayMtl材质制作陶瓷材质>RenderStuff_White_porcelain_tea_set_bump.jpg"文件，最后设置凹凸的强度为11，如图10-124所示，制作好的材质球效果如图10-125所示。

04 将制作好的材质指定给场景中的模型，然后按F9键渲染当前场景，最终效果如图10-126所示。

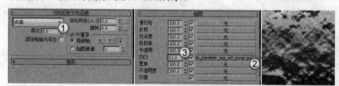

图10-124

图10-125　　　　　　　　　　图10-126

★ 重点 ★

实战：用VRayMtl材质制作银材质

场景位置	场景文件>CH10>07.max
实例位置	实例文件>CH10>实战：用VRayMtl材质制作银材质.max
视频位置	多媒体教学>CH10>实战：用VRayMtl材质制作银材质.flv
难易指数	★☆☆☆☆
技术掌握	VRayMtl材质模拟银材质

　　银材质效果如图10-127所示。

　　银材质的模拟效果如图10-128所示。

图10-127　　　　　　　　　　图10-128

01 打开下载资源中的"场景文件>CH10>07.max"文件，如图10-129所示。

图10-129

02 下面制作银材质。选择一个空白材质球，然后设置材质类型为VRayMtl材质，接着将其命名为"银"，具体参数设置如图10-130所示，制作好的材质球效果如图10-131所示。

设置步骤

① 设置"漫反射"颜色为（红:103，绿:103，蓝:103）。

② 设置"反射"颜色为（红:98，绿:98，蓝:98），然后设置"反射光泽度"为0.8、"细分"为20。

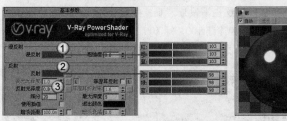

图10-130　　　　　图10-131

03 将制作好的材质指定给场景中的模型，然后按F9键渲染当前场景，最终效果如图10-132所示。

图10-132

★重点★
实战：用VRayMtl材质制作镜子材质

场景位置	场景文件>CH10>08.max
实例位置	实例文件>CH10>实战：用VRayMtl材质制作镜子材质.max
视频位置	多媒体教学>CH10>实战：用VRayMtl材质制作镜子材质.flv
难易指数	★☆☆☆☆
技术掌握	VRayMtl材质模拟镜子材质

镜子材质效果如图10-133所示。

镜子材质的模拟效果如图10-134所示。

图10-133　　　　　图10-134

01 打开下载资源中的"场景文件>CH10>08.max"文件，如图10-135所示。

图10-135

02 选择一个空白材质球，然后设置材质类型为VRayMtl材质，接着将其命名为"镜子"，具体参数设置如图10-136所示，制作好的材质球效果如图10-137所示。

设置步骤

① 设置"漫反射"颜色为（红:24，绿:24，蓝:24）。

② 设置"反射"颜色为（红:239，绿:239，蓝:239）。

图10-136　　　　　图10-137

03 将制作好的材质指定给场景中的模型，然后按F9键渲染当前场景，最终效果如图10-138所示。

图10-138

★重点★
实战：用VRayMtl材质制作卫生间材质

场景位置	场景文件>CH10>09.max
实例位置	实例文件>CH10>实战：用VRayMtl材质制作卫生间材质.max
视频位置	多媒体教学>CH10>实战：用VRayMtl材质制作卫生间材质.flv
难易指数	★★☆☆☆
技术掌握	VRayMtl材质模拟水材质、不锈钢材质和马赛克材质

卫生间材质效果如图10-139所示。

图10-139

本例共需要制作3个材质，分别是水材质、不锈钢材质和马赛克材质，其模拟效果如图10-140~图10-142所示。

图10-140　　　　　　图10-141　　　　　　图10-142

01 打开下载资源中的"场景文件>CH10>09.max"文件，如图10-143所示。

图10-143

02 下面制作水材质。选择一个空白材质球，然后设置材质类型为VRayMtl材质，接着将其命名为"水"，具体参数设置如图10-144所示，制作好的材质球效果如图10-145所示。

设置步骤

① 设置"漫反射"颜色为（红:186，绿:186，蓝:186）。

② 设置"反射"颜色为白色。

③ 设置"折射"颜色为白色，然后设置"折射率"为1.33。

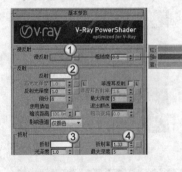 

图10-144　　　　　　图10-145

03 下面制作不锈钢材质。选择一个空白材质球，然后设置材质类型为VRayMtl材质，接着将其命名为"不锈钢"，具体参数设置如图10-146所示，制作好的材质球效果如图10-147所示。

设置步骤

① 设置"漫反射"颜色为黑色。

② 设置"反射"颜色为（红:192，绿:197，蓝:205），然后设置"高光光泽度"为0.75、"反射光泽度"为0.83、"细分"为30。

图10-146　　　　　　图10-147

疑难问答

问：为什么设置不了"高光光泽度"？

答：在默认情况下，"高光光泽度"、"菲涅耳反射率"等选项都处于锁定状态，是不能改变其数值的。如果要修改参数值，需要单击后面的L按钮 L 对其解锁后才能修改其数值。

04 下面制作墙面（马赛克）材质。选择一个空白材质球，然后设置材质类型为VRayMtl材质，接着将其命名为"马赛克"，具体参数设置如图10-148所示。

设置步骤

① 在"漫反射"贴图通道中加载一张下载资源中的"实例文件>CH10>实战：用VRayMtl材质制作卫生间材质>马赛克.bmp"文件，然后在"坐标"卷展栏下设置"瓷砖"的U为10、V为2，接着设置"模糊"为0.01。

② 在"反射"贴图通道中加载一张"衰减"程序贴图，然后在"衰减参数"卷展栏下设置"衰减类型"为Fresnel，接着设置"侧"通道的颜色为（红:100，绿:100，蓝:100），最后设置"高光光泽度"为0.7，然后设置"反射光泽度"为0.85。

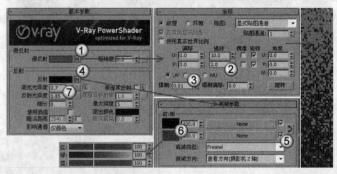

图10-148

05 展开"贴图"卷展栏，然后将"漫反射"贴图通道中的贴图拖曳到"凹凸"贴图通道上，接着在弹出的对话框中勾选"复制"或"实例"选项，如图10-149所示，制作好的材质球效果如图10-150所示。

图10-149　　　　　　图10-150

疑难问答

问：为何制作出来的材质球效果不一样？

答：如果用户按照步骤做出来的材质球的显示效果与书中的不同，如图10-151所示，这可能是因为勾选了"启用Gamma/LUT校正"。执行"自定义>首选项"菜单命令，打开"首选项设置"对话框，然后单击"Gamma和LUT"选项卡，接着关闭"启用Gamma/

LUT校正"选项、"影响颜色选择器"和"影响材质选择器"选项，如图10-152所示。关闭以后材质球的显示效果就会恢复正常了。

 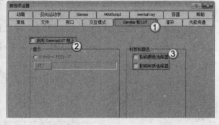

图10-151 　　　　　　　　　　　　　　　 图10-152

06 将制作好的材质分别指定给场景中的模型，然后按F9键渲染当前场景，最终效果如图10-153所示。

图10-153

★ 重点 ★
实战：用VRayMtl材质制作大黄蜂材质

场景位置　场景文件>CH10>10.max
实例位置　实例文件>CH10>实战：用VRayMtl材质制作大黄蜂材质.max
视频位置　多媒体教学>CH10>实战：用VRayMtl材质制作大黄蜂材质.flv
难易指数　★☆☆☆☆
技术掌握　VRayMtl材质模拟变形金刚材质

大黄蜂材质效果如图10-154所示。

图10-154

本例共需要制作两个材质，分别是盔甲材质和关节材质，其模拟效果如图10-155和图10-156所示。

图10-155 　　　　　　 图10-156

01 打开下载资源中的"场景文件>CH10>10.max"文件，如图10-157所示。

图10-157

02 下面制作盔甲材质。选择一个空白材质球，然后设置材质类型为VRayMtl材质，接着将其命名为"盔甲"，具体参数设置如图10-158所示，制作好的材质球效果如图10-159所示。

设置步骤

① 设置"漫反射"颜色为（红:253，绿:190，蓝:0）。

② 设置"反射"颜色为白色，然后勾选"菲涅耳反射"选项。

图10-158 　　　　　　 图10-159

03 下面制作关节材质。选择一个空白材质球，然后设置材质类型为VRayMtl材质，接着将其命名为"关节"，具体参数设置如图10-160所示，制作好的材质球效果如图10-161所示。

设置步骤

① 设置"漫反射"颜色为（红:92，绿:92，蓝:92）。

② 设置"反射"颜色为白色，然后勾选"菲涅耳反射"选项。

图10-160 　　　　　　 图10-161

04 将制作好的材质分别指定给场景中的模型，然后按F9键渲染当前场景，最终效果如图10-162所示。

图10-162

技巧与提示

将大黄蜂渲染出来以后，为了得到更佳的视觉效果，可以在Photoshop中进行后期处理（主要是背景合成以及调节亮度和对比度），如图10-163所示。

图10-163

★ 重点 ★
实战：用VRayMtl材质制作玻璃材质

场景位置	场景文件>CH10>11.max
实例位置	实例文件>CH10>实战：用VRayMtl材质制作玻璃材质.max
视频位置	多媒体教学>CH10>实战：用VRayMtl材质制作玻璃材质.flv
难易指数	★★☆☆☆
技术掌握	VRayMtl材质模拟有色玻璃材质

玻璃材质效果如图10-164所示。

图10-164

本例共需要制作两个材质，分别是酒瓶材质和花瓶材质，其模拟效果如图10-165和图10-166所示。

图10-165    图10-166

01 打开下载资源中的"场景文件>CH10>11.max"文件，如图10-167所示。

图10-167

02 下面制作酒瓶材质（杯子的材质与酒瓶材质相同）。选择一个空白材质球，然后设置材质类型为VRayMtl材质，接着将其命名为"酒瓶"，具体参数设置如图10-168所示，制作好的材质球效果如图10-169所示。

设置步骤

① 设置"漫反射"颜色为黑色。

② 在"反射"贴图通道中加载一张"衰减"程序贴图，然后在"衰减参数"卷展栏下设置"衰减类型"为Fresnel，接着设置"反射光泽度"为0.98、"细分"为3。

③ 设置"折射"颜色为（红:252，绿:252，蓝:252），然后设置"折射率"为1.5、"细分"为50、"烟雾倍增"为0.1，接着勾选"影响阴影"选项。

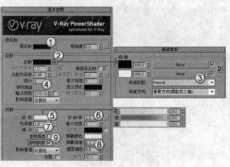

图10-168   图10-169

03 下面制作花瓶材质。选择一个空白材质球，然后设置材质类型为VRayMtl材质，接着将其命名为"花瓶"，具体参数设置如图10-170所示，制作好的材质球效果如图10-171所示。

设置步骤

① 设置"漫反射"颜色为（红:36，绿:54，蓝:34）。

② 设置"反射"颜色为（红:129，绿:129，蓝:129），然后勾选"菲涅耳反射"选项，接着设置"菲涅耳折射率"为1.1。

③ 设置"折射"颜色为（红:252，绿:252，蓝:252），然后设置"烟雾颜色"为（红:195，绿:102，蓝:56），并设置"烟雾倍增"为0.15，接着勾选"影响阴影"选项，最后设置"影响通道"为"颜色+alpha"。

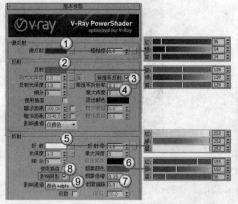

图10-170    图10-171

04 将制作好的材质分别指定给场景中相应的模型，然后按F9键渲染当前场景，最终效果如图10-172所示。

图10-172

★ 重点 ★

实战：用VRayMtl材质制作钢琴烤漆材质

场景位置	场景文件>CH10>12.max
实例位置	实例文件>CH10>实战：用VRayMtl材质制作钢琴烤漆材质.max
视频位置	多媒体教学>CH10>实战：用VRayMtl材质制作钢琴烤漆材质.flv
难易指数	★★☆☆☆
技术掌握	VRayMtl材质模拟烤漆材质、金属材质和琴键材质

钢琴烤漆材质效果如图10-173所示。

本例共需要制作3个材质，分别是烤漆材质、金属材质和琴键材质，其模拟效果如图10-174~图10-176所示。

图10-174　　　　　图10-175　　　　　图10-176

01 打开下载资源中的"场景文件>CH10>12.max"文件，如图10-177所示。

图10-177

02 下面制作烤漆材质。选择一个空白材质球，然后设置材质类型为VRayMtl材质，接着将其命名为"烤漆"，具体参数设置如图10-178所示，制作好的材质球效果如图10-179所示。

设置步骤

① 设置"漫反射"颜色为黑色。

② 设置"反射"颜色为（红:233，绿:233，蓝:233），然后勾选"菲涅耳反射"选项，接着设置"反射光泽度"为0.9、"细分"为20。

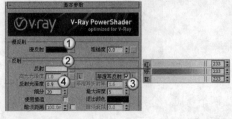 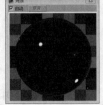

图10-178　　　　　　　图10-179

03 下面制作金属材质。选择一个空白材质球，然后设置材质类型为VRayMtl材质，接着将其命名为"金属"，具体参数设置如图10-180所示，制作好的材质球效果如图10-181所示。

设置步骤

① 设置"漫反射"颜色为（红:121，绿:89，蓝:39）。

② 设置"反射"颜色为（红:121，绿:89，蓝:39），然后设置"反射光泽度"为0.8、"细分"为20。

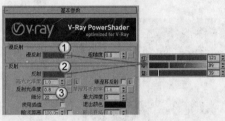 

图10-180　　　　　图10-181

04 下面制作琴键材质。选择一个空白材质球，然后设置材质类型为VRayMtl材质，接着将其命名为"琴键"，具体参数设置如图10-182所示，制作好的材质球效果如图10-183所示。

设置步骤

① 设置"漫反射"颜色为（红:126，绿:126，蓝:126）。

② 设置"反射"颜色为白色，然后勾选"菲涅耳反射"选项。

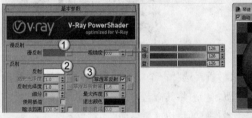 

图10-182　　　　　图10-183

05 将制作好的材质分别赋予场景中的模型，然后按F9键渲染当前场景，最终效果如图10-184所示。

图10-184

★ 重点 ★

实战：用VRayMtl材质制作红酒材质

场景位置	场景文件>CH10>13.max
实例位置	实例文件>CH10>实战：用VRayMtl材质制作红酒材质.max
视频位置	多媒体教学>CH10>实战：用VRayMtl材质制作红酒材质.flv
难易指数	★★☆☆☆
技术掌握	VRayMtl材质模拟酒水材质和酒杯材质

红酒材质效果如图10-185所示。

本例共需要制作两个材质，分别是酒水材质和酒杯材质，其模拟效果如图10-186和图10-187所示。

图10-185

图10-186　　　　　图10-187

01 打开下载资源中的"场景文件>CH10>13.max"文件，如图10-188所示。

图10-188

02 下面制作酒水材质。选择一个空白材质球，然后设置材质类型为VRayMtl材质，接着将其命名为"酒水"，具体参数设置如图10-189所示，制作好的材质球效果如图10-190所示。

设置步骤

① 设置"漫反射"颜色为（红:146，绿:17，蓝:60）。

② 设置"反射"颜色为（红:57，绿:57，蓝:57），然后勾选"菲涅耳反射"选项，接着设置"细分"为20。

③ 设置"折射"颜色为（红:222，绿:157，蓝:191），然后设置"折射率"为1.33、"细分"为30，接着设置"烟雾颜色"为（红:169，绿:67，蓝:74），最后勾选"影响阴影"选项。

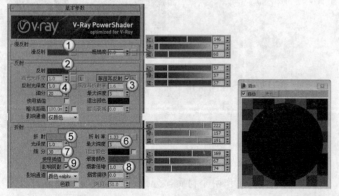

图10-189　　　　　图10-190

03 下面制作酒杯材质。选择一个空白材质球，然后设置材质类型为VRayMtl材质，并将其命名为"酒杯"，具体参数设置如图10-191所示，制作好的材质球效果如图10-192所示。

设置步骤

① 设置"漫反射"颜色为黑色。

② 设置"反射"颜色为（红:30，绿:30，蓝:30），然后设置"高光光泽度"为0.85。

③ 设置"折射"颜色为白色，然后设置"折射率"为2.2。

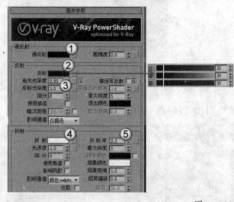

图10-191　　　　　图10-192

04 将制作好的材质分别指定给场景中的模型，然后按F9键渲染当前场景，最终效果如图10-193所示。

图10-193

★ 重点 ★

实战：用VRayMtl材质制作水晶材质

场景位置	场景文件>CH10>14.max
实例位置	实例文件>CH10>实战：用VRayMtl材质制作水晶材质.max
视频位置	多媒体教学>CH10>实战：用VRayMtl材质制作水晶材质.flv
难易指数	★★☆☆☆
技术掌握	VRayMtl材质模拟水晶材质和地板材质

水晶材质效果如图10-194所示。

图10-194

本例共需要制作两个材质，分别是水晶材质和地板材质，其模拟效果如图10-195和图10-196所示。

图10-195　　　　　图10-196

01 打开下载资源中的"场景文件>CH10>14.max"文件，如图10-197所示。

图10-197

02 下面制作水晶材质。选择一个空白材质球，然后设置材质类型为VRayMtl材质，接着将其命名为"水晶"，具体参数设置如图10-198所示，制作好的材质球效果如图10-199所示。

设置步骤

① 设置"漫反射"颜色为白色。

② 设置"反射"颜色为（红:72，绿:72，蓝:72），然后设置"高光光泽度"为0.95、"反射光泽度"为1、"细分"为52。

③ 设置"折射"颜色为白色，然后设置"细分"为52，接着设置"烟雾颜色"（红:138，绿:107，蓝:255），最后设置"烟雾倍增"为0.05。

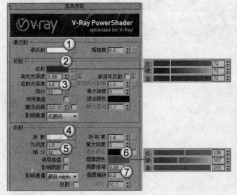 

图10-198　　　　　图10-199

03 下面制作地板材质。选择一个空白材质球，然后设置材质类型为VRayMtl材质，接着将其命名为"地板"，具体参数设置如图10-200所示。

设置步骤

① 在"漫反射"贴图通道中加载一张下载资源中的"实例文件>CH10>实战：用VRayMtl材质制作水晶材质>地面.jpg"文件，然后在"坐标"卷展栏下设置"瓷砖"的U和V都为10，接着设置"模糊"为0.01。

② 设置"反射"颜色为（红:29，绿:29，蓝:29），然后设置"反射光泽度"为0.7。

③ 展开"贴图"卷展栏，然后将"漫反射"贴图通道中的贴图拖曳到"凹凸"贴图通道上，接着在弹出的对话框中勾选"复制"选项。

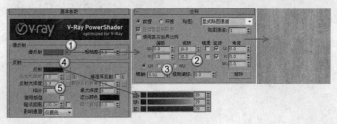

图10-200

04 展开"贴图"卷展栏，然后将"漫反射"贴图通道中的贴图复制到"凹凸"贴图通道上，如图10-201所示，制作好的材质球效果如图10-202所示。

图10-201　　　　　图10-202

05 下面设置场景的环境。按大键盘上的8键打开"环境和效果"对话框，具体参数设置如图10-203所示。

设置步骤

① 在"环境贴图"通道中加载一张VRayHDRI环境贴图。

② 按M键打开"材质编辑器"对话框，然后使用鼠标左键将"环境贴图"通道中的VRayHDRI环境贴图拖曳到一个空白材质球上，接着在弹出的对话框中勾选"实例"选项。

③ 在"参数"卷展栏下单击"浏览"按钮，然后在弹出的对话框中选择下载资源中的"实例文件>CH10>实战：用VRayMtl材质制作水晶材质>环境.hdr"文件，最后设置"贴图类型"为"球体"方式。

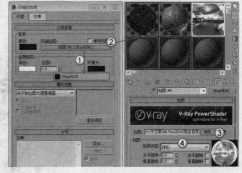

图10-203

 疑难问答 ?

问：加载环境贴图有什么作用？

答：加载环境贴图主要是为了让水晶材质产生更强的反射（反射环境）。关于HDRI贴图将在下面的内容中进行详细讲解。

06 将制作好的材质分别指定给场景中的模型，然后按F9键渲染当前场景，最终效果如图10-204所示。

图10-204

★ 重点 ★

实战：用VRayMtl材质制作室外雕塑材质

场景位置	场景文件>CH10>15.max
实例位置	实例文件>CH10>实战：用VRayMtl材质制作室外雕塑材质.max
视频位置	多媒体教学>CH10>实战：用VRayMtl材质制作室外雕塑材质.flv
难易指数	★★☆☆☆
技术掌握	VRayMtl材质模拟金属材质和大理石材质

室外雕塑材质效果如图10-205所示。

图10-205

本例共需要制作3个材质，分别是球体金属材质、大理石材质和的金属支架材质，其模拟效果如图10-206~图10-208所示。

图10-206

图10-207

图10-208

01 打开下载资源中的"场景文件>CH10>15.max"文件，如图10-209所示。

图10-209

02 下面制作镂空球体的金属材质。选择一个空白材质球，然后设置材质类型为VRayMtl材质，接着将其命名为"球体金属"，具体参数设置如图10-210所示，制作好的材质球效果如图10-211所示。

设置步骤

① 设置"漫反射"颜色为（红:229，绿:126，蓝:70）。

② 设置"反射"颜色为（红:165，绿:162，蓝:133），然后设置"高光光泽度"为0.85、"反射光泽度"为0.8、"细分"为15。

图10-210　　　　　图10-211

03 下面制作雕塑底座的大理石材质。选择一个空白材质球，然后设置材质类型为VRayMtl材质，接着将其命名为"大理石"，具体参数设置如图10-212所示，制作好的材质球效果如图10-213所示。

设置步骤

① 在"漫反射"贴图通道中加载一张下载资源中的"实例文件>CH10>实战：用VRayMtl材质制作室外雕塑材质>大理石.jpg"文件，接着在"坐标"卷展栏下设置"瓷砖"的U和V都为6。

② 设置"反射"颜色为（红:240，绿:240，蓝:240），然后设置"高光光泽度"为0.95，接着勾选"菲涅耳反射"选项。

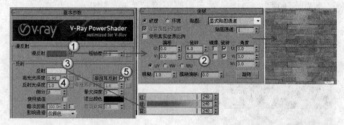

图10-212

图10-213

04 下面制作雕塑支架的金属材质。选择一个空白材质球，然后设置材质类型为VRayMtl材质，接着将其命名为"支架金属"，具体参数设置如图10-214所示，制作好的材质球效果如图10-215所示。

设置步骤

① 设置"漫反射"颜色为（红:195，绿:195，蓝:195）。

② 设置"反射"颜色为（红:224，绿:224，蓝:224），然后设置"反射光泽度"为0.9、"细分"为20。

图10-214　　　　　　图10-215

05 将制作好的材质分别指定给场景中的模型，然后按F9键渲染当前场景，最终效果如图10-216所示。

图10-216

10.5 各种贴图总览

贴图主要用于表现物体材质表面的纹理，利用贴图可以不用增加模型的复杂程度就可以表现对象的细节，并且可以创建反射、折射、凹凸和镂空等多种效果。通过贴图可以增强模型的质感，完善模型的造型，使三维场景更加接近真实的环境，如图10-217和图10-218所示。

图10-217　　　　　　　　图10-218

展开VRayMtl材质的"贴图"卷展栏，在该卷展栏下有很多贴图通道，在这些贴图通道中可以加载贴图来表现物体的相应属性，如图10-219所示。

图10-219

随意单击一个通道，在弹出的"材质/贴图浏览器"对话框中可以观察到很多贴图，主要包括"标准"贴图和VRay的贴图，如图10-220所示。

图10-220

各种贴图简介

cmbustion：可以同时使用Autodesk Combustion 软件和 3ds Max 以交互方式创建贴图。使用Combustion在位图上进行绘制时，材质将在"材质编辑器"对话框和明暗处理视口中自动更新。

Perlin大理石：通过两种颜色混合，产生类似于珍珠岩的纹理，如图10-221所示。

图10-221

RGB倍增：通常用作凹凸贴图，但是要组合两个贴图，以获得正确的效果。

RGB染色：可以调整图像中3种颜色通道的值。3种色样代表3种通道，更改色样可以调整其相关颜色通道的值。

Substance：使用这个纹理库，可获得各种范围的材质。

VRayGLSL Tex：根据模型的不同ID号分配相应的贴图。

VRayHDRI：VRayHDRI可以翻译为高动态范围贴图，主要用来设置场景的环境贴图，即把HDRI当作光源来使用。

> **技术专题 37 HDRI贴图**
>
> HDRI拥有比普通RGB格式图像（仅8bit的亮度范围）更大的亮度范围，标准的RGB图像最大亮度值是（255，255，255），如果用这样的图像结合光能传递照明一个场景的话，即使是最亮的白色也不足以提供足够的照明来模拟真实世界中的情况，渲染结果看上去会很平淡，并且缺乏对比，原因是这种图像文件将现实中的大范围的照明信息仅用一个8bit的RGB图像描述。而使用HDRI的话，相当于将太阳光的亮度值（如6000%）加到光能传递计算及反射的渲染中，得到的渲染结果将会非常真实、漂亮，如图10-222~图10-224所示。
>
>
>
> 图10-222　　　　图10-223　　　　图10-224

VRaySoftbox：可以通过两个颜色进行色彩控制，如在发光贴图内加载该贴图，可以设置基础颜色为白色，再设置色彩颜色为蓝色，则此时拥有该材质的模型将渲染为白色，但其产生的灯光色彩为蓝色。

VRay合成纹理：可以通过两个通道里贴图色度、灰度的不同来进行加、减、乘、除等操作。

VRay多维子纹理：根据模型的不同ID号分配相应的贴图。

VRay边纹理：是一个非常简单的程序贴图，效果和3ds Max中的"线框"类似，常用于渲染线框图，如图10-225所示。

VRay颜色：可以用来设置任何颜色。

位图：通常在这里加载磁盘中的位图贴图，这是一种最常用的贴图，如图10-226所示。

光线跟踪：可以模拟真实的完全反射与折射效果。

凹痕：这是一种3D程序贴图。在扫描线渲染过程中，"凹痕"贴图会根据分形噪波产生随机图案，如图10-227所示。

图10-225   图10-226   图10-227

反射/折射：可以产生反射与折射效果。

合成：可以将两个或两个以上的子材质合成在一起。

向量置换：可以在3个维度上置换网格，与法线贴图类似。

向量贴图：通过加载向量贴图文件形成置换网格效果。

噪波：通过两种颜色或贴图的随机混合，产生一种无序的杂点效果，如图10-228所示。

大理石：针对彩色背景生成带有彩色纹理的大理石曲面，如图10-229所示。

平铺：可以用来制作平铺图像，如地砖，如图10-230所示。

图10-228   图10-229   图10-230

平面镜：使共平面的表面产生类似于镜面反射的效果。

斑点：这是一种3D贴图，可以生成斑点状的表面图案，如图10-231所示。

图10-231

每像素摄影机贴图：将渲染后的图像作为物体的纹理贴图，以

木材：用于制作木材效果，如图10-232所示。

棋盘格：可以产生黑白交错的棋盘格图案，如图10-233所示。当前摄影机的方向贴在物体上，可以进行快速渲染。

法线凹凸：可以改变曲面上的细节和外观。

波浪：这是一种可以生成水花或波纹效果的3D贴图，如图10-234所示。

图10-232   图10-233   图10-234

泼溅：产生类似于油彩飞溅的效果，如图10-235所示。

混合：将两种贴图混合在一起，通常用来制作一些多个材质渐变融合或覆盖的效果。

渐变：使用3种颜色创建渐变图像，如图10-236所示。

渐变坡度：可以产生多色渐变效果，如图10-237所示。

图10-235   图10-236   图10-237

漩涡：可以创建两种颜色的漩涡形效果，如图10-238所示。

灰泥：用于制作腐蚀生锈的金属和破败的物体，如图10-239所示。

烟雾：产生丝状、雾状或絮状等无序的纹理效果，如图10-240所示。

图10-238   图10-239   图10-240

粒子年龄：专门用于粒子系统，通常用来制作彩色粒子流动的效果。

粒子运动模糊：根据粒子速度产生模糊效果。

细胞：可以用来模拟细胞图案，如图10-241所示。

薄壁折射：模拟缓进或偏移效果，如果查看通过一块玻璃的图像就会看到这种效果。

衰减：基于几何体曲面上面法线的角度衰减来生成从白到黑的过渡效果，如图10-242所示。

贴图输出选择器：该贴图是多输出贴图（如 Substance）和它连接到的材质之间的必需中介，其主要功能是告诉材质将使用哪个贴图输出。

输出：专门用来弥补某些无输出设置的贴图。

遮罩：使用一张贴图作为遮罩。

顶点颜色：根据材质或原始顶点的颜色来调整RGB或RGBA纹理，如图10-243所示。

图10-241　　　　图10-242　　　　图10-243

颜色修正：用来调节材质的色调、饱和度、亮度和对比度。

VRayPtex：是一个非常简单的程序贴图，它可以编辑贴图纹理的x、y轴向。

VRay位图过滤器：是一个非常简单的程序贴图，它可以编辑贴图纹理的x、y轴向。

VRay天空：这是一种环境贴图，用来模拟天空效果。

VRay毛发信息纹理：这是一种环境贴图，用来模拟天空效果。

VRay污垢：可以用来模拟真实物理世界中的物体上的污垢效果，比如墙角上的污垢、铁板上的铁锈等效果。

VRay法线贴图：可以用来制作真实的凹凸纹理效果。

VRay贴图：因为VRay不支持3ds Max里的光线追踪贴图类型，所以在使用3ds Max的"标准"材质时的反射和折射就用"VRay贴图"来代替。

VRay距离纹理：可以用来模拟真实物理世界中的物体上的污垢效果，例如，墙角上的污垢、铁板上的铁锈等效果。

VRay采样信息纹理：可以用来模拟真实物理世界中的物体上的污垢效果，例如，墙角上的污垢、铁板上的铁锈等效果。

VRay颜色2凹凸：可以用来模拟真实物理世界中的物体上的污垢效果，例如，墙角上的污垢、铁板上的铁锈等效果。

10.6 常用贴图

前面大致介绍了各种贴图的作用以后，下面针对实际工作中最常用的一些贴图进行详细讲解。

本节贴图概述

贴图名称	主要作用	重要程度
不透明度贴图	控制材质是否透明、不透明或者半透明	高
棋盘格贴图	模拟双色棋盘效果	中
位图贴图	加载各种位图贴图	高
渐变贴图	设置3种颜色的渐变效果	高
平铺贴图	创建类似于瓷砖的贴图	中
衰减贴图	控制材质强烈到柔和的过渡效果	高
噪波贴图	将噪波效果添加到物体的表面	中
斑点贴图	模拟具有斑点的物体	中
泼溅贴图	模拟油彩泼溅效果	中
混合贴图	模拟材质之间的混合效果	中
细胞贴图	模拟细胞图案	中
颜色修正贴图	调节贴图的色调、饱和度、亮度和对比度	低
法线凹凸贴图	表现高精度模型的凹凸效果	低
VRayHDRI贴图	模拟场景的环境贴图	中

★ 重点 ★

10.6.1 不透明度贴图

"不透明度"贴图主要用于控制材质是否透明、不透明或者半透明，遵循了"黑透、白不透"的原理，如图10-244所示。

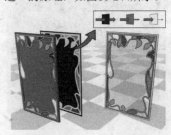

图10-244

技术专题 38 不透明度贴图的原理解析

"不透明度"贴图的原理是通过在"不透明度"贴图通道中加载一张黑白图像，遵循"黑透、白不透"的原理，即黑白图像中黑色部分为透明，白色部分为不透明。例如，图10-245所示的场景中并没有真实的树木模型，而是使用了很多面片和"不透明度"贴图来模拟真实的叶子和花瓣模型。

图10-245

下面详细讲解使用"不透明度"贴图模拟树木模型的制作流程。

第1步：在场景中创建一些面片，如图10-246所示。

图10-246

第2步：打开"材质编辑器"对话框，然后设置材质类型为"标准"材质，接着在"贴图"卷展栏下的"漫反射颜色"贴图通道中加载一张树贴图，最后在"不透明度"贴图通道中加载一张树的黑白贴图，如图10-247所示，制作好的材质球效果如图10-248所示。

图10-247　　　　图10-248

第3步：将制作好的材质指定给面片，如图10-249所示，然后按F9键渲染场景，可以观察到面片已经变成了真实的树木效果，如图10-250所示。

图10-249　　　　　　　图10-250

★重点★

实战：用不透明度贴图制作叶片材质

场景位置	场景文件>CH10>16.max
实例位置	实例文件>CH10>实战：用不透明度贴图制作叶片材质.max
视频位置	多媒体教学>CH10>实战：用不透明度贴图制作叶片材质.flv
难易指数	★★☆☆☆
技术掌握	不透明度贴图模拟叶片材质

叶片材质效果如图10-251所示。

图10-251

本例共需要制作两个叶片材质，其模拟效果如图10-252和图10-253所示。

图10-252　　　　　　　图10-253

01 打开下载资源中的"场景文件>CH10>16.max"文件，如图10-254所示。

图10-254

02 选择一个空白材质球，然后设置材质类型为"标准"材质，接着将其命名为"叶子1"，具体参数设置如图10-255所示，制作好的材质球效果如图10-256所示。

设置步骤

① 在"漫反射"贴图通道中加载一张下载资源中的"实例文件>CH10>实战：用不透明度贴图制作叶片材质>oreg_ivy.jpg"文件。

② 在"不透明度"贴图通道中加载一张下载资源中的"实例文件>CH10>实战：用不透明度贴图制作叶片材质>oreg_ivy副本.jpg"文件。

③ 在"反射高光"选项组下设置"高光级别"为40、"光泽度"为50。

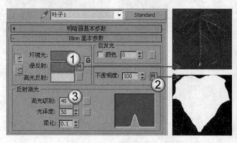 

图10-255　　　　　　　图10-256

03 选择一个空白材质球，然后设置材质类型为"标准"材质，接着将其命名为"叶子2"，具体参数设置如图10-257所示，制作好的材质球效果如图10-258所示。

设置步骤

① 在"漫反射"贴图通道中加载一张下载资源中的"实例文件>CH10>实战：用不透明度贴图制作叶片材质>archmodels58_001_leaf_diffuse.jpg"文件。

② 在"不透明度"贴图通道中加载一张下载资源中的"实例文件>CH10>实战：用不透明度贴图制作叶片材质>archmodels58_001_leaf_opacity.jpg"文件。

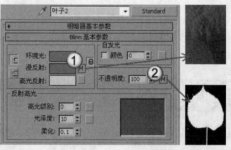 

图10-257　　　　　　　图10-258

04 将制作好的材质分别指定给场景中相应的模型，然后按F9键渲染当前场景，最终效果如图10-259所示。

图10-259

10.6.2 棋盘格贴图

"棋盘格"贴图可以用来制作双色棋盘效果，也可以用来检测模型的UV是否合理。如果棋盘格有拉伸现象，那么拉伸处的UV也有拉伸现象，如图10-260所示。

图10-260

--- 技术专题 39 棋盘格贴图的使用方法 ---

在"漫反射"贴图通道中加载一张"棋盘格"贴图，如图10-261所示。

图10-261

加载"棋盘格"贴图后，系统会自动切换到"棋盘格"参数设置面板，如图10-262所示。

图10-262

在这些参数中，使用频率最高的是"瓷砖"选项，该选项可以用来改变棋盘格的平铺数量，如图10-263和图10-264所示。

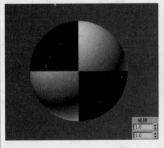
图10-263

图10-264

"颜色#1"和"颜色#2"参数主要用来控制棋盘格的两个颜色，如图10-265所示。

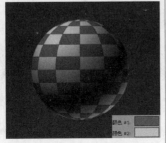

图10-265

10.6.3 位图贴图

位图贴图是一种最基本的贴图类型，也是最常用的贴图类型。位图贴图支持很多种格式，包括FLC、AVI、BMP、GIF、JPEG、PNG、PSD和TIFF等主流图像格式，如图10-266所示。图10-267~图10-269所示的是一些常见的位图贴图。

图10-266

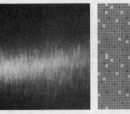

图10-267　　　　图10-268　　　　图10-269

--- 技术专题 40 位图贴图的使用方法 ---

在所有的贴图通道中都可以加载位图贴图。在"漫反射"贴图通道中加载一张木质位图贴图，如图10-270所示，然后将材质指定给一个球体模型，接着按F9键渲染当前场景，效果如图10-271所示。

图10-270　　　　　图10-271

加载位图后，3ds Max会自动弹出位图的参数设置面板，如图10-272所示。这里的参数主要用来设置位图的"偏移"值、"瓷砖"（即位图的平铺数量）值和"角度"值。图10-273所示的是"瓷砖"的V为3、U为1时的渲染效果。

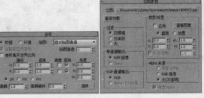

图10-272　　　　　图10-273

勾选"镜像"选项后，贴图就会变成镜像方式，当贴图不是无缝贴图时，建议勾选"镜像"选项，如图10-274所示的是勾选该选项时的渲染效果。

图10-274

当设置"模糊"为0.01时，可以在渲染时得到最精细的贴图效果，如图10-275所示；如果设置为1或更大的值（注意，数值低于1并不表示贴图不模糊，只是模糊效果不是很明显），则可以得到模糊的贴图效果，如图10-276所示。

图10-275　　　　　　　图10-276

在"位图参数"卷展栏下勾选"应用"选项，然后单击后面的"查看图像"按钮 查看图像 ，在弹出的对话框中可以对位图的应用区域进行调整，如图10-277所示。

图10-277

实战：用位图贴图制作书本材质

场景位置	场景文件>CH10>17.max
实例位置	实例文件>CH10>实战：用位图贴图制作书本材质.max
视频位置	多媒体教学>CH10>实战：用位图贴图制作书本材质.flv
难易指数	★☆☆☆☆
技术掌握	位图贴图模拟书本材质

书本材质效果如图10-278所示。

书本材质的模拟效果如图10-279所示。

图10-278　　　　　　　图10-279

01 打开下载资源中的"场景文件>CH10>17.max"文件，如图10-280所示。

图10-280

02 选择一个空白材质球，然后设置材质类型为VRayMtl材质，接着将其命名为"书页"，具体参数设置如图10-281所示，制作好的材质球效果如图10-282所示。

设置步骤

① 在"漫反射"贴图通道中加载一张下载资源中的"实例文件>CH10>实战：用位图贴图制作书本材质>011.jpg"文件。

② 设置"反射"颜色为（红:80，绿:80，蓝:80），然后设置"细分"为20，接着勾选"菲涅耳反射"选项。

图10-281　　　　　　　图10-282

03 用相同的方法制作出另外两个书页材质，然后将制作好的材质分别指定给相应的模型，接着按F9键渲染当前场景，最终效果如图10-283所示。

图10-283

10.6.4 渐变贴图

使用"渐变"程序贴图可以设置3种颜色的渐变效果，其参数设置面板如图10-284所示。

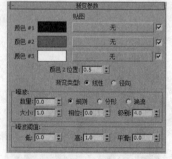

图10-284

技巧与提示

渐变颜色可以任意修改，修改后的物体材质颜色也会随之而改变。图10-285和图10-286所示分别是默认的渐变颜色，以及将渐变颜色修改为红、绿、蓝后的渲染效果。

图10-285　　　　　　　图10-286

★ 重点 ★
实战：用渐变贴图制作渐变花瓶材质

场景位置	场景文件>CH10>18.max
实例位置	实例文件>CH10>实战：用渐变贴图制作渐变花瓶材质.max
视频位置	多媒体教学>CH10>实战：用渐变贴图制作渐变花瓶材质.flv
难易指数	★★★☆☆
技术掌握	渐变贴图模拟渐变玻璃材质

渐变花瓶材质效果如图10-287所示。

图10-287

本例共需要制作两种花瓶的渐变玻璃材质，其模拟效果如图10-288和图10-289所示。

图10-288　　　　图10-289

01 打开下载资源中的"场景文件>CH10>18.max"文件，如图10-290所示。

图10-290

02 下面制作第1个花瓶材质。选择一个空白材质球，然后设置材质类型为VRayMtl材质，接着将其命名为"花瓶1"，具体参数设置如图10-291所示，制作好的材质球效果如图10-292所示。

设置步骤

① 在"漫反射"贴图通道中加载一张"渐变"程序贴图，然后在"渐变参数"卷展栏下设置"颜色#1"为（红:19，绿:156，蓝:0）、"颜色#2"为（红:255，绿:218，蓝:13）、"颜色#3"为（红:192，绿:0，蓝:255）。

② 设置"反射"颜色为（红:161，绿:161，蓝:161），然后设置"高光光泽度"为0.9，接着勾选"菲涅耳反射"选项，并设置"菲涅耳折射率"为2。

③ 设置"折射"颜色为（红:201，绿:201，蓝:201），然后设置"细分"为10，接着勾选"影响阴影"选项，并设置"影响通道"为"颜色+alpha"，最后设置"烟雾颜色"为（红:240，绿:255，蓝:237），并设置"烟雾倍增"为0.03。

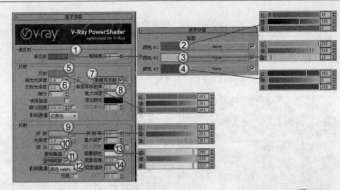

图10-291

图10-292

03 下面制作第2个花瓶材质。将"花瓶1"材质球拖曳（复制）到一个空白材质球上，然后将其命名为"花瓶2"，接着将"渐变"程序贴图的"颜色#1"修改为（红:90，绿:0，蓝:255）、"颜色#2"修改为（红:4，绿:207，蓝:255）、"颜色#3"修改为（红:155，绿:255，蓝:255），如图10-293所示，制作好的材质球效果如图10-294所示。

04 将制作好的材质分别指定给场景中相应的模型，然后按F9键渲染当前场景，最终效果如图10-295所示。

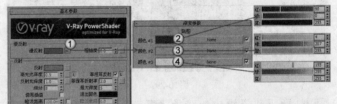

图10-293

图10-294　　　　图10-295

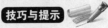
技巧与提示

从"步骤3"可以看出，在制作同种类型或是参数差异不大的材质时，可以先制作出其中一个材质，然后对材质进行复制，接着对局部参数进行修改即可。但是，一定要对复制出来的材质球进行重命名，否则3ds Max会对相同名称的材质产生混淆。

★重点★
10.6.5 平铺贴图

使用"平铺"程序贴图可以创建类似于瓷砖的贴图，通常在制作有很多建筑砖块图案时使用，其参数设置面板如图10-296所示。

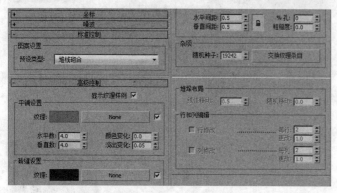

图10-296

★重点★
实战：用平铺贴图制作地砖材质

场景位置	场景文件>CH10>19.max
实例位置	实例文件>CH10>实战：用平铺贴图制作地砖材质.max
视频位置	多媒体教学>CH10>实战：用平铺贴图制作地砖材质.flv
难易指数	★★☆☆☆
技术掌握	平铺贴图模拟地砖材质

地砖材质效果如图10-297所示。

地砖材质的模拟效果如图10-298所示。

图10-297　　　　　　　　图10-298

01 打开下载资源中的"场景文件>CH10>19.max"文件，如图10-299所示。

图10-299

02 选择一个空白材质球，然后设置材质类型为VRayMtl材质，接着将其命名为"地砖"，具体参数设置如图10-300所示，制作好的材质球效果如图10-301所示。

设置步骤

① 在"漫反射"贴图通道中加载一张"平铺"程序贴图，然后在"高级控制"卷展栏下的"纹理"贴图通道中加载一张下载

资源中的"实例文件>CH10>实战：用平铺贴图制作地砖材质>地面.jpg"文件，接着设置"水平数"和"垂直数"为20，最后设置"水平间距"和"垂直间距"为0.02。

② 在"反射"贴图通道中加载一张"衰减"程序贴图，然后在"衰减参数"卷展栏下设置"侧"通道的颜色为（红:180，绿:180，蓝:180），接着设置"衰减类型"为Fresnel，最后设置"反射光泽度"为0.85、"细分"为20、"最大深度"为2。

③ 展开"贴图"卷展栏，然后使用鼠标左键将"漫反射"通道中的贴图拖曳到"凹凸"通道上，接着设置凹凸的强度为5。

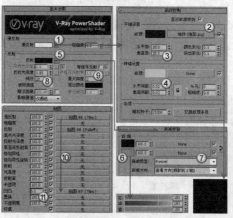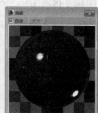

图10-300　　　　　　　　图10-301

03 将制作好的材质指定给场景中的地板模型，然后按F9键渲染当前场景，最终效果如图10-302所示。

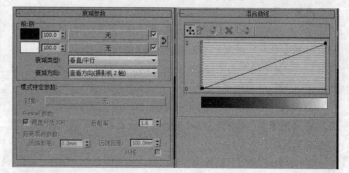

图10-302

★重点★
10.6.6 衰减贴图

"衰减"程序贴图可以用来控制材质强烈到柔和的过渡效果，使用频率比较高，其参数设置面板如图10-303所示。

图10-303

衰减程序贴图重要参数介绍

衰减类型：设置衰减的方式，共有以下5种。

垂直/平行：在与衰减方向相垂直的面法线和与衰减方向相平行的法线之间设置角度衰减范围。

朝向/背离：在面向衰减方向的面法线和背离衰减方向的法线之间设置角度衰减范围。

Fresnel：基于IOR（折射率）在面向视图的曲面上产生暗淡反射，而在有角的面上产生较明亮的反射。

阴影/灯光：基于落在对象上的灯光，在两个子纹理之间进行调节。

距离混合：基于"近端距离"值和"远端距离"值，在两个子纹理之间进行调节。

衰减方向：设置衰减的方向。

混合曲线：设置曲线的形状，可以精确地控制由任何衰减类型所产生的渐变。

★重点★
实战：用衰减贴图制作水墨材质

场景位置	场景文件>CH10>20.max
实例位置	实例文件>CH10>实战：用衰减贴图制作水墨材质.max
视频位置	多媒体教学>CH10>实战：用衰减贴图制作水墨材质.flv
难易指数	★★☆☆☆
技术掌握	衰减贴图模拟水墨材质

水墨材质效果如图10-304所示。

水墨材质的模拟效果如图10-305所示。

图10-304　　　　　　图10-305

01▸ 打开下载资源中的"场景文件>CH10>20.max"文件，如图10-306所示。

图10-306

02▸ 选择一个空白材质球，然后设置材质类型为"标准"材质，接着其命名为"鱼"，具体参数设置如图10-307所示，制作好的材质球效果如图10-308所示。

设置步骤

① 在"漫反射"贴图通道中加载一张"衰减"程序贴图，然后在"混合曲线"卷展栏下调节好曲线的形状，接着设置"高光级别"为50、"光泽度"为30。

② 展开"贴图"卷展栏，然后按住鼠标左键将"漫反射颜色"通道中的贴图拖曳到"高光颜色"和"不透明度"通道上。

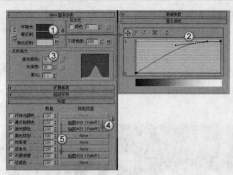

图10-307　　　　　　图10-308

03▸ 将制作好的材质指定给场景中的鱼模型，然后用3ds Max默认的扫描线渲染器渲染当前场景，效果如图10-309所示。

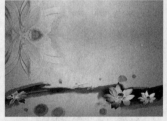

图10-309

【技巧与提示】

在渲染完场景以后，需要将图像保存为png格式，这样可以很方便地在Photoshop中合成背景。

04▸ 启动Photoshop，然后打开下载资源中的"实例文件>CH10>实战：用衰减贴图制作水墨画材质>背景.jpg"文件，如图10-310所示。

05▸ 导入前面渲染好的水墨鱼图像，然后将其放在合适的位置，最终效果如图10-311所示。

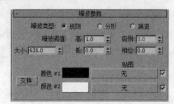

图10-310　　　　　　图10-311

10.6.7 噪波贴图

使用"噪波"程序贴图可以将噪波效果添加到物体的表面，以突出材质的质感。"噪波"程序贴图通过应用分形噪波函数来扰动像素的UV贴图，从而表现出非常复杂的物体材质，其参数设置面板如图10-312所示。

图10-312

噪波程序贴图重要参数介绍

噪波类型： 共有3种类型，分别是"规则"、"分形"和"湍流"。

规则： 生成普通噪波，如图10-313所示。

分形： 使用分形算法生成噪波，如图10-314所示。

湍流： 生成应用绝对值函数来制作故障线条的分形噪波，如图10-315所示。

图10-313　　　　　　图10-314　　　　　　图10-315

大小： 以3ds Max为单位设置噪波函数的比例。

噪波阈值： 控制噪波的效果，取值范围为0~1。

级别： 决定有多少分形能量用于分形和湍流噪波函数。

相位： 控制噪波函数的动画速度。

交换 交换 **：** 交换两个颜色或贴图的位置。

颜色#1/2： 可以从两个主要噪波颜色中进行选择，将通过所选的两种颜色来生成中间颜色值。

★ 重点 ★
实战：用噪波贴图制作茶水材质

场景位置	场景文件>CH10>21.max
实例位置	实例文件>CH10>实战：用噪波贴图制作茶水材质.max
视频位置	多媒体教学>CH10>实战：用噪波贴图制作茶水材质.flv
难易指数	★★★☆☆
技术掌握	位图贴图模拟青花瓷材质、噪波贴图模拟波动的水材质

茶水材质效果如图10-316所示。

图10-316

本例共需要制作两个材质，分别是青花瓷材质和茶水材质，其模拟效果如图10-317和图10-318所示。

图10-317　　　　　　图10-318

01 打开下载资源中的"场景文件>CH10>21.max"文件，如图10-319所示。

图10-319

02 下面制作青花瓷材质。选择一个空白材质球，然后设置材质类型为VRayMtl材质，接着其命名为"青花瓷"，具体参数设置如图10-320所示，制作好的材质球效果如图10-321所示。

设置步骤

① 在"漫反射"贴图通道中加载一张下载资源中的"实例文件>CH10>实战：用噪波贴图制作茶水材质>青花瓷.jpg"文件，然后在"坐标"卷展栏下关闭"瓷砖"的U和V选项，接着设置"瓷砖"的U为2，最后设置"模糊"为0.01。

② 设置"反射"颜色为白色，然后勾选"菲涅耳反射"选项。

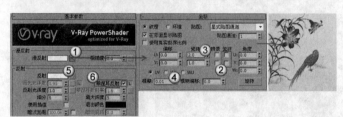

图10-320

图10-321

03 下面制作茶水材质。选择一个空白材质球，然后设置材质类型为VRayMtl材质，接着其命名为"茶水"，具体参数设置如图10-322所示。

设置步骤

① 设置"漫反射"颜色为黑色。

② 在"反射"贴图通道中加载一张"衰减"程序贴图，然后在"衰减参数"卷展栏下设置"侧"通道的颜色为（红:221，绿:255，蓝:223），接着设置"细分"为30。

③ 设置"折射"颜色为（红:253，绿:255，蓝:252），然后设置"折射率"为1.2、"细分"为30，接着勾选"影响阴影"选项，再设置"烟雾颜色"为（红:246，绿:255，蓝:226），最后设置"烟雾倍增"为0.2。

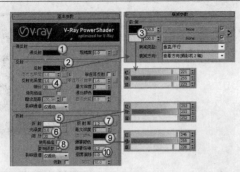

图10-322

04 展开"贴图"卷展栏,在"凹凸"贴图通道中加载一张"噪波"程序贴图,然后在"坐标"卷展栏下设置"瓷砖"为*x*、*y*、*z*为0.1,接着在"噪波参数"卷展栏下设置"噪波类型"为"分形"、"大小"为30,最后设置凹凸的强度为20,具体参数设置如图10-323所示,制作好的材质球效果如图10-324所示。

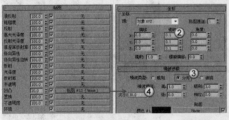 

图10-323　　　　图10-324

05 将制作好的材质分别指定给场景中相应的模型,然后按F9键渲染当前场景,最终效果如图10-325所示。

图10-325

10.6.8 斑点贴图

"斑点"程序贴图常用来制作具有斑点的物体,其参数设置面板如图10-326所示。

图10-326

斑点程序贴图参数介绍

大小: 调整斑点的大小。

交换 交换：交换两个颜色或贴图的位置。

颜色#1: 设置斑点的颜色。

颜色#2: 设置背景的颜色。

10.6.9 泼溅贴图

"泼溅"程序贴图可以用来制作油彩泼溅的效果,其参数设置面板如图10-327所示。

图10-327

泼溅程序贴图参数介绍

大小: 设置泼溅的大小。

迭代次数: 设置计算分形函数的次数。数值越高,泼溅效果越细腻,但是会增加计算时间。

阈值: 确定"颜色#1"与"颜色#2"的混合量。值为0时,仅显示"颜色#1";值为1时,仅显示"颜色#2"。

交换 交换：交换两个颜色或贴图的位置。

颜色#1: 设置背景的颜色。

颜色#2: 设置泼溅的颜色。

10.6.10 混合贴图

"混合"程序贴图可以用来制作材质之间的混合效果,其参数设置面板如图10-328所示。

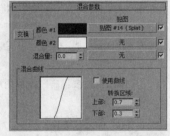

图10-328

混合程序贴图参数介绍

交换 交换：交换两个颜色或贴图的位置。

颜色#1/2: 设置混合的两种颜色。

混合量: 设置混合的比例。

混合曲线: 用曲线来确定对混合效果的影响。

转换区域: 调整"上部"和"下部"的级别。

★重点★
实战: 用混合贴图制作颓废材质

场景位置	场景文件>CH10>22.max
实例位置	实例文件>CH10>实战:用混合贴图制作颓废材质.max
视频位置	多媒体教学>CH10>实战:用混合贴图制作颓废材质.flv
难易指数	★☆☆☆☆
技术掌握	混合贴图模拟破旧材质

颓废材质效果如图10-329所示。

颓废(墙)材质的模拟效果如图10-330所示。

01 打开下载资源中的"场景文件>CH10>22.max"文件,如图10-331所示。

图10-329

图10-330

图10-334

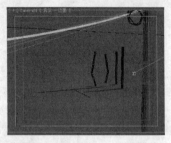

图10-331

02▶ 选择一个空白材质球，设置材质类型为"标准"材质，然后将其命名为"墙"，接着展开"贴图"卷展栏，具体参数设置如图10-332所示，制作好的材质球效果如图10-333所示。

设置步骤

① 在"漫反射颜色"贴图通道中加载一张"混合"程序贴图，然后展开"混合参数"卷展栏，接着分别在"颜色#1"贴图通道、"颜色#1"贴图通道和"混合量"贴图通道加载下载资源中的"实例文件>CH10>实战：用混合贴图制作颓废材质>墙.jpg、图.jpg、通道0.jpg"文件。

② 按住鼠标左键将"漫反射颜色"通道中的贴图拖曳到"凹凸"贴图通道上。

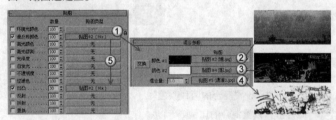

图10-332

图10-333

03▶ 将制作好的材质指定给场景中的墙模型，然后按F9键渲染当前场景，最终效果如图10-334所示。

10.6.11 细胞贴图

"细胞"程序贴图主要用于制作各种具有视觉效果的细胞图案，如马赛克、瓷砖、鹅卵石和海洋表面等，其参数设置面板如图10-335所示。

图10-335

细胞程序贴图参数介绍

细胞颜色：该选项组中的参数主要用来设置细胞的颜色。

颜色：为细胞选择一种颜色。

无　　　**无**　　　：将贴图指定给细胞，而不使用实心颜色。

变化：通过随机改变红、绿、蓝颜色值来更改细胞的颜色。"变化"值越大，随机效果越明显。

分界颜色：设置细胞间的分界颜色。细胞分界是两种颜色或两个贴图之间的斜坡。

细胞特性：该选项组中的参数主要用来设置细胞的一些特征属性。

圆形/碎片：用于选择细胞边缘的外观。

大小：更改贴图的总体尺寸。

扩散：更改单个细胞的大小。

凹凸平滑：将细胞贴图用作凹凸贴图时，在细胞边界处可能会出现锯齿效果。如果发生这种情况，可以适当增大该值。

分形：将细胞图案定义为不规则的碎片图案。

迭代次数：设置应用分形函数的次数。

自适应：启用该选项后，分形"迭代次数"将自适应地进行设置。

粗糙度：将"细胞"贴图用作凹凸贴图时，该参数用来控制凹凸的粗糙程度。

阈值：该选项组中的参数用来限制细胞和分解颜色的大小。

低：调整细胞最低大小。

中：相对于第2分界颜色，调整最初分界颜色的大小。

高：调整分界的总体大小。

10.6.12 颜色修正贴图

"颜色修正"程序贴图可以用来调节贴图的色调、饱和度、亮度和对比度等，其参数设置面板如图10-336所示。

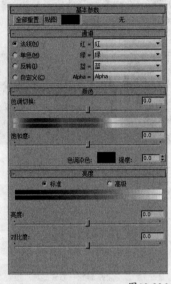

图10-336

颜色修正程序贴图参数介绍

法线：将未经改变的颜色通道传递到"颜色"卷展栏下的参数中。

单色：将所有的颜色通道转换为灰度图。

反转：使用红、绿、蓝颜色通道的反向通道来替换各个通道。

自定义：使用其他选项将不同的设置应用到每一个通道中。

色调切换：使用标准色调谱更改颜色。

饱和度：调整贴图颜色的强度或纯度。

色调染色：根据色样值来色化所有非白色的贴图像素（对灰度图无效）。

强度：调整"色调染色"选项对贴图像素的影响程度。

亮度：控制贴图图像的总体亮度。

对比度：控制贴图图像深、浅两部分的区别。

10.6.13 法线凹凸贴图

"法线凹凸"程序贴图多用于表现高精度模型的凹凸效果，其参数设置面板如图10-337所示。

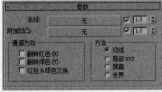

图10-337

法线凹凸贴图参数介绍

法线：可以在其后面的通道中加载法线贴图。

附加凹凸：包含其他用于修改凹凸或位移的贴图。

翻转红色（X）：翻转红色通道。

翻转绿色（Y）：翻转绿色通道。

红色&绿色交换：交换红色和绿色通道，这样可使法线贴图旋转90°。

切线：从切线方向投射到目标对象的曲面上。

局部XYZ：使用对象局部坐标进行投影。

屏幕：使用屏幕坐标进行投影，即在z轴方向上的平面进行投影。

世界：使用世界坐标进行投影。

10.6.14 VRayHDRI贴图

VRayHDRI可以翻译为高动态范围贴图，主要用来设置场景的环境贴图，即把HDRI当作光源来使用，其参数设置面板，如图10-338所示。

图10-338

VRayHDRI贴图参数介绍

位图：单击后面的"浏览"按钮 可以指定一张HDR贴图。

贴图类型：控制HDRI的贴图方式，共有以下5种。

角度：主要用于使用了对角拉伸坐标方式的HDRI。

立方：主要用于使用了立方体坐标方式的HDRI。

球形：主要用于使用了球形坐标方式的HDRI。

球状镜像：主要用于使用了镜像球体坐标方式的HDRI。

3ds Max标准：主要用于对单个物体指定环境贴图。

水平旋转：控制HDRI在水平方向的旋转角度。

水平翻转：让HDRI在水平方向上翻转。

垂直旋转：控制HDRI在垂直方向的旋转角度。

垂直翻转：让HDRI在垂直方向上翻转。

全局倍增：用来控制HDRI的亮度。

渲染倍增：设置渲染时的光强度倍增。

伽玛值：设置贴图的伽玛值。

第11章

环境和效果技术

Employment direction
从业方向 ⬐

 CG影视行业　　 CG建筑行业

 CG工业行业　　CG动漫行业

 CG游戏行业　　 CG时尚达人

11.1 环境

在现实世界中，所有物体都不是独立存在的，而是存在于一定的环境中。身边最常见的环境有闪电、大风、沙尘、雾和光束等，如图11-1~图11-3所示。环境对场景的氛围起到了至关重要的作用。在3ds Max 2014中，可以为场景添加云、雾、火、体积雾和体积光等环境效果。

图11-1　　　　　　　　　　图11-2　　　　　　　　　　图11-3

本节环境技术概述

环境名称	主要作用	重要程度
背景与全局照明	设置场景的环境/背景与全局照明效果	高
曝光控制	调整渲染的输出级别和颜色范围的插件组件	中
大气	模拟云、雾、火和体积光等环境效果	高

★ 重点 ★
11.1.1 背景与全局照明

一副优秀的作品，不仅要有精细的模型、真实的材质和合理的渲染参数，同时还要求有符合当前场景的背景和全局照明效果，这样才能烘托出场景的气氛。在3ds Max中，背景与全局照明都在"环境和效果"对话框中进行设定。

打开"环境和效果"对话框的方法主要有以下3种。

第1种：执行"渲染>环境"菜单命令。

第2种：执行"渲染>效果"菜单命令。

第3种：按大键盘上的8键。

打开的"环境和效果"对话框如图11-4所示。

图11-4

背景与全局照明重要参数介绍

① 背景选项组

颜色：设置环境的背景颜色。

环境贴图：在其贴图通道中加载一张"环境"贴图来作为背景。

使用贴图：使用一张贴图作为背景。

② 全局照明选项组

染色：如果该颜色不是白色，那么场景中的所有灯光（环境光除外）都将被染色。

级别：增强或减弱场景中所有灯光的亮度。值为1时，所有灯光保持原始设置；增加该值可以加强场景的整体照明；减小该值可以减弱场景的整体照明。

环境光：设置环境光的颜色。

★ 重点 ★
实战：为效果图添加室外环境贴图

场景位置	场景文件>CH11>01.max
实例位置	实例文件>CH11>实战：为效果图添加室外环境贴图.max
视频位置	多媒体教学>CH11>实战：为效果图添加室外环境贴图.flv
难易指数	★☆☆☆☆
技术掌握	加载室外环境贴图

为效果图添加的环境贴图效果如图11-5所示。

图11-5

01 打开下载资源中的"场景文件>CH11>01.max"文件，如图11-6所示，然后按F9键测试渲染当前场景，效果如图11-7所示。

图11-6　　　　　　　　　图11-7

技巧与提示

在默认情况下，背景颜色都是黑色，也就是说，渲染出来的背景颜色是黑色。如果更改背景颜色，则渲染出来的背景颜色也会跟着改变。而图11-7所示的背景是天蓝色的，这是因为加载了"VRay天空"环境贴图的原因。

02 按大键盘上的8键打开"环境和效果"对话框，然后在"环境贴图"选项组下单击"无"按钮 无，接着在弹出的"材质/贴图浏览器"对话框中单击"位图"选项，最后在弹出的"选择位图图像文件"对话框中选择下载资源中的"实例文件>CH11>实战：为效果图添加室外环境贴图>背景.jpg文件"，如图11-8所示。

图11-8

03 按C键切换到摄影机视图，然后按F9键渲染当前场景，最终效果如图11-9所示。

图11-9

技巧与提示

背景图像可以直接渲染出来，当然也可以在Photoshop中进行合成，不过这样比较麻烦，能在3ds Max中完成的尽量在3ds Max中完成。

★ 重点 ★
实战：测试全局照明

场景位置	场景文件>CH11>02.max
实例位置	实例文件>CH11>实战：测试全局照明.max
视频位置	多媒体教学>CH11>实战：测试全局照明.flv
难易指数	★☆☆☆☆
技术掌握	调节全局照明的染色及级别

测试的全局照明效果如图11-10所示。

图11-10

01 打开下载资源中的"场景文件>CH11>02.max"文件，如图11-11所示。

图11-11

02 按大键盘上的8键打开"环境和效果"对话框，然后在"全局照明"选项组下设置"染色"为白色，接着设置"级别"为1，如图11-12所示，最后按F9键测试渲染当前场景，效果如图11-13所示。

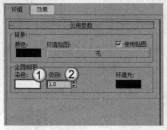

图11-12　　　　　　　　　　　　图11-13

03 在"全局照明"选项组下设置"染色"为蓝色（红:121，绿:175，蓝:255），然后设置"级别"为1.5，如图11-14所示，接着按F9键测试渲染当前场景，效果如图11-15所示。

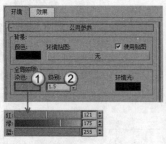

图11-14　　　　　　　　　　　　图11-15

04 在"全局照明"选项组下设置"染色"为黄色（红:247，绿:231，蓝:45），然后设置"级别"为0.5，如图11-16所示，接着按F9键测试渲染当前场景，效果如图11-17所示。

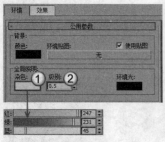

图11-16　　　　　　　　　　　　图11-17

技巧与提示

从上面的3种测试渲染对比效果中可以观察到，当改变"染色"颜色时，场景中的物体会受到"染色"颜色的影响而发生变化；当增大"级别"数值时，场景会变亮，而减小"级别"数值时，场景会变暗。

11.1.2 曝光控制

"曝光控制"是用于调整渲染的输出级别和颜色范围的插件组件，就像调整胶片曝光一样。展开"曝光控制"卷展栏，可以观察到3ds Max 2014的曝光控制类型共有6种，如图11-18所示。

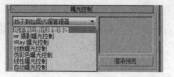

图11-18

曝光控制类型介绍

mr摄影曝光控制：可以提供像摄影机一样的控制，包括快门速度、光圈和胶片速度，以及对高光、中间调和阴影的图像控制。

VRay曝光控制：用来控制VRay的曝光效果，可调节曝光值、快门速度和光圈等数值。

对数曝光控制：用于亮度、对比度，以及在有天光照明的室外场景中。"对数曝光控制"类型适用于"动态阈值"非常高的场景。

伪彩色曝光控制：实际上是一个照明分析工具，可以直观地观察和计算场景中的照明级别。

线性曝光控制：可以从渲染中进行采样，并且可以使用场景的平均亮度来将物理值映射为RGB值。"线性曝光控制"适合用在动态范围很低的场景中。

自动曝光控制：可以从渲染图像中进行采样，并生成一个直方图，以便在渲染的整个动态范围中提供良好的颜色分离。

自动曝光控制

在"曝光控制"卷展栏下设置曝光控制类型为"自动曝光控制"，其参数设置面板如图11-19所示。

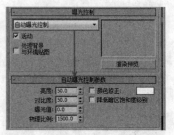

图11-19

自动曝光控制参数介绍

活动：控制是否在渲染中开启曝光控制。

处理背景与环境贴图：启用该选项时，场景背景贴图和场景环境贴图将受曝光控制的影响。

渲染预览 渲染预览 ：单击该按钮可以预览要渲染的缩略图。

亮度：调整转换颜色的亮度，范围为0~200，默认值为50。

对比度：调整转换颜色的对比度，范围为0~100，默认值为50。

曝光值：调整渲染的总体亮度，范围为-5~5。负值可以使图像变暗，正值可使图像变亮。

物理比例：设置曝光控制的物理比例，主要用在非物理灯光中。

颜色修正：勾选该选项后，"颜色修正"会改变所有颜色，使色样中的颜色显示为白色。

降低暗区饱和度级别：勾选该选项后，渲染出来的颜色会变暗。

对数曝光控制

在"曝光控制"卷展栏下设置曝光控制类型为"对数曝光控制"，其参数设置面板如图11-20所示。

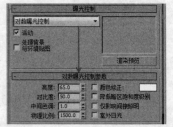

图11-20

对数曝光控制参数介绍

仅影响间接照明： 启用该选项时，"对数曝光控制"仅应用于间接照明的区域。

室外日光： 启用该选项时，可以转换适合室外场景的颜色。

▶ **知识链接** ◀

关于"对数曝光控制"的其他参数请参阅"自动曝光控制"。

伪彩色曝光控制

在"曝光控制"卷展栏下设置曝光控制类型为"伪彩色曝光控制"，其参数设置面板如图11-21所示。

图11-21

伪彩色曝光控制重要参数介绍

数量： 设置所测量的值。

照度： 显示曲面上的入射光的值。

亮度： 显示曲面上的反射光的值。

样式： 选择显示值的方式。

彩色： 显示光谱。

灰度： 显示从白色到黑色范围的灰色色调。

比例： 选择用于映射值的方法。

对数： 使用对数比例。

线性： 使用线性比例。

最小值： 设置在渲染中要测量和表示的最小值。

最大值： 设置在渲染中要测量和表示的最大值。

物理比例： 设置曝光控制的物理比例，主要用于非物理灯光。

光谱条： 显示光谱与强度的映射关系。

线性曝光控制

"线性曝光控制"从渲染图像中采样，使用场景的平均亮度将物理值映射为RGB值，非常适合用于动态范围很低的场景，其参数设置面板如图11-22所示。

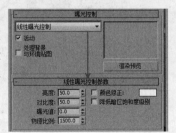

图11-22

▶ **知识链接** ◀

关于"线性曝光控制"的参数请参阅"自动曝光控制"。

11.1.3 大气

3ds Max中的大气环境效果可以用来模拟自然界中的云、雾、火和体积光等环境效果。使用这些特殊环境效果可以逼真地模拟出自然界的各种气候，同时还可以增强场景的景深感，使场景显得更为广阔，有时还能起到烘托场景气氛的作用，其参数设置面板如图11-23所示。

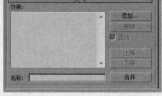

图11-23

大气参数介绍

效果： 显示已添加的效果名称。

名称： 为列表中的效果自定义名称。

添加 添加... ： 单击该按钮可以打开"添加大气效果"对话框，在该对话框中可以添加大气效果，如图11-24所示。

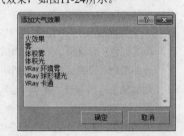

图11-24

删除 删除 ： 在"效果"列表中选择效果后，单击该按钮可以删除选中的大气效果。

活动： 勾选该选项可以启用添加的大气效果。

上移 上移 /下移 下移 ： 更改大气效果的应用顺序。

合并 合并 ： 合并其他3ds Max场景文件中的效果。

火效果

使用"火效果"环境可以制作出火焰、烟雾和爆炸等效果，如图11-25和图11-26所示。

图11-25

图11-26

"火效果"不产生任何照明效果，其参数设置面板如图11-27所示，若要模拟产生的灯光效果，需要添加灯光来实现。

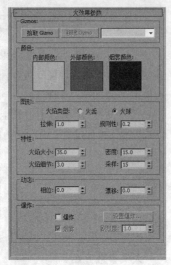

图11-27

火效果参数介绍

拾取Gizmo [拾取 Gizmo]：单击该按钮可以拾取场景中要产生火效果的Gizmo对象。

移除Gizmo [移除 Gizmo]：单击该按钮可以移除列表中所选的Gizmo。移除Gizmo后，Gizmo仍在场景中，但是不再产生火效果。

内部颜色：设置火焰中最密集部分的颜色。

外部颜色：设置火焰中最稀薄部分的颜色。

烟雾颜色：当勾选"爆炸"选项时，该选项才可以，主要用来设置爆炸的烟雾颜色。

火焰类型：共有"火舌"和"火球"两种类型。"火舌"选项表示沿着中心使用纹理创建带方向的火焰，这种火焰类似于篝火，其方向沿着火焰装置的局部z轴；"火球"选项表示创建圆形的爆炸火焰。

拉伸：将火焰沿着装置的z轴进行缩放，该选项最适合创建"火舌"火焰。

规则性：修改火焰填充装置的方式，范围为1~0。

火焰大小：设置装置中各个火焰的大小。装置越大，需要的火焰也越大，使用15~30范围内的值可以获得最佳的火效果。

火焰细节：控制每个火焰中显示的颜色更改量和边缘的尖锐度，范围为0~10。

密度：设置火焰效果的不透明度和亮度。

采样：设置火焰效果的采样率。值越高，生成的火焰效果越细腻，但是会增加渲染时间。

相位：控制火焰效果的速率。

漂移：设置火焰沿着火焰装置的z轴的渲染方式。

爆炸：勾选该选项后，火焰将产生爆炸效果。

设置爆炸 [设置爆炸...]：单击该按钮可以打开"设置爆炸相位曲线"对话框，在该对话框中可以调整爆炸的"开始时间"和"结束时间"。

烟雾：控制爆炸是否产生烟雾。

剧烈度：改变"相位"参数的涡流效果。

★重点★
实战：用火效果制作蜡烛火焰
场景位置	场景文件>CH11>03.max
实例位置	实例文件>CH11>实战：用火效果制作蜡烛火焰.max
视频位置	多媒体教学>CH11>实战：用火效果制作蜡烛火焰.flv
难易指数	★★☆☆☆
技术掌握	用火效果制作火焰

蜡烛火焰效果如图11-28所示。

图11-28

01 打开下载资源中的"场景文件>CH11>03.max"文件，如图11-29所示，然后按F9键测试渲染当前场景，效果如图11-30所示。

图11-29　　　　　　　　　　　　　　图11-30

02 在"创建"面板中单击"辅助对象"按钮，设置辅助对象类型为"大气装置"，然后单击"球体Gizmo"按钮 [球体 Gizmo]，如图11-31所示，接着在顶视图中创建一个球体Gizmo（放在蜡烛的火焰上），最后在"球体Gizmo参数"卷展栏下设置"半径"为40mm，并勾选"半球"选项，如图11-32所示。

图11-31　　　　　　　　　　　　　　图11-32

03 按R键选择"选择并均匀缩放"工具，然后在左视图中将球体Gizmo缩放成如图11-33所示的形状。

图11-33

04 按大键盘上的8键打开"环境和效果"对话框，然后在"大气"卷展栏下单击"添加"按钮 添加... ，接着在弹出的"添加大气效果"对话框选择"火效果"选项，如图11-34所示。

设置面板如图11-40所示。

图11-40

图11-34

05 在"效果"列表框中选择"火效果"选项，然后在"火效果参数"卷展栏下单击"拾取Gizmo"按钮 拾取 Gizmo ，接着在视图中拾取球体Gizmo，最后设置"火舌类型"为"火舌"、"规则性"为0.5、"火焰大小"为400、"火焰细节"为10、"密度"为700、"采样数"为20、"相位"为10、"漂移"为5，具体参数设置如图11-35所示。

06 选择球体Gizmo，然后按住Shift键使用"选择并移动"工具 移动复制两个到另外两个蜡烛的火焰上，如图11-36所示。

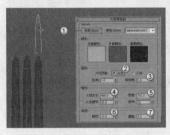

图11-35　　　　　　　图11-36

07 按F9键渲染当前场景，最终效果如图11-37所示。

图11-37

 雾

使用3ds Max的"雾"环境可以创建出雾、烟雾和蒸汽等特殊环境效果，如图11-38和图11-39所示。

图11-38　　　　　　　图11-39

"雾"效果的类型分为"标准"和"分层"两种，其参数

雾效果参数介绍

颜色：设置雾的颜色。

环境颜色贴图：从贴图导出雾的颜色。

使用贴图：使用贴图来产生雾效果。

环境不透明度贴图：使用贴图来更改雾的密度。

雾化背景：将雾应用于场景的背景。

标准：使用标准雾。

分层：使用分层雾。

指数：随距离按指数增大密度。

近端%：设置雾在近距范围的密度。

远端%：设置雾在远距范围的密度。

顶：设置雾层的上限（使用世界单位）。

底：设置雾层的下限（使用世界单位）。

密度：设置雾的总体密度。

衰减顶/底/无：添加指数衰减效果。

地平线噪波：启用"地平线噪波"系统。"地平线噪波"系统仅影响雾层的地平线，用来增强雾的真实感。

大小：应用于噪波的缩放系数。

角度：确定受影响的雾与地平线的角度。

相位：用来设置噪波动画。

★重点★
实战：用雾效果制作海底烟雾

场景位置	场景文件>CH11>04.max
实例位置	实例文件>CH11>实战：用雾效果制作海底烟雾.max
视频位置	多媒体教学>CH11>实战：用雾效果制作海底烟雾.flv
难易指数	★★☆☆☆
技术掌握	用雾效果制作烟雾

海底烟雾效果如图11-41所示。

图11-41

01 打开下载资源中的"场景文件>CH11>04.max"文件，如图11-42所示，然后按F9键测试渲染当前场景，效果如图11-43所示。

图11-42　　　　　　　　　　图11-43

02 按大键盘上的8键打开"环境和效果"对话框，然后在"大气"卷展栏下单击"添加"按钮 添加... ，接着在弹出的"添加大气效果"对话框中选择"雾"选项，如图11-44所示。

图11-44

疑难问答 ?

问：为什么要加载两个"雾"效果？

答：本场景以及加载了一个"雾"效果，其作用是让潜艇产生尾气。而再加载一个"雾"效果，是为了雾化场景。

03 选择加载的"雾"效果，然后单击两次"上移"按钮 上移 ，使其产生的效果处于画面的最前面，如图11-45所示。

图11-45

04 展开"雾"参数卷展栏，然后在"标准"选项组下设置"远端%"为50，如图11-46所示。

05 按F9键渲染当前场景，最终效果如图11-47所示。

图11-46　　　　　　　　　　图11-47

🌐 体积雾

"体积雾"环境可以允许在一个限定的范围内设置和编辑雾效果。"体积雾"和"雾"最大的一个区别在于"体积雾"是三维的雾，是有体积的。"体积雾"多用来模拟烟云等有体积的气体，其参数设置面板如图11-48所示。

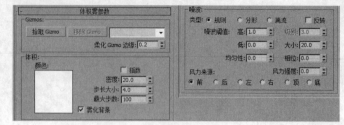

图11-48

体积雾参数介绍

拾取Gizmo 拾取 Gizmo ：单击该按钮可以拾取场景中要产生体积雾效果的Gizmo对象。

移除Gizmo 移除 Gizmo ：单击该按钮可以移除列表中所选的Gizmo。移除Gizmo后，Gizmo仍在场景中，但是不再产生体积雾效果。

柔化Gizmo边缘：羽化体积雾效果的边缘。值越大，边缘越柔滑。

颜色：设置雾的颜色。

指数：随距离按指数增大密度。

密度：控制雾的密度，范围为0~20。

步长大小：确定雾采样的粒度，即雾的"细度"。

最大步数：限制采样量，以便雾的计算不会永远执行。该选项适合于雾密度较小的场景。

雾化背景：将体积雾应用于场景的背景。

类型：有"规则"、"分形"、"湍流"和"反转"4种类型可供选择。

噪波阈值：限制噪波效果，范围为0~1。

级别：设置噪波迭代应用的次数，范围为1~6。

大小：设置烟卷或雾卷的大小。

相位：控制风的种子。如果"风力强度"大于0，雾体积会根据风向来产生动画。

风力强度：控制烟雾远离风向（相对于相位）的速度。

风力来源：定义风来自于哪个方向。

★ 重点 ★

实战：用体积雾制作荒漠沙尘雾

场景位置	场景文件>CH11>05.max
实例位置	实例文件>CH11>实战：用体积雾制作荒漠沙尘雾.max
视频位置	多媒体教学>CH11>实战：用体积雾制作荒漠沙尘雾.flv
难易指数	★★☆☆☆
技术掌握	用体积雾制作具有体积的雾

荒漠沙尘雾效果如图11-49所示。

图11-49

01 打开下载资源中的"场景文件>CH11>05.max"文件，如图

11-50所示，然后按F9键测试渲染当前场景，效果如图11-51所示。

图11-50　　　　　　　　　图11-51

02 在"创建"面板中单击"辅助对象"按钮，然后设置辅助对象类型为"大气装置"，接着使用"球体Gizmo"工具 球体Gizmo 在顶视图中创建一个球体Gizmo，最后在"球体Gizmo参数"卷展栏下设置"半径"为125mm，并勾选"半球"选项，其位置如图11-52所示。

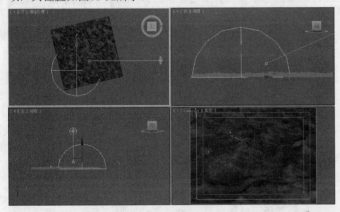

图11-52

03 按大键盘上的8键打开"环境和效果"对话框，然后展开"大气"卷展栏，接着单击"添加"按钮 添加...，最后在弹出的"添加大气效果"对话框中选择"体积雾"选项，如图11-53所示。

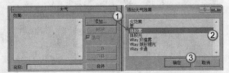

图11-53

04 在"效果"列表中选择"体积雾"选项，然后在"体积雾参数"卷展栏下单击"拾取Gizmo"按钮 拾取 Gizmo，接着在视图中拾取球体Gizmo，再勾选"指数"选项，最后设置"最大步数"为150，具体参数设置如图11-54所示。

05 按F9键渲染当前场景，最终效果如图11-55所示。

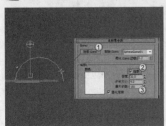 

图11-54　　　　　　　　　图11-55

体积光

"体积光"环境可以用来制作带有光束的光线，可以指定给灯光（部分灯光除外，如VRay太阳）。体积光可以被物体遮挡，从而形成光芒透过缝隙的效果，常用来模拟树与树之间的缝隙中透过的光束，如图11-56和图11-57所示，其参数设置面板如图11-58所示。

图11-56　　　　　　　　　图11-57

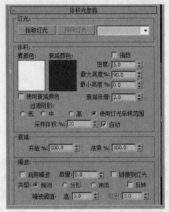

图11-58

体积光主要参数介绍

拾取灯光：拾取要产生体积光的光源。

移除灯光：将灯光从列表中移除。

雾颜色：设置体积光产生的雾的颜色。

衰减颜色：体积光随距离而衰减。

使用衰减颜色：控制是否开启"衰减颜色"功能。

指数：随距离按指数增大密度。

密度：设置雾的密度。

最大/最小亮度%：设置可以达到的最大和最小的光晕效果。

衰减倍增：设置"衰减颜色"的强度。

过滤阴影：通过提高采样率（以增加渲染时间为代价）来获得更高质量的体积光效果，包括"低"、"中"、"高"3个级别。

使用灯光采样范围：根据灯光阴影参数中的"采样范围"值来使体积光中投射的阴影变模糊。

采样体积%：控制体积的采样率。

自动：自动控制"采样体积%"的参数。

开始%/结束%：设置灯光效果开始和结束衰减的百分比。

启用噪波：控制是否启用噪波效果。

数量：应用于雾的噪波的百分比。

链接到灯光：将噪波效果链接到灯光对象。

★ 重点 ★
实战：用体积光为CG场景添加体积光

场景位置	场景文件>CH11>06.max
实例位置	实例文件>CH11>实战：用体积光为CG场景添加体积光.max
视频位置	多媒体教学>CH11>实战：用体积光为CG场景添加体积光.flv
难易指数	★★★☆☆
技术掌握	用体积光制作体积光

CG场景体积光效果如图11-59所示。

图11-59

01 打开下载资源中的"场景文件>CH11>06.max"文件，如图11-60所示。

图11-60

02 设置灯光类型为VRay，然后在天空中创建一盏VRay太阳，其位置如图11-61所示。

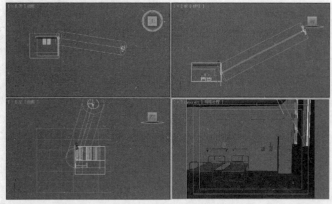

图11-61

03 选择VRay太阳，然后在"VRay太阳参数"卷展栏下设置"强度倍增"为0.06、"阴影细分"为8、"光子发射半径"为495 mm，具体参数设置如图11-62所示，接着按F9键测试渲染当前场景，效果如图11-63所示。

图11-62   图11-63

疑难问答 ❓

问：为何渲染出来的场景那么黑？

答：这是因为窗户外面有个面片将灯光遮挡住了，如图11-64所示。如果不修改这个面片的属性，灯光就不会射进室内。

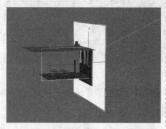

图11-64

04 选择窗户外面的面片，然后单击鼠标右键，接着在弹出的快捷菜单中选择"对象属性"命令，最后在弹出的"对象属性"对话框中关闭"投影阴影"选项，如图11-65所示。

05 按F9键测试渲染当前场景，效果如图11-66所示。

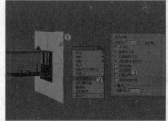

图11-65   图11-66

06 在前视图中创建一盏VRay灯光作为辅助光源，其位置如图11-67所示。

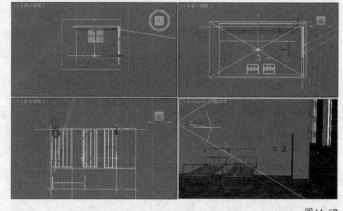

图11-67

07 选择上一步创建的VRay灯光，然后进入"修改"面板，接着展开"参数"卷展栏，具体参数设置如图11-68所示。

设置步骤

① 在"常规"选项组下设置"类型"为"平面"。

② 在"大小"选项组下设置"1/2长"为975mm、"1/2宽"为550mm。

③ 在"选项"选项组下勾选"不可见"选项。

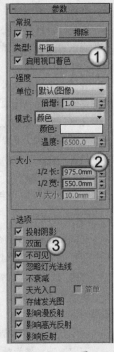

图11-68

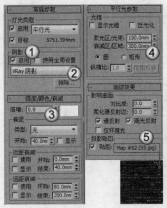

图11-70

图11-71

08 设置灯光类型为"标准",然后在天空中创建一盏目标平行光,其位置如图11-69所示(与VRay太阳的位置相同)。

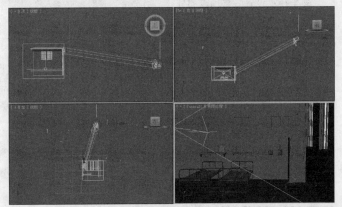

图11-69

09 选择上一步创建的目标平行光,然后进入"修改"面板,具体参数设置如图11-70所示。

设置步骤

① 展开"常规参数"卷展栏,然后设置阴影类型为"VRay阴影"。

② 展开"强度/颜色/衰减"卷展栏,然后设置"倍增"为0.9。

③ 展开"平行光参数"卷展栏,然后设置"聚光区/光束"为150mm、"衰减区/区域"为300mm。

④ 展开"高级效果"卷展栏,然后在"投影贴图"通道中加载一张下载资源中的"实例文件>CH11>实战:用体积光为CG场景添加体积光>55.jpg"文件。

10 按F9键测试渲染当前场景,效果如图11-71所示。

技巧与提示

虽然在"投影贴图"通道中加载了黑白贴图,但是灯光还没有产生体积光束效果。

---

11 按大键盘上的8键打开"环境和效果"对话框,然后展开"大气"卷展栏,接着单击"添加"按钮 添加... ,最后在弹出的"添加大气效果"对话框中选择"体积光"选项,如图11-72所示。

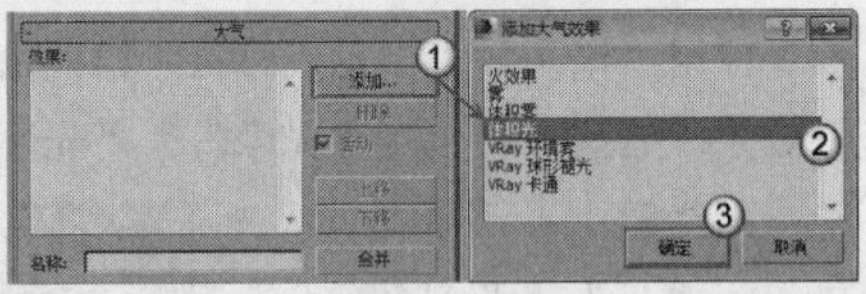

图11-72

12 在"效果"列表中选择"体积光"选项,在"体积光参数"卷展栏下单击"拾取灯光"按钮 拾取灯光 ,然后在场景中拾取目标平行灯光,接着设置"雾颜色"为(红:247,绿:232,蓝:205),再勾选"指数"选项,并设置"密度"为3.8,最后设置"过滤阴影"为"中",具体参数设置如图11-73所示。

13 按F9键渲染当前场景,最终效果如图11-74所示。

图11-73

图11-74

11.2 效果

在"效果"面板中可以为场景添加"毛发和毛皮"、"镜头效果"、"模糊"、"亮度和对比度"、"色彩平衡"、"景深"、"文件输出"、"胶片颗粒"、"照明分析图像叠加"、"运动模糊"和"VRay镜头效果"效果,如图11-75所示。

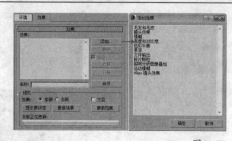

图11-75

本节效果重点技术概述

效果名称	主要作用	重要程度
镜头效果	模拟照相机拍照时镜头所产生的光晕效果	高
模糊	使渲染画面变得模糊	高
亮度和对比度	调整画面的亮度和对比度	中
色彩平衡	调整画面的色彩	中
胶片颗粒	为场景添加胶片颗粒	高

技巧与提示

本节仅对"镜头效果"、"模糊"、"亮度和对比度"、"色彩平衡"和"胶片颗粒"效果进行讲解。

★重点★ 11.2.1 镜头效果

使用"镜头效果"可以模拟照相机拍照时镜头所产生的光晕效果，这些效果包括"光晕"、"光环"、"射线"、"自动二级光斑"、"手动二级光斑"、"星形"和"条纹"，如图11-76所示。

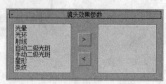

图11-76

技巧与提示

在"镜头效果参数"卷展栏下选择镜头效果，单击>按钮可以将其加载到右侧的列表中，以应用镜头效果；单击<按钮可以移除加载的镜头效果。

"镜头效果"包含一个"镜头效果全局"卷展栏，该卷展栏分为"参数"和"场景"两大面板，如图11-77和图11-78所示。

图11-77

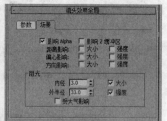

图11-78

镜头效果全局卷展栏参数介绍

① 参数面板

加载：单击该按钮可以打开"加载镜头效果文件"对话框，在该对话框中可选择要加载的lzv文件。

保存：单击该按钮可以打开"保存镜头效果文件"对话

框，在该对话框中可以保存lzv文件。

大小：设置镜头效果的总体大小。

强度：设置镜头效果的总体亮度和不透明度。值越大，效果越亮越不透明；值越小，效果越暗越透明。

种子：为"镜头效果"中的随机数生成器提供不同的起点，并创建略有不同的镜头效果。

角度：当效果与摄影机的相对位置发生改变时，该选项用来设置镜头效果从默认位置的旋转量。

挤压：在水平方向或垂直方向挤压镜头效果的总体大小。

拾取灯光：单击该按钮可以在场景中拾取灯光。

移除：单击该按钮可以移除所选择的灯光。

② 场景面板

影响Alpha：如果图像以32位文件格式来渲染，那么该选项用来控制镜头效果是否影响图像的Alpha通道。

影响Z缓冲区：存储对象与摄影机的距离。z缓冲区用于光学效果。

距离影响：控制摄影机或视口的距离对光晕效果的大小和强度的影响。

偏心影响：产生摄影机或视口偏心的效果，影响其大小和或强度。

方向影响：聚光灯相对于摄影机的方向，影响其大小或强度。

内径：设置效果周围的内径，另一个场景对象必须与内径相交才能完全阻挡效果。

外半径：设置效果周围的外径，另一个场景对象必须与外径相交才能开始阻挡效果。

大小：减小所阻挡的效果的大小。

强度：减小所阻挡的效果的强度。

受大气影响：控制是否允许大气效果阻挡镜头效果。

★重点★ 实战：用镜头效果制作镜头特效

场景位置	场景文件>CH11>07.max
实例位置	实例文件>CH11>实战：用镜头效果制作镜头特效.max
视频位置	多媒体教学>CH11>实战：用镜头效果制作镜头特效.flv
难易指数	★★★☆☆
技术掌握	用镜头效果制作各种镜头特效

各种镜头特效如图11-79所示。

图11-79

01 打开下载资源中的"场景文件>CH11>07.max"文件，如图11-80所示。

图11-80

02 按大键盘上的8键打开"环境和效果"对话框，然后在"效果"选项卡下单击"添加"按钮 添加… ，接着在弹出的"添加效果"对话框中选择"镜头效果"选项，如图11-81所示。

图11-81

03 选择"效果"列表框中的"镜头效果"选项，然后在"镜头效果参数"卷展栏下的左侧列表选择"光晕"选项，接着单击 按钮将其加载到右侧的列表中，如图11-82所示。

04 展开"镜头效果全局"卷展栏，然后单击"拾取灯光"按钮 拾取灯光 ，接着在视图中拾取两盏泛光灯，如图11-83所示。

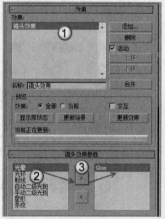

图11-82   图11-83

05 展开"光晕元素"卷展栏，然后在"参数"选项卡中设置"强度"为60，接着在"径向颜色"选项组下设置"边缘颜色"为（红:255，绿:144，蓝:0），具体参数设置如图11-84所示。

06 返回到"镜头效果参数"卷展栏，然后将左侧的条纹效果加载到右侧的列表中，接着在"条纹元素"卷展栏下设置"强度"为5，如图11-85所示。

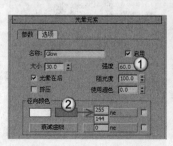

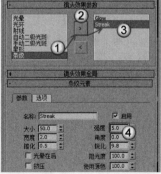

图11-84   图11-85

07 返回到"镜头效果参数"卷展栏，然后将左侧的"射线"效果加载到右侧的列表中，接着在"射线元素"卷展栏下设置"强度"为28，如图11-86所示。

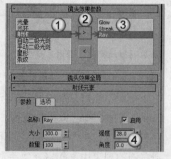

图11-86

08 返回到"镜头效果参数"卷展栏，然后将左侧的"手动二级光斑"效果加载到右侧的列表中，接着在"手动二级光斑元素"卷展栏下设置"强度"为35，如图11-87所示，最后按F9键渲染当前场景，效果如图11-88所示。

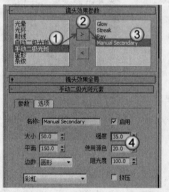

图11-87   图11-88

技巧与提示

前面的步骤是制作的各种效果的叠加效果，下面将对单个镜头特效的制作方法进行详细介绍。

09 将前面制作好的场景文件保存好，然后重新打开下载资源中的"场景文件>CH11>07.max"文件，下面制作射线特效。在"效果"卷展栏下加载一个"镜头效果"，然后在"镜头效果参数"卷展栏下将"射线"效果加载到右侧的列表中，接着在"射线元素"卷展栏下设置"强度"为80，具体参数设置如图11-89所示，最后按F9键渲染当前场景，效果如图11-90所示。

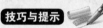

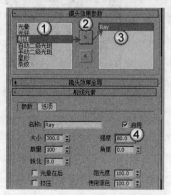

图11-89   图11-90

注意，这里省略了一个步骤，在加载"镜头效果"以后，同样要拾取两盏泛光灯，否则不会生成射线效果。

10 下面制作手动二级光斑特效。将上一步制作好的场景文件保存好，然后重新打开下载资源中的"场景文件>CH11>07.max"文件。在"效果"卷展栏下加载一个"镜头效果"，然后在"镜头效果参数"卷展栏下将"手动二级光斑"效果加载到右侧的列表中，接着在"手动二级光斑元素"卷展栏下设置"强度"为400、"边数"为"六"，具体参数设置如图11-91所示，最后按F9键渲染当前场景，效果如图11-92所示。

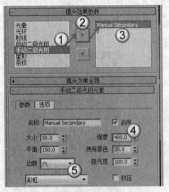

图11-91   图11-92

11 下面制作条纹特效。将上一步制作好的场景文件保存好，然后重新打开下载资源中的"场景文件>CH11>07.max"文件。在"效果"卷展栏下加载一个"镜头效果"，然后在"镜头效果参数"卷展栏下将"条纹"效果加载到右侧的列表中，接着在"条纹元素"卷展栏下设置"强度"为300、"角度"为45，具体参数设置如图11-93所示，最后按F9键渲染当前场景，效果如图11-94所示。

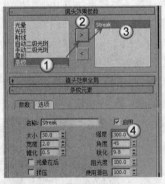

图11-93   图11-94

12 下面制作星形特效。将上一步制作好的场景文件保存好，然后重新打开下载资源中的"场景文件>CH11>07.max"文件。在"效果"卷展栏下加载一个"镜头效果"，然后在"镜头效果参数"卷展栏下将"星形"效果加载到右侧的列表中，接着在"星形元素"卷展栏下设置"强度"为250、"宽度"为1，具体参数设置如图11-95所示，最后按F9键渲染当前场景，效果如图11-96所示。

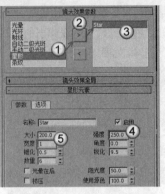

图11-95   图11-96

13 下面制作自动二级光斑特效。将上一步制作好的场景文件保存好，然后重新打开下载资源中的"场景文件>CH11>07.max"文件。在"效果"卷展栏下加载一个"镜头效果"，然后在"镜头效果参数"卷展栏下将"自动二级光斑"效果加载到右侧的列表中，接着在"自动二级光斑元素"卷展栏下设置"最大"为80、"强度"为200、"数量"为4，具体参数设置如图11-97所示，最后按F9键渲染当前场景，效果如图11-98所示。

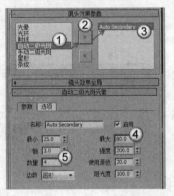

图11-97   图11-98

★重点★ 11.2.2 模糊

使用"模糊"效果可以通过3种不同的方法使图像变得模糊，分别是"均匀型"、"方向型"和"径向型"。"模糊"效果根据"像素选择"选项卡下所选择的对象来应用各个像素，使整个图像变模糊，其参数包含"模糊类型"和"像素选择"两大部分，如图11-99和图11-100所示。

图11-99

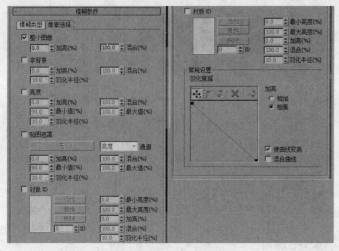

图11-100

模糊参数卷展栏参数介绍

① 模糊类型面板

均匀型：将模糊效果均匀应用在整个渲染图像中。

像素半径：设置模糊效果的半径。

影响Alpha：启用该选项时，可以将"均匀型"模糊效果应用于Alpha通道。

方向型：按照"方向型"参数指定的任意方向应用模糊效果。

U/V向像素半径（%）：设置模糊效果的水平/垂直强度。

U/V向拖痕（%）：通过为U/V轴的某一侧分配更大的模糊权重为模糊效果添加方向。

旋转（度）：通过"U向像素半径（%）"和"V向像素半径（%）"来应用模糊效果的U向像素和V向像素的轴。

影响Alpha：启用该选项时，可以将"方向型"模糊效果应用于Alpha通道。

径向型：以径向的方式应用模糊效果。

像素半径（%）：设置模糊效果的半径。

拖痕（%）：通过为模糊效果的中心分配更大或更小的模糊权重为模糊效果添加方向。

X/Y原点：以"像素"为单位，对渲染输出的尺寸指定模糊的中心。

无 ：指定以中心作为模糊效果中心的对象。

清除按钮 ：移除对象名称。

影响Alpha：启用该选项时，可以将"径向型"模糊效果应用于Alpha通道。

使用对象中心：启用该选项后，"无"按钮 指定的对象将作为模糊效果的中心。

② 像素选择面板

整个图像：启用该选项后，模糊效果将影响整个渲染图像。

加亮（%）：加亮整个图像。

混合（%）：将模糊效果和"整个图像"参数与原始的渲染图像进行混合。

非背景：启用该选项后，模糊效果将影响除背景图像或动画以外的所有元素。

羽化半径（%）：设置应用于场景的非背景元素的羽化模糊效果的百分比。

亮度：影响亮度值介于"最小值（%）"和"最大值（%）"微调器之间的所有像素。

最小值/最大值（%）：设置每个像素要应用模糊效果所需的最小和最大亮度值。

贴图遮罩：通过在"材质/贴图浏览器"对话框选择的通道和应用的遮罩来应用模糊效果。

对象ID：如果对象匹配过滤器设置，会将模糊效果应用于对象或对象中具有特定对象ID的部分（在G缓冲区中）。

材质ID：如果材质匹配过滤器设置，会将模糊效果应用于该材质或材质中具有特定材质效果通道的部分。

常规设置羽化衰减：使用曲线来确定基于图形的模糊效果的羽化衰减区域。

★ 重点 ★

实战： 用模糊效果制作奇幻CG特效

场景位置	场景文件>CH11>08.max
实例位置	实例文件>CH11>实战：用模糊效果制作奇幻CG特效.max
视频位置	多媒体教学>CH11>实战：用模糊效果制作奇幻CG特效.flv
难易指数	★★☆☆☆
技术掌握	用模糊效果制作模糊特效

奇幻CG特效效果如图11-101所示。

图11-101

01 打开下载资源中的"场景文件>CH11>08.max"文件，如图11-102所示，然后按F9键测试渲染当前场景，效果如图11-103所示。

图11-102   图11-103

02 按大键盘上的8键打开"环境和效果"对话框，然后在"效果"卷展栏下加载一个"模糊"效果，如图11-104所示。

03 展开"模糊参数"卷展栏，单击"像素选择"选项卡，然后勾选"材质ID"选项，接着设置ID为8，单击"添加"按钮 添加 （添加材质ID 8），再设置"最小亮度"为60%、"加亮"为100%、"混合"为50%、"羽化半径"为30%，最后在"常规设置羽化衰减"

选项组下将曲线调节成"抛物线"形状，如图11-105所示。

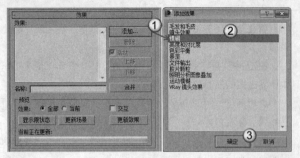

图11-104

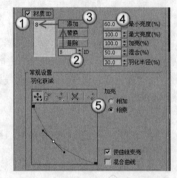

图11-105

问：设置ID通道有何作用？

答：设置物体的"材质ID通道"为8，并设置"环境和效果"的"材质ID"为8，这样对应之后，在渲染时"材质ID"为8的物体将会被渲染出模糊效果。

04 按M键打开"材质编辑器"对话框，然后选择第1个材质，接着在"多维/子对象基本参数"卷展栏下单击ID 2材质通道，再单击"材质ID通道"按钮 ，最后设置ID为8，如图11-106所示。

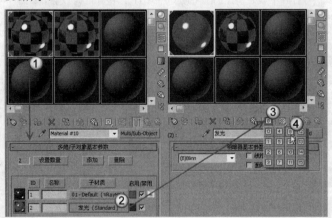

图11-106

05 选择第2个材质，然后在"多维/子对象基本参数"卷展栏下单击ID 2材质通道，接着单击"材质ID通道"按钮 ，最后设置ID为8，如图11-107所示。

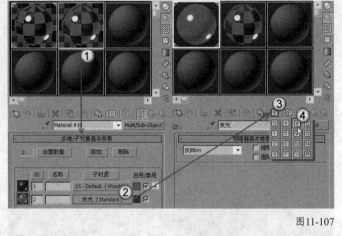

图11-107

06 按F9键渲染当前场景，最终效果如图11-108所示。

图11-108

11.2.3 亮度和对比度

使用"亮度和对比度"效果可以调整图像的亮度和对比度，其参数设置面板如图11-109所示。

图11-109

亮度和对比度参数介绍

亮度： 增加或减少所有色元（红色、绿色和蓝色）的亮度，取值范围为0~1。

对比度： 压缩或扩展最大黑色和最大白色之间的范围，其取值范围为0~1。

忽略背景： 是否将效果应用于除背景以外的所有元素。

实战： 用亮度/对比度效果调整场景的亮度与对比度

场景位置	场景文件>CH11>09.max
实例位置	实例文件>CH11>实战：用亮度/对比度效果调整场景的亮度与对比度.max
视频位置	多媒体教学>CH11>实战：用亮度/对比度效果调整场景的亮度与对比度.flv
难易指数	★☆☆☆☆
技术掌握	用亮度/对比度效果调整场景的亮度与对比度

调整场景亮度与对比度后的效果如图11-110所示。

01 打开下载资源中的"场景文件>CH11>09.max"文件，如图11-111所示。

02 按大键盘上的8键打开"环境和效果"对话框，然后在"效果"卷展栏下加载一个"亮度和对比度"效果，接着按F9键测试渲染当前场景，效果如图11-112所示。

图11-110

图11-111

图11-112

03 展开"亮度和对比度参数"卷展栏，然后设置"亮度"为0.65、"对比度"为0.62，如图11-113所示，接着按F9键测试渲染当前场景，最终效果如图11-114所示。

图11-113

图11-114

> **技术专题 41 在Photoshop中调整亮度与对比度**
>
> 从图11-114中可以发现，当修改"亮度"和"对比度"数值以后，渲染画面的亮度与对比度都很协调了，但是这样会耗费很多的渲染时间，从而大大降低工作效率。下面介绍一下如何在Photoshop中调整图像的亮度与对比度。
>
> 第1步：在Photoshop中打开默认渲染的图像，如图11-115所示。

图11-115

> 第2步：执行"图像>调整>亮度/对比度"菜单命令，打开"亮度/对比度"对话框，然后对"亮度"和"对比度"数值进行调整，直到得到最佳的画面为止，如图11-116和图11-117所示。

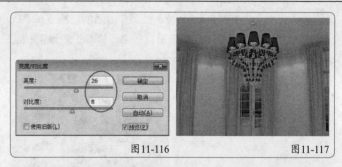

图11-116   图11-117

11.2.4 色彩平衡

使用"色彩平衡"效果可以通过调节"青-红"、"洋红-绿"、"黄-蓝"3个通道来改变场景或图像的色调，其参数设置面板如图11-118所示。

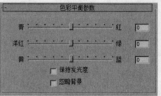

图11-118

色彩平衡参数介绍

青-红： 调整"青-红"通道。

洋红-绿： 调整"洋红-绿"通道。

黄-蓝： 调整"黄-蓝"通道。

保持发光度： 启用该选项后，在修正颜色的同时将保留图像的发光度。

忽略背景： 启用该选项后，可以在修正图像时不影响背景。

实战：用色彩平衡效果调整场景的色调

场景位置	场景文件>CH11>10.max
实例位置	实例文件>CH11>实战：用色彩平衡效果调整场景的色调.max
视频位置	多媒体教学>CH11>实战：用色彩平衡效果调整场景的色调.flv
难易指数	★☆☆☆☆
技术掌握	用色彩平衡效果调整场景的色调

调整场景色调后的效果如图11-119所示。

图11-119

01 打开下载资源中的"场景文件>CH11>10.max"文件，如图11-120所示。

图11-120

02 按大键盘上的8键打开"环境和效果"对话框，然后在"效果"卷展栏下加载一个"色彩平衡"效果，接着按F9键测试渲染当前场景，效果如图11-121所示。

图11-121

03 展开"色彩平衡参数"卷展栏，然后设置"青-红"为15、"洋红-绿"为-15、"黄-蓝"为0，如图11-122所示，接着按F9键测试渲染当前场景，效果如图11-123所示。

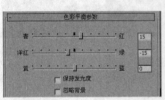

图11-122　　　　　　　　　　　　图11-123

04 在"色彩平衡参数"卷展栏下重新将"青-红"修改为-15、"洋红-绿"修改为0、"黄-蓝"为15，如图11-124所示，按F9键测试渲染当前场景，效果如图11-125所示。

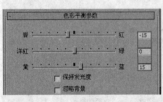

图11-124　　　　　　　　　　　　图11-125

—— 技术专题 42 在Photoshop中调整色彩平衡 ——

与调整图像的"亮度/对比度"一样，色彩平衡也可以在Photoshop中进行调节，且操作方法也非常简单，具体操作步骤如下。

第1步：在Photoshop中打开默认渲染的图像，如图11-126所示。

图11-126

第2步：执行"图像>调整>色彩平衡"菜单命令或按Ctrl+B组合键打开"色彩平衡"对话框，如果要向图像中添加偏暖的色调，例如，向图像中加入洋红色，就可以将"洋红-绿色"滑块向左拖曳，如图11-127和图11-128所示。

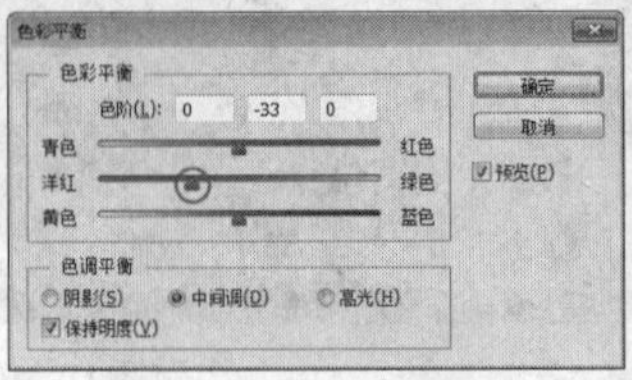

图11-127　　　　　　　　　　　　图11-128

第3步：同理，如果要向图像中加入偏冷的色调，比如向图像中加入青色，就可以将"青色-红色"滑块向左拖曳，如图11-129和图11-130所示。

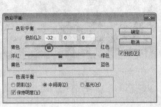

图11-129　　　　　　　　　　　　图11-130

★ 重点 ★
11.2.5　胶片颗粒

"胶片颗粒"效果主要用于在渲染场景中重新创建胶片颗粒，同时还可以作为背景的源材质与软件中创建的渲染场景相匹配，其参数设置面板如图11-131所示。

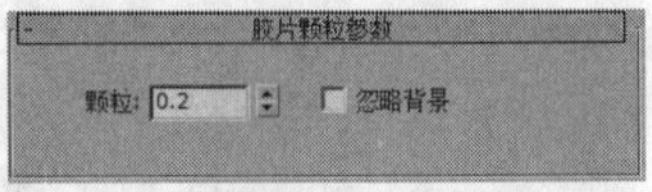

图11-131

胶片颗粒参数介绍

颗粒：设置添加到图像中的颗粒数，其取值范围为0~1。

忽略背景：屏蔽背景，使颗粒仅应用于场景中的几何体对象。

★ 重点 ★
实战：用胶片颗粒效果制作老电影画面

场景位置	场景文件>CH11>11.max
实例位置	实例文件>CH11>实战：用胶片颗粒效果制作老电影画面.max
视频位置	多媒体教学>CH11>实战：用胶片颗粒效果制作老电影画面.flv
难易指数	★☆☆☆☆
技术掌握	用胶片颗粒效果制作胶片颗粒特效

老电影画面效果如图11-132所示。

图11-132

01 打开下载资源中的"场景文件>CH11>11.max"文件，如图11-133所示，然后按F9键测试渲染当前场景，效果如图11-134所示。

图11-133

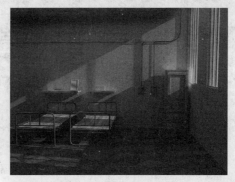
图11-134

02 按大键盘上的8键打开"环境和效果"对话框，然后在"效果"卷展栏下加载一个"胶片颗粒"效果，接着展开"胶片颗粒参数"卷展栏，最后设置"颗粒"为0.5，如图11-135所示。

03 按F9键渲染当前场景，最终效果如图11-136所示。

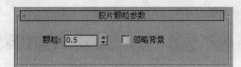
图11-135

图11-136

第12章

灯光/材质/渲染综合运用

Employment direction
从业方向↙

CG影视行业　　CG建筑行业

CG工业行业　　CG动漫行业

CG游戏行业　　CG时尚达人

12.1　显示器的校色

一张作品的效果除了本身的质量以外还有一个很重要的因素，那就是显示器的颜色是否准确。显示器的颜色是否准确决定了最终的打印效果，但现在的显示器品牌太多，每一种品牌的色彩效果都不尽相同，不过原理都一样，这里就以CRT显示器来介绍一下如何校正显示器的颜色。

CRT显示器是以RGB颜色模式来显示图像的，其显示效果除了自身的硬件因素以外还有一些外在的因素，如近处电磁干扰可以使显示器的屏幕发生抖动现象，而磁铁靠近了也可以改变显示器的颜色。

在解决了外在因素以后就需要对显示器的颜色进行调整，可以用专业的软件（如Adobe Gamma）来进行调整，也可以用流行的图像处理软件（如Photoshop）来进行调整，调整的方向主要有显示器的对比度、亮度和伽马值。

下面以Photoshop作为调整软件来学习显示器的校色方法。

12.1.1　调节显示器的对比度

在一般情况下，显示器的对比度调到最高为宜，这样就可以表现出效果图中的细微细节，在显示器上有相对应的对比度调整按钮。

12.1.2　调节显示器的亮度

首先将显示器中的颜色模式调成sRGB模式，如图12-1所示，然后在Photoshop中执行"编辑>颜色设置"菜单命令，打开"颜色设置"对话框，接着将RGB模式也调成sRGB，如图12-2所示，这样Photoshop就与显示器中的颜色模式相同，接着将显示器的亮度调节到最低。

图12-1　　　　　　　　　　　　　　　　　　　图12-2

在Photoshop中新建一个空白文件，并用黑色填充"背景"图层，然后使用"矩形选框工具"▢选择填充区域的一半，接着执行"图像>调整>色相/饱和度"菜单命令或按Ctrl+U组合键打开"色相/饱和度"对话框，并设置"明度"为3，如图12-3所示。最后观察选区内和选区外的明暗变化，如果被调区域依然是纯黑色，这时可以调整显示器的亮度，直到两个区域的亮度有细微的区别，这样就调整好了显示器的亮度，如图12-4所示。

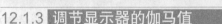

图12-3　　　　　　　　　　　　　　图12-4

图12-7　　　　　　　　　　　　　　图12-8

12.1.3 调节显示器的伽马值

伽马值是曲线的优化调整，是亮度和对比度的辅助功能，强大的伽马功能可以优化和调整画面细微的明暗层次，同时还可以控制整个画面的对比度。设置合理的伽马值，可以得到更好的图像层次效果和立体感，大大优化画面的画质、亮度和对比度。校对伽马值的正确方法如下。

新建一个Photoshop空白文件，然后使用颜色值为（R:188，G:188，B:188）的前景色填充"背景"图层（设置好前景色后，按Alt+Delete组合键可以对图层填充颜色），接着使用选区工具选择一半区域，并对选择区域填充白色，如图12-5所示，最后在白色区域中每隔1像素加入一条宽度为1像素的黑色线条。图12-6所示为放大后的效果。从远处观察，如果两个区域内的亮度相同，就说明显示器的伽马是正确的；如果不相同，可以使用显卡驱动程序软件来对伽马值进行调整，直到正确为止。

图12-5　　　　　　　　　　　　　　图12-6

12.2 渲染的基本常识

使用3ds Max创作作品时，一般都遵循"建模→灯光→材质→渲染"这个最基本的步骤，渲染是最后一道工序（后期处理除外）。渲染的英文为Render，翻译为"着色"，也就是对场景进行着色的过程。

渲染需要经过相当复杂的运算，运算完成后将虚拟的三维场景投射到二维平面上就形成了视觉上的3D效果，这个过程需要对渲染器进行复杂的设置（注意，在设置渲染参数时，要根据不同场景来设置最合适的渲染参数）。图12-7和图12-8所示的是一些比较优秀的渲染作品。

12.2.1 渲染器的类型

渲染场景的引擎有很多种，如VRay渲染器、Renderman渲染器、mental ray渲染器、Brazil渲染器、FinalRender渲染器、Maxwell渲染器和Lightscape渲染器等。

3ds Max 2014默认的渲染器有"iray渲染器"、"mental ray渲染器"、"Quicksilver硬件渲染器"、"VUE文件渲染器"和"默认扫描线渲染器"，在安装好VRay渲染器之后也可以使用VRay渲染器来渲染场景，如图12-9所示。当然也可以安装一些其他的渲染插件，如Renderman、Brazil、FinalRender、Maxwell和Lightscape等。

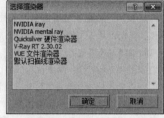

图12-9

12.2.2 渲染工具

在"主工具栏"右侧提供了多个渲染工具，如图12-10所示。

图12-10

各种渲染工具简介

渲染设置：单击该按钮可以打开"渲染设置"对话框，基本上所有的渲染参数都在该对话框中完成。

渲染帧窗口：单击该按钮可以打开"渲染帧窗口"对话框，在该对话框中可以选择渲染区域、切换通道和储存渲染图像等任务。下面以一个技术专题来详细介绍该对话框的用法。

— **技术专题 43 详解"渲染帧窗口"对话框** —

单击"渲染帧窗口"按钮，3ds Max会弹出"渲染帧窗口"对话框，如图12-11所示。下面详细介绍一下该对话框的用法。

图12-11

要渲染的区域：该下拉列表中提供了要渲染的区域选项，包括"视图"、"选定"、"区域"、"裁剪"和"放大"。

编辑区域：可以调整控制手柄来重新调整渲染图像的大小。

自动选定对象区域：激活该按钮后，系统会将"区域"、"裁剪"和"放大"自动设置为当前选择。

视口：显示当前渲染的哪个视图。若渲染的是透视图，那么在这里就显示为透视图。

锁定到视口：激活该按钮后，系统就只渲染视图列表中的视图。

渲染预设：可以从下拉列表中选择与预设渲染相关的选项。

渲染设置：单击该按钮可以打开"渲染设置"对话框。

环境和效果对话框（曝光控制）：单击该按钮可以打开"环境和效果"对话框，在该对话框中可以调整曝光控制的类型。

产品级/迭代："产品级"是使用"渲染帧窗口"对话框、"渲染设置"对话框等所有当前设置进行渲染；"迭代"是忽略网络渲染、多帧渲染、文件输出、导出至MI文件以及电子邮件通知，同时使用扫描线渲染器进行渲染。

渲染：单击该按钮可以使用当前设置来渲染场景。

保存图像：单击该按钮可以打"保存图像"对话框，在该对话框可以保存多种格式的渲染图像。

复制图像：单击该按钮可以将渲染图像复制到剪贴板上。

克隆渲染帧窗口：单击该按钮可以克隆一个"渲染帧窗口"对话框。

打印图像：将渲染图像发送到Windows定义的打印机中。

清除：清除"渲染帧窗口"对话框中的渲染图像。

启用红色/绿色/蓝色通道：显示渲染图像的红/绿/蓝通道。图12-12~图12-14所示分别是单独开启红色、绿色、蓝色通道的图像效果。

图12-12　　　　　图12-13　　　　　图12-14

显示Alpha通道：显示图像的Aplha通道。

单色：单击该按钮可以将渲染图像以8位灰度的模式显示出来，如图12-15所示。

图12-15

切换UI叠加：激活该按钮后，如果"区域"、"裁剪"或"放大"区域中有一个选项处于活动状态，则会显示表示相应区域的帧。

切换UI：激活该按钮后，"渲染帧窗口"对话框中的所有工具与选项均可使用；关闭该按钮后，不会显示对话框顶部的渲染控件以及对话框下部单独面板上的mental ray控件，如图12-16所示。

图12-16

渲染产品：单击该按钮可以使用当前的产品级渲染设置来渲染场景。

渲染迭代：单击该按钮可以在迭代模式下渲染场景。

ActiveShade（动态着色）：单击该按钮可以在浮动的窗口中执行"动态着色"渲染。

12.3 默认扫描线渲染器

"默认扫描线渲染器"是一种多功能渲染器，可以将场景渲染为从上到下生成的一系列扫描线，如图12-17所示。"默认扫描线渲染器"的渲染速度特别快，但是渲染功能不强。

图12-17

按F10键打开"渲染设置"对话框，3ds Max默认的渲染器就是"默认扫描线渲染器"，如图12-18所示。

图12-18

技巧与提示

"默认扫描线渲染器"的参数共有"公用"、"渲染器"、"Render Elements（渲染元素）"、"光线跟踪器"和"高级照明"五大选项卡。在一般情况下，都不会用到该渲染器，因为其渲染质量不高，并且渲染参数也特别复杂，因此这里不讲解其参数，用户只需要知道有这么一个渲染器就行了。

★ 重点 ★
实战：用默认扫描线渲染器渲染水墨画

场景位置	场景文件>CH12>01.max
实例位置	实例文件>CH12>实战：用默认扫描线渲染器渲染水墨画.max
视频位置	多媒体教学>CH12>实战：用默认扫描线渲染器渲染水墨画.flv
难易指数	★★☆☆☆
技术掌握	默认扫描线渲染器的使用方法

水墨画效果如图12-19所示。

水墨画材质的模拟效果如图12-20所示。

 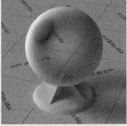

图12-19　　　　　　　　　　图12-20

01 打开下载资源中的"场景文件>CH12>01.max"文件，如图12-21所示。

图12-21

02 下面制作水墨画材质。按M键打开"材质编辑器"对话框，选择一个空白材质球，然后将材质命名为"水墨画"，具体参数设置如图12-22所示，制作好的材质球效果如图12-23所示。

设置步骤

① 设置"环境光"的颜色为(红:87，绿:87，蓝:87)，然后在"漫反射"贴图通道中加载一张"衰减"程序贴图，接着在在"混合曲线"卷展栏调节好曲线的形状，最后使用鼠标左键将"漫反射"通道中的"衰减"程序贴图复制到"高光反射"和"不透明度"通道上。

② 在"反射高光"选项组下设置"高光级别"为50、"光泽度"为30。

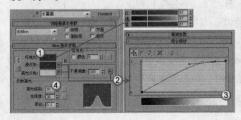 

图12-22　　　　　　　　　　图12-23

03 下面设置渲染参数。按F10键打开"渲染设置"对话框，然后单击"公用"选项卡，接着在"公用参数"卷展栏下设置"宽度"为1500、"高度"为566，如图12-24所示。

04 按F9键渲染当前场景，渲染完成后将图像保存为png格式，效果如图12-25所示。

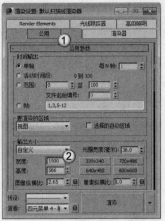  

图12-24　　　　　　　　　　图12-25

❓ **疑难问答**

问：为何要保存为png格式？

答：png格式的图像非常适合后期处理，因为这种格式的图像的背景是透明的，也就是说除了竹子和鱼之外，其他区域都是透明的，如图12-26所示。

图12-26

05 下面进行后期合成。启动Photoshop，然后打开下载资源中的"实例文件>CH12>实战：用默认扫描线渲染器渲染水墨画>水墨背景.jpg"文件，如图12-27所示。

06 将前面渲染好的png格式的水墨图像导入到Photoshop中，然后将其放在背景图像的右侧，最终效果如图12-28所示。

图12-27　　　　　　　　　　图12-28

12.4 mental ray渲染器

mental ray是早期出现的两个重量级的渲染器之一（另外一个是Renderman），为德国Mental Images公司的产品。在刚推出的时候，集成在著名的3D动画软件Softimage3D中作为其内置的渲染引擎。正是凭借着mental ray高效的速度和质量，Softimage3D一直在好莱坞电影制作中作为首选制作软件。

相对于Renderman而言，mental ray的操作更加简便，效率也更高，因为Renderman渲染系统需要使用编程技术来渲染场景，而mental ray只需要在程序中设定好参数，然后便会"智能"地对需要渲染的场景进行自动计算，所以mental ray渲染器也叫"智能"渲染器。

自mental ray渲染器诞生以来，CG艺术家就利用它制作出了很多令人惊讶的作品。图12-29和图12-30所示的是一些比较优秀的mental ray渲染作品。

图12-29　　　　　　　　　　　图12-30

如果要将当前渲染器设置为mental ray渲染器，可以按F10键打开"渲染设置"对话框，然后在"公用"选项卡下展开"指定渲染器"卷展栏，接着单击"产品级"选项后面的"选择渲染器"按钮，最后在弹出的对话框中选择mental ray渲染器，如图12-31所示。

图12-31

将渲染器设置为mental ray渲染器后，在"渲染设置"对话框中将会出现"公用"、"渲染器"、"全局照明"、"处理"和"Render Elements（渲染元素）"五大选项卡。下面对"全局照明"和"渲染器"两个选项卡中的参数进行讲解。

本节mental ray渲染技术概述

技术名称	主要作用	重要程度
天光和环境照明（IBL）	控制mental ray天光及环境光的来源	中
最终聚焦（FG）	模拟指定点的全局照明	中
焦散和光子贴图（GI）	设置焦散和全局照明效果	中
重用（最终聚集和全局照明磁盘缓存）	控制用于生成和使用最终聚集贴图和光子贴图的文件	低
采样质量	设置抗锯齿渲染图像时执行采样的方式	中

12.4.1 全局照明选项卡

"全局照明"选项卡中的参数主要用来控制环境照明、焦散、全局照明和最终聚焦等效果，如图12-32所示。

图12-32

天光和环境照明（IBL）卷展栏

"天光和环境照明（IBL）"卷展栏用于控制mental ray天光及环境光的来源，如图12-33所示。

图12-33

天光和环境照明（IBL）卷展栏参数介绍

来自最终聚集（FG）的天光照明：勾选该选项后，mental ray渲染器会使用最终聚焦来创建天光照明。

来自IBL的天光照明：勾选该选项后，天光照明将由"基于图像照明"提供，同时可以通过下方的"阴影质量"与"阴影模式"选项来控制该天光产生的阴影细节效果。

最终聚焦（FG）卷展栏

"最终聚集"是一项技术，用于模拟指定点的全局照明。对于漫反射场景，最终聚集通常可以提高全局照明解决方案的质量。如果不使用最终聚集，漫反射曲面上的全局照明由该点附近的光子密度（和能量）来估算；如果使用最终聚集，将发送许多新的光线来对该点上的半球进行采样，以决定直接照明。展开"最终聚焦（FG）"卷展栏，如图12-34所示。

图12-34

最终聚焦（FG）卷展栏参数介绍

① 基本选项组

启用最终聚焦：开启该选项后，mental ray渲染器会使用最终聚焦来创建全局照明或提高渲染质量。

倍增：控制累积的间接光的强度和颜色。

最终聚焦精度预设：为最终聚焦提供快速、轻松的解决方案，包括"草图级"、"低"、"中"、"高"和"很高"5个级别。

按分段数细分摄影机路径：在上面的列表中选择"沿摄影机路径的位置投影点"选项时，该选项才被激活。

初始最终聚集点密度：最终聚集点密度的倍增。增加该值会增加图像中最终聚焦点的密度。

每最终聚集点光线数目：设置使用多少光线来计算最终聚焦中的间接照明。

插值的最终聚焦点数：控制用于图像采样的最终聚焦点数。

漫反射反弹次数：设置mental ray为单个漫反射光线计算的漫反射光反弹的次数。

权重：控制漫反射反弹有多少间接光照影响最终聚焦的解决方案。

② 高级选项组

噪波过滤（减少斑点）：使用从同一点发射的相邻最终聚集光线的中间过滤器。可以从后面的下拉列表中选择一个预设，包含"无"、"标准"、"高"、"很高"和"极端高"5个选项。

草图模式（无预先计算）：启用该选项之后，最终聚集将跳过预先计算阶段。这将造成渲染不真实，但是可以更快速地开始进行渲染，因此非常适用于进行测试渲染。

最大深度：制反射和折射的组合。当光线的反射和折射总数等于"最大深度"数值时将停止。

最大反射：设置光线可以反射的次数。0表示不会发生反射，1表示光线只可以反射一次，2表示光线可以反射两次，以此类推。

最大折射：设置光线可以折射的次数。0表示不发生折射，1表示光线只可以折射一次，2表示光线可以折射两次，以此类推。

使用衰减（限制光线距离）：启用该选项后，可以利用"开始"和"停止"数值限制使用环境颜色前用于重新聚集的光线的长度。

使用半径插值法（不使用最终聚集点数）：启用该选项之后，以下参数才可用。

半径：启用该选项之后，将设置应用最终聚集的最大半径。如果禁用"以像素表示半径"和"半径"，则最大半径的默认值是最大场景半径的10%，采用世界单位。

最小半径：启用该选项，可以设置必须在其中使用最终聚集的最小半径。

以像素表示半径：启用该选项之后，将以"像素"来指定半径值；关闭禁用该选项后，半径单位取决于半径切换的值。

焦散和光子贴图（GI）卷展栏

展开"焦散和光子贴图（GI）"卷展栏，如图12-35所示。在该卷展栏下可以设置焦散和全局照明效果。

图12-35

焦散和光子贴图（GI）卷展栏参数介绍

① 焦散选项组

启用：启用该选项后，mental ray渲染器会计算焦散效果。
倍增：控制焦散累积的间接光的强度和颜色。
每采样最大光子数：设置用于计算焦散强度的光子个数。
最大采样半径：启用该选项后，可以设置光子大小。
过滤器：指定锐化焦散的过滤器，包括"长方体"、"圆锥体"和Gauss（高斯）3种过滤器。
过滤器大小：选择"圆锥体"作为焦散过滤器时，该选项用来控制焦散的锐化程度。

当焦散启用时不透明阴影：启用该选项后，阴影为不透明。

② 光子贴图（GI）选项组

启用：启用该选项后，mental ray渲染器会计算全局照明。
每采样最大光子数：设置用于计算焦散强度的光子个数。增大该值可以使焦散产生较少的噪点，但图像会变得模糊。
最大采样半径：启用该选项后，可以使用微调器来设置光子大小。
合并附近光子（保存内存）：启用该选项后，可以减少光子贴图的内存使用量。
最终聚集的优化（较慢GI）：如果在渲染场景之前启用该选项，那么mental ray渲染器将计算信息，以加速重新聚集的进程。

③ 体积选项组

每采样最大光子数：设置用于着色体积的光子数，默认值为100。
最大采样半径：启用该选项时，可以设置光子的大小。

④ 跟踪深度选项组

最大深度：限制反射和折射的组合。当光子的反射和折射总数等于"最大深度"设置的数值时将停止。
最大反射：设置光子可以反射的次数。0表示不会发生反射，1表示光子只能反射一次，2表示光子可以反射两次，以此类推。
最大折射：设置光子可以折射的次数。0表示不发生折射，1表示光子只能折射一次，2表示光子可以折射两次，以此类推。

⑤ 灯光属性选项组

每个灯光的平均焦散光子数：设置用于焦散的每束光线所产生的光子数量。
每个灯光的平均全局照明光子数：设置用于全局照明的每束光线产生的光子数量。
衰退：当光子移离光源时，该选项用于设置光子能量的衰减方式。

⑥ 几何体属性选项组

所有对象均生成并接收全局照明和焦散：启用该选项后，在渲染场景时，场景中的所有对象都会产生并接收焦散和全局照明。

重用（最终聚集和全局照明磁盘缓存）卷展栏

展开"焦散和光子贴图（GI）"卷展栏，如图12-36所示。该卷展栏包含所有用于生成和使用最终聚集贴图（FGM）和光子贴图（PMAP）文件的控件，而且通过在最终聚集贴图文件之间插值，可以减少或消除渲染动画时的闪烁现象。

图12-36

重用（最终聚集和全局照明磁盘缓存）卷展栏参数介绍

① 模式选项组

模式列表：用于选择3ds Max生成缓存文件的方法，包含以下两个选项。

仅单一文件（最适合用穿行和静止）：创建一个包含所有最终聚集贴图点的FGM文件。在渲染静态图像或在渲染只有摄影机移动的动画时可以使用这种方法。

每个帧一个文件（最适合用于动画对象）：为每个动画帧创建单独的FGM文件。动画期间对象在场景中移动时可以使用这种方法。

计算最终聚集/全局照明并跳过最终渲染：启用该选项时，在渲染场景时，mental ray会计算最终聚集和全局照明的解决方案，但不执行实际渲染。

② 最终聚集贴图选项组

最终聚集贴图列表：用于选择生成和（或）使用最终聚集贴图文件的方法，包含以下3种方法。

关闭（不要将贴图缓存到磁盘）：该选项为默认选项，此时可以通过启用最终聚集进行渲染，但不会保存最终聚集贴图文件。

逐渐将最终聚集点添加到最终聚集贴图文件：选择该选项后，在渲染或生成聚集贴图文件时可以根据需要创建缓存文件。

仅从现有贴图文件中读取最终聚集点：选择该选项后，此时将使用之前渲染时保存的最终聚集贴图内的相关数据，而不生成任何新数据。

插值的帧数：提高该数值，可以减少或消除渲染动画中的最终聚集闪烁现象。

浏览 ▭：用于指定最终聚集贴图文件的名称，以及保存该文件的文件夹。

删除文件 ⊠：删除当前最终聚集贴图文件。

立即生成最终聚集贴图文件 `立即生成最终聚集贴图文件`：为所有动画帧处理最终聚集过程。

③ 焦散和全局照明光子贴图选项组

焦散和全局照明光子贴图列表：用于控制mental ray如何计算和使用间接照明的光子贴图文件，包含以下3种方法。

关闭（不要将贴图缓存到磁盘）：渲染时可以根据需要计算光子贴图。

将光子读取/写入到光子贴图文件：选择该选项时，如果没有光子贴图文件，则mental ray会在渲染时生成一个新的贴图文件。

仅从现有的贴图文件中读取光子：选择该选项时，将直接使用现有的光子贴图文件计算当前效果，不会发生新的光子贴图计算。

浏览 ▭：为光子贴图（PMAP）文件指定名称和路径。

删除文件 ⊠：删除当前光子贴图文件。

立即生成光子贴图文件 `立即生成光子贴图文件`：为所有动画帧处理光子贴图过程。

12.4.2 渲染器选项卡

"渲染器"选项卡中的参数可以用来设置采样质量、渲染算法、摄影机效果、阴影与置换等，如图12-37所示。

下面重点讲解"采样质量"卷展栏下的参数，如图12-38所示。该卷展栏主要用来设置mental ray渲染器为抗锯齿渲染图像时执行采样的方式。

图12-37 　　　　　　　　　　　　 图12-38

采样质量卷展栏参数介绍

① 采样模式选项组

采样模式列表：选择mental ray的采样方式，通常保持为默认的"统一/光线跟踪（推荐）"选项即可。

② 每像素采样选项组

质量：设置采样总体质量平均数。

最小：设置最小采样率。该值代表每个像素的采样数量，大于或等于1时表示对每个像素进行一次或多次采样；分数值代表对n个像素进行一次采样（例如，对于每4个像素，1/4就是最小的采样数）。

最大：设置最大采样率。

③ 过滤器选项组

类型：指定过滤器的类型。

宽度/高度：设置过滤器的大小。

④ 对比度/噪波阈值选项组

R/G/B：指定红、绿、蓝采样组件的阈值。

A：指定采样Alpha组件的阈值。

⑤ 选项选项组

锁定采样：启用该选项后，mental ray渲染器对于动画的每一帧都使用同样的采样模式。

抖动：开启该选项后可以避免出现锯齿现象。

渲染块宽度：设置每个渲染块的大小（以"像素"为单位）。

渲染块顺序：指定 mental ray渲染器选择下一个渲染块的方法。

帧缓冲区类型：选择输出帧缓冲区的位深的类型。

★ 重点 ★

实战： 用mental ray渲染器渲染牛奶场景

场景位置	场景文件>CH12>02.max
实例位置	实例文件>CH12>实战：用mental ray渲染器渲染牛奶场景.max
视频位置	多媒体教学>CH12>实战：用mental ray渲染器渲染牛奶场景.flv
难易指数	★★☆☆☆
技术掌握	mental ray渲染器的使用方法

牛奶场景效果如图12-39所示。

图12-39

01 打开下载资源中的"场景文件>CH12>02.max"文件,如图12-40所示。

图12-40

02 设置灯光类型为"标准",然后在左视图中创建一盏mr Area Spot(区域聚光灯),其位置如图12-41所示。

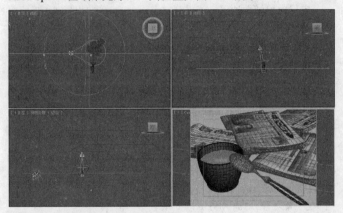

图12-41

技巧与提示

在使用mental ray渲染器渲染场景时,最好使用mental ray类型的灯光,因为这种灯光与mental ray渲染器衔接的非常好,渲染速度比其他灯光要快很多。这里创建的这盏mr区域聚光灯采用默认设置。

03 下面设置渲染参数。按F10键打开"渲染设置"对话框,然后设置渲染器为mental ray渲染器,接着单击"公用"选项卡,最后在"公用参数"卷展栏下设置"宽度"为1200、"高度"为900,如图12-42所示。

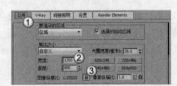

图12-42

04 单击"渲染器"选项卡,然后在"采样质量"卷展栏下设置"最小"为1、"最大"为16,接着在"选项"选项组下关闭"抖动"选项,最后设置"帧缓冲区类型"为"浮点数(每通道32位数)",具体参数设置如图12-43所示。

05 单击"间接照明"选项卡,展开"焦散和光子贴图(GI)"卷展栏,然后在"焦散"选项组下勾选"启用"选项,接着设置"每采样最大光子数"为30,最后在"光子贴图(GI)"选项组下勾选"启用"选项,并设置"每采样最大光子数"为500,具体参数设置如图12-44所示。

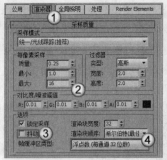
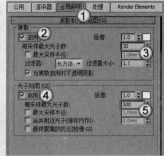

图12-43   图12-44

06 按大键盘上的8键,打开"环境和效果"对话框,然后在"曝光控制"卷展栏下设置曝光类型为"对数曝光控制",接着在"对数曝光控制参数"卷展栏下设置"强度"为50、"对比度"为70、"中间色调"为1、"物理比例"为1500,具体参数设置如图12-45所示。

07 在透视图中按C键切换到摄影机视图,然后按F9键渲染当前场景,最终效果如图12-46所示。

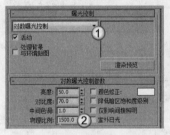

图12-45   图12-46

12.5 VRay渲染器

VRay渲染器是保加利亚的Chaos Group公司开发的一款高质量渲染引擎,主要以插件的形式应用在3ds Max、Maya、SketchUp等软件中。由于VRay渲染器可以真实地模拟现实光照,并且操作简单,可控性也很强,因此被广泛应用于建筑表现、工业设计和动画制作等领域。

VRay的渲染速度与渲染质量比较均衡,也就是说,在保证较高渲染质量的前提下也具有较快的渲染速度,所以它是目前效果图制作领域最为流行的渲染器。图12-47和图12-48所示的是一些比较优秀的效果图作品。

图12-47   图12-48

安装好VRay渲染器之后，若想使用该渲染器来渲染场景，可以按F10键打开"渲染设置"对话框，然后在"公用"选项卡下展开"指定渲染器"卷展栏，接着单击"产品级"选项后面的"选择渲染器"按钮 ，最后在弹出的"选择渲染器"对话框中选择VRay渲染器即可，如图12-49所示。

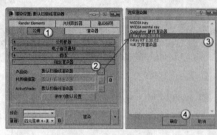

图12-49

VRay渲染器参数主要包括"公用"、"VRay"、"间接照明"、"设置"和"Render Elements（渲染元素）"五大选项卡，如图12-50所示。下面重点讲解"VRay"、"间接照明"和"设置"这3个选项卡中的参数。

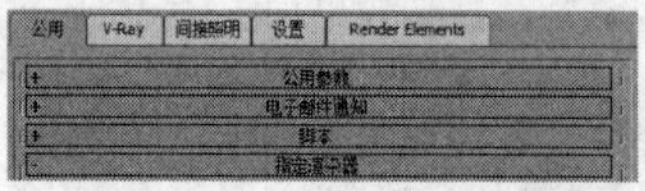

图12-50

本节VRay渲染技术概述

技术名称	主要作用	重要程度
帧缓冲区	代替3ds Max自身的帧缓存功能	低
全局开关	对灯光、材质、置换等进行全局设置	高
图像采样器（反锯齿）	决定图像的渲染精度和渲染时间	高
自适应DMC图像采样器	根据每个像素以及与它相邻像素的明暗差异来使不同像素使用不同的样本数量	高
环境	设置天光的亮度、反射、折射和颜色	高
颜色贴图	控制整个场景的颜色和曝光方式	高
间接照明（GI）	使光线在物体与物体间互相反弹，从而让光线计算更加准确	高
发光图	描述了三维空间中的任意一点及全部可能照射到这点的光线	高
灯光缓存	将最后的光发散到摄影机后得到最终图像	高
焦散	制作焦散特效	中
DMC采样器	控制整体的渲染质量和速度	高
默认置换	用灰度贴图来实现物体表面的凹凸效果	中
系统	影响渲染的显示和提示功能	高

★重点★ **12.5.1 VRay选项卡**

VRay选项卡下包含9个卷展栏，如图12-51所示。下面重点讲解"帧缓冲区"、"全局开关"、"图像采样器（反锯齿）"、"自适应DMC图像采样器"、"环境"和"颜色贴图"6个卷展栏下的参数。

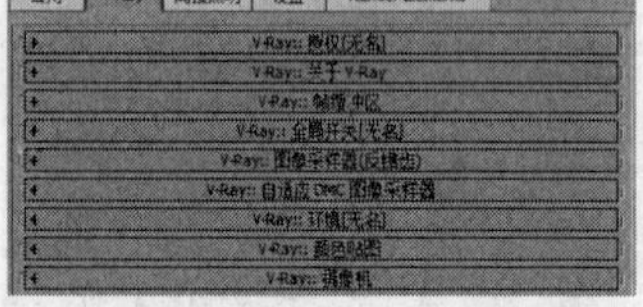

图12-51

帧缓冲区卷展栏

"帧缓冲区"卷展栏下的参数可以代替3ds Max自身的帧缓

存窗口。这里可以设置渲染图像的大小，以及保存渲染图像等，如图12-52所示。

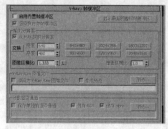

图12-52

帧缓存卷展栏参数介绍

① 帧缓存选项组

启用内置帧缓冲区：当选择这个选项的时候，用户就可以使用VRay自身的渲染窗口。同时需要注意，应该关闭3ds Max默认的"渲染帧窗口"选项，这样可以节约一些内存资源，如图12-53所示。

图12-53

—— 技术专题 44 详解"VRay帧缓冲区"对话框 ——

在"帧缓存"卷展栏下勾选"启用内置帧缓存"选项后，按F9键渲染场景，3ds Max会弹出"VRay帧缓冲区"对话框，如图12-54所示。

图12-54

切换颜色显示模式 ●■■■● ■ ：分别为"切换到RGB通道"、"查看红色通道"、"查看绿色通道"、"查看蓝色通道"、"切换到alpha通道"和"灰度模式"。

保存图像 ：将渲染好的图像保存到指定的路径中。

载入图像 ：载入VRay图像文件。

清除图像 ×：清除帧缓存中的图像。

复制到3ds Max的帧缓存 ：单击该按钮可以将VRay帧缓存中的图像复制到3ds Max中的帧缓存中。

渲染时跟踪鼠标：强制渲染鼠标所指定的区域，这样可以快速观察到指定的渲染区域。

区域渲染 ：使用该按钮可以在VRay帧缓存中拖出一个渲染区域，再次渲染时就只渲染这个区域内的物体。

最后渲染 ：重复一次最后进行的渲染。

显示校正控制器 ：单击该按钮会弹出"颜色校正"对话框，在该对话框中可以校正渲染图像的颜色。

强制颜色钳位：单击该按钮可以对渲染图像中超出显示范围的色彩不进行警告。

显示像素信息 ：激活该按钮后，使用鼠标右键在图像上单击会弹出一个与像素相关的信息通知对话框。

使用色彩校正：在"颜色校正"对话框中调整明度的阈值后，

单击该按钮可以将最后调整的结果显示或不显示在渲染的图像中。

使用颜色曲线校正 ：在"颜色校正"对话框中调整好曲线的阈值后，单击该按钮可以将最后调整的结果显示或不显示在渲染的图像中。

使用曝光校正 ：控制是否对曝光进行修正。

显示在sRGB色颜色空间 ：SRGB是国际通用的一种RGB颜色模式，还有Adobe RGB和ColorMatch RGB模式，这些RGB模式主要的区别就在于Gamma值的不同。

使用LUT校正 ：在"颜色校正"对话框中加载LUT校正文件后，单击该按钮可以将最后调整的结果显示或不显示在渲染的图像中。

显示VFB历史窗口 ：单击该按钮后将弹出"渲染历史"对话框，该对话框用于查看之前渲染过的图像文件的相关信息。

使用像素纵横比 ：当渲染图像比例不当造成像素失真时，可以单击该按钮进行自动校正。注意，此时校正的是图像内单个像素的纵横比，因此对画面整体的影响并不明显。

立体红色/青色 ：如果需要输出具有立体感的画面，可以通过该按钮分别输出立体红色及立体青色图像，然后经过后期合成制作立体画面效果。

渲染到内存帧缓冲区：当勾选该选项时，可以将图像渲染到内存中，然后再由帧缓冲窗口显示出来，这样可以方便用户观察渲染的过程；当关闭该选项时，不会出现渲染框，而直接保存到指定的硬盘文件夹中，这样的好处是可以节约内存资源。

② 输出分辨率选项组

从MAX获取分辨率：当勾选该选项时，将从"公用"选项卡的"输出大小"选项组中获取渲染尺寸；当关闭该选项时，将从VRay渲染器的"输出分辨率"选项组中获取渲染尺寸。

宽度：设置像素的宽度。

长度：设置像素的长度。

交换 ：交换"宽度"和"高度"的数值。

图像纵横比：设置图像的长宽比例，单击后面的L按钮 可以锁定图像的长宽比。

像素纵横比：控制渲染图像的像素长宽比。

③ VRay Raw图像文件选项组

渲染为VRay Raw图像：控制是否将渲染后的文件保存到所指定的路径中。勾选该选项后渲染的图像将以raw格式（VRay Raw图像比较大，一般情况下都不会用到这种格式的图像）进行保存。

生成预览：勾选该参数将在VRay Raw图像渲染完成后，生成预览效果。

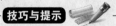**技巧与提示**

在渲染较大的场景时，计算机会负担很大的渲染压力，而勾选"渲染为VRay原始格式图像"选项后（需要设置好渲染图像的保存路径），渲染图像会自动保存到设置的路径中。

④ 分割渲染通道选项组

保存单独的渲染通道：控制是否单独保存渲染通道。

保存RGB：控制是否保存RGB色彩。

保存alpha：控制是否保存Alpha通道。

浏览 ：单击该按钮可以保存RGB和Alpha文件。

全局开关卷展栏

"全局开关"展卷栏下的参数主要用来对场景中的灯光、材质、置换等进行全局设置，如是否使用默认灯光、是否开启阴影、是否开启模糊等，如图12-55所示。

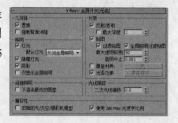

图12-55

全局开关卷展栏参数介绍

① 几何体选项组

置换：控制是否开启场景中的置换效果。在VRay的置换系统中，一共有两种置换方式，分别是材质置换方式和"VRay置换模式"修改器方式，如图12-56和图12-57所示。当关闭该选项时，场景中的两种置换都不会起作用。

图12-56

图12-57

强制背面消隐：执行3ds Max中的"自定义>首选项"菜单命令，打开"首选项设置"对话框，在"视口"选项卡中有一个"创建对象时背面消隐"选项，如图12-58所示。"背面强制隐藏"与"创建对象时背面消隐"选项相似，但"创建对象时背面消隐"只用于视图，对渲染没有影响，而"强制背面隐藏"是针对渲染而言的，勾选该选项后反法线的物体将不可见。

图12-58

② 照明选项组

灯光：控制是否开启场景中的光照效果。当关闭该选项时，场景中放置的灯光将不起作用。

默认灯光：控制场景是否使用3ds Max系统中的默认光照，一般情况下都不设置它。

隐藏灯光：控制场景是否让隐藏的灯光产生光照。这个选项对于调节场景中的光照非常方便。

阴影：控制场景是否产生阴影。

仅显示全局照明：当勾选该选项时，场景渲染结果只显示全局照明的光照效果。虽然如此，渲染过程中也是计算了直接光照的。

③ 间接照明选项组

不渲染最终的图像：控制是否渲染最终图像。如果勾选该选项，VRay将在计算完光子以后，不再渲染最终图像，这对渲染小光子图非常方便。

④ 材质选项组

反射/折射：控制是否开启场景中的材质的反射和折射效果。

最大深度：控制整个场景中的反射、折射的最大深度，后面的输入框数值表示反射、折射的次数。

贴图：控制是否让场景中的物体的程序贴图和纹理贴图渲染出来。如果关闭该选项，那么渲染出来的图像就不会显示贴图，取而代之的是漫反射通道里的颜色。

过滤贴图：这个选项用来控制VRay渲染时是否使用贴图纹理过滤。如果勾选该选项，VRay将用自身的"抗锯齿过滤器"来对贴图纹理进行过滤，如图12-59所示；如果关闭该选项，将以原始图像进行渲染。

图12-59

全局照明过滤贴图：控制是否在全局照明中过滤贴图。

最大透明级别：控制透明材质被光线追踪的最大深度。值越高，被光线追踪的深度越深，效果越好，但渲染速度会变慢。

透明中止：控制VRay渲染器对透明材质的追踪终止值。当光线透明度的累计比当前设定的阈值低时，将停止光线透明追踪。

覆盖材质：是否给场景赋予一个全局材质。当在后面的通道中设置了一个材质后，那么场景中所有的物体都将使用该材质进行渲染，这在测试阳光效果及检查模型完整度时非常有用。

光泽效果：是否开启反射或折射模糊效果。当关闭该选项时，场景中带模糊的材质将不会渲染出反射或折射模糊效果。

⑤ 光线跟踪选项组

二次光线偏移：这个选项主要用来控制有重面的物体在渲染时不会产生黑斑。如果场景中有重面，在默认值为0的情况下将会产生黑斑，一般通过设置一个比较小的值来纠正渲染错误，如0.0001。但是如果这个值设置得比较大，如10，那么场景中的间接照明将变得不正常。例如，图12-60所示的地板上放了一个长方体，它的位置刚好和地板重合，当"二次光线偏移"数值为0的时候渲染结果不正确，出现黑块；当"二次光线偏移"数值为0.001的时候，渲染结果正常，没有黑斑，如图12-61所示。

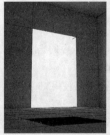

图12-60 　　　　图12-61

🌐 图像采样器（反锯齿）卷展栏------------------------

反（抗）锯齿在渲染设置中是一个必须调整的参数，其数值的大小决定了图像的渲染精度和渲染时间，但反锯齿与全局照明精度的高低没有关系，只作用于场景物体的图像和物体的边缘精度，其参数设置面板如图12-62所示。

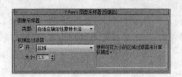

图12-62

图像采样器（反锯齿）卷展栏参数介绍

① 图像采样器选项组

类型：用来设置"图像采样器"的类型，包括"固定"、"自适应DMC"和"自适应细分"3种类型。

固定：对每个像素使用一个固定的细分值。该采样方式适合拥有大量的模糊效果（如运动模糊、景深模糊、反射模糊和折射模糊等）或者具有高细节纹理贴图的场景。在这种情况下，使用"固定"方式能够兼顾渲染品质和渲染时间。

自适应确定性蒙特卡洛：这是最常用的一种采样器，在下面的内容中还要单独介绍，其采样方式可以根据每个像素以及与它相邻像素的明暗差异来使不同像素使用不同的样本数量。在角落部分使用较高的样本数量，在平坦部分使用较低的样本数量。该采样方式适合拥有少量的模糊效果或者具有高细节的纹理贴图以及具有大量几何体面的场景。

自适应细分：这个采样器具有负值采样的高级抗锯齿功能，适用于在没有或者少量的模糊效果的场景中，在这种情况下，它的渲染速度最快，但是在具有大量细节和模糊效果的场景中，它的渲染速度会非常慢，渲染品质也不高，这是因为它需要去优化模糊和大量的细节，这样就需要对模糊和大量细节进行预计算，从而把渲染速度降低。同时该采样方式是3种采样类型中最占内存资源的一种，而"固定"采样器占的内存资源最少。

② 抗锯齿过滤器选项组

开：当勾选"开"选项以后，可以从后面的下拉列表中选择一个抗锯齿过滤器来对场景进行抗锯齿处理；如果不勾选"开"选项，那么渲染时将使用纹理抗锯齿过滤器。抗锯齿过滤器的类型有以下16种。

区域：用区域大小来计算抗锯齿，如图12-63所示。

清晰四方形：来自Neslon Max算法的清晰9像素重组过滤器，如图12-64所示。

Catmull-Rom：一种具有边缘增强的过滤器，可以产生较清晰的图像效果，如图12-65所示。

图12-63 　　　　图12-64 　　　　图12-65

图版匹配/MAX R2：使用3ds Max R2的方法（无贴图过滤）将摄影机和场景或"无光/投影"元素与未过滤的背景图像相匹配，如图12-66所示。

四方形：和"清晰四方形"相似，能产生一定的模糊效果，如图12-67所示。

立方体：基于立方体的25像素过滤器，能产生一定的模糊效果，如图12-68所示。

图12-66　　　　　图12-67　　　　　图12-68

视频：适合于制作视频动画的一种抗锯齿过滤器，如图12-69所示。

柔化：用于程度模糊效果的一种抗锯齿过滤器，如图12-70所示。

Cook变量：一种通用过滤器，较小的数值可以得到清晰的图像效果，如图12-71所示。

图12-69　　　　　图12-70　　　　　图12-71

混合：一种用混合值来确定图像清晰或模糊的抗锯齿过滤器，如图12-72所示。

Blackman：一种没有边缘增强效果的抗锯齿过滤器，如图12-73所示。

Mitchell-Netravali：一种常用的过滤器，能产生微量模糊的图像效果，如图12-74所示。

图12-72　　　　　图12-73　　　　　图12-74

VRayLanczosFilter/VRaySincFilter：这两个过滤器可以很好地平衡渲染速度和渲染质量，且它们所产生的抗锯齿效果也很相似，如图12-75所示。

图12-75

VRayBoxFilter（盒子过滤器）/VRayTriangleFilter（三角形过滤器）：这两个过滤器以"盒子"和"三角形"的方式进行抗锯齿。

大小：设置过滤器的大小。

自适应DMC图像采样器卷展栏

"自适应DMC图像采样器"是一种高级抗锯齿采样器。展开"图像采样器（反锯齿）"卷展栏，然后在"图像采样器"选项组下设置"类型"为"自适应DMC"，此时系统会增加一个"自适应DMC图像采样器"卷展栏，如图12-76所示。

图12-76

自适应DMC图像采样器卷展栏参数介绍

最小细分：定义每个像素使用样本的最小数量。

最大细分：定义每个像素使用样本的最大数量。

颜色阈值：色彩的最小判断值，当色彩的判断达到这个值以后，就停止对色彩的判断。具体一点就是分辨哪些是平坦区域，哪些是角落区域。这里的色彩应该理解为色彩的灰度。

显示采样：勾选该选项后，可以看到"自适应DMC"的样本分布情况。

使用确定性蒙特卡洛采样器阈值：如果勾选了该选项，"颜色阈值"选项将不起作用，取而代之的是采用DMC（自适应确定性蒙特卡洛）图像采样器中的阈值。

环境卷展栏

"环境"卷展栏分为"全局照明环境（天光）覆盖"、"反射/折射环境覆盖"和"折射环境覆盖"3个选项组，如图12-77所示。在该卷展栏下可以设置天光的亮度、反射、折射和颜色等。

图12-77

环境卷展栏参数介绍

① 全局照明环境（天光）覆盖选项组

开：控制是否开启VRay的天光。当使用这个选项以后，3ds Max默认的天光效果将不起光照作用。

颜色：设置天光的颜色。

倍增：设置天光亮度的倍增。值越高，天光的亮度越高。

无 无：选择贴图来作为天光的光照。

② 反射/折射环境覆盖选项组

开：当勾选该选项后，当前场景中的反射环境将由它来控制。

颜色：设置反射环境的颜色。

倍增：设置反射环境亮度的倍增。值越高，反射环境的亮度越高。

无 无：选择贴图来作为反射环境。

③ 折射环境覆盖选项组

开：当勾选该选项后，当前场景中的折射环境由它来控制。

颜色：设置折射环境的颜色。

倍增：设置反射环境亮度的倍增。值越高，折射环境的亮度越高。

无 无：选择贴图来作为折射环境。

颜色贴图卷展栏

"颜色贴图"卷展栏下的参数主要用来控制整个场景的颜色和曝光方式，如图12-78所示。

图12-78

颜色贴图卷展栏参数介绍

类型：提供不同的曝光模式，包括"线性倍增"、"指数"、"HSV指数"、"强度指数"、"伽玛校正"、"强度伽玛"和"菜因哈德"7种模式。

线性倍增：这种模式将基于最终色彩亮度来进行线性的倍增，可能会导致靠近光源的点过分明亮，如图12-79所示。"线性倍增"模式包括3个局部参数，"暗色倍增"是对暗部的亮度进行控制，加大该值可以提高暗部的亮度；"亮度倍增"是对亮部的亮度进行控制，加大该值可以提高亮部的亮度；"伽玛值"主要用来控制图像的伽玛值。

指数：这种曝光是采用指数模式，它可以降低靠近光源处表面的曝光效果，同时场景颜色的饱和度会降低，如图12-80所示。"指数"模式的局部参数与"线性倍增"一样。

HSV指数：与"指数"曝光比较相似，不同点在于可以保持场景物体的颜色饱和度，但是这种方式会取消高光的计算，如图12-81所示。"HSV指数"模式的局部参数与"线性倍增"一样。

图12-79　　　　　图12-80　　　　　图12-81

强度指数：这种方式是对上面两种指数曝光的结合，既抑制了光源附近的曝光效果，又保持了场景物体的颜色饱和度，如图12-82所示。"强度指数"模式的局部参数与"线性倍增"相同。

伽玛校正：采用伽玛来修正场景中的灯光衰减和贴图色彩，其效果和"线性倍增"曝光模式类似，如图12-83所示。"伽玛校正"

模式包括"倍增"、"反向伽玛"和"伽玛值"3个局部参数，"倍增"主要用来控制图像的整体亮度倍增；"反向伽玛"是VRay内部转化的，比如输入2.2就是和显示器的伽玛2.2相同；"伽玛值"主要用来控制图像的伽玛值。

强度伽玛：这种曝光模式不仅拥有"伽玛校正"的优点，同时还可以修正场景灯光的亮度，如图12-84所示。

图12-82　　　　　图12-83　　　　　图12-84

菜因哈德：这种曝光方式可以把"线性倍增"和"指数"曝光混合起来。它包括一个"加深值"局部参数，主要用来控制"线性倍增"和"指数"曝光的混合值，0表示"线性倍增"不参与混合，如图12-85所示；1表示"指数"不参加混合，如图12-86所示；0.5表示"线性倍增"和"指数"曝光效果各占一半，如图12-87所示。

图12-85　　　　　图12-86　　　　　图12-87

子像素映射：在实际渲染时，物体的高光区与非高光区的界限处会有明显的黑边，而开启"子像素映射"选项后就可以缓解这种现象。

钳制输出：当勾选这个选项后，在渲染图中有些无法表现出来的色彩会通过限制来自动纠正。但是当使用HDRI（高动态范围贴图）的时候，如果限制了色彩的输出会出现一些问题。

影响背景：控制是否让曝光模式影响背景。当关闭该选项时，背景不受曝光模式的影响。

不影响颜色（仅自适应）：在使用HDRI（高动态范围贴图）和"VRay发光材质"时，若不开启该选项，"颜色贴图"卷展栏下的参数将对这些具有发光功能的材质或贴图产生影响。

线性工作流：当使用线性工作流时，可以勾选该选项。

★ 重点 ★
12.5.2　间接照明选项卡

"间接照明"选项卡包含4个卷展栏（在最终渲染阶段，该选项卡下的参数属于必须调整的项目之一），如图12-88所示。下面重点讲解"间接照明（GI）"、"发光图"、"灯光缓存"和"焦散"卷展栏下的参数。

图12-88

问："灯光缓存"卷展栏在哪？

答：在默认情况下是没有"灯光缓存"卷展栏的，要调出这个卷展栏，需要先在"间接照明（GI）"卷展栏下将"二次反弹"的"全局照明引擎"设置为"灯光缓存"，如图12-89所示。

图12-89

间接照明（GI）卷展栏

在VRay渲染器中，如果没有开启间接照明时的效果就是直接照明效果，开启后就可以得到间接照明效果。开启间接照明后，光线会在物体与物体间互相反弹，因此光线计算会更加准确，图像也更加真实，其参数设置面板如图12-90所示。

图12-90

间接照明（GI）卷展栏参数介绍

① 基本选项组

开：勾选该选项后，将开启间接照明效果。

② 全局照明焦散选项组

反射：控制是否开启反射焦散效果。

折射：控制是否开启折射焦散效果。

技巧与提示

注意，"全局照明焦散"选项组下的参数只有在"焦散"卷展栏下勾选"开"选项后该才起作用。

③ 渲染后处理选项组

饱和度：可以用来控制色溢，降低该数值可以降低色溢效果。图12-91和图12-92所示的是"饱和度"数值分别为0和2时的效果对比。

图12-91

图12-92

对比度：控制色彩的对比度。数值越高，色彩对比越强；数值越低，色彩对比越弱。

对比度基数：控制"饱和度"和"对比度"的基数。数值越高，"饱和度"和"对比度"效果越明显。

④ 环境阻光（AO）选项组

开：控制是否开启"环境阻光"功能。

半径：设置环境阻光的半径。

细分：设置环境阻光的细分值。数值越高，阻光越好，反之越差。

⑤ 首次反弹选项组

倍增：控制"首次反弹"的光的倍增值。值越高，"首次反弹"的光的能量越强，渲染场景越亮，默认情况下为1。

全局照明引擎：设置"首次反弹"的GI引擎，包括"发光图"、"光子图"、"BF算法"和"灯光缓存"4种。

⑥ 二次反弹选项组

倍增：控制"二次反弹"的光的倍增值。值越高，"二次反弹"的光的能量越强，渲染场景越亮，最大值为1，默认值也为1，在一般情况下保持默认值即可。

全局照明引擎：设置"二次反弹"的GI引擎，包括"无"（表示不使用引擎）、"光子图"、"BF算法"和"灯光缓存"4种。

—— 技术专题 45 首次反弹与二次反弹的区别 ——

在真实世界中，光线的反弹一次比一次减弱。VRay渲染器中的全局照明有"首次反弹"和"二次反弹"，但并不是说光线只反射两次，"首次反弹"可以理解为直接照明的反弹，光线照射到A物体后反射到B物体，B物体所接收到的光就是"首次反弹"，B物体再将光线反射到D物体，D物体再将光线反射到E物体……，D物体以后的物体所得到的光的反射就是"二次反弹"，如图12-93所示。

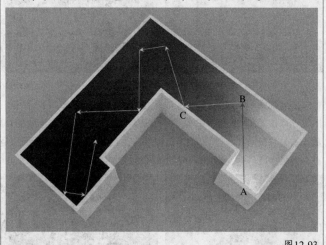

图12-93

发光图卷展栏

"发光图"中的"发光"描述了三维空间中的任意一点以及全部可能照射到这点的光线，它是一种常用的全局光引擎，只存在于"首次反弹"引擎中，其参数设置面板如图12-94所示。注意，用户必须完全掌握该卷展栏下的参数作用。

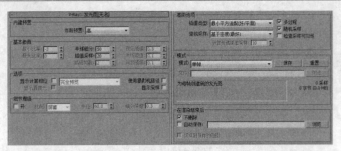

图12-94

发光图卷展栏参数介绍

① 内建预置选项组

当前预置： 设置发光图的预设类型，共有以下8种。

自定义： 选择该模式时，可以手动调节参数。

非常低： 这是一种非常低的精度模式，主要用于测试阶段。

低： 一种比较低的精度模式，不适合用于保存光子贴图。

中： 是一种中级品质的预设模式。

中-动画： 用于渲染动画效果，可以解决动画闪烁的问题。

高： 一种高精度模式，一般用在光子贴图中。

高-动画： 比中等品质效果更好的一种动画渲染预设模式。

非常高： 是预设模式中精度最高的一种，可以用来渲染高品质的效果图。

② 基本参数选项组

最小比率： 控制场景中平坦区域的采样数量。0表示计算区域的每个点都有样本，-1表示计算区域的1/2是样本，-2表示计算区域的1/4是样本。图12-95和图12-96所示的是"最小采样比"分别为-2和-5时的对比效果。

图12-95　　　　　　　　　　图12-96

最大比率： 控制场景中的物体边线、角落、阴影等细节的采样数量。0表示计算区域的每个点都有样本，-1表示计算区域的1/2是样本，-2表示计算区域的1/4是样本。图12-97和图12-98所示的是"最大采样比"分别为0和-1时的效果对比。

图12-97　　　　　　　　　　图12-98

半球细分： 因为VRay采用的是几何光学，所以它可以模拟光线的条数。这个参数就是用来模拟光线的数量，值越高，表现的光线越多，那么样本精度也就越高，渲染的品质也就越好，同时渲染时间也会增加。图12-99和图12-100所示的是"半球细分"分别为20和100时的效果对比。

图12-99　　　　　　　　　　图12-100

插值采样： 这个参数是对样本进行模糊处理，较大的值可以得到比较模糊的效果，较小的值可以得到比较锐利的效果。图12-101和图12-102所示的是"插值采样"分别为2和20时的效果对比。

图12-101　　　　　　　　　　图12-102

插值帧数： 该选项当前不可用。

颜色阈值： 这个值主要是让渲染器分辨哪些是平坦区域，哪些不是平坦区域，它是按照颜色的灰度来区分的。值越小，对灰度的敏感度越高，区分能力越强。

法线阈值： 这个值主要是让渲染器分辨哪些是交叉区域，哪些不是交叉区域，它是按照法线的方向来区分的。值越小，对法线方向的敏感度越高，区分能力越强。

间距阈值： 这个值主要是让渲染器分辨哪些是弯曲表面区域，哪些不是弯曲表面区域，它是按照表面距离和表面弧度的比较来区分的。值越高，表示弯曲表面的样本越多，区分能力越强。

③ 选项选项组

显示计算相位： 勾选这个选项后，用户可以看到渲染帧里的GI预计算过程，同时会占用一定的内存资源。

显示直接光： 在预计算的时候显示直接照明，以方便用户观察直接光照的位置。

使用摄影机路径： 该参数主要用于渲染动画，勾选后会改变光子采样自摄影机射出的方式，它会自动调整为从整个摄影机的路径发射光子，因此每一帧发射的光子与动画帧更为匹配，可以解决动画闪烁等问题。

显示采样： 显示采样的分布以及分布的密度，帮助用户分析GI的精度够不够。

④ 细节增强选项组

开： 是否开启"细部增强"功能。

比例： 细分半径的单位依据，有"屏幕"和"世界"两个单位选项。"屏幕"是指用渲染图的最后尺寸来作为单位；"世界"是用3ds Max系统中的单位来定义的。

半径： 表示细节部分有多大区域使用"细节增强"功能。"半径"值越大，使用"细部增强"功能的区域也就越大，同时渲染时间也越长。

细分倍增：控制细部的细分，但是这个值和"发光图"里的"半球细分"有关系，0.3代表细分是"半球细分"的30%，1代表和"半球细分"的值一样。值越低，细部就会产生杂点，渲染速度比较快；值越高，细部就可以避免产生杂点，同时渲染速度会变慢。

⑤ 高级选项选项组

插值类型：VRay提供了4种样本插补方式，为"发光图"的样本的相似点进行插补。

权重平均值（好/强）：一种简单的插补方法，可以将插补采样以一种平均值的方法进行计算，能得到较好的光滑效果。

最小平方适配（好/平滑）：默认的插补类型，可以对样本进行最适合的插补采样，能得到比"权重平均值（好/强）"更光滑的效果。

Delone三角剖分（好/精确）：最精确的插补算法，可以得到非常精确的效果，但是要有更多的"半球细分"才不会出现斑驳效果，且渲染时间较长。

最小平方权重/泰森多边形权重（测试）：结合了"权重平均值（好/强）"和"最小平方适配（好/平滑）"两种类型的优点，但是渲染时间较长。

查找采样：它主要控制哪些位置的采样点是适合用来作为基础插补的采样点。VRay内部提供了以下4种样本查找方式。

平衡嵌块（好）：它将插补点的空间划分为4个区域，然后尽量在它们中寻找相等数量的样本，它的渲染效果比"最近（草图）"效果好，但是渲染速度比"临近采样（草图）"慢。

最近（草图）：这种方式是一种草图方式，它简单地使用"发光图"里的最靠近的插补点样本来渲染图形，渲染速度比较快。

重叠（很好/快速）：这种查找方式需要对"发光图"进行预处理，然后对每个样本半径进行计算。低密度区域样本半径比较大，而高密度区域样本半径比较小。渲染速度比其他3种都快。

基于密度（最好）：它基于总体密度来进行样本查找，不但物体边缘处理非常好，而且在物体表面也处理得十分均匀。它的效果比"重叠（很好/快速）"更好，其速度也是4种查找方式中最慢的一种。

计算传递插值采样：用在计算"发光图"过程中，主要计算已经被查找后的插补样本的使用数量。较低的数值可以加速计算过程，但是会导致信息不足；较高的值计算速度会减慢，但是所利用的样本数量比较多，所以渲染质量也比较好。官方推荐使用10~25的数值。

多过程：当勾选该选项时，VRay会根据"最大采样比"和"最小采样比"进行多次计算。如果关闭该选项，那么就强制一次性计算完。一般根据多次计算以后的样本分布会均匀合理一些。

随机采样：控制"发光图"的样本是否随机分配。如果勾选该选项，那么样本将随机分配，如图12-103所示；如果关闭该选项，那么样本将以网格方式来进行排列，如图12-104所示。

检查采样可见性：在灯光通过比较薄的物体时，很有可能会产生漏光现象，勾选该选项可以解决这个问题，但是渲染时间就会长一些。通常在比较高的GI情况下，也不会漏光，所以一般情况下不勾选该选项。当出现漏光现象时，可以试着勾选该选项。图12-105所示是右边的薄片出现的漏光现象，图12-106所示是勾选了"检查采样可见性"以后的效果，从图中可以观察到没有了漏光现象。

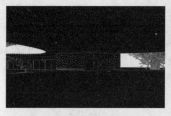
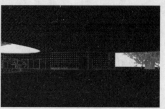

图12-103　　　　　　　　　　图12-104

图12-105　　　　　　　　　　图12-106

⑥ 模式选项组

模式：一共有以下8种模式。

单帧：一般用来渲染静帧图像。

多帧增量：这个模式用于渲染仅有摄影机移动的动画。当VRay计算完第1帧的光子以后，在后面的帧里根据第1帧里没有的光子信息进行新计算，这样就节约了渲染时间。

从文件：当渲染完光子以后，可以将其保存起来，这个选项就是调用保存的光子图进行动画计算（静帧同样也可以这样）。

添加到当前贴图：当渲染完一个角度的时候，可以把摄影机转一个角度再全新计算新角度的光子，最后把这两次的光子叠加起来，这样的光子信息更丰富、更准确，同时也可以进行多次叠加。

增量添加到当前贴图：这个模式和"添加到当前贴图"相似，只不过它不是全新计算新角度的光子，而是只对没有计算过的区域进行新的计算。

块模式：把整个图分成块来计算，渲染完一个块再进行下一个块的计算，但是在低GI的情况下，渲染出来的块会出现错位的情况。它主要用于网络渲染，速度比其他方式快。

动画（预通过）：适合动画预览，使用这种模式要预先保存好光子贴图。

动画（渲染）：适合最终动画渲染，这种模式要预先保存好光子贴图。

保存 　保存　：将光子图保存到硬盘。

重置 　重置　：将光子图从内存中清除。

文件：设置光子图所保存的路径。

浏览 　浏览　：从硬盘中调用需要的光子图进行渲染。

⑦ 在渲染结束后选项组

不删除：当光子渲染完以后，不把光子从内存中删掉。

自动保存：当光子渲染完以后，自动保存在硬盘中，单击"浏览"按钮 　浏览　 就可以选择保存位置。

切换到保存的贴图：当勾选了"自动保存"选项后，在渲染结束时会自动进入"从文件"模式并调用光子贴图。

● 灯光缓存卷展栏

"灯光缓存"与"发光图"比较相似，都是将最后的光发散到摄影机后得到最终图像，只是"灯光缓存"与"发光图"的光线路径是相反的，"发光图"的光线追踪方向是从光源发射到场景的模型中，最后再反弹到摄影机，而"灯光缓存"是从摄影机开始追踪光线到光源，摄影机追踪光线的数量就是"灯光缓存"的最后精度。由于"灯光缓存"是从摄影机方向开始追踪的光线的，所以最后的渲染时间与渲染的图像的像素没有关系，只与其中的参数有关，一般适用于"二次反弹"，其参数设置面板如图12-107所示。

图12-107

灯光缓存卷展栏参数介绍

① 计算参数选项组

细分：用来决定"灯光缓存"的样本数量。值越高，样本总量越多，渲染效果越好，渲染时间越慢。图12-108和图12-109所示的是"细分"值分别为200和800时的渲染效果对比。

图12-108　　　　　　　图12-109

采样大小：用来控制"灯光缓存"的样本大小，比较小的样本可以得到更多的细节，但是同时需要更多的样本。图12-110和图12-111所示的是"采样大小"分别为0.04和0.01时的渲染效果对比。

图12-110　　　　　　　图12-111

比例：主要用来确定样本的大小依靠什么单位，这里提供了以下两种单位。一般在效果图中使用"屏幕"选项，在动画中使用"世界"选项。

进程数：这个参数由CPU的个数来确定，如果是单CUP单核单线程，那么就可以设定为1；如果是双核，就可以设定为2。注意，这个值设定得太大会让渲染的图像有点模糊。

存储直接光：勾选该选项后，"灯光缓存"将保存直接光照信息。当场景中有很多灯光时，使用这个选项会提高渲染速度。因为它已经把直接光照信息保存到"灯光缓存"里，在渲染出图的时

候，不需要对直接光照再进行采样计算。

显示计算相位：勾选该选项后，可以显示"灯光缓存"的计算过程，方便观察。

使用摄影机路径：该参数主要用于渲染动画，用于解决动画渲染中闪烁问题。

自适应跟踪：这个选项的作用在于记录场景中的灯光位置，并在光的位置上采用更多的样本，同时模糊特效也会处理得更快，但是会占用更多的内存资源。

仅使用方向：当勾选"自适应跟踪"选项后，该选项才被激活。它的作用在于只记录直接光照的信息，而不考虑间接照明，可以加快渲染速度。

② 重建参数选项组

预滤器：当勾选该选项后，可以对"灯光缓存"样本进行提前过滤，它主要是查找样本边界，然后对其进行模糊处理。后面的值越高，对样本进行模糊处理的程度越深。图12-112和图12-113所示的是"预滤器"分别为10和50时的对比渲染效果。

图12-112　　　　　　　图12-113

使用光泽光线的灯光缓存：是否使用平滑的灯光缓存，开启该功能后会使渲染效果更加平滑，但会影响到细节效果。

过滤器：该选项是在渲染最后成图时，对样本进行过滤，其下拉列表中共有以下3个选项。

无：对样本不进行过滤。

最近：当使用这个过滤方式时，过滤器会对样本的边界进行查找，然后对色彩进行均化处理，从而得到一个模糊效果。当选择该选项以后，下面会出现一个"插补采样"参数，其值越高，模糊程度越深。图12-114和图12-115所示的是"过滤器"都为"邻近"，而"插补采样"分别为10和50时的对比渲染效果。

图12-114　　　　　　　图12-115

固定：这个方式和"邻近"方式的不同点在于，它采用距离的判断来对样本进行模糊处理。同时它也附带一个"过滤大小"参数，其值越大，表示模糊的半径越大，图像的模糊程度越深。图12-116和图12-117所示的是"过滤器"方式都为"固定"，而"过滤大小"分别为0.02和0.06时的对比渲染效果。

折回阈值：勾选该选项后，会提高对场景中反射和折射模糊效果的渲染速度。

图12-116　　　　　　　　图12-117

插值采样：通过后面参数控制插值精度，数值越高采样越精细，耗时也越长。

③ 模式选项组

模式：设置光子图的使用模式，共有以下4种。

单帧：一般用来渲染静帧图像。

穿行：这个模式用在动画方面，它把第1帧到最后1帧的所有样本都融合在一起。

从文件：使用这种模式，VRay要导入一个预先渲染好的光子贴图，该功能只渲染光影追踪。

渐进路径跟踪：这个模式就是常说的PPT，它是一种新的计算方式，和"自适应DMC"一样是一个精确的计算方式。不同的是，它不停地去计算样本，不对任何样本进行优化，直到样本计算完毕为止。

保存到文件 保存到文件 ：将保存在内存中的光子贴图再次进行保存。

浏览 浏览 ：从硬盘中浏览保存好的光子图。

④ 渲染结束时光子图处理选项组

不删除：当光子渲染完后，不把光子从内存中删掉。

自动保存：当光子渲染完后，自动保存在硬盘中，单击"浏览"按钮 浏览 可以选择保存位置。

切换到被保存的缓存：当勾选"自动保存"选项后，这个选项才被激活。当勾选该选项后，系统会自动使用最新渲染的光子图进行大图渲染。

焦散卷展栏

"焦散"是一种特殊的物理现象，在VRay渲染器里有专门的"焦散"效果调整功能面板，其参数面板如图12-118所示。

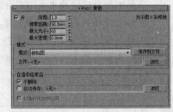

图12-118

焦散卷展栏参数介绍

开：勾选该选项后，就可以渲染焦散效果。

倍增：焦散的亮度倍增。值越高，焦散效果越亮。图12-119和图12-120所示分别是"倍增器"为4和12时的对比渲染效果。

搜索距离：当光子追踪撞击在物体表面的时候，会自动搜寻位于周围区域同一平面的其他光子，实际上这个搜寻区域是一个以撞击光子为中心的圆形区域，其半径就是由这个搜寻距离确定的。较

小的值容易产生斑点，较大的值会产生模糊焦散效果。图12-121和图12-122所示分别是"搜索距离"为0.1mm和2mm时的对比渲染效果。

图12-119　　　　　　　　图12-120

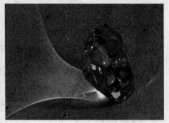

图12-121　　　　　　　　图12-122

最大光子：定义单位区域内的最大光子数量，然后根据单位区域内的光子数量来均分照明。较小的值不容易得到焦散效果，而较大的值会使焦散效果产生模糊现象。图12-123和图12-124所示分别是"最大光子数"为1和200时的对比渲染效果。

图12-123　　　　　　　　图12-124

最大密度：控制光子的最大密度，默认值0表示使用VRay内部确定的密度，较小的值会让焦散效果比较锐利。图12-125和图12-126所示分别是"最大密度"为0.01mm和5mm时的对比渲染效果。

图12-125　　　　　　　　图12-126

知识链接

关于"模式"及"在渲染结束后"选项组中的参数请参阅"发光图"卷展栏下的相应参数。

★重点★ 12.5.3 设置选项卡

"设置"选项卡下包含3个卷展栏，分别是"DMC采样

器"、"默认置换"和"系统"卷展栏，如图12-127所示。

图12-127

DMC采样器卷展栏

"DMC采样器"卷展栏下的参数可以用来控制整体的渲染质量和速度，其参数设置面板如图12-128所示。

图12-128

DMC采样器卷展栏参数介绍

适应数量： 主要用来控制适应的百分比。

噪波阈值： 控制渲染中所有产生噪点的极限值，包括灯光细分、抗锯齿等。数值越小，渲染品质越高，渲染速度就越慢。

时间独立： 控制是否在渲染动画时对每一帧都使用相同的"DMC采样器"参数设置。

最小采样值： 设置样本及样本插补中使用的最少样本数量。数值越小，渲染品质越低，速度就越快。

全局细分倍增器： VRay渲染器有很多"细分"选项，该选项是用来控制所有细分的百分比。

路径采样器： 设置样本路径的选择方式，每种方式都会影响渲染速度和品质，在一般情况下选择默认方式即可。

默认置换卷展栏

"默认置换"卷展栏下的参数是用灰度贴图来实现物体表面的凸凹效果，它对材质中的置换起作用，而不作用于物体表面，其参数设置面板如图12-129所示。

图12-129

默认置换卷展栏参数介绍

覆盖MAX设置： 控制是否用"默认置换"卷展栏下的参数来替代3ds Max中的置换参数。

边长： 设置3D置换中产生最小的三角面长度。数值越小，精度越高，渲染速度越慢。

依赖于视图： 控制是否将渲染图像中的像素长度设置为"边长"的单位。若不开启该选项，系统将以3ds Max中的单位为准。

最大细分： 设置物体表面置换后可产生的最大细分值。

数量： 设置置换的强度总量。数值越大，置换效果越明显。

相对于边界框： 控制是否在置换时关联（缝合）边界。若不开启该选项，在物体的转角处可能会产生裂面现象。

紧密边界： 控制是否对置换进行预先计算。

系统卷展栏

"系统"卷展栏下的参数不仅对渲染速度有影响，而且还会影响渲染的显示和提示功能，同时还可以完成联机渲染，其参数设置面板如图12-130所示。

图12-130

系统卷展栏参数介绍

① 光线计算参数选项组

最大树形深度： 控制根节点的最大分支数量。较高的值会加快渲染速度，同时会占用较多的内存。

最小叶片尺寸： 控制叶节点的最小尺寸，当达到叶节点尺寸以后，系统停止计算场景。0表示考虑计算所有的叶节点，这个参数对速度的影响不大。

面/级别系数： 控制一个节点中的最大三角面数量，当未超过临近点时计算速度较快；当超过临近点以后，渲染速度会减慢。所以，这个值要根据不同的场景来设定，进而提高渲染速度。

动态内存限制： 控制动态内存的总量。注意，这里的动态内存被分配给每个线程，如果是双线程，那么每个线程各占一半的动态内存。如果这个值较小，那么系统经常在内存中加载并释放一些信息，这样就减慢了渲染速度。用户应该根据自己的内存情况来确定该值。

默认几何体： 控制内存的使用方式，共有以下3种方式。

自动： VRay会根据使用内存的情况自动调整使用静态或动态的方式。

静态： 在渲染过程中采用静态内存会加快渲染速度，同时在复杂场景中，由于需要的内存资源较多，经常会出现3ds Max跳出的情况。这是因为系统需要更多的内存资源，这时应该选择动态内存。

动态： 使用内存资源交换技术，当渲染完一个块后就会释放占用的内存资源，同时开始下个块的计算。这样就有效地扩展了内存的使用。注意，动态内存的渲染速度比静态内存慢。

② 渲染区域分割选项组

X： 当在后面的列表中选择"区域宽/高"时，它表示渲染块的像素宽度；当后面的选择框里选择"区域计算"时，它表示水平方向一共有多少个渲染块。

Y： 当后面的列表中选择"区域宽/高"时，它表示渲染块的像素高度；当后面的选择框里选择"区域计算"时，它表示垂直方向一共有多少个渲染块。

L： 当单击该按钮使其凹陷后，将强制 x 和 y 的值相同。

反向排序： 当勾选该选项以后，渲染顺序将和设定的顺序相反。

区域排序： 控制渲染块的渲染顺序，共有以下6种方式。

Top->Botton（从上->下）：渲染块将按照从上到下的渲染顺序渲染。

Left-> Right（从左->右）：渲染块将按照从左到右的渲染顺序渲染。

Checker（棋盘格）：渲染块将按照棋格方式的渲染顺序渲染。

Spiral（螺旋）：渲染块将按照从里到外的渲染顺序渲染。

Triangulation（三角剖分）：这是VRay默认的渲染方式，它将图形分为两个三角形依次进行渲染。

Hilbert cruve（稀耳伯特曲线）：渲染块将按照"希耳伯特曲线"方式的渲染顺序渲染。

上次渲染：这个参数确定在渲染开始的时候，在3ds Max默认的帧缓存框中以什么样的方式处理先前的渲染图像。这些参数的设置不会影响最终渲染效果，系统提供了以下6种方式。

无变化：与前一次渲染的图像保持一致。

交叉：每隔2个像素图像被设置为黑色。

场：每隔一条线设置为黑色。

变暗：图像的颜色设置为黑色。

蓝色：图像的颜色设置为蓝色。

清除：清队上一闪渲染的图像。

③ 帧标记选项组

☑ V-Ray %vrayversion | file: %filename | frame: %frame | primitives: %：当勾选该选项后，就可以显示水印。

字体 字体...：修改水印里的字体属性。

全宽度：水印的最大宽度。当勾选该选项后，它的宽度和渲染图像的宽度相当。

对齐：控制水印里的字体排列位置，有"左"、"中"、"右"3个选项。

④ 分布式渲染选项组

分布式渲染：当勾选该选项后，可以开启"分布式渲染"功能。

设置 设置...：控制网络中的计算机的添加、删除等。

⑤ VRay日志选项组

显示窗口：勾选该选项后，可以显示"VRay日志"的窗口。

级别：控制"VRay日志"的显示内容，一共分为4个级别。1表示仅显示错误信息；2表示显示错误和警告信息；3表示显示错误、警告和情报信息；4表示显示错误、警告、情报和调试信息。

%TEMP%\VRayLog.txt：可以选择保存"VRay日志"文件的位置。

⑥ 杂项选项选项组

MAX-兼容着色关联（配合摄影机空间）：有些3ds Max插件（例如大气等）是采用摄影机空间来进行计算的，因为它们都是针对默认的扫描线渲染器而开发。为了保持与这些插件的兼容性，VRay通过转换来自这些插件的点或向量的数据，模拟在摄影机空间计算。

检查缺少文件：当勾选该选项时，VRay会自己寻找场景中丢失的文件，并将它们进行列表，然后保存到C:\VRayLog.txt中。

优化大气求值：当场景中拥有大气效果，并且大气比较稀薄的时候，勾选这个选项可以得到比较优秀的大气效果。

低线程优先权：当勾选该选项时，VRay将使用低线程进行渲染。

对象设置 对象设置...：单击该按钮会弹出"VRay对象属性"对话框，在该对话框中可以设置场景物体的局部参数。

灯光设置 灯光设置...：单击该按钮会弹出"VRay灯光属性"对话框，在该对话框中可以设置场景灯光的一些参数。

预置 预置：单击该按钮会打开"VRay预置"对话框，在该对话框中可以保持当前VRay渲染参数的各种属性，方便以后调用。

> **技巧与提示**
>
> 介绍完VRay的重要参数以后，下面以一个家装餐厅、一个工装酒吧、一个家装古典欧式会客厅、一个地中海风格别墅和一个大型CG实例来详细讲解VRay的灯光、材质和渲染参数的设置方法。

12.6
综合实例：餐厅夜景表现

● 场景位置：场景文件>CH12>03.max
● 实例位置：实例文件>CH12>综合实例：餐厅夜景表现.max
● 视频位置：多媒体教学>CH12>综合实例：餐厅夜景表现.flv
● 难易指数：★★★★☆
● 技术掌握：餐厅夜景灯光的布置方法，窗帘材质和桌布材质的制作方法

　　本例是一个餐厅场景，窗帘材质及桌布材质是本例的制作难点，而用灯光表现夜景效果是本例的重点。图12-131所示的是本例的渲染效果图。

图12-131

12.6.1 材质制作

　　本例的场景对象材质主要包括地面材质、餐桌材质、椅子材质、门材质、壁纸材质、窗帘材质、吊灯材质和桌布材质，如图12-132所示。

图12-132

◉ 制作地面材质--

　　地面材质的模拟效果如图12-133所示。

图12-133

01 打开下载资源中的"场景文件>CH12>03.max"文件，如图12-134所示。

图12-134

02 选择一个空白材质球，然后设置材质类型为VRayMtl材质，

并将其命名为"地面"，具体参数设置如图12-135所示，制作好的材质球效果如图12-136所示。

设置步骤

　　① 在"漫反射"贴图通道中加载一张下载资源中的"实例文件>CH12>综合实例：餐厅夜景表现>地面.jpg"文件。

　　② 设置"反射"的颜色为（红:35，绿:35，蓝:35），然后设置"细分"为15。

图12-135　　　　　　　图12-136

◉ 制作餐桌材质--

　　餐桌材质的模拟效果如图12-137所示。

图12-137

　　选择一个空白材质球，然后设置材质类型为VRayMtl材质，并将其命名为"餐桌"，具体参数设置如图12-138所示，制作好的材质球效果如图12-139所示。

设置步骤

　　① 在"漫反射"贴图通道中加载一张下载资源中的"实例文件>CH12>综合实例：餐厅夜景表现>黑檀木.jpg"文件。

② 在"反射"贴图通道中加载一张"衰减"程序贴图，然后在"衰减参数"卷展栏下设置"侧"通道的颜色为（红:55，绿:56，蓝:78），接着设置"高光光泽度"为0.86、"反射光泽度"为0.9。

③ 展开"贴图"卷展栏，然后在"环境"贴图通道中加载一张"输出"程序贴图。

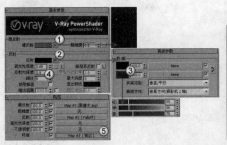
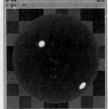

图12-138　　　　　图12-139

制作椅子材质

椅子材质的模拟效果如图12-140所示。

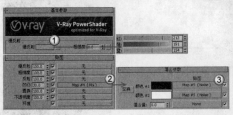

图12-140

选择一个空白材质球，然后设置材质类型为VRayMtl材质，并将其命名为"椅子"，具体参数设置如图12-141所示，制作好的材质球效果如图12-142所示。

设置步骤

① 设置"漫反射"的颜色为（红:213，绿:191，蓝:154）。

② 展开"贴图"卷展栏，然后在"凹凸"贴图通道中加载一张"混合"程序贴图，接着在"混合参数"卷展栏下的"颜色#1"和"颜色#2"贴图通道中各加载一张"噪波"程序贴图。

图12-141 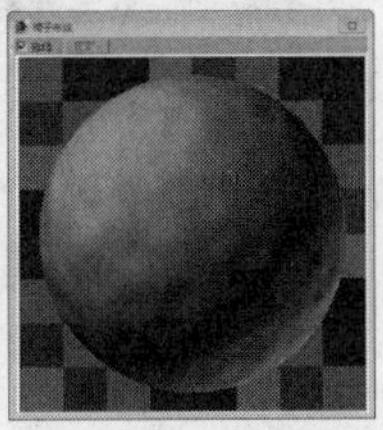　　　　　图12-142

制作门材质

门材质的模拟效果如图12-143所示。

图12-143

选择一个空白材质球，然后设置材质类型为VRayMtl材质，并将其命名为"门"，具体参数设置如图12-144所示，制作好的材质球效果如图12-145所示。

设置步骤

① 在"漫反射"贴图通道中加载一张下载资源中的"实例文件>CH12>综合实例：餐厅夜景表现>深色红樱桃.jpg"文件，然后在"坐标"卷展栏下设置"模糊"为0.01。

② 设置"反射"的颜色为（红:40，绿:40，蓝:40），然后设置"反射光泽度"为0.75、"细分"为25。

图12-144 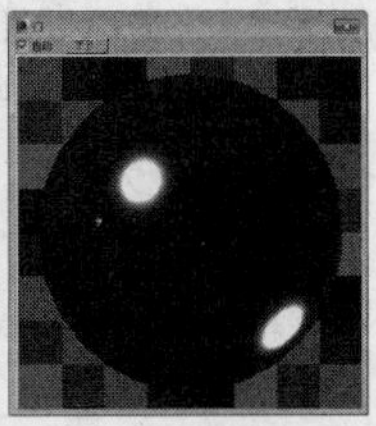　　　　　图12-145

制作壁纸材质

壁纸材质的模拟效果如图12-146所示。

图12-146

选择一个空白材质球，然后设置材质类型为VRayMtl材质，并将其命名为"壁纸"，接着在"漫反射"贴图通道中加载一张下载资源中的"实例文件>CH12>综合实例：餐厅夜景表现>壁纸.jpg"文件，如图12-147所示，制作好的材质球效果如图12-148所示。

图12-147 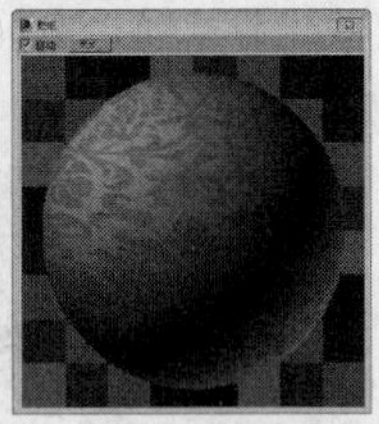　　　　　图12-148

制作窗帘材质

窗帘材质的模拟效果如图12-149所示。

图12-149

⑴ 选择一个空白材质球，然后设置材质类型为"多维/子对

象"材质，并将其命名为"窗帘"，接着设置材质数量为2，具体参数如图12-150所示。

设置步骤

① 在ID1材质通道中加载一个VRayMtl材质，并将其命名为"窗帘1"。

② 在"漫反射"贴图通道中加载一张"衰减"程序贴图，然后分别在"前"通道和"侧"通道中各加载一张下载资源中的"实例文件>CH12>综合实例：餐厅夜景表现>窗帘.jpg"文件。

③ 设置"反射"的颜色为（红:15，绿:15，蓝:15），然后设置"反射光泽度"为0.65、"细分"为12。

④ 设置"折射"的颜色为（红:5，绿:5，蓝:5），然后设置"光泽度"为0.8、"细分"为12，接着勾选"影响阴影"选项，最后设置"影响通道"为"颜色+alpha"。

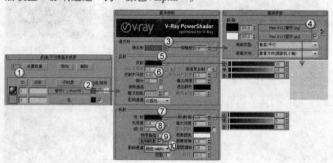

图12-150

> **知识链接**
>
> 关于材质数量的设置方法请参阅第10章中的"10.4.4 多维/子对象材质"。

02 在ID2材质通道中加载一个VRayMtl材质，并将其命名为"窗帘2"，然后在"漫反射"贴图通道中加载一张"衰减"程序贴图，接着分别在"前"通道和"侧"通道中各加载一张下载资源中的"实例文件>CH12>综合实例：餐厅夜景表现>窗帘.jpg"文件，最后设置"衰减类型"为Fresnel，具体参数设置如图12-151所示，制作好的材质球效果如图12-152所示。

图12-151　　　　　　图12-152

> **疑难问答** ❓
>
> 问：为何制作出来的材质球效果不对？
>
> 答：如果用户制作出来的材质球显示效果与图12-153相同，则同样是正确的。在"多维/子对象"材质的材质通道后面有个颜色选择器，主要用来设置材质的"漫反射"颜色，如图12-154所示。如果在"漫反射"贴图通道中加载了贴图，则设置的"漫反射"颜色对物体

材质不起任何作用，它只起到区分材质的作用。

图12-153　　　　　　　　图12-154

制作吊灯材质

吊灯材质的模拟效果如图12-155所示。

图12-155

选择一个空白材质球，然后设置材质类型为VRayMtl材质，并将其命名为"吊灯"，具体参数设置如图12-156所示，制作好的材质球效果如图12-157所示。

设置步骤

① 设置"漫反射"颜色为（红:152，绿:97，蓝:49）。

② 设置"反射"颜色为（红:139，绿:136，蓝:99），然后设置"高光光泽度"为0.85、"反射光泽度"为0.8、"细分"为15。

图12-156　　　　　　图12-157

制作桌布材质

桌布材质的模拟效果如图12-158所示。

图12-158

选择一个空白材质球，然后设置材质类型为"VRay材质包裹器"材质，并将其命名为"桌布"，具体参数设置如图12-159所示，制作好的材质球效果如图12-160所示。

设置步骤

① 在"基本材质"通道中加载一个VRayMtl材质，然后设置"漫

反射"的颜色为(红:58, 绿:43, 蓝:26), 接着设置"反射"的颜色为(红:22, 绿:22, 蓝:22), 最后设置"高光光泽度"为0.5。

② 设置"接收全局照明"为1.5。

图12-159　　　　图12-160

12.6.2 灯光设置

本例共需要布置3处灯光, 分别是3盏吊灯、天花板上的筒灯和天花板正中央的灯带。

🌑 创建吊灯

01 设置灯光类型为"标准", 然后在3盏吊灯上各创建一盏目标聚光灯, 如图12-161所示。

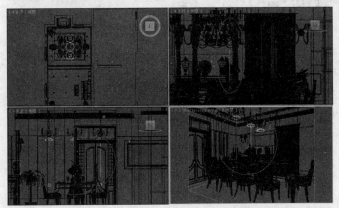

图12-161

02 选择上一步创建的目标聚光灯, 然后进入"修改"面板, 具体参数设置如图12-162所示。

设置步骤

① 展开"常规参数"卷展栏, 然后在"阴影"选项组下勾选"启用"选项, 接着设置阴影类型为"VRay阴影"。

② 展开"强度/颜色/衰减"卷展栏, 然后设置"倍增"为1。

③ 展开"聚光灯参数"卷展栏, 然后设置"聚光区/光束"为43、"衰减区/区域"为110。

④ 展开"VRay阴影参数"卷展栏, 然后勾选"区域阴影"和"球体"选项, 接着设置"细分"为15。

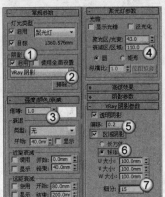

图12-162

🌑 创建筒灯

01 设置灯光类型为"光度学", 然后在天花吊顶的筒灯孔处创建6盏目标灯光, 如图12-163所示。

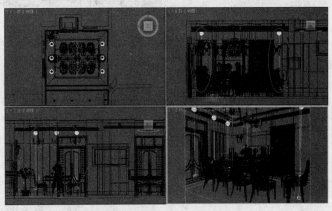

图12-163

02 选择上一步创建的目标灯光, 然后进入"修改"面板, 具体参数设置如图12-164所示。

设置步骤

① 展开"常规参数"卷展栏, 然后在"阴影"选项组下勾选"启用"选项, 接着设置阴影类型为"阴影贴图", 最后设置"灯光分布(类型)"为"光度学Web"。

② 展开"分布(光度学Web)"卷展栏, 然后在其通道中加载一个下载资源中的"实例文件>CH12>综合实例: 餐厅夜景表现>射灯.ies"文件。

③ 展开"强度/颜色/衰减"卷展栏, 然后设置"过滤颜色"为(红:250, 绿:221, 蓝:175), 接着设置"强度"为4500。

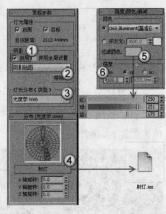

图12-164

🌑 创建灯带

01 设置灯光类型为VRay, 然后在天花上创建4盏VRay灯光作为灯带, 如图12-165所示。

02 选择上一步创建的VRay灯光, 然后展开"参数"卷展栏, 具体参数设置如图12-166所示。

设置步骤

① 在"常规"选项组下设置"类型"为"平面"。

② 在"强度"选项组下设置"倍增"为7, 然后设置"颜色"为(红:255, 绿:205, 蓝:139)。

③ 在"大小"选项组下设置"1/2长"为2000mm、"1/2宽"为106mm。

④ 在"选项"选项组下勾选"不可见"，然后关闭"影响高光反射"和"影响反射"选项。

⑤ 在"采样"选项组下设置"细分"为30。

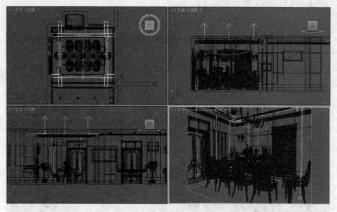

图12-165

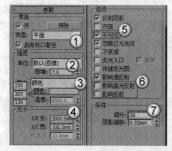

图12-166

12.6.3 设置摄影机

设置摄影机类型为VRay，然后在场景中创建一台VRay物理摄影机，接着在"基本参数"卷展栏下设置"光圈数"为1，其位置如图12-167所示。

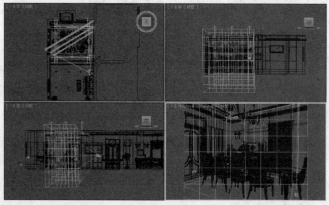

图12-167

12.6.4 渲染设置

01 按F10键打开"渲染设置"对话框，然后设置渲染器为VRay渲染器，接着单击"公用"选项卡，最后在"公用参数"

卷展栏下设置渲染尺寸为2665×2000，并锁定图像的纵横比，如图12-168所示。

图12-168

02 单击VRay选项卡，然后在"图像采样器（反锯齿）"卷展栏下设置"图像采样器"的"类型"为"自适应确定性蒙特卡洛"，接着设置"抗锯齿过滤器"为Catmull-Rom，最后在"颜色贴图"卷展栏下设置"类型"为"线性倍增"，并勾选"子像素映射"和"钳制输出"选项，具体参数设置如图12-169所示。

03 单击"间接照明"选项卡，然后在"间接照明（GI）"卷展栏下勾选"开"选项，接着设置"首次反弹"的"全局光引擎"为"发光图"、"二次反弹"的"全局光引擎"为"灯光缓存"，如图12-170所示。

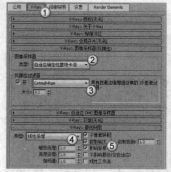

图12-169　　　　　　　图12-170

04 展开"发光图"卷展栏，然后设置"当前预置"为"低"，接着设置"半球细分"为50、"插值采样"为20，最后在勾选"显示计算相位"和"显示直接光"选项，如图12-171所示。

05 展开"灯光缓存"卷展栏，然后设置"细分"为1000，接着勾选"显示计算相位"选项，如图12-172所示。

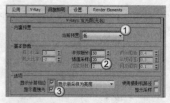

图12-171　　　　　　　图12-172

06 单击"设置"选项卡，然后在"DMC采样器"卷展栏下设置"适应数量"为0.8、"噪波阈值"为0.005、"最小采样值"为12，如图12-173所示。

07 展开"系统"卷展栏，然后设置"区域排序"为Top->Bottom（从上->下），接着关闭"显示窗口"选项，如图12-174所示。

08 按F9键渲染当前场景，最终效果如图12-175所示。

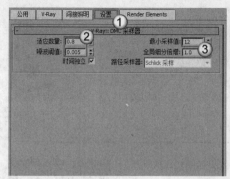
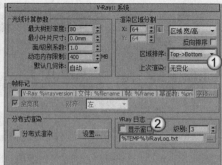

图12-173　　　　　　　　图12-174　　　　　　　　图12-175

12.7
综合实例：酒吧室内灯光表现

● 场景位置：场景文件>CH12>04.max
● 实例位置：实例文件>CH12>综合实例：酒吧室内灯光表现.max
● 视频位置：多媒体教学>CH12>综合实例：酒吧室内灯光表现.flv
● 难易指数：★★★★☆
● 技术掌握：灯带的设置方法，反射地板材质、反射墙面材质及水晶材质的制作方法

　　本例是一个酒吧场景，过道吊顶上的灯带和包房灯带的设置是本例的制作难点，地板材质、墙面材质、沙发材质和水晶材质是本例的制作重点。图12-176所示的是本例的渲染效果图。

图12-176

12.7.1 材质制作

　　本例的场景对象材质主要包括地板材质、壁纸材质、墙面材质、沙发材质、桌布材质和水晶材质，如图12-177所示。

图12-177

制作地板材质

　　地板材质的模拟效果如图12-178所示。

图12-178

01　打开下载资源中的"场景文件>CH12>04.max"文件，如图12-179所示。

图12-179

02　选择一个空白材质球，然后设置材质类型为VRayMtl材质，并将其命名为"地板"，具体参数设置如图12-180所示，制作好的材质球效果如图12-181所示。

　　设置步骤

　　① 在"漫反射"贴图通道中加载一张下载资源中的"实例文件>CH12>综合实例：酒吧室内灯光表现>木板.jpg"文件。

　　② 在"反射"贴图通道中加载一张"衰减"程序贴图，然后设置"侧"通道的颜色为（红:230，绿:242，蓝:254），接着设置"高光光泽度"为0.77、"反射光泽度"为0.92、"细分"为20。

 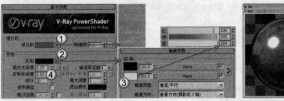

图12-180　　　　　　图12-181　　　　　　　　　　　　　图12-186　　　　　　图12-187

制作壁纸材质--

壁纸材质的模拟效果如图12-182所示。

图12-182

选择一个空白材质球，然后设置材质类型为VRayMtl材质，并将其命名为"壁纸"，接着在"漫反射"贴图通道中加载一张下载资源中的"实例文件>CH12>综合实例：酒吧室内灯光表现>壁纸.jpg"文件，如图12-183所示，制作好的材质球效果如图12-184所示。

图12-183　　　　　　　　图12-184

制作墙面材质--

墙面材质的模拟效果如图12-185所示。

图12-185

选择一个空白材质球，然后设置材质类型为VRayMtl材质，并将其命名为"墙面"，具体参数设置如图12-186所示，制作好的材质球效果如图12-187所示。

设置步骤

① 在"漫反射"贴图通道中加载一张下载资源中的"实例文件>CH12>综合实例：酒吧室内灯光表现>墙面木板.jpg"文件。

② 在"反射"贴图通道中加载一张"衰减"程序贴图，然后设置"侧"通道的颜色为（红:230、绿:242、蓝:254），接着设置"高光光泽度"为0.77、"反射光泽度"为0.92、"细分"为20。

制作沙发材质--

沙发材质的模拟效果如图12-188所示。

图12-188

选择一个空白材质球，然后设置材质类型为VRayMtl材质，并将其命名为"沙发"，具体参数设置如图12-189所示，制作好的材质球效果如图12-190所示。

设置步骤

① 展开"贴图"卷展栏，然后在"漫反射"贴图通道中加载一张下载资源中的"实例文件>CH12>综合实例：酒吧室内灯光表现>沙发布.jpg"文件。

② 将"漫反射"通道中的贴图拖曳到"凹凸"贴图通道上，接着设置凹凸的强度为5。

图12-189　　　　　　图12-190

制作桌布材质--

桌布材质的模拟效果如图12-191所示。

图12-191

选择一个空白材质球，然后设置材质类型为VRayMtl材质，并将其命名为"桌布"，接着设置"漫反射"颜色为白色，如图12-192所示，制作好的材质球效果如图12-193所示。

图12-192

图12-193

制作水晶材质

水晶材质的模拟效果如图12-194所示。

图12-194

选择一个空白材质球，然后设置材质类型为VRayMtl材质，并将其命名为"水晶"，具体参数设置如图12-195所示，制作好的材质球效果如图12-196所示。

设置步骤

① 设置"漫反射"颜色为（红:233，绿:254，蓝:245）。

② 设置"反射"颜色为（红:48，绿:48，蓝:48）。

③ 设置"折射"颜色为（红:240，绿:240，蓝:240），然后设置"最大深度"为2，接着勾选"退出颜色"和"影响阴影"选项。

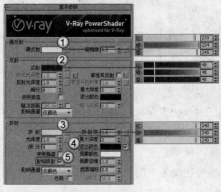

图12-195　　图12-196

12.7.2 灯光设置

本例共需要布置3处灯光，分别是天花板上的筒灯、过道上的灯带和包房中的灯带。注意，本例要布置的灯光位置虽然只有3处，但是每处的灯光数量都比较多。

创建筒灯

01 设置灯光类型为"光度学"，然后在天花板上的筒灯孔处创建一盏目标灯光，其位置如图12-197所示。

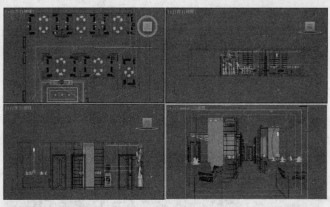

图12-197

02 选择上一步创建的目标灯光，然后进入"修改"面板，具体参数设置如图12-198所示。

设置步骤

① 展开"常规参数"卷展栏，然后在"阴影"选项组下勾选"启用"选项，接着设置阴影类型为"VRay阴影"，最后设置"灯光分布（类型）"为"光度学Web"。

② 展开"分布（光度学Web）"卷展栏，然后在其通道中加载一个下载资源中的"实例文件>CH12>综合实例：酒吧室内灯光表现>0.ies"文件。

③ 展开"强度/颜色/衰减"卷展栏，然后设置"过滤颜色"为（红:255，绿:240，蓝:213）。

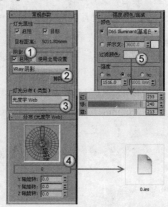

图12-198

03 选择目标灯光，然后复制39盏目标灯光到其他的筒灯孔处，如图12-199所示。

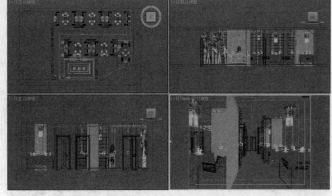

图12-199

创建过道灯带

01 设置"灯光类型"为VRay，然后在过道吊顶上创建3盏

379

VRay灯光作为灯带，其位置如图12-200所示。

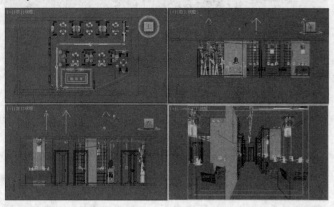

图12-200

02 选择上一步创建的VRay灯光，然后进入"修改"面板，接着展开"参数"卷展栏，具体参数设置如图12-201所示。

设置步骤

① 在"常规"选项组下设置"类型"为"平面"。

② 在"强度"选项组下设置"倍增"为50，然后设置"颜色"为（红:228，绿:240，蓝:254）。

③ 在"大小"选项组下设置"1/2长"为3500mm、"1/2宽"为60mm。

④ 在"选项"选项组下勾选"不可见"选项。

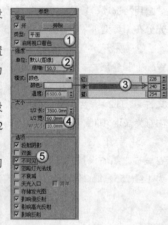

图12-201

🔵 **创建包房灯带**---

01 在包房内的吊顶上创建8盏VRay灯光作为灯带，其位置如图12-202所示。

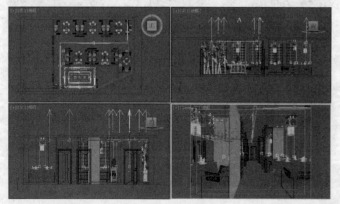

图12-202

02 选择上一步创建的VRay灯光，然后进入"修改"面板，接着展开"参数"卷展栏，具体参数设置如图12-203所示。

设置步骤

① 在"常规"选项组下设置"类型"为"平面"。

② 在"强度"选项组下设置"倍增"为20，然后设置"颜色"为（红:254，绿:238，蓝:210）。

③ 在"大小"选项组下设置"1/2长"为3500mm、"1/2宽"为60mm。

④ 在"选项"选项组下勾选"不可见"选项。

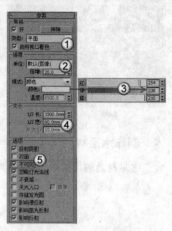

图12-203

12.7.3 渲染设置

01 按F10键打开"渲染设置"对话框，然后设置渲染器为VRay渲染器，接着单击"公用"选项卡，最后在"公用参数"卷展栏下设置渲染尺寸为1600×1200，并锁定图像的纵横比，如图12-204所示。

02 单击VRay选项卡，然后在"图像采样器（反锯齿）"卷展栏下设置"图像采样器"的"类型"为"自适应细分"，接着在"抗锯齿过滤器"选项组下设置"抗锯齿过滤器"的类型为Catmull-Rom，如图12-205所示。

图12-204   图12-205

03 展开"颜色贴图"卷展栏，然后设置"类型"为"指数"，接着勾选"子像素映射"和"钳制输出"选项，如图12-206所示。

04 单击"间接照明"选项卡，然后在"间接照明（GI）"卷展栏下勾选"开"选项，接着设置"首次反弹"的"全局光引擎"为"发光图"、"二次反弹"的"全局光引擎"为"灯光缓存"，如图12-207所示。

图12-206   图12-207

05 展开"发光图"卷展栏，然后设置"当前预置"为"中"，接着勾选"显示计算相位"和"显示直接光"选项，如图12-208所示。

06 展开"灯光缓存"卷展栏,然后设置"细分"为1000,接着关闭"存储直接光"选项,再勾选"显示计算相位"选项,如图12-209所示。

图12-208   图12-209

07 单击"设置"选项卡,然后在"DMC采样器"卷展栏下设置"适应数量"为0.8、"噪波阈值"为0.005、"最小采样值"为12,如图12-210所示。

图12-210

08 展开"系统"卷展栏,然后设置"区域排序"为Top->Bottom(从上->下),接着关闭"显示窗口"选项,如图12-211所示。

09 按F9键渲染当前场景,最终效果如图12-212所示。

图12-211   图12-212

12.8

综合实例:古典欧式会客厅柔和日光表现

● 场景位置:场景文件>CH12>05.max
● 实例位置:实例文件>CH12>综合实例:古典欧式会客厅柔和日光表现.max
● 视频位置:多媒体教学>CH12>综合实例:古典欧式会客厅柔和日光表现.flv
● 难易指数:★★★★☆
● 技术掌握:阳光、天光的设置方法,用Photoshop合成体积光

    本例一个欧式古场景,储物柜材质及花瓶材质是本例的制作难点,阳光、天光及体积光(后期合成)的制作方法是本例的学习重点。图12-213所示的是本例的渲染效果图。

图12-213

12.8.1 材质制作

    本例的场景对象材质主要包括地面材质、花架材质、墙围材质、窗帘材质、储物柜材质、花瓶材质和台灯材质,如图12-214所示。

图12-214

🔵 **制作地面材质**---------------------------------------

    本例共需要制作两个地面材质,其模拟效果如图12-215和图12-216所示。

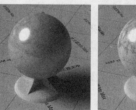

图12-215   图12-216

01 打开下载资源中的"场景文件>CH12>05.max"文件,如图12-217所示。

图12-217

02 下面制作第1个地面材质。选择一个空白材质球，然后设置材质类型为VRayMtl材质，并将其命名为"地面1"，具体参数设置如图12-218所示，制作好的材质球效果如图12-219所示。

设置步骤

① 在"漫反射"贴图通道中加载一张下载资源中的"实例文件>CH12>综合实例：古典欧式会客厅柔和日光表现>地面1.jpg"文件。

② 设置"反射"颜色为（红:49，绿:49，蓝:49），然后设置"反射光泽度"为0.8、"细分"为15。

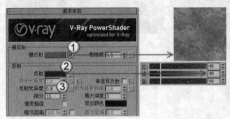

图12-218　　　　　　图12-219

03 下面制作第2个地面材质。选择一个空白材质球，然后设置材质类型为VRayMtl材质，并将其命名为"地面2"，具体参数设置如图12-220所示，制作好的材质球效果如图12-221所示。

设置步骤

① 在"漫反射"贴图通道中加载一张下载资源中的"实例文件>CH12>综合实例：古典欧式会客厅柔和日光表现>地面2.jpg"文件。

② 设置"反射"颜色为（红:49，绿:49，蓝:49），然后设置"反射光泽度"为0.8、"细分"为15。

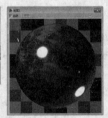

图12-220　　　　　　图12-221

制作花架材质

花架材质的模拟效果如图12-222所示。

图12-222

选择一个空白材质球，然后设置材质类型为VRayMtl材质，并将其命名为"花架"，具体参数设置如图12-223所示，制作好的材质球效果如图12-224所示。

设置步骤

① 设置"漫反射"颜色为（红:254，绿:251，蓝:247）。

② 设置"反射"颜色为（红:200，绿:200，蓝:200），然后勾

选"菲涅耳反射"选项，接着在"反射光泽度"贴图通道中加载一张下载资源中的"实例文件>CH12>综合实例：古典欧式会客厅柔和日光表现>木纹黑白.jpg"文件，最后设置"细分"为20。

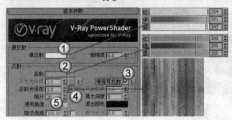

图12-223　　　　　　图12-224

制作墙围材质

墙围材质的模拟效果如图12-225所示。

图12-225

选择一个空白材质球，然后设置材质类型为VRayMtl材质，并将其命名为"墙围"，具体参数设置如图12-226所示，制作好的材质球效果如图12-227所示。

设置步骤

① 在"漫反射"贴图通道中加载一张下载资源中的"实例文件>CH12>综合实例：古典欧式会客厅柔和日光表现>墙围.jpg"文件，然后在"坐标"卷展栏下设置"模糊"为0.01。

② 设置"反射"颜色为（红:39，绿:44，蓝:50），然后在"反射光泽度"贴图通道中加载一张下载资源中的"实例文件>CH12>综合实例：古典欧式会客厅柔和日光表现>墙围凹凸.jpg"文件，接着设置"细分"为20。

③ 展开"贴图"卷展栏，然后将"反射光泽度"通道中的贴图复制到"凹凸"贴图通道上。

图12-226　　　　　　图12-227

制作窗帘材质

窗帘材质的模拟效果如图12-228所示。

图12-228

选择一个空白材质球，然后设置材质类型为"VRay材质包裹器"材质，并将其命名为"窗帘"，具体参数设置如图12-229所示，制作好的材质球效果如图12-230所示。

设置步骤

① 在"基本材质"通道中加载一个VRayMtl材质。

② 在"漫反射"贴图通道中加载一张下载资源中的"实例文件>CH12>综合实例：古典欧式会客厅柔和日光表现>布纹.jpg"文件，然后在"坐标"卷展栏下设置"模糊"为0.01。

③ 在"反射"贴图通道添加一张"遮罩"程序贴图，然后在"贴图"通道中加载一张"衰减"程序贴图，并设置"衰减类型"为Fresnel，接着在"遮罩"贴图通道中也加载一张"衰减"程序贴图，并设置"衰减类型"为"阴影/灯光"，最后设置"反射光泽度"为0.45、"细分"为10。

④ 返回到"VRay材质包裹器"材质设置面板，然后设置"生成全局照明"为0.25。

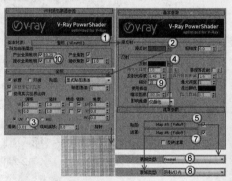

图12-229　　　　　　图12-230

制作储物柜材质--

储物柜材质的模拟效果如图12-231所示。

图12-231

选择一个空白材质球，然后设置材质类型为VRayMtl材质，并将其命名为"储物柜"，具体参数设置如图12-232所示，制作好的材质球效果如图12-233所示。

设置步骤

① 在"漫反射"贴图通道中加载一张下载资源中的"实例文件

>CH12>综合实例：古典欧式会客厅柔和日光表现>古木.jpg"文件。

② 设置"反射"颜色为（红:54，绿:54，蓝:54），然后设置"反射光泽度"为0.78、"细分"为15。

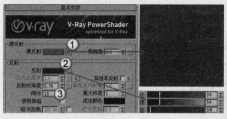

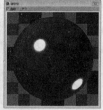

图12-232　　　　　　图12-233

制作储物柜桌面材质--

储物柜桌面材质的模拟效果如图12-234所示。

图12-234

选择一个空白材质球，然后设置材质类型为VRayMtl材质，并将其命名为"储物柜桌面"，具体参数设置如图12-235所示，制作好的材质球效果如图12-236所示。

设置步骤

① 在"漫反射"贴图通道中加载一张下载资源中的"实例文件>CH12>综合实例：古典欧式会客厅柔和日光表现>凡尔塞金石.jpg"文件。

② 设置"反射"颜色为（红:228，绿:228，蓝:228），然后设置"细分"为15，接着勾选"菲涅耳反射"选项。

图12-235　　　　　　图12-236

制作花瓶材质--

花瓶材质的模拟效果如图12-237所示。

图12-237

选择一个空白材质球，然后设置材质类型为VRayMtl材质，并将其命名为"花瓶"，具体参数设置如图12-238所示，制作好的材质球效果如图12-239所示。

设置步骤

① 设置"漫反射"颜色为白色。

② 设置"反射"颜色为（红:27，绿:26，蓝:25），然后设置"高光光泽度"为0.9、"细分"为6。

③ 在"折射"贴图通道中加载一张"衰减"程序贴图，然后设置"前"通道的颜色为白色、"侧"通道的颜色为（红:225，绿:225，蓝:225），再勾选"影响阴影"选项，最后设置"烟雾颜色"为（红:153，绿:165，蓝:218），并设置"烟雾倍增"为0.1。

④ 展开"双向反射分布功能"卷展栏，然后设置明暗器类型为"沃德"。

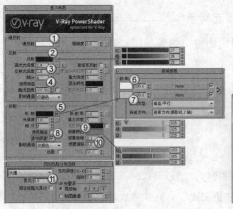

图12-238　　　　图12-239

制作台灯材质

台灯材质的模拟效果如图12-240所示。

图12-240

选择一个空白材质球，然后设置材质类型为VRayMtl材质，并将其命名为"台灯"，具体参数设置如图12-241所示，制作好的材质球效果如图12-242所示。

设置步骤

① 在"漫反射"贴图通道中加载一张下载资源中的"实例文件>CH12>综合实例：古典欧式会客厅柔和日光表现>花纹.jpg"文件。

② 设置"反射"颜色为（红:62，绿:62，蓝:62），然后设置"高光光泽度"为0.9、"细分"为6，接着勾选"菲涅耳反射"选项。

图12-241　　　　图12-242

12.8.2 灯光设置

本例共需要布置3处灯光，分别是室外的阳光、窗口处的天光以及室内的辅助光源。

创建阳光

01 设置灯光类型为VRay，然后在天空中创建一盏VRay太阳，其位置如图12-243所示。

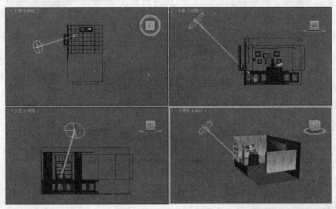

图12-243

02 选择上一步创建的VRay太阳，然后在"VRay太阳参数"卷展栏下设置"强度倍增"为0.05、"大小倍增"为2.6、"阴影细分"为5，具体参数设置如图12-244所示。

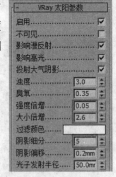

图12-244

创建天光

01 在窗口外面位置创建一盏VRay灯光作为天光，如图12-245所示。

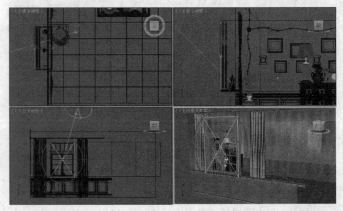

图12-245

技巧与提示

在一般情况下，天光都采用VRay灯光来模拟。

02 选择上一步创建的VRay灯光，然后进入"修改"面板，接着展开"参数"卷展栏，具体参数设置如图12-246所示。

设置步骤

① 在"常规"选项组下设置"类型"为"平面"。

② 在"强度"选项组下设置"倍增"为20，然后设置"颜色"为（红:248，绿:252，蓝:255）。

③ 在"大小"选项组下设置"1/2长"为600mm、"1/2宽"为850mm。

④ 在"选项"选项组下勾选"不可见"选项，然后关闭"影响高光反射"和"影响反射"选项。

⑤ 在"采样"选项组下设置"细分"为18。

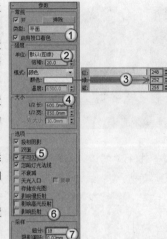

图12-246

03 将窗外的VRay灯光复制（选择"复制"方式）一盏到窗内，其位置如图12-247所示。

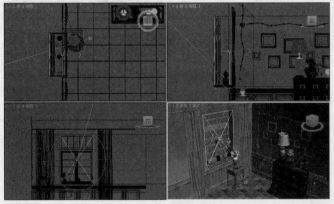

图12-247

04 选择上一步复制的VRay灯光，展开"参数"卷展栏，然后在"强度"选项组下将"倍增"修改为12，接着在"选项"选项组下勾选"影响高光反射"和"影响反射"选项，如图12-248所示。

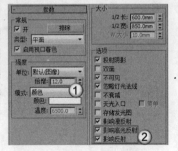

图12-248

创建辅助灯光

01 在室内创建一盏VRay灯光作为辅助光源，其位置如图12-

249所示。

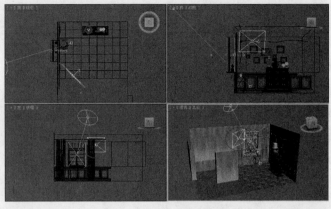

图12-249

02 选择上一步创建的VRay灯光，然后进入"修改"面板，接着展开"参数"卷展栏，具体参数设置如图12-250所示。

设置步骤

① 在"常规"选项组下设置"类型"为"平面"。

② 在"强度"选项组下设置"倍增"为6，然后设置"颜色"为（红:255，绿:252，蓝:247）。

③ 在"大小"选项组下设置"1/2长"为900mm、"1/2宽"为500mm。

④ 在"选项"选项组下勾选"不可见"选项，然后关闭"影响高光反射"和"影响反射"选项。

⑤ 在"采样"选项组下设置"细分"为30。

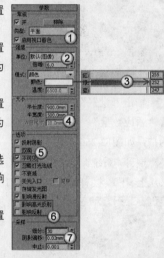

图12-250

12.8.3 渲染设置

01 按F10键打开"渲染设置"对话框，然后设置渲染器为VRay渲染器，接着单击"公用"选项卡，最后在"公用参数"卷展栏下设置渲染尺寸为1200×900，并锁定图像的纵横比，如图12-251所示。

图12-251

02 单击VRay选项卡，然后在"图像采样器（反锯齿）"卷展栏下设置"图像采样器"的"类型"为"自适应DMC"，接着在"颜色贴图"卷展栏下设置"类型"为"指数"，最后勾选"子像素映射"和"钳制输出"选项，如图12-252所示。

03 单击"间接照明"选项卡，然后在"间接照明（GI）"卷展栏下勾选"开"选项，接着设置"首次反弹"的"全局光引擎"为"发光图"、"二次反弹"的"全局光引擎"为"灯光缓存"，如图12-253所示。

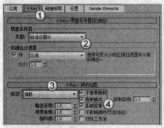
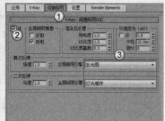

图12-252　　　　　　　　　　　　　图12-253

04 展开"发光图"卷展栏，然后设置"当前预置"为"低"，接着勾选"显示计算相位"和"显示直接光"选项，如图12-254所示。

05 展开"灯光缓存"卷展栏，然后设置"细分"为1000，接着勾选"显示计算相位"选项，如图12-255所示。

图12-254　　　　　　　　　　　　　图12-255

06 单击"设置"选项卡，然后在"DMC采样器"卷展栏下设置"适应数量"为0.8、"噪波阈值"为0.005、"最小采样值"为12，如图12-256所示。

07 展开"系统"卷展栏，然后设置"区域排序"为Top->Bottom（从上->下），接着关闭"显示窗口"选项，如图12-257所示。

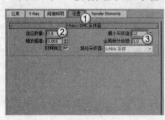
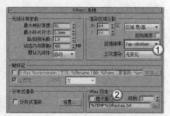

图12-256　　　　　　　　　　　　　图12-257

08 按F9键渲染当前场景，效果如图12-258所示。

图12-258

12.8.4 后期处理

由于在渲染出来的阳光并没有达到渲染场景气氛的效果，为了达到这个目的，就需要增强室内的光照效果。注意，渲染

场景气氛的光照最好采用柔和的体积光。

01 启动Photoshop，然后打开前面渲染好的效果图，接着按Shift+Ctrl+N组合键新建一个"图层1"，最后使用"多边形套索工具"勾勒出如图12-259所示的选区。

02 设置前景色为白色，然后按Alt+Delete组合键用前景色填充选区，接着按Ctrl+D组合键取消选区，效果如图12-260所示。

图12-259　　　　　　　　　　　　　图12-260

03 执行"滤镜>模糊>高斯模糊"菜单命令，然后适当调整"半径"数值，使光线变得柔和，如图12-261和图12-262所示。

图12-261　　　　　　　　　　　　　图12-262

04 在"图层"面板中将"图层1"的"不透明度"调整到50%~60%，使光线变淡一些，如图12-263和图12-264所示。

图12-263　　　　　　　　　　　　　图12-264

05 采用相同的方法继续制作一些光线，最终效果如图12-265所示。

图12-265

知识链接

体积光也可以直接在3ds Max中进行制作，但是这样会耗费大量的渲染时间。关于在3ds Max中制作体积光的方法请参阅第11章中的"实战：用体积光为CG场景添加体积光"。

12.9

综合实例：地中海风格别墅多角度日光表现

● 场景位置：场景文件>CH12>06.max
● 实例位置：实例文件>CH12>综合实例：地中海风格别墅多角度日光表现.max
● 视频位置：多媒体教学>CH12>综合实例：地中海风格别墅多角度日光表现.flv
● 难易指数：★★★★★
● 技术掌握：大型室外建筑场景的制作流程与相关技巧

　　本例是一个超大型地中海风格的别墅场景，灯光、材质的设置方法很简单，重点在于掌握大型室外场景的制作流程，即"调整出图角度→检测模型是否存在问题→制作材质→创建灯光→设置最终渲染参数"这个流程。图12-266所示的是本例3个角度的渲染效果图。

图12-266

12.9.1 创建摄影机

　　本例有3个出图角度，因此需要创建3台摄影机来确定这3个角度。另外，在本节内容中涉及了一个很重要的修改器——"摄影机校正"修改器。

01 打开下载资源中的"场景文件>CH12>06.max"文件，如图12-267所示。

图12-267

02 设置摄影机类型为"标准"，然后在顶视图中创建一台目标摄影机，其位置如图12-268所示。

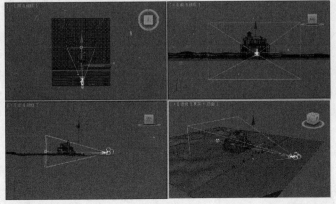

图12-268

03 选择目标摄影机，然后在"参数"卷展栏下设置"镜头"为35mm、"视野"为54.432度，如图12-269所示。

图12-269

04 确定了摄影机的观察范围后，在摄影机上单击鼠标右键，然后在弹出的菜单中选择"应用摄影机校正修改器"命令，对摄影机进行透视校正，使3点透视变成两点透视效果，如图12-270所示。

05 切换到"修改"面板，然后在"2点透视校正"卷展栏下设置"数量"为-1.302，如图12-271所示。

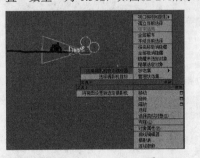

图12-270

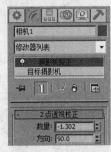

图12-271

── 技术专题 46 摄影机校正修改器 ──

　　在默认情况下，摄影机视图使用3点透视，其中垂直线看上去在顶点上汇聚。而对摄影机应用"摄影机校正"修改器（注意，该修改器不在"修改器列表"中）以后，可以在摄影机视图中使用两点透视。在两点透视中，垂直线保持垂直。下面举例说明该修改器的具体作用。

第1步：在场景中创建一个圆柱体和一台目标摄影机，如图12-272所示。

图12-272

第2步：按C键切换到摄影机视图，可以发现圆柱体在摄影机视图中与垂直线不垂直，如图12-273所示。

第3步：为目标摄影机应用"摄影机校正"修改器，这样可以将圆柱体的垂直线与摄影机视图的垂直线保持垂直，如图12-274所示。这就是"摄影机校正"修改器的主要作用。

图12-273　　　　　　　　　　图12-274

06 按F10键打开"渲染设置"对话框，然后设置渲染器为VRay渲染器，接着单击"公用"选项卡，最后在"公用参数"卷展栏下设置渲染尺寸为1700×1020，并锁定图像的纵横比，如图12-275所示。

07 按C键切换到摄影机视图，然后按Shift+F组合键打开安全框，观察完整的出图画面，如图12-276所示。

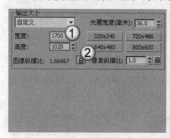
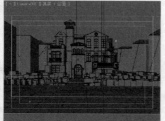

图12-275　　　　　　　　　　图12-276

08 复制两台目标摄影机，然后用相同的方法调整好第2个和第3个出图角度，如图12-277和图12-278所示。

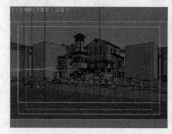

图12-277　　　　　　　　　　图12-278

12.9.2 检测模型

摄影机的角度确定好以后，在设置材质与灯光之前需要对模型进行一次检测，以确定场景模型是否存在问题。

01 选择一个空白材质球，然后设置"漫反射"颜色为（红:240，绿:240，蓝:240），以这个颜色作为模型的通用颜色，材质球如图12-279所示。

图12-279

02 打开"渲染设置"对话框，然后单击VRay选项卡，接着在"全局开关"卷展栏勾选"覆盖材质"选项，接着将设置好的材质球拖曳到"覆盖材质"选项后面的"无"按钮 ▭ 无 上，最后在弹出的对话框中设置"方法"为"实例"，如图12-280所示。

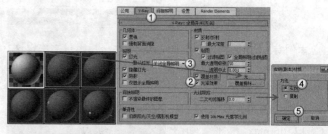

图12-280

03 设置灯光类型为VRay，然后在顶视图中创建一盏VRay灯光，其位置如图12-281所示。

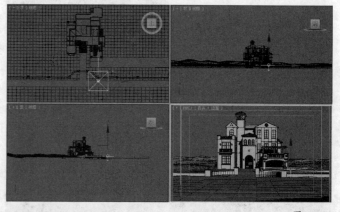

图12-281

04 选择上一步创建的VRay灯光，然后在"参数"卷展栏下设置"类型"为"穹顶"，接着设置"倍增"为1，最后勾选"不可见"选项，如图12-282所示。

05 打开"渲染设置"对话框，然后在"公用参数"卷展栏下设置测试渲染尺寸为500×300，如图12-283所示。

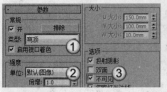
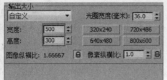

图12-282　　　　　　　　　图12-283

06 单击VRay选项卡，然后展开"图像采样器（反锯齿）"卷展栏，接着设置"图像采样器"的"类型"为"固定"，接着在"抗锯齿过滤器"选项组下关闭"开"选项，如图12-284所示。

07 单击"间接照明"选项卡，然后在"间接照明（GI）"卷展栏下勾选"开"选项，接着设置"首次反弹"的"全局光引擎"为"发光图"、"二次反弹"的"全局光引擎"为"灯光缓存"，如图12-285所示。

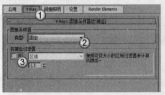
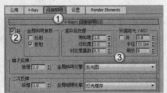

图12-284　　　　　　　　　图12-285

08 展开"发光图"卷展栏，然后设置"当前预置"为"非常低"，接着设置"半球细分"为20、"插值采样"为10，最后勾选"显示计算相位"选项，如图12-286所示。

09 展开"灯光缓存"卷展栏，然后设置"细分"为100、"进程数量"为4，接着勾选"显示计算相位"选项，如图12-287所示。

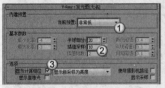
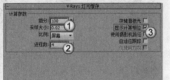

图12-286　　　　　　　　　图12-287

 **技巧与提示**

在检测模型时，可以将渲染参数设置得非常低，这样可以节省很多渲染时间。

10 按大键盘上的8键打开"环境和效果"对话框，然后在"环境"选项卡中设置"颜色"为白色，如图12-288所示。

11 按F9键测试渲染当前场景，效果如图12-289所示。

图12-288　　　　　　　　　图12-289

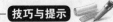 **技巧与提示**

从图12-289中可以观察到模型没有任何问题，渲染角度也很合理。下面就可以为场景设置材质和灯光了。

12.9.3 材质制作

本例的场景对象材质主要包括外墙材质、玻璃材质和草地材质，如图12-290所示。

图12-290

🔴 制作外墙材质---

外墙材质的模拟效果如图12-291所示。

图12-291

选择一个空白材质球，然后设置材质类型为VRayMtl材质，并将其命名为"外墙"，接着设置"漫反射"颜色为（红:255，绿:245，蓝:200），如图12-292所示，制作好的材质球效果如图12-293所示。

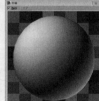

图12-292　　　　　　　　　图12-293

🔴 制作玻璃材质---

玻璃材质的模拟效果如图12-294所示。

图12-294

选择一个空白材质球，然后设置材质类型为VRayMtl材质，并将其命名为"玻璃"，具体参数设置如图12-295所示，制作好的材质球效果如图12-296所示。

设置步骤

① 设置"漫反射"颜色为黑色。

② 设置"反射"颜色为（红:85，绿:85，蓝:85），然后设置"高光光泽度"为0.85、"细分"为10。

③ 设置"折射"颜色为（红:230，绿:230，蓝:230），然后勾选"影响阴影"选项。

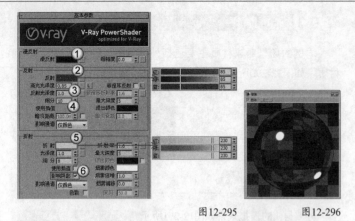

图12-295　　　图12-296

制作草地材质---

草地材质的模拟效果如图12-297所示。

图12-297

01 选择一个空白材质球，然后设置材质类型为VRayMtl材质，并将其命名为"草地"，具体参数设置如图12-298所示，制作好的材质球效果如图12-299所示。

设置步骤

① 在"漫反射"贴图通道中加载一张下载资源中的"实例文件>CH12>综合实例：地中海风格别墅多角度日光表现>Archexteriors1_001_Grass.jpg"文件，然后在"坐标"卷展栏下设置"模糊"为0.1。

② 设置"反射"颜色为（红:28，绿:43，蓝:25），然后设置"反射光泽度"为0.85。

③ 展开"选项"卷展栏，然后关闭"跟踪反射"选项。

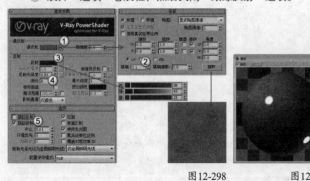

图12-298　　　图12-299

02 选择草地模型，然后为其加载一个"VRay置换模式"修改器，接着展开"参数"卷展栏，具体参数设置如图12-300所示。

设置步骤

① 在"类型"选项组下勾选"2D贴图（景观）"选项。

② 在"公用参数纹理贴图"通道中加载一张下载资源中的

"实例文件>CH12>综合实例：地中海风格别墅多角度日光表现>Archexteriors1_001_Grass.jpg"文件，然后设置"数量"为152.4mm。

③ 在"2D贴图"选项组下设置"分辨率"为2048。

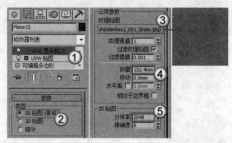

图12-300

12.9.4 灯光设置

由于本例是室外场景，且是制作白天效果，通常在没有特别要求的情况下，只需要为场景布置一盏太阳光就可以了。注意，如果是夜景表现，灯光的布置思路会完全不同。

01 设置灯光类型为VRay，然后在前视图中创建一盏VRay太阳，接着在弹出的对话框中单击"是"按钮，其位置如图12-301所示。

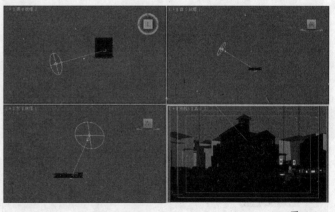

图12-301

02 按大键盘上的8键打开"环境与效果"对话框，然后将"环境贴图"通道中的"VRay天空"贴图拖曳到一个空白材质球上，并在弹出的对话框中设置"方法"为"实例"，如图12-302所示。

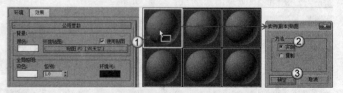

图12-302

03 展开"VRay天空参数"卷展栏，勾选"指定太阳节点"选项，然后单击"太阳节点"选项后面的"无"按钮，接着在场景中拾取VRay太阳，最后设置"太阳强度倍增"为0.04，具体参数设置如图12-303所示。

04 选择VRay太阳，然后在"VRay太阳参数"卷展栏下设置"强度倍增"为0.045、"大小倍增"为4、"阴影细分"为20、"光子发射半径"为150000mm，如图12-304所示。

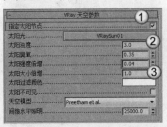

图12-303

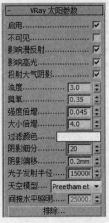

图12-304

05 按F10键打开"渲染设置"对话框，然后单击VRay选项卡，接着在"全局开关"卷展栏下关闭"覆盖材质"选项，如图12-305所示。

06 切换到第1个摄影机视图，然后按F9键测试渲染当前场景，效果如图12-306所示。

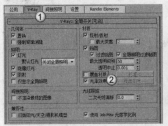

图12-305

图12-306

技巧与提示

观察渲染效果，太阳的光照效果很理想。测试图中出现的锯齿现象是因为渲染参数过低的原因。

12.9.5 渲染设置

01 按F10键打开"渲染设置"对话框，然后设置渲染器为VRay渲染器，接着单击"公用"选项卡，最后在"公用参数"卷展栏下设置渲染尺寸为1700×1020，并锁定图像的纵横比，如图12-307所示。

02 单击VRay选项卡，然后在"图像采样器（反锯齿）"卷展栏下设置"图像采样器"的"类型"为"自适应确定性蒙特卡洛"，接着在"抗锯齿过滤器"选项组中勾选"开"选项，并设置"抗锯齿过滤器"的类型为Mitchell-Netravali，如图12-308所示。

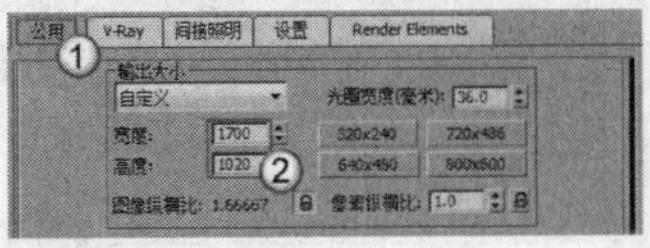

图12-307

图12-308

03 单击"间接照明"选项卡，然后在"间接照明（GI）"卷展栏下勾选"开"选项，接着设置"首次反弹"的"全局光引擎"为"发光图"、"二次反弹"的"全局光引擎"为"灯光缓存"，如图12-309所示。

04 展开"发光图"卷展栏，然后设置"当前预置"为"中"，接着设置"半球细分"60、"插值采样"为20，最后勾选"显示计算相位"和"显示直接光"选项，如图12-310所示。

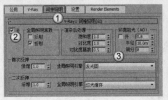

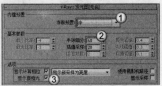

图12-309

图12-310

05 展开"灯光缓存"卷展栏，然后设置"细分"1500、"采样大小"为0.02，接着关闭"存储直接光"选项，最后勾选"显示计算相位"选项，如图12-311所示。

06 单击"设置"选项卡，然后在"DMC采样器"卷展栏下设置"适应数量"为0.7、"噪波阈值"为0.002，如图12-312所示。

图12-311

图12-312

07 展开"系统"卷展栏，然后设置"最大BSP树深度"为60、"三角形面数/级叶子"为2，接着设置"渲染区域分割"的x为32、"区域排序"为Top–>Botton（从上–>下），最后关闭"显示窗口"选项，具体参数设置如图12-313所示。

08 切换到第1个摄影机视图，然后按F9键渲染当前场景，效果如图12-314所示。

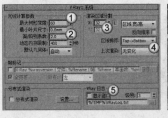

图12-313

图12-314

09 切换到第2个和第3个摄影机视图，然后按F9键渲染出这两个角度，效果如图12-315和图12-316所示。

图12-315

图12-316

12.10

综合实例：童话四季（CG表现）

● 场景位置：场景文件>CH12>07-1.max、07-2.max、07-3.max、07-4.max
● 实例位置：实例文件>CH12>春.max、夏.max、秋.max、冬.max
● 视频位置：多媒体教学>CH12>综合实例：童话四季（CG表现）.flv
● 难易指数：★★★★★
● 技术掌握：CG材质、灯光以及渲染参数的设置方法

　　本例是一个大型的CG场景，展现的是大自然中四季的差异和时间的变化，实例渲染效果如图12-317所示（图上部没有景深效果，下部有景深效果），局部特写镜头效果如图12-318~图12-321所示。四季的变化主要体现在整体的色调上，草绿色代表春季、深绿色代表夏季、黄色代表秋季、白色代表冬季，同时还要在细节上表现出不同时节的特点，例如，每个季节的植物颜色和生长状态都有所不同。要完美地表现出四季效果，首先要突出植物春季发芽、夏季繁茂、秋季泛黄、冬季凋零这4个特点；然后就是四季的光照效果，春季的光照比较柔和、夏季则是热情剧烈的、秋季要回归安逸平和的感觉、冬季伴随着皑皑白雪的到来场景将会趋于暗淡沉静。

图12-317

图12-318

图12-319

图12-320

图12-321

12.10.1 春

春季效果如图12-322所示。

图12-322

材质制作

春季场景的材质类型包括树干材质、树叶材质、蔓藤材质、花朵材质、木屋材质和鸟蛋材质。

1.制作树干材质

树干材质的模拟效果如图12-323所示。

图12-323

01 打开下载资源中的"场景文件>CH12>07-1.max"文件，如图12-324所示。

图12-324

02 选择一个空白材质球，然后设置材质类型为"标准"材质，并将其命名为"树干"，接着展开"贴图"卷展栏，具体参数设置如图12-325所示，制作好的材质球效果如图12-326所示。

设置步骤

① 在"漫反射颜色"贴图通道中加载一张下载资源中的"实例文件>CH12>综合实例：童话四季（CG表现）>树皮UV.jpg"文件。

② 将"漫反射颜色"通道中的贴图复制到"凹凸"贴图通道上，然后设置凹凸的强度为20。

图12-325　　　　图12-326

03 将制作好的材质指定给树干模型，然后按F9键单独测试渲染树干模型，效果如图12-327所示。

图12-327

疑难问答 ?

问：如何单独渲染对象？

答： 单独渲染对象与单独编辑模型的道理是相同。先选择要渲染的对象，然后按Alt+Q组合键进入孤立选择模式（也可以在鼠标右键快捷菜单中选择"孤立当前选择"命令），如图12-328所示，接着按F9键即可对其进行单独测试渲染。

图12-328

2.制作树叶材质

树叶材质的模拟效果如图12-329所示。

图12-329

01 选择一个空白材质球，然后设置材质类型为"标准"材质，并将其命名为"树叶"，接着展开"贴图"卷展栏，具体参数设置如图12-330所示，制作好的材质球效果如图12-331所示。

设置步骤

① 在"漫反射颜色"贴图通道中加载一张下载资源中的"实例文件>CH12>综合实例：童话四季（CG表现）>树叶.jpg"文件。

② 在"不透明度"贴图通道中加载一张下载资源中的"实例文

件>CH12>综合实例：童话四季（CG表现）>树叶黑白.jpg"文件。

③ 在"凹凸"贴图通道中加载一张下载资源中的"实例文件>CH12>综合实例：童话四季（CG表现）>树叶.jpg"文件。

图12-330　　　　　图12-331

02 将制作好的材质指定给树叶模型，然后按F9键单独测试渲染树叶模型，效果如图12-332所示。

图12-332

3.制作蔓藤材质

蔓藤材质的模拟效果如图12-333所示。

图12-333

01 选择一个材质球，然后设置材质类型为"标准"材质，并将其命名为"蔓藤"，接着设置"漫反射"颜色为（红:8，绿:42，蓝:0），最后设置"高光级别"为20、"光泽度"为20、"柔化"为0.5，具体参数设置如图12-334所示，制作好的材质球效果如图12-335所示。

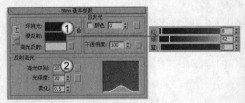

图12-334　　　　　图12-335

02 将制作好的材质指定给蔓藤模型，然后按F9键单独测试渲染蔓藤模型，效果如图12-336所示。

图12-336

4.制作花朵材质

花朵材质的模拟效果如图12-337所示。

图12-337

01 选择一个空白材质球，然后设置材质类型为"标准"材质，并将其命名为"花朵"，接着展开"贴图"卷展栏，具体参数设置如图12-338所示，制作好的材质球效果如图12-339所示。

设置步骤

① 在"漫反射颜色"贴图通道中加载一张下载资源中的"实例文件>CH12>综合实例：童话四季（CG表现）>花.jpg"文件。

② 将"漫反射颜色"通道中的贴图复制到"凹凸"贴图通道上。

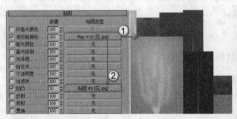

图12-338　　　　　图12-339

02 将制作好的材质指定给花朵模型，然后按F9键单独测试渲染花朵模型，效果如图12-340所示。

图12-340

5.制作木屋材质

木屋的材质包含3个部分，分别是顶侧面（屋顶和侧面）材质、正面材质和底座材质，其模拟效果如图12-341~图12-343所示。

图12-341　　　　图12-342　　　　图12-343

01 下面制作木屋顶侧面的材质。选择一个空白材质球，然后设置材质类型为"标准"材质，并将其命名为"顶侧面"，接着展开"贴图"卷展栏，具体参数设置如图12-344所示，制作好的材质球效果如图12-345所示。

设置步骤

① 在"漫反射颜色"贴图通道中加载一张下载资源中的"实例文件>CH12>综合实例：童话四季（CG表现）>顶侧面.jpg"文件。

② 将"漫反射颜色"通道中的贴图复制到"凹凸"贴图通道上，然后设置凹凸的"强度"为100。

图12-344　　　　　　　图12-345

02 下面制作木屋正面的材质。选择一个空白材质球，然后设置材质类型为"标准"材质，并将其命名为"正面"，接着展开"贴图"卷展栏，具体参数设置如图12-346所示，制作好的材质球效果如图12-347所示。

设置步骤

① 在"漫反射颜色"贴图通道中加载一张下载资源中的"实例文件>CH12>综合实例：童话四季（CG表现）>正面.jpg"文件。

② 将"漫反射颜色"通道中的贴图复制到"凹凸"贴图通道上。

图12-346　　　　　　　图12-347

03 下面制作木屋底座的材质。选择一个空白材质球，然后设置材质类型为"标准"材质，并将其命名为"底座"，接着展开"贴图"卷展栏，具体参数设置如图12-348所示，制作好的材质球效果如图12-349所示。

设置步骤

① 在"漫反射颜色"贴图通道中加载一张下载资源中的"实例文件>CH12>综合实例：童话四季（CG表现）>底.jpg"文件。

② 将"漫反射颜色"通道中的贴图复制到"凹凸"贴图通道上，然后设置凹凸的强度为35。

③ 将"凹凸"通道中的贴图复制到"置换"贴图通道上，然后设置置换的"强度"为4。

图12-348　　　　　　　图12-349

04 将制作好的材质指定给木屋模型，然后按F9键单独测试渲染木屋模型，效果如图12-350所示。

图12-350

6.制作鸟蛋材质

鸟蛋材质的模拟效果如图12-351所示。

图12-351

01 选择一个空白材质球，然后设置材质类型为"标准"材质，并将其命名为"鸟蛋"，接着展开"贴图"卷展栏，具体参数设置如图12-352所示，制作好的材质球效果如图12-353所示。

设置步骤

① 在"漫反射颜色"贴图通道中加载一张下载资源中的"实例文件>CH12>综合实例：童话四季（CG表现）>鸟蛋UV.jpg"文件。

② 在"凹凸"贴图通道中加载一张"噪波"程序贴图，然后在"噪波参数"卷展栏下设置"大小"为1，接着设置凹凸的"强度"为30。

图12-352　　　　　　　图12-353

02 将制作好的材质指定给鸟蛋模型，然后按F9键单独测试渲染木屋和鸟蛋模型，效果如图12-354所示。

图12-354

🌑 **灯光设置**---

01 设置灯光类型为VRay，然后在场景中创建一盏VRay太阳，接着在弹出的对话框中单击"是"按钮 是(Y)，其位置如图12-355所示。

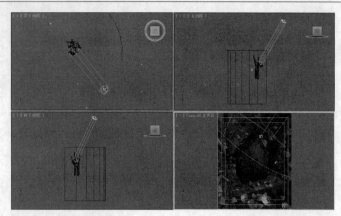

图12-355

02 选择上一步创建的VRay太阳，然后在"VRay太阳参数"卷展栏下设置"浊度"为2.5、"臭氧"为0.3、"强度倍增"为0.004、"阴影偏移"为0.05mm、"光子发射半径"为111mm，具体参数设置如图12-356所示。

图12-356

渲染设置

01 按F10键打开"渲染设置"对话框，然后设置渲染器为VRay渲染器，接着单击VRay选项卡，最后在"全局开关"卷展栏下设置"默认灯光"为"关"，如图12-357所示。

02 展开"图像采样器（反锯齿）"卷展栏，然后在"图像采样器（反锯齿）"卷展栏下设置"图像采样器"的"类型"为"自适应细分"，接着在"抗锯齿过滤器"选项组下设置"抗锯齿过滤器"的类型为Catmull-Rom，如图12-358所示。

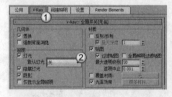

图12-357

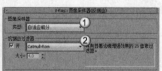

图12-358

03 单击"间接照明"选项卡，然后在"间接照明（GI）"卷展栏下勾选"开"选项，接着设置"首次反弹"的"全局光引擎"为"发光图"、"二次反弹"的"全局光引擎"为"灯光缓存"，如图12-359所示。

04 展开"发光图"卷展栏，然后设置"当前预置"为"高"，接着勾选"显示计算相位"和"显示直接光"选项，如图12-360所示。

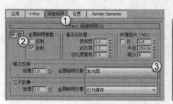

图12-359

图12-360

05 展开"灯光缓存"卷展栏，然后设置"细分"为1500、"采样大小"为0.002，接着勾选"显示计算相位"选项，如图12-361所示。

06 单击"设置"选项卡，然后在"DMC采样器"卷展栏下设置"适应数量"为0.7、"噪波阈值"为0.005，如图12-362所示。

图12-361

图12-362

07 按F9键测试渲染当前场景，效果如图12-363所示。

图12-363

> **技巧与提示**
>
> 从图12-363中可以发现整体效果基本达到了要求，但为了使景物更好地融合到场景中，所以还需要添加景深效果。

08 单击VRay选项卡，然后展开"摄像机"卷展栏，接着在"景深"选项组下勾选"开"选项，最后设置"光圈"为1.5mm、"焦距"为200mm，具体参数设置如图12-364所示。

09 按F9键渲染当前场景，效果如图12-365所示。

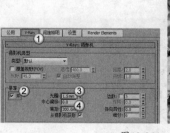

图12-364

图12-365

● 后期处理---

启动Photoshop，然后打开渲染好的图像，接着按Ctrl+M组合键打开"曲线"对话框，最后将曲线向上调节，使图像变亮，如图12-366所示，最终效果如图12-367所示。

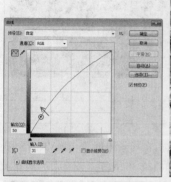

图12-366　　　　　　图12-367

12.10.2 夏

春季和夏季的区别不大，除了个别模型不同之外，最大的差别就在于材质贴图的不同及阳光的强度。相比春季而言，夏季的叶子更大一些，材质颜色也略重一些，同时树干的颜色也有细微的变化，如图12-368所示。

图12-368

● 材质制作---

夏季场景的材质类型包括向日葵材质和小鸟材质。其他材质的制作方法与春季相同，因此下面不进行讲解。

1.制作向日葵材质

向日葵材质的模拟效果如图12-369所示。

图12-369

01 打开下载资源中的"场景文件>CH12>07-2.max"文件，如图12-370所示。

图12-370

02 选择一个空白材质球，然后设置材质类型为"标准"材质，并将其命名为"向日葵"，接着展开"贴图"卷展栏，具体参数设置如图12-371所示，制作好的材质球效果如图12-372所示。

设置步骤

① 在"漫反射颜色"贴图通道中加载一张下载资源中的"实例文件>CH12>综合实例：童话四季（CG表现）>向日葵.jpg"文件。

② 将"漫反射颜色"通道中的贴图复制到"凹凸"贴图通道上，然后设置凹凸的强度为130。

图12-371　　　　　　图12-372

03 将制作好的材质指定给向日葵模型，然后按F9键单独测试渲染向日葵模型，效果如图12-373所示。

图12-373

2.制作小鸟材质

小鸟材质分为两个部分，分别是鸟身材质和鸟腿材质，其模拟效果如图12-374和图12-375所示。

图12-374　　　　　　图12-375

01 下面制作鸟身材质。选择一个空白材质球，然后设置材质类型为"标准"材质，并将其命名为"鸟身"，接着展开"贴图"卷展栏，具体参数设置如图12-376所示，制作好的材质球效果如图12-377所示。

设置步骤

① 在"漫反射颜色"贴图通道中加载一张下载资源中的"实例文件>CH12>综合实例：童话四季（CG表现）>鸟.jpg"文件。

② 将"漫反射颜色"通道中的贴图复制到"凹凸"贴图通道上，然后设置凹凸的强度为46。

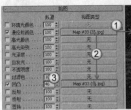  

图12-376　　　　　图12-377

02 下面制作鸟腿材质。选择一个空白材质球，然后设置材质类型为"标准"材质，并将其命名为"鸟腿"，具体参数设置如图12-378所示，制作好的材质球效果如图12-379所示。

设置步骤

① 在"反射高光"选项组下设置"高光级别"为10、"光泽度"为16。

② 展开"贴图"卷展栏，然后在"漫反射颜色"贴图通道中加载一张"噪波"程序贴图，接着在"噪波参数"卷展栏下设置"大小"为0.8。

③ 将"漫反射颜色"通道中的贴图复制到"凹凸"贴图通道上，然后设置凹凸的强度为88。

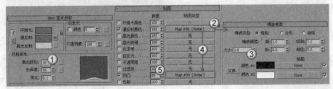

图12-378

图12-379

03 将制作好的材质指定给小鸟模型，然后按F9键单独测试渲染小鸟模型，效果如图12-380所示。

图12-380

技巧与提示

小木屋和树干的材质在这里就不再进行讲解了，可以将春季的贴图在Photoshop中进行相关的调色处理，使其接近于夏季的色调即可，如图12-381所示。

图12-381

🌑 灯光设置

01 设置灯光类型为VRay，然后在场景中创建一盏VRay太阳（位置与春季相同），其位置如图12-382所示。

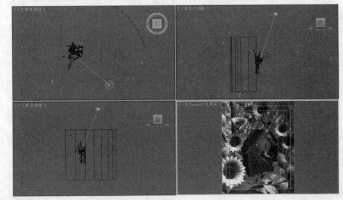

图12-382

02 选择上一步创建的VRay太阳，然后在"VRay太阳参数"卷展栏下设置"浊度"为2.5、"臭氧"为0.3、"强度倍增"为0.003、"阴影偏移"为0.05mm、"光子发射半径"为111mm，具体参数设置如图12-383所示。

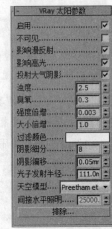

图12-383

03 设置灯光类型为"标准"，然后在场景中创建一盏泛光灯，其位置如图12-384所示。

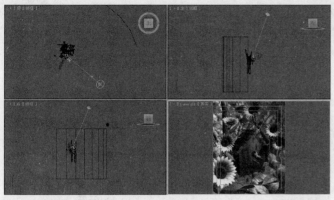

图12-384

04 选择上一步创建的泛光灯，然后在"常规参数"卷展栏下单击"排除"按钮 排除... ，打开"排除/包含"对话框，接着在"场景对象"列表中选择如图12-385所示的对象，接着单击»按钮将选定对象加载到右侧的"排除"列表中，如图12-386所示。

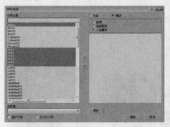
图12-385

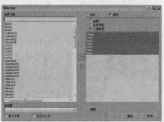
图12-386

技术专题 47 灯光排除技术

灯光排除技术可以将对象排除于灯光照射效果之外。下面以图12-387中的场景来详细讲解一下该技术的用法。在这个场景中，有3把椅子和4盏VRay面光源。

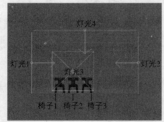
图12-387

第1步：按F9键测试渲染当前场景，效果如图12-388所示。从测试图中可以发现，3把椅子都受到了灯光的照射。

图12-388

第2步：下面将"椅子1"和"椅子2"排除于"灯光1"的照射范围以外。选择"灯光1"，然后在"参数"卷展栏下单击"排除"按

钮 排除 ，打开"排除/包含"对话框，然后将Group01和Group02加载到"排除"列表中，如图12-389和图12-390所示。

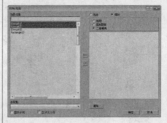
图12-389

图12-390

第3步：按F9键测试渲染当前场景，效果如图12-391所示。从测试图中可以发现，"椅子1"和"椅子2"已经不受"灯光1"的影响了。

图12-391

05 继续设置泛光灯的参数。展开"常规参数"卷展栏，然后在"阴影"选项组下勾选"启用"选项，接着设置阴影类型为"阴影贴图"；展开"强度/衰减/颜色"卷展栏，然后设置"倍增"为0.67，接着设置"颜色"为（红:255，绿:237，蓝:163），如图12-392所示。

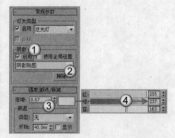
图12-392

渲染设置

01 按F10键打开"渲染设置"对话框，设置渲染器为VRay渲染器，然后单击VRay选项卡，展开"摄像机"卷展栏，接着在"景深"选项组下勾选"开"选项，最后设置"光圈"为2mm、"焦距"为200mm，如图12-393所示。

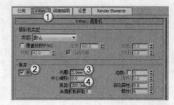
图12-393

02 按照春季的渲染参数设置调整好夏季的其他渲染参数，然后按F9键渲染当前场景，最终效果如图12-394所示。

图12-394

12.10.3 秋

秋季和夏季的差别也不是很大，需要修改的仍然是部分模型及贴图的颜色，但是本场景添加了蘑菇、羽毛和一些枯叶来表现秋季的特点，如图12-395所示。

图12-395

🔵 **材质制作**--

秋季场景的材质类型包括枯叶材质和羽毛材质。其他材质的制作方法与春季相同，读者可以参考春季材质的制作方法，因此下面不再讲解重复或相似的材质。

1.制作枯叶材质

枯叶材质的模拟效果如图12-396所示。

图12-396

01 打开下载资源中的"场景文件>CH12>07-3.max"文件，如图12-397所示。

图12-397

02 选择一个空白材质球，然后设置材质类型为"标准"材质，并将其命名为"枯叶"，接着展开"贴图"卷展栏，具体参数设置如图12-398所示，制作好的材质球效果如图12-399所示。

设置步骤

① 在"漫反射颜色"贴图通道中加载一张下载资源中的"实例文件>CH12>综合实例：童话四季（CG表现）>枯叶1.jpg"文件。

② 在"不透明度"贴图通道中加载一张下载资源中的"实例文件>CH12>综合实例：童话四季（CG表现）>枯叶黑白.jpg"文件。

③ 将"漫反射颜色"通道中的贴图复制到"凹凸"贴图通道上，然后设置凹凸的强度为72。

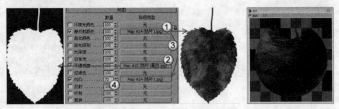

图12-398　　　　图12-399

> **技巧与提示**
>
> 很多用户都可能会认为CG场景的材质制作难度会比效果图场景难很多，其实这是一种错误或不准确的认识。比如本例秋季的树叶材质，只要掌握了秋天树叶的特征，就可以很方便地制作出来。

2.制作羽毛材质

羽毛材质的模拟效果如图12-400所示。

图12-400

选择一个空白材质球，然后设置材质类型为"标准"材质，并将其命名为"羽毛"，接着展开"贴图"卷展栏，具体参数设置如图12-401所示，制作好的材质球效果如图12-402所示。

设置步骤

① 在"漫反射颜色"贴图通道中加载一张下载资源中的"实例文件>CH12>综合实例：童话四季（CG表现）>羽毛.jpg"文件。

② 在"不透明度"贴图通道中加载一张下载资源中的"实例文件>CH12>综合实例：童话四季（CG表现）>羽毛黑白.jpg"文件。

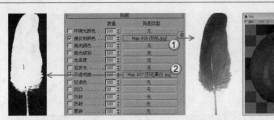

图12-401 图12-402

冬季给人的第一感觉就是冷，在视野中要体现出白茫茫的一片雪景，并且要配有正在飘落的雪花来衬托场景的氛围，如图12-406所示。

图12-406

技巧与提示

关于其他材质的制作方法在这里就不再讲解了，只需要将春季的贴图色调调整成秋季的色调即可，如图12-403所示。

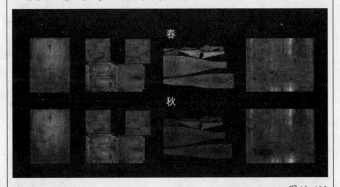

春

秋

图12-403

制作雪材质

雪材质的模拟效果如图12-407所示。

图12-407

渲染设置

01 按F10键打开"渲染设置"对话框，设置渲染器为VRay渲染器，然后单击VRay选项卡，展开"摄像机"卷展栏，接着在"景深"选项组下勾选"开"选项，最后设置"光圈"为2mm、"焦距"为200mm，如图12-404所示。

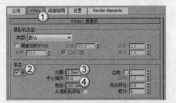

图12-404

01 打开下载资源中的"场景文件> CH12>07-4.max"文件，如图12-408所示。

图12-408

02 按照春季的渲染参数设置调整好秋季的其他渲染参数，然后按F9键渲染当前场景，最终效果如图12-405所示。

02 选择一个空白材质球，然后设置材质类型为"标准"材质，并将其命名为"雪"，接着设置"漫反射"颜色为白色，如图12-409所示。

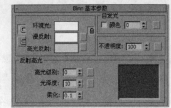

图12-409

图12-405

知识链接

关于秋季灯光的设置方法请参阅春季的灯光设置。

03 展开"贴图"卷展栏，然后在"光泽度"贴图通道中加载一张"细胞"程序贴图，接着在"细胞参数"卷展栏下设置"细胞特征"为"分形"、"大小"为1，如图12-410所示。

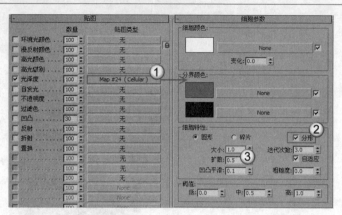

图12-410

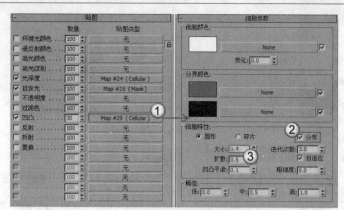

图12-412

04 在"自发光"贴图通道中加载一张"遮罩"程序贴图，具体参数设置如图12-411所示。

设置步骤

① 在"贴图"通道中加载一张"渐变坡度"程序贴图，然后在"渐变坡度参数"卷展栏下设置渐变色为5种蓝色的渐变色，接着设置"渐变类型"为"贴图"，最后在"源贴图"通道中加载一张"衰减"程序贴图。

② 展开"衰减参数"卷展栏，然后设置"前"通道的颜色为白色、"侧"通道的颜色为黑色，接着设置"衰减类型"为"阴影/灯光"，最后在"混合曲线"卷展栏下调整好混合曲线的形状。

③ 返回到"渐变坡度参数"卷展栏，然后在"源贴图"后面的"衰减"程序贴图上单击鼠标右键，并在弹出的快捷菜单中选择"复制"命令，接着返回到"遮罩参数"卷展栏，在"遮罩"后面的贴图通道上单击鼠标右键，最后在弹出的快捷菜单中选择"粘贴（复制）"命令。

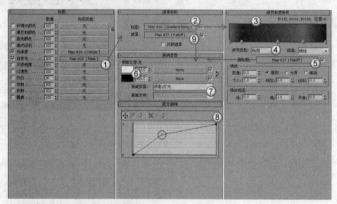

图12-411

05 在"凹凸"贴图通道中加载一张"细胞"程序贴图，然后在"细胞参数"卷展栏下设置"细胞特征"为"分形"，接着设置"大小"为0.4，具体参数设置如图12-412所示，制作好的材质球效果如图12-413所示。

06 按照春季的灯光设置及渲染参数（灯光及渲染参数设置完全相同）调整好冬季的灯光设置及渲染参数，然后按F9键渲染当前场景，效果如图12-414所示。

图12-413
　　　　　　　　　　　　图12-414 

● **制作飞雪特效**--

01 启动Photoshop，然后打开前面渲染好的冬季效果图，接着按Shift+Ctrl+N组合键新建一个"雪花1"图层，并用白色填充该图层，接着执行"滤镜>杂色>添加杂色"菜单命令，最后在弹出的对话框中设置"数量"为400%、"分布"为"高斯分布"，并勾选"单色"选项，具体参数设置如图12-415所示，效果如图12-416所示。

图12-415
　　　　　　　　　　　　图12-416

02 执行"滤镜>其它>自定"菜单命令，然后在弹出的对话框中设置4个角上的数值为100，如图12-417所示，效果如图12-418所示。

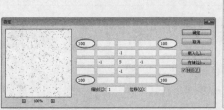

图12-417　　　　　图12-418

图12-425　　　　　图12-426

03 使用"矩形选框工具" □框选一部分图像，如图12-419所示，然后按Shift+Ctrl+I组合键反选选区，接着按Delete键删除选区内的图像，最后按Ctrl+D组合键取消选区，效果如图12-420所示。

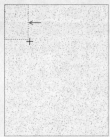

图12-419　　　　　图12-420

04 按Ctrl+T组合键进入自由变换状态，然后将"雪花1"图层调整到与画布一样的大小，如图12-421所示，接着按Ctrl+I组合键将图像进行"反相"处理，效果如图12-422所示。

图12-421　　　　　图12-422

05 使用"魔棒工具" 选择黑色区域，如图12-423所示，然后按Delete键删除黑色部分，接着按Ctrl+D组合键取消选区，效果如图12-424所示。

图12-423　　　　　图12-424

06 按Ctrl+M组合键打开"曲线"对话框，然后将曲线调整成如图12-425所示的形状，效果如图12-426所示。

07 按Ctrl+J组合键复制一个"雪花1副本"图层，然后使用"矩形选框工具" □框选一部分图像，如图12-427所示，接着按Shift+Ctrl+I组合键反选选区，最后按Delete键删除选区内的图像。

08 按Ctrl+T组合键进入自由变换状态，然后将"雪花1副本"图层调整到与画布一样的大小，效果如图12-428所示。经过这个步骤就制作出了大不同小的雪花效果。

图12-427　　　　　图12-428

09 按Ctrl+E组合键向下合并图层，将两个雪花图层合并为一个图层，然后执行"滤镜>模糊>动感模糊"菜单命令，接着在弹出的对话框中设置"角度"为76度、"距离"为16像素，如图12-429所示，效果如图12-430所示。

图12-429　　　　　图12-430

10 继续使用"模糊工具" 和"橡皮擦工具" 对雪花的细节进行调整，最终效果如图12-431所示。

图12-431

403

第13章

粒子系统与空间扭曲

Employment direction
从业方向↙

 CG影视行业   CG建筑行业

 CG工业行业   CG动漫行业

 CG游戏行业   CG时尚达人

13.1　粒子系统

　　3ds Max 2014的粒子系统是一种很强大的动画制作工具，可以通过设置粒子系统来控制密集对象群的运动效果。粒子系统通常用于制作云、雨、风、火、烟雾、暴风雪和爆炸等动画效果，如图13-1~图13-3所示。

图13-1　　　　　　　　　　图13-2　　　　　　　　　　图13-3

　　粒子系统作为单一的实体来管理特定的成组对象，通过将所有粒子对象组合成单一的可控系统，可以很容易地使用一个参数来修改所有对象，而且拥有良好的"可控性"和"随机性"。在创建粒子时会占用很大的内存资源，而且渲染速度相当慢。

　　3ds Max 2014包含7种粒子，分别是"粒子流源"、"喷射"、"雪"、"超级喷射"、"暴风雪"、"粒子阵列"和"粒子云"，如图13-4所示。这7种粒子在顶视图中的显示效果如图13-5所示。

图13-4　　　　　　　　　　　　　　　　　　　　　　　　图13-5

本节粒子概述

粒子名称	主要作用	重要程度
粒子流源	作为最常用的粒子发射器，可以模拟多种粒子效果	高
喷射	模拟雨和喷泉等动画效果	高
雪	模拟飘落的雪花或洒落的纸屑等动画效果	高
超级喷射	模拟雨和喷泉等动画效果	高
暴风雪	模拟暴风雪等动画效果	中
粒子阵列	模拟对象的爆炸效果	中
粒子云	创建类似体积雾的粒子群	低

★重点★
13.1.1　粒子流源

　　"粒子流源"是每个流的视口图标，同时也可以作为默认的发射器。"粒子流源"作为最常用的粒子发射器，可以模拟多种粒子效果，在默认情况下，它显示为带有中心徽标的矩形，如图13-6所示。

　　进入"修改"面板，可以观察到"粒子流源"的参数包括"设置"、"发射"、"选择"、"系统管理"和"脚本"5个卷展栏，如图13-7所示。

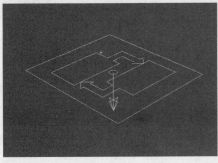

图13-6　　　　　　　　　图13-7

设置卷展栏

展开"设置"卷展栏，如图13-8所示。

图13-8

设置卷展栏参数介绍

启用粒子发射：控制是否开启粒子系统。

粒子视图 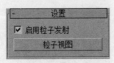：单击该按钮可以打开"粒子视图"对话框，如图13-9所示。

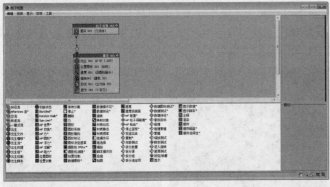

图13-9

◀▬ **知识链接** ▬▶

关于"粒子视图"对话框的使用方法请参阅第406页的"技术专题：事件/操作符的基本操作"。

发射卷展栏

展开"发射"卷展栏，如图13-10所示。

图13-10

发射卷展栏参数介绍

徽标大小：主要用来设置粒子流中心徽标的尺寸，其大小对粒子的发射没有任何影响。

图标类型：主要用来设置图标在视图中的显示方式，有"长方形"、"长方体"、"圆形"和"球体"4种方式，默认为"长方形"。

长度：当"图标类型"设置为"长方形"或"长方体"时，显示的是"长度"参数；当"图标类型"设置为"圆形"或"球体"时，显示的是"直径"参数。

宽度：用来设置"长方形"和"长方体"徽标的宽度。

高度：用来设置"长方体"徽标的高度。

显示：主要用来控制是否显示标志或徽标。

视口%：主要用来设置视图中显示的粒子数量，该参数的值不会影响最终渲染的粒子数量，其取值范围为0~10000。

渲染%：主要用来设置最终渲染的粒子的数量百分比，该参数的大小会直接影响到最终渲染的粒子数量，其取值范围为0~10000。

选择卷展栏

展开"选择"卷展栏，如图13-11所示。

图13-11

选择卷展栏参数介绍

粒子：激活该按钮后，可以选择粒子。

事件：激活该按钮后，可以按事件来选择粒子。

ID：使用该选项可以设置要选择的粒子的ID号。注意，每次只能设置一个数字。

◀▬ **技巧与提示** ▬

每个粒子都有唯一的ID号，从第1个粒子使用1开始，并递增计数。使用这些控件可按粒子ID号选择和取消选择粒子，但只能在"粒子"级别使用。

添加 添加：设置完要选择的粒子的ID号后，单击该按钮可以将其添加到选择中。

移除 移除：设置完要取消选择的粒子的ID号后，单击该按钮可以将其从选择中移除。

清除选定内容：启用该选项后，单击"添加"按钮选择粒子会取消选择所有其他粒子。

从事件级别获取 从事件级别获取：单击该按钮可以将"事

件"级别选择转换为"粒子"级别。

按事件选择：该列表显示粒子流中的所有事件，并高亮显示选定事件。

系统管理卷展栏

展开"系统管理"卷展栏，如图13-12所示。

图13-12

系统管理卷展栏参数介绍

上限：用来限制粒子的最大数量，默认值为100000，其取值范围为0~10000000。

视口：设置视图中的动画回放的综合步幅。

渲染：用来设置渲染时的综合步幅。

脚本卷展栏

展开"脚本"卷展栏，如图13-13所示。该卷展栏可以将脚本应用于每个积分步长及查看的每帧的最后一个积分步长处的粒子系统。

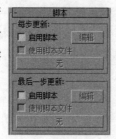

图13-13

脚本卷展栏参数介绍

每步更新："每步更新"脚本在每个积分步长的末尾，计算完粒子系统中所有动作后和所有粒子后，最终会在各自的事件中进行计算。

启用脚本：启用该选项后，可以引起按每积分步长执行内存中的脚本。

编辑：单击该按钮可以打开具有当前脚本的文本编辑器对话框，如图13-14所示。

图13-14

使用脚本文件：启用该选项后，可以通过单击下面"无"按钮来加载脚本文件。

无：单击该按钮可以打开"打开"对话框，在该对话框中可以指定要从磁盘加载的脚本文件。

最后一步更新：当完成所查看（或渲染）的每帧的最后一个积分步长后，系统会执行"最后一步更新"脚本。

启用脚本：启用该选项后，可以引起在最后的积分步长后执行

内存中的脚本。

编辑：单击该按钮可以打开具有当前脚本的文本编辑器对话框。

使用脚本文件：启用该选项后，可以通过单击下面"无"按钮来加载脚本文件。

无：单击该按钮可以打开"打开"对话框，在该对话框中可以指定要从磁盘加载的脚本文件。

★ 重点 ★
实战：用粒子流源制作影视包装文字动画

场景位置	场景文件>CH13>01.max
实例位置	实例文件>CH13>实战：用粒子流源制作影视包装文字动画.max
视频位置	多媒体教学>CH13>实战：用粒子流源制作影视包装文字动画.flv
难易指数	★★☆☆☆
技术掌握	用粒子流源制作影视动画

影视包装文字动画效果如图13-15所示。

图13-15

01 打开下载资源中的"场景文件>CH13>01.max"文件，如图13-16所示。

02 在"创建"面板中单击"几何体"按钮，设置几何体类型为"粒子系统"，然后单击"粒子流源"按钮，接着在前视图中拖曳光标创建一个粒子流源，如图13-17所示。

图13-16   图13-17

03 进入"修改"面板，然后在"设置"卷展栏下单击"粒子视图"按钮，打开"粒子视图"对话框，接着单击"出生001"操作符，最后"出生001"卷展栏下设置"发射停止"为50、"数量"为500，如图13-18所示。

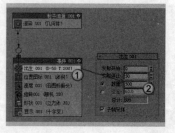

图13-18

技术专题 48 事件/操作符的基本操作
下面讲解一下在"粒子视图"对话框中对事件/操作符的基本操作方法。

1.新建操作符

如果要新建一个事件，可以在粒子视图中单击鼠标右键，然后在弹出的快捷菜单中选择"新建"菜单下的事件命令，如图13-19所示。

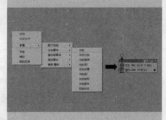

图13-19

2.附加/插入操作符

如果要附加操作符（附加操作符就是在原有操作符中再添加一个操作符），可以在面板上或操作符上单击鼠标右键，然后在弹出的快捷菜单中选择"附加"下的子命令，如图13-20所示。另外，也可以直接在下面的操作符列表中选择操作符，然后按住鼠标左键将其拖曳到要添加的位置即可，如图13-21所示。

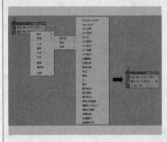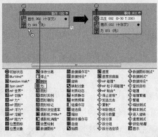

图13-20   图13-21

插入操作符分为以下两种情况。

第1种：替换操作符。在选择了操作符的情况下单击鼠标右键，在弹出的快捷菜单中选择"插入"菜单下的子命令，会将当前操作符替换掉选择的操作符，如图13-22所示。另外，也可以直接在下面的操作符列表中选择操作符，然后按住鼠标左键将其拖曳到要被替换的操作符上，如图13-23所示。

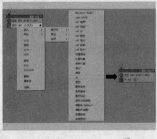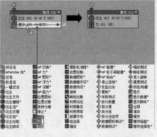

图13-22   图13-23

第2种：添加操作符。在没有选择任何操作符的情况下单击鼠标右键，在弹出的快捷菜单中选择"插入"菜单下的子命令，会将操作符添加到事件面板中，如图13-24所示。

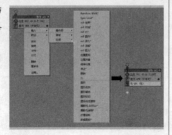

图13-24

3.调整操作符的顺序

如果要调整操作符的顺序，可以按住鼠标左键将操作符拖曳到要放置的位置即可，如图13-25所示。注意，如果将操作符拖曳到其他操作符上，将替换掉操作符，如图13-26所示。

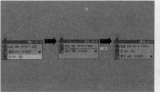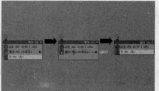

图13-25   图13-26

4.删除事件/操作符

如果要删除事件，可以在事件面板上单击鼠标右键，然后在弹出的快捷菜单中选择"删除"命令，如图13-27所示；如果要删除操作符，可以在操作符上单击鼠标右键，然后在弹出的快捷菜单中选择"删除"命令，如图13-28所示。

图13-27   图13-28

5.链接/打断操作符与事件

如果要将操作符链接到事件上，可以按住鼠标左键将事件旁边的图标拖曳到事件面板上的图标上，如图13-29所示；如果要打断链接，可以在链接线上单击鼠标右键，然后在弹出的快捷菜单中选择"删除线框"命令，如图13-30所示。

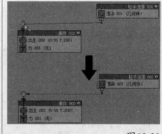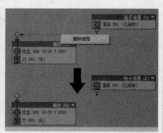

图13-29   图13-30

04 单击"速度001"操作符，然后在"速度001"卷展栏下设置"速度"为7620mm，如图13-31所示。

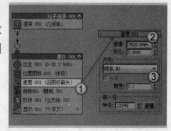

图13-31

05 单击"形状001"操作符，然后在"形状001"卷展栏下设置"大小"为254mm，如图13-32所示。

06 单击"显示001"操作符，然后在"显示001"卷展栏下设置"类型"为"几何体"，接着设置显示颜色为黄色（红:255，绿:182，蓝:26），如图13-33所示。

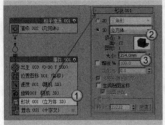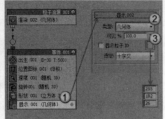

图13-32　　　　　　　　　　图13-33

07 在下面的操作符列表中选择"位置对象"操作符，然后按住鼠标左键将其拖曳到"显示001"操作符的下面，如图13-34所示。

图13-34

08 单击"位置对象001"操作符，然后在"位置对象001"卷展栏下单击"添加"按钮，接着在视图中拾取文字模型，最后设置"位置"为"曲面"，如图13-35所示。

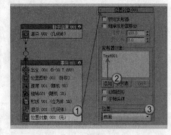

图13-35

09 选择动画效果最明显的一些帧，然后单独渲染出这些单帧动画，最终效果如图13-36所示。

图13-36

★ 重点 ★

实战：用粒子流源制作粒子吹散动画

场景位置	场景文件>CH13>02.max
实例位置	实例文件>CH13>实战：用粒子流源制作粒子吹散动画.max
视频位置	多媒体教学>CH13>实战：用粒子流源制作粒子吹散动画.flv
难易指数	★★★☆☆
技术掌握	用粒子流源制作粒子吹散动画

粒子吹散动画效果如图13-37所示。

图13-37

01 打开下载资源中的"场景文件>CH13>02.max"文件，如图13-38所示。

图13-38

02 使用"粒子流源"工具 粒子流源 在顶视图创建一个粒子流源，如图13-39所示。

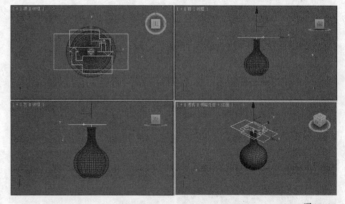

图13-39

03 进入"修改"面板，在"设置"卷展栏下单击"粒子视图"按钮 粒子视图 ，打开"粒子视图"对话框，然后单击"出生001"操作符，接着在"出生001"卷展栏下设置"发射停止"为0、"数量"为1500，如图13-40所示。

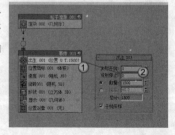

图13-40

04 按住Ctrl键同时选择"位置图标001"、"速度001"和"旋转001"操作符，然后单击鼠标右键，接着在弹出的快捷菜单中选择"删除"命令，如图13-41所示。

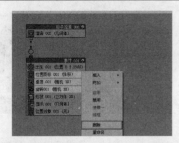

图13-41

05 单击"形状001"操作符,然后在"形状001"卷展栏下设置3D为"2D面球体",接着设置"大小"为120mm,如图13-42所示。

06 单击"显示001"操作符,然后在"显示001"卷展栏下设置"类型"为"点",接着设置显示颜色为(红:0,绿:90,蓝:255),如图13-43所示。

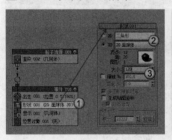
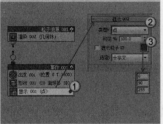

图13-42 图13-43

07 在下面的操作符列表中选择"位置对象"操作符,然后按住鼠标左键将其拖曳到"显示001"操作符的下面,如图13-44所示。

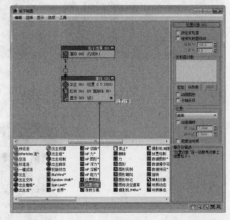

图13-44

08 单击"位置对象001"操作符,然后在"位置对象001"卷展栏下单击"添加"按钮添加,接着在视图中拾取花瓶模型,最后设置"位置"为"曲面",如图13-45所示。

图13-45

09 在"创建"面板中单击"空间扭曲"按钮 ,并设置空间扭曲的类型为"导向器",然后单击"导向球"按钮 导向球 ,接着在花瓶的上方创建一个导向球,最后在"基本参数"卷展栏下设置"直径"为597mm,如图13-46所示。

图13-46

10 返回到"粒子视图"对话框,然后使用鼠标左键将"碰撞"操作符拖曳到"位置对象001"操作符的下方,如图13-47所示。

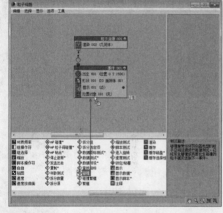

图13-47

11 单击"碰撞001"操作符,然后在"碰撞001"卷展栏下单击"添加"按钮添加,接着在视图中拾取导向球,最后设置"速度"为"继续",如图13-48所示。

12 设置空间扭曲类型为"力",然后使用"风"工具 风 在左视图中创建一个风,接着调整好风向的位置和方向,最后在"参数"卷展栏下设置"图标大小"为1000mm,如图13-49所示。

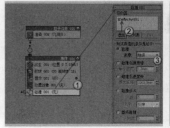

图13-48 图13-49

13 返回到"粒子视图"对话框，然后按住鼠标左键将"力"操作符拖曳到粒子视图中，如图13-50所示。

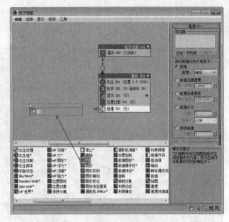

图13-50

14 按住鼠标左键将"事件002"面板链接到"碰撞001"操作符上，如图13-51所示，链接好的效果如图13-52所示。

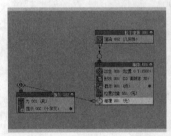

图13-51　　　　　　　　　图13-52

15 单击"力001"操作符，然后在"力001"卷展栏下单击"添加"按钮添加，接着在视图中拾取风，如图13-53所示。

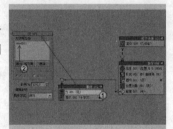

图13-53

16 选择动画效果最明显的一些帧，然后单独渲染出这些单帧动画，最终效果如图13-54所示。

图13-54

★重点★
实战：用粒子流源制作烟花爆炸动画

场景位置	无
实例位置	实例文件>CH13>实战：用粒子流源制作烟花爆炸动画.max
视频位置	多媒体教学>CH13>实战：用粒子流源制作烟花爆炸动画.flv
难易指数	★★★☆☆
技术掌握	用粒子流源制作爆炸动画

烟花爆炸动画效果如图13-55所示。

图13-55

01 使用"粒子流源"工具 粒子流源 在透视图中创建一个粒子流源，然后在"发射"卷展栏下设置"徽标大小"为160mm、"长度"为240mm、"宽度"为245mm，如图13-56所示。

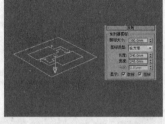

图13-56

02 按A键激活"角度捕捉切换"工具，然后使用"选择并旋转"工具 在前视图中将粒子流源顺时针旋转180°，使发射器的发射方向朝向上，如图13-57所示，接着按住Shift键使用"选择并移动"工具 向右移动复制一个粒子流源，如图13-58所示。

图13-57　　　　　　　　　图13-58

03 使用"球体"工具 球体 在一个粒子流源的上方创建一个球体，然后在"参数"卷展栏下设置"半径"为4mm，如图13-59所示。

图13-59

04 选择球体下方的粒子流源，然后在"设置"卷展栏下单击"粒子视图"按钮 粒子视图 ，打开"粒子视图"对话框，接着单击"出生001"操作符，最后在"出生001"卷展栏下设置"发射停止"为0、"数量"为20000，如图13-60所示。

05 单击"形状001"操作符，然后在"形状001"卷展栏下设置3D类型为"80面球体"，接着设置"大小"为1.5mm，如图13-61所示。

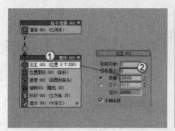 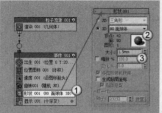

图13-60　　　　　图13-61

06 单击"显示001"操作符,然后在"显示001"卷展栏下设置"类型"为"点",接着设置显示颜色为(红:51,绿:147,蓝:255),如图13-62所示。

07 按住鼠标左键将操作符列表中的"位置对象"操作符拖曳到"显示001"操作符的下方,然后单击"位置对象001"操作符,接着在"位置对象001"卷展栏下单击"添加"按钮添加,最后在视图中拾取球体,将其添加到"发射器对象"列表中,如图13-63所示。

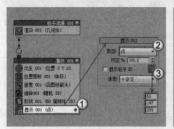 

图13-62　　　　　图13-63

技巧与提示

此时拖曳时间线滑块,可以观察到粒子并没有像烟花一样产生爆炸效果,如图13-64所示。因此下面还需要对粒子进行碰撞设置。

图13-64

08 使用"平面"工具 平面 在顶视图中创建一个大小与粒子流源大小几乎相同的平面,然后将其拖曳到粒子流源的上方,如图13-65所示。

09 在"创建"面板中单击"空间扭曲"按钮,并设置空间扭曲的类型为"导向器",然后使用"导向板"工具 导向板 在顶视图中创建一个导向板(位置与大小与平面相同),如图13-66所示。

 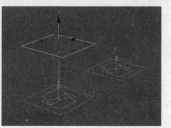

图13-65　　　　　图13-66

疑难问答

问:这个导向板有什么作用?

答:这里创建导向板的目的主要是为了让粒子在上升的过程中与其发生碰撞,从而让粒子产生爆炸效果。

10 在"主工具栏"中单击"绑定到空间扭曲"按钮,然后用该工具将导向板拖曳到平面上,如图13-67所示。

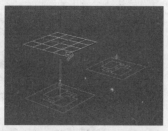

图13-67

技术专题49 绑定到空间扭曲

"绑定到空间扭曲"工具可以将导向器绑定到对象上。先选择需要导向器,然后在"主工具栏"中单击"绑定到空间扭曲"按钮,接着将其拖曳到要绑定的对象上即可,如图13-68所示。

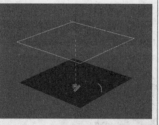

图13-68

11 打开"粒子视图"对话框,然后在操作符列表中将"碰撞"操作符拖曳到"位置对象001"操作符的下方,单击"碰撞001"操作符,接着在"碰撞001"卷展栏下单击"添加"按钮添加,并在视图中拾取导向板,最后设置"速度"为"随机",如图13-69所示。

12 拖曳时间线滑块,可以发现此时的粒子已经发生了爆炸效果,如图13-70所示。

图13-69　　　　　图13-70

13 采用相同的方法设置好另外一个粒子流源,然后选择动画效果最明显的一些帧,接着单独渲染出这些单帧动画,最终效果如图13-71所示。

图13-71

411

★ 重点 ★
实战：用粒子流源制作放箭动画

场景位置　场景文件>CH13>03.max
实例位置　实例文件>CH13>实战：用粒子流源制作放箭动画.max
视频位置　多媒体教学>CH13>实战：用粒子流源制作放箭动画.flv
难易指数　★★★☆☆
技术掌握　用粒子流源制作放箭动画

放箭动画效果如图13-72所示。

图13-72

01 打开下载资源中的"场景文件>CH13>03.max"文件，如图13-73所示。

02 使用"粒子流源"工具 粒子流源 在左视图中创建一个粒子流源，然后在"发射"卷展栏下设置"徽标大小"为96mm、"长度"为132mm、"宽度"为144mm，其位置如图13-74所示。

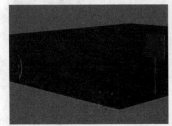
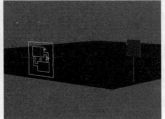

图13-73　　　　　　　　　　　　图13-74

03 在"设置"卷展栏下单击"粒子视图"按钮 粒子视图 ，打开"粒子视图"对话框，然后单击"出生001"操作符，接着在"出生001"卷展栏下设置"发射停止"为500、"数量"为200，如图13-75所示。

04 单击"速度001"操作符，然后在"速度001"卷展栏下设置"速度"为10000mm，如图13-76所示。

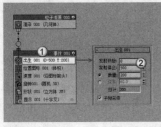
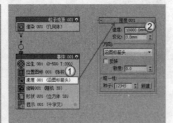

图13-75　　　　　　　　　　　　图13-76

05 单击"旋转001"操作符，然后在"旋转001"卷展栏下设置"方向矩阵"为"速度空间跟随"，接着设置y方向速度为180，如图13-77所示。

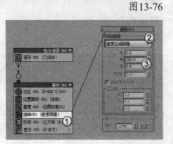

图13-77

技巧与提示

注意，由于这里不再需要"形状001"操作符，因此可以在"形状001"操作符上单击鼠标右键，然后在弹出的快捷菜单中选择"删除"命令，将其删除，如图13-78所示。

图13-78

06 单击"显示001"操作符，然后在"显示001"卷展栏下设置"类型"为"几何体"，接着设置显示颜色为（红:228，绿:184，蓝:153），如图13-79所示。

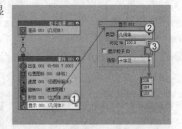

图13-79

07 在操作符列表中将"图形实例"操作符拖曳到"显示001"操作符的下方，然后单击形状"图形实例001"操作符，接着在形状"图形实例001"卷展栏下单击"无"按钮 无 ，最后在视图中拾取箭模型（注意，不是弓模型），如图13-80所示。

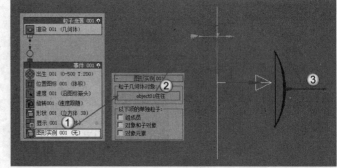

图13-80

08 在"创建"面板中单击"空间扭曲"按钮 ≋ ，并设置空间扭曲的类型为"导向器"，然后单击"导向板"按钮 导向板 ，接着在左视图中创建一个大小与箭靶基本相同的导向板（位置也与其相同），如图13-81所示。

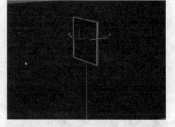

图13-81

09 返回"粒子视图"对话框，然后将"碰撞"操作符拖曳到形状"图形实例001"操作符的下方，接着在"碰撞001"卷展栏下单击"添加"按钮 添加 ，并在视图中拾取导向板，最后设置"速度"为"停止"，如图13-82所示。

10 拖曳时间线滑块，可以发现此时的某些箭射到了平面上，并且"嵌"在了箭靶上，如图13-83所示。

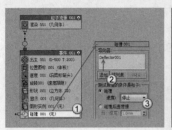

图13-82　　　　　　　图13-83

11 选择动画效果最明显的一些帧，然后单独渲染出这些单帧动画，最终效果如图13-84所示。

图13-84

★ 重点 ★

实战：用粒子流源制作拂尘动画

场景位置	场景文件>CH13>04.max
实例位置	实例文件>CH13>实战：用粒子流源制作拂尘动画.max
视频位置	多媒体教学>CH13>实战：用粒子流源制作拂尘动画.flv
难易指数	★★★☆☆
技术掌握	用粒子流源制作拂尘动画

拂尘动画效果如图13-85所示。

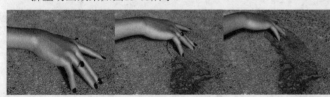

图13-85

01 使用"平面"工具 平面 在场景中创建一个平面，然后在"参数"卷展栏下设置"长度"为2300mm、"宽度"为2400mm，如图13-86所示。

02 使用"粒子流源"工具 粒子流源 在顶视图中创建一个粒子流源（放在平面上方的中间），然后在"发射"卷展栏下设置"徽标大小"为66mm、"长度"为77mm、"宽度"为113mm，如图13-87所示。

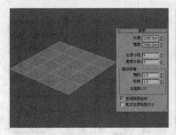
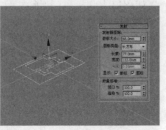

图13-86　　　　　　　图13-87

03 在"设置"卷展栏下单击"粒子视图"按钮 粒子视图 ，打

开"粒子视图"对话框，然后单击"出生001"操作符，接着在"出生001"卷展栏下设置"发射停止"为0、"数量"为1000000，如图13-88所示。

04 单击"显示001"操作符，然后在"显示001"卷展栏下设置"类型"为"点"，接着设置显示颜色为白色，如图13-89所示。

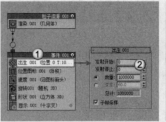
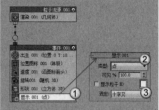

图13-88　　　　　　　图13-89

05 在操作符列表中将"位置对象"操作符拖曳到显示001操作符的下方，然后单击"位置对象001"操作符，接着在"位置对象001"卷展栏下单击"添加"按钮 添加 ，最后在视图中拾取平面，如图13-90所示。

06 将下载资源中的"场景文件>CH13>04.max"文件合并到场景中，效果如图13-91所示。

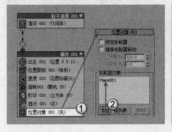

图13-90　　　　　　　图13-91

技巧与提示

这个场景文件已经为手设置好了一个划动动画，如图13-92所示。

图13-92

07 在"创建"面板中单击"空间扭曲"按钮，并设置空间扭曲的类型为"导向器"，然后使用"导向球"工具 导向球 在顶视图中创建一个导向球（放在手指部位），接着在"基本参数"卷展栏下设置"直径"为30mm，其位置如图13-93所示。

08 在"主工具栏"中单击"选择并链接"按钮，然后使用鼠标左键将导向球链接到手模型上（最好在孤立选择模式下进行操作），如图13-94所示。链接成功后，拖曳时间线滑块，可以观察到导向球会跟随手一起运动。

图13-93　　　　　　　　　　图13-94

09 返回到"粒子视图"对话框，在操作符列表中将"碰撞"操作符拖曳到"位置对象001"操作符的下方，然后单击"碰撞001"操作符，接着在"碰撞001"卷展栏下单击"添加"按钮 添加 ，最后在视图中拾取导向球，如图13-95所示。

10 在操作符列表中将"材质动态"操作符拖曳到"碰撞001"操作符的下方，然后在"材质动态001"卷展栏下单击"无"按钮 无 ，接着在弹出的"材质/贴图浏览器"对话框中加载一个"标准"材质，如图13-96所示。

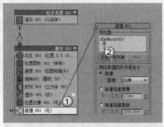

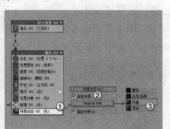

图13-95　　　　　　　　　　图13-96

11 选择动画效果最明显的一些帧，然后单独渲染出这些单帧动画，最终效果如图13-97所示。

图13-97

★ 重点 ★
13.1.2 喷射

"喷射"粒子常用来模拟雨和喷泉等效果，其参数设置面板如图13-98所示。

图13-98

喷射粒子参数介绍

① 粒子选项组

视口计数：在指定的帧处，设置视图中显示的最大粒子数量。

渲染计数：在渲染某一帧时设置可以显示的最大粒子数量（与"计时"选项组下的参数配合使用）。

水滴大小：设置水滴粒子的大小。

速度：设置每个粒子离开发射器时的初始速度。

变化：设置粒子的初始速度和方向。数值越大，喷射越强，范围越广。

水滴/圆点/十字叉：设置粒子在视图中的显示方式。

② 渲染选项组

四面体：将粒子渲染为四面体。

面：将粒子渲染为正方形面。

③ 计时选项组

开始：设置第1个出现的粒子的帧编号。

寿命：设置每个粒子的寿命。

出生速率：设置每一帧产生的新粒子数。

恒定：启用该选项后，"出生速率"选项将不可用，此时的"出生速率"等于最大可持续速率。

④ 发射器选项组

宽度/长度：设置发射器的长度和宽度。

隐藏：启用该选项后，发射器将不会显示在视图中（发射器不会被渲染出来）。

★ 重点 ★
实战：用喷射粒子制作下雨动画

场景位置	无
实例位置	实例文件>CH13>实战：用喷射粒子制作下雨动画.max
视频位置	多媒体教学>CH13>实战：用喷射粒子制作下雨动画.flv
难易指数	★☆☆☆☆
技术掌握	用喷射粒子模拟下雨动画

下雨动画效果如图13-99所示。

图13-99

01 使用"喷射"工具 喷射 在顶视图中创建一个喷射粒子，然后在"参数"卷展栏下设置"视口计数"为600、"渲染计数"为600、"水滴大小"为8mm、"速度"为8、"变化"为0.56，接着设置"开始"为-50、"寿命"为60，具体参数设置如图13-100所示，粒子效果如图13-101所示。

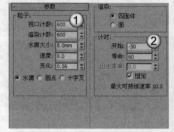

图13-100　　　　　　　　　图13-101

02 按大键盘上的8键打开"环境和效果"对话框，然后在"环境贴图"通道中加载一张下载资源中的"实例文件>CH13>实战：用喷射粒子制作下雨动画>背景.jpg"文件，如图13-102所示。

图13-102

03 选择动画效果最明显的一些帧，然后单独渲染出这些单帧动画，最终效果如图13-103所示。

图13-103

知识链接

关于雨滴材质的制作方法请参阅第10章"实战：用VRayMtl材质制作卫生间材质"中的"水"材质的制作方法。

★ 重点 ★
13.1.3 雪

"雪"粒子主要用来模拟飘落的雪花或洒落的纸屑等动画效果，其参数设置面板如图13-104所示。

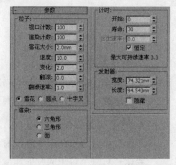

图13-104

雪粒子参数介绍

雪花大小： 设置粒子的大小。

翻滚： 设置雪花粒子的随机旋转量。

翻滚速率： 设置雪花的旋转速度。

雪花/圆点/十字叉： 设置粒子在视图中的显示方式。

六角形： 将粒子渲染为六角形。

三角形： 将粒子渲染为三角形。

面： 将粒子渲染为正方形面。

知识链接

关于"雪"粒子的其他参数请参阅前面所讲的"喷射"粒子的相关参数介绍。

★ 重点 ★
实战： 用雪粒子制作雪花飘落动画

场景位置	无
实例位置	实例文件>CH13>实战：用雪粒子制作雪花飘落动画.max
视频位置	多媒体教学>CH13>实战：用雪粒子制作雪花飘落动画.flv
难易指数	★☆☆☆☆
技术掌握	用雪粒子模拟下雪动画

雪花飘落动画效果如图13-105所示。

图13-105

01 使用"雪"工具 雪 在顶视图中创建一个雪粒子，然后在"参数"卷展栏下设置"视口计数"为400、"渲染计数"为400、"雪花大小"为13mm、"速度"为10、"变化"为10，接着设置"开始"为-30、"寿命"为30，具体参数设置如图13-106所示，粒子效果如图13-107所示。

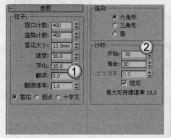 

图13-106　　　　　　　　　　图13-107

02 按大键盘上的8键打开"环境和效果"对话框，然后在"环境贴图"通道中加载一张下载资源中的"实例文件>CH13>实战：利用雪粒子制作雪花飘落动画>背景.jpg"文件，如图13-108所示。

图13-108

03 选择动画效果最明显的一些帧，然后单独渲染出这些单帧动画，最终效果如图13-109所示。

图13-109

技术专题 50 制作雪粒子的材质

雪材质的制作方法在第12章的"12.10 综合实例：童话四季（CG表现）"中已经讲解过。但是本例的雪材质没有那么复杂，下面介绍一些简单的雪材质制作方法。

第1步：选择一个空白材质球（用默认的"标准"材质），展开"贴图"卷展栏，然后在"漫反射颜色"贴图通道中加载一张"衰减"程序贴图，接着在"衰减参数"卷展栏下设置"前"通道的颜色为白色、"侧"通道的颜色为黑色，最后在"混合曲线"卷展栏下调整好混合曲线的形状，如图13-110所示。

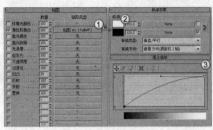

图13-110

第2步：将"漫反射颜色"通道中的"衰减"程序贴图复制到"不透明度"贴图通道上，然后设置"不透明度"为70，如图13-111所示，制作好的材质球效果如图13-112所示。

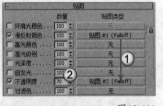

图13-111　　　　图13-112

★重点★ 13.1.4 超级喷射

"超级喷射"粒子可以用来制作暴雨和喷泉等效果，若将其绑定到"路径跟随"空间扭曲上，还可以生成瀑布效果，其参数设置面板如图13-113所示。

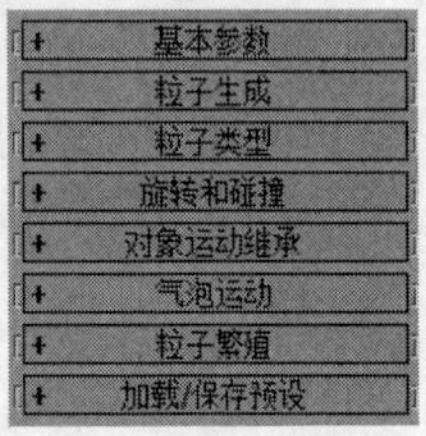

图13-113

🔵 基本参数卷展栏

展开"基本参数"卷展栏，如图13-114所示。

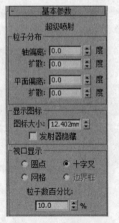

图13-114

基本参数卷展栏参数介绍

① 粒子分布选项组

轴偏离：影响粒子流与z轴的夹角（沿着x轴的平面）。

扩散：影响粒子远离发射向量的扩散（沿着x轴的平面）。

平面偏离：影响围绕z轴的发射角度。如果设置为0，则该选项无效。

扩散：影响粒子围绕"平面偏离"轴的扩散。如果设置为0，则该选项无效。

② 显示图标选项组

图标大小：设置"超级喷射"粒子图标的大小。

发射器隐藏：勾选该选项后，可以在视图中隐藏发射器。

③ 视口显示选项组

圆点/十字叉/网格/边界框：设置粒子在视图中的显示方式。

粒子数百分比：设置粒子在视图中的显示百分比。

🔵 粒子生成卷展栏

展开"粒子生成"卷展栏，如图13-115所示。

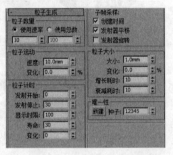

图13-115

粒子生成卷展栏参数介绍

① 粒子数量选项组

使用速率：指定每帧发射的固定粒子数。

使用总数：指定在系统使用寿命内产生的总粒子数。

② 粒子运动选项组

速度：设置粒子在出生时沿着法线的速度。

变化：对每个粒子的发射速度应用一个变化百分比。

③ 粒子计时选项组

发射开始/停止：设置粒子开始在场景中出现和停止的帧。

显示时限：指定所有粒子均将消失的帧（无论其他设置如何）。

寿命：设置每个粒子的寿命。

变化：指定每个粒子的寿命可以从标准值变化的帧数。

子帧采样：启用以下3个选项中的任意一个后，可以通过以较高的子帧分辨率对粒子进行采样，有助于避免粒子"膨胀"。

创建时间：允许向防止随时间发生膨胀的运动等式添加时间偏移。

发射器平移：如果基于对象的发射器在空间中移动，在沿着可渲染位置之间的几何体路径的位置上以整数倍数创建粒子。

发射器旋转：如果旋转发射器，启用该选项可以避免膨胀，并产生平滑的螺旋形效果。

④ 粒子大小选项组

大小：根据粒子的类型指定系统中所有粒子的目标大小。

变化：设置每个粒子的大小可以从标准值变化的百分比。

增长耗时：设置粒子从很小增长到"大小"值经历的帧数。

衰减耗时：设置粒子在消亡之前缩小到其"大小"值的1/10所经历的帧数。

⑤ 唯一性选项组

新建 新建 ：随机生成新的种子值。

种子：设置特定的种子值。

🔮 粒子类型卷展栏---

展开"粒子类型"卷展栏，如图13-116所示。

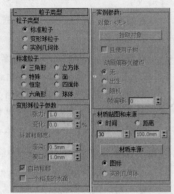

图13-116

粒子类型卷展栏参数介绍

① 粒子类型选项组

标准粒子：使用几种标准粒子类型中的一种，如三角形、立方体、四面体等。

变形球粒子：使用变形球粒子。这些变形球粒子是以水滴或粒子流形式混合在一起的。

实例几何体：生成粒子，这些粒子可以是对象、对象链接层次或组的实例。

② 标准粒子选项组

三角形/立方体/特殊/面/恒定/四面体/六角形/球体：如果在"粒子类型"选项组中选择了"标准粒子"，则可以在此指定一种粒子类型。

③ 变形球粒子参数选项组

张力：确定有关粒子与其他粒子混合倾向的紧密度。张力越大，聚集越难，合并也越难。

变化：指定张力效果的变化的百分比。

计算粗糙度：指定计算变形球粒子解决方案的精确程度。

渲染：设置渲染场景中的变形球粒子的粗糙度。

视口：设置视口显示的粗糙度。

自动粗糙：如果启用该选项，则将根据粒子大小自动设置渲染的粗糙度。

一个相连的水滴：如果关闭该选项，则将计算所有粒子；如果启用该选项，则仅计算和显示彼此相连或邻近的粒子。

④ 实例参数选项组

对象：<无>：显示所拾取对象的名称。

拾取对象 拾取对象 ：单击该按钮，在视图中可以选择要作为粒子使用的对象。

且使用子树：如果要将拾取的对象的链接子对象包括在粒子中，则应该启用该选项。

动画偏移关键点：如果要为实例对象设置动画，则使用该选项可以指定粒子的动画计时。

无：所有粒子的动画的计时均相同。

出生：第1个出生的粒子是粒子出生时源对象当前动画的实例。

随机：当"帧偏移"设置为 0 时，该选项等同于"无"。否则每个粒子出生时使用的动画都将与源对象出生时使用的动画相同。

帧偏移：指定从源对象的当前计时的偏移值。

⑤ 材质贴图和来源选项组

时间：指定从粒子出生开始完成粒子的一个贴图所需的帧数。

距离：指定从粒子出生开始完成粒子的一个贴图所需的距离。

材质来源 材质来源 ：使用该按钮可以更新粒子系统携带的材质。

图标：粒子使用当前为粒子系统图标指定的材质。

实例几何体：粒子使用为实例几何体指定的材质。

🔮 旋转和碰撞卷展栏--

展开"旋转和碰撞"卷展栏，如图13-117所示。

图13-117

旋转和碰撞卷展栏参数介绍

① 自旋速度控制选项组

自旋时间：设置粒子一次旋转的帧数。如果设置为0，则粒子不进行旋转。

变化：设置自旋时间的变化的百分比。

相位：设置粒子的初始旋转。

变化：设置相位的变化的百分比。

② 自旋轴控制选项组

随机：每个粒子的自旋轴是随机的。

运动方向/运动模糊：围绕由粒子移动方向形成的向量旋转粒子。

拉伸：如果该值大于0，则粒子会根据其速度沿运动轴拉伸。

用户定义：使用x、y和z轴中定义的向量。

X/Y/Z轴：分别指定x、y或z轴的自旋向量。

变化：设置每个粒子的自旋轴从指定的x、y和z轴设置变化的量。

③ 粒子碰撞选项组

启用： 在计算粒子移动时启用粒子间碰撞。

计算每帧间隔： 设置每个渲染间隔的间隔数，期间会进行粒子碰撞测试。

反弹： 设置在碰撞后速度恢复到正常的程度。

变化： 设置应用于粒子的"反弹"值的随机变化百分比。

🌑 对象运动继承卷展栏

展开"对象运动继承"卷展栏，如图13-118所示。

图13-118

对象运动继承卷展栏参数介绍

影响： 在粒子产生时，设置继承基于对象的发射器的运动粒子所占的百分比。

倍增： 设置修改发射器运动影响粒子运动的量。

变化： 设置"倍增"值的变化的百分比。

🌑 气泡运动卷展栏

展开"气泡运动"卷展栏，如图13-119所示。

图13-119

气泡运动卷展栏参数介绍

幅度： 设置粒子离开通常的速度矢量的距离。

变化： 设置每个粒子所应用的振幅变化的百分比。

周期： 设置粒子通过气泡"波"的一个完整振动的周期（建议设置20~30的值）。

变化： 设置每个粒子的周期变化的百分比。

相位： 设置气泡图案沿着矢量的初始置换。

变化： 设置每个粒子的相位变化的百分比。

🌑 粒子繁殖卷展栏

展开"粒子繁殖"卷展栏，如图13-120所示。

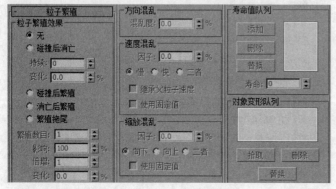

图13-120

粒子繁殖卷展栏参数介绍

① 粒子繁殖效果选项组

无： 不使用任何繁殖方式，粒子按照正常方式活动。

碰撞后消亡： 勾选该选项后，粒子在碰撞到绑定的导向器时会消失。

持续： 设置粒子在碰撞后持续的寿命（帧数）。

变化： 当"持续"大于0时，每个粒子的"持续"值将各有不同。使用该选项可以羽化粒子的密度。

碰撞后繁殖： 勾选该选项后，在与绑定的导向器碰撞时会产生繁殖效果。

消亡后繁殖： 勾选该选项后，在每个粒子的寿命结束时会产生繁殖效果。

繁殖拖尾： 勾选该选项后，在现有粒子寿命的每个帧会从相应粒子繁殖粒子。

繁殖数目： 除原粒子以外的繁殖数。例如，如果此选项设置为1，并在消亡时繁殖，每个粒子超过原寿命后繁殖一次。

影响： 设置将繁殖的粒子的百分比。

倍增： 设置倍增每个繁殖事件繁殖的粒子数。

变化： 逐帧指定"倍增"值将变化的百分比范围。

② 方向混乱选项组

混乱度： 指定繁殖的粒子的方向可以从父粒子的方向变化的量。

③ 速度混乱选项组

因子： 设置繁殖的粒子的速度相对于父粒子的速度变化的百分比范围。

慢： 随机应用速度因子，并减慢繁殖的粒子的速度。

快： 根据速度因子随机加快粒子的速度。

二者： 根据速度因子让有些粒子加快速度或让有些粒子减慢速度。

继承父粒子速度： 除了速度因子的影响外，繁殖的粒子还继承母体的速度。

使用固定值： 将"因子"值作为设置值，而不是作为随机应用于每个粒子的范围。

④ 缩放混乱选项组

因子： 为繁殖的粒子确定相对于父粒子的随机缩放的百分比范围。

向下： 根据"因子"值随机缩小繁殖的粒子，使其小于其父粒子。

向下： 随机放大繁殖的粒子，使其大于其父粒子。

二者： 将繁殖的粒子缩放为大于和小于其父粒子。

使用固定值： 将"因子"的值作为固定值，而不是值范围。

⑤ 寿命值队列选项组

添加 <kbd>添加</kbd>： 将"寿命"值加入列表窗口。

删除 <kbd>删除</kbd>： 删除列表窗口中当前高亮显示的值。

替换 <kbd>替换</kbd>： 使用"寿命"值替换队列中的值。

寿命： 使用该选项可以设置一个值，然后使用"添加"按钮 <kbd>添加</kbd> 将该值添加到列表窗口中。

⑥ 对象变形队列选项组

拾取 拾取：使用该按钮可以在视口中选择要加入列表的对象。

删除 删除：删除列表窗口中当前高亮显示的对象。

替换 替换：使用其他对象替换队列中的对象。

加载/保存预设卷展栏

展开"加载/保存预设"卷展栏，如图13-121所示。

图13-121

加载/保存预设卷展栏参数介绍

预设名：定义设置名称的可编辑预设名。

保存预设：显示所有保存的预设名。

加载 加载：加载"保存预设"列表中当前高亮显示的预设。

保存 保存：将"预设名"保存到"保存预设"列表中。

删除 删除：删除"保存预设"列表中的选定项。

★重点★ **实战：用超级喷射粒子制作烟雾动画**

场景位置	场景文件>CH13>05.max
实例位置	实例文件>CH13>实战：用超级喷射粒子制作烟雾动画.max
视频位置	多媒体教学>CH13>实战：用超级喷射粒子制作烟雾动画.flv
难易指数	★★★☆☆
技术掌握	用超级喷射粒子模拟烟雾动画

烟雾动画效果如图13-122所示。

图13-122

01 打开下载资源中的"场景文件>CH13>05.max"文件，如图13-123所示。

02 使用"超级喷射"工具 超级喷射 在火堆中创建一个超级喷射粒子，如图13-124所示。

图13-123

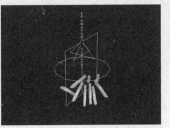

图13-124

03 展开"基本参数"卷展栏，然后在"粒子分布"选项组下设置"轴偏离"为10度、"扩散"为27度、"平面偏离"为139度、"扩散"为180度，接着在"视口显示"选项组下勾选"圆点"选项，并设置"粒子数百分比"为100%，具体参数设置如图13-125所示。

04 展开"粒子生成"卷展栏，设置"粒子数量"为15，然后在"粒子运动"选项组下设置"速度"为254mm、"变化"为12%，接着在"粒子计时"选项组下设置"发射开始"为0、"发射停止"为100、"显示时限"为100、"寿命"为30，最后在"粒子大小"选项组下设置"大小"为600mm，具体参数设置如图13-126所示。

05 展开"粒子类型"卷展栏，然后设置"粒子类型"为"标准粒子"，接着设置"标准粒子"为"面"，如图13-127所示。

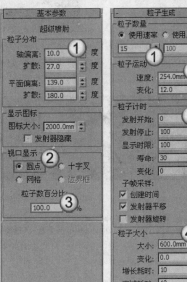
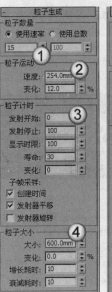
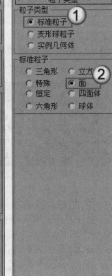

图13-125   图13-126   图13-127

06 设置空间扭曲类型为"力"，然后使用"风"工具 风 在视图中创建一个风力，接着在"参数"卷展栏下设置"强度"为0.1，如图13-128所示。

07 使用"绑定到空间扭曲"工具 将风力绑定到超级喷射粒子，如图13-129所示。

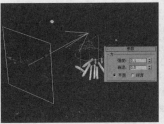
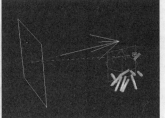

图13-128   图13-129

08 下面制作粒子的材质。按M键打开"材质编辑器"对话框，选择一个空白材质球，然后设置材质类型为"标准"材质，并将其命名为"烟雾"，接着展开"贴图"卷展栏，具体参数设置如图13-130所示，制作好的材质球效果如图13-131所示。

设置步骤

① 在"漫反射颜色"贴图通道中加载一张"粒子年龄"程序贴图，然后在"粒子年龄参数"卷展栏下设置"颜色#1"为（红:210，绿:94，蓝:0）、"颜色#2"为（红:149，绿:138，蓝:109）、"颜色#3"为（红:158，绿:158，蓝:158）。

② 将"漫反射颜色"通道中的贴图复制到"自发光"贴图通道上。

③ 在"不透明度"贴图通道中加载一张"衰减"程序贴图，然后在"衰减参数"卷展栏下设置"衰减类型"为Fresnel。

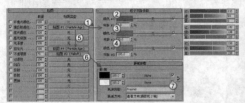 

图13-130　　　　图13-131

09　选择动画效果最明显的一些帧，然后单独渲染出这些单帧动画，最终效果如图13-132所示。

图13-132

★重点★
实战：用超级喷射粒子制作喷泉动画

场景位置	无
实例位置	实例文件>CH13>实战：用超级喷射粒子制作喷泉动画.max
视频位置	多媒体教学>CH13>实战：用超级喷射粒子制作喷泉动画.flv
难易指数	★★★☆☆
技术掌握	用超级喷射粒子模拟喷泉动画

喷泉动画效果如图13-133所示。

图13-133

01　使用"超级喷射"工具 超级喷射 在顶视图中创建一个超级喷射粒子，在透视图中的显示效果如图13-134所示。

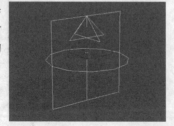

图13-134

02　选择超级喷射发射器，展开"基本参数"卷展栏，然后在"粒子分布"选项组下设置"轴偏离"为22度、"扩散"为15度、"平面偏离"为90度、"扩散"为180度，具体参数设置如图13-135所示。

03　展开"粒子生成"卷展栏，设置"粒子数量"为600，然后在

"粒子运动"选项组下设置"速度"为10mm，接着在"粒子计时"选项组下设置"反射开始"为0、"发射停止"为150、"显示时限"为150、"寿命"为30，最后在"粒子大小"选项组下设置"大小"为1.2mm，具体参数设置如图13-136所示。

04　展开"粒子类型"卷展栏，然后设置"粒子类型"为"标准粒子"，接着设置"标准粒子"为"球体"，如图13-137所示。

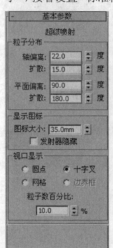 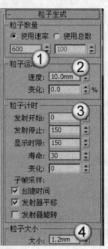

图13-135　　　　图13-136　　　　图13-137

05　设置空间扭曲类型为"力"，然后使用"重力"工具 重力 在顶视图创建一个重力，接着在"参数"卷展栏下设置"强度"为0.8、"图标大小"为100mm，具体参数设置及重力在前视图中的效果如图13-138所示。

06　使用"绑定到空间扭曲"工具 将重力绑定到超级喷射粒子上，如图13-139所示。

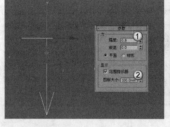 

图13-138　　　　图13-139

疑难问答 ?

问：将重力绑定到粒子上有何作用？

答：将重力绑定到超级喷射粒子上后，粒子就会受到重力的影响，即粒子喷发出来以后会受重力影响而下落，如图13-140所示。

图13-140

07　设置空间扭曲类型为"导向器"，然后使用"导向板"工

具 导向板 在顶视图中创建一个导向板，在透视图中的效果如图13-141所示。

08 使用"绑定到空间扭曲"工具 将导向板绑定到超级喷射粒子上，如图13-142所示。

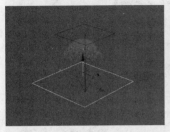

图13-141 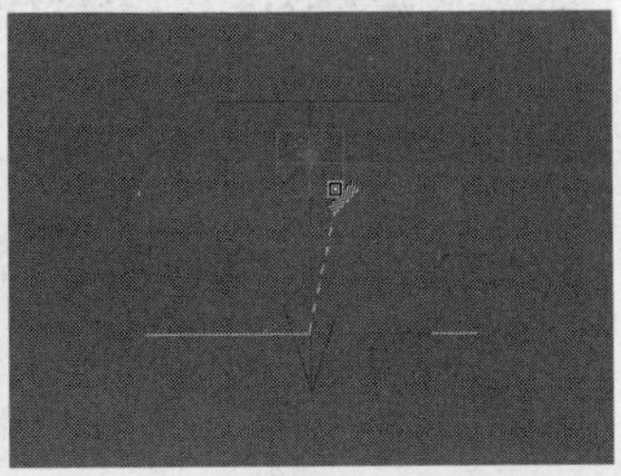　　　　　　　　　　图13-142

09 选择导向板，然后在"参数"卷展栏下设置"反弹"为0.2，如图13-143所示。

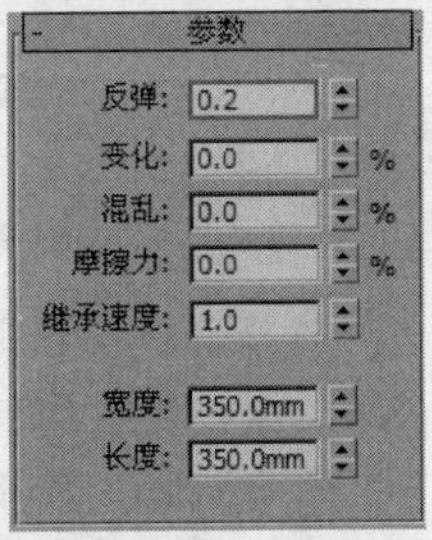

图13-143

技巧与提示

将导向板与超级喷射粒子绑定在一起后，粒子下落撞到导向板上就会产生反弹现象，如图13-144所示。

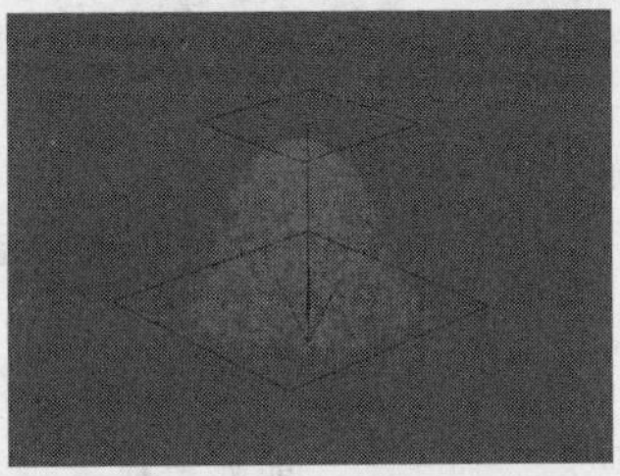

图13-144

10 选择动画效果最明显的一些帧，然后单独渲染出这些单帧动画，最终效果如图13-145所示。

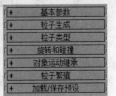

图13-145

13.1.5 暴风雪

"暴风雪"粒子是"雪"粒子的升级版，可以用来制作暴风雪等动画效果，其参数设置面板如图13-146所示。

图13-146

知识链接

关于"暴风雪"粒子的参数请参阅"超级喷射"粒子。

13.1.6 粒子阵列

"粒子阵列"粒子可以用来创建复制对象的爆炸效果，其参数设置面板如图13-147所示。

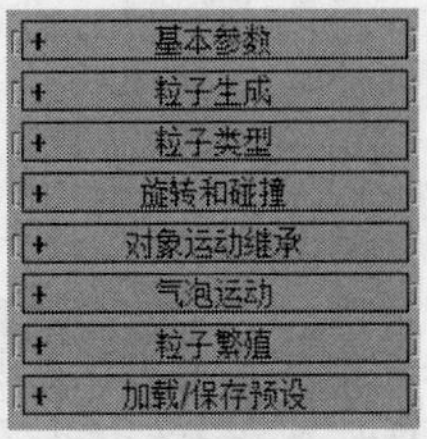

图13-147

知识链接

关于"粒子阵列"粒子的参数请参阅"超级喷射"粒子。

★ 重点 ★
实战：用粒子阵列制作花瓶破碎动画

场景位置	场景文件>CH13>06.max
实例位置	实例文件>CH13>实战：用粒子阵列制作花瓶破碎动画.max
视频位置	多媒体教学>CH13>实战：用粒子阵列制作花瓶破碎动画.flv
难易指数	★★★☆☆
技术掌握	用粒子阵列粒子模拟破碎动画

花瓶破碎动画效果如图13-148所示。

图13-148

01 打开下载资源中的"场景文件>CH13>06.max"文件，如图13-149所示。

02 使用"粒子阵列"工具 粒子阵列 在地板下面（与花瓶在同一垂直线上）创建一个粒子阵列，如图13-150所示。

图13-149　　　　　　　　　　图13-150

03 选择粒子阵列发射器，展开"基本参数"卷展栏，然后单击"拾取对象"按钮 拾取对象 ，接着在视图中拾取花瓶，最后在"视口显示"选项组下勾选"网格"选项，如图13-151所示。

04 展开"粒子类型"卷展栏，设置"粒子类型"为"对象碎片"，然后在"对象碎片控制"选项组下设置"厚度"为4mm，并勾选"碎片数目"选项，再设置"最小值"为35。接着在"材质贴图和来源"选项组下勾选"拾取的发射器"选项，最后在"碎片材质"选项组下设置"外表材质ID"、"边ID"和"内表面材质ID"为0，具体参数设置如图13-152所示。

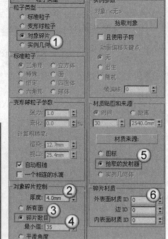

图13-151　　　　　　　　图13-152

05 按M键打开"材质编辑器"对话框，然后设置"花瓶"材质的ID通道为0，如图13-153所示。

图13-153

06 设置空间扭曲类型为"力"，然后使用"重力"工具 **重力** 在视图中创建一个重力，如图13-154所示。

07 使用"绑定到空间扭曲"工具 将重力绑定到粒子阵列发射器上，如图13-155所示。

　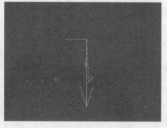

图13-154　　　　　　　　图13-155

08 设置空间扭曲类型为"导向器"，然后使用"导向板"工具 **导向板** 在顶视图中创建一个导向板（位置与地板相同），如图13-156所示。

09 使用"绑定到空间扭曲"工具 将导向板绑定到粒子阵列发射器上，如图13-157所示。

图13-156　　　　　　　　图13-157

10 选择导向板，然后在"参数"卷展栏下设置"反弹"为0.1，如图13-158所示。

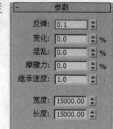

图13-158

11 选择动画效果最明显的一些帧，然后单独渲染出这些单帧动画，最终效果如图13-159所示。

图13-159

13.1.7 粒子云

"粒子云"粒子可以用来创建类似体积雾效果的粒子群。使用"粒子云"能够将粒子限定在一个长方体、球体、圆柱体之内，或限定在场景中拾取的对象的外形范围之内（二维对象不能使用"粒子云"），其参数设置面板如图13-160所示。

图13-160

知识链接

关于"粒子云"粒子的参数请参阅"超级喷射"粒子。

13.2 空间扭曲

"空间扭曲"从字面意思来看比较难懂，可以将其比喻为一种控制场景对象运动的无形力量，如重力、风力和推力等。使用空间扭曲可以模拟真实世界中存在的"力"效果，当然空间扭曲需要与粒子系统一起配合使用才能制作出动画效果。

空间扭曲包括5种类型，分别是"力"、"导向器"、"几何/可变形"、"基于修改器"和"粒子和动力学"，如图13-161所示。

图13-161

本节空间扭曲概述

空间扭曲名称	主要作用	重要程度
力	为粒子系统提供外力影响	中
导向器	为粒子系统提供导向功能	中
几何/可变形	变形对象的几何形状	低

13.2.1 力

"力"可以为粒子系统提供外力影响，共有9种类型，分别是"推力"、"马达"、"漩涡"、"阻力"、"粒子爆炸"、"路径跟随"、"重力"、"风"和"置换"，如图13-162所示，这些力在视图中的显示图标如图13-163所示。

图13-162

图13-163

力的创建工具介绍

推力 推力：可以为粒子系统提供正向或负向的均匀单向力。

马达 马达：对受影响的粒子或对象应用传统的马达驱动力（不是定向力）。

漩涡 漩涡：可以将力应用于粒子，使粒子在急转的漩涡中进行旋转，然后让它们向下移动成一个长而窄的喷流或漩涡井，常用来创建黑洞、涡流和龙卷风。

阻力 阻力：这是一种在指定范围内按照指定量来降低粒子速率的粒子运动阻尼器。应用阻尼的方式可以是"线性"、"球形"或"圆柱形"。

粒子爆炸 粒子爆炸：可以创建一种使粒子系统发生爆炸的冲击波。

路径跟随 路径跟随：可以强制粒子沿指定的路径进行运动。路径通常为单一的样条线，也可以是具有多条样条线的图形，但粒子只会沿其中一条样条线运动。

重力 重力：用来模拟粒子受到的自然重力。重力具有方向性，沿重力箭头方向的粒子为加速运动，沿重力箭头逆向的粒子为减速运动。

风 风：用来模拟风吹动粒子所产生的飘动效果。

置换 置换：以力场的形式推动和重塑对象的几何外形，对几何体和粒子系统都会产生影响。

> **技巧与提示**
>
> 下面以5个实例来讲解常用的推力、漩涡力、路径跟随和风力的用法。

★ 重点 ★
实战：用推力制作冒泡泡动画

场景位置	无
实例位置	实例文件>CH13>实战：用推力制作冒泡泡动画.max
视频位置	多媒体教学>CH13>实战：用推力制作冒泡泡动画.flv
难易指数	★★★☆☆
技术掌握	用超级喷射粒子配合推力模拟冒泡泡动画

冒泡泡动画效果如图13-164所示。

图13-164

01 使用"平面"工具 平面 在前视图中创建一个平面，然后在"参数"卷展栏下设置"长度"为570mm、"宽度"为750mm，如图13-165所示。

02 使用"超级喷射"工具 超级喷射 在平面底部创建一个超级喷射粒子，如图13-166所示。

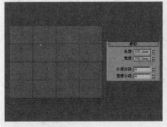

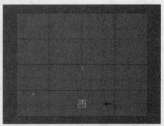

图13-165   图13-166

03 选择超级喷射发射器，展开"基本参数"卷展栏，然后在"粒子分布"选项组下设置"轴偏离"为5度、"扩散"为5度、"平面偏离"为5度、"扩散"为42度，接着在"显示图标"选项组下设置"图标大小"为20mm，最后在"视口显示"选项组下勾选"网格"选项，并设置"粒子数百分比"为100%，具体参数设置如图13-167所示。

04 展开"粒子生成"卷展栏，设置"粒子数量"为20，然后在"粒子运动"选项组下设置"速度"为10mm，接着在"粒子计时"选项组下设置"发射停止"为100，最后在"粒子大小"选项组下设置"大小"为3mm，具体参数设置如图13-168所示。

05 展开"粒子类型"卷展栏，然后设置"粒子类型"为"标准粒子"，接着设置"标准粒子"为"球体"，如图13-169所示。

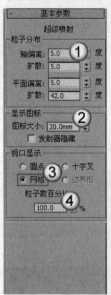  

图13-167　　　　　　图13-168　　　　　　图13-169

技巧与提示

拖曳时间线滑块，可以观察到发射器已经喷射出了很多球体状的粒子，如图13-170所示。

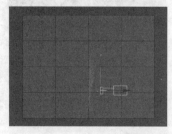

图13-170

06 使用"推力"工具 推力 在左视图中创建一个推力，在前视图中的效果如图13-171所示，然后在"参数"卷展栏下设置"结束时间"为100、"基本力"为30，如图13-172所示。

图13-171　　　　　　　　　　图13-172

07 使用"绑定到空间扭曲"工具 将推力绑定到超级喷射发射器上，然后拖曳时间线滑块，可以发现粒子发生了一定的偏移效果，如图13-173所示。

08 复制一个推力，然后调整好其位置和角度，接着将其绑定到超级喷射发射器，效果如图13-174所示。

 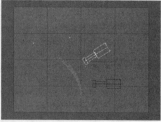

图13-173　　　　　　　　　　图13-172

09 选择动画效果最明显的一些帧，然后单独渲染出这些单帧动画，最终效果如图13-175所示。

图13-175

★重点★

实战：用漩涡力制作蝴蝶飞舞动画

场景位置	无
实例位置	实例文件>CH13>实战：用漩涡力制作蝴蝶飞舞动画.max
视频位置	多媒体教学>CH13>实战：用漩涡力制作蝴蝶飞舞动画.flv
难易指数	★★☆☆☆
技术掌握	用超级喷射粒子配合漩涡力制作蝴蝶飞舞动画

蝴蝶飞舞动画效果如图13-176所示。

图13-176

01 使用"超级喷射"工具 超级喷射 在顶视图中创建一个超级喷射粒子，在前视图中的显示效果如图13-177所示。

图13-177

02 选择超级喷射发射器，展开"基本参数"卷展栏，然后在"粒子分布"选项组下设置"轴偏离"为30度、"扩散"为10度、"平面偏离"为10度、"扩散"为10度，接着在"显示图标"选项组下设置"图标大小"为33mm，最后在"视口显示"选项组下设置"粒子数百分比"为100%，具体参数设置如图13-178所示。

03 展开"粒子生成"卷展栏，设置"粒子数量"为30，然后在"粒子运动"选项组下设置"速度"为10mm、"变化"为5%，接着在"粒子计时"选项组下设置"发射开始"为0、"发射停止"为100、"显示实现"为100、"寿命"为100、"变化"为20，最后在"粒子大小"选项组下设置"大小"为

3mm，具体参数设置如图13-179所示。

04 展开"粒子类型"卷展栏，然后设置"粒子类型"为"标准粒子"，接着设置"标准粒子"为"球体"，如图13-180所示。

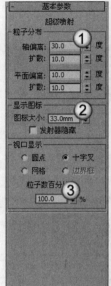 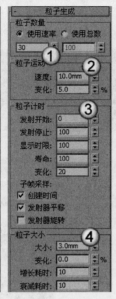 

图13-178　　　　　　图13-179　　　　　　图13-180

05 使用"漩涡"工具 漩涡 在顶视图中创建一个漩涡力，如图13-181所示，接着使用"选择并旋转"工具在前视图中将其旋转90°，使力的方向向上，如图13-182所示。

图13-181　　　　　　　　　　图13-182

06 选择漩涡力，展开"参数"卷展栏，然后在"捕获和运动"选项组下设置"轴向下拉"为0.01、"阻尼"为3%，接着设置"径向拉力"为1、"阻尼"为5%，具体参数设置如图13-183所示。

07 使用"绑定到空间扭曲"工具 将漩涡力绑定到超级喷射发射器上，如图13-184所示。

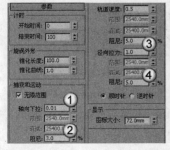 

图13-183　　　　　　　　　　图13-184

技巧与提示

将漩涡力与超级喷射发射器绑定在一起后，粒子的发射路径就会变成漩涡状，如图13-185所示。

图13-185

08 选择动画效果最明显的一些帧，然后单独渲染出这些单帧动画，最终效果如图13-186所示。

图13-186

技巧与提示

本例没有讲解如何设置粒子的材质（蝴蝶材质），材质的设置方法在前面的章节中已经讲解过，用户可以打开本例的源文件来进行参考设置。

★重点★
实战：用路径跟随制作星形发光圈动画

场景位置	无
实例位置	实例文件>CH13>实战：用路径跟随制作星形发光圈动画.max
视频位置	多媒体教学>CH13>实战：用路径跟随制作星形发光圈动画.flv
难易指数	★★☆☆☆
技术掌握	用路径约束制作粒子发光动画特效

发光圈动画效果如图13-187所示。

图13-187

01 设置几何体类型为"粒子系统"，然后使用"超级喷射"工具 超级喷射 在场景中创建一个超级喷射发射器，如图13-188所示。

图13-188

02 选择超级喷射发射器，展开"粒子生成"卷展栏，然后在"粒子运动"选项组下设置"速度"为40mm，接着在"粒子计时"选项组下设置"发射停止"和"寿命"为100，具体参数设置如图13-189所示。

03 展开"粒子类型"卷展栏，然后设置"粒子类型"为"标准粒子"，接着设置"标准粒子"为"四面体"，如图13-190所示。

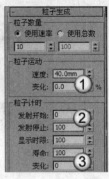 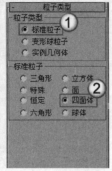

图13-189 图13-190

04 使用"线"工具 线 在前视图中绘制一个心形，如图13-191所示。

05 使用"路径跟随"工具 路径跟随 在视图中创建一个路径跟随，如图13-192所示。

图13-191 图13-192

06 选择路径跟随，然后在"基本参数"卷展栏下单击"拾取图形对象"按钮 拾取图形对象 ，接着在视图中拾取星形图形，如图13-193所示。

07 使用"绑定到空间扭曲"工具 将超级喷射发射器绑定到路径跟随上，如图13-194所示。

图13-193 图13-194

08 隐藏超级喷射发射器与跟随路径，然后选择动画效果最明显的一些帧，接着单独渲染出这些单帧动画，最终效果如图13-195所示。

图13-195

★ 重点 ★
实战：用路径跟随制作树叶飞舞动画

场景位置	无
实例位置	实例文件>CH13>实战：用路径跟随制作树叶飞舞动画.max
视频位置	多媒体教学>CH13>实战：用路径跟随制作树叶飞舞动画.flv
难易指数	★★☆☆☆
技术掌握	用超级喷射配合路径跟随制作飞舞动画

树叶飞舞动画效果如图13-196所示。

图13-196

01 使用"螺旋线"工具 螺旋线 在顶视图中创建一条螺旋线，然后在"参数"卷展栏下设置"半径1"为85mm、"半径2"为1000mm、"高度"为3000mm、"圈数"为6，在前视图中的效果如图13-197所示。

图13-197

02 使用"球体"工具 球体 在螺旋线的底部创建一个球体，然后在"参数"卷展栏下设置"半径"为35mm，如图13-198所示，接着使用"超级喷射"工具 超级喷射 在螺旋线底部创建一个超级喷射发射器，如图13-199所示。

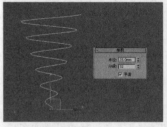 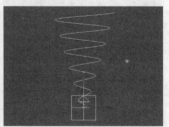

图13-198 图13-199

03 选择超级喷射发射器，展开"基本参数"卷展栏，然后在"粒子分布"选项组下设置"轴偏离"为6度、"扩散"为26度、"平面偏离"为15度、"扩散"为96度，接着在"显示图标"选项组下设置"图标大小"为268mm，最后在"视口显示"选项组下勾选"网格"选项，并设置"粒子数百分比"为100%，具体参数设置如图13-200所示。

04 展开"粒子生成"卷展栏，设置"粒子数量"为8，然后在"粒子运动"选项组下设置"速度"为254mm、"变化"为20%，接着在"粒子计时"选项组下设置"发射停止"为100、"变化"为20，最后在"粒子大小"选项组下设置"大小"为2.5mm，具体参数设置如图13-201所示。

05 展开"粒子类型"卷展栏，然后设置"粒子类型"为"实例几何体"，接着单击"拾取对象"按钮 拾取对象 ，最后在视图中拾取球体，如图13-202所示。

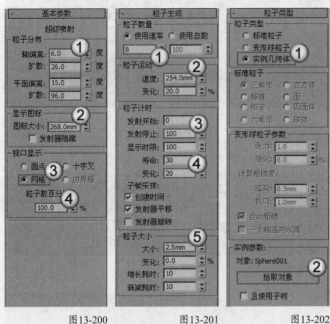

图13-200　　　　　图13-201　　　　　图13-202

06 使用"路径跟随"工具 路径跟随 在视图中创建一个路径跟随，如图13-203所示。

07 选择路径跟随，然后在"基本参数"卷展栏下单击"拾取图形对象"按钮 拾取图形对象 ，接着在视图中拾取螺旋线，如图13-204所示。

图13-203　　　　　　　　　　图13-204

08 使用"绑定到空间扭曲"工具 将路径跟随绑定到超级喷射发射器上，然后拖曳时间线滑块观察动画，效果如图13-205所示。

图13-205

09 选择动画效果最明显的一些帧，然后单独渲染出这些单帧动画，最终效果如图13-206所示。

图13-206

★ 重点 ★
实战：用风力制作海面波动动画

场景位置	无
实例位置	实例文件>CH13>实战：用风力制作海面波动动画.max
视频位置	多媒体教学>CH13>实战：用风力制作海面波动动画.flv
难易指数	★★★☆☆
技术掌握	用粒子阵列配合风力模拟波动动画

海面波动动画效果如图13-207所示。

图13-207

01 使用"平面"工具 平面 在场景中创建一个平面，然后在"参数"卷展栏下设置"长度"和"宽度"为16000mm，接着设置"长度分段"和"宽度分段"为60，如图13-208所示。

02 为平面加载一个"波浪"修改器，然后在"参数"卷展栏下设置"振幅1"为450mm、"振幅2"为100mm、"波长"为88mm、"相位"为1，具体参数设置如图13-209所示。

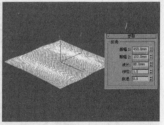

图13-208　　　　　　　　　　图13-209

03 为平面加载一个"噪波"修改器，然后在"参数"卷展栏下设置"比例"为120，接着勾选"分形"选项，并设置"粗糙度"为0.2、"迭代次数"为6，再设置"强度"的x、y为500mm，z为600mm，最后勾选"动画噪波"选项，并设置"频率"为0.25、"相位"为-70，具体参数设置如图13-210所示，模型效果如图13-211所示。

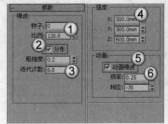

图13-210　　　　　　　　　　图13-211

04 继续为平面加载一个"体积选择"修改器，然后在"参数"卷展栏下设置"堆栈选择层级"为"面"，如图13-212所

427

示,接着选择"体积选择"修改器的Gizmo次物体层级,最后使用"选择并移动"工具🔧将其向上拖曳一段距离,如图13-213所示。

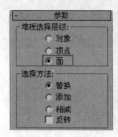

图13-212　　　　　　　　图13-213

问：红色区域表示什么？

答：调整Gizmo时,在视图中可以观察到模型的一部分会变成红色,这个区域是一个约束区域,意思就是说只有这个区域才会产生粒子。

05 使用"粒子阵列"工具 粒子阵列 在视图中的任意位置创建一个粒子阵列,然后在"基本参数"卷展栏下单击"拾取对象"按钮 拾取对象 ,接着在视图中拾取平面,最后在"视口显示"选项组下勾选"网格"选项,如图13-214所示。

06 展开"粒子生成"卷展栏,设置"粒子数量"为500,然后在"粒子运动"选项组下设置"速度"为1mm、"变化"为30%、"散度"为50°,接着在"粒子计时"选项组下设置"发射停止"为200、"显示时限"为1000、"寿命"为15、"变化"为20,最后在"粒子大小"选项组下设置"大小"为60mm,具体参数设置如图13-215所示。

07 展开"粒子类型"卷展栏,然后设置"粒子类型"为"标准粒子",接着设置"标准粒子"为"球体",如图13-216所示。

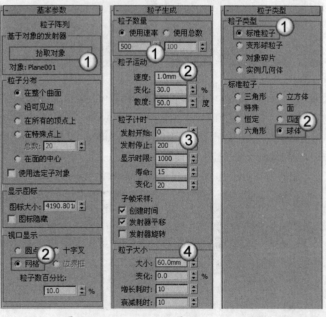

图13-214　　　　图13-215　　　　图13-216

08 使用"风"工具 风 在视图中创建一个风力,然后在"参数"卷展栏下设置"强度"为0.2,如图13-217所示。

09 使用"绑定到空间扭曲"工具将风力绑定到粒子阵列发射器,效果如图13-218所示。

图13-217　　　　　　　　图13-218

10 选择动画效果最明显的一些帧,然后单独渲染出这些单帧动画,最终效果如图13-219所示。

图13-219

13.2.2 导向器

"导向器"可以为粒子系统提供导向功能,共有6种类型,分别是"泛方向导向板"、"泛方向导向球"、"全泛方向导向"、"全导向器"、"导向球"和"导向板",如图13-220所示。

图13-220

导向器的创建工具介绍

泛方向导向板 泛方向导向板：这是空间扭曲的一种平面泛方向导向器。它能提供比原始导向器空间扭曲更强大的功能,包括折射和繁殖能力。

泛方向导向球 泛方向导向球：这是空间扭曲的一种球形泛方向导向器。它提供的选项比原始的导向球更多。

全泛方向导向 全泛方向导向：这个导向器比原始的"全导向器"更强大,可以使用任意几何对象作为粒子导向器。

全导向器 全导向器：这是一种可以使用任意对象作为粒子导向器的全导向器。

导向球 导向球：这个空间扭曲起着球形粒子导向器的作用。

导向板 导向板：这是一种平面装的导向器,是一种特殊类型的空间扭曲,它能让粒子影响动力学状态下的对象。

13.2.3 几何/可变形

"几何/可变形"空间扭曲主要用于变形对象的几何形状,包括7种类型,分别是"FFD（长方体）"、"FFD（圆柱体）"、"波浪"、"涟漪"、"置换"、"一致"和"爆炸",如图13-221所示。

图13-221

几何/可变形的创建工具介绍

FFD（长方体） `FFD(长方体)`：这是一种类似于原始FFD修改器的长方体形状的晶格FFD对象，它既可以作为一种对象修改器也可以作为一种空间扭曲。

FFD（圆柱体） `FFD(圆柱体)`：该空间扭曲在其晶格中使用柱形控制点阵列，它既可以作为一种对象修改器也可以作为一种空间扭曲。

波浪 `波浪`：可以在整个世界空间中创建线性波浪。

涟漪 `涟漪`：可以在整个世界空间中创建同心波纹。

置换 `置换`：其工作方式与"置换"修改器类似。

一致 `一致`：该空间扭曲修改绑定对象的方法是按照空间扭曲图标所指示的方向推动其顶点，直至这些顶点碰到指定目标对象，或从原始位置移动到指定距离。

爆炸 `爆炸`：该空间扭曲可以把对象炸成许多单独的面。

★重点★

实战：用爆炸变形制作汽车爆炸动画

场景位置	场景文件>CH13>07.max
实例位置	实例文件>CH13>实战：用爆炸变形制作汽车爆炸动画.max
视频位置	多媒体教学>CH13>实战：用爆炸变形制作汽车爆炸动画.flv
难易指数	★★☆☆☆
技术掌握	用爆炸变形模拟爆炸动画

汽车爆炸动画效果如图13-222所示。

图13-222

01 打开下载资源中的"场景文件>CH13>07.max"文件，如图13-223所示。

02 使用"爆炸"工具 `爆炸` 在地面上创建一个爆炸，如图13-224所示。

图13-223　　　　　　　　图13-224

03 选择爆炸，然后在"爆炸参数"卷展栏下设置"强度"为

1.5、"自旋"为0.5，接着勾选"启用衰减"选项，并设置"衰退"为2540mm，最后设置"重力"为1、"起爆时间"为5，具体参数设置如图13-225所示。

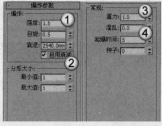

图13-225

04 使用"绑定到空间扭曲"工具 将爆炸绑定到汽车上，如图13-226所示。

05 使用"爆炸"工具 `爆炸` 继续在地面上创建一个爆炸，如图13-227所示。

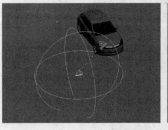

图13-226　　　　　　　　图13-227

06 选择上一步创建的爆炸，然后在"爆炸参数"卷展栏下设置"强度"为0.7、"自旋"为0.1，接着勾选"启用衰减"选项，并设置"衰退"为2540mm，最后设置"重力"为1、"起爆时间"为5，具体参数设置如图13-228所示。

07 使用"绑定到空间扭曲"工具 将爆炸绑定到汽车上，然后拖曳时间线滑块预览动画，效果如图13-229所示。

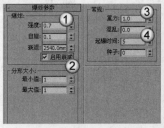
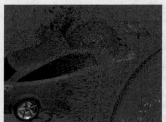

图13-228　　　　　　　　图13-229

技巧与提示

注意，本例对计算机的配置要求相当高，在预览动画时很可能让3ds Max发生崩溃现象。

08 选择动画效果最明显的一些帧，然后单独渲染出这些单帧动画，最终效果如图13-230所示。

图13-230

第14章

动力学

Employment direction
从业方向

CG影视行业　　CG建筑行业

CG工业行业　　CG动漫行业

CG游戏行业　　CG时尚达人

14.1　动力学MassFX概述

3ds Max 2014中的动力学系统非常强大，可以快速地制作出物体与物体之间真实的物理作用效果，是制作动画必不可少的一部分。动力学可以用于定义物理属性和外力，当对象遵循物理定律进行相互作用时，可以让场景自动生成最终的动画关键帧。

在3ds Max 2012之前的版本中，动画设计师一直使用Reactor来制作动力学效果，但是Reactor动力学存在很多漏洞，如卡机、容易出错等。而从3ds Max 2012版本开始，在尘封了多年的动力学Reactor之后，终于加入了新的刚体动力学——MassFX。这套刚体动力学系统，可以配合多线程的NVIDIA显示引擎来进行MAX视图里的实时运算，并能得到更为真实的动力学效果。MassFX的主要优势在于操作简单，可以实时运算，并解决了由于模型面数多而无法运算的问题。此外，由于MassFX与Reactor在参数、操作等方面比较相近，因此习惯使用Reactor的老用户也不必担心，通过短期的熟悉与练习，很快就能学会MassFX的使用方法。

动力学支持刚体和软体动力学、布料模拟和流体模拟，并且它拥有物理属性，如质量、摩擦力和弹力等，可用来模拟碰撞、绳索、布料、马达和汽车等运动效果。图14-1~图14-3所示的是一些很优秀的动力学作品。

图14-1　　　　　　　图14-2　　　　　　　图14-3

在"主工具栏"的空白处单击鼠标右键，然后在弹出的快捷菜单中选择"MassFX工具栏"命令，如图14-4所示，可以调出"MassFX工具栏"，如图14-5所示。

图14-4　　　　　　　　　　图14-5

技巧与提示

为了方便操作，可以将"MassFX工具栏"拖曳到操作界面的左侧，使其停靠于此，如图14-6所示。另外，在"MassFX工具栏"上单击鼠标右键，在弹出的快捷菜单中选择"停靠"菜单中的子命令可以选择停靠位置，如图14-7所示。

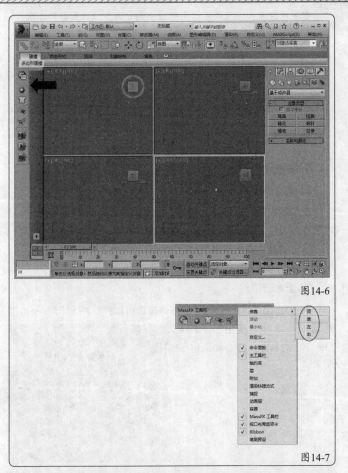

图14-6

图14-7

14.2 创建动力学MassFX

本节将针对"MassFX工具栏"中的"MassFX工具"、刚体创建工具及模拟工具进行讲解。刚体是物理模拟中的对象，其形状和大小不会更改，它可能会反弹、滚动和四处滑动，但无论施加了多大的力，它都不会弯曲或折断。

本节工具概述

工具名称	主要作用	重要程度
MassFX工具	设置刚体的所有参数	高
将选定项设置为动力学刚体	将未实例化的MassFX Rigid Body（MassFX刚体）修改器应用到每个选定对象，并将刚体类型设置为"动力学"	高
将选定项设置为运动学刚体	将未实例化的MassFX Rigid Body（MassFX刚体）修改器应用到每个选定对象，并将刚体类型设置为"运动学"	高

★重点★
14.2.1 MassFX工具

在"MassFX工具栏"中单击"世界参数"按钮，打开"MassFX工具"对话框，如图14-8所示。"MassFX工具"对话框从左到右分为"世界参数"、"模拟工具"、"多对象编辑器"和"显示选项"4个面板，下面对这4个面板分别进行讲解。

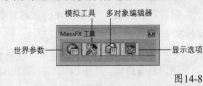

图14-8

世界参数面板

"世界参数"面板包含3个卷展栏，分别是"场景设置"、"高级设置"和"引擎"卷展栏，如图14-9所示。

图14-9

1.场景设置卷展栏

展开"场景设置"卷展栏，如图14-10所示。

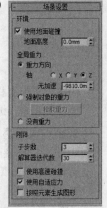

图14-10

场景设置卷展栏参数介绍

① 环境选项组

使用地面碰撞：启用该选项后，MassFX将使用地面高度级别的（不可见）无限、平面、静态刚体，即与主栅格平行或共面。

地面高度：当启用"使用地面碰撞"时，该选项用于设置地面刚体的高度。

重力方向：启用该选项后，可以通过下面的x、y、z设置MassFX中的内置重力方向。

无加速：设置重力。使用z轴时，正值使重力将对象向上拉；负值将对象向下拉（标准效果）。

强制对象的重力：勾选该选项后，单击下方的"拾取重力"按钮，可以拾取创建的重力以产生作用，此时默认的重力将失效。

拾取重力：当启用"强制对象的重力"选项后，使用该按钮可以拾取场景中的重力。

没有重力： 启用该选项后，场景中不会影响到模拟重力。

② 刚体选项组

子步数： 用于设置每个图形更新之间执行的模拟步数。

解算器迭代数： 全局设置约束解算器强制执行碰撞和约束的次数。

使用高速碰撞： 启用该选项后，可以切换连续的碰撞检测。

使用自适应力： 启用该选项后，MassFX会通过根据需要收缩组合防穿透力来减少堆叠和紧密聚合刚体中的抖动。

按照元素生成图形： 启用该选项并将MassFX Rigid Body（MassFX刚体）修改器应用于对象后，MassFX会为对象中的每个元素创建一个单独的物理图形。

2.高级设置卷展栏

展开"高级设置"卷展栏，如图14-11所示。

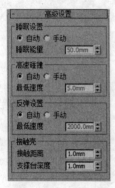

图14-11

高级设置卷展栏参数介绍

① 睡眠设置选项组

自动： 启用该选项后，MassFX将自动计算合理的线速度和角速度睡眠阈值，高于该阈值即应用睡眠。

手动： 如果需要覆盖速度和自旋的启发式值，可以勾选该选项，然后根据需要调整下方的"睡眠能量"参数值进行控制。

睡眠能量： 启用"手动"模式后，MassFX将测量对象的移动量（组合平移和旋转），并在其运动低于"睡眠能量"数值时将对象置于睡眠模式。

② 高速碰撞选项组

自动： MassFX使用试探式算法来计算合理的速度阈值，高于该值即应用高速碰撞方法。

手动： 勾选该选项后，可以覆盖速度的自动值。

最低速度： 模拟中移动速度高于该速度的刚体将自动进入高速碰撞模式。

③ 反弹设置选项组

自动： MassFX使用试探式算法来计算合理的最低速度阈值，高于该值即应用反弹。

手动： 勾选该选项后，可以覆盖速度的试探式值。

最低速度： 模拟中移动速度高于该速度的刚体将相互反弹。

④ 接触壳选项组

接触距离： 该选项后设定的数值为允许移动刚体重叠的距离。

如果该值过高，将会导致对象明显地互相穿透；如果该值过低，将导致抖动，因为对象互相穿透一帧之后，在下一帧将强制分离。

支撑台深度： 该选项后设定的数值为允许支撑体重叠的距离。

3.引擎卷展栏

展开"引擎"卷展栏，如图14-12所示。

图14-12

引擎卷展栏参数介绍

① 选项选项组

使用多线程： 启用该选项时，如果CPU具有多个内核，CPU可以执行多线程，以加快模拟的计算速度。

硬件加速： 启用该选项时，如果系统配备了NVIDIA GPU，即可使用硬件加速来执行某些计算。

② 版本选项组

关于MassFX 关于 MassFX... ：单击该按钮可以打开"关于MassFX"对话框，该对话框中显示的是MassFX的基本信息，如图14-13所示。

图14-13

模拟工具面板

"模拟工具"面板包含"模拟"、"模拟设置"和"实用程序"3个卷展栏，如图14-14所示。

图14-14

1.模拟卷展栏

展开"模拟"卷展栏，如图14-15所示。

图14-15

模拟卷展栏参数介绍

① 播放选项组

重置模拟：单击该按钮可以停止模拟，并将时间线滑块移动到第1帧，同时将任意动力学刚体设置为其初始变换。

开始模拟：从当前帧运行模拟，时间线滑块为每个模拟步长前进一帧，从而让运动学刚体作为模拟的一部分进行移动。

开始没有动画的模拟：当模拟运行时，时间线滑块不会前进，这样可以使动力学刚体移动到固定点。

逐帧模拟：运行一个帧的模拟，并使时间线滑块前进相同的量。

② 模拟烘焙选项组

烘焙所有：将所有动力学刚体的变换存储为动画关键帧时重置模拟。

烘焙选定项：与"烘焙所有"类似，只不过烘焙仅应用于选定的动力学刚体。

取消烘焙所有：删除烘焙时设置为运动学的所有刚体的关键帧，从而将这些刚体恢复为动力学刚体。

取消烘焙选定项：与"取消烘焙所有"类似，只不过取消烘焙仅应用于选定的适用刚体。

③ 捕获变换选项组

捕获变换：将每个选定的动力学刚体的初始变换设置为变换。

2.模拟设置卷展栏

展开"模拟设置"卷展栏，如图14-16所示。

图14-16

模拟设置卷展栏参数介绍

在最后一帧：选择当动画进行到最后一帧时进行模拟的方式。

继续模拟：即使时间线滑块达到最后一帧也继续运行模拟。

停止模拟：当时间线滑块达到最后一帧时停止模拟。

循环动画并且：在时间线滑块达到最后一帧时重复播放动画。

重置模拟：当时间线滑块达到最后一帧时，重置模拟且动画循环播放到第1帧。

继续模拟：当时间线滑块达到最后一帧时，模拟继续运行，但动画循环播放到第1帧。

3.实用程序卷展栏

展开"实用程序"卷展栏，如图14-17所示。

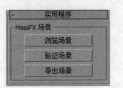

图14-17

实用程序卷展栏参数介绍

浏览场景 [浏览场景]：单击该按钮将打开"场景资源管理器-MassFX 资源管理器"对话框，如图14-18所示。

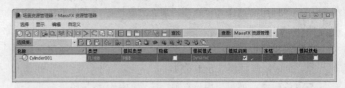

图14-18

验证场景 [验证场景]：单击该按钮可以打开"验证PhysX场景"对话框，在该对话框中可以验证各种场景元素是否违反模拟要求，如图14-19所示。

导出场景 [导出场景]：单击该按钮可以打开Select File to Export（选择文件导出）对话框，在该对话框中可以导出MassFX，以使模拟用于其他程序，如图14-20所示。

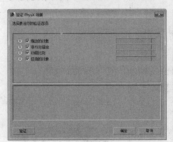 

图14-19   图14-20

多对象编辑器面板---

"多对象编辑器"面板包含7个卷展栏，分别是"刚体属性"、"物理材质"、"物理材质属性"、"物理网格"、"物理网格参数"、"力"和"高级"卷展栏，如图14-21所示。

图14-21

1.刚体属性卷展栏

展开"刚体属性"卷展栏，如图14-22所示。

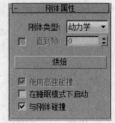

图14-22

刚体属性卷展栏参数介绍

刚体类型：设置刚体的模拟类型，包含"动力学"、"运动学"和"静态"3种类型。

直到帧：设置"刚体类型"为"运动学"时该选项才可用。启用该选项时，MassFX会在指定帧处将选定的运动学刚体转换为动态刚体。

烘焙 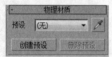 **烘焙**：将未烘焙的选定刚体的模拟运动转换为标准动画关键帧。

使用高速碰撞：如果启用该选项，同时又在"世界参数"面板中启用了"使用高速碰撞"选项，那么"高速碰撞"设置将应用于选定刚体。

在睡眠模式中启动：如果启用该选项，选定刚体将使用全局睡眠设置，同时以睡眠模式开始模拟。

与刚体碰撞：如果启用该选项，选定的刚体将与场景中的其他刚体发生碰撞。

2.物理材质卷展栏

展开"物理材质"卷展栏，如图14-23所示。

图14-23

物理材质卷展栏参数介绍

预设：选择预设的材质类型。使用后面的吸管 可以吸取场景中的材质。

创建预设 创建预设：基于当前值创建新的物理材质预设。

删除预设 删除预设：从列表中移除当前预设。

3.物理材质属性卷展栏

展开"物理材质属性"卷展栏，如图14-24所示。

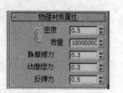

图14-24

物理材质属性卷展栏参数介绍

密度：设置刚体的密度。

质量：设置刚体的重量。

静摩擦力：设置两个刚体开始互相滑动的难度系数。

动摩擦力：设置两个刚体保持互相滑动的难度系数。

反弹力：设置对象撞击到其他刚体时反弹的轻松程度和高度。

4.物理网格卷展栏

展开"物理网格"卷展栏，如图14-25所示。

图14-25

物理网格卷展栏参数介绍

网格类型：选择刚体物理网格的类型，包含"球体"、"长方体"、"胶囊"、"凸面"、"合成"、"原始"和"自定义"7种。

5.物理网格参数卷展栏

展开"物理网格参数"卷展栏（注意，"物理网格"卷展栏中设置不同的网格类型将影响"物理网格参数"卷展栏

下的参数，这里选用"凸面"网格类型进行讲解），如图14-26所示。

图14-26

物理网格参数卷展栏参数介绍

图形中有X个顶点：显示生成的凸面物理图形中的实际顶点数（X为一个变量）。

膨胀：用于设置将凸面图形从图形网格的顶点云向外扩展（正值）或向图形网格内部收缩（负值）的量。

生成处：选择创建凸面外壳的方法，共有以下两种。

曲面：创建凸面物理图形，且该图形完全包裹图形网格的外部。

顶点：重用图形网格中现有顶点的子集，这种方法创建的图形更清晰，但只能保证顶点位于图形网格的外部。

顶点：用于调整凸面外壳的顶点数：介于4~256。使用的顶点越多，就更接近原始图形，但模拟速度会稍稍降低。

从原始重新生成 从原始重新生成：单击该按钮可以使物理图形自适应修改对象。

6.力卷展栏

展开"力"卷展栏，如图14-27所示。

图14-27

力参数卷展栏参数介绍

使用世界重力：默认情况下该参数为启用，此时将使用世界面板中设置的全局重力。禁用后，选定的刚体将仅使用在此处添加的场景力，并忽略全局重力设置。再次启用后，刚体将使用全局重力设置。

应用的场景力：列出场景中影响模拟中选定刚体的力空间扭曲。

添加 添加：单击该按钮可以将场景中的力空间扭曲应用到模拟中选定的刚体。

移除 移除：选择添加的空间扭曲，然后单击该按钮可以将其移除。

7.高级卷展栏

展开"高级"卷展栏，如图14-28所示。

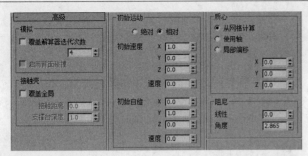

图14-28

高级卷展栏参数介绍

① 模拟选项组

覆盖解算器迭代次数： 如果启用该选项，将为选定刚体使用在此处指定的解算器迭代次数设置，而不使用全局设置。

启用背面碰撞： 该选项仅可用于静态刚体，作用的是为凹面静态刚体指定原始图形类型时，可以确保模拟中的动力学对象与其背面碰撞。

② 接触壳选项组

覆盖全局： 启用该选项后，MassFX将为选定刚体使用在此处指定的碰撞重叠设置，而不是使用全局设置。

接触距离： 该选项后设置的数值为允许移动刚体重叠的距离。如果该值过高，将会导致对象明显地互相穿透；如果该值过低，将导致抖动，因为对象互相穿透一帧之后，在下一帧将强制分离。

支撑台深度： 该选项设定的数值为允许支撑体重叠的距离。

③ 初始运动选项组

绝对/相对： 这两个选项只适用于开始时为运动学类型（通常已设置动画）的对象。设定为"绝对"时，将使用"初始速度"和"初始自旋"的值替换基于动画的值；设置为"相对"时，指定值将添加到根据动画计算得出的值。

初始速度： 设置刚体在变为动态类型时的起始方向和速度。

初始自旋： 设置刚体在变为动态类型时旋转的起始轴和速度。

④ 质心选项组

从网格计算： 根据刚体的几何体自动为该刚体确定适当的质（重）心。

使用轴： 将对象的轴用作其质（重）心。

局部偏移： 设定x、y、z轴距对象的轴的距离，以用作质（重）心。

⑤ 阻尼选项组

线性： 为减慢移动对象的速度所施加力的大小。

角度： 为减慢旋转对象的旋转速度所施加力的大小。

显示选项面板

"显示选项"面板包含两个卷展栏，分别是"刚体"和"MassFX可视化工具"卷展栏，如图14-29所示。

图14-29

1.刚体卷展栏

展开"刚体"卷展栏，如图14-30所示。

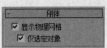

图14-30

刚体卷展栏参数介绍

显示物理网格： 启用该选项时，物理网格会显示在视口中。

仅选定对象： 启用该选项时，仅选定对象的物理网格会显示在视口中。

2.MassFX可视化工具卷展栏

展开"MassFX可视化工具"卷展栏，如图14-31所示。

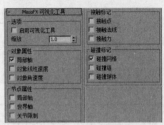

图14-31

MassFX可视化工具卷展栏主要参数介绍

启用可视化工具： 启用该选项时，"MassFX可视化工具"卷展栏中的其余设置才起作用。

缩放： 设置基于视口的指示器的相对大小。

★重点★
14.2.2 模拟工具

MassFX工具中的模拟工具分为4种，分别是"将模拟实体重置为其原始状态"工具 、"开始模拟"工具 、"开始没有动画的模拟"工具 和"步长模拟"工具 ，如图14-32所示。

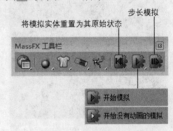

图14-32

模拟工具介绍

将模拟实体重置为其原始状态 ： 单击该按钮可以停止模拟，并将时间线滑块移动到第1帧，同时将任意动力学刚体设置为其初始变换。

开始模拟 ： 从当前帧运行模拟，时间线滑块为每个模拟步长前进一帧，从而让运动学刚体作为模拟的一部分进行移动。

开始没有动画的模拟 ： 当模拟运行时，时间线滑块不会前进，这样可以使动力学刚体移动到固定点。

步长模拟 ： 运行一个帧的模拟，并使时间线滑块前进相同的量。

★ 重点 ★
14.2.3 刚体创建工具

MassFX工具中的刚体创建工具分为3种，分别是"将选定项设置为动力学刚体"工具、"将选定项设置为运动学刚体"工具和"将选定项设置为静态刚体"工具，如图14-33所示。

图14-33

技巧与提示

下面重点讲解"将选定项设置为动力学刚体"工具和"将选定项设置为运动学刚体"工具。由于"将选定项设置为静态刚体"工具经常用于辅助前两个工具且参数通常保持默认即可，因此不对其进行讲解。

将选定项设置为动力学刚体

使用"将选定项设置为动力学刚体"工具可以将未实例化的MassFX Rigid Body（MassFX刚体）修改器应用到每个选定对象，并将刚体类型设置为"动力学"，然后为每个对象创建一个"凸面"物理网格，如图14-34所示。如果选定对象已经具有MassFX Rigid Body（MassFX刚体）修改器，则现有修改器将更改为动力学，而不重新应用。

MassFX Rigid Body（MassFX刚体）修改器的参数分为6个卷展栏，分别是"刚体属性"、"物理材质"、"物理图形"、"物理网格参数"、"力"和"高级"卷展栏，如图14-35所示。

图14-34   图14-35

1.刚体属性卷展栏

展开"刚体属性"卷展栏，如图14-36所示。

图14-36

刚体属性卷展栏参数介绍

刚体类型：设置选定刚体的模拟类型，包含"动态"、"运动学"和"静态"3种类型。

技术专题 51 刚体模拟类型的区别

刚体的模拟类型包含"动态"、"运动学"和"静态"3种类型，其区别如下。

动力学：动力学刚体与真实世界中的对象非常像。它们因重力而降落、凹凸为其他对象，且可以被这些对象推动。

运动学：动学刚体是由一系列动画进行移动的对象，它们不会因重力而降落。它们可以推动所遇到的任意动力学对象，但不能被其他对象推动。

静态：静态刚体与运动学刚体类似，不同之处在于不能对其设置动画。

直到帧：如果启用该选项，MassFX会在指定帧处将选定的运动学刚体转换为动态刚体。该选项只有在将"刚体类型"设置为"运动学"时才可用。

烘焙 ：将选定刚体的模拟运动转换为标准动画关键帧，以便进行渲染（仅应用于动态刚体）。

使用高速碰撞：如果启用该选项及"世界"面板中的"使用高速碰撞"选项，则这里的"使用高速碰撞"设置将应用于选定刚体。

在睡眠模式中启动：如果启用该选项，刚体将使用全局睡眠设置以睡眠模式开始模拟。

与刚体碰撞：启用该此选项后，刚体将与场景中的其他刚体发生碰撞。

2.物理材质卷展栏

展开"物理材质"卷展栏，如图14-37所示。

图14-37

物理材质卷展栏参数介绍

网格：选择要更改其材质参数的刚体的物理网格。

预设：从列表中选择一个预设，以指定所有的物理材质属性。

疑难问答

问："预设"选项后面的吸管有何作用？

答：使用吸管在场景中单击其他的刚体，可以将当前刚体的参数设置更改为被单击刚体的设置。

密度：设置刚体的密度，度量单位为g/cm^3（克每立方厘米）。

质量：此刚体的重量，度量单位为kg（千克）。

静摩擦力：设置两个刚体开始互相滑动的难度系数。

动摩擦力：设置两个刚体保持互相滑动的难度系数。

反弹力：设置对象撞击其他刚体时反弹的轻松程度和高度。

3.物理图形卷展栏

展开"物理图形"卷展栏，如图14-38所示。

图14-38

物理网格卷展栏参数介绍

修改图形：该列表用于显示添加到刚体的每个物理图形。

添加 添加 ：将新的物理图形添加到刚体。

重命名 重命名 ：更改物理图形的名称。

删除 删除 ：删除选定的物理图形。

复制图形 复制图形 ：将物理图形复制到剪贴板以便随后粘贴。

粘贴图形 粘贴图形 ：将之前复制的物理图形粘贴到当前刚体中。

镜像图形 镜像图形 ：围绕指定轴翻转图形几何体，单击 ... 按钮可以打开"镜像物理网格设置"对话框，如图14-39所示。该对话框用于设置沿哪个轴对图形进行镜像，以及使用局部轴还是世界轴。

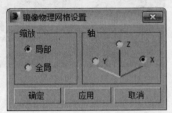

图14-39

重新生成选定对象 重新生成选定对象 ：使列表中高亮显示的图形自适应图形化网格的当前状态。

图形类型：为图形列表中高亮显示的图形选定应用的物理图形类型，包含7种类型，分别是"球体"、"长方体"、"胶囊"、"凹面"、"原始的"、"凸面"和"自定义"。

转换为自定义图形 转换为自定义图形 ：单击该按钮时，将基于高亮显示的物理图形在场景中创建一个新的可编辑图形对象，并将物理"图形类型"设置为"自定义"。

覆盖物理材质：在默认情况下，刚体中的每个物理图形都使用"物理材质"卷展栏中的材质设置，但是可能使用的是由多个物理图形组成的复杂刚体，因此需要为某些物理图形使用不同的设置。

显示明暗处理外壳：启用该选项时，物理图形将作为明暗处理视口中的明暗处理实体对象（而不是线框）进行渲染。

4.物理网格参数卷展栏

"物理网格参数"卷展栏下的参数决定于网格的类型，如图14-40所示是将"网格类型"设置为"凸面"时的"物理网格参数"卷展栏。

图14-40

★知识链接★

关于"物理网格参数"卷展栏下的参数请参阅"多对象编辑器"面板下的"物理网格参数"卷展栏。

5.力卷展栏

展开"力"卷展栏，如图14-41所示。

图14-41

★知识链接★

关于"力"卷展栏下的参数请参阅"多对象编辑器"面板下的"力"卷展栏。

6.高级卷展栏

展开"高级"卷展栏，如图14-42所示。

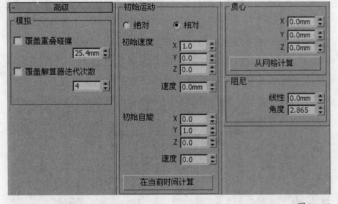

图14-42

★知识链接★

关于"高级"卷展栏下的参数请参阅"多对象编辑器"面板下的"高级"卷展栏。

实战：制作弹力球动力学刚体动画

场景位置	场景文件>CH14>01.max
实例位置	实例文件>CH14>实战：制作弹力球动力学刚体动画.max
视频位置	多媒体教学>CH14>实战：制作弹力球动力学刚体动画.flv
难易指数	★☆☆☆☆
技术掌握	将选定项设置为动力学刚体工具、将选定项设置为静态刚体工具

弹力球动画效果如图14-43所示。

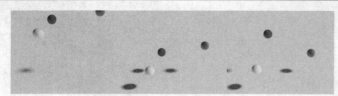

图14-43

01 打开下载资源中的"场景文件>CH14>01.max"文件，如图14-44所示。

02 在"主工具栏"的空白处单击鼠标右键，然后在弹出的快捷菜单中选择"MassFX工具栏"命令调出"MassFX工具栏"，如图14-45所示。

图14-44   图14-45

03 选择场景中的3个弹力球，然后在"MassFX工具栏"中单击"将选定项设置为动力学刚体"按钮，如图14-46所示。

图14-46

04 选择蓝色弹力球，然后在"物理材质"卷展栏下设置"反弹力"为1，如图14-47所示，接着选择红色弹力球进行相同设置，如图14-48所示。黄色弹力球的参数保持默认设置。

图14-47   图14-48

05 选择场景中的地面模型，然后在"MassFX工具栏"中单击"将选定项设置为静态刚体"按钮，如图14-49所示。

图14-49

06 在"MassFX工具栏"中单击"开始模拟"按钮模拟动画，待模拟完成后再次单击"开始模拟"按钮结束模拟，然后分别单独选择蓝色、红色和黄色的弹力球，接着在"刚体属性"卷展栏下单击"烘焙"按钮，以生成关键帧动画，如图14-50所示。

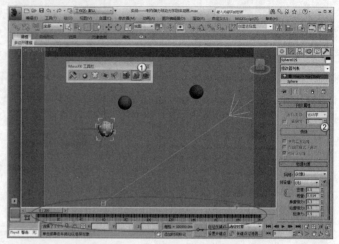

图14-50

07 拖曳时间线滑块，观察弹力球动画，效果如图14-51所示。

图14-51

08 选择动画效果最明显的一些帧，然后单独渲染出这些单帧动画，最终效果如图14-52所示。

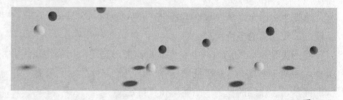

图14-52

★重点★
实战：制作硬币散落动力学刚体动画

场景位置	场景文件>CH14>02.max
实例位置	实例文件>CH14>实战：制作硬币散落动力学刚体动画.max
视频位置	多媒体教学>CH14>实战：制作硬币散落动力学刚体动画.flv
难易指数	★☆☆☆☆
技术掌握	将选定项设置为动力学刚体工具、将选定项设置为静态刚体工具

硬币散落动画效果如图14-53所示。

图14-53

01 打开下载资源中的"场景文件>CH14>02.max"文件，如图14-54所示。

图14-54

02 选择场景中的所有硬币模型，然后在"MassFX工具栏"中单击"将选定项设置为动力学刚体"按钮 ◎，如图14-55所示。

03 选择地面模型，然后在"MassFX工具栏"中单击"将选定项设置为静态刚体"按钮 ◎，如图14-56所示。

图14-55　　　　　　　　　图14-56

04 在"MassFX工具栏"中单击"开始模拟"按钮 ▶ 模拟动画，待模拟完成后再次单击"开始模拟"按钮 ▶ 结束模拟，然后选择所有硬币，接着打开"MassFX工具"对话框，再切换到"模拟工具"面板，最后在"模拟"卷展栏下单击"烘焙所有"按钮 [烘焙所有]，以生成关键帧动画，如图14-57所示。

图14-57

05 选择动画效果最明显的一些帧，然后单独渲染出这些单帧动画，最终效果如图14-58所示。

图14-58

★重点
实战：制作多米诺骨牌动力学刚体动画

场景位置	场景文件>CH14>03.max
实例位置	实例文件>CH14>实战：制作多米诺骨牌动力学刚体动画.max
视频位置	多媒体教学>CH14>实战：制作多米诺骨牌动力学刚体动画.flv
难易指数	★☆☆☆☆
技术掌握	将选定项设置为动力学刚体工具

多米诺骨牌动画效果如图14-59所示。

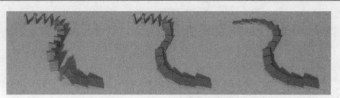

图14-59

01 打开下载资源中的"场景文件>CH14>03.max"文件，如图14-60所示。

图14-60

02 选择如图14-61所示的骨牌，然后在"MassFX工具栏"中单击"将选定项设置为动力学刚体"按钮 ◎，如图14-62所示。

图14-61　　　　　　　　　图14-62

疑难问答 ？

问：为何只将一个骨牌设置为动力学刚体？

答：由于本场景中的骨牌是通过"实例"复制方式制作的，因此只需要将其中一个骨牌设置为动力学刚体，其他的骨牌就会自动变成动力学刚体。

03 在"MassFX工具栏"中单击"开始模拟"按钮 ▶，效果如图14-63所示。

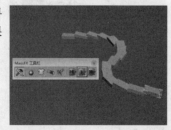

图14-63

04 再次单击"开始模拟"按钮 ▶ 结束模拟，然后在"刚体属性"卷展栏下单击"烘焙"按钮 [烘焙]，以生成关键帧动画，最后渲染出效果最明显的单帧动画，最终效果如图14-64所示。

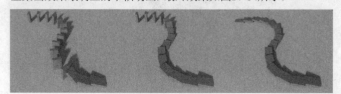

图14-64

★重点★
实战：制作茶壶下落动力学刚体动画

场景位置	场景文件>CH14>04.max
实例位置	实例文件>CH14>实战：制作茶壶下落动力学刚体动画.max
视频位置	多媒体教学>CH14>实战：制作茶壶下落动力学刚体动画.flv
难易指数	★☆☆☆☆
技术掌握	将选定项设置为动力学刚体工具、将选定项设置为静态刚体工具

茶壶下落动画效果如图14-65所示。

图14-65

01 打开下载资源中的"场景文件>CH14>03.max"文件，如图14-66所示。

图14-66

02 选择最下面的茶壶，然后在"MassFX工具栏"中单击"将选定项设置为动力学刚体"按钮，如图14-67所示。

03 选择反弹平面，然后在"MassFX工具栏"中单击"将选定项设置为静态刚体"按钮，如图14-68所示。

图14-67

图14-68

04 在"MassFX工具栏"中单击"世界参数"按钮，打开"MassFX工具"对话框，然后在"世界"面板下展开"场景设置"卷展栏，接着关闭"使用地面碰撞"选项，如图14-69所示。

05 在"MassFX工具栏"中单击"开始模拟"按钮，效果如图14-70所示。

图14-69

图14-70

06 再次单击"开始模拟"按钮结束模拟，然后选择最下

面的茶壶，接着在"刚体属性"卷展栏下单击"烘焙"按钮，以生成关键帧动画，最后渲染出效果最明显的单帧动画，最终效果如图14-71所示。

图14-71

将选定项设置为运动学刚体

使用"将选定项设置为运动学刚体"工具可以将未实例化的MassFX Rigid Body（MassFX刚体）修改器应用到每个选定对象，并将刚体类型设置为"运动学"，然后为每个对象创建一个"凸面"物理网格，如图14-72所示。如果选定对象已经具有MassFX Rigid Body（MassFX刚体）修改器修改器，则现有修改器将更改为运动学，而不重新应用。

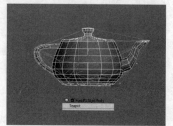

图14-72

> **知识链接**
>
> "将选定项设置为运动学刚体"工具的相关参数请参阅"将选定项设置为动力学刚体"工具。

★重点★
实战：制作炮弹撞墙运动学刚体动画

场景位置	场景文件>CH14>05.max
实例位置	实例文件>CH14>实战：制作炮弹撞墙运动学刚体动画.max
视频位置	多媒体教学>CH14>实战：制作炮弹撞墙运动学刚体动画.flv
难易指数	★★☆☆☆
技术掌握	将选定项设置为动力学刚体工具、将选定项设置为运动学刚体工具

球体撞墙动画效果如图14-73所示。

图14-73

01 打开下载资源中的"场景文件>CH14>05.max"文件，如图14-74所示。

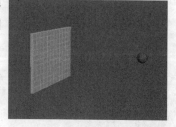

图14-74

02 选择墙体模型，然后在"MassFX工具栏"中单击"将选定

项设置为动力学刚体"按钮，如图14-75所示，接着在"刚体属性"卷展栏下勾选"在睡眠模式中启动"选项，如图14-76所示。

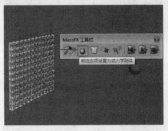 

图14-75　　　　　　　　　图14-76

03 选择球体，然后在"MassFX工具栏"中单击"将选定项设置为运动学刚体"按钮，如图14-77所示，接着在"刚体属性"卷展栏下勾选"直到帧"选项，并设置其数值为7，如图14-78所示。

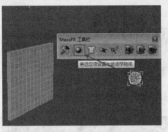 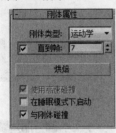

图14-77　　　　　　　　　图14-78

04 选择球体，然后单击"自动关键点"按钮，接着将时间线滑块拖曳到第10帧位置，最后使用"选择并移动"工具将球体拖曳到墙体的另一侧，如图14-79所示。

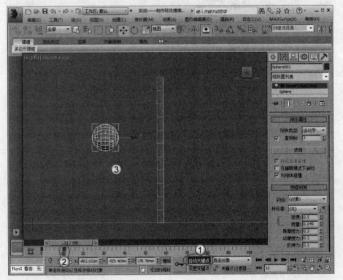

图14-79

05 在"MassFX工具栏"中单击"开始模拟"按钮，效果如图14-80所示。

06 再次单击"开始模拟"按钮结束模拟，然后选择球体，接着在"刚体属性"卷展栏下单击"烘焙"按钮，以生成关键帧动画，最后渲染出效果最明显的单帧动画，最终效果如图14-81所示。

图14-80

图14-81

实战：制作汽车碰撞运动学刚体动画

场景位置	场景文件>CH14>06.max
实例位置	实例文件>CH14>实战：制作汽车碰撞运动学刚体动画.max
视频位置	多媒体教学>CH14>实战：制作汽车碰撞运动学刚体动画.flv
难易指数	★★★☆☆
技术掌握	将选定项设置为运动学/动力学/静为刚体工具

汽车碰撞动画效果如图14-82所示。

图14-82

01 打开下载资源中的"场景文件>CH14>06.max"文件，如图14-83所示。

图14-83

02 选择汽车模型，然后在"MassFX工具栏"中单击"将选定项设置为运动学刚体"按钮，如图14-84所示。

图14-84

03 选择所有的纸箱模型，然后在"MassFX工具栏"中单击"将选定项设置为动力学刚体"按钮，如图14-85所示，接着在"刚体属性"卷展栏下勾选"在睡眠模式中启动"选项，如图14-86所示。

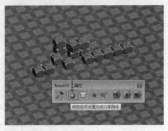

图14-85

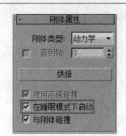

图14-86

04 选择地面模型，然后在"MassFX工具栏"中单击"将选定项设置为静态刚体"按钮 ，如图14-87所示。

图14-87

05 选择汽车模型，然后单击"自动关键点"按钮 ，接着将时间线滑块拖曳到第15帧位置，最后在前视图中使用"选择并移动"工具 将汽车向前稍微拖曳一段距离，如图14-88所示。

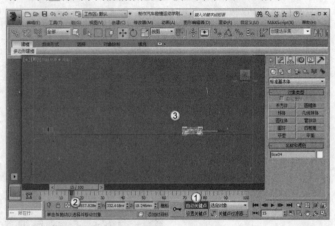

图14-88

06 将时间线滑块拖曳到第100帧位置，然后使用"选择并移动"工具 将汽车拖曳到纸箱的前方，如图14-89所示。

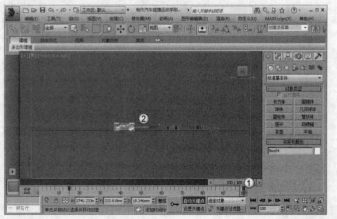

图14-89

07 在"MassFX工具栏"中单击"开始模拟"按钮 ，效果如图14-90所示。

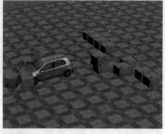

图14-90

08 再次单击"开始模拟"按钮 结束模拟，然后单独选择各个纸箱，接着在"刚体属性"卷展栏下单击"烘焙"按钮 ，以生成关键帧动画，最后渲染出效果最明显的单帧动画，最终效果如图14-91所示。

图14-91

14.3 创建约束

3ds Max中的MassFX约束可以限制刚体在模拟中的移动。所有的预设约束可以创建具有相同设置的同一类型的辅助对象。约束辅助对象可以将两个刚体链接在一起，也可以将单个刚体锚定到全局空间的固定位置。约束组成了一个层次关系，子对象必须是动力学刚体，而父对象可以是动力学刚体、运动学刚体或为空（锚定到全局空间）。

在默认情况下，约束"不可断开"，无论对它应用了多强的作用力或使它违反其限制的程度多严重，它将保持效果并尝试将其刚体移回所需的范围。但是可以将约束设置为可使用独立作用力和扭矩限制来将其断开，超过该限制时约束将会禁用且不再应用于模拟。

3ds Max中的约束分为"刚体"约束、"滑块"约束、"转枢"约束、"扭曲"约束、"通用"约束和"球和套管"约束6种，如图14-92所示。下面简单介绍一下这些约束的作用。

图14-92

各种约束介绍

创建刚体约束 ：将新的MassFX约束辅助对象添加到带有适合

于"刚体"约束的设置项目中。"刚体"约束可以锁定平移、摆动和扭曲,并尝试在开始模拟时保持两个刚体在相同的相对变换中。

创建滑块约束:将新的MassFX约束辅助对象添加到带有适合于"滑动"约束的设置项目中。"滑动"约束类似于"刚体"约束,但是会启用受限的y变换。

建立转枢约束:将新的MassFX约束辅助对象添加到带有适合于"转枢"约束的设置项目中。"转枢"约束类似于"刚体"约束,但是"摆动z"限制为100°。

创建扭曲约束:将新的MassFX约束辅助对象添加到带有适合于"扭曲"约束的设置项目中。"扭曲"约束类似于"刚体"约束,但是"扭曲"设置为"自由"。

创建通用约束:将新的MassFX约束辅助对象添加到带有适合于"通用"约束的设置项目中。"通用"约束类似于"刚体"约束,但"摆动y"和"摆动z"限制为45°。

建立球和套管约束:将新的MassFX约束辅助对象添加到带有适合于"球和套管"约束的设置项目中。"球和套管"约束类似于"刚体"约束,但"摆动y"和"摆动z"限制为80°,且"扭曲"设置为"无限制"。

由于每种约束的参数都相同,因此这里选择"刚体"约束来进行讲解。"刚体"约束的参数分为5个卷展栏,如图14-93所示。

图14-93

14.3.1 常规卷展栏

展开"常规"卷展栏,如图14-94所示。

图14-94

常规卷展栏参数介绍

① 连接选项组

父对象:将刚体作为约束的父对象使用,单击其后方的"取消选择父对象刚体"按钮 可以删除父对象。

将约束放置在父刚体的轴上:设置在父对象的轴的约束位置。

切换父/子对象:用于反转父/子关系,之前的父对象变成子对象,反之亦然。

子对象:将刚体作为约束的子对象使用,单击其后方的"取消选择子刚体"按钮 可以删除子对象。

将约束放置在子刚体的轴上:调整约束的位置,以将其定位在子对象的轴上。

② 行为选项组

约束行为:选择约束使用受约束实体的加速度还是力来确定行为。

使用加速度:受约束刚体的质量不会成为影响行为的因素。

使用力:选择该选项时,弹簧和阻尼行为的所有等式都包括质量,导致产生力而非加速度。

约束限制:在选择子实体达到限制时,控制约束如何根据"平移限制"及"摆动和扭曲限制"卷展栏下的设置来定义采取行为。

硬限制:当子刚体遇到运动范围的边界时,将根据定义的"反弹"值反弹回来。

软限制:当子刚体遇到运动范围的边界(限制)时,将激活弹簧和阻尼行为来减慢子对象并/或应用力以使其返回限制范围内。

③ 图标大小选项组

图标大小:设置约束辅助对象在视图中的大小。

14.3.2 平移限制卷展栏

展开"平移限制"卷展栏,如图14-95所示。

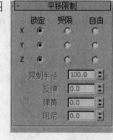

图14-95

平移限制卷展栏参数介绍

X/Y/Z:为每个轴选择沿轴约束运动的方式。

锁定:防止刚体沿该局部轴移动。

受限:允许对象按"限制半径"的大小沿该局部轴移动。

自由:刚体沿着各自轴的运动不受限制。

限制半径:设置父对象和子对象可以从其初始偏移的沿受限轴的距离。

反弹:对于任何受限轴,设置碰撞时对象偏离限制而反弹的数量。

弹簧:对于任何受限轴,设置在超限情况下将对象拉回限制点的弹簧强度。

阻尼:对于任何受限轴,设置在平移超出限制时它们所受的移动阻力数量。

14.3.3 摆动和扭曲限制卷展栏

展开"摆动和扭曲限制"卷展栏,如图14-96所示。

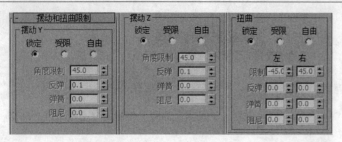

图14-96

摆动和扭曲限制卷展栏参数介绍

摆动Y/摆动Z：分别表示围绕约束的局部y轴和z轴的旋转。

锁定：防止父对象和子对象围绕约束的各自轴旋转。

受限：允许父对象和子对象围绕轴的中心旋转固定数量的度数。

自由：允许父对象和子对象围绕约束的局部轴无限制旋转。

角度限制：当"摆动y"或"摆动z"设置为"受限"时，设置离开中心允许旋转的度数。

反弹：当"摆动y"或"摆动z"设置为"受限"时，设置碰撞时对象偏离限制而反弹的数量。

弹簧：当"摆动y"或"摆动z"设置为"受限"时，设置将对象拉回到限制（如果超出限制）的弹簧强度。

阻尼：当"摆动y"或"摆动z"设置为"受限"且超出限制时，设置对象所受的旋转阻力数量。

扭曲：围绕约束的局部x轴旋转。

锁定：防止父对象和子对象围绕约束的局部x轴旋转。

受限：允许父对象和子对象围绕局部x轴在固定角度范围内旋转。

自由：允许父对象和子对象围绕约束的局部x轴无限制旋转。

限制：当"扭曲"设置为"受限"时，"左"和"右"值是每侧限制的绝对度数。

反弹：当"扭曲"设置为"受限"时，设置碰撞时对象偏离限制而反弹的数量。

弹簧：当"扭曲"设置为"受限"时，设置将对象拉回到限制（如果超出限制）的弹簧强度。

阻尼：当"扭曲"设置为"受限"且超出限制时，设置对象所受的旋转阻力数量。

14.3.4 弹力卷展栏

展开"弹力"卷展栏，如图14-97所示。

图14-97

弹力卷展栏参数介绍

弹性：设置始终将父对象和子对象的平移拉回到其初始偏移位置的力量。

阻尼：设置"弹性"不为0时用于限制弹簧力的阻力。

14.3.5 高级卷展栏

展开"高级"卷展栏，如图14-98所示。

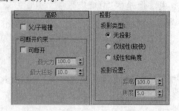

图14-98

高级卷展栏参数介绍

① 父/子碰撞

父/子碰撞：如果关闭该选项，由某个约束所连接的父刚体和子刚体将无法相互碰撞；如果勾选该选项，可以使两个刚体彼此响应，并对其他刚体做出反应。

② 可断开约束选项组

可断开：如果勾选该选项，在模拟阶段可能会破坏该约束。

最大力：当启用"可断开"选项时，如果线性力的大小超过"最大力"的数值，将断开约束。

最大扭矩：当启用"可断开"选项时，如果扭曲力的数量超过"最大扭矩"的数值，将断开约束。

③ 投影选项组

投影类型：当父对象和子对象违反约束的限制时，投影通过将它们强制到限制来解决这个问题。该问题的解决方法有以下3种。

无投影：不执行投影。

仅线性（较快）：仅投影线性距离，此时需设置下方的"距离"参数值。

线性和角度：线性和角度同时执行线性投影和角度投影，此时需要设置下方的"距离"和"角度"值。

投影设置：用于设置线性距离和角度投影。

距离：用于设置为了投影生效要超过的约束冲突的最小距离。

角度：用于设置必须超过约束冲突的最小角度。

14.4 Cloth（布料）修改器

Cloth（布料）修改器专门用于为角色和动物创建逼真的织物和衣服，属于一种高级修改器，如图14-99和图14-100所示是用该修改器制作的一些优秀布料作品。在以前的版本，可以使用Reactor中的"布料"集合来模拟布料效果，但是功能不是特别强大。

图14-99   图14-100

Cloth（布料）修改器可以应用于布料模拟组成部分的所有对象。该修改器用于定义布料对象和冲突对象、指定属性和执行模拟。Cloth（布料）修改器可以直接在"修改器列表"中进行加载，如图14-101所示。

图14-101

14.4.1 Cloth（布料）修改器的默认参数

Cloth（布料）修改器的默认参数包含3个卷展栏，分别是"对象"、"选定对象"和"模拟参数"卷展栏，如图14-102所示。

图14-102

🌐 对象卷展栏

"对象"卷展栏是Cloth（布料）修改器的核心部分，包含了模拟布料和调整布料属性的大部分控件，如图14-103所示。

图14-103

对象卷展栏参数介绍

对象属性 ：用于打开"对象属性"对话框。

┌─ **技术专题** 52 **对象属性对话框** ──────────
│
│ 使用"对象属性"对话框可以定义要包含在模拟中的对象，确定这些对象是布料还是冲突对象，以及与其关联的参数，如图14-104所示。

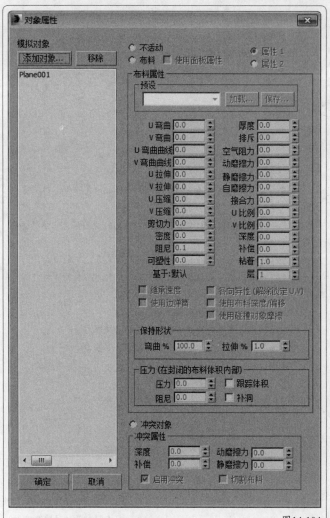

图14-104

① 模拟对象选项组

添加对象 ：单击该按钮可以打开"添加对象到布料模拟"对话框，如图14-105所示。从该对话框中可以选择要添加到布料模拟的场景对象，添加对象之后，该对象的名称会出现在下面的列表中。

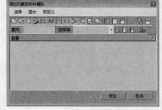

图14-105

移除 ：移除选定的模拟对象。

② 选择对象的角色选项组

不活动：使对象在模拟中处于不活动状态。

布料：让选择对象充当布料对象。

冲突对象：让选定对象充当冲突对象。注意，"冲突对象"选项位于对话框的下方。

使用面板属性：启用该选项后，可以让布料对象使用在面板子对象层级指定的布料属性。

属性1/属性2：这两个单选选项用来为布料对象指定两组不同的

布料属性。

③ 布料属性选项组

预设：该复选项组用于保存当前布料属性或是加载外部的布料属性文件。

U/V弯曲：用于设置弯曲的阻力。数值越高，织物能弯曲的程序就越小。

U/V弯曲曲线：设置织物折叠时的弯曲阻力。

U/V拉伸：设置拉伸的阻力。

U/V压缩：设置压缩的阻力。

剪切力：设置剪切的阻力。值越高，布料就越硬。

密度：设置每单位面积的布料重量（以g/cm²表示）。值越高，布料就越重。

阻尼：值越大，织物反应就越迟钝。采用较低的值，织物的弹性将更高。

可塑性：设置布料保持其当前变形（即弯曲角度）的倾向。

厚度：定义织物的虚拟厚度，便于检测布料对布料的冲突。

排斥：用于设置排斥其他布料对象的力值。

空气阻力：设置受到的空气阻力。

动摩擦：设置布料和实体对象之间的动摩擦力。

静摩擦：设置布料和实体对象之间的静摩擦力。

自摩擦：设置布料自身之间的摩擦力。

接合力：该选项在目前还不能使用。

U/V比例：控制布料沿U、V方向延展或收缩的多少。

深度：设置布料对象的冲突深度。

补偿：设置在布料对象和冲突对象之间保持的距离。

粘着：设置布料对象粘附到冲突对象的范围。

层：指示可能会相互接触的布片的正确"顺序"，范围为-100~100。

基于:X：该文本字段用于显示初始布料属性值所基于的预设值的名称。

继承速度：启用该选项后，布料会继承网格在模拟开始时的速度。

使用边弹簧：用于计算拉伸的备用方法。启用该选项后，拉伸力将以沿三角形边的弹簧为基础。

各向异性（解除锁定U，V）：启用该选项后，可以为"弯曲"、"b曲线"和"拉伸"参数设置不同的U值和V值。

使用布料深度/偏移：启用该选项后，将使用在"布料属性"选项组中设置的深度和补偿值。

使用碰撞对象摩擦：启用该选项时，可以使用碰撞对象的摩擦力来确定摩擦力。

保持形状：根据"弯曲%"和"拉伸%"的设置来保留网格的形状。

压力（在封闭的布料体积内部）：由于布料的封闭体积的行为就像在其中填充了气体一样，因此它具有"压力"和"阻尼"等属性。

④ 冲突属性选项组

深度：设置冲突对象的冲突深度。

补偿：设置在布料对象和冲突对象之间保持的距离。

动摩擦力：设置布料和该特殊实体对象之间的动摩擦力。

静摩擦：设置布料和实体对象之间的静摩擦力。

启用冲突：启用或关闭对象的冲突，同时仍然允许对其进行模拟。

切割布料：启用该选项后，如果在模拟过程中与布料相交，"冲突对象"可以切割布料。

布料力 ┃布料力┃：单击该按钮可以打开"力"对话框，如图14-106所示。在该对话框中可以向模拟添加类似风之类的力（即场景中的空间扭曲）。

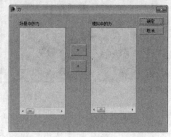

图14-106

模拟局部 ┃模拟局部┃：不创建动画，直接开始模拟进程。

模拟局部（阻尼）┃模拟局部（阻尼）┃：与"模拟局部"相同，但是要为布料添加大量的阻尼。

模拟 ┃模拟┃：在激活的时间段上创建模拟。与"模拟局部"不同，这种模拟会在每帧处以模拟缓存的形式创建模拟数据。

进程：开启该选项后，将在模拟期间打开一个显示布料模拟进程的对话框。

模拟帧：显示当前模拟的帧数。

消除模拟 ┃消除模拟┃：删除当前的模拟。

截断模拟 ┃截断模拟┃：删除模拟在当前帧之后创建的动画。

设置初始状态 ┃设置初始状态┃：将所选布料对象高速缓存的第1帧更新到当前位置。

重设状态 ┃重设状态┃：将所选布料对象的状态重设为应用Cloth（布料）修改器时的状态。

删除对象高速缓存 ┃删除对象高速缓存┃：删除所选的非布料对象的高速缓存。

抓取状态 ┃抓取状态┃：从修改器堆栈顶部获取当前状态并更新当前帧的缓存。

抓取目标状态 ┃抓取目标状态┃：用于指定保持形状的目标形状。

重置目标状态 ┃重置目标状态┃：将默认弯曲角度重设为堆栈中的布料下面的网格。

使用目标状态：启用该选项后，将保留由抓取目标状态存储的网格形状。

创建关键点 ┃创建关键点┃：为所选布料对象创建关键点。

添加对象 ┃添加对象┃：用于直接向模拟添加对象，而无需打开"对象属性"对话框。

显示当前状态：显示布料在上一模拟时间步阶结束时的当前状态。

显示目标状态：显示布料的当前目标状态。

显示启用的实体碰撞：启用该选项时，将高亮显示所有启用实体收集的顶点组。

显示启用的自身碰撞：启用该选项时，将高亮显示所有启用自收集的顶点组。

🌑 选定对象卷展栏--

"选定对象"卷展栏用于控制模拟缓存、使用纹理贴图或插补来控制并模拟布料的属性，如图14-107所示。

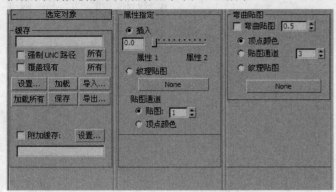

图14-107

选定对象卷展栏参数介绍

① 缓存选项组

文本框 ▯▯▯▯▯▯▯▯▯▯▯▯：用于显示缓存文件的当前路径和文件名。

强制UNC路径：如果文本字段路径是指向映射的驱动器，则将该路径转换为UNC格式。

覆盖现有：启用该选项后，布料可以覆盖现有的缓存文件。

设置 设置：用于指定所选对象缓存文件的路径和文件名。

加载 加载：将指定的文件加载到所选对象的缓存中。

导入 导入…：打开"导入缓存"对话框，以加载一个缓存文件，而不是指定的文件。

加载所有 加载所有：加载模拟每个布料对象的指定缓存文件。

保存 保存：使用指定的文件名和路径保存当前缓存。

导出 导出…：打开"导出缓存"对话框，以将缓存保存到一个文件，而不是指定的文件。

附加缓存：如果要以PointCache2格式创建第2个缓存，则应该启用该选项，然后单击后面的"设置"按钮 设置… 以指定路径和文件名。

② 属性指定选项组

插入：在"对象属性"对话框中的两个不同设置（由右上角的"属性1"和"属性2"单选选项确定）之间插入。

纹理贴图：设置纹理贴图，以对布料对象应用"属性1"和"属性2"设置。

贴图通道：用于指定纹理贴图所要使用的贴图通道，或选择要用于取而代之的顶点颜色。

③ 弯曲贴图选项组

弯曲贴图：控制是否开启"弯曲贴图"选项。

顶点颜色：使用顶点颜色通道来进行调整。

贴图通道：使用贴图通道，而不是顶点颜色来进行调整。

纹理贴图：使用纹理贴图来进行调整。

🔘 **模拟参数卷展栏**--

"模拟参数"卷展栏用于指定重力、起始帧和缝合弹簧选项等常规模拟属性，如图14-108所示。

模拟参数卷展栏参数介绍

厘米/单位：确定每3ds Max单位表示多少厘米。

地球 地球：单击该按钮可以设置地球的重力值。

重力 重力：启用该按钮之后，"重力"值将影响到模拟中的布料对象。

步阶：设置模拟器可以采用的最大时间步阶大小。

子例：设置3ds Max对固体对象位置每帧的采样次数。

起始帧：设置模拟开始处的帧。

结束帧：开启该选项后，可以确定模拟终止处的帧。

自相冲突：开启该选项后，可以检测布料对布料之间的冲突。

检查相交：该选项是一个过时功能，无论勾选与否都无效。

实体冲突：开启该选项后，模拟器将考虑布料对实体对象的冲突。

使用缝合弹簧：开启该选项后，可以使用随Garment Maker创建的缝合弹簧将织物接合在一起。

显示缝合弹簧：用于切换缝合弹簧在视口中的可见性。

随渲染模拟：开启该选项后，将在渲染时触发模拟。

高级收缩：开启该选项后，布料将对同一冲突对象两个部分之间收缩的布料进行测试。

张力：利用顶点颜色显现织物中的压缩/张力。

焊接：控制在完成撕裂布料之前如何在设置的撕裂上平滑布料。

14.4.2 Cloth（布料）修改器的子对象参数

Cloth（布料）修改器有4个次物体层级，如图14-109所示，每个层级都由不同的工具和参数，下面分别进行讲解。

图14-109

组层级

"组"层级主要用于选择成组顶点，并将其约束到曲面、冲突对象或其他布料对象，其参数面板如图14-110所示。

图14-110

组卷展栏参数介绍

设定组 设定组 ：利用选中顶点来创建组。

删除组 删除组 ：删除选定的组。

解除 解除 ：解除指定给组的约束，让其恢复到未指定状态。

初始化 初始化 ：将顶点连接到另一对象的约束，并包含有关组顶点的位置相对于其他对象的信息。

更改组 更改组 ：用于修改组中选定的顶点。

重命名 重命名 ：用于重命名组。

节点 节点 ：将组约束到场景中的对象或节点的变换。

曲面 曲面 ：将所选定的组附加到场景中的冲突对象的曲面上。

布料 布料 ：将布料顶点的选定组附加到另一个布料对象。

保留 保留 ：选定的组类型在修改器堆栈中的Cloth（布料）修改器下保留运动。

绘制 绘制 ：选定的组类型将顶点锁定就位或向选定组添加阻尼力。

模拟节点 模拟节点 ：除了该节点必须是布料模拟的组成部分之外，该选项和节点选项的功用相同。

组 组 ：将一个组附加到另一个组。

无冲突 无冲突 ：忽略在当前选择的组和另一组之间的冲突。

力场 力场 ：用于将组链接到空间扭曲，并让空间扭曲影响顶点。

粘滞曲面 粘滞曲面 ：只有在组与某个曲面冲突之后，才会将其粘贴到该曲面上。

粘滞布料 粘滞布料 ：只有在组与某个曲面冲突之后，才会将其粘贴到该曲面上。

焊接 焊接 ：单击该按钮可以使现有组转入"焊接"约束。

制造撕裂 制造撕裂 ：单击该按钮可以使所选顶点转入带"焊接"约束的撕裂。

清除撕裂 清除撕裂 ：单击该按钮可以从Cloth（布料）修改器移除所有撕裂。

面板层级

在"面板"层级下，可以随时选择一个布料，并更改其属性，其参数面板如图14-111所示。

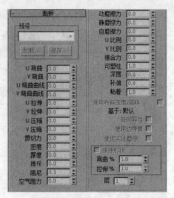

图14-111

▶ **知识链接**

关于"面板"卷展栏下的参数请参阅前面的"技术专题：对象属性"对话框。

接缝层级

在"接缝"层级下可以定义接合口属性，其参数面板如图14-112所示。

图14-112

接缝卷展栏参数介绍

启用：控制是否开启接合口。

折缝角度：在接合口上创建折缝。角度值将确定介于两个面板之间的折缝角度。

折缝强度：增减接合口的强度。该值将影响接合口相对于布料对象其余部分的抗弯强度。

缝合刚度：在模拟时接缝面板拉合在一起的力的大小。

可撕裂的：勾选该选项后，可以将所选接合口设置为可撕裂状态。

撕裂阈值：当参数后的数值用于控制产生撕裂效果，间距大于该数值面将产生撕裂效果。

启用全部 启用全部 ：将所选布料上的所有接合口设置为激活。

禁用全部 禁用全部 ：将所选布料上的所有接合口设置为关闭。

面层级

在"面"层级下，可以对布料对象进行交互拖放，就像这些对象在本地模拟一样，其参数面板如图14-113所示。

图14-113

面卷展栏参数介绍

模拟局部 模拟局部 ：对布料进行局部模拟。为了和布料能够实时交互反馈，必须启用该按钮。

动态拖动! 动态拖动! ：激活该按钮后，可以在进行本地模拟时拖动选定的面。

动态旋转! 动态旋转! ：激活该按钮后，可以在进行本地模拟时旋转选定的面。

随鼠标下移模拟：只在鼠标左键单击时运行本地模拟。

忽略背面：启用该选项后，可以只选择面对的那些面。

★重点★
实战：用Cloth（布料）修改器制作毛巾动画

场景位置	场景文件>CH14>07.max
实例位置	实例文件>CH14>实战：用Cloth（布料）修改器制作毛巾动画.max
视频位置	多媒体教学>CH14>实战：用Cloth（布料）修改器制作毛巾动画.flv
难易指数	★★☆☆☆
技术掌握	用Cloth（布料）修改器制作毛巾

毛巾动画效果如图14-114所示。

图14-114

01 打开下载资源中的"场景文件>CH14>07.max"文件，如图14-115所示。

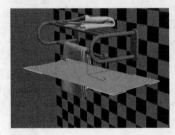

图14-115

02 选择如图14-116所示的平面，为其加载一个Cloth（布料）修改器，然后在"对象"卷展栏下单击"对象属性"按钮 对象属性 ，接着在弹出的"对象属性"对话框中选择模拟对象Plane001，最后勾选"布料"选项，如图14-117所示。

图14-116　　　　　　图14-117

03 进入Cloth（布料）修改器的"组"层级，然后选择如图14-118所示的顶点，接着在"组"卷展栏下单击"设定组"按钮 设定组 ，最后在弹出的"设定组"对话框中单击"确定"按钮 确定 ，如图14-119所示。

图14-118　　　　　　图14-119

04 在"组"卷展栏下单击"绘制"按钮 绘制 ，然后返回顶层级结束编辑，接着在"对象"卷展栏下单击"模拟"按钮 模拟 ，此时会弹出生成动画的进程对话框，如图14-120所示。

图14-120

05 拖曳时间线滑块观察动画，效果如图14-121所示。

图14-121

06 选择动画效果最明显的一些帧，然后单独渲染出这些单帧动画，最终效果如图14-122所示。

图14-122

★重点★
实战：用Cloth（布料）修改器制作床盖下落动画

场景位置	场景文件>CH14>08.max
实例位置	实例文件>CH14>实战：用Cloth（布料）修改器制作床盖下落动画.max
视频位置	多媒体教学>CH14>实战：用Cloth（布料）修改器制作床盖下落动画.flv
难易指数	★★☆☆☆
技术掌握	用Cloth（布料）修改器制作床盖

床盖下落动画效果如图14-123所示。

图14-123

01 打开下载资源中的"场景文件>CH14>08.max"文件，如图14-124所示。

02 选择顶部的平面，为其加载一个Cloth（布料）修改器，然后在"对象"卷展栏下单击"对象属性"按钮 ![对象属性] ，接着在弹出的"对象属性"对话框中选择模拟对象Plane007，最后勾选"布料"选项，如图14-125所示。

图14-124　　　　　　　　　　　图14-125

03 单击"添加对象"按钮 ![添加对象...] ，然后在弹出的"添加对象到布料模拟"对话框中选择ChamferBox001（床垫）、Plane006（地板）、Box02和Box24（这两个长方体是床侧板），如图14-126所示。

04 选择ChamferBox001、Plane006、Box02和Box24，然后选择"冲突对象"选项，如图14-127所示。

图14-126　　　　　　　　　　　图14-127

05 在"对象"卷展栏下单击"模拟"按钮 ![模拟] 自动生成动画，模拟完成后的效果如图14-128所示。

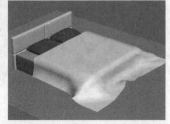

图14-128

06 为床盖模型加载一个"壳"修改器，然后在"参数"卷展栏下设置"内部量"为10mm、"外部量"为1mm，具体参数设置及模型效果如图14-129所示。

07 继续为床盖模型加载一个"网格平滑"修改器（采用默认设置），效果如图14-130所示。

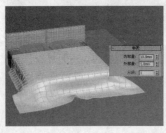
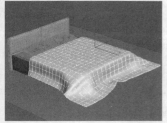

图14-129　　　　　　　　　　　图14-130

08 选择动画效果最明显的一些帧，然后单独渲染出这些单帧动画，最终效果如图14-131所示。

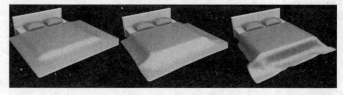

图14-131

★ 重点 ★
实战：用Cloth（布料）修改器制作布料下落动画

场景位置	场景文件>CH14>09.max
实例位置	实例文件>CH14>实战：用Cloth（布料）修改器制作布料下落动画.max
视频位置	多媒体教学>CH14>实战：用Cloth（布料）修改器制作布料下落动画.flv
难易指数	★★☆☆☆
技术掌握	用Cloth（布料）修改器制作布料

布料下落动画效果如图14-132所示。

图14-132

01 打开下载资源中的"场景文件>CH14>09.max"文件，如图14-133所示。

02 选择平面，为其加载一个Cloth（布料）修改器，然后在"对象"卷展栏下单击"对象属性"按钮 ![对象属性] ，接着在弹出的"对象属性"对话框中选择模拟对象Plane001，最后勾选"布料"选项，如图14-134所示。

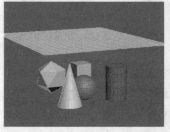

图14-133　　　　　　　　　　　图14-134

03 单击"添加对象"按钮 ![添加对象...] ，然后在弹出的"添加对象到布料模拟"对话框中选择所有的几何体，如图14-135所示。

图14-135

04 选择上一步添加的对象，然后勾选"冲突对象"选项，如图14-136所示。

05 在"对象"卷展栏下单击"模拟"按钮 ![模拟] 自动生成动画，模拟完成后的效果如图14-137所示。

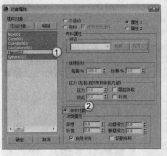

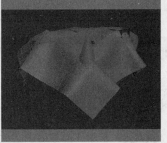

图14-136　　　　　　图14-137

图14-142

06　选择动画效果最明显的一些帧，然后单独渲染出这些单帧动画，最终效果如图14-138所示。

图14-138

实战：用Cloth（布料）修改器制作旗帜飘扬动画

场景位置	场景文件>CH14>10.max
实例位置	实例文件>CH14>实战：用Cloth（布料）修改器制作旗帜飘扬动画.max
视频位置	多媒体教学>CH14>实战：用Cloth（布料）修改器制作旗帜飘扬动画.flv
难易指数	★★★☆☆
技术掌握	用风力配合Cloth（布料）修改器制作飘扬动画

旗帜飘扬动画效果如图14-139所示。

图14-139

01　打开下载资源中的"场景文件>CH14>10.max"文件，如图14-140所示。

02　设置空间扭曲类型为"力"，然后使用"风"工具　风　在视图中创建一个风力，其位置如图14-141所示，接着在"参数"卷展栏下设置"强度"为30、"湍流"为5。

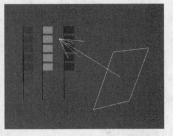

图14-140　　　　　　图14-141

03　任意选择一面旗帜，为其加载一个Cloth（布料）修改器，然后在"对象"卷展栏下单击"对象属性"按钮　对象属性，接着在弹出的"对象属性"对话框中选择这面旗帜，最后选择"布料"选项，如图14-142所示。

问：为何只设置一面旗帜？

答：由于本场景中的旗帜是通过"实例"复制方式制作的，因此只需要对其中一面旗帜进行设置。

04　选择Cloth（布料）修改器的"组"层级，然后选择如图14-143所示的顶点（连接旗杆的顶点），接着在"组"卷展栏下单击"设定组"按钮　设定组，最后在弹出的"设定组"对话框中单击"确定"按钮　确定，如图14-143所示。

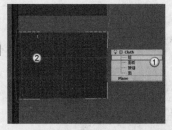

图14-143

05　在"组"卷展栏下单击"绘制"按钮　绘制，然后返回顶层级结束编辑，在"对象"卷展栏下单击"布料力"按钮　布料力，接着在弹出"力"对话框中选择场景中的风力Wind001，最后单击　按钮将其加载到右侧的列表中，如图14-144和图14-145所示。

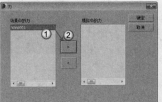

图14-144　　　　　　图14-145

06　在"对象"卷展栏下单击"模拟"按钮　模拟　自动生成动画，如图14-150所示，模拟完成后的效果如图14-146所示。

图14-146

07　选择动画效果最明显的一些帧，然后单独渲染出这些单帧动画，最终效果如图14-147所示。

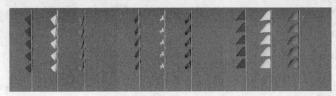

图14-147

第15章

毛发技术

Employment direction
从业方向

 CG影视行业　　 CG建筑行业

CG工业行业　　CG动漫行业

 CG游戏行业　　 CG时尚达人

15.1 毛发技术概述

　　毛发在静帧和角色动画制作中非常重要，同时毛发也是动画制作中最难模拟的。图15-1~图15-3所示的是比较优秀的毛发作品。

　　　　　图15-1　　　　　　　　　　图15-2　　　　　　　　　　图15-3

　　在3ds Max中，制作毛发的方法主要有以下3种。

　　第1种：使用Hair和Fur（WSM）（毛发和毛皮（WSM））修改器进行制作。

　　第2种：使用"VRay毛皮"工具 ░VR毛皮░ 进行制作。

　　第3种：使用不透明度贴图进行制作。

15.2 Hair和Fur（WSM）修改器

　　Hair和Fur（WSM）（毛发和毛皮（WSM））修改器是毛发系统的核心。该修改器可以应用在要生长毛发的任何对象上（包括网格对象和样条线对象）。如果是网格对象，毛发将从整个曲面上生长出来；如果是样条线对象，毛发将在样条线之间生长出来。

　　创建一个物体，然后为其加载一个Hair和Fur（WSM）（毛发和毛皮（WSM））修改器，可以观察到加载修改器之后，物体表面就生成了毛发效果，如图15-4所示。

　　Hair和Fur（WSM）（毛发和毛皮（WSM））修改器的参数非常多，一共有14个卷展栏，如图15-5所示。下面依次对各卷展栏下的参数进行介绍。

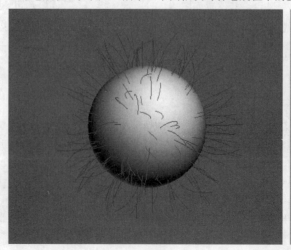

+	选择
+	工具
+	设计
+	常规参数
+	材质参数
+	mr 参数
+	海市蜃楼参数
+	成束参数
+	卷发参数
+	纽结参数
+	多股参数
+	动力学
+	显示
+	随机化参数

　　　　　　　　　　　　　　　　　图15-4　　　　　　　　　　图15-5

15.2.1 选择卷展栏

展开"选择"卷展栏，如图15-6所示。

图15-6

选择卷展栏参数介绍

导向 ：这是一个子对象层级，单击该按钮后，"设计"卷展栏中的"设计发型"工具 设计发型 将自动启用。

面 ：这是一个子对象层级，可以选择三角形面。

多边形 ：这是一个子对象层级，可以选择多边形。

元素 ：这是一个子对象层级，可以通过单击一次鼠标左键来选择对象中的所有连续多边形。

按顶点：该选项只在"面"、"多边形"和"元素"级别中使用。启用该选项后，只需要选择子对象的顶点就可以选中子对象。

忽略背面：该选项只在"面"、"多边形"和"元素"级别中使用。启用该选项后，选择子对象时只影响面对着用户的面。

复制 复制 ：将命名选择集放置到复制缓冲区。

粘贴 粘贴 ：从复制缓冲区中粘贴命名的选择集。

更新选择 更新选择 ：根据当前子对象来选择重新要计算毛发生长的区域，然后更新显示。

15.2.2 工具卷展栏

展开"工具"卷展栏，如图15-7所示。

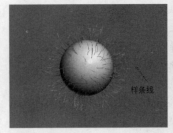

图15-7

工具卷展栏参数介绍

从样条线重梳 从样条线重梳 ：创建样条线后，使用该工具在视图中拾取样条线，可以从样条线重梳毛发，如图15-8所示。

样条线变形：可以用样条线来控制发型与动态效果。

重置其余 重置其余 ：在曲面上重新分布头发的数量，以得到较为均匀的结果。

重生头发 重生头发 ：忽略全部样式信息，将头发复位到默认状态。

加载 加载 ：单击该按钮可以打开"Hair和Fur预设值"对话框，在该对话框中可以加载预设的毛发样式，如图15-9所示。

图15-8　　　　　　　　图15-9

保存 保存 ：调整好毛发后，单击该按钮可以将当前的毛发保存为预设的毛发样式。

复制 复制 ：将所有毛发设置和样式信息复制到粘贴缓冲区。

粘贴 粘贴 ：将所有毛发设置和样式信息粘贴到当前的毛发修改对象中。

无 无 ：如果要指定毛发对象，可以单击该按钮，然后拾取要应用毛发的对象。

X X ：如果要停止使用实例节点，可以单击该按钮。

混合材质：启用该选项后，应用于生长对象的材质及应用于毛发对象的材质将合并为单一的多子对象材质，并应用于生长对象。

导向->样条线 导向->样条线 ：将所有导向复制为新的单一样条线对象。

毛发->样条线 毛发->样条线 ：将所有毛发复制为新的单一样条线对象。

毛发->网格 毛发->网格 ：将所有毛发复制为新的单一网格对象。

渲染设置 渲染设置... ：单击该按钮可以打开"环境和效果"对话框，在该对话框中可以对毛发的渲染效果进行更多的设置。

15.2.3 设计卷展栏

展开"设计"卷展栏，如图15-10所示。

图15-10

设计卷展栏参数介绍

① 设计发型选项组

设计发型 设计发型 ：单击该按钮可以设计毛发的发型，此时

453

该按钮会变成凹陷的"完成设计"按钮 完成设计 ，单击"完成设计"按钮 完成设计 可以返回到"设计发型"状态。

② 选择选项组

由头梢选择头发：可以只选择每根导向头发末端的顶点。

选择全部顶点：选择导向头发中的任意顶点时，会选择该导向头发中的所有顶点。

选择导向顶点：可以选择导向头发上的任意顶点。

由根选择导向：可以只选择每根导向头发根处的顶点，这样会选择相应导向头发上的所有顶点。

顶点显示下拉列表 长方体标记▼ ：选择顶点在视图中的显示方式。

反选：反转顶点的选择，快捷键为Ctrl+I组合键。

轮流选：旋转空间中的选择。

扩展选定对象：通过递增的方式增大选择区域。

隐藏选定对象：隐藏选定的导向头发。

显示隐藏对象：显示任何隐藏的导向头发。

③ 设计选项组

发梳：在该模式下，可以通过拖曳光标来梳理毛发。

剪头发：在该模式下可以修剪导向头发。

选择：单击该按钮可以进入选择模式。

距离褪光：启用该选项时，刷动效果将朝着画刷的边缘产生褪光现象，从而产生柔和的边缘效果（只适用于"发梳"模式）。

忽略背面头发：启用该选项时，背面的头发将不受画刷的影响（适用于"发梳"和"剪头发"模式）。

画刷大小滑块 ▪···┃······ ：通过拖曳滑块来调整画刷的大小。另外，按住Shift+Ctrl组合键在视图中拖曳光标也可以更改画刷大小。

平移：按照光标的移动方向来移动选定的顶点。

站立：在曲面的垂直方向制作站立效果。

蓬松发根：在曲面的垂直方向制作蓬松效果。

丛：强制选定的导向之间相互更加靠近（向左拖曳光标）或更加分散（向右拖曳光标）。

旋转：以光标位置为中心（位于发梳中心）来旋转导向毛发的顶点。

比例：放大（向右拖动鼠标）或缩小（向左拖动鼠标）选定的导向。

④ 实用程序选项组

衰减：根据底层多边形的曲面面积来缩放选定的导向。这一工具比较实用，例如，将毛发应用到动物模型上时，毛发较短的区域多边形通常也较小。

选定弹出：沿曲面的法线方向弹出选定的头发。

弹出大小为零：与"选定弹出"类似，但只能对长度为0的头发进行编辑。

重疏：使用引导线对毛发进行梳理。

重置剩余：在曲面上重新分布毛发的数量，以得到较为均匀的结果。

切换碰撞：如果激活该按钮，设计发型时将考虑头发的碰撞。

切换Hair：切换头发在视图中的显示方式，但是不会影响头发导向的显示。

锁定：将选定的顶点相对于最近曲面的方向和距离锁定。锁定的顶点可以选择但不能移动。

解除锁定：解除对所有导向头发的锁定。

撤消：撤消最近的操作。

⑤ 毛发组选项组

拆分选定头发组：将选定的导向拆分为一个组。

合并选定头发组：重新合并选定的导向。

15.2.4 常规参数卷展栏

展开"常规参数"卷展栏，如图15-11所示。

图15-11

常规参数卷展栏参数介绍

毛发数量：设置生成的毛发总数，图15-12所示的是"毛发数量"为1000和9000时效果对比。

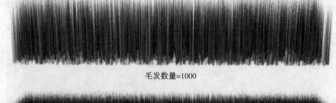

毛发数量=1000

毛发数量=9000

图15-12

毛发段：设置每根毛发的段数。段数越多，毛发越自然，但是生成的网格对象就越大（对于非常直的直发，可将"毛发段"设置为1）。图15-13所示的是"毛发段"为5和60时的效果对比。

毛发过程数：设置毛发的透明度，取值范围为1~20。图15-14所示的是"毛发过程数"为1和4时的效果对比。

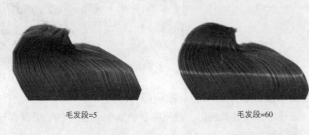

毛发段=5   毛发段=60

图15-13

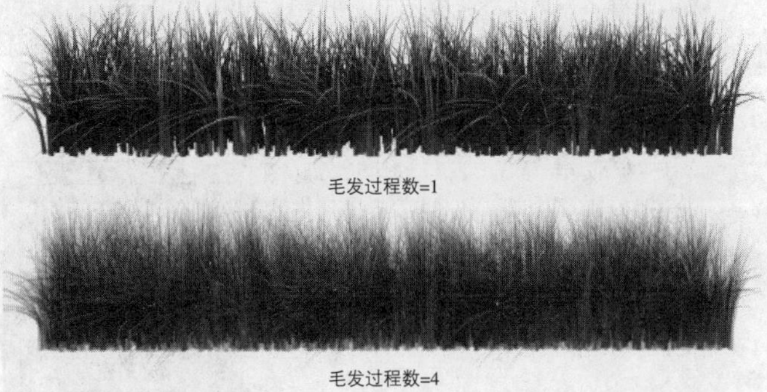

毛发过程数=1

毛发过程数=4

图15-14

密度：设置头发的整体密度。

比例：设置头发的整体缩放比例。

剪切长度：设置将整体的头发长度进行缩放的比例。

随机比例：设置在渲染头发时的随机比例。

根厚度：设置发根的厚度。

梢厚度：设置发梢的厚度。

置换：设置头发从根到生长对象曲面的置换量。

插值：开启该选项后，头发生长将插入导向头发之间。

★重点★
15.2.5 材质参数卷展栏

展开"材质参数"卷展栏，如图15-15所示。

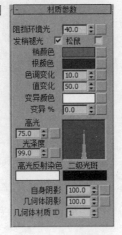

图15-15

材质参数卷展栏参数介绍

阻挡环境光：在照明模型时，控制环境光或漫反射对模型影响

的偏差。图15-16和图15-17所示分别是"阻挡环境光"为0和100时的毛发效果。

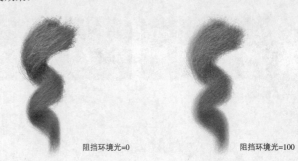

阻挡环境光=0   阻挡环境光=100

图15-16   图15-17

发梢褪光：开启该选项后，毛发将朝向梢部而产生淡出到透明的效果。该选项只适用于mental ray渲染器。

松鼠：开启该选项后，根颜色与梢颜色之间的渐变更加锐化，并且更多的梢颜色可见。

梢/根颜色：设置距离生长对象曲面最远或最近的毛发梢部/根部的颜色。图15-18所示的是"梢颜色"为红色、"根颜色"为蓝色时的毛发效果。

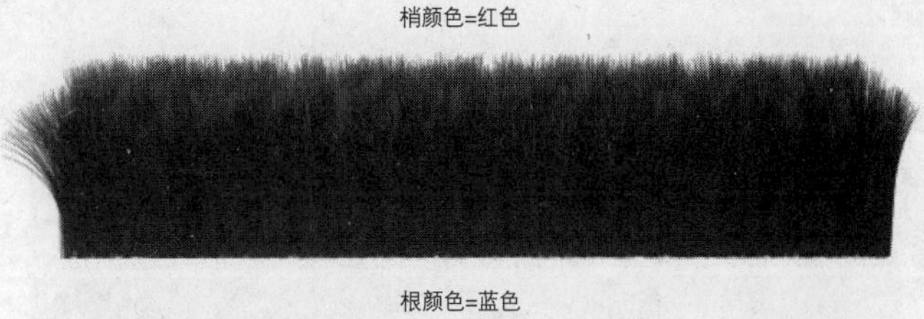

梢颜色=红色

根颜色=蓝色

图15-18

色调/值变化：设置头发颜色或亮度的变化量。图15-19所示的是不同"色调变化"和"值变化"的毛发效果。

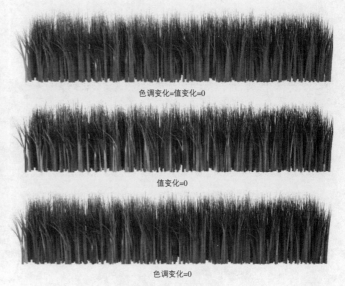

色调变化=值变化=0

值变化=0

色调变化=0

图15-19

变异颜色：设置变异毛发的颜色。

变异%：设置接受"变异颜色"的毛发的百分比。图15-20所示

的是"变异%"为30和0时的效果对比。

变异%=30　　　　　　　　变异%=0

图15-20

高光：设置在毛发上高亮显示的亮度。

光泽度：设置在毛发上高亮显示的相对大小。

高光反射染色：设置反射高光的颜色。

自身阴影：设置毛发自身阴影的大小。图15-21所示的是"自身阴影"为0、50和100时的效果对比。

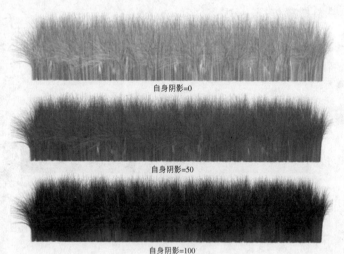

自身阴影=0

自身阴影=50

自身阴影=100

图15-21

几何体阴影：设置头发从场景中的几何体接收到的阴影的量。

几何体材质ID：在渲染几何体时设置头发的材质ID。

15.2.6 mr参数卷展栏

展开"mr参数"卷展栏，如图15-22所示。

图15-22

mr参数卷展栏参数介绍

应用mr明暗器：开启该选项后，可以应用mental ray的明暗器来生成头发。

无：单击该按钮可以在弹出的"材质/贴图浏览器"对话框中指定明暗器。

15.2.7 海市蜃楼参数卷展栏

展开"海市蜃楼参数"卷展栏，如图15-23所示。

图15-23

海市蜃楼参数卷展栏参数介绍

百分比：设置要应用"强度"和"Mess强度"值的毛发百分比，范围为0~100。

强度：指定海市蜃楼毛发伸出的长度，范围为0~1。

Mess强度：设置将卷毛应用于海市蜃楼毛发，范围为0~1。

★ 重点 ★
15.2.8 成束参数卷展栏

展开"成束参数"卷展栏，如图15-24所示。

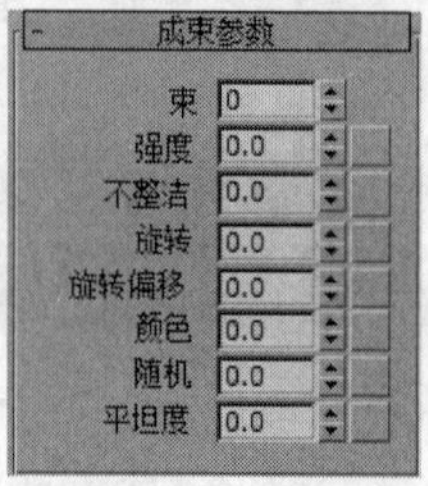

图15-24

成束参数卷展栏参数介绍

束：用于设置相对于总体毛发数量生成毛发束的数量。

强度：该参数值越大，毛发束中各个梢彼此之间的吸引越强，范围为0~1。

不整洁：该参数值越大，毛发束整体形状越凌乱。

旋转：该参数用于控制扭曲每个毛发束的强度，范围为0~1。

旋转偏移：该参数值用于控制根部偏移毛事束的梢，范围为0~1。

颜色：如果该参数的值不取为0，则可以改变毛发束中的颜色，范围为0~1。

随机：用于控制所有成束参数随机变化的强度，范围为0~1。

平坦度：用于控制在垂直于梳理方向的方向上挤压每个束。

★ 重点 ★
15.2.9 卷发参数卷展栏

展开"卷发参数"卷展栏，如图15-25所示。

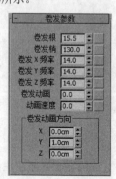

图15-25

卷发参数卷展栏参数介绍

卷发根：设置头发在其根部的置换量。

卷发梢：设置头发在其梢部的置换量。

卷发X/Y/Z频率：控制在3个轴中的卷发频率。

卷发动画：设置波浪运动的幅度。

动画速度：设置动画噪波场通过空间时的速度。

卷发动画方向：设置卷发动画的方向向量。

15.2.10　纽结参数卷展栏

展开"纽结参数"卷展栏，如图15-26所示。

图15-26

纽结参数卷展栏参数介绍

纽结根/梢：设置毛发在其根部/梢部的扭结置换量。

纽结X/Y/Z频率：设置在3个轴中的扭结频率。

★重点★

15.2.11　多股参数卷展栏

展开"多股参数"卷展栏，如图15-27所示。

图15-27

多股参数卷展栏参数介绍

数量：用于设置每个聚集块的头发数量。

根展开：用于设置为根部聚集块中的每根毛发提供的随机补偿量。

梢展开：用于设置为梢部聚集块中的每根毛发提供的随机补偿量。

扭曲：用于使用每束的中心作为轴扭曲束。

偏移：用于使束偏移其中心。离尖端越近，偏移越大，反之则偏移越小。

纵横比：控制在垂直于梳理方向的方向上挤压每个束。

随机化：随机处理聚集块中的每根毛发的长度。

15.2.12　动力学卷展栏

展开"动力学"卷展栏，如图15-28所示。

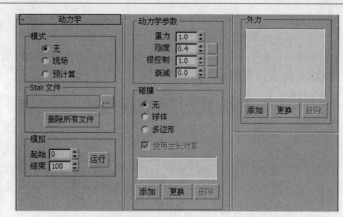

图15-28

动力学卷展栏参数介绍

模式：选择毛发用于生成动力学效果的方法，有"无"、"现场"和"预计算"3个选项可供选择。

起始：设置在计算模拟时要考虑的第1帧。

结束：设置在计算模拟时要考虑的最后1帧。

运行运行：单击该按钮可以进入模拟状态，并在"起始"和"结束"指定的帧范围内生成起始文件。

动力学参数：该选项组用于设置动力学的重力、衰减等属性。

重力：设置在全局空间中垂直移动毛发的力。

刚度：设置动力学效果的强弱。

根控制：在动力学演算时，该参数只影响头发的根部。

衰减：设置动态头发承载前进到下一帧的速度。

碰撞：选择毛发在动态模拟期间碰撞的对象和计算碰撞的方式，共有"无"、"球体"和"多边形"3种方式可供选择。

使用生长对象：开启该选项后，头发和生长对象将发生碰撞。

添加添加**/更换**更换**/删除**删除：在列表中添加/更换/删除对象。

15.2.13　显示卷展栏

展开"显示"卷展栏，如图15-29所示。

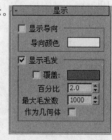

图15-29

显示卷展栏参数介绍

显示导向：开启该选项后，头发在视图中会使用颜色样本中的颜色来显示导向。

导向颜色：设置导向所采用的颜色。

显示毛发：开启该选项后，生长毛发的物体在视图中会显示出毛发。

覆盖：关闭该选项后，3ds Max会使用与渲染颜色相近的颜色来显示毛发。

百分比：设置在视图中显示的全部毛发的百分比。

最大头发数：设置在视图中显示的最大毛发数量。

作为几何体：开启该选项后，毛发在视图中将显示为要渲染的实际几何体，而不是默认的线条。

15.2.14 随机化参数卷展栏

展开"随机化参数"卷展栏，如图15-30所示。

图15-30

随机化参数卷展栏参数介绍

种子：设置随机毛发效果的种子值。数值越大，随机毛发出现的频率越高。

★重点★ 实战：用Hair和Fur（WSN）修改器制作海葵

场景位置	无
实例位置	实例文件>CH15>实战：用Hair和Fur（WSN）修改器制作海葵.max
视频位置	多媒体教学>CH15>实战：用Hair和Fur（WSN）修改器制作海葵.flv
难易指数	★★☆☆☆
技术掌握	用Hair和Fur（WSN）修改器制作实例节点毛发

海葵效果如图15-31所示。

图15-31

01 使用"平面"工具 平面 在场景中创建一个平面，然后在"参数"卷展栏下设置"长度"为160mm、"宽度"为120mm，如图15-32所示。

02 将平面转换为可编辑多边形，然后在"顶点"级别下将其调整成如图15-33所示的形状（这个平面将作为毛发的生长平面）。

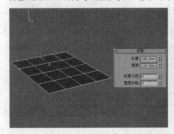
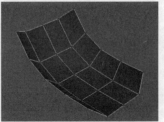

图15-32　　　　　图15-33

03 使用"圆柱体"工具 圆柱体 在场景中创建一个圆柱体，然后在"参数"卷展栏下设置"半径"为6mm、"高度"为60mm、"高度分段"为8，如图15-34所示。

04 将圆柱体转换为可编辑多边形，然后在"顶点"级别下将其调整成如图15-35所示的形状（这个模型作为海葵）。

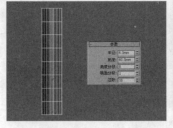
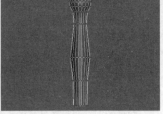

图15-34　　　　　图15-35

知识链接

关于多边形建模技法请参阅"第7章 多边形建模"。

05 选择生长平面，然后为其加载一个Hair和Fur（WSM）（毛发和毛皮（WSM））修改器，此时平面上会生长出很多凌乱的毛发，如图15-36所示。

图15-36

06 展开"工具"卷展栏，然后在"实例节点"选项组下单击"无"按钮 无 ，接着在视图中拾取海葵模型，如图15-37所示，效果如图15-38所示。

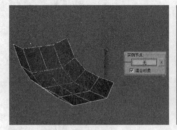
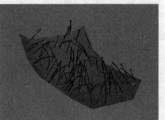

图15-37　　　　　图15-38

疑难问答

问：原始海葵模型怎么处理？

答：在生长平面上制作出海葵的实例节点以后，可以将原始的海葵模型隐藏起来或直接将其删除。

07 展开"常规参数"卷展栏，然后设置"毛发数量"为2000、"毛发段"为10、"毛发过程数"为2、"随机比例"为20、"根厚度"和"梢厚度"为6，具体参数设置如图15-39所示，毛发效果如图15-40所示。

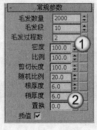

图15-39　　　　　图15-40

08 展开"卷发参数"卷展栏，然后设置"卷发根"为20、"卷发梢"为0、"卷发y频率"为8，具体参数设置如图15-41所示，效果如图15-42所示。

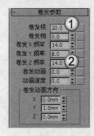

图15-41　　　　　　　　　　　图15-42

09 按F9键渲染当前场景，最终效果如图15-43所示。

图15-43

─── 技术专题 53 制作海葵材质 ───

由于海葵材质的制作难度比较大，因此这里用一个技术专题来讲解一下其制作方法。

第1步：选择一个空白材质球，然后设置材质类型为"标准"材质，接着在"明暗器基本参数"卷展栏下设置明暗器类型为Oren-Nayar-Blinn，如图15-44所示。

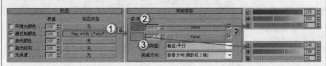

图15-44

第2步：展开"贴图"卷展栏，然后在"漫反射颜色"贴图通道中加载一张"衰减"程序贴图，接着在"衰减参数"卷展栏下设置"前"通道的颜色为（红:255，绿:102，蓝:0）、"侧"通道的颜色为（红:248，绿:158，蓝:42），如图15-45所示。

图15-45

第3步：在"自发光"贴图通道中加载一张"遮罩"程序贴图，然后在"贴图"通道中加载一张"衰减"程序贴图，并设置其"衰减类型"为Fresnel，接着在"遮罩"贴图通道加载一张"衰减"程序贴图，并设置其"衰减类型"为"阴影/灯光"，如图15-46所示。

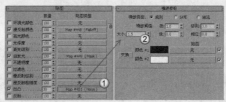

图15-46

第4步：在"凹凸"贴图通道中加载一张"噪波"程序贴图，然

后在"噪波参数"卷展栏下设置"大小"为1.5，如图15-47所示，制作好的材质球效果如图15-48所示。

图15-47　　　　　　　　　　　图15-48

★ 重点 ★
实战：用Hair和Fur（WSN）修改器制作仙人球

场景位置	场景文件>CH15>01.max
实例位置	实例文件>CH15>实战：用Hair和Fur（WSN）修改器制作仙人球.max
视频位置	多媒体教学>CH15>实战：用Hair和Fur（WSN）修改器制作仙人球.flv
难易指数	★★☆☆☆
技术掌握	用Hair和Fur（WSN）修改器制作几何体毛发

仙人球效果如图15-49所示。

图15-49

01 打开下载资源中的"场景文件>CH15>01.max"文件，如图15-50所示。

图15-50

02 选择仙人球的花骨朵模型，如图15-51所示，然后为其加载一个Hair和Fur（WSM）（毛发和毛皮（WSM））修改器，效果如图15-52所示。

图15-51　　　　　　　　　　　图15-52

03 展开"常规参数"卷展栏，然后设置"毛发数量"为1000、"剪切长度"为50、"随机比例"为20、"根厚度"为8、"梢厚度"为0，具体参数设置如图15-53所示。

04 展开"材质参数"卷展栏，然后设置"梢颜色"和"根颜

色"为白色，接着设置"高光"为40、"光泽度"为50，具体
参数设置如图15-54所示。

05 展开"卷发参数"卷展栏，然后设置"卷发根"和"卷发
梢"为0，如图15-55所示。

 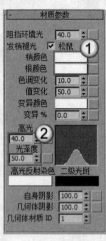

图15-53　　　　　　图15-54　　　　　　图15-55

06 展开"多股参数"卷展栏，然后设置"数量"为1、"根展
开"为0.05、"梢展开"为0.5，具体参数设置如图15-56所示，
毛发效果如图15-57所示。

图15-56　　　　　　　　　　图15-57

07 按大键盘上的8键打开"环境和效果"对话框，然后单击
"效果"选项卡，展开"效果"卷展栏，接着在"效果"列表
下选择"毛发和毛皮"效果，
最后在"毛发和毛皮"卷展
栏下设置"毛发"为"几何
体"，如图15-58所示。

图15-58

疑难问答

问："毛发和毛皮"效果有什么用？

答：要渲染一个场景中的毛发，该场景必需包含"毛发和毛皮"效
果。当为对象加载Hair和Fur（WSM）（毛发和毛皮（WSM））修改器时，
3ds Max会自动在渲染效果（"效果"列表）中加载一个"毛发和毛皮"效
果。如果没有"毛发和毛皮"效果，则无法渲染出毛发。图15-59和图15-60
所示的是关闭与开启"毛发和毛皮"效果时的测试渲染效果。

图15-59　　　　　　　　　　　　图15-60

　　如果要关闭"毛发和毛皮"
效果，可以在"效果"卷展栏下
选择该效果，然后关闭"活动"
选项，如图15-61所示。

图15-61

08 按F9键渲染当前场景，最
终效果如图15-62所示。

图15-62

★重点★
实战：用Hair和Fur（WSN）修改器制作油画笔

场景位置	场景文件>CH15>02.max
实例位置	实例文件>CH15>实战：用Hair和Fur（WSN）修改器制作油画笔.max
视频位置	多媒体教学>CH15>实战：用Hair和Fur（WSN）修改器制作油画笔.flv
难易指数	★★☆☆☆
技术掌握	掌握用Hair和Fur（WSN）修改器在特定部位制作毛发

油画笔效果如图15-63所示。

图15-63

01 打开下载资源中的"场景文件>CH15>02.max"文件，如图
15-64所示。

图15-64

02 选择如图15-65所示的模型，然后为其加载一个Hair和Fur（WSM）（毛发和毛皮（WSM））修改器，效果如图15-66所示。

图15-65　　　　　　　　　　图15-66

03 选择Hair和Fur（WSM）（毛发和毛皮（WSM））修改器的"多边形"次物体层级，然后选择如图15-67所示的多边形，接着返回到顶层级，效果如图15-68所示。

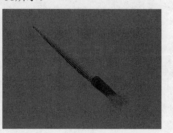

图15-67　　　　　　　　　　图15-68

技巧与提示

　选择好多边形后，毛发就只在这个多边形上生长出来。

04 展开"常规参数"卷展栏，然后设置"毛发数量"为1500、"毛发过程数"为2、"随机比例"为0、"根厚度"为12、"梢厚度"为10，具体参数设置如图15-69所示。

05 展开"卷发参数"卷展栏，然后设置"卷发根"和"卷发梢"为0，如图15-70所示。

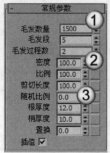
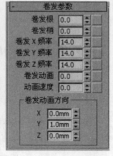

图15-69　　　　　　　　　　图15-70

06 展开"多股参数"卷展栏，然后设置"数量"为0、"根展开"和"梢展开"为0.2，具体参数设置如图15-71所示，毛发效果如图15-72所示。

图15-71　　　　　　　　　　图15-72

07 按F9键渲染当前场景，最终效果如图15-73所示。

图15-73

★ 重点 ★

实战：用Hair和Fur（WSM）修改器制作牙刷

场景位置	场景文件>CH15>03.max
实例位置	实例文件>CH15>实战：用Hair和Fur（WSM）修改器制作牙刷.max
视频位置	多媒体教学>CH15>实战：用Hair和Fur（WSM）修改器制作牙刷.flv
难易指数	★★☆☆☆
技术掌握	用Hair和Fur（WSN）修改器在特定部位制作毛发

　牙刷效果如图15-74所示。

图15-74

01 打开下载资源中的"场景文件>CH15>03.max"文件，如图15-75所示。

02 选择黄色的牙刷柄模型，然后为其加载一个Hair和Fur（WSM）（毛发和毛皮（WSM））修改器，效果如图15-76所示。

图15-75　　　　　　　　　　图15-76

03 选择Hair和Fur（WSM）（毛发和毛皮（WSM））修改器的"多边形"次物体层级，然后选择如图15-77所示的两个多边形，接着返回顶层级，效果如图15-78所示。

图15-77　　　　　　　　　　　　　图15-78

04 展开"常规参数"卷展栏，然后设置"毛发数量"为100、"随机比例"为0、"根厚度"为5、"梢厚度"为3，具体参数设置如图15-79所示。

05 展开"材质参数"卷展栏，然后设置"梢颜色"和"根颜色"为白色，接着设置"高光"为58、"光泽度"为75，具体参数设置如图15-80所示。

06 展开"卷发参数"卷展栏，然后设置"卷发根"为0、"卷发梢"为4，如图15-81所示。

图15-79　　　　　　图15-80　　　　　　图15-81

07 展开"多股参数"卷展栏，然后设置"数量"为18、"根展开"为0.05、"梢展开"为0.24，具体参数设置如图15-82所示，毛发效果如图15-83所示。

 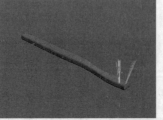

图15-82　　　　　　　　　　　　　图15-83

08 采用相同的方法为另一把牙刷柄创建出毛发，完成后的效果如图15-84所示。

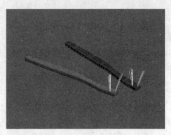

图15-84

疑难问答 ?

问：为什么制作出来的毛发那么少？

答：在默认情况下，视图中的毛发显示数量为总体毛发的2%，如图15-85所示。如果要将毛发以100%显示出来，可以在"显示"卷展栏下将"百分比"设置为100，如图15-86所示，毛发效果如图15-87所示。

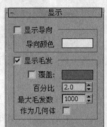 

图15-85　　　　　　　　　图15-86

图15-87

09 按F9键渲染当前场景，最终效果如图15-88所示。

图15-88

★ 重点 ★
实战：用Hair和Fur（WSN）修改器制作蒲公英

场景位置	场景文件>CH15>04.max
实例位置	实例文件>CH15>实战：用Hair和Fur（WSN）修改器制作蒲公英.max
视频位置	多媒体教学>CH15>实战：用Hair和Fur（WSN）修改器制作蒲公英.flv
难易指数	★★☆☆☆
技术掌握	用Hair和Fur（WSN）修改器制作几何体毛发

蒲公英效果如图15-89所示。

01 打开下载资源中的"场景文件>CH15>04.max"文件，如图15-90所示。

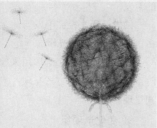

图15-89

图15-90

"效果"选项卡，展开"效果"卷展栏，接着在"效果"列表下选择"毛发和毛皮"效果，最后在"毛发和毛皮"卷展栏下设置"毛发"为"几何体"，如图15-97所示。

图15-95　　　　　　　　　　图15-96

02 选择"刺"模型，如图15-91所示，然后为其加载一个Hair和Fur（WSM）（毛发和毛皮（WSM））修改器，效果如图15-92所示。

图15-91　　　　　　　　　　图15-92

03 展开"常规参数"卷展栏，然后设置"毛发数量"为1500、"比例"为18、"剪切长度"为73、"随机比例"为42，"根厚度"和"稍厚度"为1，具体参数设置如图15-93所示。

04 展开"卷发参数"卷展栏，然后设置"卷发根"为20、"卷发稍"为130，具体参数设置如图15-94所示。

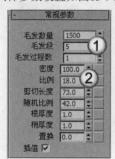

图15-93　　　　　　　　　　图15-94

05 展开"多股参数"卷展栏，然后设置"数量"为50、"稍展开"为15，具体参数设置如图15-95所示，毛发效果如图15-96所示。

06 按大键盘上的8键打开"环境和效果"对话框，然后单击

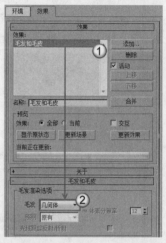

图15-97

07 按F9键渲染当前场景，最终效果如图15-98所示。

图15-98

技巧与提示

注意，在渲染具有大量毛发的场景时，计算机负担很重。因此，在不影响渲染效果的情况下，可以适当降低毛发的数量。

15.3 VRay毛皮

VRay毛皮是VRay渲染器自带的一种毛发制作工具，经常用来制作地毯、草地和毛制品等，如图15-99和图15-100所示。相比于Hair和Fur（WSM）（毛发和毛皮（WSM））修改器，VRay毛皮的参数要简单很多，且操作也没有那么复杂，但是制作出来的毛发效果并不比Hair和Fur（WSM）（毛发和毛皮（WSM））修改器差。

463

图15-99　　　　　　　　　　　图15-100

加载VRay渲染器后，随意创建一个物体，然后设置几何体类型为VRay，接着单击"VRay毛皮"按钮 VR毛皮 ，就可以为选中的对象创建VRay毛皮，如图15-101所示。

VRay毛皮的参数只有3个卷展栏，分别是"参数"、"贴图"和"视口显示"卷展栏，如图15-102所示。

图15-101　　　　　　　　　　　图15-102

★重点★

15.3.1 参数卷展栏

展开"参数"卷展栏，如图15-103所示。

图15-103

参数卷展栏参数介绍

① 源对象选项组

源对象： 指定需要添加毛发的物体。

长度： 设置毛发的长度。

厚度： 设置毛发的厚度。

重力： 控制毛发在z轴方向被下拉的力度，也就是通常所说的"重量"。

弯曲： 设置毛发的弯曲程度。

锥度： 用来控制毛发锥化的程度。

② 几何体细节选项组

边数： 目前这个参数还不可用，在以后的版本中将开发多边形的毛发。

结数： 用来控制毛发弯曲时的光滑程度。值越大，表示段数越多，弯曲的毛发越光滑。

平面法线： 这个选项用来控制毛发的呈现方式。当勾选该选项时，毛发将以平面方式呈现；当关闭该选项时，毛发将以圆柱体方式呈现。

③ 变化选项组

方向参量： 控制毛发在方向上的随机变化。值越大，表示变化越强烈；0表示不变化。

长度参量： 控制毛发长度的随机变化。1表示变化越强烈，0表示不变化。

厚度参量： 控制毛发粗细的随机变化。1表示变化越强烈，0表示不变化。

重力参量： 控制毛发受重力影响的随机变化。1表示变化越强烈，0表示不变化。

④ 分配选项组

每个面： 用来控制每个面产生的毛发数量，因为物体的每个面不都是均匀的，所以渲染出来的毛发也不均匀。

每区域： 用来控制每单位面积中的毛发数量，这种方式下渲染出来的毛发比较均匀。

折射帧： 指定源物体获取到计算面大小的帧，获取的数据将贯穿整个动画过程。

⑤ 布局选项组

全部对象： 启用该选项后，全部的面都将产生毛发。

选定的面： 启用该选项后，只有被选择的面才能产生毛发。

材质ID： 启用该选项后，只有指定了材质ID的面才能产生毛发。

⑥ 贴图选项组

产生世界坐标： 所有的UVW贴图坐标都是从基础物体中获取，但该选项的W坐标可以修改毛发的偏移量。

通道： 指定在W坐标上将被修改的通道。

15.3.2 贴图卷展栏

展开"贴图"卷展栏，如图15-104所示。

图15-104

贴图卷展栏参数介绍

基本贴图通道：选择贴图的通道。

弯曲方向贴图（RGB）：用彩色贴图来控制毛发的弯曲方向。

初始方向贴图（RGB）：用彩色贴图来控制毛发根部的生长方向。

长度贴图（单色）：用灰度贴图来控制毛发的长度。

厚度贴图（单色）：用灰度贴图来控制毛发的粗细。

重力贴图（单色）：用灰度贴图来控制毛发受重力的影响。

弯曲贴图（单色）：用灰度贴图来控制毛发的弯曲程度。

密度贴图（单色）：用灰度贴图来控制毛发的生长密度。

15.3.3 视口显示卷展栏

展开"视口显示"卷展栏，如图15-105所示。

图15-105

视口显示卷展栏参数介绍

视口预览：勾选该选项时，可以在视图中预览毛发的生长情况。

最大毛发：数值越大，可以更加清楚地观察毛发的生长情况。

图标文本：勾选该选项后，可以在视图中显示VRay毛皮的图标和文字，如图15-106所示。

图15-106

自动更新：勾选该选项后，当改变毛发参数时，3ds Max会在视图中自动更新毛发的显示情况。

手动更新 手动更新 ：单击该按钮可以手动更新毛发在视图中的显示情况。

★ 重点 ★
实战：用VRay毛皮制作毛巾

场景位置	场景文件>CH15>05.max
实例位置	实例文件>CH15>实战：用VRay毛皮制作毛巾.max
视频位置	多媒体教学>CH15>实战：用VRay毛皮制作毛巾.flv
难易指数	★☆☆☆☆
技术掌握	用VRay毛皮制作毛巾

毛巾效果如图15-107所示。

01 打开下载资源中的"场景文件>CH15>05.max"文件，如图15-108所示。

02 选择一块毛巾，然后设置几何体类型为VRay，接着单击"VRay毛皮"按钮 VR毛皮 ，此时毛巾上会生成毛发，如图15-109所示。

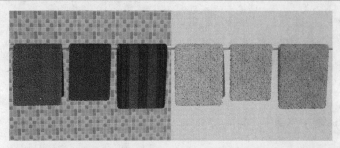

图15-107

 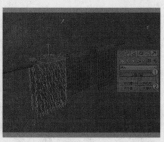

图15-108　　　　　　　　　　图15-109

03 展开"参数"卷展栏，然后在"源对象"选项组下设置"长度"为3mm、"厚度"为0.2mm、"重力"为-3.0mm、"弯曲"为0.8，接着在"变化"选项组下设置"方向参量"为0.1、"重力参量"为1，具体参数设置如图15-110所示，毛发效果如图15-111所示。

图15-110　　　　　　　　　　图15-111

04 采用相同的方法为另外两块毛巾创建出毛发，完成后的效果如图15-112所示。

图15-112

05 按F9键渲染当前场景，最终效果如图15-113所示。

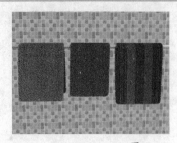

图15-113

★ 重点 ★
实战：用VRay毛皮制作草地

场景位置	场景文件>CH15>06.max
实例位置	实例文件>CH15>实战：用VRay毛皮制作草地.max
视频位置	多媒体教学>CH15>实战：用VRay毛皮制作草地.flv
难易指数	★☆☆☆☆
技术掌握	用VRay毛皮制作草地

草地效果如图15-114所示。

图15-114

01 打开下载资源中的"场景文件>CH15>06.max"文件，如图15-115所示。

02 选择地面模型，然后设置几何体类型为VRay，接着单击"VRay毛皮"按钮 VR毛皮 ，此时地面上会生成毛发，如图15-116所示。

图15-115　　　　图15-116

03 为地面模型加载一个"细化"修改器，然后在"参数"卷展栏下设置"操作于"为"多边形"按钮，接着设置"迭代次数"为4，如图15-117所示。

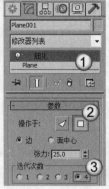

图15-117

疑难问答

问：加载"细化"修改器有何用？

答：这里为地面模型加载"细化"修改器是为了细化多边形，这样就可以生成更多毛发，如图15-118所示。

图15-118

04 选择VRay毛皮，展开"参数"卷展栏，然后在"源对象"选项组下设置"长度"为20mm、"厚度"为0.2mm、"重力"为-1mm，接着在"几何体细节"选项组下设置"结数"为6，并在"变化"选项组下设置"长度参量"为1，最后在"分配"选项组下设置"每区域"为0.4，具体参数设置如图15-119所示，毛发效果如图15-120所示。

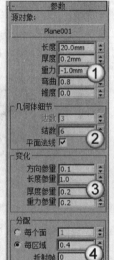 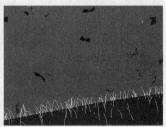

图15-119　　　　图15-120

技巧与提示

注意，这里的参数并不是固定的，用户可以根据实际情况进行调节。

05 按F9键渲染当前场景，最终效果如图15-121所示。

图15-121

★ 重点 ★

实战：用VRay毛皮制作地毯

场景位置	无
实例位置	实例文件>CH15>实战：用VRay毛皮制作地毯.max
视频位置	多媒体教学>CH15>实战：用VRay毛皮制作地毯.flv
难易指数	★☆☆☆☆
技术掌握	用VRay毛皮制作地毯

地毯效果如图15-122所示。

图15-122

01 使用"平面"工具 平面 在场景中创建一个平面，然后在"参数"卷展栏下设置"长度"和"宽度"为460mm、"长度分段"和"高度分段"为20，具体参数设置如图15-123所示，平面效果如图15-124所示。

图15-123　　　　　　　　　　图15-124

技巧与提示

注意，"长度分段"和"宽度分段"的数值会直接影响到毛发的数量。段值越少，渲染速度越快，但毛发数量就越少，反之亦然。

02 选择平面，然后设置几何体类型为VRay，接着单击"VRay毛皮"按钮 VR毛皮 ，此时平面上会生长出毛发，如图15-125所示。

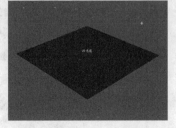

图15-125

03 选择VRay毛皮，展开"参数"卷展栏，然后在"源对象"卷展栏下设置"长度"为30mm、"厚度"为0.6mm、"重力"为-4.4mm、"弯曲"为0.7，接着在"几何体细节"选项组下设

置"结数"为5，最后在"变化"选项组下设置"方向参量"为0.6、"长度参量"为0.3，具体参数设置如图15-126所示，毛发效果如图15-127所示。

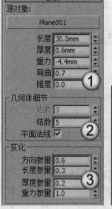

图15-126　　　　　　　　　　图15-127

04 按F9键渲染当前场景，最终效果如图15-128所示。

图15-128

技巧与提示

在VRay毛皮的内容中安排了一个毛巾实例、一个草地实例和一个地毯实例，这3种毛发对象是在实际工作中（在效果图领域）最常见的毛发对象，请读者务必牢记其制作方法。

第16章

基础动画

Employment direction
从业方向 ∠

 CG影视行业　　 CG建筑行业

 CG工业行业　　 CG动漫行业

 CG游戏行业　　CG时尚达人

16.1　动画概述

　　动画是一门综合艺术，是工业社会人类寻求精神解脱的产物，它是集合了绘画、漫画、电影、数字媒体、摄影、音乐和文学等众多艺术门类于一身的艺术表现形式，将多张连续的单帧画面连在一起就形成了动画，如图16-1所示。

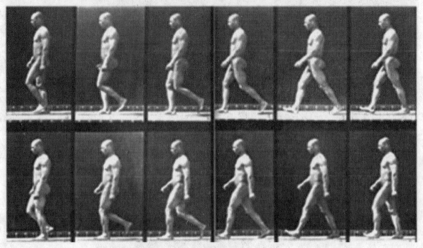

图16-1

　　3ds Max作为世界上最为优秀的三维软件之一，为用户提供了一套非常强大的动画系统，包括基本动画系统和骨骼动画系统。无论采用哪种方法制作动画，都需要动画师对角色或物体的运动有着细致的观察和深刻的体会，抓住了运动的"灵魂"才能制作出生动逼真的动画作品。图16-2~图16-4所示的是一些非常优秀的动画作品。

图16-2　　　　　　　　图16-3　　　　　　　　图16-4

16.2　动画制作工具

　　本节主要介绍制作动画的一些基本工具，如关键帧设置工具、播放控制器和"时间配置"对话框。掌握好了这些基本工具的用法，可以制作出一些简单的动画效果。

★重点★
16.2.1　关键帧设置

　　3ds Max的界面的右下角是一些设置动画关键帧的相关工具，如图16-5所示。

图16-5

关键帧工具介绍

自动关键点 自动关键点 ：单击该按钮或按N键可以自动记录关键帧。在该状态下，物体的模型、材质、灯光和渲染都将被记录为不同属性的动画。启用"自动关键点"功能后，时间尺会变成红色，拖曳时间线滑块可以控制动画的播放范围和关键帧等，如图16-6所示。

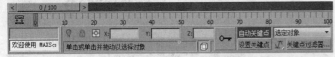

图16-6

设置关键点 设置关键点 ：在"设置关键点"动画模式中，可以使用"设置关键点"工具 设置关键点 和"关键点过滤器"的组合为选定对象的各个轨迹创建关键点。与"自动关键点"模式不同，利用"设置关键点"模式可以控制设置关键点的对象以及时间。它可以设置角色的姿势（或变换任何对象），如果满意的话，可以使用该姿势创建关键点。如果移动到另一个时间点而没有设置关键点，那么该姿势将被放弃。

技术专题 54 自动/手动设置关键点

设置关键点的常用方法主要有以下两种。

第1种：自动设置关键点。当开启"自动关键点"功能后，就可以通过定位当前帧的位置来记录下动画。例如，在图16-7中有一个球体和一个长方体，并且当前时间线滑块处于第0帧位置，下面为球体制作一个位移动画。将时间线滑块拖曳到第11帧位置，然后移动球体的位置，这时系统会在第0帧和第11帧自动记录下动画信息，如图16-8所示。单击"播放动画"按钮 或拖曳时间线滑块就可以观察到球体的位移动画。

图16-7　　　　　　　　　　图16-8

第2种：手动设置关键点（同样以图16-7中的球体和长方体为例来讲解如何设置球体的位移动画）。单击"设置关键点"按钮 设置关键点 ，开启"设置关键点"功能，然后单击"设置关键点"按钮 或按K键在第0帧设置一个关键点，如图16-9所示，接着将时间线滑块拖曳到第11帧，再移动球体的位置，最后按K键在第11帧设置一个关键点，如图16-10所示。单击"播放动画"按钮 或拖曳时间线滑块同样可以观察到球体产生了位移动画。

图16-9　　　　　　　　　　图16-10

选定对象 选定对象 ：使用"设置关键点"动画模式时，在这里可以快速访问命名选择集和轨迹集。

设置关键点 ：如果对当前的效果比较满意，可以单击该按钮（快捷键为K键）设置关键点。

关键点过滤器 关键点过滤器 ：单击该按钮可以打开"设置关键点过滤器"对话框，在该对话框中可以选择要设置关键点的轨迹，如图16-11所示。

图16-11

★ 重点 ★

实战：用自动关键点制作风车旋转动画

场景位置	场景文件>CH16>01.max
实例位置	实例文件>CH16>实战：用自动关键点制作风车旋转动画.max
视频位置	多媒体教学>CH16>实战：用自动关键点制作风车旋转动画.flv
难易指数	★★☆☆☆
技术掌握	用自动关键点制作旋转动画

风车旋转动画效果如图16-12所示。

图16-12

01 打开下载资源中的"场景文件>CH16>01.max"文件，如图16-13所示。

图16-13

02 选择一个风叶模型，然后单击"自动关键点"按钮 自动关键点 ，接着将时间线滑块拖曳到第100帧，最后使用"选择并旋转"工具 沿z轴将风叶旋转-2000°，如图16-14所示。

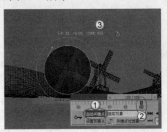

图16-14

469

03 采样相同的方法将另外3个风叶也设置一个旋转动画，然后单击"播放动画"按钮▶，效果如图16-15所示。

图16-15

04 选择动画效果最明显的一些帧，然后按F9键渲染出这些单帧动画，最终效果如图16-16所示。

图16-16

★重点★
实战：用自动关键点制作茶壶扭曲动画

场景位置	无
实例位置	实例文件>CH16>实战：用自动关键点制作茶壶扭曲动画.max
视频位置	多媒体教学>CH16>实战：用自动关键点制作茶壶扭曲动画.flv
难易指数	★★☆☆☆
技术掌握	用自动关键点制作扭曲动画

茶壶扭曲动画效果如图16-17所示。

图16-17

01 使用"茶壶"工具 茶壶 在场景中任意创建一个茶壶，然后为其加载一个"弯曲"修改器，如图16-18所示。

图16-18

02 选择茶壶，然后单击"自动关键点"按钮 自动关键点，接着在第0帧位置设置"角度"为-42，如图16-19所示。

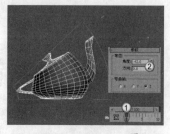

图16-19

03 将时间线滑块拖曳到第100帧位置，然后设置"方向"为360，如图16-20所示。

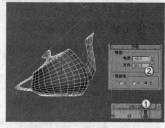

图16-20

04 单击"播放动画"按钮▶播放动画，效果如图16-21所示。

图16-21

05 选择动画效果最明显的一些帧，然后按F9键渲染出这些单帧动画，最终效果如图16-22所示。

图16-22

★重点★
16.2.2 播放控制器

在关键帧设置工具的旁边是一些控制动画播放的相关工具，如图16-23所示。

图16-23

播放控制器介绍

转至开头 ◄◄：如果当前时间线滑块没有处于第0帧位置，那么单击该按钮可以跳转到第0帧。

上一帧 ◄Ⅱ：将当前时间线滑块向前移动一帧。

播放动画 ▶/**播放选定对象** ▷：单击"播放动画"按钮▶可以播放整个场景中的所有动画；单击"播放选定对象"按钮▷可以播放选定对象的动画，而未选定的对象将静止不动。

下一帧 Ⅱ►：将当前时间线滑块向后移动一帧。

转至结尾 ►►|：如果当前时间线滑块没有处于结束帧位置，那么单击该按钮可以跳转到最后一帧。

关键点模式切换 |◄◄|：单击该按钮可以切换到关键点设置模式。

时间跳转输入框 [0]：在这里可以输入数字来跳转时间线滑块，如输入60，按Enter键就可以将时间线滑块跳转到第60帧。

时间配置 ：单击该按钮可以打开"时间配置"对话框。该对话框中的参数将在下面的内容中进行讲解。

16.2.3 时间配置

使用"时间配置"对话框可以设置动画时间的长短及时间显示格式等。单击"时间配置"按钮圈，打开"时间配置"对话框，如图16-24所示。

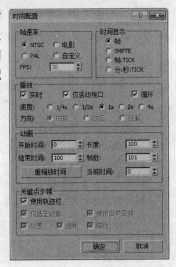

图16-24

时间配置对话框重要参数介绍

① 帧速率选项组

帧速率：共有NTSC（30帧/秒）、PAL（25帧/秒）、电影（24帧/秒）和"自定义"4种方式可供选择，但一般情况都采用PAL（25帧/秒）方式。

FPS（每秒帧数）：采用每秒帧数来设置动画的帧速率。视频使用30FPS的帧速率、电影使用24 FPS的帧速率，而Web和媒体动画则使用更低的帧速率。

② 时间显示选项组

帧/SMPTE/帧:TICK/分:秒:TICK：指定在时间线滑块及整个3ds Max中显示时间的方法。

③ 播放选项组

实时：使视图中播放的动画与当前"帧速率"的设置保持一致。

仅活动视口：使播放操作只在活动视口中进行。

循环：控制动画只播放一次或者循环播放。

速度：选择动画的播放速度。

方向：选择动画的播放方向。

④ 动画选项组

开始时间/结束时间：设置在时间线滑块中显示的活动时间段。

长度：设置显示活动时间段的帧数。

帧数：设置要渲染的帧数。

重缩放时间 重缩放时间 ：拉伸或收缩活动时间段内的动画，以匹配指定的新时间段。

当前时间：指定时间线滑块的当前帧。

⑤ 关键点步幅选项组

使用轨迹栏：启用该选项后，可以使关键点模式遵循轨迹栏中的所有关键点。

仅选定对象：在使用"关键点步幅"模式时，该选项仅考虑选定对象的变换。

使用当前变换：禁用"位置"、"旋转"、"缩放"选项时，该选项可以在关键点模式中使用当前变换。

位置/旋转/缩放：指定关键点模式所使用的变换模式。

16.3 曲线编辑器

"曲线编辑器"是制作动画时经常使用到的一个编辑器。使用"曲线编辑器"可以快速地调节曲线来控制物体的运动状态。单击"主工具栏"中的"曲线编辑器（打开）"按钮圈，打开"轨迹视图-曲线编辑器"对话框，如图16-25所示。

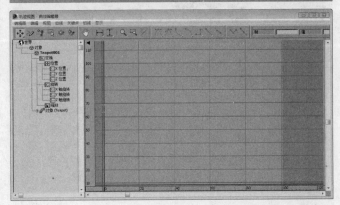

图16-25

为物体设置动画属性以后，在"轨迹视图-曲线编辑器"对话框中就会有与之相对应的曲线，如图16-26所示。

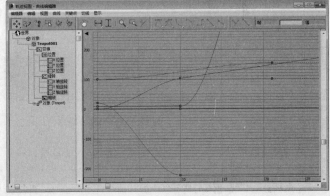

图16-26

技术专题 55 不同动画曲线所代表的含义

在"轨迹视图-曲线编辑器"对话框中，x轴默认使用红色曲线来表示、y轴默认使用绿色曲线来表示、z轴默认使用紫色曲线来表示，这3条曲线与坐标轴的3条轴线的颜色相同，如图16-27所示的在位置参数下方的x轴曲线为水平直线，这代表物体在x轴上未发生移动。

图16-28中的y轴曲线为抛物线形状，代表物体在y轴方向上正处于加速运动状态。

图16-29中的z轴曲线为倾斜的均匀曲线，代表物体在z轴方向上处于匀速运动状态。

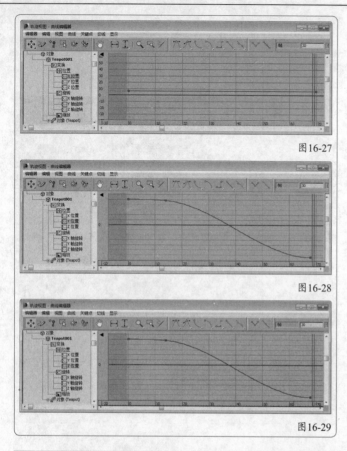

图16-27

图16-28

图16-29

16.3.1 关键点控制:轨迹视图工具栏

Key Controls:Track View（关键点控制:轨迹视图）工具栏中的工具主要用来调整曲线的基本形状，同时也可以插入关键点，如图16-30所示。

图16-30

关键点控制工具介绍

移动关键点✛/↔/↕：在函数曲线图上任意、水平或垂直移动关键点。

绘制曲线✎：使用该工具可以绘制新曲线，当然也可以直接在函数曲线图上绘制草图来修改已有曲线。

添加关键点✑：在现有曲线上创建关键点，然后可以通过调节关键点使曲线变得平滑。

区域关键点工具▣：使用该工具可以在矩形区域中移动和缩放关键点。

重定时工具✛：使用该工具可以在一个或多个帧范围内的任意数量的轨迹更改动画速率来扭曲时间。

对全部对象重定时工具✛：该工具是重定时工具的全局版本。它允许您通过在一个或多个帧范围内更改场景中的所有现有动画的速率来扭曲整个动画场景的时间。

16.3.2 关键点切线:轨迹视图工具栏

Key Tangents:Track View（关键点切线）工具栏中的工具可以为关键点指定切线（切线控制着关键点附近的运动的平滑度和速度），如图16-31所示。

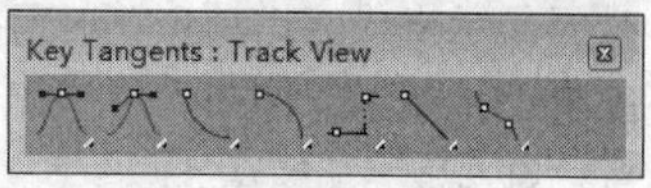

Key Tangents : Track View

图16-31

关键点切线工具介绍

将切线设置为自动⤻：按关键点附近的功能曲线的形状进行计算，将选择的关键点设置为自动切线。

将内切线设置为自动⤻：仅影响传入切线。

将外切线设置为自动⤻：仅影响传出切线。

将切线设置为样条线⤻：将选择的关键点设置为样条线切线。样条线具有关键点控制柄，可以在"曲线"视图中拖动进行编辑。

将内切线设置为样条线⤻：仅影响传入切线。

将外切线设置为样条线⤻：仅影响传出切线。

将切线设置为快速⤻：将关键点切线设置为快。

将内切线设置为快速⤻：仅影响传入切线。

将外切线设置为快速⤻：仅影响传出切线。

将切线设置为慢速⤻：将关键点切线设置为慢。

将内切线设置为慢速⤻：仅影响传入切线。

将外切线设置为慢速⤻：仅影响传出切线。

将切线设置为阶梯式⤻：将关键点切线设置为步长，并使用阶跃来冻结从一个关键点到另一个关键点的移动。

将内切线设置为阶梯式⤻：仅影响传入切线。

将外切线设置为阶梯式⤻：仅影响传出切线。

将切线设置为线性⤻：将关键点切线设置为线性。

将内切线设置为线性⤻：仅影响传入切线。

将外切线设置为线性⤻：仅影响传出切线。

将切线设置为平滑⤻：将关键点切线设置为平滑。

将内切线设置为平滑⤻：仅影响传入切线。

将外切线设置为平滑⤻：仅影响传出切线。

16.3.3 切线动作:轨迹视图工具栏

Tangents Actions:Track View（切线动作）工具栏中的工具可以用于统一和断开动画关键点切线，如图16-32所示。

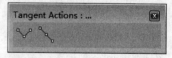

图16-32

切线动作工具介绍

断开切线⤻：允许将两条切线（控制柄）连接到一个关键点，使其能够独立移动，以便不同的运动能够进出关键点。

统一切线⤻：如果切线是统一的，按任意方向移动控制柄，可以让控制柄之间保持最小角度。

16.3.4 关键点输入:轨迹视图工具栏

在Key Entry:Track View（关键点输入）工具栏中可以从键盘编辑单个关键点的数值，如图16-33所示。

图16-33

关键点输入工具介绍

帧 帧 ▭▭▭▭：显示选定关键点的帧编号（在时间中的位置）。可以输入新的帧数或输入一个表达式，以将关键点移至其他帧。

值 值 ▭▭▭▭：显示选定关键点的值（在空间中的位置）。可以输入新的数值或表达式来更改关键点的值。

16.3.5 导航:轨迹视图工具栏

Navigation:Track View（导航）工具栏中的工具主要用于导航关键点或曲线的控件，如图16-34所示。

图16-34

导航工具介绍

平移 ：使用该工具可以平移轨迹视图。

框显水平范围 ：单击该按钮可以在水平方向上最大化显示轨迹视图。

框显水平范围关键点 ：单击该按钮可以在水平方向上最大化显示选定的关键点。

框显值范围 ：单击该按钮可以最大化显示关键点的值。

框显值范围的范围 ：单击该按钮可以最大化显示关键点的值范围。

缩放 ：使用该工具可以在水平和垂直方向上缩放时间的视图。

缩放时间 ：使用该工具可以在水平方向上缩放轨迹视图。

缩放值 ：使用该工具可以在垂直方向上缩放值视图。

缩放区域 ：使用该工具可以框选出一个矩形缩放区域，松开鼠标左键后这个区域将充满窗口。

隔离曲线 ：隔离当前选择的动画曲线，使其单一显示。使用这种方法可以很方便地调节单个曲线。

★ 重点 ★
实战：用曲线编辑器制作蝴蝶飞舞动画

场景位置	场景文件>CH16>02.max
实例位置	实例文件>CH16>实战：用曲线编辑器制作蝴蝶飞舞动画.max
视频位置	多媒体教学>CH16>实战：用曲线编辑器制作蝴蝶飞舞动画.flv
难易指数	★★☆☆☆
技术掌握	用曲线编辑器编辑动画曲线

蝴蝶飞舞动画效果如图16-35所示。

01 打开下载资源中的"场景文件>CH16>02.max"文件，如图16-36所示。

图16-35

图16-36

02 选择蝴蝶模型，然后单击"自动关键点"按钮 自动关键点 ，接着使用"选择并移动"工具 和"选择并旋转"工具 分别在第0帧（第0帧位置不动）、25帧、46帧、74帧和100帧调整蝴蝶的飞行位置和翅膀扇动的角度，如图16-37所示。

图16-37

03 选择蝴蝶模型，然后在"主工具栏"中单击"曲线编辑器（打开）"按钮 ，打开"轨迹视图-曲线编辑器"对话框，接着在属性列表中选择"x位置"曲线，最后将曲线调节成如图16-38所示的形状。

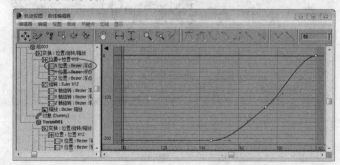

图16-38

04 在属性列表中选择"y位置"曲线，然后将曲线调节成如图16-39所示的形状。

05 在属性列表中选择"z位置"曲线，然后将曲线调节成如图16-40所示的形状。

06 选择动画效果最明显的一些帧，然后按F9键渲染出这些单帧动画，最终效果如图16-41所示。

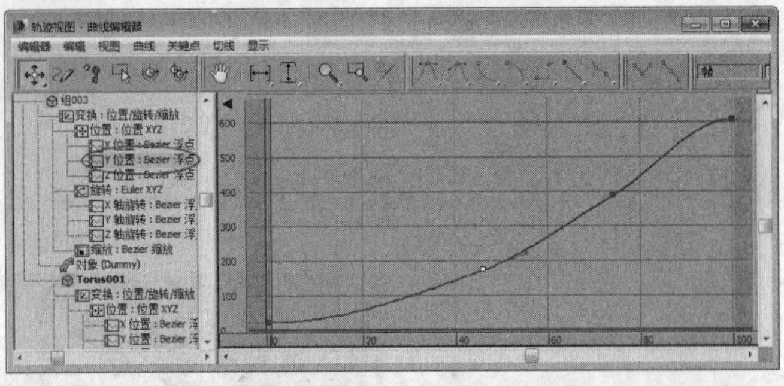

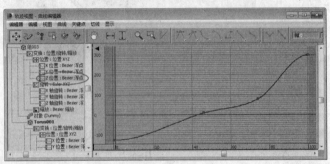

图16-39

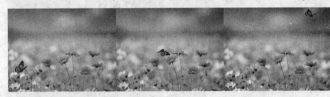

图16-40

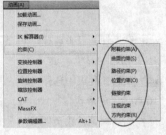

图16-41

技巧与提示

在本例中可以只渲染蝴蝶，然后在Photoshop中合成背景，也可以直接在3ds Max中按大键盘上的8键，打开“环境和效果”对话框，接着在“环境贴图”通道上加载一张背景贴图进行渲染。

16.4 约束

所谓“约束”，就是将事物的变化限制在一个特定的范围内。将两个或多个对象绑定在一起后，使用约束可以控制对象的位置、旋转或缩放。

在“动画>约束”菜单下包含7个约束命令，分别是“附着约束”、“曲面约束”、“路径约束”、“位置约束”、“链接约束”、“注视约束”和“方向约束”，如图16-42所示。

图16-42

本节约束概述

约束名称	主要作用	重要程度
附着约束	将一个对象的位置附着到另一个对象的面上	中
曲面约束	将对象限制在另一对象的表面上	中
路径约束	将一个对象沿着样条线或在多个样条线间的平均距离间的移动进行限制	高
位置约束	引起对象跟随一个对象的位置或者几个对象的权重平均位置	中
链接约束	创建对象与目标对象之间彼此链接的动画	中
注视约束	控制对象的方向，并使它一直注视另一个对象	高
方向约束	使某个对象的方向沿着另一个对象的方向或若干对象的平均方向	中

16.4.1 附着约束

“附着约束”是一种位置约束，它可以将一个对象的位置附着到另一个对象的面上（目标对象不用必须是网格，但必须能够转换为网格），其参数设置面板如图16-43所示。

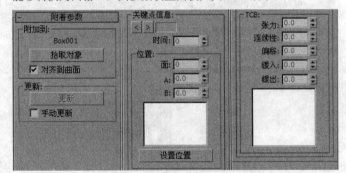

图16-43

技巧与提示

要查看约束的参数，首先需要进入“运动”面板，然后打开约束对应的卷展栏。

附着参数卷展栏参数介绍

① 附加到选项组

对象名称：显示所要附着的目标对象。

拾取对象 拾取对象 **：**在视图中拾取目标对象。

对齐到曲面：勾选该选项后，可以将附着对象的方向固定在其所指定的面上；关闭该选项后，附着对象的方向将不受目标对象上的面的方向影响。

② 更新选项组

更新 更新 **：**更新显示附着效果。

手动更新：勾选该选项后，可以使用“更新”按钮 更新 。

③ 关键点信息选项组

当前关键点 < > 1 **：**显示当前关键点编号并可以移动到其他关键点。

时间：显示当前帧，并可以将当前关键点移动到不同的帧中。

④ 位置选项组

面：提供对象所附着到的面的索引。

A/B：设置面上附着对象的位置的重心坐标。

显示窗口：在附着面内部显示源对象的位置。

设置位置 设置位置 ：在目标对象上调整源对象的放置。

⑤ TCB选项组

张力：设置TCB控制器的张力，范围为0~50。

连续性：设置TCB控制器的连续性，范围为0~50。

偏移：设置TCB控制器的偏移量，范围为0~50。

缓入：设置TCB控制器的缓入位置，范围为0~50。

缓出：设置TCB控制器的缓出位置，范围为0~50。

16.4.2 曲面约束

使用"曲面约束"可以将对象限制在另一对象的表面上，其参数设置面板如图16-44所示。

图16-44

曲面控制器参数卷展栏参数介绍

① 当前曲面对象选项组

对象名称：显示选定对象的名称。

拾取曲面 拾取曲面 ：选择需要用作曲面的对象。

② 曲面选项选项组

U向位置：调整控制对象在曲面对象U坐标轴上的位置。

V向位置：调整控制对象在曲面对象V坐标轴上的位置。

不对齐：启用该选项后，不管控制对象在曲面对象上的什么位置，它都不会重定向。

对齐到U：将控制对象的局部z轴对齐到曲面对象的曲面法线，同时将x轴对齐到曲面对象的U轴。

对齐到V：将控制对象的局部z轴对齐到曲面对象的曲面法线，同时将x轴对齐到曲面对象的V轴。

翻转：翻转控制对象局部z轴的对齐方式。

★ 重点 ★
16.4.3 路径约束

使用"路径约束"（这是约束里面最重要的一种）可以将一个对象沿着样条线或在多个样条线间的平均距离间的移动进行限制，其参数设置面板如图16-45所示。

图16-45

路径参数卷展栏参数介绍

添加路径 添加路径 ：添加一个新的样条线路径使之对约束对象产生影响。

删除路径 删除路径 ：从目标列表中移除一个路径。

目标/权重：该列表用于显示样条线路径及其权重值。

权重：为每个目标指定并设置动画。

%沿路径：设置对象沿路径的位置百分比。

> **技巧与提示**
>
> 注意，"%沿路径"的值基于样条线路径的U值。一个NURBS曲线可能没有均匀的空间U值，因此如果"%沿路径"的值为50可能不会直观地转换为NURBS曲线长度的50%。

跟随：在对象跟随轮廓运动同时将对象指定给轨迹。

倾斜：当对象通过样条线的曲线时允许对象倾斜（滚动）。

倾斜量：调整这个量使倾斜从一边或另一边开始。

平滑度：控制对象在经过路径中的转弯时翻转角度改变的快慢程度。

允许翻转：启用该选项后，可以避免在对象沿着垂直方向的路径行进时有翻转的情况。

恒定速度：启用该选项后，可以沿着路径提供一个恒定的速度。

循环：在一般情况下，当约束对象到达路径末端时，它不会越过末端点。而"循环"选项可以改变这一行为，当约束对象到达路径末端时会循环回起始点。

相对：启用该选项后，可以保持约束对象的原始位置。

轴：定义对象的轴与路径轨迹对齐。

★ 重点 ★
实战： 用路径约束制作金鱼游动动画

场景位置 场景文件>CH16>03.max
实例位置 实例文件>CH16>实战：用路径约束制作金鱼游动动画.max
视频位置 多媒体教学>CH16>实战：用路径约束制作金鱼游动动画.flv
难易指数 ★★☆☆☆
技术掌握 用路径约束制作游动动画

金鱼游动动画效果如图16-46所示。

图16-46

01 打开下载资源中的"场景文件>CH16>03.max"文件，如图16-47所示。

图16-47

02 使用"线"工具 线 在视图中绘制一条如图16-48所示

的样条线。

03 选择金鱼，然后执行"动画>约束>路径约束"菜单命令，接着将金鱼的约束虚线拖曳到样条线上，如图16-49所示。

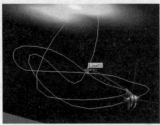

图16-48　　　　　　　　　　图16-49

疑难问答 ?

问：需要绘制一模一样的样条线吗？

答：不需要绘制得一模一样，读者可以根据需要来定。

04 单击"播放动画"按钮▶播放动画，效果如图16-50所示。

图16-50

疑难问答 ?

问：为何金鱼的游动方向是反的？

答：从图16-50可以发现金鱼的游动方向是反的，这是因为对象的轴与路径轨迹没有设置好。

05 在"命令"面板中单击"运动"按钮◎，然后在"路径参数"卷展栏下勾选"跟随"选项，接着设置"轴"为x轴，如图16-51所示，此时金鱼的游动方向就是正确的了，如图16-52所示。

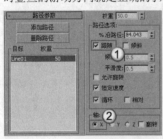

图16-51　　　　　　　　　　图16-52

06 选择动画效果最明显的一些帧，然后按F9键渲染出这些单帧动画，最终效果如图16-53所示。

图16-53

★ 重点 ★
实战：用路径约束制作写字动画

场景位置	场景文件>CH16>04.max
实例位置	实例文件>CH16>实战：用路径约束制作写字动画.max
视频位置	多媒体教学>CH16>实战：用路径约束制作写字动画.flv
难易指数	★★★☆☆
技术掌握	用路径约束配合路径变形绑定（WSM）修改器制作写字动画

写字动画效果如图16-54所示。

图16-54

01 打开下载资源中的"场景文件>CH16>04.max"文件，如图16-55所示。

图16-55

02 选择钢笔模型，然后执行"动画>约束>路径约束"菜单命令，接着将钢笔的约束虚线拖曳到文本样条线上，如图16-56所示，约束后的效果如图16-57所示。

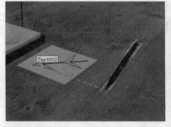
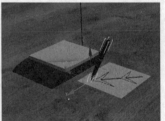

图16-56　　　　　　　　　　图16-57

03 选择钢笔模型，然后使用"选择并旋转"工具◎将其调整到理想的执笔角度，如图16-58所示。

04 使用"圆柱体"工具 圆柱体 在场景中创建一个圆柱体，然后在"参数"卷展栏下设置"半径"为3mm、"高度"为1850mm、"高度分段"为200、"端面分段"为1、"边数"为6，具体参数设置及圆柱体效果如图16-59所示。

图16-58　　　　　　　　　　图16-59

05 为圆柱体加载一个"路径变形绑定（WSM）"修改器，然后在"参数"卷展栏下单击"拾取路径"按钮 拾取路径 ，接着在视图中拾取样条线，如图16-60所示，效果如图16-61所示。

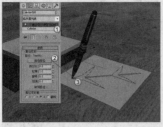 

图16-60 图16-61

 疑难问答 ❓

问：为何找不到"路径变形绑定（WSM）"修改器？

答："路径变形绑定（WSM）"修改器属于世界空间修改器，它在"修改器列表"中的名称是"路径变形（WSM）"。

06 在"参数"卷展栏下单击"转到路径"按钮 转到路径 ，效果如图16-62所示。

07 单击"自动关键点"按钮 自动关键点 ，然后将时间线滑块拖曳到第1帧，接着在"参数"卷展栏下设置"拉伸"为0，如图16-63所示。

图16-62 图16-63

08 将时间线滑块拖曳到第10帧，然后在"参数"卷展栏下设置"拉伸"为0.455，如图16-64所示。

图16-64

09 继续在第20帧设置"拉伸"为0.902，第30帧设置"拉伸"为1.377、在第40帧设置"拉伸"为1.855、在第50帧设置"拉伸"为2.339、在第60帧设置"拉伸"为2.812、在第70帧设置"拉伸"为3.29、在第80帧设置"拉伸"为3.75、在第90帧设置"拉伸"为4.239、在第100帧设置"拉伸"为4.881，完成之后隐藏文字路径，效果如图16-65所示。

图16-65

10 选择动画效果最明显的一些帧，然后按F9键渲染出这些单帧动画，最终效果如图16-66所示。

图16-66

★重点★

实战：用路径约束制作摄影机动画

场景位置	场景文件>CH16>05.max
实例位置	实例文件>CH16>实战：用路径约束制作摄影机动画.max
视频位置	多媒体教学>CH16>实战：用路径约束制作摄影机动画.flv
难易指数	★★☆☆☆
技术掌握	用路径约束制作摄影机动画（建筑漫游动画）

摄影机动画效果如图16-67所示。

图16-67

01 打开下载资源中的"场景文件>CH16>05.max"文件，如图16-68所示。

图16-68

02 使用"线"工具 线 在视图中绘制一条如图16-69所示的样条线。

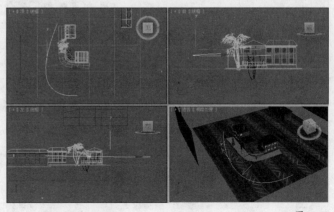

图16-69

03 选择摄影机，然后执行"动画>约束>路径约束"菜单命令，接着将摄影机的约束虚线拖曳到样条线上，如图16-70所示，接着在"路径参数"卷展栏下勾选"跟随"选项，最后设置"轴"为x轴，如图16-71所示。

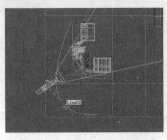 

图16-70   图16-71

04 单击"播放动画"按钮▶播放动画，如图16-72所示。

图16-72

05 选择动画效果最明显的一些帧，然后按F9键渲染出这些单帧动画，最终效果如图16-73所示。

图16-73

16.4.4 位置约束

使用"位置约束"可以引起对象跟随一个对象的位置或者几个对象的权重平均位置，其参数设置面板如图16-74所示。

图16-74

位置约束卷展栏参数介绍

添加位置目标 添加位置目标 ：添加影响受约束对象位置的新目标对象。

删除位置目标 删除位置目标 ：移除位置目标对象。一旦将目标对象移除，它将不再影响受约束的对象。

目标/权重：该列表用于显示目标对象及其权重值。

权重：为每个目标指定并设置动画。

保持初始偏移：启用该选项后，可以保存受约束对象与目标对象的原始距离。

16.4.5 链接约束

使用"链接约束"可以创建对象与目标对象之间彼此链接的动画，其参数面板如图16-75所示。

图16-75

链接参数卷展栏参数介绍

添加链接 添加链接 ：添加一个新的链接目标。

链接到世界 链接到世界 ：将对象链接到世界（整个场景）。

删除链接 删除链接 ：移除高亮显示的链接目标。

开始时间：指定或编辑目标的帧值。

无关键点：启用该选项后，在约束对象或目标中不会写入关键点。

设置节点关键点：启用该选项后，可以将关键帧写入到指定的选项，包含"子对象"和"父对象"两种。

设置整个层次关键点：用指定选项在层次上部设置关键帧，包含"子对象"和"父对象"两种。

★ 重点 ★
16.4.6 注视约束

使用"注视约束"可以控制对象的方向，并使它一直注视另一个对象，其参数设置面板如图16-76所示。

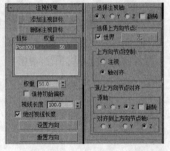

图16-76

注视约束卷展栏参数介绍

添加注视目标 添加注视目标 ：用于添加影响约束对象的新目标。

删除注视目标 删除注视目标 ：用于移除影响约束对象的目标对象。

权重：用于为每个目标指定权重值并设置动画。

保持初始偏移：将约束对象的原始方向保持为相对于约束方向上的一个偏移。

视线长度：定义从约束对象轴到目标对象轴所绘制的视线长度。

绝对视线长度：启用该选项后，3ds Max仅使用"视线长度"设置主视线的长度。

设置方向 设置方向 ：允许对约束对象的偏移方向进行手动定义。

重置方向 重置方向 ：将约束对象的方向设置回默认值。

选择注视轴：用于定义注视目标的轴。

选择上方向节点：选择注视的上部节点，默认设置为"世界"。

源/上方向节点对齐：允许在注视的上部节点控制器和轴对齐之间快速翻转。

源轴：选择与上部节点轴对齐的约束对象的轴。

对齐到上方向节点轴：选择与选中的源轴对齐的上部节点轴。

★ 重点 ★
实战：用注视约束制作人物眼神动画

场景位置	场景文件>CH16>06.max
实例位置	实例文件>CH16>实战：用注视约束制作人物眼神动画.max
视频位置	多媒体教学>CH16>实战：用注视约束制作人物眼神动画.flv
难易指数	★★☆☆☆
技术掌握	用点辅助对象配合注视约束制作眼神动画

人物眼神动画效果如图16-77所示。

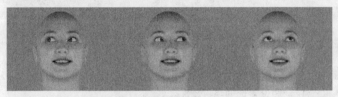

图16-77

01 打开下载资源中的"场景文件>CH16>06.max"文件，如图16-78所示。

02 在"创建"面板中单击"辅助对象"按钮，然后使用"点"工具 点 在两只眼睛的正前方创建一个点Point001，如图16-79所示。

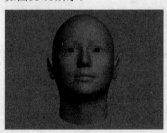 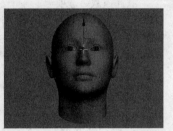

图16-78　　　　　　　　　　图16-79

疑难问答 ?

问：创建点辅助对象有何作用？

答：这里创建点辅助对象是为了通过移动点的位置来控制眼球的注视角度，从而让眼球产生旋转效果。

03 选择点辅助对象，展开"参数"卷展栏，然后在"显示"选项组下勾选"长方体"选项，接着设置"大小"1000mm，如图16-80所示。

图16-80

04 选择两只眼球，然后执行"动画>约束>注视约束"菜单命令，接着将眼球的约束虚线拖曳到点Point001上，如图16-81所示。

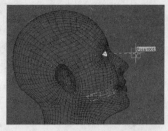

图16-81

05 为点Point001设置一个简单的位移动画，如图16-82所示。

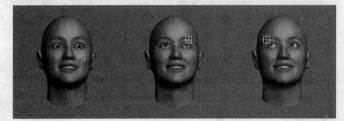

图16-82

06 选择动画效果最明显的一些帧，然后按F9键渲染出这些单帧动画，最终效果如图16-83所示。

图16-83

16.4.7 方向约束

使用"方向约束"可以使某个对象的方向沿着另一个对象的方向或若干对象的平均方向，其参数设置面板如图16-84所示。

图16-84

方向约束卷展栏参数介绍

添加方向目标 添加方向目标 ：添加影响受约束对象的新目标对象。

将世界作为目标添加 将世界作为目标添加 ：将受约束对象与世界坐标轴对齐。

删除方向目标 删除方向目标 ：移除目标对象。移除目标对象后，将不再影响受约束对象。

权重：为每个目标指定并设置动画。

保持初始偏移：启用该选项后，可以保留受约束对象的初始方向。

变换规则：将"方向约束"应用于层次中的某个对象后，即确定了是将局部节点变换还是将父变换用于"方向约束"。

局部-->局部：选择该选项后，局部节点变换将用于"方向约束"。

世界-->世界：选择该选项后，将应用父变换或世界变换，而不是应用局部节点变换。

16.5 变形器

本节将介绍制作变形动画的两个重要变形器，即"变形器"修改器与"路径变形（WSM）"修改器。

本节变形器概述

变形器名称	主要作用	重要程度
变形器修改器	改变网格、面片和NURBS模型的形状	高
路径变形（WSM）修改器	根据图形、样条线或NURBS曲线路径来变形对象	中

★ 重点 ★
16.5.1 变形器修改器

"变形器"修改器可以用来改变网格、面片和NURBS模型的形状，同时还支持材质变形，一般用于制作3D角色的口型动画和与其同步的面部表情动画。"变形器"修改器的参数设置面板包含5个卷展栏，如图16-85所示。

图16-85

🌐 **通道颜色图例卷展栏**--

展开"通道颜色图例"卷展栏，如图16-86所示。

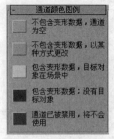

图16-86

通道颜色图例卷展栏参数介绍

灰色▇：表示通道为空且尚未编辑。

橙色▇：表示通道已在某些方面更改，但不包含变形数据。

绿色▇：表示通道处于活动状态。通道包含变形数据，且目标对象仍然存在于场景中。

蓝色▇：表示通道包含变形数据，但尚未从场景中删除目标。

深灰色▇：表示通道已被禁用。

🌐 **全局参数卷展栏**--

展开"全局参数"卷展栏，如图16-87所示。

图16-87

全局参数卷展栏参数介绍

① **全局设置选项组**

使用限制：为所有通道使用最小和最大限制。

最小值：设置最小限制。

最大值：设置最大限制。

使用顶点选择 使用顶点选择：启用该按钮后，可以限制选定顶点的变形。

② **通道激活选项组**

全部设置 全部设置：单击该按钮可以激活所有通道。

不设置 不设置：单击该按钮可以取消激活所有通道。

③ **变形材质选项组**

指定新材质 指定新材质：单击按钮可以将"变形器"材质指定给基础对象。

🌐 **通道列表卷展栏**--

展开"通道列表"卷展栏，如图16-88所示。

图16-88

通道列表卷展栏参数介绍

标记下拉列表 [_____▼]：在该列表中可以选择以前保存的标记。

保存标记 [保存标记]：在"标记下拉列表"中输入标记名称后，单击该按钮可以保存标记。

删除标记 [删除标记]：从下拉列表中选择要删除的标记名，然后单击该按钮可以将其删除。

通道列表："变形器"修改器最多可以提供100个变形通道，每个通道具有一个百分比值。为通道指定变形目标后，该目标的名称将显示在通道列表中。

列出范围：显示通道列表中的可见通道范围。

加载多个目标 [加载多个目标...]：单击该按钮可以打开"加载多个目标"对话框，如图16-89所示。在该对话框中可以选择对象，并将多个变形目标加载到空通道中。

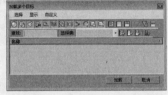

图16-89

重新加载所有变形目标 [重新加载所有变形目标]：单击该按钮可以重新加载所有变形目标。

活动通道值清零 [活动通道值清零]：如果已启用"自动关键点"功能，那么单击该按钮可以为所有活动变形通道创建值为0的关键点。

自动重新加载目标：启用该选项后，可以允许"变形器"修改器自动更新动画目标。

🔘 通道参数卷展栏

展开"通道参数"卷展栏，如图16-90所示。

图16-90

通道参数卷展栏参数介绍

通道编号 [1]：单击通道图标会弹出一个菜单。使用该菜单中的命令可以分组和组织通道，还可以查找通道。

通道名 [空_____]：显示当前目标的名称。

通道处于活动状态：切换通道的启用和禁用状态。

从场景中拾取对象 [从场景中拾取对象]：使用该按钮在视图中单击一个对象，可以将变形目标指定给当前通道。

捕获当前状态 [捕获当前状态]：单击该按钮可以创建使用当前通道值的目标。

删除 [删除]：删除当前通道的目标。

提取 [提取]：选择蓝色通道并单击该按钮，可以使用变形数据创建对象。

使用限制：如果在"全局参数"卷展栏下关闭了"使用限制"选项，那么启用该选项可以在当前通道上使用限制。

最小值：设置最低限制。

最大值：设置最高限制。

使用顶点选择 [使用顶点选择]：仅变形当前通道上的选定顶点。

目标列表：列出与当前通道关联的所有中间变形目标。

上移 ↑：在列表中向上移动选定的中间变形目标。

下移 ↓：在列表中向下移动选定的中间变形目标。

目标%：指定选定中间变形目标在整个变形解决方案中的所占百分比。

张力：指定中间变形目标之间的顶点变换的整体线性。

删除目标 [删除目标]：从目标列表中删除选定的中间变形目标。

没有重新要加载的目标 [没有重新要加载的目标]：将数据从当前目标加载到通道中。

🔘 高级参数卷展栏

展开"高级参数"卷展栏，如图16-91所示。

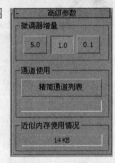

图16-91

高级参数卷展栏参数介绍

微调器增量：指定微调器增量的大小。5为大增量，0.1为小增量，默认值为1。

精简通道列表 [精简通道列表]：通过填充指定通道之间的所有空通道来精简通道列表。

近似内存使用情况：显示当前的近似内存的使用情况。

★ 重点 ★
实战：用变形器修改器制作露珠变形动画

场景位置	场景文件>CH16>07.max
实例位置	实例文件>CH16>实战：用变形器修改器制作露珠变形动画.max
视频位置	多媒体教学>CH16>实战：用变形器修改器制作露珠变形动画.flv
难易指数	★★☆☆☆
技术掌握	用变形器修改器制作变形动画

露珠变形动画效果如图16-92所示。

图16-92

01 打开下载资源中的"场景文件>CH16>07.max"文件，如图16-93所示。

图16-93

02 选择树叶上的球体，然后按Alt+Q组合键进入孤立选择模式，接着复制（选择"复制"方式）一个球体，如图16-94所示。

03 为复制出来的球体加载一个FFD（长方体）修改器，然后设置点数为5×5×5，接着在"控制点"次物体层级下将球体调整成如图16-95所示的形状。

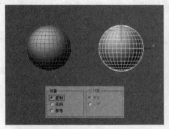

图16-94　　　　　　　　　　　图16-95

◀ **知识链接**

　　关于FFD修改器的具体用法请参阅164页中的"4.3.9　FFD修改器"下的相关内容。

04 为正常的球体加载一个"变形器"修改器，然后在"通道列表"卷展栏下的第1个"空"按钮 ▬空▬ 上单击鼠标右键，并在弹出的快捷菜单中选择"从场景中拾取"命令，接着在场景中拾取调整好形状的球体模型，如图16-96所示。

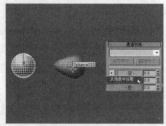

图16-96

05 单击"自动关键点"按钮 自动关键点 ，然后将时间线滑块拖曳到第100帧，接着在"通道列表"卷展栏下设置变形值为100，如图16-97所示。

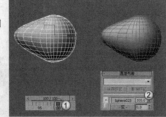

图16-97

06 选择动画效果最明显的一些帧，然后按F9键渲染出这些单帧动画，最终效果如图16-98所示。

图16-98

★ 重点 ★
实战： 用变形器修改器制作人物面部表情动画

场景位置	场景文件>CH16>08.max
实例位置	实例文件>CH16>实战：用变形器修改器制作人物面部表情动画.max
视频位置	多媒体教学>CH16>实战：用变形器修改器制作人物面部表情动画.flv
难易指数	★★☆☆☆
技术掌握	用变形器修改器制作变形动画

　　人物面部表情动画效果如图16-99所示。

图16-99

01 打开下载资源中的"场景文件>CH16>08.max"文件，如图16-100所示。

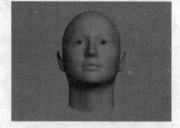

图16-100

02 选择整个人头模型，然后复制（选择"复制"方式）一个人头模型，如图16-101所示。

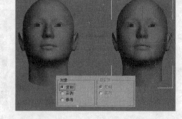

图16-101

03 将复制出来的人头模型转换为可编辑网格，然后进入"顶点"级别，接着在"选择"卷展栏下勾选"忽略背面"选项，最后选择人物左眼附近的顶点，如图16-102所示。

图16-102

技巧与提示

技巧与提示

注意，在选择顶点的时候，尽量少选择一些，因为选择的这些顶点决定了表情动画的自然程度。

04 为选定的顶点加载一个FFD（长方体）修改器，然后设置点数为6×6×6，接着在"控制点"次物体层级下将上眼皮调整成闭上的效果，如图16-103所示。

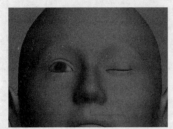

图16-103

05 为正常的人头模型加载一个"变形器"修改器，然后在"通道列表"卷展栏下的第1个"空"按钮 -空- 上单击鼠标右键，并在弹出的快捷菜单中选择"从场景中拾取"命令，接着在场景中拾取闭上左眼的人头模型，如图16-104所示。操作完成后在"通道参数"卷展栏下将第1个通道命名为"眨眼睛"。

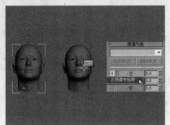

图16-104

疑难问答 ?

问：如何命名通道？

答：展开"通道参数"卷展栏，在"通道名"输入框输入名称即可将通道进行重命名，如图16-105所示。

图16-105

06 单击"自动关键点"按钮 自动关键点，然后将时间线滑块拖曳到第100帧，接着在"通道列表"卷展栏下设置变形值为100，如图16-106所示。

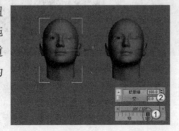

图16-106

07 采用相同的方法制作出"微笑"和"害怕"的表情动画，完成后的效果如图16-107所示。

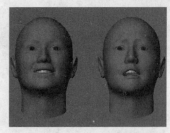

图16-107

08 渲染出各个表情动画，最终效果如图16-108所示。

图16-108

★重点★
16.5.2 路径变形（WSM）修改器

使用"路径变形（WSM）"修改器可以根据图形、样条线或NURBS曲线路径来变形对象，其参数设置面板如图16-109所示。

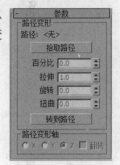

图16-109

参数卷展栏参数介绍

① 路径变形选项组

路径：显示选定路径对象的名称。

拾取路径 拾取路径 ：使用该按钮可以在视图中选择一条样条线或NURBS曲线作为路径使用。

百分比：根据路径长度的百分比沿着Gizmo路径移动对象。

拉伸：使用对象的轴点作为缩放的中心沿着Gizmo路径缩放对象。

旋转：沿着Gizmo路径旋转对象。

扭曲：沿着Gizmo路径扭曲对象。

转到路径 转到路径 ：将对象从其初始位置转到路径的起点。

② 路径变形轴选项组

X/Y/Z：选择一条轴以旋转Gizmo路径，使其与对象的指定局部轴相对齐。

★重点★
实战：用路径变形（WSM）修改器制作生长动画

场景位置	无
实例位置	实例文件>CH16>实战：用路径变形（WSM）修改器制作生长动画.max
视频位置	多媒体教学>CH16>实战：用路径变形（WSM）修改器制作生长动画.flv
难易指数	★★★☆☆
技术掌握	用路径变形（WSM）修改器制作生长动画

植物生长动画效果如图16-110所示。

图16-110

01. 使用"圆柱体"工具 圆柱体 在场景中创建一个圆柱体，然后在"参数"卷展栏下设置"半径"为12mm、"高度"为180mm，如图16-111所示。

02. 将圆柱体转换为可编辑多边形，然后在"顶点"级别下将其调整成如图16-112所示的形状。

图16-111   图16-112

知识链接

关于多边形建模技法请参阅"第7章 多边形建模"。

03. 使用"线"工具 线 在前视图中绘制出如图16-113所示的样条线，然后选择底部的顶点，接着单击鼠标右键，最后在弹出的快捷菜单中选择"设为首顶点"命令，如图16-114所示。

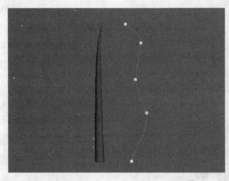

图16-113   图16-114

04. 为树枝模型加载一个"路径变形（WSM）"修改器，然后在"参数"卷展栏下单击"拾取路径"按钮 拾取路径 ，接着在视图中拾取样条线，如图16-115所示，效果如图16-116所示。

05. 在"参数"卷展栏下单击"转到路径"按钮 转到路径 ，效果如图16-117所示。

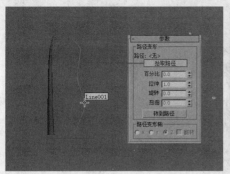

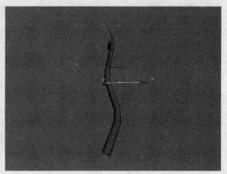

图16-115   图16-116   图16-117

06 单击"自动关键点"按钮 自动关键点，然后在第0帧设置"拉伸"为0，如图16-118所示，接着在第100帧设置"拉伸"为1.1，如图16-119所示。

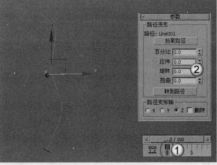

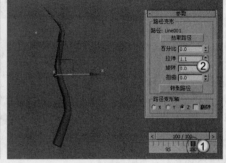

图16-118   图16-119

07 单击"播放动画"按钮 ▶ 播放动画，效果如图16-120所示。

08 采用相同的方法制作出其他植物生长动画，完成后的效果如图16-121所示。

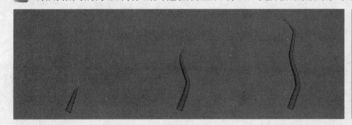

图16-120   图16-121

09 选择动画效果最明显的一些帧，然后按F9键渲染出这些单帧动画，最终效果如图16-122所示。

图16-122

第17章
高级动画

Employment direction
从业方向

 CG影视行业   CG建筑行业

 CG工业行业   CG动漫行业

 CG游戏行业   CG时尚达人

17.1 骨骼与蒙皮

　　动物的身体是由骨骼、肌肉和皮肤组成的。从功能上来看，骨骼主要用来支撑动物的躯体，它本身不产生运动。动物的运动实际上是由肌肉来控制的，在肌肉的带动下，筋腱拉动骨骼沿着各个关节来产生转动或在某个局部发生移动，从而表现出整个形体的运动效果。图17-1所示为一个人体的骨骼与一只小狗的骨骼。

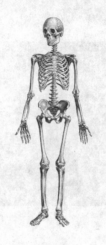

人 体 骨 骼

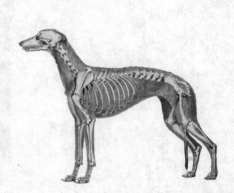

狗 的 骨 骼

图17-1

本节工具概述

工具名称	主要作用	重要程度
骨骼工具	为角色创建骨骼	高
IK解算器	创建反向运动学的解决方案	中
Biped工具	创建人体骨骼系统	高
蒙皮修改器	将角色模型和骨骼绑定在一起	高

★重点★
17.1.1 骨骼

　　3ds Max 2014提供了一套非常优秀的动画控制系统——骨骼，创建骨骼需要使用到"骨骼"工具 骨骼 。在"创建"面板中单击"系统"按钮，然后设置系统类型为"标准"，接着单击"骨骼"按钮 骨骼 即可选择"骨骼"工具 骨骼 ，如图17-2所示。

图17-2

🌑 **创建骨骼** --------------------------------

　　使用"骨骼"工具 骨骼 在场景中拖曳光标即可创建一个骨骼，如图17-3所示，再次拖曳光标可以创建另外一个骨骼，如图17-4所示。

图17-3　　　　　　　　　　图17-4

骨骼的参数包含两个卷展栏，分别是"IK链指定"卷展栏（注意，该卷展栏只有在创建骨骼时才会出现）和"骨骼参数"卷展栏，如图17-5所示。

图17-5

1.IK链指定卷展栏

展开"IK链指定"卷展栏，如图17-6所示。

图17-6

IK链指定卷展栏参数介绍

IK解算器：在下面的下拉列表中可以选择IK解算器的类型。注意，只有在启用了"指定给子对象"选项后，则指定的IK解算器才有用。

> **知识链接**
> 关于"IK解算器"请参阅"17.1.2 IK解算器"中的内容。

指定给子对象：如果启用该选项，则在IK解算器列表中指定的IK解算器将指定给最新创建的所有骨骼（除第1个（根）骨骼之外）；如果关闭该选项，则为骨骼指定标准的"PRS变换"控制器。

指定给根：如果启用该选项，则为最新创建的所有骨骼（包括第1个（根）骨骼）指定IK解算器。

2.骨骼参数卷展栏

展开"骨骼参数"卷展栏，如图17-7所示。

图17-7

骨骼参数卷展栏参数介绍

① 骨骼对象选项组

宽度/高度：设置骨骼的宽度和高度。

锥化：调整骨骼形状的锥化程度。如果设置为0，则生成的骨骼形状为长方体形状。

② 骨骼鳍选项组

侧鳍：在所创建的骨骼的侧面添加一组鳍。

大小：设置鳍的大小。

始端/末端锥化：设置鳍的始端和末端的锥化程度。

前鳍：在所创建的骨骼的前端添加一组鳍。

大小：设置鳍的大小。

始端/末端锥化：设置鳍的始端和末端的锥化程度。

后鳍：在所创建的骨骼的后端添加一组鳍。

大小：设置鳍的大小。

始端/末端锥化：设置鳍的始端和末端的锥化程度。

③ 生成贴图坐标选项组

生成贴图坐标：由于骨骼是可渲染的，启用该选项后可以对其使用贴图坐标。

修改骨骼

如果需要修改骨骼，可以执行"动画>骨骼工具"菜单命令，然后在弹出的"骨骼工具"对话框中进行调整。"骨骼工具"对话框包含3个卷展栏，分别是"骨骼编辑工具"卷展栏、"鳍调整工具"卷展栏和"对象属性"卷展栏，如图17-8所示。

图17-8

1.骨骼编辑工具卷展栏

展开"骨骼编辑工具"卷展栏，如图
17-9所示。

图17-9

骨骼编辑工具卷展栏工具/参数介绍

① 骨骼轴位置选项组

骨骼编辑模式 `骨骼编辑模式`：使用该工具可以更改骨骼的长度
以及骨骼之间的相对位置。启用该按钮后，可以通过移动其子骨骼
来更改骨骼长度。注意，启用"骨骼编辑模式"后，不能设置动
画，而且当启用"自动关键点"工具 `自动关键点` 或"设置关键点"工具
`设置关键点` 时，"骨骼编辑模式"也不可用。

② 骨骼工具选项组

创建骨骼 `创建骨骼`：该工具与"骨骼"工具 `骨骼` 的作用
完全相同。

创建末端 `创建末端`：在当前选中骨骼的末端创建一个骨节。
如果选中的骨骼不是链的末端，那么骨节将在当前选中的骨骼与链
中下一骨骼按顺序链接。

移除骨骼 `移除骨骼`：移除当前选中骨骼。

连接骨骼 `连接骨骼`：在当前选中的骨骼和另一骨骼间创建连
接骨骼。

删除骨骼 `删除骨骼`：删除当前选中的骨骼，并移除其所有父/
子关联。

重指定根 `重指定根`：让当前选中的骨骼成为骨骼结构的根
（父）对象。如果当前骨骼已经是根，那么单击该按钮将不起作
用；如果当前骨骼是链的末端，那么链将完全反转；如果选中的骨
骼在链的中间，那么链将成为一个分支结构。

细化 `细化`：使用该按钮在想要分割的地方单击鼠标左
键，可以将骨骼一分为二。

镜像 `镜像`：单击该按钮可以打开"骨骼镜像"对话框，
如图17-10所示。

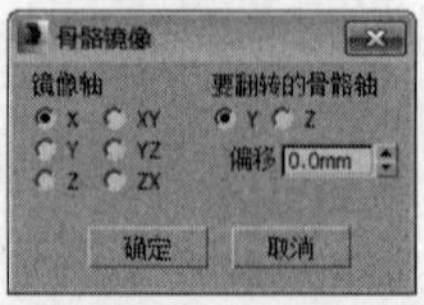

图17-10

③ 骨骼着色选项组

选定骨骼颜色：为选中的骨骼设置颜色。

渐变颜色：该选项组用于为两个或两个以上的骨骼设置渐变色。

应用渐变 `应用渐变`：根据"起点颜色"和"终点颜色"将渐变

的颜色应用到多个骨骼上。只有在选中两个或两个以上的骨骼时，
该按钮才可用。

起点颜色：设置渐变的起点颜色。起点颜色应用于选中链中最
高级的父骨骼。

终点颜色：设置渐变的终点颜色。终点颜色应用于选中链上的
最后一个子对象。

2.鳍调整工具卷展栏

展开"鳍调整工具"卷展栏，如图
17-11所示。

图17-11

鳍调整工具卷展栏参数介绍

绝对：将鳍参数设置为绝对值，使用该选项可以为所有选定骨
骼设置相同的鳍值。

相对：相对于当前值设置鳍参数，使用该选项可以保持鳍大小
不同的骨骼之间的大小关系。

复制 `复制`：复制当前选定骨骼的骨骼和鳍设置，以便粘贴到
另一个骨骼上。

粘贴 `粘贴`：将复制的骨骼和鳍设置粘贴到当前选定的骨骼。

> **知识链接**
>
> 关于"鳍调整工具"卷展栏下的其他参数请参阅前面的"骨骼参
> 数"卷展栏。

3.对象属性卷展栏

展开"对象属性"卷展栏，如图
17-12所示。

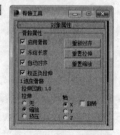

图17-12

对象属性卷展栏参数介绍

骨骼属性：该选项组用于设置骨骼的属性。

启用骨骼：启用该选项后，选定的骨骼或对象将作为骨骼进行
操作。

技巧与提示

注意，勾选"启用骨骼"选项并不会使对象立即对齐或拉伸。

冻结长度：启用该选项后，骨骼将保持其长度。

自动对齐：如果关闭该选项，骨骼的轴点将不能与其子对象对齐。

校正负拉伸：启用该选项后，会造成负缩放因子的骨骼拉伸将更正为正数。

重新对齐 重新对齐：使骨骼的x轴对齐，并指向子骨骼（或多个子骨骼的平均轴）。

重置拉伸 重置拉伸：如果子骨骼移离骨骼，则将拉伸该骨骼，以到达其子骨骼对象。

重置缩放 重置缩放：在每个轴上，将内部计算缩放的拉伸骨骼重置为100%。

选定骨骼：在该选项的前面会显示选定骨骼的数量。

拉伸因数：显示有关所选骨骼的信息和3个轴各自的拉伸因子信息。

拉伸：决定在变换子骨骼并关闭"冻结长度"时发生的拉伸种类。"无"表示不发生拉伸，"缩放"表示缩放骨骼，"挤压"表示挤压骨骼。

轴：决定用于拉伸的轴。

翻转：沿着选定轴翻转拉伸。

父子骨骼

创建好骨骼后，在"主工具栏"中单击"图解视图（打开）"按钮圖，在弹出的"图解视图"对话框中可以观察到骨骼节点之间的父子关系，其关系是Bone001>Bone002>Bone003>Bone004>Bone005>Bone006>Bone007>Bone008，如图17-13所示。

图17-13

技术专题 56 父子骨骼之间的关系

图17-14所示有3个骨骼，其父子关系是Bone001>Bone002>Bone003。下面用"选择并旋转"工具◎来验证这个关系。

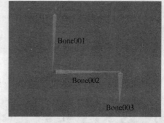

图17-14

使用"选择并旋转"工具◎旋转Bone001，可以发现Bone002和Bone003都会跟着Bone001一起旋转，这说明Bone001是Bone002和Bone003的父关节，如图17-15所示。

使用"选择并旋转"工具◎旋转Bone002，可以发现Bone003会跟着Bone002一起旋转，但Bone001不会跟着Bone002一起旋转，这说明Bone001是Bone002的父关节，而Bone002是Bone003的父关节，如图17-16所示。

图17-15　　　　　　　图17-16

使用"选择并旋转"工具◎旋转Bone003，可以发现只有Bone003出现了旋转现象，而Bone001和Bone002没有跟着一起旋转，这说明Bone003是Bone001和Bone002的子关节，如图17-17所示。

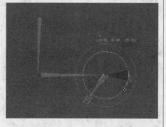

图17-17

添加关节

在使用"骨骼"工具 骨骼 创建完骨骼后，还可以继续向骨骼添加关节。图17-18所示的图中有一个骨骼，将光标放在骨骼上的任何位置，当光标变成十字形十时单击并拖曳光标即可在骨骼的末端继续添加关节，如图17-19所示。

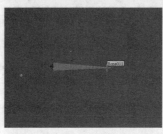 

图17-18　　　　　　　图17-19

★ 重点 ★

实战：为变形金刚创建骨骼

场景位置	场景文件>CH17>01.max
实例位置	实例文件>CH17>实战：为变形金刚创建骨骼.max
视频位置	多媒体教学>CH17>实战：为变形金刚创建骨骼.flv
难易指数	★★☆☆☆
技术掌握	骨骼工具、IK肢体解算器

为变形金刚创建骨骼后的效果如图17-20所示。

图17-20

01 打开下载资源中的"场景文件>CH17>01.max"文件，如图17-21所示。

图17-21

02 使用"骨骼"工具 骨骼 在左视图中创建4个骨骼，如图17-22所示。

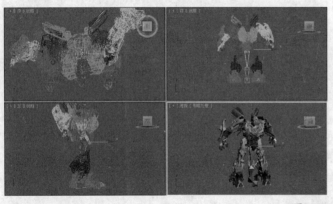

图17-22

 疑难问答 ❓

问：如何结束骨骼的创建？

答：创建完成后，如果要不需要继续创建骨骼，可以单击鼠标右键或按Esc键结束创建操作。

03 使用"选择并移动"工具 在前视图中调整好骨骼的位置，使其与腿模型相吻合，如图17-23所示。

图17-23

 技巧与提示

在调整骨骼位置时，可以先将变形金刚冻结起来，待调整完后再对其解冻。

04 选择末端的关节，然后执行"动画>IK解算器>IK肢体解算器"菜单命令，接着将光标放在始端关节上并单击鼠标左键，将其链接起来，如图14-24所示，链接好的效果如图14-25所示。

图17-24   图17-25

疑难问答 ❓

问：用解算器链接关节有何作用？

答：用"选择并移动"工具 移动IK控制器，可以发现关节之间的活动效果非常自然，这就是解算器的主要作用，如图17-26所示。

图17-26

05 选择左腿模型，如图17-27所示，切换到"修改"面板，然后展开"蒙皮"修改器的"参数"卷展栏，接着单击"添加"按钮 添加 ，最后在弹出的"选择骨骼"对话框中选择创建的骨骼，如图17-28所示。

 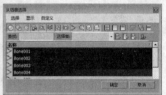

图17-27   图17-28

知识链接

关于"蒙皮"修改器的具体作用请参阅"17.1.4 蒙皮"中的相关内容。

06 使用"选择并移动"工具 移动IK控制器，可以发现腿部模型也会跟着一起移动，且移动效果很自然，如图17-29所示。

07 采用相同的方法处理好另外一只腿模型创建好骨骼，完成后的效果如图17-30所示。

图17-29   图17-30

08 为腿部模型摆一些造型，然后渲染出这些造型，最终效果如图17-31所示。

图17-31

★重点★
17.1.2 IK解算器

用"IK解算器"可以创建反向运动学的解决方案，用于旋转和定位链中的链接。它可以应用IK控制器，用来管理链接中子对象的变换。要创建IK解算器，可以执行"动画>IK解算器"菜单下的命令，如图17-32所示。

图17-32

HI解算器---

对角色动画和序列较长的任何IK动画而言，"HI解算器"是首选的方法。使用"HI解算器"可以在层次中设置多个链，如图17-33所示。例如，角色的腿部可能存在一个从臀部到脚踝的链，还存在另外一个从脚跟到脚趾的链。因为该解算器的算法属于历史独立型，所以无论涉及的动画帧有多少，都可以加快使用速度，它在第2000帧的速度与在第10帧的速度相同。"HI解算器"在视图中稳定且无抖动，可以创建目标和末端效应器。"HI解算器"使用旋转角度调整解算器平面，以便定位肘部或膝盖。

图17-33

"HI解算器"的参数设置面板如图17-34所示。创建"HI解算器"后，"HI解算器"的参数在"运动"面板下，即"IK解算器"卷展栏。其他解算器的参数也在该面板下。

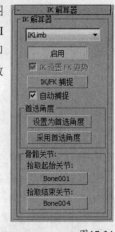

图17-34

IK解算器卷展栏参数介绍

① IK解算器选项组

IK解算器下拉列表：用于选择IK解算器的类型。

启用 `启用` ：启用或关闭链的IK控件。"HI IK控制器"有一个FK子控制器。激活"启用"按钮 `启用` 后，FK子控制器的值会被IK控制器所覆盖；关闭"启用"按钮 `启用` 后，就会使用FK值。

IK设置FK姿势：可以在FK操纵中间启用IK。

IK/FK捕捉 `IK/FK捕捉` ：在FK模式中执行IK捕捉，而在IK模式中执行FK捕捉。

自动捕捉：启用该选项后，在启用或关闭"启用"按钮 `启用` 之前，3ds Max将会自动应用IK/FK捕捉。如果关闭"自动捕捉"选项，则必须在切换"启用"按钮 `启用` 之前单击"IK/FK捕捉"按钮 `IK/FK捕捉` ，否则该链就会跳动。

② 首选角度选项组

设置为首选角度 `设置为首选角度` ：为 HI IK链中的每个骨骼设置首选角度。

采用首选角度 `采用首选角度` ：复制每个骨骼的x、y和z首选角度通道并将它们放置到它的FK旋转子控制器中。

③ 骨骼关节选项组

拾取起始关节：定义IK链的一端。

拾取结束关节：定义 IK 链的另一端。

HD解算器---

"HD解算器"是一种最适用于动画制作的解算器，尤其适用于那些包含需要IK动画的滑动部分的计算机，因为该解算器的算法属于历史依赖型。使用该解算器可以设置关节的限制和优先级，它具有与长序列有关的性能问题，因此最好在短动画序列中使用。该解算器可以将末端效应器绑定到后续对象，并使用优先级和阻尼系统定义关节参数。另外，该解算器还允许将滑动关节限制与IK动画组合起来。与"HI解算器"不同的是，"HD解算器"允许在使用FK移动时限制滑动关节，如图17-35所示。

图17-35

要调整链中所有骨骼或层次链接对象的参数，可以选择单个的骨骼或对象，然后在"运动"面板下"IK控制器参数"卷展栏下进行调节，如图17-36所示。

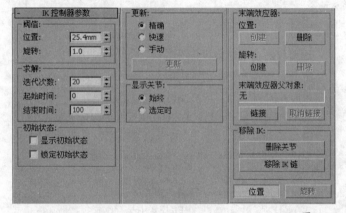

图17-36

IK控制器参数卷展栏参数介绍

① 阈值选项组

位置：使用单位来指定末端效应器与其关联对象之间的"溢出"因子。

旋转：指定末端效应器和它相关联的对象之间旋转错误的可允许度数。

② 求解选项组

迭代次数：指定用以解算IK解决方案允许的最大迭代次数。

起始/结束时间：指定解算IK的帧范围。

③ 初始状态选项组

显示初始状态：用于关闭实时IK解决方案。在IK计算引起任何改变之前，3ds Max会将所有链中的对象移动到它们的初始位置和方向。

锁定初始状态：锁定链中的所有骨骼或对象，以防对它们进行直接变换。

④ 更新选项组

精确：为起始时间和当前时间之间的所有帧解算整个链。

快速：在鼠标移动时仅为当前帧对链进行解算。

手动：勾选该选项后，可以使用下面的"更新"按钮 `更新` 解算IK问题。

更新 `更新` ：启用"手动"选项时，单击该按钮可以解算IK解决方案。

⑤ 显示关节选项组

始终：始终显示链中所有关节的轴杆和关节限制。

选定时：仅显示选定关节上的轴杆和关节限制。

> **技巧与提示**
>
> 当骨骼链接到网格对象时，将难以看到关节图标。在设置基于骨骼的层次的动画时，可以隐藏所有的对象，只显示骨骼并只设置骨骼的动画，这样就可以看到关节图标。

⑥ 末端效应器选项组

位置：创建或删除"位置"末端效应器。如果该节点已经有了一个末端效应器，只有"删除"按钮可用。

创建 `创建` ：为选定节点创建"位置"末端效应器。

删除 `删除` ：从选定节点移除"位置"末端效应器。

旋转：与"位置"末端效应器相似的方式进行工作，不同之处在于创建的是"旋转"末端效应器而不是"位置"末端效应器。

创建 `创建` ：为选定节点创建"旋转"末端效应器。

删除 `删除` ：从选定节点移除"旋转"末端效应器。

> **技巧与提示**
>
> 注意，除了根对象，不可以将末端效应器链接到层次中的对象，因为这样将会产生无限循环。

末端效应器父对象：显示选定父对象的名称。

链接 `链接` ：使选定对象成为当前选定链接的父对象。

取消链接 `取消链接` ：取消当前选定末端效应器到从父对象的链接。

⑦ 移除IK选项组

删除关节 `删除关节` ：删除对骨骼或层次对象的所有选择。

移除IK链 `移除IK链` ：从层次中删除IK解算器。

位置 `位置` ：显示"位置"末端效应器特定的"关键点信息"卷展栏。如果没有指定任何"位置"末端效应器，则该按钮不可用。

旋转 `旋转` ：为指定的"旋转"末端效应器显示参数。

🌑 IK肢体解算器

"IK肢体解算器"只能对链中的两块骨骼进行操作，如图17-37所示。"IK肢体解算器"是一种在视图中快速使用的分析型解算器，因此可以设置角色手臂和腿部的动画。使用"IK肢体解算器"可以导出到游戏引擎，因为该解算器的算法属于历史独立型，所以无论涉及的动画帧有多少，都可以加快使用速度。"IK肢体解算器"使用旋转角度调整该解算器平面，以便定位肘部或膝盖。

图17-37

"IK肢体解算器"的参数设置面板如图17-38所示。

图17-38

知识链接

关于"IK肢体解算器"的参数请参阅"HI解算器"。

🌐 样条线IK解算器

"样条线IK解算器"可以使用样条线确定一组骨骼或其他链接对象的曲率，如图17-39所示。IK样条线中的顶点称作节点（样条线节点数可能少于骨骼数），与普通顶点一样，可以移动节点，或对其设置动画，从而更改该样条线的曲率。样条线IK解算器提供的动画系统比其他IK解算器的灵活性更高，节点可以在3D空间中随意移动，因此链接的结构可以进行复杂的变形。

"样条线IK解算器"的参数设置面板如图17-40所示。

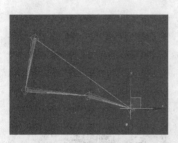

图17-39

图17-40

样条线IK解算器卷展栏参数介绍

① 样条线IK解算器选项组

样条线IK解算器下拉列表：显示解算器的名称。唯一可用的解算器是"样条线IK解算器"。

启用 ：启用或禁用解算器的控件。

拾取图形：拾取一条样条线作为IK样条线。

② 骨骼关节选项组

拾取起始关节：拾取"样条线IK解算器"的起始关节并显示对象名称。

拾取结束关节：拾取"样条线IK解算器"的结束关节并显示对象名称。

★ 重点 ★
实战：用样条线IK解算器制作爬行动画

场景位置	场景文件>CH17>02.max
实例位置	实例文件>CH17>实战：用样条线IK解算器制作爬行动画.max
视频位置	多媒体教学>CH17>实战：用样条线IK解算器制作爬行动画.flv
难易指数	★★☆☆☆
技术掌握	用样条线IK解算器制作爬行动画

爬行动画效果如图17-41所示。

图17-41

01 打开下载资源中的"场景文件>CH17>02.max"文件，如图17-42所示。

图17-42

02 切换到顶视图，选择末端的关节，然后执行"动画>IK解算器>样条线IK解算器"菜单命令，接着将末端关节链接到始端关节上，最后单击样条线完成操作，如图17-43所示，链接起来后的效果如图17-44所示。

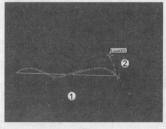

图17-43 　　　　　图17-44

疑难问答 ?

问：样条线上的小方块是什么？

答：这些小方块是点辅助对象，主要用来让爬行路径更加精确。

03 在"命令"面板中单击"运动"按钮，然后在"路径参数"卷展栏下设置"%沿路径"为0，如图17-45所示。

图17-45

04 单击"自动关键点"按钮 自动关键点 ，然后将时间线滑块拖曳到100帧，接着在"路径参数"卷展栏下设置"%沿路径"为100，如图17-46所示。

图17-46

05 单击"播放动画"按钮 ▶ 预览动画，效果如图17-47所示。

图17-47

06 选择动画效果最明显的一些帧，然后单独渲染出这些单帧动画，最终效果如图17-48所示。

图17-48

★ 重点 ★
17.1.3 Biped

　　3ds Max 2014还为用户提供了一套非常方便且非常重要的人体骨骼系统——Biped骨骼。使用Biped工具 Biped 创建出的骨骼与真实的人体骨骼基本一致，因此使用该工具可以快速地制作出人物动画，同时还可以通过修改Biped的参数来制作出其他生物。

　　在"创建"面板中单击"系统"按钮 ，然后设置系统类型为"标准"，接着使用Biped工具 Biped 在视图中拖曳光标即可创建一个Biped，如图17-49所示。

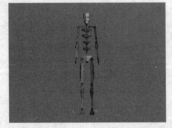

图17-49

　　在默认情况下，Biped的参数分为两种，一种是在创建Biped时的创建参数，一种是创建完成后的运动参数。

Biped创建参数

　　Biped的创建参数包含一个"创建Biped"卷展栏，如图17-50所示。

图17-50

创建Biped卷展栏参数介绍

① 创建方法选项组

拖动高度： 以拖曳光标的方式创建Biped。

拖动位置： 如果选择这种方式，那么不需要在视图中拖曳光标，直接单击鼠标左键即可创建Biped。

② 结构源选项组

U/I： 以3ds Max默认的源创建结构。

最近.flg文件： 以最近用过的.flg文件创建结构。

③ 躯干类型选项组

躯干类型下拉列表： 选择躯干的类型，包含以下4种。

骨骼： 这是一种自然适应角色网格的真实躯干骨骼，如图17-51所示。

图17-51

男性： 这是一种基于基本男性比例的轮廓模型，如图17-52所示。

女性： 这是一种基于基本女性比例的轮廓模型，如图17-53所示。

图17-52　　　　　　　　　　　图17-53

标准：这是一种原始版本的Biped对象，如图17-54所示。

手臂：控制是否将手臂和肩部包含在Biped中，图17-55所示的是关闭该选项时的Biped效果。

图17-54　　　　　　　　　图17-55

颈部链接：设置Biped颈部的链接数，其取值范围为1~25，默认值为1。图17-56和图17-57所示的是设置"颈部链接"为2和4时的Biped效果。

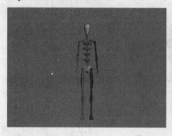

图17-56　　　　　　　　　图17-57

脊椎链接：设置Biped脊椎上的链接数，其取值范围为1~10，默认值为4。图17-58和图17-59所示的是设置"脊椎链接"为2和6时的Biped效果。

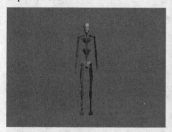

图17-58　　　　　　　　　图17-59

腿链接：设置Biped腿部的链接数，其取值范围为3~4，默认设置为3。

尾部链接：设置Biped尾部的链接数，值为0表明没有尾部，其取值范围为0~25。图17-60和图17-61所示的是设置"尾部链接"为3和8时的Biped效果。

图17-60　　　　　　　　　图17-61

马尾辫1/2链接：设置马尾辫链接的数目，其取值范围为0~25，

默认值为0。图17-62和图17-63所示的是设置"马尾辫2链接"为6和16时的Biped效果。

图17-62　　　　　　　　　图17-63

技巧与提示

　　马尾辫可以链接到角色头部，并且可以用来制作其他附件动画。在体形模式中，可以重新定位并使用马尾辫来实现角色下颌、耳朵、鼻子随着头部一起移动的动画。

手指：设置Biped手指的数目，其取值范围为0~5，默认值为1。

手指链接：设置每个手指链接的数目。其取值范围为1~4，默认值为1。

脚趾：设置Biped脚趾的数目，其取值范围为1~5，默认值为1。

技巧与提示

　　如果制作的动画中角色穿有鞋子，那么只需要含有一个脚趾就行了。

脚趾链接：设置每个脚趾链接的数目，其取值范围为1~3，默认值为3。

小道具1/2/3：这些道具可以用来表示附加到Biped上的武器，最后可以开启3个小道具。在默认情况下，道具1出现在右手的旁边，道具2出现在左手的旁边，道具3出现在躯干前面的中心，如图17-64所示。

图17-64

踝部附着：设置踝部沿着相应足部块的附着点。

高度：设置当前Biped的高度。

三角形骨盆：启用该选项后，可以创建从大腿到Biped最下面一个脊椎对象的链接。

三角形颈部：启用该选项后，可以将锁骨链接到顶部脊椎，而不是链接到颈部。

前端：启用该选项后，可以将Biped的手和手指作为脚和脚趾。

指节：启用该选项后，将使用符合解剖学特征的手部结构，每个手指均有指骨。

缩短拇指：启用该选项后，拇指将比其他手指（具有4个指骨）少一个指骨。

④ 扭曲链接选项组

扭曲：对Biped的肢体启用扭曲链接。启用之后，扭曲链接将可见，但是仍然处于冻结状态。

上臂：设置上臂中扭曲链接的数量。

前臂：设置前臂中扭曲链接的数量。

大腿：设置大腿中扭曲链接的数量。

小腿：设置小腿中扭曲链接的数量。

脚架链接：设置脚架链接中扭曲链接的数量。

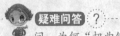

疑难问答 ?

问：为何"扭曲链接"选项组下面没有参数？

答：由于该选项组下的参数不是很常用，因此处于隐藏状态。如果要显示该选项组下的参数，可以单击该选项组的名称或单击前面的+图标。

⑤ Xtra选项组

创建Xtra ：单击该按钮可以创建新的Xtra尾部。

删除Xtra ：单击该按钮可以删除在列表中选定的Xtra尾部。

创建相反的Xtra ：单击该按钮可以在Biped的反面创建另一个Xtra尾部。

同步选择 ：激活该按钮后，在列表中选定的任何Xtra尾部将同时在视图中选定，反之亦然。

选择对称 ：激活该按钮后，选择一个尾部的同时也将选定反面的尾部。

Xtra名称：显示新的Xtra尾巴的名称。

Xtra列表：按名称列出Biped的Xtra尾巴。

链接：设置尾巴的链接数。

重定位到父对象：启用该选项后，附加尾巴将移动到新

...列新的父对象，同时指定新的父...

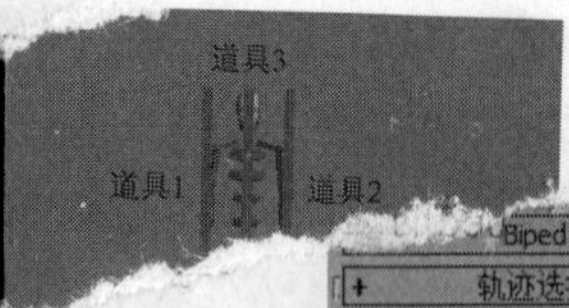

Bip...

栏，如图17-65所示。

图17-65

1.指定控制器卷展栏

展开"指定控制器"卷展栏，如图17-66所示。

图17-66

指定控制器卷展栏参数介绍

指定控制器 ：为选定的轨迹显示一个可供选择的控制器列表。

2.Biped应用程序卷展栏

展开"Biped应用程序"卷展栏，如图17-67所示。

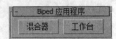

图17-67

Biped应用程序卷展栏参数介绍

混合器 混合器 ：打开"运动混合器"对话框，在该对话框中可以设置动画文件的层，以便定制Biped的运动，如图17-68所示。

图17-68

工作台 工作台 ：打开"动画工作台"对话框，在该对话框中可以分析并调整Biped的运动曲线，如图17-69所示。

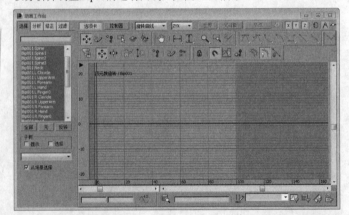

图17-69

3.Biped卷展栏

展开Biped卷展栏，如图17-70所示。

图17-70

Biped卷展栏参数介绍

体形模式 ：用于更改两足动物的骨骼结构，并使两足动物

与网格对齐。

足迹模式 🔳：用于创建和编辑足迹动画。在该模式下，Biped卷展栏下的卷展栏将变成"足迹模式"的相关卷展栏。

运动流模式 🔳：用于将运动文件集成到较长的动画脚本中。在该模式下，Biped卷展栏下的卷展栏将变成"运动流模式"的相关卷展栏。

混合器模式 🔳：用于查看、保存和加载使用运动混合器创建的动画。在该模式下，Biped卷展栏下的卷展栏将变成"混合器模式"的相关卷展栏。

▶◀ **知识链接**

关于"足迹模式" 🔳、"运动流模式" 🔳 和"混合器模式" 🔳 的参数介绍请参阅第501页的"Biped模式参数"。

Biped播放 ▶：仅在"显示首选项"对话框中删除了所有的两足动物后，才能使用该工具播放它们的动画。

加载文件 📂：加载.bip、.fig或.stp文件。

保存文件 💾：保存Biped文件（.bip）、体形文件（.fig）及步长文件（.stp）。

转换 🔁：将足迹动画转换成自由形式的动画。

移动所有模式 ⬆：一起移动和旋转两足动物及其相关动画。

模式：该选项组用于编辑Biped的缓冲区模式、橡皮圈模式、缩放步幅模式和原地模式。

缓冲区模式 🔳：用于编辑缓冲区模式中的动画分段。

橡皮圈模式 🔳：使用该模式可以重新定位Biped的肘部和膝盖，而无需在"体形模式"下移动Biped的手或脚。

缩放步幅模式 🔳：使用该模式可以调整足迹步幅的长度和宽度，使其与Biped体形的步幅长度和宽度相匹配。

原地模式 ◎/原地X模式 🔳/原地Y模式 🔳：使用"原地模式"可以在播放动画时确保Biped显示在视口中，使用"原地x模式"可以锁定x轴运动的质心，使用"原地Y模式"可以锁定y轴运动的质心。

显示：该选项组用于设置Biped在视图中的显示模式。

对象 🔳/骨骼 🔳/骨骼与对象 🔳：将Biped设置为"对象" 🔳 显示模式（正常显示模式）时，将显示Biped的形体对象；将Biped设置为"骨骼" 🔳 显示模式时，Biped将显示为骨骼，如图17-71所示；将Biped设置为"骨骼与对象" 🔳 显示模式时，Biped将同时显示骨骼和对象，如图17-72所示。

图17-71

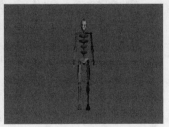

图17-72

显示足迹 🔳/显示足迹和编号 🔳/隐藏足迹 🔳：创建足迹后，如果将足迹模式设置为"显示足迹" 🔳 模式，则在视图中会显示足迹，如图17-73所示；如果将足迹模式设置为"显示足迹和编号" 🔳 模式，则在视图中会显示足迹与其对应的编号，如图17-74所示；如果将足迹模式设置为"隐藏足迹" 🔳 模式，则在视图中会隐藏足迹。

图17-73   图17-74

扭曲链接 🔳：切换Biped中使用的扭曲链接的显示。

腿部状态 🔳：启用该按钮后，视图会在相应帧的每个脚上显示移动、滑动和踩踏。

轨迹 ∧：显示选定的Biped肢体的轨迹。

首选项 🔳：单击该按钮可以打开"显示首选项"对话框，如图17-75所示。在该对话框中可以更改足迹的颜色和轨迹参数。

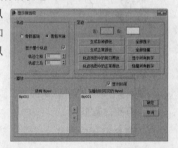

图17-75

4.轨迹选择卷展栏

展开"轨迹选择"卷展栏，如图17-76所示。

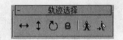

图17-76

轨迹选择卷展栏参数介绍

躯干水平 ↔：选择质心可编辑Biped的水平运动。

躯干垂直 ↕：选择质心可编辑Biped的垂直运动。

躯干旋转 ↻：选择质心可编辑Biped的旋转运动。

锁定COM关键点 🔳：激活该按钮后，可以同时选择多个COM轨迹。一旦锁定COM关键点后，轨迹将存储在内存中，并且每次选择COM时都将记住这些轨迹。

对称 🔳：选择Biped另一侧的匹配对象。

相反 🔳：选择Biped另一侧的匹配对象，并取消选择当前对象。

5.四元数/Euler卷展栏

展开"四元数/Euler"卷展栏，如图17-77所示。

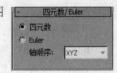

图17-77

四元数/Euler卷展栏参数介绍

四元数：将选择的Biped动画转化为四元数旋转。

Euler：将选择的Biped动画转换为Euler旋转。

轴顺序：勾选Euler选项后，允许选择Euler旋转曲线计算的顺序。

6.扭曲姿势卷展栏

展开"扭曲姿势"卷展栏，如图17-78所示。

图17-78

扭曲姿势卷展栏参数介绍

上/下一个关键点←/→：滚动扭曲姿势列表并从中进行选择。

扭曲姿势列表：可以选择一个预设或保存姿态，并将其应用到Biped选定的肢体中。

扭曲：将所应用的扭曲旋转的数量（以度计算）设置给链接到选定肢体的扭曲链接。

偏移：沿扭曲链接设置旋转分布。

添加 [添加]：根据选定肢体的方向创建一个新的扭曲姿态，并将"扭曲"和"偏移"数值重设为默认值。

设置 [设置]：用当前的"扭曲"和"偏移"值更新活动扭曲姿态。

删除 [删除]：移除当前的扭曲姿态。

默认 [默认]：用5个默认的预设姿态替换所有具有3种自由度的肢体的所有扭曲姿态。

7.弯曲链接卷展栏

展开"弯曲链接"卷展栏，如图17-79所示。

图17-79

弯曲链接卷展栏参数介绍

弯曲链接模式 ⟩：该模式可以用于旋转链的多个链接，而无需先选择所有链接。

扭曲链接模式 ⟍：该模式与"弯曲链接模式"很相似，可以沿局部x轴的旋转应用于选定的链接，并在其余整个链中均等地递增它，从而保持其他两个轴中链接的关系。

扭曲个别模式 ⟨：该模式与"弯曲链接模式"很相似，允许沿局部x轴旋转选定的链接，而不会影响其父链接或子链接。

平滑扭曲模式 ⟍：该模式可以考虑沿链的第一个和最后一个链接的局部x轴的方向进行旋转，以便分布其他链接的旋转。

零扭曲 ⟍：根据链的父链接的当前方向沿局部x轴将每个链接的旋转重置为0。

所有归零 ⎮：根据链的父链接的当前方向沿所有轴将每个链接的旋转重置为0。

平滑偏移：根据0~1的值设置旋转分布。

8.关键点信息卷展栏

展开"关键点信息"卷展栏，如图17-80所示。

图17-80

关键点信息卷展栏参数介绍

上/下一个关键点←/→：查找选定Biped部位的上一个或下一个关键帧。

关键点编号：显示关键点的编号。

时间：输入值来指定关键点产生的时间。

设置关键点 ⊛：移动Biped对象时在当前帧创建关键点。

删除关键点 ✕：删除选定对象在当前帧的关键点。

设置踩踏关键点 ⚇：设置一个Biped关键点，使其IK混合值为1。

设置滑动关键点 ⚇：设置一个滑动关键点，使其IK混合值为1。

设置自由关键点 ⚇：设置一个Biped关键点，使其IK混合值为0。

轨迹 ∧：显示和隐藏选定Biped对象的轨迹。

TCB：该选项组可以使用TCB控件来调整已存在的关键点中的缓和曲线与轨迹。

IK：该选项组用于设置IK关键点，并调整IK关键点的参数。

头部：该选项组用于为要注视的目标定义目标对象。

躯干：该选项组下的参数可以应用到Biped的质心上，并由Character Studio进行计算。

属性：该选项组用来引用当前帧中用于定位和旋转的世界坐标空间、形体坐标空间和右手或左手坐标空间。

9.关键帧工具卷展栏

展开"关键帧工具"卷展栏，如图17-81所示。

图17-81

关键帧工具卷展栏参数介绍

启用子动画 ∿：启用Biped子动画。

操纵子动画 ∿：修改Biped子动画。

清除选定轨迹 ⊘：从选定对象和轨迹中移除所有关键点和约束。

清除所有动画 ⊘：从Biped中移除所有关键点和约束。

镜像 ⚏/**适当位置的镜像** ⚏：这两个按钮用于局部镜像动画，以便Biped的右侧可以执行左侧的动作，反之亦然。

设置多个关键点 ⚏：使用过滤器选择关键点或将转动增量应用于选定的关键点。

锚定右臂 ⚑/**左臂** ⚑/**右腿** ⚓/**左腿** ⚓：临时修正手和腿的位置和方向。

单独FK轨迹：该选项组用于将手指、手、前臂和上臂的关键点存储在锁骨轨迹中。

手臂：勾选该选项后，可以为手指、手、前臂和上臂创建单独的变换轨迹。

颈部：勾选该选项后，可以为颈部链接创建单独的变换轨迹。

腿：勾选该选项后，可以创建单独的脚趾、脚和小腿变换轨迹。

尾部：勾选该选项后，可以为每个尾部链接创建单独的变换轨迹。

手指：勾选该选项后，可以为手指创建单独的变换轨迹。

脊椎：勾选该选项后，可以创建单独的脊椎变换轨迹。

脚趾：勾选该选项后，可以为脚指创建单独的变换轨迹。

马尾辫1：勾选该选项后，可以创建单独的马尾辫1变换轨迹。

马尾辫2：勾选该选项后，可以创建单独的马尾辫2变换轨迹。

Xtras：启用该选项后，可以为附加尾部创建单独的轨迹。

弯曲水平：设置Biped子动画轨迹的弯曲程度。

10.复制/粘贴卷展栏

展开"复制/粘贴"卷展栏，如图17-82所示。

图17-82

复制/粘贴卷展栏参数介绍

创建集合：清除当前集合名称以及与之关联的姿势、姿态和轨迹。

加载集合：加载CPY文件，并在"复制收集"下拉列表的顶部显示其集合名称。

保存集合：保存存储在CPA文件的当前活动集合中的所有姿态、姿势和轨迹。

删除集合：从场景中删除当前集合。

删除所有集合：从场景中删除所有集合。

Max加载首选项：单击该按钮可以打开"加载Max文件"对话框，其中包含打开场景文件时可采取操作的选项，如图17-83所示。

图17-83

姿态：激活该按钮后，可以对姿态进行复制和粘贴。

复制姿态：复制选定Biped对象的姿势并将其保存在一个新的姿势缓冲区中。

粘贴姿态：将活动缓冲区中的姿势粘贴到Biped。

向对面粘贴姿态：将活动缓冲区中的姿势粘贴到Biped相反的一侧中。

将姿态粘贴到所选的：将活动缓冲区中的姿势粘贴到选定的Biped中。

删除选定姿态：删除选定的姿态缓冲区。

删除所有姿态副本：删除所有的姿态缓冲区。

姿势：激活该按钮后，可以对姿势进行复制和粘贴。

复制姿势：复制整个Biped的当前姿势并将其保存在新的姿势缓冲区中。

粘贴姿势：将活动缓冲区中的姿势粘贴到Biped中。

向对面粘贴姿势：将活动缓冲区中的相反姿势粘贴到Biped中。

将姿势粘贴到所选的Xtra：将活动缓冲区中的姿势粘贴到选定的Xtra中。

删除选定姿势：删除选定的姿势缓冲区。

删除所有姿势副本：删除所有的姿势缓冲区。

轨迹：激活该按钮后，可以对轨迹进行复制和粘贴。

复制轨迹：复制选定Biped对象的轨迹并创建一个新的轨迹缓冲区。

粘贴轨迹：将活动缓冲区中的一个或多个轨迹粘贴到Biped中。

向对面粘贴轨迹：将活动缓冲区中的一个或多个轨迹粘贴到Biped相反的一侧中。

将轨迹粘贴到所选的Xtra：将活动缓冲区中的轨迹粘贴到选定的Xtra中。

删除选定轨迹：删除选定的轨迹缓冲区。

删除所有轨迹副本：删除所有的轨迹缓冲区。

复制的姿势/姿态/轨迹：对于每一种模式，下面的列表会列出所复制的缓冲区。

缩略图缓冲区视图：对于"姿态"模式，该视图会显示一个整体Biped的图解视图；对于"姿势"和"轨迹"模式，该视图会显示在活动复制缓冲区中Biped部位的图解视图。

从视口中捕捉快照：创建整个Biped活动2D或3D视口的快照。

自动捕捉快照：创建独立身体部位的前视图快照。

无快照：使用灰色画布替换快照。

隐藏/显示快照：切换快照视图的显示。

粘贴选项：在选中COM的情况下复制姿态、姿势或轨迹时，会复制所有3个COM轨迹。该选项组由于选择粘贴哪种COM轨迹。

粘贴水平/垂直/旋转：启用这3个按钮的其中1个、2个或3个时，相应的COM数据将在执行粘贴操作时应用。

由速度：启用该选项后，将基于通过场景的上一个COM轨迹决定活动COM轨迹的值。

自动关键点TCB/IK值：该选项由于配合"自动关键点"模式一起使用。

默认值：将TCB的缓入和缓出设为0，将张力、连续性和偏移设为25。

复制：将TCB/IK值设置为与复制的数据值相匹配。

插补：将TCB值设置为进行粘贴的动画的插值。

11.层卷展栏

展开"层"卷展栏，如图17-84所示。

图17-84

层卷展栏参数介绍

加载层/**保存层**：加载单独的Biped层或将Biped层保存为BIP文件。

上/**下一层**：利用这两个箭头可以对上、下层进行选择。

级别：显示当前的层级。

活动：开启或关闭显示的层。

层名称：设置层的名称，以方便识别层。

创建层：创建层以及级别字段增量。

删除层：删除当前层。

塌陷：将所有层塌陷为"层0"。

捕捉和设置关键点：将选定的Biped部位捕捉到其在"层0"中的原始位置，然后创建关键点。

只激活我：在选定的层中查看动画。

全部激活：激活所有层。

之前可视：设置要显示为线型轮廓图的前面的层编号。

之后可视：设置要显示为线型轮廓图的后面的层编号。

高亮显示关键点：通过突出显示线型轮廓图来显示关键点。

正在重定位：该组中的选项和工具可以在层间设置两足动物的动画，同时保持基础层的IK约束。

Biped的基础层：将所选Biped的原始层上的IK约束作为重新定位参考。

参考Biped：将显示在"选择参考Biped"按钮旁边的Biped的名称作为重新定位参考。

选择参考Biped：选择Biped作为所选Biped的重新定位参考。

重定位左臂：激活该按钮后，可以使Biped的左臂遵循基础层的IK约束。

重定位右臂：激活该按钮后，可以使Biped的右臂遵循基础层的IK约束。

重定位左腿：激活该按钮后，可以使Biped的左腿遵循基础层的IK约束。

重定位右腿：激活该按钮后，可以使Biped的右腿遵循基础层的IK约束。

更新：根据重新定位的方法（基础层或参考Biped）、活动的重新定位身体部位和"仅限IK"选项为每个设置的关键点计算选定Biped的手部和腿部位置。

仅IK：启用该选项之后，仅在那些受IK控制的帧间才重新定位Biped受约束的手部和足部。

12.运动捕捉卷展栏

展开"运动捕捉"卷展栏，如图17-85所示。

图17-85

运动捕捉卷展栏参数介绍

加载运动捕捉文件：加载BIP、CSM或BVH文件。

从缓冲区转化：过滤最近加载的运动捕捉数据。

从缓冲区粘贴：将一帧原始运动捕捉数据粘贴到Biped的选中部位。

显示缓冲区：将原始运动捕捉数据显示为红色线条图。

显示缓冲区轨迹：将为Biped的选定躯干部位缓冲的原始运动捕捉数据显示为黄色区域。

批处理文件转化：将一个或多个CSM或BVH运动捕获文件转换为过滤的BIP格式。

特征体形模式：加载原始标记文件后，启用"特征体形模式"来相对于标记缩放Biped。

保存特征体形结构：在"特征体形"模式中更改Biped的比例后，可以将更改存储为FIG文件。

调整特征姿势：加载标记文件后，可以使用"调整特征姿势"按钮来相对于标记修正Biped的位置。

保存特征姿势调整：将特征姿势调整保存为CAL文件。

加载标记名称文件：加载标记名称（MNM）文件，并将运动捕捉文件（BVH或CSM）中的传入标记名称映射到Character Studio标记命名约定中。

显示标记：单击该按钮可以打开"标记显示"对话框，其中提供了用于指定标记显示方式的设置。

13.运动学和调整卷展栏

展开"运动学和调整"卷展栏，如图17-86所示。

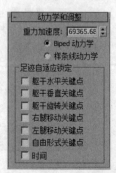

图17-86

运动学和调整卷展栏参数介绍

重力加速度：设置用来计算Biped运动的重力加速度。

Biped动力学：使用"Biped动力学"创建新的重心关键点。

样条线动力学：使用完全样条线插值来创建新的重心关键点。

足迹自适应锁定：当更改足迹的位置和计时后，Biped将自动自适应现有关键帧以匹配新的足迹。使用"足迹自适应锁定"选项组下设置可以针对选定轨迹保留现有关键点的位置和计时。

躯干水平关键点：防止在空间中编辑足迹时躯干水平关键点发生自适应调整。

躯干垂直关键点：防止在空间中编辑足迹时躯干垂直关键点发生自适应调整。

躯干翻转关键点：防止在空间中编辑足迹时躯干旋转关键点发生自适应调整。

右腿移动关键点：防止在空间中编辑足迹时右腿移动关键点发生自适应调整。

左腿移动关键点：防止在空间中编辑足迹时左腿移动关键点发生自适应调整。

自由形式关键点：防止在足迹动画中自由形式周期发生自适应调整。

时间：防止当轨迹视图中的足迹持续时间发生变化时上半身关键点发生自适应调整。

● Biped模式参数

当在Biped卷展栏下激活"足迹模式" 🐾 、"运动流模式" 🔩 或"混合器模式" 🔩 时，在Biped卷展栏下会出现相应的模式卷展栏。下面分别进行讲解。

1.足迹模式参数

在Biped卷展栏下激活"足迹模式" 🐾 ，Biped卷展栏下会出现"足迹创建"和"足迹操作"两个卷展栏，如图17-87所示。

图17-87

展开"足迹创建"卷展栏，如图17-88所示。

图17-88

足迹创建卷展栏参数介绍

创建足迹（附加） 🔩：用"创建足迹（在当前帧上）"按钮🔩和"创建多个足迹"按钮🔩创建足迹以后，用"创建足迹（附加）"按钮🔩可以在创建的足迹上继续创建足迹。

创建足迹（在当前帧上） 🔩：在当前帧上创建足迹。

创建多个足迹 🔩：自动创建行走、跑动或跳跃的足迹。

行走 🔩：将Biped的态态设置为行走。"行走"模式包含以下两个参数。

行走足迹：指定在行走期间新足迹着地的帧数。

双脚支撑：指定在行走期间双脚都着地的帧数。

跑动 🔩：将Biped的态态设为跑动。

跑动足迹：指定在跑动期间新足迹着地的帧数。

悬空：指定跑动或跳跃期间形体在空中时的帧数。

跳跃 🔩：将Biped的态态设为跳跃。

两脚着地：指定在跳跃期间当两个对边的连续足迹落在地面时的帧数。

悬空：指定跑动或跳跃期间形体在空中时的帧数。

展开"足迹操作"卷展栏，如图17-89所示。

图17-89

足迹操作卷展栏参数介绍

为非活动足迹创建关键点 🔩：激活所有非活动足迹。

取消激活足迹 🔩：删除指定给选定足迹的躯干关键点，使这些足迹成为非活动足迹。

删除足迹 🔩：删除选定的足迹。

复制足迹 🔩：将选定的足迹和Biped关键点复制到足迹缓冲区。

粘贴足迹 🔩：将足迹从足迹缓冲区粘贴到场景中。

弯曲：弯曲所选择足迹的路径。

缩放：更改所选择足迹的宽度或长度。

长度：勾选该选项时，"缩放"参数将更改所选中足迹的步幅长度。

宽度：勾选该选项时，"缩放"参数将更改所选中足迹的步幅宽度。

2.运动流模式参数

在Biped卷展栏下激活"运动流模式" 🔩 ，Biped卷展栏下会出现一个"运动流"卷展栏，如图17-90所示。

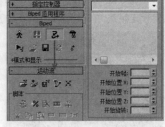

图17-90

运动流卷展栏参数介绍

加载文件 🔩：加载运动流编辑器文件（MFE）。

附加文件 🔩：将运动流编辑器（MFE）文件附加到已经加载的MFE中。

保存文件 🔩：保存运动流编辑器（MFE）文件。

显示图形：打开运动流图。

共享运动流：单击该按钮可以"共享运动流"对话框。在该对话框中可以创建、删除和修改共享运动流。

脚本：该选项组可以用脚本来运行运动流。

3.混合器模式参数

在Biped卷展栏下激活"混合器模式"，Biped卷展栏下会出现一个"混合器"卷展栏，如图17-91所示。

图17-91

混合器卷展栏参数介绍

加载文件：加载运动混合器文件（.mix）。

保存文件：将当前在运动混合器中选定的Biped混合保存到MIX文件。

★ 重点 ★
实战：用Biped制作人体行走动画

场景位置	场景文件>CH17>03.max
实例位置	实例文件>CH17>实战：用Biped制作人体行走动画.max
视频位置	多媒体教学>CH17>实战：用Biped制作人体行走动画.flv
难易指数	★★★☆☆
技术掌握	用Biped制作行走动画

人体行走动画如图17-92所示。

图17-92

01 打开下载资源中的"场景文件>CH17>03.max"文件，如图17-93所示。

02 选择人物的骨骼，进入"运动"面板，然后在Biped卷展栏下单击"足迹模式"按钮，接着在"足迹创建"卷展栏下单击"创建足迹（在当前帧上）"按钮，最后在人物的前方创建出行走足迹（在顶视图中进行创建），如图17-94所示。

图17-93　　　　　　　图17-94

03 切换到左视图，然后使用"选择并移动"工具将足迹向上拖曳到地面上，如图17-95所示，接着在透视图中调整足迹之间的间距，如图17-96所示。

 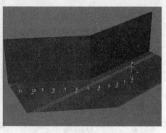

图17-95　　　　　　　图17-96

04 在"足迹操作"卷展栏下单击"为非活动足迹创建关键点"按钮，然后单击"播放动画"按钮，效果如图17-97所示。

图17-97

05 单击"自动关键点"按钮，然后将时间线滑块拖曳到第15帧，接着使用"选择并移动"工具调整好Biped手臂关节的动作，如图17-98所示。

图17-98

06 继续在第30帧、第45帧、第60帧和第75帧调整好Biped小臂、手腕和大臂等骨骼的动作，如图17-99~图17-102所示。

图17-99　　　　　　　图17-100

图17-101　　　　　　　图17-102

07 单击"时间配置"按钮，然后在弹出的对话框中设置"开始时间"为10、"结束时间"为183，如图17-103所示。

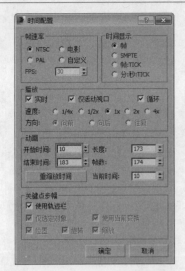

图17-103

由于"结束时间"默认的是100帧，如果时间不够，用户可以根据实际需要来进行设置。

08► 选择动画效果最明显的一些帧，然后单独渲染出这些单帧动画，最终效果如图17-104所示。

图17-104

★重点★ 实战：用Biped制作搬箱子动画

场景位置	场景文件>CH17>04-1.max、04-2.bip
实例位置	实例文件>CH17>实战：用Biped制作搬箱子动画.max
视频位置	多媒体教学>CH17>实战：用Biped制作搬箱子动画.flv
难易指数	★★★☆☆
技术掌握	用Bip动作库制作动画

搬箱子动画效果如图17-105所示。

图17-105

01► 打开下载资源中的"场景文件> CH17>04-1.max"文件，如图17-106所示。

图17-106

02► 使用Biped工具 Biped 在前视图中创建一个Biped骨骼，如图17-107所示，接着在透视图中调整好其位置，如图17-108所示。

图17-107　　　　　　　　　　图17-108

03► 选择人体模型，然后为其加载一个"蒙皮"修改器，接着在"参数"卷展栏下单击"添加"按钮 添加，最后在弹出的"选择骨骼"对话框中选择所有的关节，如图17-109所示。

图17-109

04► 进入"运动"面板，然后在Biped卷展栏下单击"足迹模式"按钮 ，接着单击"加载文件"按钮 ，并在弹出的对话框中选择下载资源中的"场景文件>CH17>04-2.bip"文件，效果如图17-110所示。

05► 使用"长方体"工具 长方体 在两手之间创建一个箱子，如图17-111所示。

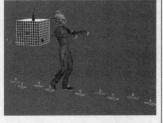

图17-110 　　　　　　　　　　图17-111

拖动时间线滑块，可以发现箱子并没有跟随Biped一起移动，如图17-112所示。

图17-112

06► 将时间线滑块拖曳到第0帧位置，然后使用"选择并链接"工具 将箱子链接到手上，如图17-113所示。

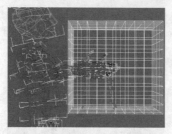

图17-113

07 单击"播放动画"按钮 ▶ ，效果如图17-114所示。

图17-114

08 选择动画效果最明显的一些帧，然后单独渲染出这些单帧动画，最终效果如图17-115所示。

图17-115

★重点★
17.1.4 蒙皮

为角色创建好骨骼后，就需要将角色模型和骨骼绑定在一起，让骨骼带动角色的形体发生变化，这个过程就称为"蒙皮"。3ds Max 2014提供了两个蒙皮修改器，分别是"蒙皮"修改器和Physique修改器，这里重点讲解"蒙皮"修改器的使用方法。

创建好角色的模型和骨骼后，选择角色模型，然后为其加载一个"蒙皮"修改器。"蒙皮"修改器包含5个卷展栏，如图17-116所示。

图17-116

🌐 **参数卷展栏**--

展开"参数"卷展栏，如图17-117所示。

图17-117

参数卷展栏工具/参数介绍

① 编辑封套选项组

编辑封套 编辑封套 ：激活该按钮可以进入子对象层级，进入子对象层级后可以编辑封套和顶点的权重。

② 选择选项组

顶点：启用该选项后可以选择顶点，并且可以使用"收缩"工具 收缩 、"扩大"工具 扩大 、"环"工具 环 和"循环"工具 循环 来选择顶点。

选择元素：启用该选项后，只要至少选择所选元素的一个顶点，就会选择它的所有顶点。

背面消隐顶点：启用该选项后，不能选择指向远离当前视图的顶点（位于几何体的另一侧）。

封套：启用该选项后，可以选择封套。

横截面：启用该选项后，可以选择横截面。

③ 骨骼选项组

添加 添加 /**移除** 移除 ：使用"添加"工具 添加 可以添加一个或多个骨骼，使用"移除"工具 移除 可以移除选中的骨骼。

名称 名称 ▲ ：单击该按钮，下方列表中添加的骨骼将反向排列。

④ 横截面选项组

添加 添加 /**移除** 移除 ：使用"添加"工具 添加 可以添加一个或多个横截面；使用"移除"工具 移除 可以移除选中的横截面。

⑤ 封套属性选项组

半径：设置封套横截面的半径大小。

挤压：设置所拉伸骨骼的挤压倍增量。

绝对 A /**相对** R ：用来切换计算内外封套之间的顶点权重的方式。

封套可见性 ✓ / ∅ ：用来控制未选定的封套是否可见。

衰减 ✓ ∫ ⌒ ⌣ ：为选定的封套选择衰减曲线。

复制 🗐 /**粘贴** 🗐 ：使用"复制"工具 🗐 可以复制选定封套的大小和图形；使用"粘贴"工具 🗐 可以将复制的对象粘贴到所选定的封套上。

⑥ 权重属性选项组

绝对效果：设置选定骨骼相对于选定顶点的绝对权重。

刚性：启用该选项后，可以使选定顶点仅受一个最具影响力的骨骼的影响。

刚性控制柄：启用该选项后，可以使选定面片顶点的控制柄仅受一个最具影响力的骨骼的影响。

规格化：启用该选项后，可以强制每个选定顶点的总权重合计为1。

排除选定的顶点 /**包含选定的顶点** ：将当前选定的顶点排除/添加到当前骨骼的排除列表中。

选定排除的顶点 ：选择所有从当前骨骼排除的顶点。

烘焙选定顶点 ：单击该按钮可以烘焙当前的顶点权重。

权重工具 ：单击该按钮可以打开"权重工具"对话框，如图17-118所示。

图17-118

权重表 ：单击该按钮可以打开"蒙皮权重表"对话框，在该对话框中可以查看和更改骨骼结构中所有骨骼的权重，如图17-119所示。

图17-119

绘制权重 ：使用该工具可以绘制选定骨骼的权重。

绘制选项 ：单击该按钮可以打开"绘制选项"对话框，在该对话框中可以设置绘制权重的参数，如图17-120所示。

图17-120

绘制混合权重：启用该选项后，通过均分相邻顶点的权重，然后可以基于笔刷强度来应用平均权重，这样可以缓和绘制的值。

镜像参数卷展栏

展开"镜像参数"卷展栏，如图17-121所示。

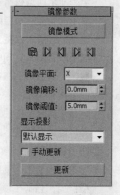

图17-121

镜像参数卷展栏参数介绍

镜像模式 ：启用该模式后，可以将封套和顶点指定从网格的一个侧面镜像到另一个侧面。

镜像粘贴 ：将选定封套和顶点粘贴到物体的另一侧。

将绿色粘贴到蓝色骨骼 ：将封套设置从绿色骨骼粘贴到蓝色骨骼。

将蓝色粘贴到绿色骨骼 ：将封套设置从蓝色骨骼粘贴到绿色骨骼。

将绿色粘贴到蓝色顶点 ：将各个顶点指定从所有绿色顶点粘贴到对应的蓝色顶点。

将蓝色粘贴到绿色顶点 ：将各个顶点指定从所有蓝色顶点粘贴到对应的绿色顶点。

镜像平面：确定将用于左侧和右侧的平面。

镜像偏移：沿"镜像平面"轴移动镜像平面。

镜像阈值：设置在将顶点设置为左侧或右侧顶点时，镜像工具看到的相对距离。

显示投影：当"显示投影"设置为"默认显示"时，选择镜像平面一侧上的顶点会自动将选择投影到相对面。

手动更新：如果启用该选项，则可以手动更新显示内容。

更新 ：在启用"手动更新"选项时，使用该按钮可以更新显示内容。

显示卷展栏

展开"显示"卷展栏，如图17-122所示。

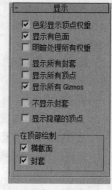

图17-122

显示卷展栏参数介绍

色彩显示顶点权重：根据顶点权重设置视口中的顶点颜色。

显示有色面：根据面权重设置视口中的面颜色。

明暗处理所有权重：向封套中的每个骨骼指定一个颜色。

显示所有封套：同时显示所有封套。

显示所有顶点：在每个顶点绘制小十字叉。

显示所有Gizmos：显示除当前选定Gizmo以外的所有Gizmo。

不显示封套：即使已选择封套，也不显示封套。

显示隐藏的顶点：启用该选项后，将显示隐藏的顶点。

在顶端绘制：该选项组下的选项用来确定在视口中，将在所有其他对象的顶部绘制哪些元素。

横截面：强制在顶部绘制横截面。

封套：强制在顶部绘制封套。

🌐 高级参数卷展栏

展开"高级参数"卷展栏，如图17-123所示。

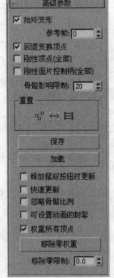

图17-123

高级参数卷展栏参数介绍

始终变形：用于编辑骨骼和所控制点之间的变形关系的切换。

参考帧：设置骨骼和网格位于参考位置的帧。

回退变换顶点：用于将网格链接到骨骼结构。

刚性顶点（全部）：如果启用该选项，则可以有效地将每个顶点指定给其封套影响最大的骨骼，即使为该骨骼指定的权重为100%也是如此。

刚性面片控制柄（全部）：在面片模型上，强制面片控制柄权重等于结权重。

骨骼影响限制：限制可影响一个顶点的骨骼数。

重置：该选项组用来重置顶点和骨骼。

重置选定的顶点🔧：将选定顶点的权重重置为封套默认值。

重置选定的骨骼↔：将关联顶点的权重重新设置为选定骨骼的封套计算的原始权重。

重置所有骨骼▤：将所有顶点的权重重新设置为所有骨骼的封套计算的原始权重。

保存 `保存`/加载 `加载`：用于保存和加载封套位置及形状以及顶点权重。

释放鼠标按钮时更新：启用该选项后，如果按下鼠标左键，则不进行更新。

快速更新：在不渲染时，禁用权重变形和Gizmo的视口显示，并使用刚性变形。

忽略骨骼比例：启用该选项后，可以使蒙皮的网格不受缩放骨骼的影响。

可设置动画的封套：启用"自动关键点"模式时，该选项用来切换在所有可设置动画的封套参数上创建关键点的可能性。

权重所有顶点：启用该选项后，将强制不受封套控制的所有顶点加权到与其最近的骨骼。

移除零权重 `移除零权重`：如果顶点低于"移除零限制"值，则从其权重中将其去除。

移除零限制：设置权重阈值。该阈值确定在单击"移除零权重"按钮 `移除零权重` 后是否从权重中去除顶点。

🌐 Gizmos展栏

展开Gizmos展栏，如图17-124所示。

图17-124

Gizmos卷展栏参数介绍

Gizmo列表：列出当前的"角度"变形器。

变形器列表：列出可用变形器。

添加Gizmo➕：将当前Gizmo添加到选定顶点。

移除Gizmo✖：从列表中移除选定Gizmo。

复制Gizmo▣：将高亮显示的Gizmo复制到缓冲区以便粘贴。

粘贴Gizmo▣：从复制缓冲区粘贴Gizmo。

17.2 群组对象

"群组"对象属于辅助对象。辅助对象可以起支持的作用，而群组辅助对象在角色动画中充当了控制群组模拟的命令中心。在大多数情况下，每个场景需要的群组对象不会多于一个。

在"创建"面板中单击"辅助对象"按钮🔳，然后使用"群组"工具 `群组` 在场景中拖曳光标可以创建一个群组对象，如图17-125所示。

群组对象包含7个卷展栏，如图17-126所示。

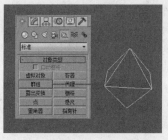

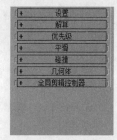

图17-125　　　　　　　　　　图17-126

★重点★
17.2.1 设置卷展栏

展开"设置"卷展栏，如图17-127所示。

图17-127

设置卷展栏工具介绍

散布：单击该按钮可以打开"散布对象"对话框，如图17-128所示。在该对话框中可以克隆、旋转和缩放散布对象。

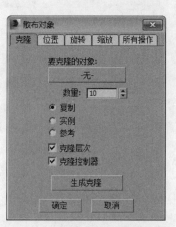

图17-128

对象/代理关联：单击该按钮可以打开"对象/代理关联"对话框，如图17-129所示。在该对话框中可以链接任意数量的代理对象。

Biped/代理关联：单击该按钮可以打开"将Biped与代理相关联"对话框，如图17-130所示。在该对话框中可以将许多代理与相等数量的Biped相关联。

图17-129

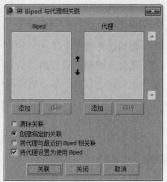

图17-130

多个代理编辑：单击该按钮可以打开"编辑多个代理"对话框，如图17-131所示。在该对话框中可以定义代理组并为之设置参数。

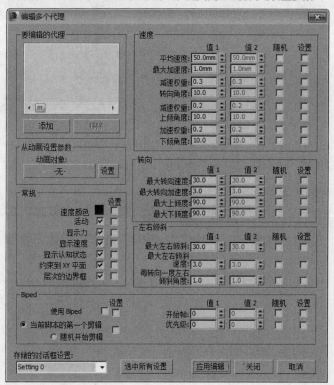

图17-131

行为指定：单击该按钮可以打开"行为指定和组合"对话框，如图17-132所示。在该对话框中可以将代理分组归类到组合，并为单个代理和组合指定行为和认知控制器。

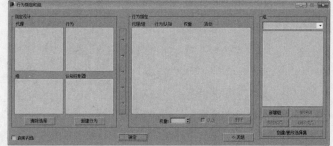

图17-132

认知控制器：单击该按钮可以打开"认知控制器编辑器"对话框，如图17-133所示。在该对话框中可以将行为合并到状态中。

图17-133

行为：该选项组用于为一个或多个代理新建行为。

新建 新建：单击该按钮可以打开"选择行为类型"对话框，如图17-134所示。在该对话框中可以选择要新建的行为类型。

图17-134

删除 删除：删除当前行为。

行为列表：列出当前场景中的所有行为。

17.2.2 解算卷展栏

展开"解算"卷展栏，如图17-135所示。

图17-135

解算卷展栏参数介绍

解算 解算：应用所有指定行为到指定的代理中来连续运行群组模拟。

分步解算 分步解算：以时间线滑块位置指定帧作为开始帧，来一次一帧地运行群组模拟。

模拟开始：设置模拟的第1帧。

开始解算：设置开始进行解算的帧。

结束解算：设置解算的最后一帧。

在解算之前删除关键点：删除在求解发生范围之内的活动代理的关键点。

每隔N个关键点进行保存：在求解之后，可以使用该选项来指定要保存的位置和旋转关键点的数目。

位置/旋转：设置保存代理位置和旋转关键点的频率。

在解算期间显示：该选项组用于设置解算期间的显示情况。

更新显示：勾选该选项后，在群组模拟过程中产生的运动将显示在视口中。

频率：在求解过程中，设置多长时间进行一次更新显示。

向量缩放：在模拟过程中，设置显示全局缩放的所有力和速度向量。

MAXScript：该选项组用于设置解算的脚本。

使用MAXScript：勾选该选项后，在解算过程中，用户指定的脚本会在每一帧上执行。

函数名：显示将被执行的函数名。

编辑MAXScript 编辑 MAXScript：单击该按钮可以打开"MAXScript编辑器"对话框。在该对话框中可以修改脚本。

Biped：该选项组用于设置Biped/代理的优先和回溯情况。

仅Biped/代理：勾选该选项后，在计算中仅包含Biped/代理。

使用优先级：勾选该选项后，Biped/代理以一次一个的方式进行计算，并根据它们的优先级值进行排序，从最低值到最高值。

回溯：当求解使用Biped群组模拟时，打开"回溯"功能。

17.2.3 优先级卷展栏

展开"优先级"卷展栏，如图17-136所示。

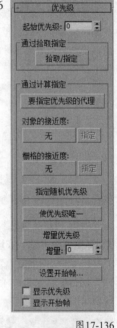

图17-136

优先级卷展栏参数/工具介绍

起始优先级：设置"起始优先级"的值。

通过拾取指定：使用"拾取/指定"按钮 拾取/指定 可以在视图中依次选择每个代理，然后将连续的较高优先级值指定给任何数目的代理。

通过计算指定：该选项组用于指定代理优先级的5种不同方法。

要指定优先级的代理 要指定优先级的代理：指定受后续使用其他控件来影响代理。

对象的接近度：允许根据代理与特定对象之间的距离来指定优先级。

栅格的接近度：允许根据代理与特定栅格对象指定的无限平面之间的距离来指定优先级。

指定随机优先级 指定随机优先级 ：为选定的代理指定随机优先级。

使优先级唯一 使优先级唯一 ：确保所有的代理具有唯一的优先级值。

增量优先级 增量优先级 ：按照"增量"值递增所有选定代理的优先级。

增量：按照"增量优先级"按钮 增量优先级 调整代理优先级来设置"增量"值。

设置开始帧 设置开始帧... ：单击该按钮可以打开"设置开始帧"对话框，如图17-137所示。在该对话框中可以根据指定的优先级设置开始帧。

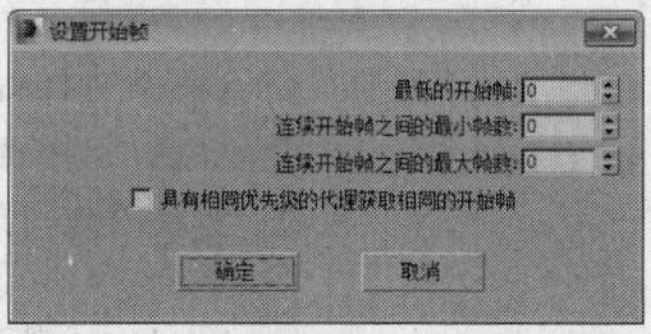

图17-137

显示优先级：勾选该选项后，将显示作为附加到代理的黑色数字指定的优先级值。

显示开始帧：勾选该选项后，将显示作为附加到代理的黑色数字指定的开始帧值。

17.2.4 平滑卷展栏

展开"平滑"卷展栏，如图17-138所示。

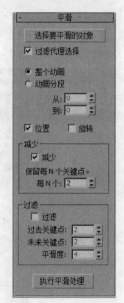

图17-138

平滑卷展栏参数介绍

选择要平滑的对象 选择要平滑的对象 ：打开该按钮可以打开"选择"对话框。在该对话框中可以指定要平滑的对象位置和旋转。

过滤代理选择：勾选该选项后，由"选择要平滑的对象"按钮 选择要平滑的对象 打开的"选择"对话框仅显示代理。

整个动画：平滑所有动画帧。

动画分段：仅平滑"从"和"到"中指定范围内的帧。

从：当勾选了"动画分段"选项后，该选项用于指定要平滑动画的第1帧。

到：当勾选了"动画分段"选项后，该选项用于指定要平滑动画的最后一帧。

位置：勾选该选项时，在模拟结束后，通过模拟产生的选定对象的动画路径便已经进行了平滑。

旋转：勾选该选项时，在模拟结束后，通过模拟产生的选定对象的旋转便已经进行了平滑。

减少：该选项组用于设置每隔多少个关键点进行保留来减少关键点的数目。

减少：通过在每一帧中每隔*n*个关键点进行保留来减少关键点的数目。

每N个：每隔2个关键点进行保留或每隔3个关键点进行保留等来限制平滑处理量。

过滤：该选项组可以通过平均代理的当前位置和/或方向来平滑这些向前和向后的关键帧。

过滤：勾选该选项时，可以使用其他设置来执行平滑操作。

过去关键点：使用当前帧之前的关键点数目来平均位置和/或旋转。

未来关键点：使用当前帧之后的关键点数目来平均位置和/或旋转。

平滑度：设置要执行的平滑程度。

执行平滑处理 执行平滑处理 ：单击该按钮可以执行平滑操作。

17.2.5 碰撞卷展栏

展开"碰撞"卷展栏，如图17-139所示。

图17-139

碰撞卷展栏参数介绍

高亮显示碰撞代理：勾选该选项后，发生碰撞的代理将用碰撞颜色突出显示。

仅在碰撞期间：碰撞代理仅在实际发生碰撞的帧中突出显示。

始终：碰撞代理在碰撞帧和后续帧中均突出显示。

碰撞颜色：用于设置显示碰撞代理所使用的颜色。

清除碰撞 清除碰撞 ：从所有代理中清除碰撞信息。

17.2.6 几何体卷展栏

展开"几何体"卷展栏，如图17-140所示。

图17-140

几何体卷展栏参数介绍

图标大小：设置群组辅助对象图标的大小。

17.2.7 全局剪辑控制器卷展栏

展开"全局剪辑控制器"卷展栏，如图17-141所示。

图17-141

全局剪辑控制器卷展栏工具介绍

列表：该列表用于显示全局对象。

新建 新建：指定全局对象并将其添加到列表中。

编辑 编辑：单击该按钮可以修改全局对象的属性。

加载 加载：从磁盘中加载前面已保存过的全局运动剪辑（.ANT）文件。

保存 保存：以.ant文件格式将当前全局运动剪辑设置存储到磁盘中。

★重点★ 实战：用群组和代理辅助对象制作群集动画

场景位置	场景文件>CH17>05.max
实例位置	实例文件>CH17>实战：用群组和代理辅助对象制作群集动画.max
视频位置	多媒体教学>CH17>实战：用群组和代理辅助对象制作群集动画.flv
难易指数	★★★★☆
技术掌握	用群组和代理辅助对象制作群集动画

群集动画效果如图17-142所示。

图17-142

01 打开下载资源中的"场景文件>CH17>05.max"文件，如图17-143所示。

图17-143

02 在"创建"面板中单击"辅助对象"按钮，然后使用"群组"工具 群组 在场景中创建一个群组辅助对象，如图17-144所示。

03 使用"代理"工具 代理 在场景中创建一个代理辅助对象，如图17-145所示。

图17-144　　　　　　　　　　图17-145

04 选择群组对象，然后在"设置"卷展栏下单击"新建"按钮 新建，接着在弹出的"选择行为类型"对话框中选择"搜索行为"选项，如图17-146所示。

05 展开"搜索行为"卷展栏，然后单击"多个选择"按钮，接着在弹出的"选择"对话框中选择Sphere001，如图17-147所示。

图17-146　　　　　　　　　　图17-147

06 在"设置"卷展栏下单击"新建"按钮 新建，然后在弹出的"选择行为类型"对话框中选择"曲面跟随行为"选项，如图17-148所示。

07 展开"曲面跟随行为"卷展栏，然后单击"多个选择"按钮，接着在弹出的"选择"对话框中选择Plane001，如图17-149所示。

图17-148　　　　　　　　　　图17-149

08 在"设置"卷展栏下单击"散布"按钮 打开"散布对象"对话框，然后在"克隆"选项卡下单击"无"按钮 无，接着在弹出的"选择"对话框中选择代理对象Delegate001，最后设置"数量"为60，如图17-150所示。

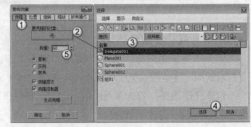

图17-150

09 单击"位置"选项卡，然后设置"放置相对于对象"为"在曲面上"，接着单击"无"按钮 无 ，最后在弹出的"选择"对话框中选择Plane001，如图17-151所示。

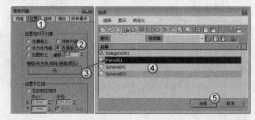

图17-151

10 单击"所有操作"选项卡，然后在"操作"选项组下勾选"克隆"和"位置"选项，接着单击"散布"按钮 散布 ，最后再单击 确定 完成操作，如图17-152所示，散布效果如图17-153所示。

图17-152

图17-153

11 选择蜘蛛模型，然后使用"选择并移动"工具+移动复制（选择"实例"复制方式）60个蜘蛛模型，如图17-154所示。

图17-154

12 选择群组对象，然后在"设置"卷展栏下单击"对象/代理关联"按钮~打开"对象/代理关联"对话框，接着在"对象"列表下单击"添加"按钮 添加 ，最后在弹出的"选择"对话框中选择所有的蜘蛛模式，如图17-155所示。

图17-155

13 在"代理"列表下单击"添加"按钮 添加 ，然后在弹出的"选择"对话框中选择所有的代理对象，如图17-156所示。

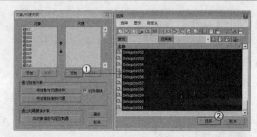
图17-156

14 继续在"对象/代理关联"对话框中单击"将对象与代理对齐"按钮 将对象与代理对齐 和"将对象链接到代理"按钮 将对象链接到代理 ，如图17-157所示，效果如图17-158所示。

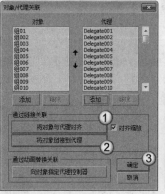

图17-157　　　　　　　　　　图17-158

15 选择所有的蜘蛛模型，然后在"主工具栏"中设置"参考坐标系"为"局部"，接着设置轴点中心为"使用轴点中心" ，如图17-159所示，最后使用"选择并均匀缩放"工具 等比例缩放蜘蛛模型，完成后的效果如图17-160所示。

图17-159　　　　　　　　　　图17-160

16 选择群组对象，在"设置"卷展栏下单击"散布"按钮 打开"散布对象"对话框，然后在"旋转"选项卡下设置"注视来自"为"选定对象"，接着单击"无"按钮 无 ，在弹出的"选择"对话框中选择Sphere002球体，最后单击"生成方向"按钮 生成方向 ，如图17-161所示，效果如图17-162所示。

17 选择群组对象，在"设置"卷展栏下单击"多个代理编辑"按钮 打开"编辑多个代理"对话框，然后单击"添加"按钮 添加 ，并在弹出的"选择"对话框中选择所有的代理对象，接着在"常规"选项组下关闭"约束到xy平面"选项前面的复选框，并勾选后面的复选框，最后单击"应用编辑"按钮 应用编辑 ，如图17-163所示。

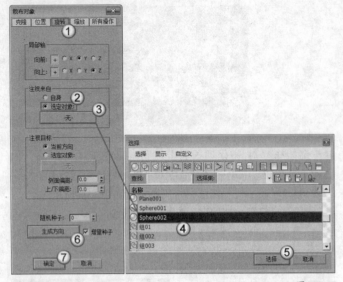

图17-161

图17-162

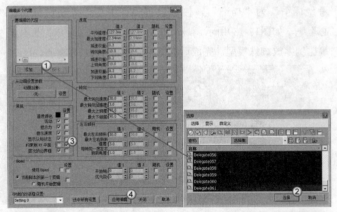

图17-163

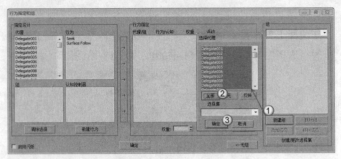

图17-164

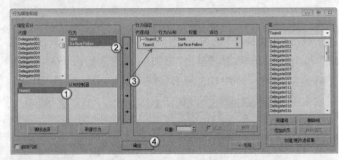

图17-165

图17-166

21 选择动画效果最明显的一些帧，然后单独渲染出这些单帧动画，最终效果如图17-167所示。

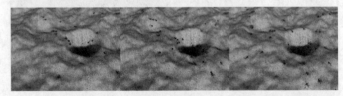

图17-167

18 选择群组对象，在"设置"卷展栏下单击"行为指定"按钮 打开"行为指定和组"对话框，然后在"组"面板中单击"新建组"按钮 新建组 ，接着在弹出的"选择代理"对话框中选择所有的代理对象，如图17-164所示。

19 在"组"列表下选择Team0，然后在"行为"列表下选择Seek和Surface Follow，接着单击箭头 ➡️ 按钮，将其加载到"行为指定"列表下，如图17-165所示。

20 在"解算"卷展栏下单击"解算"按钮 解算 ，这样场景中的对象会自动生成动画，解算完成后的动画效果如图17-166所示。

17.3 CAT对象

CAT是一个3ds Max 2014角色动画插件。CAT有助于角色绑定、非线性动画制作、动画分层、运动捕捉导入和肌肉模拟等，如图17-168所示。

图17-168

本节工具概述

工具名称	主要作用	重要程度
CAT肌肉	创建非渲染、多段式的肌肉辅助对象	中
肌肉股	用于角色蒙皮的非渲染辅助对象	中
CAT父对象	在创建绑定时在每个绑定下显示带有箭头的三角形符号，可以将这个符号视为绑定的角色节点	高

17.3.1 CAT肌肉

"CAT肌肉"辅助对象属于非渲染、多段式的肌肉辅助对象，最适合用于在拉伸和变形时需要保持相对一致的大面积时使用（如肩膀和胸部），如图17-169所示。创建"CAT肌肉"辅助对象后，可以修改其分段方式、碰撞检测属性等。

图17-169

"CAT肌肉"辅助对象包含一个"肢体"卷展栏，如图17-170所示。

图17-170

肢体卷展栏参数介绍

① 类型选项组

网格：将CAT肌肉设置为"网格"类型。这种肌肉相当于单块碎片，上面有许多始终完全相互连接的面板。

骨骼：将CAT肌肉设置为"骨骼"类型。这种肌肉的每块面板都相当于一个单独的骨骼，具有自己的名称。

移除倾斜：将CAT肌肉类型设置为"骨骼"类型时，如果通过移动控制柄使肌肉变形，则面板角会形成非直角的角。

② 属性选项组

名称：设置肌肉的名称。

颜色：设置肌肉及其控制柄的颜色。

U/V分段：设置肌肉在水平和垂直维度上细分的段数。

L/M/R：表示左、中、右，即肌肉所在的绑定侧面。

镜像轴：设置肌肉沿其分布的轴。

③ 控制柄选项组

可见：切换肌肉控制柄的显示。

中央控制柄：切换与各个角点控制柄相连的Bezier型额外控制柄的显示。

控制柄大小：设置每个控制柄的大小。

④ 冲突检测选项组

添加 添加 ：是该按钮可以拾取碰撞对象，并将其添加到列表中。

移除高亮显示的冲突对象 ✖ ：移除选定的冲突对象。

硬度：设置肌肉的变形程度。

扭曲：设置碰撞对象引起变形的粗糙度。

顶点法线：将沿受影响肌肉区域的曲面法线的方向（即垂直于该曲面）产生变形。

对象X：沿碰撞对象的局部x轴的反方向产生变形。

平滑：勾选该选项时，将恢复碰撞对象引起的变形。

反转：反转碰撞对象引起的变形的方向。

17.3.2 肌肉股

"肌肉股"是一种用于角色蒙皮的非渲染辅助对象，其作用类似于两个点之间的Bezier曲线，如图17-171所示。股的精度高于CAT肌肉，而且在必须扭曲蒙皮的情况下才可提供更好的结果。CAT肌肉最适用于肩部和胸部的蒙皮，但对于手臂和腿的蒙皮，"肌肉股"更加合适。

图17-171

"肌肉股"辅助对象包含一个"肌肉股"卷展栏，如图17-172所示。

图17-172

肌肉股卷展栏参数介绍

① 类型选项组

网格：将"肌肉股"设置为单个碎片。

骨骼：将"肌肉股"的每个球体设置为一块单独的骨骼。

L/M/R：表示左、中、右，即肌肉所在的绑定侧面。

镜像：设置肌肉沿其分布的轴。

② 控制柄选项组

可见：切换肌肉控制柄的显示。

控制柄大小：设置每个控制柄的大小。

③ 球体属性选项组

球体数：设置构成"肌肉股"的球体的数量。

显示轮廓曲线 显示轮廓曲线 ：单击该按钮可以打开"肌肉轮廓曲线"对话框，如图17-173所示。在该对话框中可以调整曲线来控制"肌肉股"的剖面或轮廓。

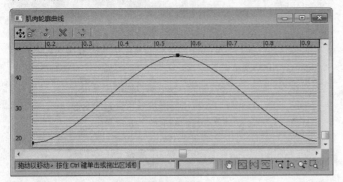

图17-173

④ 挤压/拉伸选项组

启用：勾选该选项时，可以更改肌肉长度来影响剖面。

当前比例：显示肌肉的缩放量。

倍增：设置挤压和拉伸的量。

松弛长度：设置肌肉处于松弛状态时的长度。

当前长度：显示肌肉的当前长度。

设置松弛状态 设置松弛状态 ：单击该按钮可以设置松弛状态，即将"松弛长度"设置为当前长度，并将"当前比例"设置为1。

⑤ 球体选项组

当前球体：设置要调整的球体。

半径：显示当前球体的半径。

U开始/结束：设置相对于球体全长测量的当前球体的范围。

★重点★
17.3.3 CAT父对象

每个CATRig都有一个CAT父对象。"CAT父对象"是在创建绑定时在每个绑定下显示带有箭头的三角形符号，可以将这个符号视为绑定的角色节点，如图17-174所示。

"CAT父对象"包含两个卷展栏，分别是"CATRig参数"卷展栏和"CATRig加载保存"卷展栏，如图17-175所示。

图17-174

图17-175

🌑 **CATRig参数卷展栏**--

展开"CATRig参数"卷展栏，如图17-176所示。

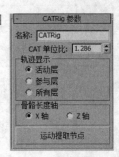

图17-176

CATRig参数卷展栏参数介绍

名称：显示CAT用作CATRig中所有骨骼的前缀名称。

CAT单位比：设置CATRig的缩放比。

轨迹显示：选择CAT在轨迹视图中显示CATRig上的层和关键帧所采用的方法。

骨骼长度轴：选择CATRig用作长度轴的轴。

运动提取节点 运动提取节点 ：切换运动并提取节点。

🌑 **CATRig加载保存卷展栏**--

展开"CATRig加载保存"卷展栏，如图17-177所示。

图17-177

CATRig加载保存卷展栏参数介绍

CATRig预设列表：列出所有可用CATRig预设。在列表中双击预设即可在场景中创建相应的CATRig，如图17-178所示。

图17-178

打开预设装备 ：将CATRig预设（仅限RG3格式）加载到选定CAT父对象的文件对话框。

保存预设绑定 ：将选定CATRig另存为预设文件。

创建骨盆 创建骨盆 /**重新加载** 重新加载 ：如果绑定中不存在任何骨盆，按钮显示为"创建骨盆"按钮 创建骨盆 ，使用该按钮可以创建一个用作自定义绑定的基础的骨盆；如果绑定包含骨盆，并且该骨盆是从RG3预设加载而来或已另存为RG3预设，则按钮显示为"重新加载"按钮 重新加载 ，使用该按钮可以加载当前预设文件。

添加装备 添加装备 ：用于在CAT父对象级别向绑定添加场景中的对象。

从预设更新装备：如果启用该选项，当加载场景时，场景文件将保留原始角色，但CAT会自动使用更新后的数据（保存在预设中）替换该角色。

★重点★
实战：用CAT父对象制作动物行走动画

场景位置	无
实例位置	实例文件>CH17>实战：用CAT父对象制作动物行走动画.max
视频位置	多媒体教学>CH17>实战：用CAT父对象制作动物行走动画.flv
难易指数	★★★☆☆
技术掌握	用CAT父对象辅助对象制作行走动画

动物行走动画效果如图17-179所示。

图17-179

01 使用"CAT父对象"工具 CAT父对象 在场景中创建一个CAT父对象辅助对象，如图17-180所示。

图17-180

02 展开"CATRig加载保存"卷展栏，然后在CATRig预设列表下双击Lizard预设在场景中创建一个Lizard对象，如图17-181所示。

03 展开"CATRig参数"卷展栏，然后设置"CAT单位比"为0.593，如图17-182所示。

图17-181　　　　　　　　图17-182

04 切换到"运动"面板，然后在"层管理器"卷展栏下单击"添加层"按钮 创建一个CATMotion层，如图17-183所示，接着单击"设置/动画模式切换"按钮 （激活后的按钮会成 状）生成一段动画。

05 在"层管理器"卷展栏下单击"CATMotion编辑器"按钮 ，然后在列表中选择Globals（全局）选项，接着在"行走模式"选项组下勾选"直线行走"选项，如图17-184所示。

图17-183　　　　　　　　图17-184

06 单击"播放动画"按钮 ，效果如图17-185所示。

图17-185

07 采用相同的方法创建出其他的CAT动画，完成后的效果如图17-186所示。

图17-186

08 选择动画效果最明显的一些帧，然后单独渲染出这些单帧动画，最终效果如图17-187所示。

图17-187

★重点★
实战：用CAT父对象制作恐龙动画

场景位置	无
实例位置	实例文件>CH17>实战：用CAT父对象制作恐龙动画.max
视频位置	多媒体教学>CH17>实战：用CAT父对象制作恐龙动画.flv
难易指数	★★★☆☆
技术掌握	用CAT父对象辅助对象制作行走动画

恐龙动画效果如图17-188所示。

图17-188

01 使用"CAT父对象"工具 CAT父对象 在场景中创建一个CAT父对象辅助对象，然后在"CATRig参数"卷展栏下设置"CAT单位比"为0.5，如图17-189所示。

02 在"CATRig加载保存"卷展栏下单击"创建骨盆"按钮 创建骨盆 ，创建好的骨盆效果如图17-190所示。

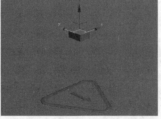

图17-189 　　　　　　　　　　　图17-190

03 选择骨盆，然后在"连接部设置"卷展栏下设置"长度"为30、"宽度"为30、"高度"为15，接着单击"添加腿"按钮 添加腿 ，效果如图17-191所示。

04 选择腿，然后在"肢体设置"卷展栏下勾选"锁骨"选项，如图17-192所示。

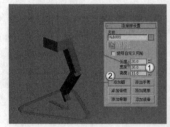

图17-191 　　　　　　　　　　　图17-192

05 选择脚掌骨骼，然后在前视图中将其沿x轴正方向拖曳一段距离，如图17-193所示。

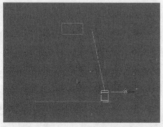

图17-193

06 选择骨盆，然后在"连接部设置"卷展栏下单击"添加腿"按钮 添加腿 ，效果如图17-194所示。

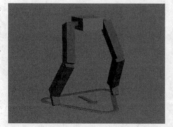

图17-194

07 选择骨盆，然后在"连接部设置"卷展栏下单击"添加脊椎"按钮 添加脊椎 ，效果如图17-195所示，接着使用"选择并旋转"工具 和"选择并移动"工具 将脊椎骨骼调节成如图17-196所示的效果。

图17-195 　　　　　　　　　　　图17-196

08 选择脊椎骨骼，然后在"连接部设置"卷展栏下单击"添加腿"按钮 添加腿 ，效果如图17-197所示，接着将腿骨骼调节成如图17-198所示的效果。

图17-197 　　　　　　　　　　　图17-198

09 选择连接前腿的骨盆，然后在"连接部设置"卷展栏下继续单击"添加腿"按钮 添加腿 ，效果如图17-199所示。

图17-199

10 选择连接前腿的骨盆，然后在"连接部设置"卷展栏下单击"添加脊椎"按钮 添加脊椎 ，效果如图17-200所示，接着将恐龙骨骼调整成如图17-201所示的效果。

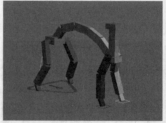

图17-200 　　　　　　　　　　　图17-201

11 选择连接后腿的骨盆，然后在"连接部设置"卷展栏下单击"添加尾部"按钮 添加尾部 ，效果如图17-202所示，接着将骨骼调整成如图17-203所示的效果。

12 为恐龙骨骼创建一个行走动画，完成后的效果如图17-204所示。可以观察到恐龙骨骼已经产生了比较自然的行走动画效果，下面制作一个相同的恐龙骨骼。

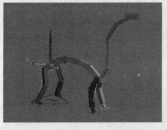
图17-202

图17-203

图17-204

知识链接

关于行走动画的制作方法请参阅"实战：用CAT父对象制作动物行走动画"。

13° 选择CAT父对象辅助对象，然后在"CATRig加载保存"卷展栏下单击"保存预设装备"按钮 [图标]，接着在弹出的"另存为"对话框中为将其保存为预设文件，如图17-205所示。

图17-205

疑难问答 ？

问：保存预设文件有何作用？

答：保存预设文件以后，在CATRig预设列表中就会显示出这个预设文件，并且可以直接使用这个预设文件创建一个相同的恐龙骨骼，如图17-206所示。

图17-206

14° 在CATRig预设列表下双击保存好的预设，创建一个相同的恐龙动画，如图17-207所示。

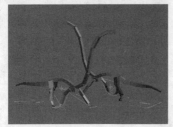
图17-207

15° 选择动画效果最明显的一些帧，然后单独渲染出这些单帧动画，最终效果如图17-208所示。

图17-208

17.4 人群流动画

在前面所讲的内容与实例中，基本上都是都是通过一些简单的设置就可以完成最终的动画效果。但是要制作人群行走或人物交谈等动画效果，使用前面的方法就会非常吃力。基于此，3ds Max 2014提供了一个十分理想的人群动画制作工具——填充（该工具是3ds Max 2014的新增功能），使用该工具可以快速制作出人群的各种自然动画。

★重点★
17.4.1 填充选项卡

"填充"工具位于"建模工具"选项卡的最右侧，它以选项卡的形式呈现在"建模工具"选项卡中，分为"定义流"、"定义空闲区域"、"模拟"和"显示"四大部分，如图17-209所示。

图17-209

定义流面板

"定义流"面板可以用于创建与编辑流，如图17-210所示。

图17-210

定义流面板选项/工具介绍

创建流 [图标]：使用该工具可以在场景中创建人群行进路径。单击鼠标左键确定好开始点，然后移动鼠标确定路径长度与方向，接着单击确定第1段路流，重复相同操作可以创建若干段流，若要完成创建则需要单击鼠标右键。注意，如果新流段与上一流段之间的角度太小，则该流中的所有流段都将为空，并且在该流上会显示橙色轮廓。

宽度：设置路径的宽度。

编辑流 [图标]：流创建完成后，单击该按钮可以调整流的点和线段。

添加到流 [图标]：流创建完成后，单击该按钮可以添加新的流点与线段。

创建坡度 [图标]：流创建完成后，单击该按钮可以支持在流段内创建上倾和下倾区域。注意，仅当"编辑流"按钮 [图标] 处于活动状态并且选中了一个或多个流段时"创建坡度"按钮 [图标] 才可用。

技巧与提示

　　如果要创建坡度，可以选择一个或多个流段，然后单击"创建坡度"按钮，（这个操作会为该流段添加两条新边，从而将该流段细分为3个子流段。中间的子流段是坡度，由两端的箭头指示，而相邻的两个子流段是梯台），接着选择一个或多个子流段边，然后将其向上或向下移动一小段距离。注意，如果移动得太远，行人车道就会消失，流的渲染也无效。

定义空闲区域面板

　　空闲区域是填充模拟中人群聚集的区域，该区域中的人物会表现出典型的"闲逛"行为，如聊天、打手势、讲电话等，其参数设置面板如图17-211所示。

图17-211

定义空闲区域面板选项/工具介绍

　　创建自由空闲区域：单击该按钮后，可以在视口中徒手绘制来创建任意形状的空闲区域。

　　创建矩形空闲区域：单击该按钮后，可以在视口中拖出尺寸来创建矩形空闲区域。

　　创建圆形空闲区域：单击该按钮后，可以在视口中徒手绘制来创建圆形或椭圆形空闲区域。

　　添加到空闲区域：单击该按钮后，可以增加现有空闲区域的大小。

　　从空闲区域减去：单击该按钮后，可以减小现有空闲区域的大小。

　　圆边：用于控制圆形空闲区域创建时的边数。较小的边数可以生成对应的多边形区域，较大的边数可以生成十分光滑的圆形区域。

　　创建统一图形：勾选该选项后，可以在使用"创建矩形空闲区域"按钮与"创建圆形空闲区域"按钮时生成正方形或正圆区域。

　　修改空闲区域：可以通过使用笔刷类型的界面移动单个空闲区域的顶点来更改该区域的形状。通过下方的"笔刷大小"选项可以调整修改区域的影响范围，也还可以按住Ctrl+Shift组合键拖曳光标在视口中以交互方式更改笔刷大小。

模拟面板

　　"模拟"面板用于调整人群动画的时间长度，同时可以生成与重生成人群，如图17-212所示。

图17-212

模拟面板选项/工具介绍

　　帧数：调整流动画的长度，最大值为10000。

　　模拟：流创建完成后，单击该按钮将随机生成人群。

　　重新生成选定对象：通过模拟生成人群后，如果想要随机改变一人或多人的外观，可以先选中人，然后单击该按钮。

显示面板

　　"显示"面板用于控制人群的外观效果及人群的显示、隐藏以及删除，另外，还可以控制流的显示与隐藏，如图17-213所示。

图17-213

显示面板工具介绍

　　群组蒙皮：用于选择人物的外观显示方式，共有以下4种。

　　线型体形：将群组成员显示为简单的骨骼框架。这种显示方式占用资源最小，主要用于前期观察。

　　自定义蒙皮：为每个角色应用空白灰色材质。

　　群组蒙皮：这是默认的显示方式，为每个角色应用低分辨率的纹理材质。

　　高分辨率蒙皮：为每个角色应用高分辨率的纹理材质。

　　显示环境对象：单击该按钮将隐藏流和空闲区域，再次单击将还原显示。注意，该按钮不会对人的显示产生影响。

　　显示人：单击该按钮将隐藏人，再次单击将还原显示。注意，该按钮不会对流和空闲区域产生影响。

　　删除人：单击该按钮将移除所有人，但是会保留流和空闲区域及其属性。

17.4.2 修改人群流

　　流创建完成后，选择该流并进入"修改"面板，可以在"流"卷展栏下调整道路与人群的细节，如图17-214所示。

图17-214

流卷展栏选项介绍

　　显示道路：切换流上表示人行走位置的线条的可见性。

　　宽度：设置总流的宽度。

　　车道间距：设置相邻人行道之间的距离。

　　人：用于控制人群的密度、男女的数量比率以及人群在流上的真晕运动和方向。

　　密度：用于控制行人的相对数量。向左拖曳滑块表示行人较少，向右拖曳滑块表示行人较多。

男人/女人：用于控制男性行人与女性行人的比率。

方向：一共包含6个方向，滑块从左向右依次为"方向:向前"、"方向:接触右侧"、"方向:向右摆"、"方向:向左摆"、"方向:接触左侧"和"方向:向后"。"方向:向前"表示所有道路自始至终沿流创建的方向移动；"方向:接触右侧"表示行人沿其走方向靠右侧行走；"方向:向右摆"表示改变相邻道路的行进方向，使最右侧道路的行进方向与流创建的方向相同；"方向:向左摆"表示改变相邻道路的行进方向，使最右侧道路的行进方向与流创建的方向相反；"方向:接触左侧"表示行人沿其行走方向靠左侧行走；"方向:向后"表示所有道路自始至终沿流创建的相反方向移动。

示例：为行人的位置和性别设置随机种子，更改种子会改变所有位置或性别。

位置：为行人的位置设置随机种子。

性别：为行人的性别设置随机种子。

17.4.3 修改空闲区域

休闲区域创建完成后，选择该休闲区域并进入"修改"面板，可以在"空闲区域"卷展栏下调整休闲区域内的人群细节，如图17-215所示。

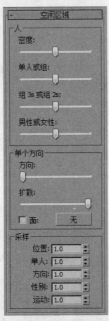

图17-215

空闲区域卷展栏选项介绍

人：该选项组用于控制空闲区域中人的相对数量以及单人、人群组以及男女的比率。

密度：控制空闲区域中人的相对数量。向左拖曳滑块表示行人较少；向右拖曳滑块表示行人较多。

单人或组：控制空闲区域中单人与两人组或3人组的比率。

组3s或组2s：控制3人组与两人组的比率。

男性或女性：控制男性与女性的比率。

单个方向：用于设置单人的朝向。如果是分组的人，则始终围成一个圆，并且是面朝圆的内侧。

方向：控制空闲区域中单人的方向。注意，该选项会受到"扩散"选项的影响。

扩散：控制单人朝向的变化。向左拖曳滑块时，所有单人朝向同一方向；向右拖曳滑块会导致朝向发生较大（随机）变化。

面：启用该选项时，单人注视将使用"无"按钮 无 指定的对象。注意，在使用该选项时，需要将"方向"滑块和"扩散"滑块设为一直向左滑动。

无 无 ：使用该按钮可以指定单人在"面"处于启用状态时注视的对象。方向取决于指定对象时对象的位置。

采样：该选项组用于为空闲区域相关的各种因素提供随机种子。

位置：随机化空闲区域中各个角色的位置。

单人：随机化空闲区域中单个角色的位置和朝向。

方向：随机化空闲区域中单个角色的朝向。

性别：随机化空闲区域中单个角色的性别。

运动：随机化空闲区域中的各个角色的动画。

★ 重点 ★

实战：用填充制作人群动画

场景位置	场景文件>CH17>06.max
实例位置	实例文件>CH17>实战：用填充制作人群动画.max
视频位置	多媒体教学>CH17>实战：用填充制作人群动画.flv
难易指数	★★★☆☆
技术掌握	用填充制作人群动画

人群动画效果如图17-216所示。

图17-216

01 打开下载资源中的"场景文件>CH17>06.max"文件，如图17-217所示。

02 切换到顶视图，然后使用"矩形"工具 矩形 测量道路的宽度，可以观察到约为2400mm，如图17-218所示。

图17-217　　　　　　　图17-218

03 在"填充"选项卡下设置"宽度"为2400mm，然后单击"创建流"按钮，接着结合捕捉功能在道路上创建好流的起点，最后向后方拖曳光标确定好流的方向，如图17-219所示。

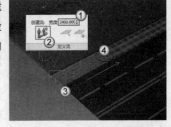

图17-219

04 在道路末端单击鼠标右键完成流的创建，如图17-220所示。

图17-220

05 在"模拟"面板中单击"模拟"按钮，生成默认的人物模型，如图17-221所示。可以观察到当前人群的密度比较小，因此按H键打开"从场景选择"对话框，然后选择到Flow001对象，如图17-222所示。

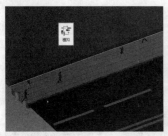

图17-221　　　　　　　　　　　图17-222

06 切换到"修改"面板，然后在"流"卷展栏下将"密度"滑块拖曳到中间位置，如图17-223所示，人群效果如图17-224所示。

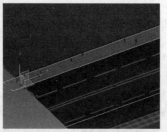

图17-223　　　　　　　　　　　图17-224

07 在"模拟"面板中单击"模拟"按钮，以生成调整好的人群模型，如图17-225所示。

图17-225

08 选择场景中的摄影机，然后调整出一个合适的观察角度，如图17-226所示。

图17-226

09 下面创建空闲区域。切换到顶视图，然后在"定义空闲区域"面板中单击"创建自由空闲区域"按钮，接着创建出如图17-227所示的空闲区域。

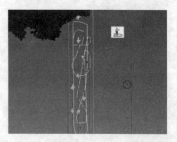

图17-227

10 切换到摄影机视图，然后在"模拟"面板中单击"模拟"按钮，生成人物动画，效果如图17-228所示。

图17-228

11 拖曳时间线滑块观察动画效果，可以观察到场景已经产生了比较理想的人群动画，如图17-229所示。

图17-229

12 选择动画效果最明显的一些帧，然后单独渲染出这些单帧动画，最终效果如图17-230所示。

图17-230

17.5

综合实例：制作人物打斗动画

● 场景位置：场景文件>CH17>07-1.max、07-2.bip
● 实例位置：实例文件>CH17>综合实例：制作人物打斗动画.max
● 视频位置：多媒体教学>CH17>综合实例：制作人物打斗动画.flv
● 难易指数：★★★☆☆
● 技术掌握：用蒙皮修改器为人物蒙皮，用Bip动作库制作打斗动画

人物打斗动画效果如图17-231所示。

图17-231

17.5.1 创建骨骼与蒙皮

01 打开下载资源中的"场景文件>CH17>07-1.max"文件，如图17-232所示。

02 使用Biped工具 [Biped] 在前视图中创建一个Biped骨骼，如图17-233所示。

图17-232   图17-233

03 为人物模型加载一个"蒙皮"修改器，然后在"参数"卷展栏下单击"添加"按钮 [添加]，接着在弹出的"选择骨骼"对话框中选择所有的关节，如图17-234所示。

图17-234

17.5.2 制作打斗动画

01 选择Biped骨骼，然后切换到"运动"面板，接着在Biped卷展栏下单击"加载文件"按钮，最后在弹出的"打开"对话框中选择下载资源中的"场景文件>CH17>07-2.bip"文件，如图17-235所示。

图17-235

技巧与提示

在加载.bip文件时，3ds Max会弹出一个"Biped过时文件"对话框，直接单击"确定"按钮 [确定] 即可，如图17-236所示。

图17-236

02 单击"播放动画"按钮▶，观察打斗动画，效果如图17-237所示。

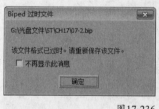

图17-237

03 选择动画效果最明显的一些帧，然后单独渲染出这些单帧动画，最终效果如图17-238所示。

图17-238

17.6

综合实例：制作飞龙爬树动画

- 场景位置：场景文件>CH17>08.max
- 实例位置：实例文件>CH17>综合实例：制作飞龙爬树动画.max
- 视频位置：多媒体教学>CH17>综合实例：制作飞龙爬树动画.flv
- 难易指数：★★★★☆
- 技术掌握：用CAT父对象创建骨骼，用蒙皮修改器为角色蒙皮，用路径约束制作约束动画

飞龙爬树动画效果如图17-239所示。

图17-239

17.6.1 创建骨骼与蒙皮

01 打开下载资源中的"场景文件>CH17>08.max"文件，如图17-240所示。

02 使用"CAT父对象"工具 CAT父对象 在场景中创建一个CAT父对象辅助对象，如图17-241所示。

图17-240　　　　　　　　图17-241

03 展开"CATRig加载保存"卷展栏，然后在CATRig列表中双击English Dragon预设选项，创建一个English Dragon骨骼，如图17-242所示。

04 仔细调整English Dragon骨骼的大小和形状，使其与飞龙的大小和形状相吻合，如图17-243所示。

图17-242　　　　　　　　图17-243

技术专题 57 透明显示对象

在调整骨骼时，由于飞龙模型总是挡住视线，因此很难调整骨骼的

形状和大小。这里介绍一下如何将飞龙模型以透明的方式显示在视图中。

第1步：选择飞龙模式，然后单击鼠标右键，接着在弹出的菜单中选择"对象属性"命令，如图17-244所示。

图17-244

第2步：执行"对象属性"命令后会弹出"对象属性"对话框，在"显示属性"选项组下选择"按对象，然后"勾选"透明"选项，如图17-245所示，这样飞龙模型就会在视图中显示为透明效果，如图17-246所示。另外，为了在调整骨骼时不会选择到飞龙模型，可以将其先冻结起来，待调整完骨骼后再对其解冻。

图17-245　　　　　　　　图17-246

05 为飞龙模型加载一个"蒙皮"命令修改器，然后在"参数"卷展栏下单击"添加"按钮 添加 ，接着在弹出的"选择骨骼"对话框中所有的关节，如图17-247所示。

图17-247

17.6.2 制作爬树动画

01 选择CAT父对象辅助对象，切换到"运动"面板，然后在"层管理器"卷展栏下单击"添加层"按钮 ，接着激活"设置/动画模式切换"按钮 ，动画效果如图17-248所示。

图17-248

02 设置辅助对象类型为"标准"，然后使用"点"工具 在场景中创建一个点辅助对象，接着在"参数"卷展栏下设置"显示"方式为"长方体"，如图17-249所示。

03 选择点辅助对象，然后执行"动画>约束>路径约束"菜单命令，接着将点辅助对象链接到样条线路径上，如图17-250所示。

图17-249　　　　　　　　图17-250

04 选择CAT父对象辅助对象，切换到"运动"面板，然后在"层管理器"卷展栏下单击"CATMotion编辑器"按钮 ，接着在列表中选择Globals（全局）选项，最后在"行走模式"选项组下单击"路径节点"按钮 ，并在视图中拾取点辅助对象，如图17-251所示。

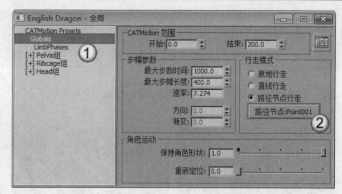

图17-251

05 在"层管理器"卷展栏下激活"设置/动画模式切换"按钮 ，然后为点辅助对象设置一个简单的自动关键点位移动画，如图17-252所示。

图17-252

06 选择动画效果最明显的一些帧，然后单独渲染出这些单帧动画，最终效果如图17-253所示。

图17-253

17.7

综合实例：制作守门员救球动画

- 场景位置：场景文件>CH17>09-1.max、09-2.bip
- 实例位置：实例文件>CH17>综合实例：制作守门员救球动画.max
- 视频位置：多媒体教学>CH17>综合实例：制作守门员救球动画.flv
- 难易指数：★★★★★
- 技术掌握：用Biped创建骨骼，用蒙皮修改器蒙皮，用Bip动作库制作扑球动画，用将选定项设置为动力学刚体工具制作刚体动画

守门员救球动画效果如图17-254所示。

图17-254

17.7.1 创建骨骼系统

01 打开下载资源中的"场景文件>CH17>09-1.max"文件，如图17-255所示。

02 使用Biped工具 `Biped` 在前视图中创建一个与人物等高的Biped骨骼，如图17-256所示。

图17-255 　　　　　　　　　　　　图17-256

03 选择Biped骨骼，然后在Biped卷展栏下单击"体形模式"按钮，接着在"结构"卷展栏下设置"手指"为5、"手指链接"为3、"脚趾"为1、"脚趾链接"为3，具体参数设置如图17-257所示，最后使用"选择并移动"工具将骨骼调整成与人体形状一致，如图17-258所示。

图17-257 　　　　　　　　　　　　图17-258

17.7.2 为人物蒙皮

01 为人物模型加载一个"蒙皮"修改器，然后在"参数"卷展栏下单击"添加"按钮，接着在弹出的"选择骨骼"对话框中所有的关节，如图17-259所示。

图17-259

02 选择小腿部分的骨骼，然后使用"选择并移动"工具向上拖曳骨骼，此时可以观察到小腿和脚都抬起来了，但是小腿与脚的

连接部分有很大的弯曲，这是不正确的，如图17-260所示。

03 选择人物模型，然后进入"修改"面板，接着在"参数"卷展栏下单击"编辑封套"按钮 `编辑封套` ，最后扩大小腿部分的封套范围，如图17-261所示。

图17-260 　　　　　　　　　　　　图17-261

04 采用相同的方法调整脚部的封套范围，如图17-262所示。调整完成后退出"编辑封套"模式。

图17-262

17.7.3 制作救球动画

01 选择Biped骨骼，进入"运动"面板，然后在Biped卷展栏单击"加载文件"按钮，接着在弹出的对话框中选择下载资源中的"场景文件>CH17>09-2.bip"文件，动画效果如图17-263所示。

图17-263

02 选择足球，然后为其加载一个"优化"修改器，接着在"参数"卷展栏下设置"面阈值"为50，如图17-264所示。

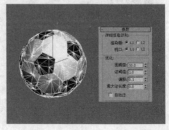

图17-264

疑难问答 ❓

问：加载"优化"修改器有何作用？

答：这里优化足球是为了减少足球的面数，这样在动力学演算时才会流畅。在最终渲染时，可以将"优化"修改器删除掉。

03 在"主工具栏"中的空白处单击鼠标右键，然后在弹出的快捷菜单中选择"MassFX工具栏"命令，调出"MassFX工具栏"，如图17-265所示。

图17-265

04 选择足球，然后在"MassFX工具栏"中单击"将选定项设置为动力学刚体"按钮 ◎，如图17-266所示，接着在"物理材质"卷展栏下设置"质量"为1.533、"反弹力"为1，如图17-267所示。

图17-266　　　　图17-267

05 选择挡板模型，然后在"MassFX工具栏"中单击"将选定项设置为静态刚体"按钮 ◎，如图17-268所示。

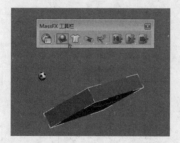

图17-268

06 使用"选择并移动"工具 ✛ 将足球放到挡板的上方，如图17-269所示。

图17-269

07 在"MassFX工具栏"中单击"开始模拟"按钮 ▶ 模拟动画，待模拟完成后再次单击"开始模拟"按钮 ▶ 结束模拟，然后选择足球，接着在"刚体属性"卷展栏下单击"烘焙"按钮 烘焙 ，以生成关键帧动画，效果如图17-270所示。

图17-270

08 选择挡板模型，然后单击鼠标右键，接着在弹出的菜单中选择"隐藏选定对象"命令，如图17-271所示。

图17-271

09 单击"播放动画"按钮 ▶，观察扑球动画，效果如图17-272所示。

图17-272

10 选择动画效果最明显的一些帧，然后单独渲染出这些单帧动画，最终效果如图17-273所示。

图17-273

附录1：本书索引

一、3ds Max快捷键索引

主界面快捷键		新建场景	Ctrl+N
操作	**快捷键**	法线对齐	Alt+N
显示降级适配（开关）	O	向下轻推网格	小键盘-
适应透视图格点	Shift+Ctrl+A	向上轻推网格	小键盘+
排列	Alt+A	NURBS表面显示方式	Alt+L或Ctrl+4
角度捕捉（开关）	A	NURBS调整方格1	Ctrl+1
动画模式（开关）	N	NURBS调整方格2	Ctrl+2
改变到后视图	K	NURBS调整方格3	Ctrl+3
背景锁定（开关）	Alt+Ctrl+B	偏移捕捉	Alt+Ctrl+Space（Space键即空格键）
前一时间单位	.	打开一个max文件	Ctrl+O
下一时间单位	,	平移视图	Ctrl+P
改变到顶视图	T	交互式平移视图	I
改变到底视图	B	放置高光	Ctrl+H
改变到摄影机视图	C	播放/停止动画	/
改变到前视图	F	快速渲染	Shift+Q
改变到等用户视图	U	回到上一场景操作	Ctrl+A
改变到右视图	R	回到上一视图操作	Shift+A
改变到透视图	P	撤消场景操作	Ctrl+Z
循环改变选择方式	Ctrl+F	撤消视图操作	Shift+Z
默认灯光（开关）	Ctrl+L	刷新所有视图	1
删除物体	Delete	用前一次的参数进行渲染	Shift+E或F9
当前视图暂时失效	D	渲染配置	Shift+R或F10
是否显示几何体内框（开关）	Ctrl+E	在XY/YZ/ZX锁定中循环改变	F8
显示第一个工具条	Alt+1	约束到X轴	F5
专家模式，全屏（开关）	Ctrl+X	约束到Y轴	F6
暂存场景	Alt+Ctrl+H	约束到Z轴	F7
取回场景	Alt+Ctrl+F	旋转视图模式	Ctrl+R或V
冻结所选物体	6	保存文件	Ctrl+S
跳到最后一帧	End	透明显示所选物体（开关）	Alt+X
跳到第一帧	Home	选择父物体	PageUp
显示/隐藏摄影机	Shift+C	选择子物体	PageDown
显示/隐藏几何体	Shift+O	根据名称选择物体	H
显示/隐藏网格	G	选择锁定（开关）	Space（Space键即空格键）
显示/隐藏帮助物体	Shift+H	减淡所选物体的面（开关）	F2
显示/隐藏光源	Shift+L	显示所有视图网格（开关）	Shift+G
显示/隐藏粒子系统	Shift+P	显示/隐藏命令面板	3
显示/隐藏空间扭曲物体	Shift+W	显示/隐藏浮动工具条	4
锁定用户界面（开关）	Alt+0	显示最后一次渲染的图像	Ctrl+I
匹配到摄影机视图	Ctrl+C	显示/隐藏主要工具栏	Alt+6
材质编辑器	M	显示/隐藏安全框	Shift+F
最大化当前视图（开关）	W	显示/隐藏所选物体的支架	J
脚本编辑器	F11	百分比捕捉（开关）	Shift+Ctrl+P

打开/关闭捕捉	S
循环通过捕捉点	Alt+Space（Space键即空格键）
间隔放置物体	Shift+I
改变到光线视图	Shift+4
循环改变子物体层级	Ins
子物体选择（开关）	Ctrl+B
贴图材质修正	Ctrl+T
加大动态坐标	+
减小动态坐标	-
激活动态坐标（开关）	X
精确输入转变量	F12
全部解冻	7
根据名字显示隐藏的物体	5
刷新背景图像	Alt+Shift+Ctrl+B
显示几何体外框（开关）	F4
视图背景	Alt+B
用方框快显几何体（开关）	Shift+B
打开虚拟现实	数字键盘1
虚拟视图向下移动	数字键盘2
虚拟视图向左移动	数字键盘4
虚拟视图向右移动	数字键盘6
虚拟视图向中移动	数字键盘8
虚拟视图放大	数字键盘7
虚拟视图缩小	数字键盘9
实色显示场景中的几何体（开关）	F3
全部视图显示所有物体	Shift+Ctrl+Z
视窗缩放到选择物体范围	E
缩放范围	Alt+Ctrl+Z
视窗放大两倍	Shift++（数字键盘）
放大镜工具	Z
视窗缩小两倍	Shift+-（数字键盘）
根据框选进行放大	Ctrl+W
视窗交互式放大	[
视窗交互式缩小	]

轨迹视图快捷键

操作	快捷键
加入关键帧	A
前一时间单位	<
下一时间单位	>
编辑关键帧模式	E
编辑区域模式	F3
编辑时间模式	F2
展开对象切换	O
展开轨迹切换	T
函数曲线模式	F5或F

锁定所选物体	Space（Space键即空格键）
向上移动高亮显示	↓
向下移动高亮显示	↑
向左轻移关键帧	←
向右轻移关键帧	→
位置区域模式	F4
回到上一场景操作	Ctrl+A
向下收拢	Ctrl+↓
向上收拢	Ctrl+↑

渲染器设置快捷键

操作	快捷键
用前一次的配置进行渲染	F9
渲染配置	F10

示意视图快捷键

操作	快捷键
下一时间单位	>
前一时间单位	<
回到上一场景操作	Ctrl+A

Active Shade快捷键

操作	快捷键
绘制区域	D
渲染	R
锁定工具栏	Space（Space键即空格键）

视频编辑快捷键

操作	快捷键
加入过滤器项目	Ctrl+F
加入输入项目	Ctrl+I
加入图层项目	Ctrl+L
加入输出项目	Ctrl+O
加入新的项目	Ctrl+A
加入场景事件	Ctrl+S
编辑当前事件	Ctrl+E
执行序列	Ctrl+R
新建序列	Ctrl+N

NURBS编辑快捷键

操作	快捷键
CV约束法线移动	Alt+N
CV约束到U向移动	Alt+U

CV约束到V向移动	Alt+V	根据名字选择子物体	H
显示曲线	Shift+Ctrl+C	柔软所选物体	Ctrl+S
显示控制点	Ctrl+D	转换到CV曲线层级	Alt+Shift+Z
显示格子	Ctrl+L	转换到曲线层级	Alt+Shift+C
NURBS面显示方式切换	Alt+L	转换到点层级	Alt+Shift+P
显示表面	Shift+Ctrl+S	转换到CV曲面层级	Alt+Shift+V
显示工具箱	Ctrl+T	转换到曲面层级	Alt+Shift+S
显示表面整齐	Shift+Ctrl+T	转换到上一层级	Alt+Shift+T
根据名字选择本物体的子层级	Ctrl+H	转换降级	Ctrl+X
锁定2D所选物体	Space（Space键即空格键）		
选择U向的下一点	Ctrl+→		
选择V向的下一点	Ctrl+↑	**FFD快捷键**	
选择U向的前一点	Ctrl+←	操作	快捷键
选择V向的前一点	Ctrl+↓	转换到控制点层级	Alt+Shift+C

二、本书实战速查表

三、本书综合实例速查表

四、本书疑难问题速查表

五、本书技术专题速查表

附录2：效果图制作实用附录

一、常见物体折射率

材质折射率

物体	折射率	物体	折射率	物体	折射率
空气	1.0003	液体二氧化碳	1.200	冰	1.309
水（20°）	1.333	丙酮	1.360	30% 的糖溶液	1.380
普通酒精	1.360	酒精	1.329	面粉	1.434
溶化的石英	1.460	Calspar2	1.486	80% 的糖溶液	1.490
玻璃	1.500	氯化钠	1.530	聚苯乙烯	1.550
翡翠	1.570	天青石	1.610	黄晶	1.610
二硫化碳	1.630	石英	1.540	二碘甲烷	1.740
红宝石	1.770	蓝宝石	1.770	水晶	2.000
钻石	2.417	氧化铬	2.705	氧化铜	2.705
非晶硒	2.920	碘晶体	3.340		

液体折射率

物体	分子式	密度	温度（℃）	折射率
甲醇	CH_3OH	0.794	20	1.3290
乙醇	C_2H_5OH	0.800	20	1.3618
丙醇	CH_3COCH_3	0.791	20	1.3593
苯	C_6H_6	1.880	20	1.5012
二硫化碳	CS_2	1.263	20	1.6276
四氯化碳	CCl_4	1.591	20	1.4607
三氯甲烷	$CHCl_3$	1.489	20	1.4467
乙醚	$C_2H_5 \cdot O \cdot C_2H_5$	0.715	20	1.3538
甘油	$C_3H_8O_3$	1.260	20	1.4730
松节油		0.87	20.7	1.4721
橄榄油		0.92	0	1.4763
水	H_2O	1.00	20	1.3330

晶体折射率

物体	分子式	最小折射率	最大折射率
冰	H_2O	1.313	1.309
氟化镁	MgF_2	1.378	1.390
石英	SiO_2	1.544	1.553
氯化镁	$MgO \cdot H_2O$	1.559	1.580
锆石	$ZrO_2 \cdot SiO_2$	1.923	1.968
硫化锌	ZnS	2.356	2.378
方解石	$CaO \cdot CO_2$	1.658	1.486
钙黄长石	$2CaO \cdot Al_2O_3 \cdot SiO_2$	1.669	1.658
菱镁矿	$ZnO \cdot CO_2$	1.700	1.509
刚石	Al_2O_3	1.768	1.760
淡红银矿	$3Ag_2S \cdot AS_2S_3$	2.979	2.711

二、常用家具尺寸

单位：mm

家具	长度	宽度	高度	深度	直径
衣橱		700（推拉门）	400~650（衣橱门）	600~650	
推拉门		750~1500	1900~2400		
矮柜		300~600（柜门）		350~450	
电视柜			600~700	450~600	
单人床	1800、1806、2000、2100	900、1050、1200			
双人床	1800、1806、2000、210	1350、1500、1800			
圆床					>1800
室内门		800~950、1200（医院）	1900、2000、2100、2200、240		
卫生间、厨房门		800、900	1900、2000、2100		
窗帘盒			120~180	120（单层布）、160~180（双层布）	
单人式沙发	800~95		350~420（坐垫）、700~900（背高）	850~900	
双人式沙发	1260~1500			800~900	
三人式沙发	1750~1960			800~900	
四人式沙发	2320~2520			800~900	
小型长方形茶几	600~750	450~600	380~500（380最佳）		
中型长方形茶几	1200~1350	380~500或600~750			
正方形茶几	750~900	430~500			
大型长方形茶几	1500~1800	600~800	330~420（330最佳）		
圆形茶几			330~420		750、900、1050、1200
方形茶几		900、1050、1200、1350、1500	330~420		
固定式书桌			750	450~700（600最佳）	
活动式书桌			750~780	650~800	
餐桌		1200、900、750（方桌）	75~780（中式）、680~720（西式）		
长方桌	1500、1650、1800、2100、2400	800、900、1050、1200			
圆桌					900、1200、1350、1500、1800
书架	600~1200	800~900		250~400（每格）	

三、室内物体常用尺寸

墙面尺寸

单位：mm

物体	高度
踢脚板	60~200
墙裙	800~1500
挂镜线	1600~1800

餐厅

单位：mm

物体	高度	宽度	直径	间距
餐桌	750~790			>500（其中座椅占500）
餐椅	450~500			
二人圆桌			500或800	
四人圆桌			900	
五人圆桌			1100	
六人圆桌			1100~1250	
八人圆桌			1300	
十人圆桌			1500	
十二人圆桌			1800	
二人方餐桌		700×850		
四人方餐桌		1350×850		
八人方餐桌		2250×850		
餐桌转盘			700~800	
主通道		1200~1300		
内部工作道宽		600~900		
酒吧台	900~1050	500		
酒吧凳	600~750			

商场营业厅

单位：mm

物体	长度	宽度	高度	厚度	直径
单边双人走道		1600			
双边双人走道		2000			
双边三人走道		2300			
双边四人走道		3000			
营业员柜台走道		800			
营业员货柜台			800~1000	600	
单靠背立货架			1800~2300	300~500	
双靠背立货架			1800~2300	600~800	
小商品橱窗			400~1200	500~800	
陈列地台			400~800		
敞开式货架			400~600		
放射式售货架					2000
收款台	1600	600			

饭店客房

单位：mm/ m²

物体	长度	宽度	高度	面积	深度
标准间				25（大）、16~18（中）、16（小）	
床			400~450、850~950（床靠）		
床头柜		500~800	500~700		
写字台	1100~1500	450~600	700~750		
行李台	910~1070	500	400		
衣柜		800~1200	1600~2000		500
沙发		600~800	350~400、1000（靠背）		
衣架			1700~1900		

卫生间

单位：mm/ m²

物体	长度	宽度	高度	面积
卫生间				3~5
浴缸	1220、1520、1680	720	450	
坐便器	750	350		
冲洗器	690	350		
盟洗盆	550	410		
淋浴器		2100		
化妆台	1350	450		

交通空间

单位：mm

物体	宽度	高度
楼梯间休息平台	≥2100	
楼梯跑道	≥2300	
客房走廊		≥2400
两侧设座的综合式走廊	≥2500	
楼梯扶手		850~1100
门	850~1000	≥1900
窗	400~1800	
窗台		800~1200

灯具

单位：mm

物体	高度	直径
大吊灯	≥2400	
壁灯	1500~1800	
反光灯槽		≥2倍灯管直径
壁式床头灯	1200~1400	
照明开关	1000	

办公用具

单位：mm

物体	长度	宽度	高度	深度
办公桌	1200~1600	500~650	700~800	
办公椅	450	450	400~450	
沙发		600~800	350~450	
前置型茶几	900	400	400	
中心型茶几	900	900	400	
左右型茶几	600	400	400	
书柜		1200~1500	1800	450~500
书架		1000~1300	1800	350~450

附录3：常见材质参数设置索引

一、玻璃材质

材质名称	示例图	贴图	参数设置		用途
普通玻璃材质			漫反射	漫反射颜色=红:129，绿:187，蓝:188	家具装饰
			反射	反射颜色=红:20，绿:20，蓝:20、高光光泽度=0.9、反射光泽度=0.95、细分=10、菲涅耳反射=勾选	
			折射	折射颜色=红:240，绿:240，蓝:240、细分=20、影响阴影=勾选、烟雾颜色=红:242，绿:255，蓝:253、烟雾倍增=0.2	
			其他		
窗玻璃材质			漫反射	漫反射颜色=红:193，绿:193，蓝:193	窗户装饰
			反射	反射通道=衰减贴图、侧=红:134，绿:134，蓝:134、衰减类型=Fresnel、反射光泽度=0.99、细分=20	
			折射	折射颜色=白色、光泽度=0.99、细分=20、影响阴影=勾选、烟雾颜色=红:242，绿:243，蓝:247、烟雾倍增=0.001	
			其他		
彩色玻璃材质			漫反射	漫反射颜色=黑色	家具装饰
			反射	反射颜色=白色、细分=15、菲涅耳反射=勾选	
			折射	折射颜色=白色、细分=15、影响阴影=勾选、烟雾颜色=自定义、烟雾倍增=0.04	
			其他		
磨砂玻璃材质			漫反射	漫反射颜色=红:180，绿:189，蓝:214	家具装饰
			反射	反射颜色=红:57，绿:57，蓝:57、菲涅耳反射=勾选、反射光泽度=0.95	
			折射	折射颜色=红:180，绿:180，蓝:180、光泽度=0.95、影响阴影=勾选、折射率=1.2、退出颜色=勾选、退出颜色=红:3，绿:30，蓝:55	
			其他		
龟裂缝玻璃材质			漫反射	漫反射颜色=红:213，绿:234，蓝:222	家具装饰
			反射	反射颜色=红:119，绿:119，蓝:119、高光光泽度=0.8、反射光泽度=0.9、细分=15	
			折射	折射颜色=红:217，绿:217，蓝:217、细分=15、影响阴影=勾选、烟雾颜色=红:247，绿:255，蓝:255、烟雾倍增=0.3	
			其他	凹凸通道=贴图、凹凸强度=-20	
镜子材质			漫反射	漫反射颜色=红:24，绿:24，蓝:24	家具装饰
			反射	反射颜色=红:239，绿:239，蓝:239	
			折射		
			其他		
水晶材质			漫反射	漫反射颜色=红:248，绿:248，蓝:248	家具装饰
			反射	反射颜色=红:250，绿:250，蓝:250、菲涅耳反射=勾选	
			折射	折射颜色=红:130，绿:130，蓝:130、折射率=2、影响阴影=勾选	
			其他		

二、金属材质

材质名称	示例图	贴图	参数设置		用途
亮面不锈钢材质			漫反射	漫反射颜色=红:49，绿:49，蓝:49	家具及陈设品装饰
			反射	反射颜色=红:210，绿:210，蓝:210、高光光泽度=0.8、细分=16	
			折射		
			其他	双向反射=沃德	
哑光不锈钢材质			漫反射	漫反射颜色=红:40，绿:40，蓝:40	家具及陈设品装饰
			反射	反射颜色=红:180，绿:180，蓝:180、高光光泽度=0.8、反射光泽度=0.8、细分=20	
			折射		
			其他	双向反射=沃德	
拉丝不锈钢材质			漫反射		家具及陈设品装饰
			反射	反射颜色=红:77，绿:77，蓝:77、反射通道=贴图、反射光泽度=0.95、反射光泽度通道=贴图、细分=20	
			折射		
			其他	双向反射=沃德、各向异性（-1..1）=0.6、旋转=-15 凹凸通道=贴图	
银材质			漫反射	漫反射颜色=红:103，绿:103，蓝:103	家具及陈设品装饰
			反射	反射颜色=红:98，绿:98，蓝:98、反射光泽度=0.8、细分=为20	
			折射		
			其他	双向反射=沃德	
黄金材质			漫反射	漫反射颜色=红:133，绿:53，蓝:0	家具及陈设品装饰
			反射	反射颜色=红:225，绿:124，蓝:24、反射光泽度=0.95、细分=为15	
			折射		
			其他	双向反射=沃德	
黄铜材质			漫反射	漫反射颜色=红:70，绿:26，蓝:4	家具及陈设品装饰
			反射	反射颜色=红:225，绿:124，蓝:24、高光光泽度=0.7、反射光泽度=0.65、细分=为20	
			折射		
			其他	双向反射=沃德、各向异性（-1..1）=0.5	

三、布料材质

材质名称	示例图	贴图	参数设置		用途
绒布材质（注意，材质类型为标准材质）			明暗器	（O）Oren-Nayar-Blin	家具装饰
			漫反射	漫反射通道=贴图	
			自发光	自发光=勾选、自发光通道=遮罩贴图、贴图通道=衰减贴图（衰减类型=Fresnel）、遮罩通道=衰减贴图（衰减类型=阴影/灯光）	
			反射高光	高光级别=10	
			其他	凹凸强度=10、凹凸通道=噪波贴图、噪波大小=2（注意，这组参数需要根据实际情况进行设置）	

材质名称			参数类型	参数设置	分类
单色花纹绒布材质（注意，材质类型为标准材质）			明暗器	（O）Oren-Nayar-Blin	家具装饰
			自发光	自发光=勾选、自发光通道=遮罩贴图、贴图通道=衰减贴图（衰减类型=Fresnel）、遮罩通道=衰减贴图（衰减类型=阴影/灯光）	
			反射高光	高光级别=10	
			其他	漫反射颜色+凹凸通道=贴图、凹凸强度=-180（注意，这组参数需要根据实际情况进行设置）	
麻布材质			漫反射	通道=贴图	
			反射		
			折射		
			其他	凹凸通道=贴图、凹凸强度=20	
抱枕材质			漫反射	漫反射通道=抱枕贴图、模糊=0.05	家具装饰
			反射	反射颜色=红:34、绿:34、蓝:34、反射光泽度=0.7、细分=20	
			折射		
			其他	凹凸通道=凹凸贴图、凹凸强度=50	
毛巾材质			漫反射	漫反射颜色=红:243，绿:243，蓝:243	家具装饰
			反射		
			折射		
			其他	置换通道=贴图、置换强度=8	
半透明窗纱材质			漫反射	漫反射颜色=红:240，绿:250，蓝:255	家具装饰
			反射		
			折射	折射通道=衰减贴图、前=红:180、绿:180、蓝:180、侧=黑色、光泽度=0.88、折射率=1.001、影响阴影=勾选	
			其他		
花纹窗纱材质（注意，材质类型为混合材质）			材质1	材质1通道=VRayMtl材质、漫反射颜色=红:98、绿:64、蓝:42	家具装饰
			材质2	材质2通道=VRayMtl材质、漫反射颜色=红:164、绿:102、蓝:35、反射颜色=红:162、绿:170、蓝:75、高光光泽度=0.82、反射光泽度=0.82细分=15	
			遮罩	遮罩通道=贴图	
			其他		
软包材质			漫反射	漫反射通道=衰减贴图、前通道=软包贴图、模糊=0.1、侧=红:248、绿:220、蓝:233	家具装饰
			反射		
			折射		
			其他	凹凸通道=软包凹凸贴图、凹凸强度=45	
普通地毯			漫反射	漫反射通道=衰减贴图、前通道=地毯贴图、衰减类型=Fresnel	家具装饰
			反射		
			折射		
			其他	凹凸通道=地毯凹凸贴图、凹凸强度=60	
普通花纹地毯			漫反射	漫反射通道=贴图	家具装饰
			反射		
			折射		
			其他		

四、木纹材质

材质名称	示例图	贴图	参数设置		用途
高光木纹材质			漫反射	漫反射通道=贴图	家具及地面装饰
			反射	反射颜色=红:40，绿:40，蓝:40、高光光泽度=0.75、反射光泽度=0.7、细分=15	
			折射		
			其他	凹凸通道=贴图、环境通道=输出贴图	
哑光木纹材质			漫反射	漫反射通道=贴图、模糊=0.2	家具及地面装饰
			反射	反射颜色=红:213，绿:213，蓝:213、反射光泽度=0.6、菲涅耳反射=勾选	
			折射		
			其他	凹凸通道=贴图、凹凸强度=60	
木地板材质			漫反射	漫反射通道=贴图、瓷砖（平铺）U/V=6	地面装饰
			反射	反射颜色=红:55，绿:55，蓝:55、反射光泽度=0.8、细分=15	
			折射		
			其他		

五、石材材质

材质名称	示例图	贴图	参数设置		用途
大理石地面材质			漫反射	漫反射通道=贴图	地面装饰
			反射	反射颜色=红:228，绿:228，蓝:228、细分=15、菲涅耳反射=勾选	
			折射		
			其他		
人造石台面材质			漫反射	漫反射通道=贴图	台面装饰
			反射	反射通道=衰减贴图、衰减类型=Fresnel、高光光泽度=0.65、反射光泽度=0.9、细分=20	
			折射		
			其他		
拼花石材材质			漫反射	漫反射通道=贴图	地面装饰
			反射	反射颜色=红:228，绿:228，蓝:228、细分=15、菲涅耳反射=勾选	
			折射		
			其他		
仿旧石材材质			漫反射	漫反射通道=混合贴图、颜色#1通道=旧墙贴图、颜色#1通道=破旧纹理贴图、混合量=50	墙面装饰
			反射		
			折射		
			其他	凹凸通道=破旧纹理贴图、凹凸强度=10、置换通道=破旧纹理贴图、置换强度=10	
文化石材质			漫反射	漫反射通道=贴图	墙面装饰
			反射	反射颜色=红:30，绿:30，蓝:30 高光光泽度=0.5	
			折射		
			其他	凹凸通道=贴图、凹凸强度=50	

材质名称	示例图	贴图	参数设置		用途
砖墙材质			漫反射	漫反射通道=贴图	墙面装饰
			反射	反射通道=衰减贴图、侧=红:18、绿:18、蓝:18、衰减类型=Fresnel、高光光泽度=0.5、反射光泽度=0.8	
			折射		
			其他	凹凸通道=灰度贴图、凹凸强度=120	
玉石材质			漫反射	漫反射颜色=红:180、绿:214、蓝:163	陈设品装饰
			反射	反射颜色=红:67、绿:67、蓝:67、高光光泽度=0.8、反射光泽度=0.85、细分=25	
			折射	折射颜色=红:220、绿:220、蓝:220、光泽度=0.6、细分=20、折射率=1、影响阴影=勾选、烟雾颜色=红:105、绿:150、蓝:115、烟雾倍增=0.1	
			其他	半透明类型=硬（蜡）模型、正/背面系数=0.5、正/背面系数=1.5	

六、陶瓷材质

材质名称	示例图	贴图	参数设置		用途
白陶瓷材质			漫反射	漫反射颜色=白色	陈设品装饰
			反射	反射颜色=红:131、绿:131、蓝:131、细分=15、菲涅耳反射=勾选	
			折射	折射颜色=红:30、绿:30、蓝:30、光泽度=0.95	
			其他	半透明类型=硬（蜡）模型、厚度=0.05mm（该参数要根据实际情况而定）	
青花瓷材质			漫反射	漫反射通道=贴图、模糊=0.01	陈设品装饰
			反射	反射颜色=白色、菲涅耳反射=勾选	
			折射		
			其他		
马赛克材质			漫反射	漫反射通道=马赛克贴图	墙面装饰
			反射	反射颜色=红:10、绿:10、蓝:10、反射光泽度=0.95	
			折射		
			其他	凹凸通道=灰度贴图	

七、漆类材质

材质名称	示例图	贴图	参数设置		用途
白色乳胶漆材质			漫反射	漫反射颜色=红:250、绿:250、蓝:250	墙面装饰
			反射	反射通道=衰减贴图、衰减类型=Fresnel、高光光泽度=0.85、反射光泽度=0.9、细分=12	
			折射		
			其他	环境通道=输出贴图、输出量=3	
彩色乳胶漆材质（注意，材质类型为VRay材质包裹器材质）			基本材质	基本材质通道=VRayMtl材质	墙面装饰
			漫反射	漫反射颜色=红:205、绿:164、蓝:99	
			反射	细分=15	
			其他	生成全局照明=0.2、跟踪反射=关闭	

材质名称	示例图	贴图	参数设置		用途
烤漆材质			漫反射	漫反射颜色=黑色	电器及乐器装饰
			反射	反射颜色=红:233、绿:233、蓝:233、反射光泽度=0.9、细分=20、菲涅耳反射=勾选	
			折射		
			其他		

八、皮革材质

材质名称	示例图	贴图	参数设置		用途
亮光皮革材质			漫反射	漫反射颜色=黑色	家具装饰
			反射	反射颜色=白色、高光光泽度=0.7、反射光泽度=0.88、细分=30、菲涅耳反射=勾选	
			折射		
			其他	凹凸通道=凹凸贴图	
哑光皮革材质			漫反射	漫反射通道=贴图	家具装饰
			反射	反射颜色=红:38，绿:38，蓝:38、反射光泽度=0.75、细分=15	
			折射		
			其他		

九、壁纸材质

材质名称	示例图	贴图	参数设置		用途
壁纸材质			漫反射	通道=贴图	墙面装饰
			反射		
			折射		
			其他		

十、塑料材质

材质名称	示例图	贴图	参数设置		用途
普通塑料材质			漫反射	漫反射颜色=自定义	陈设品装饰
			反射	反射通道=衰减贴图、前=红:22，绿:22，蓝:22、侧=红:200，绿:200，蓝:200、衰减类型=Fresnel、高光光泽度=0.8、反射光泽度=0.7、细分=15	
			折射		
			其他		
半透明塑料材质			漫反射	漫反射颜色=自定义	陈设品装饰
			反射	反射颜色=红:51，绿:51，蓝:51、高光光泽度=0.4、反射光泽度=0.6、细分=10	
			折射	折射颜色=红:221，绿:221，蓝:221、光泽度=0.9、细分=10、影响阴影=勾选、烟雾颜色=漫反射颜色、烟雾倍增=0.05	
			其他		
塑钢材质			漫反射	漫反射颜色=黑色	家具装饰
			反射	反射颜色=红:233，绿:233，蓝:233、反射光泽度=0.9、细分=20、菲涅耳反射=勾选	
			折射		
			其他		

十一、液体材质

材质名称	示例图	贴图	参数设置		用途
清水材质			漫反射	漫反射颜色=红:123，绿:123，蓝:123	室内装饰
			反射	反射颜色=白色、菲涅耳反射=勾选、细分=15	
			折射	折射颜色=红:241，绿:241，蓝:241、细分=20、折射率=1.333、影响阴影=勾选	
			其他	凹凸通道=噪波贴图、噪波大小=3（该参数要根据实际情况而定）	
游泳池水材质			漫反射	漫反射颜色=红:15，绿:162，蓝:169	公用设施装饰
			反射	反射颜色=红:132，绿:132，蓝:132、反射光泽度=0.97、菲涅耳反射=勾选	
			折射	折射颜色=红:241，绿:241，蓝:241、折射率=1.333、影响阴影=勾选、烟雾颜色=漫反射颜色、烟雾倍增=0.01	
			其他	凹凸通道=噪波贴图、噪波大小=3（该参数要根据实际情况而定）	
红酒材质			漫反射	漫反射颜色=红:146，绿:17，蓝:60	陈设品装饰
			反射	反射颜色=红:57，绿:57，蓝:57、细分=20、菲涅耳反射=勾选	
			折射	折射颜色=红:222，绿:157，蓝:191、细分=30、折射率=1.333、影响阴影=勾选、烟雾颜色=红:169，绿:67，蓝:74	
			其他		

十二、自发光材质

材质名称	示例图	贴图	参数设置		用途
灯管材质（注意，材质类型为VRay灯光材质）			颜色	颜色=白色、强度=25（该参数要根据实际情况而定）	电器装饰
电脑屏幕材质（注意，材质类型为VRay灯光材质）			颜色	颜色=白色、强度=25（该参数要根据实际情况而定）、通道=贴图	电器装饰
灯带材质（注意，材质类型为VRay灯光材质）			颜色	颜色=自定义、强度=25（该参数要根据实际情况而定）	陈设品装饰
环境材质（注意，材质类型为VRay灯光材质）			颜色	颜色=白色、强度=25（该参数要根据实际情况而定）、通道=贴图	室外环境装饰

十三、其他材质

材质名称	示例图	贴图	参数设置		用途
叶片材质（注意，材质类型为标准材质）			漫反射	漫反射通道=叶片贴图	室内/外装饰
			不透明度	不透明度通道=黑白遮罩贴图	
			反射高光	高光级别=40、光泽度=50	
			其他		
水果材质			漫反射	漫反射通道=草莓贴图	室内/外装饰
			反射	反射通道=衰减贴图、侧通道=草莓衰减贴图、衰减类型=Fresnel、反射光泽度=0.74、细分=12	
			折射	折射颜色=红:12、绿:12、蓝:12、光泽度=0.8、影响阴影=勾、烟雾颜色=红:251、绿:59、蓝:3烟雾倍增=0.001	
			其他	半透明类型=硬（蜡）模型、背面颜色=红:251、绿:48、蓝:21、凹凸通道=发现凹凸贴图、法线通道=草莓法线贴图	
草地材质			漫反射	漫反射通道=草地贴图	室外装饰
			反射	反射颜色=红:28，绿:43，蓝:25、反射光泽度=0.85	
			折射		
			其他	跟踪反射=关闭、草地模型=加载VRay置换模式修改器、类型=2D贴图（景观）、纹理贴图=草地贴图、数量=150mm（该参数要根据实际情况而定）	
镂空藤条材质（注意，材质类型为标准材质）			漫反射	漫反射通道=藤条贴图	家具装饰
			不透明度	不透明度通道=黑白遮罩贴图	
			反射高光	高光级别=60	
			其他		
沙盘楼体材质			漫反射	漫反射颜色=红:237，绿:237，蓝:237	陈设品装饰
			反射		
			折射		
			其他	不透明度通道=VRay边纹理贴图、颜色=白色、像素=0.3	
书本材质			漫反射	漫反射通道=贴图	陈设品装饰
			反射	反射颜色=红:80，绿:80，蓝:8、细分=20、菲涅耳反射=勾选	
			折射		
			其他		
画材质			漫反射	漫反射通道=贴图	陈设品装饰
			反射		
			折射		
			其他		
毛发地毯材质（注意，该材质用VRay毛皮工具进行制作）			根据实际情况，对VRay毛皮的参数进行设定，如长度、厚度、重力、弯曲、结数、方向变量和长度变化。另外，毛发颜色可以直接在"修改"面板中进行选择		地面装饰